俄罗斯数学精品译丛
"十二五"国家重点图书

U0237725

[俄罗斯]斯米尔诺夫 著

斯米尔诺夫高等数学编译组 译

nov Advanced Mathematics (Volume IV (2))

米尔诺夫高等数学

（第四卷·第二分册）

HITP

哈尔滨工业大学出版社

HARBIN INSTITUTE OF TECHNOLOGY PRESS

黑版贸审字 08－2016－040 号

内 容 简 介

本书共分二章：偏微分方程的一般理论，边值问题．主要介绍了一阶方程、高阶方程、方程组、椭圆型方程等相关内容．理论部分叙述扼要，应用部分叙述详尽．

本书适合于高等院校相关专业师生参考．

图书在版编目(CIP)数据

斯米尔诺夫高等数学．第四卷．第二分册/(俄罗斯)
斯米尔诺夫著；斯米尔诺夫高等数学编译组译．—哈尔
滨：哈尔滨工业大学出版社，2018.3(2024.8 重印)
ISBN 978－7－5603－6519－0

Ⅰ.①斯…　Ⅱ.①斯…　②斯…　Ⅲ.①高等数学-
高等学校-教材　Ⅳ.①O13

中国版本图书馆 CIP 数据核字(2017)第 050717 号

书名：Курс высшей математики
作者：В. И. Смирнов
В. И. Смирнов《Курс высшей математики》
Copyright © Издательство БХВ，2015
本作品中文专有出版权由中华版权代理总公司取得，由哈尔滨工业大学出版
社独家出版

策划编辑　刘培杰　张永芹
责任编辑　张永芹　李宏艳
封面设计　孙茵艾
出版发行　哈尔滨工业大学出版社
社　　址　哈尔滨市南岗区复华四道街 10 号　邮编 150006
传　　真　0451－86414749
网　　址　http://hitpress.hit.edu.cn
印　　刷　黑龙江艺德印刷有限责任公司
开　　本　787mm×1092mm　1/16　印张 27.75　字数 520 千字
版　　次　2018 年 3 月第 1 版　2024 年 8 月第 4 次印刷
书　　号　ISBN 978－7－5603－6519－0
定　　价　88.00 元

(如因印装质量问题影响阅读，我社负责调换)

◎ 目

录

偏微分方程的一般理论

§1 一 阶 方 程

99. 具有两个自变量的线性方程

我们已不止一次地遇到含有未知函数偏导数的各种类型的微分方程,它们常是一些形状很特殊的方程,是从数学物理的具体问题中产生的. 本章的目的,要阐明偏微分方程的一般理论,而我们的叙述就从一阶方程的理论研究开始.

一个含自变量 $x_1, \cdots, x_n$ 的未知函数 u 的一阶方程的形状为

$$F(x_1, \cdots, x_n, u, p_1, \cdots, p_n) = 0$$

其中 $x_1, \cdots, x_n$ 是自变量,而 $p_k = u_{x_k}$ 是未知函数 u 关于各自变量的偏导数. 我们首先研究关于偏导数 p_k 是线性的方程,也就是下面形状的方程

$$a_1(x_1, \cdots, x_n, u) p_1 + \cdots + a_n(x_1, \cdots, x_n, u) p_n =$$
$$c(x_1, \cdots, x_n, u) \tag{1}$$

而系数 a_k 和自由项 c 都是所有自变量 x_k 和未知函数 u 的给定的函数. 因为函数 u 本身在系数和自由项中可以任意方式出现,有时说这样的方程不是线性的,而叫作准线性方程. 这一段

我们只对两个自变量的情形来考虑形状(1)的方程. 在这一特别情形,自变量通常用字母 x 和 y 来记,而偏导数照常以下面方式来记: $p=u_x$ 及 $q=u_y$. 因此,本段研究的对象就是下面形状的方程

$$a(x,y,u)p+b(x,y,u)q=c(x,y,u) \qquad (2)$$

回忆一下我们很早就曾见到过线性偏微分方程[Ⅱ;21],并且知道形状(2)的方程的积分问题和某一常微分方程组的积分问题是等价的. 我们将对过去所得的结果,补充一些新的事项,它们对于进一步研究更复杂的问题是有益的.

给定的函数 $a(x,y,u),b(x,y,u)$ 和 $c(x,y,u)$ 在空间 (x,y,u) 确定了某个方向场,就是说,在空间的每一定点有一个方向,它的方向余弦与 a,b,c 成比例. 方向场确定这样的曲线族,其中任何一条曲线,它的每一点的切线合于在这点的场中的方向. 这条曲线族的获得,是下面常微分方程组积分的结果

$$\frac{\mathrm{d}x}{a(x,y,u)}=\frac{\mathrm{d}y}{b(x,y,u)}=\frac{\mathrm{d}u}{c(x,y,u)} \qquad (3)$$

或者,如果用 $\mathrm{d}s$ 来记写出的这三个比的公共值,就有

$$\frac{\mathrm{d}x}{\mathrm{d}s}=a(x,y,u),\frac{\mathrm{d}y}{\mathrm{d}s}=b(x,y,u),\frac{\mathrm{d}u}{\mathrm{d}s}=c(x,y,u) \qquad (4)$$

量 p,q 及 -1 和所求曲面的法线的方向余弦成比例,于是方程(2)表示所求曲面的法线和场中方向正交的条件

$$ap+bq+c(-1)=0$$

就是说,方程(2)归结到这样的要求,使得在所求曲面 $u=u(x,y)$ 上的每一点,由上述方向场所确定的方向落在曲面的切平面上. 由方程组(4)所确定的曲线称为方程(2)的特征曲线或特征. 若某一曲面 $u=u(x,y)$ 是方程(2)的特征曲线的几何轨迹,就是说,若曲面由满足方程组(4)的曲线 l' 所构成,则过这曲面上每一点的曲线 l' 的切线都落在曲面的切平面上,于是推知,这曲面满足方程(2),就是说,是这个方程的积分曲面. 因此,如果曲面 $u=u(x,y)$ 由方程(2)的特征曲线所构成,则这曲面是此方程的积分曲面.

我们假设曲面 $u=u(x,y)$ 在每一点有切平面,并且曲面的法线方向沿曲面连续地变动. 也就是假设 $u(x,y)$ 的一阶偏导数是存在和连续的.

以后说到积分曲面,我们就假定这个曲面具有上述性质. 通常简称这样的曲面为光滑的.

以上我们证明了,具有方程 $u=u(x,y)$ 且由特征曲线组成的光滑曲面是积分曲面. 倒过来说,不难看出,若某一光滑曲面满足方程(2),即它为积分曲面,那么这可用特征曲线来遮盖.

实际上,若某曲面 S 满足方程(2),则在它的每一点,方向 (a,b,c) 在 S 的切平面上. 因此,我们在 S 上有了方向场. 把这方向场所对应的一阶常微分方程积分出来,我们就得到在曲面 S 上并且满足方程组(4)的曲线 l'. 例如,方程

2

$$\frac{\mathrm{d}x}{a(x,y,u)} = \frac{\mathrm{d}y}{b(x,y,u)}$$

能作为这一阶方程,其中 u 用它在曲面 S 的方程中的表达式 $u = u(x,y)$ 替代. 假定说,积分所写出的方程,我们得到 y 的通过 x 和任意常数 C 的表达式;把这个表达式代入公式 $u = u(x,y)$,对于 u 我们也得到通过 x 和 C 的表达式,这样便有了遮盖曲面 S 的曲线族 l' 的方程.

在一阶常微分方程的研究中,我们见到过,若对应于自变量的给定值,给定了未知函数所取的初值,未知函数就能完全确定[Ⅱ;50,51]. 如果能够求出一般积分的话,由这些初值就可以确定一般积分所含的任意常数. 可是只要借助于证明存在性与唯一性定理时所用过的逐次逼近法[Ⅱ;51],就算不知道一般积分,也可以由初始值来确定解. 方程(2)的通解所含的已经不是任意常数,而是任意函数[Ⅱ;22],在这种情形下按初始条件的定解问题可表述为以下方式:确定方程(2)的积分曲面,使它通过空间 (x,y,u) 的某给定曲线 l. 如果我们用 λ 记曲线 l 在平面 (x,y) 上的投影,于是上述问题化为求方程(2)的这样的解,使它在曲线 λ 上各点取给定值的问题. 先来拟定所提出的问题的解法[Ⅱ;22]. 设 M_0 是曲线 l 上的某一点,把它的坐标看作由方程组(4)所确定的函数的初始值. 按照存在性与唯一性定理,得到通过这点 M_0 的完全确定的特征线. 对曲线 l 的每一点皆这样做,我们得到一族特征线;假定它们构成某曲面 S. 它就通过曲线 l,且按上面所说,就是方程(2)的积分曲面. 反之,如前面所说的一样,方程(2)的每一积分曲面,可由特征线组成,也就是由满足方程组(4)的曲线所组成. 由于取 l 上的点的坐标作为这些解的初始条件,因此,我们可以肯定,用上面所述方法来确定通过曲线 l 的积分曲面是唯一可能的;严格地说,就是问题的解是唯一的,并且所求积分曲面是通过曲线 l 上各点的特征线的几何轨迹.

为严格地推导问题的解的存在性与唯一性的证明,需要对方程组(4)的右边做某些假定,并且也要对曲线 l 加上某些重要的附加条件. 例如,若给定的曲线 l 本身就是特征线,则按上述方法,从 l 上的各点引特征线不能导出曲面而仍只是曲线 l. 在这种情形下,解将有无穷多[Ⅱ;23]. 实际上,若过曲线 l 上的某一点引曲线 l_1,它就不是特征线. 通过这条曲线上的各点引特征线(给定的曲线 l 也在其中),我们得到通过已给曲线 l 的积分曲面. 注意到选取 l_1 时的任意性,我们就看出:如果给定的曲线 l 是特征线,问题就有无穷多的解. 也可能发生问题根本没有解的情况. 当通过曲线 l 上点的特征线在这条曲线的邻域并不构成有显式方程 $u = u(x,y)$ 的曲面时,其中 $u(x,y)$ 是单值连续,且有连续的一阶偏导数,就属于这种情形. 例如,要是所说到的特征线形成母线平行于 u 轴的柱面就是如此. 在下一段,我们就来讲述所提出的问题有一个确定解的解析条件.

100. 柯西问题和特征线

柯西问题通常指的是前面列出的关于确定通过已给曲线 l 的方程(2)的积

分曲面的问题. 为了深入研究这个问题的解的存在性与唯一性问题, 我们必须利用常微分方程论中的一个定理, 这就是:

定理 设微分方程组

$$\frac{\mathrm{d}y_k}{\mathrm{d}x} = f_k(x, y_1, \cdots, y_n) \quad (k = 1, 2, \cdots, n) \tag{5}$$

的右边是其所有变量的在某一区域内的连续函数, 这区域由下面不等式所确定

$$|x - a| \leqslant A, \quad |y_k - b_k| \leqslant B \quad (k = 1, 2, \cdots, n) \tag{6}$$

此外, 若 f_k 在这区域内有连续偏导数 $\dfrac{\partial f_k}{\partial y_s}$ 存在, 则由于存在性与唯一性定理, 对区域 (6) 内的任意初始值 $(x_0, y_1^0, y_2^0, \cdots, y_n^0)$ 所确定的方程组 (5) 的解

$$y_k = \varphi_k(x, x_0, y_1^0, \cdots, y_n^0) \quad (k = 1, 2, \cdots, n)$$

有关于初始值的偏导数 $\dfrac{\partial \varphi_k}{\partial y_s^0}$, 它们是其所含变量 $(x, x_0, y_1^0, \cdots, y_n^0)$ 的连续函数.

为了不中断叙述, 我们把这个定理的证明延到后一段去.

现在来解决柯西问题. 假定曲线 l 的方程以参数的形式给出

$$x_0 = x_0(t), y_0 = y_0(t), u_0 = u_0(t) \quad (t_0 \leqslant t \leqslant t_1) \tag{7}$$

且设方程组 (4) 的右边在空间 (x, y, u) 的含曲线 l 在内的某一区域内满足上述定理中的条件. 取 l 上的点的坐标作为在 $s = 0$ 的初始值, 则对充分接近于零的 s, 得到方程组 (4) 的解

$$x = x(s, x_0, y_0, u_0), y = y(s, x_0, y_0, u_0), u = u(s, x_0, y_0, u_0)$$

或者, 由于 (7)

$$x = x(s, t), y = y(s, t), u = u(s, t) \tag{8}$$

假设方程 (7) 的右边关于 t 连续可微, 并利用上面的定理, 我们可以肯定函数 (8) 不仅对 s 而且对 t 也有连续导数. 对区间 $t_0 < t < t_1$ 中任意给定的 t, 函数 (8) 对于充分接近于零的所有 s 是确定的. 做出这些函数中的前面两个关于 s 和 t 的函数行列式

$$\Delta = x_s y_t - x_t y_s \tag{9}$$

对以后重要的是这个行列式异于零还是等于零这件事. 我们首先考虑沿曲线 l 当 $\Delta \neq 0$ 的情形; 其次, 再考虑沿曲线 l 当 $\Delta = 0$ 的情形. 从第一种情形开始

$$\Delta \neq 0 \quad (沿曲线 l) \tag{10}$$

就是说, 当 $s = 0$ 时 $\Delta \neq 0$, 不仅如此, 由于导数的连续性, 在初始值 $s = 0$ 与值 t 的某一邻域内 $\Delta \neq 0$ 也成立, 而 t 对应于曲线 l 的某一点 M. 此时, 从 (8) 中的前两个方程, 对曲线 l 上点 M 的坐标 (x, y) 的某一邻域中的一切 x 及 y, 可以关于 s 及 t 解出, 这解是唯一的, 并且得到的函数 $s(x, y), t(x, y)$ 有一阶连续导数[Ⅲ; 19]. 将所得的函数 $s(x, y)$ 及 $t(x, y)$ 代入 (8) 中的第三个方程, 则在所述的邻域中得到函数 $u(x, y)$, 它有连续一阶导数, 并且曲面 $u = u(x, y)$ 在 M 的邻域含

4

有曲线 l 的一段. 从前段所说的几何学上的看法, 直接推出 $u(x,y)$ 满足方程 (2). 我们以下也要用分析的方法来检验这个事实.

应当指出, 我们仅在曲线 l 上任一给定点 M 的某一邻域内作出解 $u(x,y)$, 或者说, 得到了问题的局部解. 在加上某些条件到 a,b,c 及曲线 l 上时, 可以相信, 在整个曲线 l 的某一邻域内, 即对平面 (x,y) 上所有充分接近于 $x=x_0(t)$, $y=y_0(t)$ 的一切 x 和 y, 是可能作出积分曲面来的. 这里假设 $x'_0(t),y'_0(t)$ 不同时为零. 类似这种结论的确切说法将在下段指出.

关于在平面 (x,y) 上的某一预先指定的区域内, 方程的解的存在问题是很难决定的. 可以作出平面 (x,y) 上的一个区域 B, 和在其上有任何阶导数的函数 $b(x,y)$, 使得对于方程

$$u_x + b(x,y)u_y = 0$$

在全区域 B 上有连续一阶导数的解, 仅仅是 $u=$ 常数.

现在验证, 所作函数 $u(x,y)$ 确实是方程 (2) 的解. 利用复合函数的求导数法则及方程 (4), 可以写出

$$\frac{\mathrm{d}u}{\mathrm{d}s} = u_x a + u_y b$$

但是 $\frac{\mathrm{d}u}{\mathrm{d}s}=c$, 由此推知, $u(x,y)$ 确实满足方程 (2).

问题的解的唯一性, 直接从每个积分曲面由特征曲线所构成的这个事实推出. 现在我们从解析上来证明它. 设 $u=u(x,y)$ 是某一积分曲面, 并且 $u(x,y)$ 有一阶连续导数. 对常微分方程组

$$\frac{\mathrm{d}x}{\mathrm{d}s} = a[x,y,u(x,y)], \frac{\mathrm{d}y}{\mathrm{d}s} = b[x,y,u(x,y)] \tag{11}$$

求积分, 并将所得的解代入函数 $u=u(x,y)$, 在我们的积分曲面上就得到一族曲线.

不难验证, 这时函数 u 满足 (4) 中第三个方程. 实际上, 由于 (11)

$$\frac{\mathrm{d}u}{\mathrm{d}s} = u_x a + u_y b$$

但是 $u=u(x,y)$ 是积分曲面, 就是说, $u_x a + u_y b = c$, 因此, $\frac{\mathrm{d}u}{\mathrm{d}s}=c$. 这样, 上面所讲的遮盖曲面 $u=u(x,y)$ 的曲线确实是特征线. 于是, 在条件 (10) 之下, 柯西问题有唯一的解. 我们在考虑非线性一阶方程时还要回到唯一性问题.

现在假定沿曲线 l, 即当 $s=0$ 时, 我们有

$$\Delta = x_s y_t - x_t y_s = 0 \tag{12}$$

在这种情况下要证明, 如果通过曲线 l 且有一阶连续导数的积分曲面 $u=u(x,y)$ 存在, 则这条曲线一定是特征线. 在这里和以前一样, 要是我们说曲面

5

$u=u(x,y)$ 通过曲线 l，那么应理解为是局部的，就是说，只考虑 l 的某一段.

将假设 a 及 b 沿 l 不等于零. 考虑到方程组(4)中的前两个，我们可写条件(12)为形状

$$\frac{x_t}{a}=\frac{y_t}{b}=k \quad (s=0) \tag{13}$$

其中字母 k 用来记所写比式的公共值. 设 $u=u(x,y)$ 是通过 l 的积分曲面，将式子 $x=x_0(t)$ 及 $y=y_0(t)$ 代入 $u(x,y)$，关于 t 求导并利用(13)，我们得到: $\frac{\mathrm{d}u}{\mathrm{d}t}=u_x ka+u_y kb$. 注意到 $u=u(x,y)$ 是方程(2)的解并利用这个方程，更可写出 $\frac{\mathrm{d}u}{\mathrm{d}t}=kc$，这样我们就导出方程组

$$\frac{x_t}{a}=\frac{y_t}{b}=\frac{u_t}{c} \quad (s=0)$$

于是推出曲线 l 是特征线. 因此，若 $\Delta=0$，则为了要使通过 l 的积分曲面存在，这条曲线就必须是特征线. 这时，如在前段见过的一样，通过曲线 l 有无穷多积分曲面. 在上面推导证明时，对我们来说，通过 l 的积分曲面 $u=u(x,y)$，在这线上各点有连续导数当然是重要的；可能有这种情形，像我们将要在例题中见到的一样，l 不是特征线，而沿着它 $\Delta=0$，并且竟还存在着通过 l 的积分曲面，可是 $u(x,y)$ 的偏导数在 l 的各点不复连续，换句话说，曲线 l 是积分曲面的奇线. 若 l 不是特征线，而沿着它 $\Delta=0$，那么就是说，沿曲线 l

$$\frac{x_t}{a}=\frac{y_t}{b}\neq\frac{u_t}{c}$$

应当指出方程组(4)的一个特性. 辅助参数 s 在方程的右边不出现，并且任意常数之一是作为 s 的附加项而出现的. 这个任意常数不起主要作用而归结为选 s 初值的任意性. 因此，我们在求这个方程组的积分时有两个主要任意常数. 要是写方程组(4)为形状(3)，这事实便立即清楚了.

回忆起，若是求隐式 [Ⅱ;21]

$$\varphi(x,y,u)=C \tag{14}$$

的解，其中 C 是某一任意常数，则准线性非齐次方程(2)可化为纯线性齐次方程. 按照隐函数求导的法则，我们有

$$u_x=-\frac{\varphi_x}{\varphi_u}, u_y=-\frac{\varphi_y}{\varphi_u}$$

方程(2)化为纯线性齐次方程

$$a(x,y,u)\varphi_x+b(x,y,u)\varphi_y+c(x,y,u)\varphi_u=0 \tag{15}$$

对应的常微分方程组是(3). 若

$$\varphi_1(x,y,u)=C_1, \varphi_2(x,y,u)=C_2$$

是这个方程组的两个独立的解，则

6

$$\varphi = F(\varphi_1, \varphi_2)$$

也是方程(15)的解,其中 F 为 φ_1 及 φ_2 的任意函数.我们曾见到如何从柯西问题的条件来确定这函数的形状[Ⅱ;23].

上面的说明引起以下的问题.我们求方程(2)的解时,把这解看作是属于具隐式方程(14),而含有任意常数 C 的这一类解中的.不难证明,用这样的方法,我们并未丢失方程的任何一个解.简单地说,由于柯西问题初始条件的任意性,这里的问题归结到,我们可把方程的任何解看作是属于含任意常数的整个解族中的;关于这个任意常数解出来,我们就确信任何解可从形状(14)的式子得到.我们可能丢失的仅是那些不能由上述柯西问题解法的过程中得到的解(奇解).如果函数 a,b 及 c 满足某些一般的条件,这样的解就不会有了.至于详细的证明,我们不去讲它.

101. 任意多个自变量的情形

考虑有任意个数自变量的线性方程

$$a_1(x_1,\cdots,x_n,u)p_1 + \cdots + a_n(x_1,\cdots,x_n,u)p_n = c(x_1,\cdots,x_n,u) \tag{16}$$

以后我们常常假设系数 $a_1,a_2,\cdots,a_n$ 对所考虑的变数 $x_1,x_2,\cdots,x_n,u$ 之值来说不同时为零,就是说,$a_1^2 + a_2^2 + \cdots + a_n^2 > 0$.在方程(16)的研究中,我们将利用类似于三维空间的几何术语;在这种情形下,我们有坐标是 $(x_1,\cdots,x_n,u)$ 的 $(n+1)$ 维空间.m 维流形是指这空间中的一个点集,其中的点的坐标能用 m 个任意参数来表示

$$x_k = x_k(t_1,\cdots,t_m), u = u(t_1,\cdots,t_m) \quad (k=1,2,\cdots,n)$$

并且我们假设从写出方程中的某 m 个能关于 $t_1,\cdots,t_m$ 解出.当 $m=n$ 时,我们有 n 维流形,将称之为曲面.若参数取为 $x_1,\cdots,x_n$,则有曲面的显式方程: $u=u(x_1,\cdots,x_n)$.方程(16)的积分曲面的方程正应有这样的形状.当 $m=1$ 时,对应的一维流形称为 $(n+1)$ 维空间的曲线.

方程(16)的特征曲线由以下方程组确定

$$\frac{\mathrm{d}x_k}{\mathrm{d}s} = a_k(x_1,\cdots,x_n,u), \frac{\mathrm{d}u}{\mathrm{d}s} = c(x_1,\cdots,x_n,u) \tag{17}$$

其中 s 是辅助参数.除了所有的 x_k 及 u 皆为常数的解以外,这个方程组的任一解都给出 $(n+1)$ 维空间的曲线.由于 $a_1^2 + \cdots + a_n^2 > 0$,因而所有 x_k 和 u 皆为常数的解不可能存在.这条曲线的坐标可用参数 s 表示;为了从这些曲线作出曲面,我们必须取和 $(n-1)$ 个任意参数有关的这种曲线的一族.得到总共与 n 个参数有关的点集.若某一光滑曲面 $u=u(x_1,\cdots,x_n)$ 是由与 $(n-1)$ 个参数有关的特征曲线族所构成,则它是方程(16)的积分曲面.实际上,$u(x_1,\cdots,x_n)$ 关于 s 求导数并利用方程组(17)得

$$\frac{\mathrm{d}u}{\mathrm{d}s} = \sum_{k=1}^{n} u_{x_k} a_k$$

但是,由于(17)中的最末一个方程,$\frac{\mathrm{d}u}{\mathrm{d}s} = c$,就推出方程(16).反之,任一积分曲面可由与$(n-1)$个参数有关的特征线族所组成.实际上,有了积分曲面 $u = u(x_1,\cdots,x_n)$,我们可从方程组

$$\frac{\mathrm{d}x_k}{\mathrm{d}s} = a_k[x_1,\cdots,x_n,u(x_1,\cdots,x_n)] \quad (k=1,2,\cdots,n) \tag{18}$$

确定 x_k,并给出$(n-1)$个任意常数.作为 s 的附加项的一个任意常数不起重要作用.将方程组(18)的解代入 $u = u(x_1,\cdots,x_n)$ 的右边,关于 s 求导数并利用方程(16)和(18),我们看到 u 就满足方程组(17)中的最末一个.

和在[100]中的一样,我们假设 $u(x_1,\cdots,x_n)$ 及方程组(17)的右边都有连续一阶导数.

方程(16)的柯西问题是:确定积分曲面使含有给定的$(n-1)$维流形

$$x_k = x_k(t_1,\cdots,t_{n-1}), u = u(t_1,\cdots,t_{n-1}) \quad (k=1,2,\cdots,n) \tag{19}$$

而这些等式的右边,在$(n-1)$维空间$(t_1,\cdots,t_{n-1})$的某一区域 D 内连续且有连续一阶偏导数.

假设由导数 $\frac{\partial x_k}{\partial t_l}$ 所形成的矩阵的秩等于$(n-1)$,并且不同的值组$(t_1,\cdots,t_{n-1})$有不同的点$(x_1,\cdots,x_n)$对应.其次,如上面提过的一样,假设系数 $a_k(x_1,\cdots,x_n,u)$ 及 $c(x_1,\cdots,x_n,u)$ 在含有流形(19)在内的空间某区域 D 中有连续一阶导数.

在特殊情形下,柯西问题中的这一条件可以是:当自变量之一取给定的数值时,给出未知函数 u 作为其余变量的函数

$$u\mid_{x_1 = x_1^{(0)}} = \varphi(x_2,\cdots,x_n) \tag{20}$$

问题的解法完全和两个自变量情形类似.表达式(19)当作求方程组(17)积分时的初始条件.这样,我们得到下面形状的解

$$x_k = x_k(s,t_1,\cdots,t_{n-1}), u = u(s,t_1,\cdots,t_{n-1}) \tag{21}$$

往后,行列式

$$\Delta = \begin{vmatrix} \dfrac{\partial x_1}{\partial s} & \dfrac{\partial x_2}{\partial s} & \cdots & \dfrac{\partial x_n}{\partial s} \\[2mm] \dfrac{\partial x_1}{\partial t_1} & \dfrac{\partial x_2}{\partial t_1} & \cdots & \dfrac{\partial x_n}{\partial t_1} \\ \vdots & \vdots & & \vdots \\ \dfrac{\partial x_1}{\partial t_{n-1}} & \dfrac{\partial x_2}{\partial t_{n-1}} & \cdots & \dfrac{\partial x_n}{\partial t_{n-1}} \end{vmatrix} \tag{22}$$

要起重要作用,考虑到方程组(17),我们能将它改写为形状

8

$$\Delta = \begin{vmatrix} a_1 & a_2 & \cdots & a_n \\ \dfrac{\partial x_1}{\partial t_1} & \dfrac{\partial x_2}{\partial t_1} & \cdots & \dfrac{\partial x_n}{\partial t_1} \\ \vdots & \vdots & & \vdots \\ \dfrac{\partial x_1}{\partial t_{n-1}} & \dfrac{\partial x_2}{\partial t_{n-1}} & \cdots & \dfrac{\partial x_n}{\partial t_{n-1}} \end{vmatrix} \tag{23}$$

若这行列式在流形(19)上(即当 $s=0$ 时)异于零,则从方程(21)中前面 n 个可关于 $s,t_1,\cdots,t_{n-1}$ 解出,并且代入方程(21)中的最末一个,我们得到方程(16)的积分曲面.在这种情形,柯西问题就不会有任何其他的解.所有这些可以完全和两个自变量的情况一样地来证明.考虑初始条件为形状(20)的情形,又假定 $x_2,\cdots,x_n$ 起参数 $t_1,\cdots,t_{n-1}$ 的作用.取线性方程并假定行列式(23)在我们的流形上异于零.注意到,当 $p \neq q$ 时 $\dfrac{\partial x_p}{\partial x_q}=0$,而 $\dfrac{\partial x_p}{\partial x_p}=1$,即得 $\Delta=a_1 \neq 0$.用系数 a_1来除方程,得到下面形状的方程

$$p_1 + a_2(x_1,\cdots,x_n)p_2 + \cdots + a_n(x_1,\cdots,x_n)p_n =$$
$$b(x_1,\cdots,x_n)u + c(x_1,\cdots,x_n) \tag{24}$$

设 a_k,b 及 c 对 $\alpha \leqslant x_1 \leqslant \beta$ 与任何实数 $x_2,\cdots,x_n$ 为连续且关于 $x_2,\cdots,x_n$ 有连续一阶偏导数.此外,并假定在这些条件下,所述的函数都有界: $|a_k| \leqslant M$, $|b| \leqslant M$, $|c| \leqslant M$.

选取 x_1 为自变量,写方程组(17)为形状

$$\frac{\mathrm{d}x_k}{\mathrm{d}x_1} = a_k(x_1,\cdots,x_n) \quad (k=2,\cdots,n) \tag{25}$$

$$\frac{\mathrm{d}u}{\mathrm{d}x_1} = b(x_1,\cdots,x_n)u + c(x_1,\cdots,x_n) \tag{26}$$

设 $x_1^{(0)}$ 是区间 $[\alpha,\beta]$ 中 x_1 的初始值.在某些初始条件下

$$x_k \mid_{x_1=x_1^{(0)}} = x_k^{(0)} \quad (k=2,\cdots,n)$$

求方程组(25)的积分.

从 $|a_k| \leqslant M$ 可推出方程组(25)的解 x_k 有有界导数 $\left|\dfrac{\mathrm{d}x_k}{\mathrm{d}x_1}\right| \leqslant M$,因此,量 x_k 本身的绝对值也是有界的: $|x_k| \leqslant M(\beta-\alpha)$.应用逐次逼近法[Ⅱ;51],我们容易相信,对任意初始值 $x_k^{(0)}(k=2,\cdots,n)$ 所说的解

$$x_k = \varphi_k(x_1,x_1^{(0)},x_2^{(0)},\cdots,x_n^{(0)}) \quad (k=2,\cdots,n) \tag{27}$$

在全区间 $\alpha \leqslant x_1 \leqslant \beta$ 上存在.我们可以说,通过点 $A_0(x_1^{(0)},x_2^{(0)},\cdots,x_n^{(0)})$ 的积分曲线也通过点 $A(x_1,\cdots,x_n)$,点 A 的坐标则由公式(27)确定.根据唯一性定理,可以肯定,如果取点 A 为初始点,则对应的积分曲线也要经过点 A_0.由此推出,方程(27)对任何 x_k 关于 $x_2^{(0)},\cdots,x_n^{(0)}$ 可解,而且解的形状为

$$x_k^{(0)} = \varphi_k(x_1^{(0)}, x_1, x_2, \cdots, x_n) \quad (k = 2, \cdots, n) \tag{27'}$$

假定说,我们要在初始条件(20)下解柯西问题. 我们必须按照上面所说在初始条件

$$x_k \mid_{x_1 = x_1^{(0)}} = x_k^{(0)} \quad (k = 2, \cdots, n)$$

$$u \mid_{x_1 = x_1^{(0)}} = \varphi(x_2^{(0)}, \cdots, x_n^{(0)})$$

之下积分出方程(25)和(26),其中任意值 $x_2^{(0)}, \cdots, x_n^{(0)}$ 起 $t_1, \cdots, t_{n-1}$ 的作用. 将(27)代入(26),积分所得方程

$$u = e^{\omega}\left[\varphi(x_2^{(0)}, \cdots, x_n^{(0)}) + \int_{x_1^{(0)}}^{x_1} c(x_1, \varphi_2, \cdots, \varphi_n)e^{-\omega}dx_1\right] \tag{28}$$

其中

$$\omega = \int_{x_1^{(0)}}^{x_1} b(x_1, \varphi_2, \cdots, \varphi_n)dx_1$$

且 b 和 c 中有 $\varphi_k(x_1, x_1^{(0)}, x_2^{(0)}, \cdots, x_n^{(0)})$ 作为它们的自变量. 代(27')到(28)的右边,得到所求柯西问题的解 $u(x_1, \cdots, x_n)$. 它在全区间 $\alpha \leqslant x_1 \leqslant \beta$ 及对任何 $x_2, \cdots, x_n$ 存在. 这与方程的线性以及我们对于 a_k, b 及 c 所做的假设有关.

对于准线性方程(16),关于 a_k 及 c 做某些假定后,能够指出解的存在区域. 我们来推导相应的结果.

设 $a_1 = 1, a_k$ 及 c 在

$$|x_1 - x_1^{(0)}| \leqslant a \tag{29}$$

$$b_k < x_k < c_k \quad (k = 2, \cdots, n) \tag{30}$$

和任意实数 u 的条件下连续、有界且有连续导数,这些导数的绝对值不超过某一常数 A. 设 $\varphi(x_2, \cdots, x_n)$ 在条件(30)之下连续、有界且有连续一阶导数,其绝对值不超过某常数 B;此时方程(16)($a_1 \equiv 1$)在条件(20)之下在由不等式

$$|x_1 - x_1^{(0)}| < a, \ |x_1 - x_1^{(0)}| < \frac{1}{nA}\ln\left[1 + \frac{n}{(n-1)(B+1)}\right]$$

和不等式(30)所确定的区域中有解[康姆凯(Kamke),《实函数的微分方程》("Differentialgleichungen reeller Funktionen"),335 页].

现在考虑在流形(19)上 $\Delta = 0$ 的情形. 将假设行列式 Δ 的第一列元素余因子当中有一个异于零. 等式 $\Delta = 0$ 表明第一列的元素是其他各列中相当元素的线性组合,就是说,成立关系式

$$a_k = \sum_{j=1}^{n-1} \lambda_j \frac{\partial x_k}{\partial t_j} \tag{31}$$

其中 λ_j 是参数 $(t_1, \cdots, t_{n-1})$ 的确定函数. 若在流形(19)上函数 c 也表示为公式

$$c = \sum_{j=1}^{n-1} \lambda_j \frac{\partial u}{\partial t_j} \tag{32}$$

则在这种情形下,流形(19)称为我们方程的特征流形. 假定在流形(19)上 $\Delta =$

10

0,并且存在含有这流形的积分曲面 $u=u(x_1,\cdots,x_n)$. 在 $u(x_1,\cdots,x_n)$ 中将 x_k 用它的关于 $t_1,\cdots,t_{n-1}$ 的表达式代替,我们得到当 $s=0$ 时(21)中最后一个函数. 把这个函数关于 t_j 求导,并且考虑到公式(31)和函数 u 满足方程(16)的事实,我们就有

$$\sum_{j=1}^{n-1}\lambda_j\frac{\partial u}{\partial t_j}=\sum_{j=1}^{n-1}\lambda_j\sum_{k=1}^{n}\frac{\partial u}{\partial x_k}\frac{\partial x_k}{\partial t_j}=\sum_{k=1}^{n}\frac{\partial u}{\partial x_k}\sum_{j=1}^{n-1}\lambda_j\frac{\partial x_k}{\partial t_j}=\sum_{k=1}^{n}\frac{\partial u}{\partial x_k}a_k=c$$

就是说,在所考虑的情况下,对在 $s=0$ 时(21)中末一函数必须有关系式(32). 换句话说,我们的流形应当是特征流形. 因此,若要在 $\Delta=0$ 的条件下,存在含有流形(19)的积分曲面,这流形必须是特征流形. 相反的,现在假定流形(19)是特征流形,即满足条件(31)和(32). 由微分方程组

$$\frac{\mathrm{d}t_j}{\mathrm{d}s}=\lambda_j(t_1,\cdots,t_{n-1})\quad(j=1,2,\cdots,n-1)\tag{33}$$

确定参数 t_j 为辅助变数 s 的函数.

积分这个方程组,通过 s 和 $(n-2)$ 个任意参数(任意常数)表示出 t_j. 当作 s 的附加项而出现的一个任意常数不起主要作用. 把 t_j 的表达式代入(19),x_k 及 u 就通过 s 和所说的 $(n-2)$ 个参数表出,这时,不难验证,x_k 及 u 看作 s 的函数满足方程组(17),就是说,是方程(16)的特征. 实际上,由于(33)

$$\frac{\mathrm{d}x_k}{\mathrm{d}s}=\sum_{j=1}^{n-1}\frac{\partial x_k}{\partial t_j}\lambda_j,\frac{\mathrm{d}u}{\mathrm{d}s}=\sum_{j=1}^{n-1}\frac{\partial u}{\partial t_j}\lambda_j$$

或者,由于(31)及(32)

$$\frac{\mathrm{d}x_k}{\mathrm{d}s}=a_k,\frac{\mathrm{d}u}{\mathrm{d}s}=c$$

上面的议论表明,方程(16)的任何特征流形可由这个方程的特征组成.

现设特征流形(19)与某一别的 $(n-1)$ 维流形 M_{n-1} 相交,沿着 M_{n-1},$\Delta\neq 0$. 从这流形 M_{n-1} 上各点引特征,我们便得到方程(16)的积分曲面. 另一方面由以上的证明推知从特征流形(19)与流形 M_{n-1} 的交截上各点出发的特征,构成特征流形(19). 因此,所作的积分曲面确实含有我们的特征流形. 由于辅助流形 M_{n-1} 选取的任意性,存在无穷多个积分曲面包含给定的特征流形,这就是所要证明的.

如果求方程(16)的隐式的解

$$\varphi(x_1,\cdots,x_n,u)=C$$

其中 C 是任意常数,就完全像在两个自变量的情形一样,可以化准线性非齐次方程(16)为纯线性齐次方程. 对于函数 φ 得到方程

$$a_1\varphi_{x_1}+\cdots+a_n\varphi_{x_n}+c\varphi_u=0$$

对应的常微分方程组为

$$\frac{\mathrm{d}x_1}{a_1} = \cdots = \frac{\mathrm{d}x_n}{a_n} = \frac{\mathrm{d}u}{c}$$

若

$$\varphi_1(x_1, \cdots, x_n, u) = C_1, \cdots, \varphi_n(x_1, \cdots, x_n, u) = C_n \tag{34}$$

是它的独立的积分,那么方程

$$F(\varphi_1, \cdots, \varphi_n) = 0$$

给出方程(16)的隐式的解,其中 F 是它的变量的任何函数. 在最后等式的右边,我们写零来替代任意常数,就因为 F 是它的变量的任何函数的缘故. 为了作出含给定流形(19)的积分曲面,我们将式(19)代入积分(34)的左边. 从这样得到的 n 个方程消去 $(n-1)$ 个参数 $t_1, \cdots, t_{n-1}$,我们就有任意常数之间的关系式

$$F(C_1, \cdots, C_n) = 0$$

该关系式的左边使我们得以确定函数 F 的形状. 简单些说,就是以函数 $\varphi_k(x_1, x_2, \cdots, x_n, u)$ 来代最后方程中的 C_k,我们就得到所求积分曲面的方程.

102. 例

1. 考虑方程

$$3(u-y)^2 p - q = 0 \tag{35}$$

方程组(4)有形状

$$\frac{\mathrm{d}x}{\mathrm{d}s} = 3(u-y)^2, \frac{\mathrm{d}y}{\mathrm{d}s} = -1, \frac{\mathrm{d}u}{\mathrm{d}s} = 0 \tag{36}$$

于是它的解用变量 (x, y, u) 的初始值表示为

$$x = (u_0 - y_0 + s)^3 + x_0 - (u_0 - y_0)^3, y = -s + y_0, u = u_0 \tag{37}$$

假定说,所求积分曲面所必须经过的曲线 l 的方程(7)具形状

$$x = 0, y = t, u = t \tag{38}$$

以 $x_0 = 0, y_0 = u_0 = t$ 代入(37)得

$$x = s^3, y = -s + t, u = t$$

行列式

$$\Delta = x_s y_t - x_t y_s = 3s^2$$

当 $s = 0$(即沿 l)时为零. 曲线(38)不是方程(35)的特征,因为根据方程(36)的最后一式,u 沿着特征必须是常数. 方程(35)却有通过曲线(38)的积分曲面,就是

$$u = \sqrt[3]{x} + y$$

在这种情形 $p = u_x = \frac{1}{3} x^{-\frac{2}{3}}$,并且这个偏导数沿曲线(38)成为无穷大.

2. 考虑三个自变量的函数 u 的方程

$$p_1 + p_2 + p_3 = u$$

作方程组(17)并对它求积分,得到以下的由变量的初始值 x_k^0 及 u_0 表出的

解
$$x_k = s + x_k^0, u = u_0 \mathrm{e}^s \quad (k=1,2,3) \tag{39}$$

设需要求出积分曲面而包含流形
$$x_1 = t_1 + t_2, x_2 = t_1 - t_2, x_3 = 1, u = t_1 t_2$$

以这些式子代替方程(39)中的初始值,得到
$$x_1 = s + t_1 + t_2, x_2 = s + t_1 - t_2, x_3 = s + 1, u = t_1 t_2 \mathrm{e}^s \tag{40}$$

由前面三个方程解出 s, t_1 及 $t_2(\Delta \neq 0$ 的情形)
$$s = x_3 - 1, t_1 = \frac{1}{2}(x_1 + x_2 - 2x_3 + 2), t_2 = \frac{1}{2}(x_1 - x_2)$$

将这些式子代到方程(40)的最后一个,得到所求积分曲面的方程
$$u = \frac{1}{4}(x_1 + x_2 - 2x_3 + 2)(x_1 - x_2)\mathrm{e}^{x_3 - 1}$$

3. 要求方程
$$u_x - u_y = f(x+y)$$

的连同一阶导数为连续且满足条件当 $x=0$ 时 $u=0$ 的解. 我们可以作变数变换
$$x = x_1, x + y = y_1$$

利用它们我们不难得到下面的解答
$$u(x,y) = xf(x+y)$$

只要函数 $f(t)$ 有连续导数,这公式实际上就给出所列问题的解. 若 $f(t)$ 没有连续导数,则所列问题决不能有解. 可以证明,处处无导数而连续的函数 $f(t)$ 是存在的. 所举的例子显出,方程(2)中关于 c 的导数存在和连续这一假设的重要性.〔彼戎(Perron),Math. Zeitschr. Bd. 27,Heft 4,1928〕

103. 辅助定理

本段推导在[100]中所叙述的定理的证明. 首先要证明一个辅助命题. 假定说,方程组
$$\frac{\mathrm{d}y_k}{\mathrm{d}x} = f_k(x, y_1, \cdots, y_n, \lambda) \quad (k=1,2,\cdots,n) \tag{41}$$

的右边含参数 λ,并且假设当
$$|x - a| \leqslant A, \quad |y_k - b_k| \leqslant B \quad (k=1,2,\cdots,n) \tag{42}$$

以及 λ 在某一区间 $\alpha \leqslant \lambda \leqslant \beta$ 变动时,右方这些函数是连续函数,关于所有变数 y_k 有连续导数,而 a 与 b_k 是给定的数.

设 M 是绝对值
$$|f_k(x, y_1, \cdots, y_n, \lambda)| \quad (k=1,2,\cdots,n)$$

对所指的变数值的最大值. 此时方程组(41)有唯一的解满足初始条件
$$y_k |_{x=a} = b_k \quad (k=1,2,\cdots,n) \tag{43}$$

这个解在区间 $|x - a| \leqslant h$ 上存在,其中 h 是两数 A 及 $\dfrac{B}{M}$ 中较小的一个,并且

13

它在这区间中可由逐次逼近法得到[Ⅱ;51]. 按在[Ⅱ;51]所述公式计算的逐次逼近是关于 x 及 λ 的连续函数,并由于逐次逼近关于 x 及 λ 的一致收敛性[Ⅱ;51],我们可以肯定,给出方程组(41)满足初始条件(43)的解是变数 x 及 λ 的连续函数. 当然,我们也可以假设方程(41)的右边含有不止一个而是许多参数.

因此,我们可算证明了下面的引理:

引理 若方程(41)的右边含有某些参数 $\lambda_1, \cdots, \lambda_k$ 且满足上述的条件,则方程组的满足初始条件(43)的解是关于 x 与 λ_s 的连续的函数:$y_k = \psi_k(x, \lambda_1, \cdots, \lambda_k)$,(43)中的 a 及 b_k 是给定的数.

注1 设 x_0 及 y_k^0 是区域(42)内部的值. 满足初始条件 $y_k(x_0) = y_k^0$ 的解是这些初始值的函数

$$y_k = \psi_k(x, x_0, y_1^0, \cdots, y_n^0) \tag{44}$$

而这些函数确定在 $x = x_0$ 的某一邻域内. 如果导入新自变量 $\xi = x - x_0$ 和新函数 $\eta_k = y_k - y_k^0$,则方程组可改写为形状

$$\frac{\mathrm{d}\eta_k}{\mathrm{d}x} = f_k(\xi + x_0, \eta_1 + y_1^0, \eta_2 + y_2^0, \cdots, \eta_n + y_n^0, \lambda)$$

就是说,初始值作为参数在右边出现,而初始条件 $\eta_k(0) = 0$ 仅为确定的数. 由于上述引理,我们可以断定函数(44)是它们的变数的连续函数.

现在转而证明在[100]中所列出的定理;为了叙述简单起见,先考虑一个方程

$$\frac{\mathrm{d}y}{\mathrm{d}x} = f(x, y) \tag{45}$$

的情形. 假定右边当

$$|x - a| \leqslant A, \quad |y - b| \leqslant B \tag{46}$$

为连续且有关于 y 的连续导数.

考虑方程(45)的满足初始条件 $y(x_0) = y_0$ 的解,其中 x_0 及 y_0 在区域(46)的内部. 这解将是 x_0 与 y_0 的函数

$$y = \varphi(x, x_0, y_0) \tag{47}$$

且对充分邻近于 x_0 的 x 确定. 稍为变动函数的初始值而考虑新的解

$$y^+ = \varphi(x, x_0, y_0 + \Delta y_0) \tag{48}$$

若 Δy_0 的绝对值充分小,则解(47)及(48)在值 $x = x_0$ 的某一确定的邻域内都存在.

从方程(45)推出

$$\frac{\mathrm{d}(y^+ - y)}{\mathrm{d}x} = f(x, y^+) - f(x, y)$$

这个方程也可以改写为形状

$$\frac{\mathrm{d}(y^+-y)}{\mathrm{d}x}=a(x,\Delta y_0)(y^+-y) \tag{49}$$

其中

$$a(x,\Delta y_0)=\frac{f(x,y^+)-f(x,y)}{y^+-y} \tag{50}$$

因为我们假设解(47)及(48)为已知,所以这个比式可看成是 x 及 Δy_0 的已知函数.不难看出,函数 $a(x,\Delta y_0)$ 是其变量的连续函数.对于那些使 $y^+-y\neq 0$ 的 x 及 Δy_0 的值,这是很明显的.若是当 $x\to x'$ 及 $\Delta y_0\to a'$ 时 y^+ 与 y 有共同极限 y',则从连续导数存在的条件直接推出

$$\frac{f(x,y^+)-f(x,y)}{y^+-y}=f_y[x,y+\theta(y^+-y)]\to f_y(x,y')$$

就是说,即使在这个场合,函数(50)也是连续的.以 Δy_0 除(49)的两边,得到关于比 $(y^+-y):\Delta y_0$ 的微分方程

$$\frac{\mathrm{d}}{\mathrm{d}x}\left(\frac{y^+-y}{\Delta y_0}\right)=a(x,\Delta y_0)\frac{y^+-y}{\Delta y_0} \tag{51}$$

当 $x=x_0$ 时,我们有: $y^+|_{x=x_0}=y_0+\Delta y_0$ 及 $y|_{x=x_0}=y_0$,即

$$\frac{y^+-y}{\Delta y_0}\Big|_{x=x_0}=1 \tag{52}$$

因此,比 $(y^+-y):\Delta y_0$ 是微分方程

$$\frac{\mathrm{d}u}{\mathrm{d}x}=a(x,\Delta y_0)u \tag{53}$$

的解,满足初始条件

$$u|_{x=x_0}=1 \tag{54}$$

由于方程(53)的右边对充分接近于零的 Δy_0 的一切值,是参数 Δy_0 的连续函数,因此,满足条件(54)的解 u 是 Δy_0 的连续函数,且特别,所提到的比式,当 $\Delta y_0\to 0$ 时的极限存在,也就是函数(47)有关于 y_0 的偏导数 $\varphi_{y_0}(x,x_0,y_0)$.这偏导数应当是方程(53)在 $\Delta y_0=0$ 时的解,但是由于(50),$a(x,0)=f_y[x,\varphi(x,x_0,y_0)]$,因此,我们可以断定,偏导数 $\varphi_{y_0}(x,x_0,y_0)$ 是方程

$$\frac{\mathrm{d}u}{\mathrm{d}x}=f_y[x,\varphi(x,x_0,y_0)]u \tag{55}$$

满足条件(54)的解.因为方程(55)的右边是参数 x_0 与 y_0 的连续函数,我们再应用引理一次,可以断定偏导数 $\varphi_{y_0}(x,x_0,y_0)$ 是其所含变量的连续函数,因而定理证得.

注 2 给 x_0 以某一增量 Δx_0,并重复前面的议论;我们可以证明函数(47)有连续偏导数 $\varphi_{x_0}(x,x_0,y_0)$ 的那个事实.这个偏导数一样应当适合方程(55),但初始条件已经不是(54),而是条件

$$u|_{x=x_0}=-f(x_0,y_0)$$

这个条件能够直接得到,只要把初始条件为 $y(x_0)=y_0$ 的方程(45)写成积分方程的形状[Ⅱ;51]

$$y=y_0+\int_{x_0}^{x}f(x,y)\mathrm{d}x$$

两边关于 x_0 求导数,就得到上面所说的对于 $u=\varphi_{x_0}(x,x_0,y_0)$ 的初始条件.

注3　前面的证明对方程组(5)也有效.我们就有这个方程组的解

$$y_k=\varphi_k(x,x_0,y_1^0,\cdots,y_n^0)\quad(k=1,2,\cdots,n)\tag{56}$$

给 y_i^0 以增量 Δy_i^0 得到别的解

$$y_k^+=\varphi_k(x,x_0,y_1^0,\cdots,y_{i-1}^0,y_i^0+\Delta y_i^0,y_{i+1}^0,\cdots,y_n^0)$$

写出关于 y_k 及 y_k^+ 的方程组(5),并逐项相减所得的方程,改写右边所得差式的形状为

$$f_k(x,y_1^+,\cdots,y_n^+)-f_k(x,y_1,\cdots,y_n)=$$
$$[f_k(x,y_1^+,y_2^+,y_3^+,\cdots,y_n^+)-f_k(x,y_1,y_2^+,y_3^+,\cdots,y_n^+)]+$$
$$[f_k(x,y_1,y_2^+,y_3^+,\cdots,y_n^+)-f_k(x,y_1,y_2,y_3^+,\cdots,y_n^+)]+\cdots+$$
$$[f_k(x,y_1,y_2,\cdots,y_{n-1},y_n^+)-f_k(x,y_1,y_2,\cdots,y_{n-1},y_n)]$$

对于比式 $u_k=(y_k^+-y_k):\Delta y_i^0$ 得到线性方程组

$$\frac{\mathrm{d}u_k}{\mathrm{d}x}=\sum_{j=1}^{n}a_{kj}(x,\Delta y_i^0)u_j$$

其中

$$a_{kj}=\frac{f_k(x,y_1,\cdots,y_{j-1},y_j^+,\cdots,y_n^+)-f_k(x,y_1,\cdots,y_{j-1},y_j,y_{j+1}^+,\cdots,y_n^+)}{y_j^+-y_j}$$

且初始条件

$$u_k\mid_{x=x_0}=0(k\neq i),u_i\mid_{x=x_0}=1\tag{57}$$

证明的其余部分可以同样得到,我们就可断定函数(56)关于 y_i^0 的偏导数存在.代替方程(55),我们得到对这些偏导数的方程组

$$\frac{\mathrm{d}u_k}{\mathrm{d}x}=\sum_{j=1}^{n}\frac{\partial f_k(x,y_1,\cdots,y_n)}{\partial y_j}u_j\tag{58}$$

而该线性方程组的系数中的 y_k 必须代以函数(56).初始条件照旧由公式(57)确定.应当指出,把函数(56)代入方程(5)并关于 y_i^0 求两边的导数,就可以直接得出方程组(58).但是若预先没有证明,我们还不可能断定关于 y_i^0 偏导数的存在,并且严格地说,不能改变左边关于 x 和 y_i^0 求导数的顺序.仍应指出,对于一个方程的情形,线性齐次方程(55)能积分为有限形式.

注4　若方程(5)的右边 f_k 在条件(6)之下有关于 y_s 到某 m 阶为止的连续偏导数,则函数 $\varphi_k(x,x_0,y_1^0,\cdots,y_n^0)$ 也有关于 y_s^0 到 m 阶为止的连续偏导数.若 f_k 有关于 x 的连续偏导数,则由方程(5)本身推知,φ_k 有关于 x 到二阶为止的连续导数.

104. 非线性一阶方程

我们转到在一般情形的一阶偏微分方程的讨论. 如同对线性方程的情形一样,我们先假定只有两个自变量. 两个自变量的函数的一阶偏微分方程有形状

$$F(x,y,u,p,q)=0 \tag{59}$$

首先解释所写方程的几何意义. 在任意一定点(x,y,u),方程(59)表示p同q间的关系式,也就是曲面的法线方向余弦间的关系式. 满足该关系式的所有法线,形成以(x,y,u)为顶点的锥面. 通过点(x,y,u)而垂直于这锥面母线的平面,是所求积分曲面在这定点的切平面的可能位置. 这平面族和法线锥面的母线族同样是和一个参数有关. 这平面族的包络是一个新的锥面,称为锥面T. 因此,方程(59)相当于在空间的每一点给出锥面T,而方程(59)的所求积分曲面应具有以下特性,在它的每一点的切平面应当切于这点所对应的锥面T.

写出在给定点(x,y,u)的锥面T的方程. 设在定点(x,y,u)满足方程(59)的p和q是参数a的函数. 锥面T是平面族

$$p(a)(X-x)+q(a)(Y-y)-(U-u)=0 \tag{60}$$

的包络. 对参数a微分,得到添加的方程

$$\frac{\mathrm{d}p}{\mathrm{d}a}(X-x)+\frac{\mathrm{d}q}{\mathrm{d}a}(Y-y)=0 \tag{61}$$

关于a微分关系式(59),我们得到

$$P\frac{\mathrm{d}p}{\mathrm{d}a}+Q\frac{\mathrm{d}q}{\mathrm{d}a}=0 \tag{62}$$

其中

$$P=F_p,Q=F_q \tag{63}$$

以后我们假设对所考虑的变量之值F_p和F_q不同时为零,即$F_p^2+F_q^2>0$. 所除去的只是方程(59)的奇解情形. 假定$\frac{\mathrm{d}p}{\mathrm{d}a}$和$\frac{\mathrm{d}q}{\mathrm{d}a}$二者不同时为零,从齐次方程(61)及(62)得到

$$\frac{X-x}{P}=\frac{Y-y}{Q}$$

而最后,方程(60)终于使我们有锥面母线的方程

$$\frac{X-x}{P}=\frac{Y-y}{Q}=\frac{U-u}{pP+qQ} \tag{64}$$

为了得到锥面的不同母线,我们应当在分母中代入在定点(x,y,u)满足关系式(59)的不同的p和q之值.

在线性方程(2)的情形,我们在每一点有一个确定的方向,所求积分曲面的切平面必须含有这个方向. 在目前的情形下,在每一点替代一个确定的方向而有锥面T,并且所求积分曲面的切平面应切于此锥面. 这样一来,我们对于非

17

线性方程(59)不可能像对有确定方向场的线性方程(2)那样来直接作出特征曲线. 在当前的情形, 替代方向场我们有锥面 T 场. 然而, 我们现在指出, 设方程(59)有了积分曲面 $S: u = u(x, y)$, 我们可以用一族曲线来遮盖, 它们完全类似于线性方程(2)的特征曲线. 实际上, 积分曲面在每一点的切平面必须和这一点所对应的锥面 T 相切, 因此也必须含这锥面的一条母线, 沿着它和锥面相切. 在曲面不同点的这些锥面 T 的母线, 在积分曲面上构成某一方向场, 从而求对应于这方向场的一阶方程的积分, 我们就得到和一个参数有关的一族曲线 l' 来遮盖了这曲面. 上述方向场的方向余弦应当和方程(64)的分母成比例, 其中 p 与 q 直接由所考虑的积分曲面的方程确定. 因此, 沿着所说的遮盖给定的积分曲面的曲线, 必须满足关系

$$\frac{\mathrm{d}x}{P} = \frac{\mathrm{d}y}{Q} = \frac{\mathrm{d}u}{pP + qQ} \tag{65}$$

或

$$\frac{\mathrm{d}x}{\mathrm{d}s} = P, \frac{\mathrm{d}y}{\mathrm{d}s} = Q, \frac{\mathrm{d}u}{\mathrm{d}s} = pP + qQ \tag{66}$$

为了求出在给定积分曲面上的上述曲线, 积分一阶方程

$$\frac{\mathrm{d}x}{P} = \frac{\mathrm{d}y}{Q} \tag{67}$$

就够了, 因为函数 u 及其偏导数 p 与 q 在给定曲面上是 x 和 y 的已知函数, 所写分式的分母只含有变量 x 及 y. 求方程(67)的积分, 并且利用曲面方程 $u = u(x, y)$, 我们得到所提到的曲线 l'. 方程(66)的右边只在选定了积分曲面 $u = u(x, y)$ 时才有意义. 知道了积分曲面使我们能把 p 和 q 当作 (x, y) 的函数. 现在我们对方程组(66)再添上两个含微分 $\mathrm{d}p$ 与 $\mathrm{d}q$ 的方程, 使所得到的微分方程组和(59)的积分曲面的选取无关. 以 r, σ 和 t 记 u 的二阶导数

$$r = u_{xx}, \sigma = u_{xy}, t = u_{yy}$$

并以 X, Y 和 U 记方程(59)的左边关于 x, y 和 u 的导数

$$X = F_x, Y = F_y, U = F_u$$

将方程(59)的左边关于 x 和 y 求全导数, 我们得到

$$X + Up + Pr + Q\sigma = 0, Y + Uq + P\sigma + Qt = 0$$

另一方面, 显然我们有

$$\frac{\mathrm{d}p}{\mathrm{d}s} = r\frac{\mathrm{d}x}{\mathrm{d}s} + \sigma\frac{\mathrm{d}y}{\mathrm{d}s} = Pr + Q\sigma$$

$$\frac{\mathrm{d}q}{\mathrm{d}s} = \sigma\frac{\mathrm{d}x}{\mathrm{d}s} + t\frac{\mathrm{d}y}{\mathrm{d}s} = P\sigma + Qt$$

从所写的方程直接推出

$$\frac{\mathrm{d}p}{\mathrm{d}s} = -(X + Up), \frac{\mathrm{d}q}{\mathrm{d}s} = -(Y + Uq)$$

于是,我们可以对方程(66)再补充这两个方程. 这样,我们得到下面由辅助参数 s 的五个函数的五个微分方程所组成的方程组

$$\frac{\mathrm{d}x}{\mathrm{d}s}=P,\frac{\mathrm{d}y}{\mathrm{d}s}=Q,\frac{\mathrm{d}u}{\mathrm{d}s}=pP+qQ$$

$$\frac{\mathrm{d}p}{\mathrm{d}s}=-(X+Up),\frac{\mathrm{d}q}{\mathrm{d}s}=-(Y+Uq) \qquad (68)$$

因此,我们可以断定,在任何积分曲面上,沿每一条如上所作的曲线 l',必须满足方程组(68). 我们可以单独考虑微分方程组(68)的本身而和方程(59)的积分曲面无关. 这个方程组称为方程(59)的特征组.

应指出,在推导方程组(68)时,我们利用了函数 u 的二阶导数. 此外,在求(68)的积分时,对于我们重要的是右边有一阶连续导数. 注意到这些,我们来叙述所得的结果. 设 $u(x,y)$ 是方程(59)的解,在某点 (x_0,y_0) 的邻域内有到二阶为止的连续偏导数. 记:$u_0=u(x_0,y_0),p_0=u_x(x_0,y_0),q_0=u_y(x_0,y_0)$. 我们假设 $F(x,y,u,p,q)$ 为单值,在值 (x_0,y_0,u_0,p_0,q_0) 的某邻域内连续且有到二阶为止的连续导数. 这时,方程组(68)有一个确定的解

$$x_0(s),y_0(s),u_0(s),p_0(s),q_0(s)$$

当 $s=0$ 时以 (x_0,y_0,u_0,p_0,q_0) 为初始条件. 从上面所进行的讨论推知,积分曲面 $u=u(x,y)$ 含有方程组(68)的上述的解,其中 s 是充分接近于零的一切值,就是说

$$u_0(s)=u[x_0(s),y_0(s)],p_0(s)=u_x[x_0(s),y_0(s)]$$

$$q_0(s)=u_y[x_0(s),y_0(s)]$$

如前面所说,我们可以单独考虑方程组(68)本身而和方程(59)无关,它是关于函数 (x,y,u,p,q) 的一阶方程组. 不难证明,它有积分

$$F(x,y,u,p,q)=C \qquad (69)$$

实际上,将所写方程的左边关于 s 微分,并利用方程(68),我们得到

$$\frac{\mathrm{d}F}{\mathrm{d}s}=XP+YQ+U(pP+qQ)-P(X+Up)-Q(Y+Uq)\equiv 0$$

105. 特征流形

方程组(68)的每个解是辅助参数的五个函数

$$x(s),y(s),u(s),p(s),q(s) \qquad (70)$$

我们只取方程组的那些代入积分(69)使常数 C 等于零的解. 称方程组(68)的这种解为方程(59)的特征长条,就是说,方程(59)的特征长条是指满足方程组(68)和关系式

$$F(x,y,u,p,q)=0 \qquad (71)$$

的函数组(70). (70)中前三个函数确定某空间曲线,而后面的两个函数确定沿这条曲线的某些切平面. 作为特征长条的组成部分而出现的空间曲线通常称为

方程(59)的特征曲线. 前段中我们证过, 每一积分曲面可用特征长条遮盖, 因而, 也由对应于这些特征长条的特征曲线遮盖. 如果我们在某积分曲面上取点(x_0, y_0, u_0)和对应于这点的值$p = p_0$及$q = q_0$, 则按方程组(68)的存在性和唯一性定理, 对初始值$(x_0, y_0, u_0, p_0, q_0)$确定了唯一特征长条, 而这特征长条应当整个属于所说的积分曲面, 就是说, 如果特征长条有某元素属于积分曲面, 则它整个属于这积分曲面. 从这个论断直接推出, 如果两个积分曲面在某点相切, 就是说, 如果在这点有公共的p和q, 则对应于这初始值的特征长条应同属于这二积分曲面. 换句话说, 如果二积分曲面在某点相切, 那么它们沿着在曲面切点处具有初始元素的整个特征长条相切. 不待说, 在所有这些议论中, 我们假设积分曲面和函数F满足前段所述条件, 并且关于某点(x_0, y_0)的邻域的一切假定也成立.

还要指出, 为了方程组(68)的解满足关系式(71), 就是说, 它是特征长条, 由于(69), 只要验证所说的解的初始条件$(x_0, y_0, u_0, p_0, q_0)$满足这关系式就够了, 也就是只要验证

$$F(x_0, y_0, u_0, p_0, q_0) = 0 \tag{72}$$

106. 柯西方法

我们已讲明方程组(68)和方程(59)的联系. 特别, 我们讲明了, 每一积分曲面是与一个参数有关的特征长条族. 现在假定说, 我们已能够求方程组(68)的积分, 因而也求到所有可能的特征长条. 要指出我们怎样能从这些特征长条作出方程(59)的积分曲面. 将假设方程组(68)的解已用参数s和在方程组中所出现的函数的初始值表示

$$x = x(s, x_0, y_0, u_0, p_0, q_0)$$
$$y = y(s, x_0, y_0, u_0, p_0, q_0)$$
$$u = u(s, x_0, y_0, u_0, p_0, q_0)$$
$$p = p(s, x_0, y_0, u_0, p_0, q_0)$$
$$q = q(s, x_0, y_0, u_0, p_0, q_0) \tag{73}$$

为了想得到特征长条族, 我们假设初始条件$(x_0, y_0, u_0, p_0, q_0)$已取为某参数$t$的函数

$$x_0(t), y_0(t), u_0(t), p_0(t), q_0(t) \tag{74}$$

而这些函数应满足关系式(72). 此外, 我们假定它们在$t_0 < t < t_1$时有连续导数, 并设方程(68)的右边在含流形(74)在内的某区域中关于(x, y, u, p, q)有连续导数. 如在前段见过的, 对任何值s关系式(71)也要满足.

把函数(74)代入公式(73)的右边, 我们得到

$$x = x(s, t), y = y(s, t), u = u(s, t) \tag{75}$$
$$p = p(s, t), q = q(s, t) \tag{76}$$

方程(75)确定了在参数形式下的某曲面.若是行列式

$$\Delta = x_s y_t - x_t y_s \tag{77}$$

异于零,我们以后常假定是这样的,那么完全同对线性方程一样,我们可以确定这曲面的显式方程 $u = u(x, y)$. 如我们以前见过的,方程(71)是满足的,可是剩下的问题是由公式(76)所确定的 p 和 q 是否为函数 $u(x, y)$ 关于 x 和 y 的偏导数.如果这种情况发生,那么关于 s 和 t 微分函数 $u(x, y)$,即得

$$\frac{\partial u}{\partial s} - p \frac{\partial x}{\partial s} - q \frac{\partial y}{\partial s} = 0$$

$$\frac{\partial u}{\partial t} - p \frac{\partial x}{\partial t} - q \frac{\partial y}{\partial t} = 0 \tag{78}$$

按条件,由 p 及 q 的系数组成的二阶行列式异于零,相反的,我们可以断定,如果由(76)确定的 p 与 q 满足关系(78),那么它们是 $u(x, y)$ 对 x 和 y 的偏导数.关系式(78)的第一个方程直接从方程组(68)的前三个方程推出.剩下只要说明在什么情况下关系式(78)的第二个满足.我们假设 $F(x, y, u, p, q)$ 在点 $(x_0, y_0, u_0, p_0, q_0)$ 的邻域内有到二阶为止的连续导数.同时方程(68)的右边有一阶连续导数,并且从这些方程推出 x_s, y_s, u_s 关于 t 有连续导数,就是说,连续导数 x_{st}, y_{st}, u_{st} 存在.同时连续导数 x_{ts}, y_{ts}, u_{ts} 也存在而等于上述的导数.这是由于:若函数 $f(x, y)$ 在某区域内有连续导数 f_{xy},则亦有导数 f_{yx},且 $f_{yx} = f_{xy}$.可以把[Ⅰ;155]中的论断做少许改变就可证明这个定理(例如,参考 Γ. M. 费赫金戈尔茨,微积分学教程,卷 1).

用 L 记(78)中第二个方程的左边,并对 s 微分,我们得到

$$\frac{\partial L}{\partial s} = \frac{\partial^2 u}{\partial t \partial s} - p \frac{\partial^2 x}{\partial t \partial s} - q \frac{\partial^2 y}{\partial t \partial s} - \frac{\partial p}{\partial s} \frac{\partial x}{\partial t} - \frac{\partial q}{\partial s} \frac{\partial y}{\partial t}$$

另一方面,关于 t 微分(78)中前一关系式,如刚才所见到的这关系式一定成立,就有

$$0 = \frac{\partial^2 u}{\partial s \partial t} - p \frac{\partial^2 x}{\partial s \partial t} - q \frac{\partial^2 y}{\partial s \partial t} - \frac{\partial p}{\partial t} \frac{\partial x}{\partial s} - \frac{\partial q}{\partial t} \frac{\partial y}{\partial s}$$

从前一式逐项减去最后的等式,可写 $\frac{\partial L}{\partial s}$ 为形状

$$\frac{\partial L}{\partial s} = \frac{\partial p}{\partial t} \frac{\partial x}{\partial s} + \frac{\partial q}{\partial t} \frac{\partial y}{\partial s} - \frac{\partial p}{\partial s} \frac{\partial x}{\partial t} - \frac{\partial q}{\partial s} \frac{\partial y}{\partial t}$$

或者,利用方程组(68)

$$\frac{\partial L}{\partial s} = P \frac{\partial p}{\partial t} + Q \frac{\partial q}{\partial t} + (X + Up) \frac{\partial x}{\partial t} + (Y + Uq) \frac{\partial y}{\partial t}$$

关于 t 微分函数(75)和(76)所满足的关系式(71),我们得到

$$0 = X \frac{\partial x}{\partial t} + Y \frac{\partial y}{\partial t} + U \frac{\partial u}{\partial t} + P \frac{\partial p}{\partial t} + Q \frac{\partial q}{\partial t}$$

从前一式减去这个等式,我们可以改变 $\dfrac{\partial L}{\partial s}$ 的表达式为形状

$$\frac{\partial L}{\partial s}=U\left(p\,\frac{\partial x}{\partial t}+q\,\frac{\partial y}{\partial t}-\frac{\partial u}{\partial t}\right)$$

或

$$\frac{\partial L}{\partial s}=-UL$$

于是推出

$$L=L_0\,\mathrm{e}^{-\int_0^s Uds}$$

其中 L_0 是当 $s=0$ 时关系式(78)左边的值

$$L_0=\frac{\partial u_0}{\partial t}-p_0\,\frac{\partial x_0}{\partial t}-q_0\,\frac{\partial y_0}{\partial t}$$

从所写公式直接推得,关系式 $L=0$ 对每一个 s 是成立的,只要当 $s=0$ 时是成立的话,就是说,为了满足(78)的第二个关系式;必要而且只要函数(74)适合关系式

$$\frac{\mathrm{d}u_0}{\mathrm{d}t}=p_0\,\frac{\mathrm{d}x_0}{\mathrm{d}t}+q_0\,\frac{\mathrm{d}y_0}{\mathrm{d}t} \qquad (79)$$

因此,我们可以肯定,如果当 $s=0$ 及 $t=t'(t_0<t'<t_1)$ 时行列式异于零,且若函数(74)满足关系式

$$F(x_0,y_0,u_0,p_0,q_0)=0$$

$$\frac{\mathrm{d}u_0}{\mathrm{d}t}=p_0\,\frac{\mathrm{d}x_0}{\mathrm{d}t}+q_0\,\frac{\mathrm{d}y_0}{\mathrm{d}t} \qquad (80)$$

则当 s 和 t 接近于 $s=0$ 及 $t=t'$ 时方程(75)给出方程(59)的积分曲面 $u=u(x,y)$. 方程(75)的前两个方程给出连续可导函数 $s(x,y),t(x,y)$. 把它们代入 $u(s,t),p(s,t),q(s,t)$,得到 x 和 y 的连续可导函数,而且 $p=u_x,q=u_y$,由此可见,函数 $u(x,y)$ 有连续二阶导数. 对于所得到的解,在 $s=0$ 和邻近于 t' 的 t,我们有:$u(t)=u[x(t),y(t)]$,就是说,曲面 $u=u(x,y)$ 含曲线 $x=x(t),y=y(t)$, $u=u(t)$ 对应于值 $t=t'$ 的邻域的某一段. 由于这样,我们在下一段建立的柯西问题的解,正如在 [100] 中的一样,具有局部性.

107. 柯西问题

对于方程(59)的柯西问题能和线性方程的情形一样来叙述:需要求出通过给定曲线 l 的积分曲面. 首先考虑问题的特殊情形,当给定的曲线在平行于 (y,u) 平面的平面 $x=x_0$ 上,并且在这个平面上有显式方程 $u=\psi(y)$,就是说,假定需要求出满足以下条件

$$u\mid_{x=x_0}=\psi(y) \qquad (81)$$

的积分曲面;对所考虑的柯西问题,除了证明解的存在性与唯一性以外,还要证

22

明解与初始条件的连续相关性.设 u_1 是在初始条件(81)中 $\psi(y)$ 换为 $\psi(y)+\delta(y)$ 时的解.所说的连续相关性归结为以下方式:在 (x,y) 的某个有限的变动区域中,只要 $|\delta(y)|$ 充分小,就可使量 $|u-u_1|$ 为任意小.解对于初始条件的这种连续相关性通常称为柯西问题提法的恰当性.我们假设方程(59)已写为关于 p 解出的形式

$$p=f(x,y,u,q) \tag{82}$$

由柯西条件(81)直接推知,我们可取变量 y 作参数,而曲线 l 的方程就有形状:$x=x_0,y=y,u=\psi(y)$.沿这条曲线我们仍须确定 p 及 q 为参数 y 的函数使它们满足(80)的两个条件.在所给的情形下,这些条件改写为形状

$$p_0=f(x_0,y,\psi(y),q),\psi'(y)=q_0 \tag{83}$$

于是看出,p_0 及 q_0 沿曲线 l 按唯一方式确定,并且应用前一段所述的方法,我们就得到问题的解.

为了适合前一段所指出的条件,我们一定需要函数 $\psi(y)$ 的连续二阶导数存在.对于 f 的条件能从[106]中所说关于 F 的条件推出.

现在考虑更一般的初始条件,就是说:假设需要导出通过方程为

$$x=\varphi(y),u=\psi(y) \tag{84}$$

的曲线的积分曲面.这个问题借助于自变量的变换可以化为前面的问题,就是说:替代 (x,y),按照公式

$$x=x'+\varphi(y'),y=y'$$

引进新自变量 (x',y'),并用对原来变量的导数来表示关于新变量的导数

$$u_{x'}=p,u_{y'}=p\varphi'(y')+q$$

于是

$$p=u_{x'},q=u_{y'}-u_{x'}\varphi'(y')$$

而对于新自变量方程(59)取形状

$$F[x'+\varphi(y'),y',u,u_{x'},u_{y'}-u_{x'}\varphi'(y')]=0 \tag{85}$$

曲线(84)在新变量之下写为形状

$$x'=0,u=\psi(y')$$

就是说,我们有上面所考虑过的形状的柯西问题.解决它的可能性归结到方程(85)关于 $u_{x'}$ 的解出.

在曲线 l 是由参数形式

$$x=x_0(t),y=y_0(t),u=u_0(t)$$

给定的情形,那么我们应当从两个方程

$$\begin{cases} F[x_0(t),y_0(t),u_0(t),p_0(t),q_0(t)]=0 \\ u'_0(t)-p_0(t)x'_0(t)-q_0(t)y'_0(t)=0 \end{cases} \tag{86}$$

来确定函数 $p_0(t)$ 与 $q_0(t)$.这些方程左边关于 p_0 及 q_0 的函数行列式

$$\Delta_0 = {y'}_0(t)F_{p_0} - {x'}_0(t)F_q \qquad (87)$$

恰好和当 $s=0$ 时的行列式(77)一致,这可从方程组(68)的前面两个方程推出. 我们假设行列式(77)沿曲线 l 异于零,又方程组(86)给出 p_0 与 q_0 沿曲线 l 的完全确定的值. 这时可以应用前一段所述作出解的方法,还应指出,行列式(87)不仅在 $s=0$ 时异于零,就对充分接近于零的 s 也是如此. 为了使函数 $p_0(t)$, $q_0(t)$ 有连续的一阶导数,我们一定需要函数 $x_0(t),y_0(t),u_0(t)$ 的连续二阶导数存在. 这从(86)的第二个方程可以看出.

108. 解的唯一性

在解柯西问题时,我们用特征长条来作出积分曲面. 问题的解的唯一性明显地由每一积分曲面能用特征长条遮盖这一事实而直接得到. 但是在证明这一事实时,我们利用了函数 $u(x,y)$ 的连续二阶导数的存在性. 在上面所做的假设之下,我们在[107]中得到问题的解,在那里 $u(x,y)$ 有连续二阶导数. 然而,如果只假设函数 $u(x,y)$ 有连续一阶导数,所说唯一性的简单证明就不适用了.

不难在只是一阶连续导数存在的假定下证明唯一性定理. 我们现在在柯西条件(81)之下来对方程(82)进行证明.

证明是以下面的引理为基础:

引理 设函数 $u(x,y)$ 在由直线

$$x=x_0, \quad x-x_0 = \frac{1}{A}(y-y_1), \quad x-x_0 = -\frac{1}{A}(y-y_2) \quad (y_1 < y_2) \quad (88)$$

所组成的闭三角形($\triangle$)上连续,并对 $x > x_0$,在更宽的由直线

$$x=x_0, \quad x-x_0 = \frac{1}{A}(y-y_3), \quad x-x_0 = -\frac{1}{A}(y-y_4) \qquad (89)$$

$$(y_3 < y_1 < y_2 < y_4)$$

所构成的三角形内定义和有连续的一阶导数. 更假设这导数在除底边而外的整个 $\triangle$ 内满足条件

$$|u_x| \leqslant A|u_y| + B|u| \qquad (90)$$

而在底边 $x=x_0$ 上成立不等式

$$|u(x_0,y)| \leqslant M \qquad (91)$$

这时在整个 $\triangle$ 上成立不等式

$$|u(x,y)| \leqslant Me^{B(x-x_0)} \qquad (92)$$

首先对 $A=B=1$ 证明引理. 我们从反方面来进行讨论. 假设在 $\triangle$ 内有一点,对于它 $|u(x,y)| > Me^{x-x_0}$. 这时函数 $u(x,y)e^{x_0-x}$ 不能在底边上有最大的绝对值.

因为所有的条件只含函数 $u(x,y)$ 的绝对值及其导数,如有需要,就改变 $u(x,y)$ 的符号,而可以假设乘积 $u(x,y)e^{x_0-x}$ 不在 $\triangle$ 的底上到达最大正值. 同时我们可以确定一个充分小的正数 λ,使函数

24

$$v(x,y) = u(x,y) e^{-(1+\lambda)(x-x_0)} \qquad (93)$$

不在 △ 的底边上到达最大正值. 我们从这个假设来引出矛盾. 如果最大值在 △ 内部, 在对应点应有 $v_x = v_y = 0$, 于是推出: $u_x - (1+\lambda)u = 0, u_y = 0 (u > 0)$, 而这与在 $A = B = 1$ 时的(90)相矛盾. 若最大值出现在边 $x - x_0 = y - y_1$ 上(不在 △ 的顶点), 则在对应点应当有 $v_y \leqslant 0$, 并沿这一边微分, 得 $v_x + v_y = 0$. 这样引出式子

$$u_y \leqslant 0, u_x = -u_y + (1+\lambda)u \quad (u > 0) \qquad (94)$$

仍然和当 $A = B = 1$ 时的(90)相矛盾. 若它发生在边 $x - x_0 = -(y - y_2)$ 上, 类似的, 可得 $v_y \geqslant 0, v_x - v_y = 0$, 于是

$$u_y \geqslant 0, u_x = u_y + (1+\lambda)u \quad (u > 0) \qquad (95)$$

仍和在 $A = B = 1$ 时的(90)相矛盾. 最后, 假定说, 函数(93)在 △ 的顶点达到最大正值. 在任何情况下, 我们必须在这点有 $v_x \geqslant 0$, 即 $u_x \geqslant (1+\lambda)u$. 若同时 $u_y = 0$, 我们仍导致和(90)相矛盾. 若在顶点 $u_y < 0$, 则沿着边 $x - x_0 = y - y_1$ 微分, 得 $v_x + v_y \geqslant 0$, 引出不等式

$$u_y < 0, u_x \geqslant -u_y + (1+\lambda)u$$

与 $A = B = 1$ 时的(90)相矛盾. 若在顶点 $u_y > 0$, 则沿着边 $x - x_0 = -(y - y_2)$ 微分, 也像上面一样得出矛盾. 因此, 引理当 $A = B = 1$ 时得证. 推广到一般情形, 在三边为(88)的 △ 上, 我们有条件(90)及(91). 引入新的自变量 $x' = Bx$, $y' = \dfrac{B}{A}y$. △ 变为 △′, 其边为

$$x' = Bx_0, x' - Bx_0 = y' - y'_1, x - Bx_0 = -(y' - y'_2) \quad \left(y'_k = \frac{B}{A}y_k\right)$$

又替代(90)我们有

$$|u_{x'}| \leqslant |u_{y'}| + |u|$$

而条件(91)仍旧有形状 $|u(Bx_0, y')| \leqslant M$. 由于上面的证明, 我们得到在 △′ 上 $|u(x', y')| \leqslant Me^{(x'-Bx_0)}$, 或者回到原来的自变量, 就得到在 △ 上的不等式(92).

转到在条件(81)以及前面所做的假定下方程(82)的解的唯一性的证明. 假设在上述的 △ 上有两个解 $u_1(x,y), u_2(x,y)$, 而这两个解也在 f 有连续导数的那样的区域内. 此时我们能写出不等式

$$|f(x,y,u_2,q_2) - f(x,y,u_1,q_1)| \leqslant B|u_2 - u_1| + A|q_2 - q_1|$$

其中 A 和 B 是某个常数. 以 p_1, p_2, q_1, q_2 来记关于 u_1 和 u_2 的相应的偏导数. 因此

$$|p_2 - p_1| \leqslant A|q_2 - q_1| + B|u_2 - u_1|$$

对差 $u_2 - u_1$ 应用所证明的引理, 并且注意到这差式在 $x = x_0$ 时为零(即 $M = 0$), 我们从(92)可看到在整个 △ 上 $u_2(x,y) - u_1(x,y) = 0$, 就是说, 解的唯一性得

证. 方程(59)在柯西条件是任意曲线的一般情形,可以用变数变换和关于一个导数解出微分方程的方法化为以上的研究. 在[107]中我们也曾这样做过.

现在考虑在 $\triangle$ 上的方程(82)在不同条件

$$u_1 \mid_{x=x_0} = \varphi_1(y), u_2 \mid_{x=x_0} = \varphi_2(y)$$

下的两个解 $u_1(x,y)$ 和 $u_2(x,y)$. 对差式 $u_2 - u_1$ 应用引理,得到以下的在 $\triangle$ 上的不等式

$$\mid u_2(x,y) - u_1(x,y) \mid \leqslant \max_{y_1 \leqslant y \leqslant y_2} \mid \varphi_2(y) - \varphi_1(y) \mid \cdot e^{B(x-x_0)}$$

这个不等式证明了解对于出现在公式(81)中的初始条件 $\varphi(y)$ 的连续相关性.

还要指出与解柯西问题有关的一种情况. 若函数 $\varphi(y)$ 没有连续的二阶导数,则应用柯西方法可以引出曲面 $u=u(x,y)$,而 $u(x,y)$ 没有导数,能证明,在这种情形问题没有有连续导数的解[赫尔, (Haar), Acta Szeged, t. IV, fasc, II, 1928]. 上述引理在更一般情形的证明,和它在偏微分方程的唯一性定理证明中的应用,可以在下面的牟希克斯的论文中找到:《柯西问题解的唯一性》,数学科学的进展,卷 Ⅲ,2 期(A. Мышикс, "Единственность решения задачи Коши", Успехи Математических Наук, том III, вып. 2)

109. 奇异情形

假定说,我们已给定适合(80)的两个关系式的长条,并且沿这长条行列式(87)等于零

$$\Delta_0 = x_s y_t - x_t y_s \mid_{s=0} = y'_0(t) F_{p_0} - x'_0(t) F_{q_0} = 0 \tag{96}$$

假设存在通过这长条的积分曲面 $u=u(x,y)$,而 $u(x,y)$ 有到二阶为止的连续导数. 若 F_{p_0} 及 F_{q_0} 不同时等于零,则由(96)和(80)的第二个关系式推知我们的长条适合方程(66),而参数 s 用字母 t 来记. 然而在[104]中所推导的计算向我们指明,这长条满足(68)中所有的方程. 就是说,是特征长条. 因此,当满足条件(96)时,如果存在积分曲面含有给定的长条,则这长条必须是特征长条,这里设 F_{p_0} 及 F_{q_0} 不同时等于零. 此时完全和线性方程的情形一样,通过这长条可引无穷多积分曲面. 最后断言的证明和对线性方程所做的一样. 需要引某一长条 ω 与长条(74)有某公共点 (x_0, y_0, u_0) 以及在这一点的公共 p_0 和 q_0,并且沿新的长条 ω,行列式(87)异于零. 通过这长条有确定的积分曲面,它含整个的特征长条(74),因为它已含有后者的初始元素. 由于长条 ω 选取的任意性,我们就有问题的无穷多个解.

如果沿给定的长条 $\Delta_0 = 0$,而长条不是特征的,若是要函数 $u(x,y)$ 有到二阶为止的连续导数的话,则问题就不可能解决. 可是能够发生,长条所对应的曲线是积分曲面的奇异曲线的情形. 同时要指出,在推导柯西方法时,我们曾经利用到函数 $u(x,y)$ 的二阶导数. 若是等式(96)满足,且长条不是特征的,则沿这长条只适合方程组(68)的前三个方程.

26

上面的议论有简单的几何意义. 如果给定了某曲线 l, 那么条件(80)的前一个表明沿这条曲线由量 $p_0(t)$ 和 $q_0(t)$ 所确定的平面应切于锥面 T, 而第二条件等价于这平面应含有 l 的切线. 回忆起锥面母线的方程(64), 我们看到, 条件 $\Delta_0 \neq 0$ 相当于那样的事实, 沿曲线 l, l 的切线不和锥面 T 的母线相合. 方程(86)关于 $p_0(t)$ 和 $q_0(t)$ 的可解性归结为引包含 l 的切线且与锥面 T 相切的那些平面的可能性. 假定说, 通过 l 的切线我们能够引切于锥面 T 且沿 l 连续变动的平面($p_0(t)$ 及 $q_0(t)$ 必须有连续导数).

这样一来, 我们把曲线 l 补充成长条, 并取这长条为解(73)的初始值, 就有了积分曲面. 若 l 的切线是锥面 T 的母线, 沿相应的母线引锥面的切平面, 则沿 T 我们有值 p_0 及 q_0. 因此所得的长条能成为特征长条. 在这种情形问题有无穷多个解. 只要以另一曲线 l_1 与曲线 l 相交就行了, 使 l_1 在交点的切线落在切于 l 的同一平面上, 但不和 l 的切线相重合, 因之, 沿 l_1 的切线不和锥面 T 的母线相合. 通过 l_1 所引的积分曲面将含有 l. 最后可能发生, 曲线 l 的切线重合于锥面 T 的母线, 但这条曲线不是特征的, 就是说, 依照上述方法补充而成的长条不是特征长条. 在这种情形下, 从 l 的每一点我们始终能引具初始值 $(x_0, y_0, u_0, p_0, q_0)$ 的特征长条. 若是这些特征长条形成有显式方程 $u = u(x, y)$ 的积分曲面, 则曲线 l 是所作的积分曲面上的奇线. 在这些讨论中, 我们假设在每一点有确定的锥面 T.

我们指出方程(59)的积分曲面的一个重要类型. 我们固定了某一点 (x_0, y_0, u_0). 这时(80)的第二个关系式对于任何值 p_0 及 q_0 成立, 因为在这种情形下, 出现在关系式中的所有导数恒等于零. 我们只得到(80)的前一个方程, 一般说来, 它使我们对 p_0 及 q_0 有无穷多组值. 这些恰好是在固定点 (x_0, y_0, u_0) 用来确定切平面的可能位置的值 p_0, q_0. 我们可以像前面一样, 假定 $p_0(t)$ 及 $q_0(t)$ 是某参数 t 的函数. 把固定值 (x_0, y_0, u_0) 和上述的表示式 $p_0(t)$ 及 $q_0(t)$ 代入公式(73), 我们得到方程(59)的积分曲面, 具有以 (x_0, y_0, u_0) 为顶点的锥面的形状. 一般说来, 这曲面有曲的母线, 在顶点 (x_0, y_0, u_0) 和锥面 T 的母线相切. 这曲面通常称为方程(59)的以 (x_0, y_0, u_0) 为顶点的积分角锥. 可以指出, 柯西问题的解决能归结为以下的构图. 作顶点在给定曲线 l 上的积分角锥, 取它们的包络就是问题的解. 所有末尾的这些断言, 当然需要严格的分析证明, 我们不去讲它了.

110. 任意个数自变量

考虑在任意个数自变量情形的一阶方程

$$F(x_1, \cdots, x_n, u, p_1, \cdots, p_n) = 0 \tag{97}$$

求这样方程的积分的柯西方法, 能完全像两个自变量情形一样来推导, 而我们只限于说明结果. 对应于方程(97)的特征组有形状

$$\frac{\mathrm{d}x_1}{P_1} = \cdots = \frac{\mathrm{d}x_n}{P_n} = \frac{\mathrm{d}u}{p_1 P_1 + \cdots + p_n P_n} =$$

$$\frac{\mathrm{d}p_1}{-(X_1 + U p_1)} = \cdots =$$

$$\frac{\mathrm{d}p_n}{-(X_n + U p_n)} = \mathrm{d}s \tag{98}$$

$$(X_k = F_{x_k}, P_k = F_{p_k}, U = F_u)$$

我们要指出推导方程组(98)形式上的步骤. 假设有了方程(97)的解 $u = u(x_1, \cdots, x_n)$, 它有到二阶为止的连续导数. 同时 X_k, P_k 及 U 经代换 $u = u(x_1, \cdots, x_n)$ 和 $p_k = u_{x_k}(x_1, \cdots, x_n)$ 之后是 $(x_1, \cdots, x_n)$ 的函数.

写出一阶方程组

$$\frac{\mathrm{d}x_k}{\mathrm{d}s} = P_k \quad (k = 1, \cdots, n)$$

其中 s 是辅助变数. 将这个方程组的解代入方程 $u = u(x_1, \cdots, x_n)$, 就有

$$\frac{\mathrm{d}u}{\mathrm{d}s} = \sum_{i=1}^{n} p_i \frac{\mathrm{d}x_i}{\mathrm{d}s} = \sum_{i=1}^{n} p_i P_i$$

并且恰恰一样

$$\frac{\mathrm{d}p_k}{\mathrm{d}s} = \sum_{i=1}^{n} u_{x_k} x_i P_i$$

然而关于 x_k 微分(97), 得到

$$X_k + U p_k + \sum_{i=1}^{n} P_i \frac{\partial p_i}{\partial x_k} = X_k + U p_k + \sum_{i=1}^{n} u_{x_k} x_i P_i = 0$$

于是

$$\frac{\mathrm{d}p_k}{\mathrm{d}s} = -(X_k + U p_k)$$

这样, 我们得到方程组(98)中所有方程. 我们来仔细研究一下方程组(98), 把它看作是关于辅助变数 s 的函数 x_k, u, p_k 的方程组.

它有明显的积分

$$F(x_1, \cdots, x_n, u, p_1, \cdots, p_n) = C$$

假定说, 我们能求得所说方程组的积分

$$\begin{cases} x_k = x_k(s, x_k^{(0)}, u^{(0)}, p_k^{(0)}) \\ u = u(s, x_k^{(0)}, u^{(0)}, p_k^{(0)}) \\ p_k = p_k(s, x_k^{(0)}, u^{(0)}, p_k^{(0)}) \end{cases} \tag{99}$$

其中 $x_k^{(0)}, u^{(0)}, p_k^{(0)}$ 是当 $s = 0$ 时函数的初始值. 将假设这些初始值是 $(n-1)$ 个参数的函数

$$x_k^{(0)}(t_1, \cdots, t_{n-1}), u^{(0)}(t_1, \cdots, t_{n-1}), p_k^{(0)}(t_1, \cdots, t_{n-1}) \tag{100}$$

把这些代入公式(99), 我们就有变量 x_k 和 u 通过 n 个参数的表达式. 考虑函数

28

行列式

$$\Delta = \frac{D(x_1, \cdots, x_n)}{D(s, t_1, \cdots, t_{n-1})}$$

由于组中第一个方程,我们可把它写为形状

$$\Delta = \begin{vmatrix} P_1 & \cdots & P_n \\ \dfrac{\partial x_1}{\partial t_1} & \cdots & \dfrac{\partial x_n}{\partial t_1} \\ \vdots & & \vdots \\ \dfrac{\partial x_1}{\partial t_{n-1}} & \cdots & \dfrac{\partial x_n}{\partial t_{n-1}} \end{vmatrix} \tag{101}$$

如果这行列式在初始值 $s=0$ 的邻域内异于零,那么方程(99)使我们有积分曲面,它可以表示为显式 $u = u(x_1, \cdots, x_n)$. 为了这曲面是积分曲面,必需而且只需函数(100)满足下面的 n 个关系式

$$F(x_1^{(0)}, \cdots, x_n^{(0)}, u^{(0)}, p_1^{(0)}, \cdots, p_n^{(0)}) = 0 \tag{102}$$

$$\frac{\partial u^{(0)}}{\partial t_j} = \sum_{s=1}^{n} p_s^{(0)} \frac{\partial x_s^{(0)}}{\partial t_j} \quad (j = 1, 2, \cdots, n-1) \tag{103}$$

柯西问题在于寻求方程(97)的含有给定的 $(n-1)$ 维流形

$$x_k^{(0)}(t_1, \cdots, t_{n-1}), u^{(0)}(t_1, \cdots, t_{n-1})$$

的积分曲面,我们假设这流形已补充为流形(100),这就是说,满足关系式(102)及(103). 这时,若是沿着这流形行列式(101)异于零,那么上述的方法就引出柯西问题的解,而且这解是唯一的.

完全同两个自变量的情形一样,我们可以作方程(97)的积分角锥,固定某点 $(x_1^{(0)}, \cdots, x_n^{(0)}, u^{(0)})$ 并选取 $p_1^{(0)}, \cdots, p_n^{(0)}$ 为 $(n-1)$ 个参数的函数,使满足关系式(102).

若方程(97)已关于 p_1 解出

$$p_1 = f(x_1, \cdots, x_n, u, p_2, \cdots, p_n) \tag{104}$$

并且柯西条件有形状

$$u \mid_{x_1 = x_1^{(0)}} = \psi(x_2, \cdots, x_n) \tag{105}$$

则柯西问题有一个确定的解.

我们不在这里引入对于 f 和 ψ 的连续性的及导数存在的一切条件. 这可以和 $n=2$ 时一样来做. 对于有初始条件(105)的方程(104),在关于 f 和 ψ 的某些确定的条件下,可以判定积分曲面的存在区域. 假设函数 f 对 $| x_1 - x_1^{(0)} | \leqslant a$ 和任意的 x_k, p_k 及 u 为连续且有连续导数 f_{x_k}, f_{p_k} 及 $f_u(k = 2, \cdots, n)$. 此外,假定这些导数有关于 x_1, x_k, u 及 p_k 的连续导数,并且对所述变量之值导数 f_{x_1}, $f_{x_k}, f_u, f_{p_k}, f_{x_k x_l}, f_{x_k u}, f_{x_k p_l}, f_{uu}, f_{up_k}, f_{p_k p_l}$ 的绝对值不大于数 A. 更假定 $\psi(x_2, \cdots, x_n)$ 有到二阶为止的连续导数,并且成立不等式

$$\mid \psi_{x_k} \mid + \sum_{i=2}^{n} \mid \psi_{x_k x_i} \mid \leqslant B \quad (k=2,\cdots,n)$$

这时,在 $\mid x_1 - x_1^{(0)} \mid \leqslant \alpha$ 和任意的 $x_k (k=2,\cdots,n)$ 的区域内,方程(104)在条件 (105)之下的二次连续可微的解存在,其中 $\alpha \leqslant a$,此外,且须满足条件

$$\alpha < \frac{1}{A} \ln\left[1 + \frac{\ln 3}{2(n-1)(B+1)}\right]$$

[参看康姆凯(Kamke),Math. Zeitschr. Bd. 49,Heft 3,1943].

111. 全积分,通积分和奇积分

在这一段和下一段我们指出方程

$$F(x,y,u,p,q) = 0 \tag{106}$$

其他的求积分方法,特别是,柯西问题的解法. 在具体的例子中,它常常容易导出问题的解. 在柯西方法的叙述中,我们讲过应用这个方法的条件以及柯西问题的解的存在性和唯一性的条件. 现在我们主要是注意问题形式上的一面,并且广泛利用与一个或两个参变数有关的曲面族的包络论.

在应用柯西方法求方程(106)的积分时,我们要能完全积分出对应的常微分方程组

$$\frac{\mathrm{d}x}{P} = \frac{\mathrm{d}y}{Q} = \frac{\mathrm{d}u}{pP+qQ} = \frac{\mathrm{d}p}{-(X+Up)} = \frac{\mathrm{d}q}{-(Y+Uq)} \tag{107}$$

现在我们指出,方程(106)的积分问题只需要知道这个方程的与两个任意常数有关的解. 假设我们有这样的解

$$u = \varphi(x,y,a,b) \tag{108}$$

其中 a 与 b 是任意常数. 偏导数 p 及 q 将表示为公式

$$p = \varphi_x(x,y,a,b), q = \varphi_y(x,y,a,b) \tag{109}$$

由此推知,我们将有以下关系式

$$F[x,y,\varphi(x,y,a,b),\varphi_x(x,y,a,b),\varphi_y(x,y,a,b)] = 0 \tag{110}$$

此式不仅对 (x,y) 而且对 (a,b) 必须恒为满足. 我们假设从(108)及(109)的三个关系式能消去 a 及 b,并且这样消去后就引出方程(106). 在这种情形,方程(106)的解(108)称为这个方程的全积分. 不难从全积分得到方程的其他解. 假定说,在公式(108)中常数 b 是常数 a 的某函数,即 $b = \omega(a)$. 这样,我们引出一族积分曲面,和一个参数有关

$$u = \varphi[x,y,a,\omega(a)] \tag{111}$$

从方程(111)和方程

$$\varphi_a[x,y,a,\omega(a)] + \varphi_b[x,y,a,\omega(a)]\omega'(a) = 0 \tag{112}$$

消去 a 而得的族的包络沿与被包曲面的切线有同样的 p 及 q,所以包络也是方程(106)的积分曲面. 当任意选取可微函数 $\omega(a)$ 时,所有这种积分曲面的全体组成方程(106)的通积分. 如我们见到的这积分就含任意函数 $\omega(a)$. 我们甚至

30

可以作出与两个参数 a 及 b 相关的积分曲面族(108)的包络. 这要从方程(108)及方程

$$\varphi_a(x,y,a,b)=0, \varphi_b(x,y,a,b)=0 \tag{113}$$

消去 a 和 b. 所得积分曲面不含任何任意的元素, 而通常称为方程(106)的奇积分. 当然, 这时我们假设所有上述的消去是可能的, 并且导出的函数有连续导数.

代替所述几何上的考察, 我们利用任意常数变易法也可以得到通积分和奇积分. 要求出方程(106)的形状(108)的解, 把 a 及 b 视为 (x,y) 的未知函数. 函数 u 的偏导数就不再依公式(109)来计算, 而是照下面公式

$$p = \varphi_x + \varphi_a a_x + \varphi_b b_x, q = \varphi_y + \varphi_a a_y + \varphi_b b_y$$

若对未知函数 a 和 b 添加两个关系式

$$\varphi_a a_x + \varphi_b b_x = 0, \varphi_a a_y + \varphi_b b_y = 0 \tag{114}$$

于是偏导数的表达式仍如以前, 而函数(108)也像过去一样给出积分曲面. 一切问题归结到方程组(114)的研究. 这两个方程有明显的解: $a=$ 常数和 $b=$ 常数, 这仍然导出全积分. 第二个明显的解只要 a 和 b 满足关系式

$$\varphi_a = 0, \varphi_b = 0$$

就可得到. 这样引出奇积分. 若这些等式至少有一个不满足, 那么关于 φ_a 及 φ_b 的齐次方程组(114)的行列式必须为零

$$\begin{vmatrix} a_x & b_x \\ a_y & b_y \end{vmatrix} = 0$$

这时我们假设 a 和 b 不同时为常数. 这个函数行列式等于零使我们能引出 a 与 b 间的关系式[Ⅲ$_1$;18]. 假定说, 这关系有形状 $b=\omega(a)$. 这时方程(114)化为一个, 而能写成

$$\varphi_a + \varphi_b \omega'(a) = 0$$

这样得到通积分. 可以证明, 在某些条件下, 上述的解包括了方程(106)的一切解. 实质上, 问题归结为有了全积分, 我们就能解柯西问题.

112. 全积分和柯西问题

现在指出, 怎样从全积分推出柯西问题的解. 假设需要求出积分曲面使通过曲线

$$x = x(t), y = y(t), u = u(t) \tag{115}$$

问题归结到寻求由等式(111)和(112)所确定的通积分中的函数 $b=\omega(a)$, 使所得的积分曲面通过曲线(115). 预先讲明包络面的一个性质. 设有单参数曲面族

$$\psi(x,y,u,a) = 0 \tag{116}$$

假定说, 对曲线(115)的每一点 M 有族(116)中曲面通过, 而这曲面在点 M 的

切平面含有曲线(115)在点 M 的切线.要证明在这种情形下,族(116)的包络含有曲线(115).实际上,按条件我们有

$$\psi[x(t),y(t),u(t),a]=0 \tag{117}$$

而且对应于曲线(115)不同的点 M 有不同的常数值 a,也就是族(116)中不同的曲面.关于 t 微分上面的等式,得到

$$\psi_x x_t + \psi_y y_t + \psi_u u_t + \psi_a a_t = 0$$

另一方面,族(116)中曲面的切平面含有曲线(115)的切线的事实,使我们导出恒等式

$$\psi_x x_t + \psi_y y_t + \psi_u u_t = 0 \tag{118}$$

并且这后面的两个恒等式给出 $\psi_a a_t = 0$,或者由于 $a_t \neq 0$,我们有 $\psi_a = 0$.因此,函数(115)关于 t 恒满足方程 $\psi=0$ 及 $\psi_a=0$,就是说,族(116)的包络确实含曲线(115).

现在假定我们有方程(106)的全积分,把它用隐式表出

$$\psi(x,y,u,a,b)=0 \tag{119}$$

我们必须确定函数 $b=\omega(a)$,使得满足关系式(117)和(118).方程(118)的左边是方程(117)的左边关于 t 的导数.用 $\Psi(t,a,b)$ 来记把函数(115)代入方程(119)左边的结果.这样我们必须写出两个方程

$$\Psi(t,a,b)=0,\ \Psi_t(t,a,b)=0 \tag{120}$$

从这些等式消去 t,我们就有 a 与 b 之间的关系式,就是说,找到了所求的函数:$b=\omega(a)$.因此,为依照全积分来解柯西问题,需要将函数(115)代入全积分的方程,关于 t 微分所得的方程,并从这样作出的两个方程消去 t.这就使我们导出常数 a 和 b 间的关系式.对应于这关系式的通积分就通过曲线(115).

也可以按另一种方式来进行,从(120)用 t 来表出 a 及 b,代入(119)得到与单参数 t 有关的曲面族.求这族的包络,就得到所求的通过曲线(115)的积分曲面.

还要指出通积分概念与作为求方程组(107)的积分的结果而得到的特征长条之间的关系.族(111)的包络和被包曲面之一沿某曲线 l_a 相切.沿这条曲线引包络和被包曲面的公共切平面,我们得到某长条,这长条属于两个积分曲面,就是说,属于包络和被包曲面,于是推知,它必须是特征长条.因此,我们可以断定,下面的公式

$$\begin{cases} u=\varphi(x,y,a,b),\ \varphi_a(x,y,a,b)+\varphi_b(x,y,a,b)\omega'(a)=0 \\ p=\varphi_x(x,y,a,b),\ q=\varphi_y(x,y,a,b) \end{cases} \tag{121}$$

对任意固定的 a 和任意选取的 $b=\omega(a)$ 确定了方程组(107)的满足条件(106)的解.

我们可以认为公式(121)确定了量 x,y,u,p,q 中的四个为第五个和三个

32

任意常数 a,b 及 $c = \omega'(a)$ 的函数.方程组(107)的通积分含四个任意常数.然而,由于关系式(106)的出现,所有特征长条构成之族应只和三个任意常数有关,这就是我们按照公式(121)所得到的.在以后的某一段中,对于任意个数自变量的情形,我们要用直接计算的方法来验证方程(121)确实给出方程组(107)的解的那个事实.

要讲明,不用全积分而直接按微分方程来确定奇积分的可能性.关于 a 及 b 微分恒等式(110),我们得到

$$F_u \varphi_a + F_p \varphi_{xa} + F_q \varphi_{ya} = 0, F_u \varphi_b + F_p \varphi_{xb} + F_q \varphi_{yb} = 0$$

考虑到奇积分(113)的定义,我们可以断定在奇积分曲面上满足以下二等式

$$F_p \varphi_{xa} + F_q \varphi_{ya} = 0, F_p \varphi_{xb} + F_q \varphi_{yb} = 0$$

将假设所写关于 F_p 及 F_q 的齐次方程组的行列式在奇积分曲面上异于零,这实质上归结为关于方程(109)对 a 和 b 可解性的假设.同时,写出的齐次方程组使我们有

$$F_p = F_q = 0 \tag{122}$$

因此,奇积分可以由以下的三个方程消去 p 及 q 而得到

$$F(x,y,u,p,q) = 0, F_p(x,y,u,p,q) = 0$$
$$F_q(x,y,u,p,q) = 0 \tag{123}$$

方程(122)表明对方程(106)关于变量 p 或 q 不可能应用隐函数定理.这证明了奇积分不可能在解柯西问题的结果中得到,因为我们在[107]所做的,是假设方程关于 p(或 q)为可解出的.我们也可用别的方法达到这个结论.我们在奇积分曲面上任意取曲线,由于条件(122),沿这条曲线行列式(96)等于零,这表明对于任意取在奇积分曲面上的曲线,不存在柯西问题确定的解.

113. 例

1.方程

$$u = xp + yq + f(p,q) \tag{124}$$

类似于我们很早考虑过的克莱罗方程[Ⅱ;8].不难验证,把 p 与 q 换为 a 与 b,就得到它的全积分

$$u = ax + by + f(a,b)$$

方程

$$u = xp + yq + pq$$

有全积分

$$u = ax + by + ab$$

并应用上述方法,得到奇积分

$$u = -xy$$

如果我们在这曲面上取任意曲线

$$x_0 = \varphi(t), y_0 = \psi(t), u_0 = -\varphi(t)\psi(t) \tag{125}$$

则方程(86)

$$\varphi(t)p_0 + \psi(t)q_0 + p_0 q_0 + \varphi(t)\psi(t) = 0$$
$$\varphi'(t)\psi(t) + \psi'(t)\varphi(t) + \varphi'(t)p_0 + \psi'(t)q_0 = 0$$

有解 $p_0 = -\psi(t), q_0 = -\varphi(t)$,并且沿曲线(125)我们将有

$$F_{p_0} = q + \varphi(t) \equiv 0, F_{q_0} = p + \psi(t) \equiv 0$$

对方程

$$u = xp + yq - \frac{1}{2}(p^2 + q^2) \tag{124'}$$

奇积分为

$$u = \frac{1}{2}(x^2 + y^2) \tag{126}$$

若关于 p 解方程(124'),我们得到

$$F = p - x + \sqrt{x^2 + 2qy - 2u - q^2} = 0$$

并且,沿曲面(126)方程左边关于 u 的偏导数成为无穷大.

2.设有仅含 p 及 q 的方程

$$f(p,q) = 0$$

这个方程有明显的解

$$u = ax + cy + b$$

其中常数 a 和 c 必须满足关系式: $f(a,c) = 0$. 将它关于 c 解出: $c = f_1(a)$,得到方程的以下形状的全积分

$$u = ax + f_1(a)y + b$$

这个方程给出某平面族. 通积分是单参数平面族的包络,也就是可展曲面[Ⅱ;141].

作为例子考虑方程

$$p^2 + q^2 = k^2 \tag{127}$$

注意到所求曲面的法线与 u 轴的方向余弦由公式

$$\cos(n,u) = \pm\frac{1}{\sqrt{1 + p^2 + q^2}} = \pm\frac{1}{\sqrt{1 + k^2}}$$

表示,我们看到,方程(127)归结为所求积分曲面的法线与 u 轴构成定角的要求. 方程的全积分是平面族

$$u = ax + \sqrt{k^2 - a^2}\, y + b$$

方程组(68)写为形状

$$\frac{dx}{ds} = 2p, \frac{dy}{ds} = 2q, \frac{du}{ds} = 2(p^2 + q^2), \frac{dp}{ds} = 0, \frac{dq}{ds} = 0$$

而它的按初始条件所表出的解为

$$x = 2p_0 s + x_0, y = 2q_0 s + y_0, u = 2(p_0^2 + q_0^2)s + u_0, p = p_0, q = q_0 \quad (128)$$

只要 p_0 和 q_0 受条件 $p_0^2 + q_0^2 = k^2$ 的限制,我们就得到特征长条.这是某些直线,且沿这些直线 p 和 q 保持常数值.

假设要求引出过圆周

$$x_0 = \cos t, y_0 = 0, u_0 = \sin t$$

的积分曲面.在所给的情形,方程(86)的形状如下

$$p_0^2 + q_0^2 = k^2, \cos t = -p_0 \sin t$$

于是

$$p_0 = -\cot t, q_0 = \sqrt{k^2 - \cot^2 t}$$

代入(128)中前面三个方程,得到通过参数 s 和 t 表示的所求曲面的参数方程

$$x = -2s\cot t + \cos t, y = 2s\sqrt{k^2 - \cot^2 t}, u = 2k^2 s + \sin t$$

3. 以下类型

$$f_1(x, p) = f_2(y, q)$$

的一阶方程是比较一般些了.为了求全积分,令方程的两边等于同一常数 a:$f_1(x, p) = a$ 及 $f_2(y, q) = a$.关于 p 及 q 解这些方程,得:$p = \varphi_1(x, a)$ 及 $q = \varphi_2(y, a)$,而全积分写成形状

$$u = \int \varphi_1(x, a) \mathrm{d}x + \int \varphi_2(y, a) \mathrm{d}y + b$$

其中 b 是第二个任意常数.把这个方法应用到方程

$$pq - xy = 0 \text{ 或 } \frac{p}{x} = \frac{y}{q} \quad (129)$$

得出

$$u = \frac{1}{2}ax^2 + \frac{1}{2a}y^2 + b \quad (130)$$

假设要求引出通过曲线

$$x = t, y = \frac{1}{t}, u = 1$$

的积分曲面.将上面三式代入(130)并关于 t 微分,得

$$1 = \frac{1}{2}at^2 + \frac{1}{2at^2} + b, at - \frac{1}{at^3} = 0$$

消去 t 给出 $b = 0$,于是我们得到单参数积分曲面族

$$u = \frac{1}{2}ax^2 + \frac{1}{2a}y^2$$

这族的包络引出所求的积分曲面

$$u = xy$$

若取曲线

$$x = t, y = t, u = t^2 \tag{131}$$

作初始条件,那么,应用以上方法我们引出方程

$$\left(\frac{1}{2}a + \frac{1}{2a} - 1\right)t^2 + b = 0, 2\left(\frac{1}{2}a + \frac{1}{2a} - 1\right)t = 0$$

于是推出 $a = 1, b = 0$,而我们不可能求出通过曲线(131)的积分曲面.不难见到,令 $p = t$ 及 $q = t$,我们能补充曲线(131)成特征长条.实际上,函数

$$x = t, y = t, u = t^2, p = t, q = t$$

满足方程(129)和方程组(107).

4.若方程不含自变量

$$F(u, p, q) = 0$$

只要求到方程的下面形状

$$u = \varphi(x + ay) \tag{132}$$

的解,其中 a 是任意常数,那么就可以作出全积分.作为例题考虑方程

$$pq - u = 0 \tag{133}$$

施行代换(132)并令 $\xi = x + ay$,得到

$$a[\varphi'(\xi)]^2 - \varphi(\xi) = 0$$

并求这常微分方程的积分,得到方程(133)的全积分

$$u = \frac{(x + ay + b)^2}{4a}$$

对于方程(133),方程组(68)有形状

$$\frac{\mathrm{d}x}{\mathrm{d}s} = q, \frac{\mathrm{d}y}{\mathrm{d}s} = p, \frac{\mathrm{d}u}{\mathrm{d}s} = 2pq, \frac{\mathrm{d}p}{\mathrm{d}s} = p, \frac{\mathrm{d}q}{\mathrm{d}s} = q$$

并且对它求积分,给出

$$x = q_0 \mathrm{e}^s + (x_0 - q_0), y = p_0 \mathrm{e}^s + (y_0 - p_0), u = p_0 q_0 \mathrm{e}^{2s} + (u_0 - p_0 q_0)$$
$$p = p_0 \mathrm{e}^s, q = q_0 \mathrm{e}^s \tag{133'}$$

假设要求通过直线

$$x_0 = t, y_0 = 1, u_0 = t$$

的积分曲面.为了确定 p_0 及 q_0,有方程

$$p_0 q_0 = t, p_0 = 1$$

于是,$p_0 = 1$ 及 $q_0 = t$.代入(133')的前面三个方程并令 $\mathrm{e}^s = v$,得到所求曲面的参数方程,通过参数 v 及 t 表示为

$$x = tv, y = v, u = tv^3$$

或者,在显形式下:$u = xy$.

114. 任意个数自变量的情形

方程

$$F(x_1, \cdots, x_n, u, p_1, \cdots, p_n) = 0 \tag{134}$$

36

的全积分是指方程的含 n 个任意常数 a_s 的这样的解

$$u = \varphi(x_1, \cdots, x_n, a_1, \cdots, a_n) \tag{135}$$

使能从方程

$$p_k = \varphi_{x_k}(x_1, \cdots, x_n, a_1, \cdots, a_n) \quad (k = 1, 2, \cdots, n) \tag{135'}$$

和方程(135) 消去 a_s 就导出方程(134). 将 a_k 看作 $(n-1)$ 个参数的函数

$$a_k = a_k(t_1, \cdots, t_{n-1}) \quad (k = 1, 2, \cdots, n) \tag{136}$$

把这些表达式代入公式(135) 并从 n 个方程

$$u = \varphi(x_1, \cdots, x_n, a_1, \cdots, a_n)$$

$$\varphi_{t_j}(x_1, \cdots, x_n, a_1, \cdots, a_n) = 0 \quad (j = 1, \cdots, n-1) \tag{137}$$

消去 $(n-1)$ 个参数,我们得到方程(134) 的通积分. 它和 n 个函数(136) 的选取有关. 转来解柯西问题. 设需要求出方程(134) 的积分曲面,使含有给定的 $(n-1)$ 维流形

$$u = u(t_1, \cdots, t_{n-1}), x_k = x_k(t_1, \cdots, t_{n-1}) \quad (k = 1, 2, \cdots, n) \tag{138}$$

这个问题的解决完全像两个自变量的情形一样来进行. 把表达式(138) 代入公式(135),我们得到下面形状的等式

$$\psi(t_1, \cdots, t_{n-1}, a_1, \cdots, a_n) = 0 \tag{139}$$

对这等式添上把它关于 $t_1, \cdots, t_{n-1}$ 微分所得到的 $(n-1)$ 个等式

$$\psi_{t_1} = 0, \psi_{t_2} = 0, \cdots, \psi_{t_{n-1}} = 0 \tag{140}$$

就有 n 个方程,从它们能确定 $a_k(k = 1, 2, \cdots, n)$ 为参数 $t_1, \cdots, t_{n-1}$ 的函数,就是说,从这 n 个方程确定函数(136). 将所得的函数代进公式(137),并从(137) 的 n 个方程消去 $t_1, \cdots, t_{n-1}$,就有了含流形(138) 的积分曲面. 注意到在公式(139) 中独立参数的数目可能是小于 $(n-1)$. 这时需要关于独立参数来微分以代替(140).

　　若是固定参数值 t_j,那么 $(n+1)$ 个变数 $(u, x_1, \cdots, x_n)$ 的 n 个方程(137) 在 $(n+1)$ 维空间确定某曲线. 再联合方程(135'),把这条曲线补充为一阶长条,这长条属于两个积分曲面:从方程(137) 消去参数 t_j 而得的包络曲面和一个被包曲面;所以这长条必须是特征长条,就是说,必须满足柯西方程组(98). 这使得在知道了全积分(135) 以后,有作出方程组(98) 的和 $(2n-1)$ 个任意常数有关的解的可能性. 为了简便起见,将 a_n 看作 $(a_1, \cdots, a_{n-1})$ 的函数,而后面这些量起参数 $t_1, \cdots, t_{n-1}$ 的作用. 公式(137) 及(135') 取形状

$$u = \varphi(x_1, \cdots, x_n, a_1, \cdots, a_n)$$

$$\varphi_{a_j} + \varphi_{a_n} b_j = 0 \quad (j = 1, 2, \cdots, n-1)$$

$$p_k = \varphi_{x_k}(x_1, \cdots, x_n, a_1, \cdots, a_n) \quad (k = 1, 2, \cdots, n) \tag{141}$$

其中 b_j 是我们用来记 a_n 关于 a_j 的导数的. 公式(141) 确定上述一阶长条,由于函数 $a_n(a_1, \cdots, a_{n-1})$ 是任意选取的,不仅 $a_1, \cdots, a_n$ 而且 $b_1, \cdots, b_{n-1}$ 可以算作是

任意的. 我们形式地来证明由公式(141)所确定的长条满足方程组(98).

在方程(134)中把 u 及 p_k 用它们的表达式(141)来代,我们应当得到关于 x_k 及 $a_k(k=1,\cdots,n)$ 的恒等式. 关于 a_s 微分这恒等式,得到

$$U\varphi_{a_j} + \sum_{k=1}^{n} P_k \varphi_{x_k a_j} = 0 \quad (j=1,2,\cdots,n-1)$$

$$U\varphi_{a_n} + \sum_{k=1}^{n} P_k \varphi_{x_k a_n} = 0$$

以 b_j 乘最末的等式而与其前面的式子相加,并利用(141),我们就有以下的$(n-1)$ 个等式

$$\sum_{k=1}^{n} P_k (\varphi_{a_j x_k} + \varphi_{a_n x_k} b_j) = 0 \quad (j=1,2,\cdots,n-1) \tag{142}$$

另一方面,取(141)的第二个方程左边的全微分,我们得到以下的$(n-1)$ 个等式

$$\sum_{k=1}^{n} (\varphi_{a_j x_k} + \varphi_{a_n x_k} b_j) \mathrm{d}x_k = 0 \quad (j=1,2,\cdots,n-1) \tag{143}$$

假设由方程组(142)或(143)的系数组成的$(n-1)$ 阶行列式至少有一个异于零,我们可以断定 $\mathrm{d}x_k$ 必须和 P_k 成比例,就是说,满足关系式

$$\frac{\mathrm{d}x_1}{P_1} = \cdots = \frac{\mathrm{d}x_n}{P_n}$$

其次,从(141)推出 $\mathrm{d}u = \sum_{k=1}^{n} p_k \mathrm{d}x_k$,我们可以补充以上所写的等式为

$$\frac{\mathrm{d}x_1}{P_1} = \cdots = \frac{\mathrm{d}x_n}{P_n} = \frac{\mathrm{d}u}{p_1 P_1 + \cdots + p_n P_n} \tag{144}$$

我们重新回到一个恒等式,它是在方程(134)中把 u 和 p_k 用它们的表达式(141)来代所得到的,并关于 x_k 微分这个恒等式

$$X_k + U\varphi_{x_k} + \sum_{i=1}^{n} P_i \varphi_{x_i x_k} = 0$$

以 $\mathrm{d}x_k$ 来乘并用(144)作代换 $P_i \mathrm{d}x_k = P_k \mathrm{d}x_i$,我们得到

$$(X_k + Up_k)\mathrm{d}x_k + P_k \sum_{i=1}^{n} \varphi_{x_i x_k} \mathrm{d}x_i = 0$$

可是

$$\sum_{i=1}^{n} \varphi_{x_i x_k} \mathrm{d}x_i = \mathrm{d}p_k$$

由此推知

$$(X_k + Up_k)\mathrm{d}x_k + P_k \mathrm{d}p_k = 0$$

就是说

38

$$\frac{\mathrm{d}x_k}{P_k} = \frac{\mathrm{d}p_k}{-(X_k + Up_k)}$$

因此,我们得到最后的方程组

$$\frac{\mathrm{d}x_1}{P_1} = \cdots = \frac{\mathrm{d}x_n}{P_n} = \frac{\mathrm{d}u}{p_1 P_1 + \cdots + p_n P_n} =$$

$$\frac{\mathrm{d}p_1}{-(X_1 + Up_1)} = \cdots = \frac{\mathrm{d}p_n}{-(X_n + Up_n)} \tag{145}$$

115. 雅可比定理

现在考虑方程(134),当它不包含未知函数 u,而关于导数之一是解出的那种特殊情形.为了写来对称起见,用 $t, x_1, \cdots, x_n$ 记自变量,并且假定方程关于 $p_0 = u_t$ 解出,就是说,它有形状

$$p_0 + H(t, x_1, \cdots, x_n, p_1, \cdots, p_n) = 0 \tag{146}$$

对应于这个方程的方程组(145)写为形状

$$\frac{\mathrm{d}t}{1} = \frac{\mathrm{d}x_1}{H_{p_1}} = \cdots = \frac{\mathrm{d}x_n}{H_{p_n}} = \frac{\mathrm{d}p_1}{-H_{x_1}} = \cdots = \frac{\mathrm{d}p_n}{-H_{x_n}} =$$

$$\frac{\mathrm{d}u}{p_0 + p_1 H_{p_1} + \cdots + p_n H_{p_n}} \tag{147}$$

除了最末一个之外所有写出的比式皆不含 p_0 与 u,我们还得到所谓标准微分方程组

$$\frac{\mathrm{d}x_k}{\mathrm{d}t} = H_{p_k}, \frac{\mathrm{d}p_k}{\mathrm{d}t} = -H_{x_k} \quad (k=1,2,\cdots,n)$$

而 x_k 与 p_k 我们看作是 t 的函数,如果我们能够求这个方程组的积分,则从(146)可求 p_0,而 u 从方程: $\mathrm{d}u = (p_0 + p_1 H_{p_1} + \cdots + p_n H_{p_n})\mathrm{d}t$ 借助于求积法而确定.

因为方程(146)不含 u,对这个方程的每个解我们可以加上任意常数.假定说,我们有方程(146)的全积分,它应当含有 $(n+1)$ 个任意常数,而其中的一个为附加项的形状

$$u = \psi(t, x_1, \cdots, x_n, a_1, \cdots, a_n) - a_0$$

对所给的情形应用等式(141),而常数 a_0 起 a_n 的作用.注意到,在这种情形下,$\varphi_{a_0} = -1$,我们得到标准微分方程组的以下形状的通积分

$$\psi_{a_k} = b_k, p_k = \psi_{x_k} \quad (k=1,2,\cdots,n)$$

这样建立了我们以前[82]已经提出的著名的雅可比定理.

注意到,若是方程(134)不含未知函数 u 但尚未关于任何 p_k 解出,就是说,有形状

$$F(x_1, \cdots, x_n, p_1, \cdots, p_n) = 0$$

那么对应于这个方程的方程组(145)为

39

$$\frac{\mathrm{d}x_1}{F_{p_1}} = \cdots = \frac{\mathrm{d}x_n}{F_{p_n}} = \frac{\mathrm{d}p_1}{-F_{x_1}} = \cdots = \frac{\mathrm{d}p_n}{-F_{x_n}} =$$

$$\frac{\mathrm{d}u}{p_1 F_{p_1} + \cdots + p_n F_{p_n}} = \mathrm{d}s$$

我们仍然得到标准微分方程组

$$\frac{\mathrm{d}x_k}{\mathrm{d}s} = F_{p_k}, \frac{\mathrm{d}p_k}{\mathrm{d}s} = -F_{x_k} \quad (k = 1, 2, \cdots, n)$$

在这里辅助参数 s 起自变量的作用,若我们能积分这个方程组,则 u 可用求积法得到.

以上所说的雅可比定理向我们表明,有了方程(146)的全积分,我们如何求所对应的标准微分方程组的积分. 相反的,在[110]中所述的柯西方法指出,若能积分了方程组(147),我们就可以求到方程(146)的满足任何柯西初始条件的解,并且利用了这个,不难证明,特别是也能作出方程(146)的全积分.

116. 两个一阶方程的方程组

我们曾介绍过许多例题,那时的全积分能够完全用初等的方法求到. 现在产生关于对任意一阶方程求全积分的一般方法的建立的可能性问题. 为了叙述这种方法,我们必须预先考察关于一个未知函数的两个一阶方程

$$F(x, y, u, p, q) = 0, \Phi(x, y, u, p, q) = 0$$

的求解问题. 将假设这些方程关于 p 及 q 可解,而使我们有以下形状的方程

$$p = f(x, y, u), q = g(x, y, u) \tag{148}$$

若是它有与任意常数有关的解,我们将称所写的方程组为完全可积. 要讲明这种情况发生的必要和充分条件,并在这些条件满足时,给出求解的方法. 将(148)的第一个方程对 y,第二个方程对 x 微分,我们显然得到

$$f_y + f_u q = g_x + g_u p$$

或者,由于(148)

$$f_y + f_u g = g_x + g_u f \tag{149}$$

如果写出的变量 (x, y, u) 之间的关系式不恒满足,则它确定 u 是 x 及 y 的函数,而且只有这个不含任意常数的函数能是方程组(148)的解. 因此,恒满足关系式(149)是方程组(148)完全可积的必要条件. 要证明它也是充分的,并且同时给出求方程组(148)的解的方法. 我们可以把(148)的第一个方程看为一个自变量 x 的方程,因此 y 是作为参数在这个方程中出现. 求这个一阶方程的积分,我们得到 u 作为自变量 x,参数 y 和任意常数 $C(y)$ 的函数,这里 $C(y)$ 可以看为 y 的函数

$$u = \varphi[x, y, C(y)] \tag{150}$$

这函数也应当满足(148)的第二个方程,就是说,应满足方程

$$\varphi_y + \varphi_C \frac{dC}{dy} = g(x,y,u)$$

或

$$\frac{dC}{dy} = \frac{g(x,y,u) - \varphi_y}{\varphi_C} \qquad (151)$$

而在右边 u 须换为它的表达式(150). 现在证明,若是关系式(149)恒满足,则(151)的右边不含 x. 实际上,把(151)的右边关于 x 的导数等于零. 我们得到

$$(g_x + g_u\varphi_x - \varphi_{yx})\varphi_C - \varphi_{Cx}(g - \varphi_y) = 0 \qquad (152)$$

然而,由于函数(150)满足(148)的第一个方程,我们就有以下明显的关系式

$$\varphi_x = f, \varphi_{yx} = f_y + f_u\varphi_y, \varphi_{Cx} = f_u\varphi_C$$

并且用这些关系式,条件(152)能写成形状

$$(g_x + g_uf - f_y - f_u\varphi_y)\varphi_C - f_u\varphi_C(g - \varphi_y) = 0$$

而因为我们假定关系式(149)是恒满足的,故它显然成立. 因之,这时方程(151)是关于 $C(y)$ 的一阶方程,将它积分,我们得到 C 通过 y 和任意常数 b 的表达式. 把这个表达式代进公式(150),就有了方程组(148)的含一个任意常数的解. 因此,方程组(148)完全可积的必要和充分的条件是关系式(149)恒满足. 若这条件满足,则求方程组(148)的积分归结到积分两个一阶常微分方程,而方程组(148)的通解含一个任意常数.

和所解决的问题有直接联系的是全微分方程

$$Pdx + Qdy + Rdu = 0 \qquad (153)$$

的积分问题,其中 P, Q 及 R 是 (x,y,u) 的已知函数. 若令

$$f = -\frac{P}{R}, g = -\frac{Q}{R}$$

这个方程立即化为方程组(148),并且在这种情形下,可积条件(149)化为系数之间的以下的关系式

$$P(R_y - Q_u) + Q(P_u - R_x) + R(Q_x - P_y) = 0$$

我们很早就已经指出过这个关系式是方程(153)完全可积的必要和充分条件了[Ⅱ;76].

117. 拉格朗日－夏比方法

这个方法给出两个自变量的一阶偏微分方程

$$F(x,y,u,p,q) = 0 \qquad (154)$$

的全积分的一般作法. 设法求出下面形状的第二个方程

$$\Phi(x,y,u,p,q) = a \qquad (155)$$

其中 a 是任意常数,使得方程(154)和(155)关于 p 与 q 是可解的,而且解出之后所得形状(148)的方程组为完全可积的. 如果我们能这样做了,那么积分所得的方程组,我们又引进一个任意常数 b,因此我们得到方程(154)的全积分.

完全可积条件(149) 能写为形状

$$p_y + p_u q = q_x + q_u p \tag{156}$$

我们必须计算出现在这等式中的所有偏导数,而要应用由方程(154) 和(155) 所确定的以(x,y,u)为变量的隐函数 p 与 q 的微分法则. 关于 u 微分关系式(154) 及(155),我们得到

$$F_u + F_p p_u + F_q q_u = 0, \Phi_u + \Phi_p p_u + \Phi_q q_u = 0$$

于是

$$p_u = -\frac{\begin{vmatrix} F_u & F_q \\ \Phi_u & \Phi_q \end{vmatrix}}{\begin{vmatrix} F_p & F_q \\ \Phi_p & \Phi_q \end{vmatrix}}, q_u = -\frac{\begin{vmatrix} F_p & F_u \\ \Phi_p & \Phi_u \end{vmatrix}}{\begin{vmatrix} F_p & F_q \\ \Phi_p & \Phi_q \end{vmatrix}}$$

按照完全类似的方法,关于 x 和 y 微分,我们就有

$$q_x = -\frac{\begin{vmatrix} F_p & F_x \\ \Phi_p & \Phi_x \end{vmatrix}}{\begin{vmatrix} F_p & F_q \\ \Phi_p & \Phi_q \end{vmatrix}}, p_y = -\frac{\begin{vmatrix} F_y & F_q \\ \Phi_y & \Phi_q \end{vmatrix}}{\begin{vmatrix} F_p & F_q \\ \Phi_p & \Phi_q \end{vmatrix}}$$

于是可积条件(156) 写成形状

$$-\begin{vmatrix} F_y & F_q \\ \Phi_y & \Phi_q \end{vmatrix} - \begin{vmatrix} F_u & F_q \\ \Phi_u & \Phi_q \end{vmatrix}q + \begin{vmatrix} F_p & F_x \\ \Phi_p & \Phi_x \end{vmatrix} + \begin{vmatrix} F_p & F_u \\ \Phi_p & \Phi_u \end{vmatrix}p = 0$$

或是

$$\begin{vmatrix} F_p & F_x + F_u p \\ \Phi_p & \Phi_x + \Phi_u p \end{vmatrix} + \begin{vmatrix} F_q & F_y + F_u q \\ \Phi_q & \Phi_y + \Phi_u q \end{vmatrix} = 0 \tag{157}$$

展开行列式并利用[104] 中记号,我们得到下面的决定未知函数 Φ 的偏微分方程

$$P\Phi_x + Q\Phi_y + (pP + qQ)\Phi_u - (X + Up)\Phi_p - (Y + Uq)\Phi_q = 0 \tag{158}$$

严格地说,若在其中把 p 和 q 换为它们的表达式(154) 和(155),这个方程必须满足. 然而我们将要求得高一些,就是要它恒满足. 对应于线性齐次方程(158) 的常微分方程组恰好是柯西方程组(107)

$$\frac{\mathrm{d}x}{P} = \frac{\mathrm{d}y}{Q} = \frac{\mathrm{d}u}{pP + qQ} = \frac{\mathrm{d}p}{-(X + Up)} = \frac{\mathrm{d}q}{-(Y + Uq)} \tag{159}$$

我们求到这个方程组的任意一个积分就足以使得方程(154) 和(155) 关于 p 及 q 一齐解出.

我们知道方程组(159) 有明显的积分 $F = C$. 有了这个积分就便于求出方程组的其他积分. 同时我们不仅能利用上述的积分,而且简单地能利用关系式 $F = 0$.

42

若方程(154)不包含未知函数 u,就是说,有形状

$$F(x,y,p,q)=0$$

那么我们可以求到与 u 也无关的积分

$$\Phi(x,y,p,q)=a$$

此时条件(157)写为形状

$$\begin{vmatrix} F_p & F_x \\ \Phi_p & \Phi_x \end{vmatrix} + \begin{vmatrix} F_q & F_y \\ \Phi_q & \Phi_y \end{vmatrix} = 0 \tag{160}$$

或是展开的形状

$$(F_p\Phi_x - F_x\Phi_p) + (F_q\Phi_y - F_y\Phi_q) = 0$$

这导致求以下方程组的积分

$$\frac{\mathrm{d}x}{P} = \frac{\mathrm{d}y}{Q} = \frac{\mathrm{d}p}{-X} = \frac{\mathrm{d}q}{-Y} \tag{161}$$

公式(160)左边的表达式称为函数 F 与 Φ 的泊松括号而用符号 (F,Φ) 来记. 公式(157)左边的表达式称为函数 F 与 Φ 的梅耶括号而用符号 $[F,\Phi]$ 来记. 若对与变量 (x,y,u,p,q) 有关的任意函数 ω 引进记号,就是令

$$\frac{\mathrm{d}\omega}{\mathrm{d}x} = \omega_x + \omega_u p, \frac{\mathrm{d}\omega}{\mathrm{d}y} = \omega_y + \omega_u q$$

那么梅耶括号可以写成形状

$$[F,\Phi] = \begin{vmatrix} F_p & \dfrac{\mathrm{d}F}{\mathrm{d}x} \\ \Phi_p & \dfrac{\mathrm{d}\Phi}{\mathrm{d}x} \end{vmatrix} + \begin{vmatrix} F_q & \dfrac{\mathrm{d}F}{\mathrm{d}y} \\ \Phi_q & \dfrac{\mathrm{d}\Phi}{\mathrm{d}y} \end{vmatrix} \tag{162}$$

若是泊松括号或梅耶括号成为零,就说两个函数 F 与 Φ 在对合下. 在第一种情形这些函数应当是变量 (x,y,p,q) 的函数,而在第二种情形还要补充 u 到这些变量中去,因之,拉格朗日－夏比方法的实质是求方程组(159)或(161)的与 F 在对合下的积分.

要指出,在比较柯西方法和拉格朗日方法时的一望而知的一种情况. 应用柯西方法我们必须求方程组(159)所有的积分,而对拉格朗日－夏比方法,我们只需找到这个方程组的一个积分. 可是有了后来从拉格朗日－夏比方法得到的方程(154)的全积分,我们就能够完全求出方程组(159)的积分.

118. 线性方程组

为了扩充拉格朗日－夏比方法到任意个数自变量的情形,我们需要预先考察含一个未知函数的线性齐次方程组的积分问题. 考虑含有 m 个方程的这种方程组

$$\begin{cases} X_1(u) = a_{11}p_1 + a_{12}p_2 + \cdots + a_{1n}p_n = 0 \\ X_2(u) = a_{21}p_1 + a_{22}p_2 + \cdots + a_{2n}p_n = 0 \\ \vdots \\ X_m(u) = a_{m1}p_1 + a_{m2}p_2 + \cdots + a_{mn}p_n = 0 \end{cases} \tag{163}$$

其中 $p_k = u_{x_k}$，我们假设系数 a_{ik} 只和自变量 x_s 有关，并且简单地用 $X_k(u)$ 来记第 k 个方程的左边. 今提出关于求函数 u 使同时满足组(163)中所有方程的问题. 说到组(163)的解，我们要除去对我们没有兴趣的明显的 $u = $ 常数的解. 我们假设(163)中方程是线性独立的，就是说，不存在不全为零而可以是 x_s 的函数的因子 λ_k，使关系式

$$\sum_{k=1}^{m} \lambda_k X_k(u) = 0$$

对于 x_s 和 p_s 恒成立. 如果这样的因子存在而其中至少有一个不等于零，那么(163)中某一方程的左边可以用其余方程的左边线性表出. 这个方程就已经是其余方程的推论，而我们已经能把它删去. 假定说，$m \geqslant n$，并考虑组中前 n 个方程. 由于这些方程是线性独立的，从它们的系数所组成的行列式必须异于零. 那么关于 p_s 为齐次的方程组只有零解 $p_1 = \cdots = p_n = 0$，于是推知：$u = $ 常数，就是说，当 $m \geqslant n$ 时，方程组无解(除了显然解 $u = $ 常数以外). 因此我们以后将假设 $m < n$.

我们能够作出新的线性齐次方程. 它们是(163)中方程的推论，但可能和(163)中方程是线性独立的. 现在预先建立一些基本恒等式. 若 u_1 和 u_2 是自变量 $x_1, \cdots, x_n$ 的任意两个函数，我们有以下两个明显的恒等式

$$X_k(u_1 + u_2) = X_k(u_1) + X_k(u_2), X_k(u_1 u_2) = u_1 X_k(u_2) + u_2 X_k(u_1) \tag{164}$$

把表达式 $X_i(u)$ 中函数 u 换为第 k 个方程的左边，就是说，换为表达式 $X_k(u)$. 考虑到(164)，我们得到

$$X_i(X_k(u)) = \sum_{s=1}^{n} X_i(a_{ks}) u_{x_s} + \sum_{s=1}^{n} a_{ks} X_i(u_{x_s})$$

且完全一样

$$X_k(X_i(u)) = \sum_{s=1}^{n} X_k(a_{is}) u_{x_s} + \sum_{s=1}^{n} a_{is} X_k(u_{x_s})$$

其次，显然可写

$$\sum_{s=1}^{n} a_{ks} X_i(u_{x_s}) = \sum_{s=1}^{n} a_{ks} \sum_{t=1}^{n} a_{it} u_{x_s x_t} = \sum_{s,t=1}^{n} a_{it} a_{ks} u_{x_s x_t}$$

而最后的式子当交换记号 i 和 k 时并不改变，就是说

$$\sum_{s=1}^{n} a_{is} X_k(u_{x_s}) = \sum_{s=1}^{n} a_{ks} X_i(u_{x_s})$$

44

于是我们得到下面公式

$$X_i(X_k(u)) - X_k(X_i(u)) = \sum_{s=1}^{n} [X_i(a_{ks}) - X_k(a_{is})] u_{x_s} \tag{165}$$

它的右边是关于 $p_s = u_{x_s}$ 的线性齐次函数而系数与 x_k 有关. 我们拓广泊松括号的概念到任意个数自变量的情形. 若 φ 与 ψ 是自变量 $x_1, \cdots, x_n$ 及 $p_1, \cdots, p_n$ 的任意函数, 那么类似于从前的定义, 我们以下面的等式

$$(\varphi, \psi) = \sum_{j=1}^{n} (\varphi_{p_j} \psi_{x_j} - \varphi_{x_j} \psi_{p_j}) \tag{166}$$

来定义这两个函数的泊松括号. 在这公式中令 $\varphi = X_i(u)$ 及 $\psi = X_k(u)$. 此时

$$\varphi_{p_j} = a_{ij}, \psi_{x_j} = \sum_{s=1}^{n} \frac{\partial a_{ks}}{\partial x_j} p_s, \varphi_{x_j} = \sum_{s=1}^{n} \frac{\partial a_{is}}{\partial x_j} p_s, \psi_{p_j} = a_{kj}$$

把这些代入公式(166)的右边, 得到

$$(X_i(u), X_k(u)) = \sum_{s=1}^{n} \left(\sum_{j=1}^{n} a_{ij} \frac{\partial a_{ks}}{\partial x_j} - \sum_{j=1}^{n} a_{kj} \frac{\partial a_{is}}{\partial x_j} \right) p_s$$

或者是

$$(X_i(u), X_k(u)) = \sum_{s=1}^{n} [X_i(a_{ks}) - X_k(a_{is})] p_s$$

和公式(165)的右边比较, 我们得到重要的恒等式

$$X_i(X_k(u)) - X_k(X_i(u)) = (X_i(u), X_k(u)) \tag{167}$$

若 u 满足组(163)的一切方程, 就是说

$$X_l(u) \equiv 0 \quad (l = 1, \cdots, m)$$

那么这个函数也必须满足对记号 i 和 k 的任意选择时的线性齐次方程

$$(X_i(u), X_k(u)) = 0 \tag{168}$$

给记号以所有可能的值, 我们这样作出 $\frac{m(m-1)}{2}$ 个新的线性齐次方程, 它们在上述的意义下是组(163)的推论. 这些新方程中的若干个可能变为恒等式, 就是说, 它们当中所有 p_k 之前的系数可能等于零. 把不变为恒等式的新方程按某一确定顺序联合到组(163)中的方程去, 每次检验可以联合的方程是否为已有的那些方程的线性组合. 假若是这样, 不待说, 我们就不去联合它. 对所有方程这样做了, 我们就得到新方程组, 它的方程的数目可能大于 m. 对新方程组仍然做左边的泊松括号, 当然不去重复对原来方程组已做过的那些泊松括号. 如同上面一样, 把所得的新方程联合到方程组去. 继续这个步骤我们可能有两种不同情况. 可能发生, 我们得到方程个数等于 n 的方程组. 这种方程组只有 $u = $ 常数的显然解. 由此推知, 我们原来的方程组也只有显然解. 第二种可能性是这样的, 我们得到方程个数小于 n 的组, 对于它用泊松括号所得到的一切新方程全是组中方程本身的线性组合. 这种方程组称为完全的. 因此, 从前面的议

论推出,我们原来的方程组或是只有显然解,或是等价于某完全方程组,因此我们就转到完全组的积分问题。将假设我们原来写出的方程组(163)已经是完全的,就是说,所有可能的泊松括号$(X_i(u), X_k(u))$是方程左边的线性组合

$$(X_i(u), X_k(u)) = \sum_{l=1}^{m} \beta_l^{(i,k)} X_l(u) \tag{169}$$

其中系数$\beta_l^{(i,k)}$是x_k的函数,或者这些括号恒等于零。

119. 完全组和雅可比组

现在讲完全组的一些基本性质。替代x_k引入新自变量

$$y_k = \varphi_k(x_1, \cdots, x_n) \quad (k=1,2,\cdots,n)$$

并且我们假设所写变换关于x_k可解。组(163)在新自变量下有形状

$$Y_j(u) = b_{j1}\frac{\partial u}{\partial y_1} + \cdots + b_{jn}\frac{\partial u}{\partial y_n} = 0 \quad (j=1,2,\cdots,m)$$

按复合函数求导数的法则,其中

$$b_{jl} = \sum_{s=1}^{n} a_{js}\frac{\partial \varphi_l}{\partial x_s} = X_j(y_l) \tag{170}$$

对于函数u的任何选择我们有$Y_j(u) = X_j(u)$,右边用自变量x_k表示,而左边用自变量y_k表示。于是推知,对任何记号i及k

$$X_i(X_k(u)) = Y_i(Y_k(u))$$

$$X_i(X_k(u)) - X_k(X_i(u)) = Y_i(Y_k(u)) - Y_k(Y_i(u))$$

考虑到(167)及(169),我们能写

$$Y_i(Y_k(u)) - Y_k(Y_i(u)) = \sum_{l=1}^{m} \gamma_l^{(i,k)} Y_l(u)$$

其中系数$\gamma_l^{(i,k)}$由系数$\beta_l^{(i,k)}$经简单的自变量变换而得到。因此,我们见到,如果原来的组是完全的,那么经任何自变量变换而得到的新的组也同样是完全的。

现在说明完全组的第二个性质。作方程组(163)左边的m个线性组合

$$Z_j(u) = d_{j1}X_1(u) + \cdots + d_{jm}X_m(u) \quad (j=1,\cdots,m)$$

而系数d_{jl}设为与x_k相关,且由这些系数所作的行列式异于零。在这些假设之下,方程组

$$Z_j(u) = 0 \quad (j=1,2,\cdots,m) \tag{171}$$

显然是等价于组(163)。将称新方程组是(163)的等价方程组。要证明,若原来方程组是完全的,则任何等价于它的方程组也是完全的。实际上,泊松括号$(Z_i(u), Z_k(u))$是下面形状的表达式

$$d_{ip}X_p(d_{kp}X_q(u)) - d_{kq}X_q(d_{ip}X_p(u))$$

之和,或由于(164),而为以下形状的表达式之和

$$d_{ip}[X_p(d_{kp})X_q(u) + d_{kq}X_p(X_q(u))] - d_{kq}[X_q(d_{ip})X_p(u) + d_{ip}X_q(X_p(u))] =$$

$$d_{ip}X_p(d_{kq})X_q(u) - d_{kq}X_q(d_{ip})X_p(u) + d_{ip}d_{kq}[X_p(X_q(u)) - X_q(X_p(u))]$$

46

注意到,所有表达式 $X_p(X_q(u)) - X_q(X_p(u))$ 是 $X_j(u)$ 的线性组合,我们看到,泊松括号 $(Z_i(u), Z_k(u))$ 可用 $X_j(u)$ 线性表出,由此推知,也可用 $Z_j(u)$ 表出,这就证明方程组(171)的完全性. 现在导入新的概念,它是完全性概念的特殊情形,就是说:我们将称方程组(163)为雅可比组,要是对它所有的泊松括号恒等于零,也就是只要这些括号中 p_s 的系数恒等于零. 不难用初等代数运算把完全组变为雅可比组. 实际上,考察原来方程组(163),我们设它是完全的. 因为这组方程是线性独立的,它的系数的矩阵有秩 m,我们可以关于量 p_s 中的 m 个解出组中的方程. 不失一般性,我们假设组中方程关于 $p_1, \cdots, p_m$ 解出,就是说,替代组(163)我们可写出和它等价的下面形状的方程组

$$
\begin{cases}
p_1 + c_{1,m+1} p_{m+1} + \cdots + c_{1,n} p_n = 0 \\
p_2 + c_{2,m+1} p_{m+1} + \cdots + c_{2,n} p_n = 0 \\
\qquad\qquad\vdots \\
p_m + c_{m,m+1} p_{m+1} + \cdots + c_{m,n} p_n = 0
\end{cases}
\tag{172}
$$

如以上所证明的,这个组必须是完全的. 今证明它也是雅可比组. 仍然用 $X_i(u)$ 记写出的组中方程的左边. 我们必须证明在公式(169)中所有系数 $\beta_l^{(i,k)}$ 恒等于零. 从方程组(172)的形状和泊松括号的定义直接推知,(169)左边的表达式不含当 $s \leqslant m$ 的 p_s,而右边 $p_s(s \leqslant m)$ 的系数显然等于 $\beta_s^{(i,k)}$. 由此立即推出一切系数 $\beta_s^{(i,k)}$ 必须等于零,也就是,方程组(172)确实是雅可比组. 注意到,并不是每个雅可比组必得有形状(172),可是,由于以上所证,当化完全组为形状(172)时,它是雅可比组.

120. 完全组的积分法

替代求完全组(163)的积分,我们可以积分等价于它的雅可比组(172).

考虑这组的第一个方程及对应于它的常微分方程组

$$
\frac{\mathrm{d}x_1}{1} = \frac{\mathrm{d}x_2}{0} = \cdots = \frac{\mathrm{d}x_m}{0} = \frac{\mathrm{d}x_{m+1}}{c_{1,m+1}} = \cdots = \frac{\mathrm{d}x_n}{c_{1,n}}
$$

这个方程组应有 $(n-1)$ 个独立积分

$$
\varphi_2(x_1, \cdots, x_n) = C_2, \cdots, \varphi_n(x_1, \cdots, x_n) = C_n
$$

而写出的方程的左边必须是(172)中第一个方程的解,注意到,我们能立即写出 $(m-1)$ 个积分,那就是

$$
x_2 = 常数, \cdots, x_m = 常数
$$

引进 $(n-1)$ 个新变量

$$
y_s = \varphi_s(x_1, \cdots, x_n) \quad (s = 2, \cdots, n)
\tag{173}
$$

由于积分的独立性,所写的方程应当关于变量 x_k 中的 $(n-1)$ 个可解,并且可以取到函数 $\varphi_1(x_1, \cdots, x_n)$,使整个的变数代换

$$
y_s = \varphi_s(x_1, \cdots, x_n) \quad (s = 1, 2, \cdots, n)
$$

关于所有变量 x_k 可解. 例如, 若方程 (173) 能对 $x_1, \cdots, x_{n-1}$ 解出, 那么我们取 $\varphi_1 = x_n$ 就行了. 改变方程组 (172) 为新变量的组. 利用公式 (170) 以及 $\varphi_2, \cdots, \varphi_n$ 是组 (172) 中第一个方程的积分的这种情况, 我们断定所写方程中的第一个化为形状: $\dfrac{\partial u}{\partial y_1} = 0$. 利用这个方程, 我们可以划去其余的 $(m-1)$ 个方程中含 $\dfrac{\partial u}{\partial y_1}$ 的各项, 由于方程的线性独立性, 我们能关于某 $(m-1)$ 个导数 $\dfrac{\partial u}{\partial y_3}$ 解这些方程. 不失一般性, 可以假设余下的这些方程对 $\dfrac{\partial u}{\partial y_2}, \cdots, \dfrac{\partial u}{\partial y_m}$ 可解出. 因此, 变后方程组就有形状

$$
\begin{cases}
Y_1(u) = \dfrac{\partial u}{\partial y_1} = 0 \\[2mm]
Y_2(u) = \dfrac{\partial u}{\partial y_2} + h_{2,m+1} \dfrac{\partial u}{\partial y_{m+1}} + \cdots + h_{2n} \dfrac{\partial u}{\partial y_n} = 0 \\
\qquad\qquad\qquad\qquad \vdots \\
Y_m(u) = \dfrac{\partial u}{\partial y_m} + h_{m,m+1} \dfrac{\partial u}{\partial y_{m+1}} + \cdots + h_{mn} \dfrac{\partial u}{\partial y_n} = 0
\end{cases}
\tag{174}
$$

原来的方程组是雅可比组, 因之是完全的, 所以变后的方程组应该是完全的. 但是因为它关于导数是可解出的, 它一定是雅可比组. 顺便指出, 由 [119] 的议论直接推出, 雅可比组变换至新变量仍导出雅可比组.

方程组 (174) 中第一个表明函数 u 不与 y_1 相关, 今证明组 (174) 中其余方程的系数也不含 y_1. 实际上, 因为组 (174) 是雅可比组, 每一表达式

$$
Y_1(Y_i(u)) - Y_i(Y_1(u)) = \frac{\partial c_{i,m+1}}{\partial y_1} \frac{\partial u}{\partial y_{m+1}} + \cdots + \frac{\partial c_{in}}{\partial y_1} \frac{\partial u}{\partial y_n}
$$

应当恒等于零, 这就证明了上述的断言. 因此我们可以在方程组 (174) 中去掉第一个方程, 并在 u 与 y_1 无关的假设下积分其余方程. 这样得出有 $(n-1)$ 个自变量的 $(m-1)$ 个方程的封闭组. 对这个方程组施行上述运算, 我们得到有 $(n-2)$ 个自变量的 $(m-2)$ 个方程的封闭组, 如此类推. 最后我们得到关于 $(n-m+1)$ 个自变量的函数 u 的一个方程. 仍用 $y_1, \cdots, y_{n-m+1}$ 记这些变量, 因此, 我们有下面形状的方程

$$
\frac{\partial u}{\partial y_1} + g_2 \frac{\partial u}{\partial y_2} + \cdots + g_{n-m+1} \frac{\partial u}{\partial y_{n-m+1}} = 0
$$

其中自变量 y_j 是原来自变量 $x_1, \cdots, x_n$ 的函数. 对应于最后方程的常微分方程组将有 $(n-m)$ 个独立积分

$$
\psi_1(y_1, \cdots, y_{n-m+1}) = C_1, \cdots, \psi_{n-m}(y_1, \cdots, y_{n-m+1}) = C_{n-m}
$$

而这个方程的通解表示为形状

$$
u = \Psi(\psi_1, \cdots, \psi_{n-m})
$$

48

其中 $\varPsi$ 为任意函数.这同一公式也给出原来方程组(163)的通解.

121. 泊松括号

我们利用上面所得结果,来建立在任意个数自变量情形求非线性一阶方程的全积分的方法.如同在两个自变量情形一样,我们需要预先考虑一个辅助问题.如果一个函数 $u(x_1,\cdots,x_n)$ 的偏导数已给定为自变量 x_k 的函数

$$p_k = p_k(x_1,\cdots,x_n) \quad (k=1,2,\cdots,n) \tag{175}$$

要求确定这个函数.

考虑到微分的结果与顺序的无关性,我们看到函数(175)应满足 $\dfrac{n(n-1)}{2}$ 个关系式

$$\frac{\partial p_i(x_1,\cdots,x_n)}{\partial x_k} = \frac{\partial p_k(x_1,\cdots,x_n)}{\partial x_i} \tag{176}$$

这些关系式对于决定 u 不仅必要而且充分.对于 $n=2$ 和 $n=3$ 的情形我们从前已经证过[Ⅱ;73].推广斯托克斯公式到 n 维空间,正如 $n=3$ 的情形,我们发现当满足条件(176)时,曲线积分

$$u(x_1,\cdots,x_n) = \int_{(x_1^{(0)},\cdots,x_n^{(0)})}^{(x_1,\cdots,x_n)} \sum_{s=1}^{n} p_s(x_1,\cdots,x_n)\mathrm{d}x_s$$

与路径无关且给出有偏导数(175)的函数 u.

应用完全归纳法可以证明条件(176)在一般情形的充分性.假设条件(176)对 $(n-1)$ 个自变量情形的充分性已经证得,而要证明这断言对于 n 个自变量亦为真实.因此,假定函数(175)适合关系(176).考虑到,假设对于 $(n-1)$ 个自变量我们的命题已经证好,利用(175)前面 $(n-1)$ 个方程作出自变量 $(x_1,\cdots,x_{n-1})$ 的函数 u,具有偏导数 $u_{x_k}=p_k(x_1,\cdots,x_n)(k=1,2,\cdots,n-1)$.因为变量 x_n 出现在 p_k 内,故这函数作为参数而含有 x_n.此外,对函数 u 可以添加任意常数,我们可以假设它是参数 x_n 的函数.

这样我们得到函数

$$u(x_1,\cdots,x_{n-1},x_n) + c(x_n)$$

它满足 $(n-1)$ 个条件

$$u_{x_k} = p_k(x_1,\cdots,x_n) \quad (k=1,2,\cdots,n-1)$$

剩下还要选取 $c(x_n)$,使得满足条件 $u_{x_n}=p_n(x_1,\cdots,x_n)$,我们这就导出方程

$$\frac{\mathrm{d}c(x_n)}{\mathrm{d}x_n} = p_n(x_1,\cdots,x_n) - u_{x_n}$$

并且我们还可以相信,所写方程的右边只含 x_n.当 $k<n$,关于 x_k 微分并注意(176)和 $u_{x_k}=p_k$,我们得到

$$\frac{\partial p_n}{\partial x_k} - \frac{\partial^2 u}{\partial x_n \partial x_k} = \frac{\partial p_n}{\partial x_k} - \frac{\partial}{\partial x_n}\left(\frac{\partial u}{\partial x_k}\right) = \frac{\partial p_n}{\partial x_k} - \frac{\partial p_k}{\partial x_n} \equiv 0$$

证明完毕.

现在假定偏导数 p_k 由 n 个方程

$$F_s(x_1,\cdots,x_n,p_1,\cdots,p_n)=a_s \quad (s=1,2,\cdots,n) \tag{177}$$

隐式确定,我们设它关于 p_k 可解.要证明,为了由方程(177)所确定的 p_k 满足关系式(176)起见,必要而充分的是等式(177)左边所作的一切泊松括号恒等于零,就是说,我们必须有 $\dfrac{n(n-1)}{2}$ 个关于 x_i 及 p_i 的恒等式

$$(F_i,F_k)=\sum_{s=1}^{n}\left(\frac{\partial F_i}{\partial p_s}\frac{\partial F_k}{\partial x_s}-\frac{\partial F_i}{\partial x_s}\frac{\partial F_k}{\partial p_s}\right)\equiv 0 \tag{178}$$

此时我们假设方程(177)的右边是任意常数.

从(177)中取两个方程并关于自变量 x_s 微分

$$\frac{\partial F_i}{\partial x_s}+\sum_{j=1}^{n}\frac{\partial F_i}{\partial p_j}\frac{\partial p_j}{\partial x_s}=0,\ \frac{\partial F_k}{\partial x_s}+\sum_{j=1}^{n}\frac{\partial F_k}{\partial p_j}\frac{\partial p_j}{\partial x_s}=0$$

用 $\dfrac{\partial F_k}{\partial p_s}$ 乘这些方程的第一个,$\dfrac{\partial F_i}{\partial p_s}$ 乘第二个,从第二个减去第一个并关于 s 取和,我们就得到

$$(F_i,F_k)+\sum_{j=1}^{n}\sum_{s=1}^{n}\frac{\partial F_k}{\partial p_j}\frac{\partial F_i}{\partial p_s}\frac{\partial p_j}{\partial x_s}-\sum_{j=1}^{n}\sum_{s=1}^{n}\frac{\partial F_i}{\partial p_j}\frac{\partial F_k}{\partial p_s}\frac{\partial p_j}{\partial x_s}=0$$

在第二个和式中更改取和的变动指标,我们可以改写最后的式子为形状

$$(F_i,F_k)+\sum_{j=1}^{n}\sum_{s=1}^{n}\frac{\partial F_k}{\partial p_j}\frac{\partial F_i}{\partial p_s}\left(\frac{\partial p_j}{\partial x_s}-\frac{\partial p_s}{\partial x_j}\right)=0 \tag{179}$$

若 p_k 满足关系式(176),则由上面公式立即推出对于任何指标必须满足恒等式(178).相反的,现在假设恒等式(178)满足了,要证明由公式(177)所定义的 p_k 必须适合关系式(176).若恒等式(178)满足,则公式(179)改写成形状

$$\sum_{j=1}^{n}\sum_{s=1}^{n}\frac{\partial F_k}{\partial p_j}\frac{\partial F_i}{\partial p_s}\left(\frac{\partial p_j}{\partial x_s}-\frac{\partial p_s}{\partial x_j}\right)=0$$

而且我们可以给指标 i 及 k 以任意数值.给指标 k 以值 $k=1,2,\cdots,n$,我们得到 n 个等式,我们可以看作是关于 n 个量

$$\sum_{s=1}^{n}\frac{\partial F_i}{\partial p_s}\left(\frac{\partial p_j}{\partial x_s}-\frac{\partial p_s}{\partial x_j}\right) \quad (j=1,2,\cdots,n) \tag{180}$$

的 n 个齐次方程.这齐次方程的行列式是函数 F_s 关于变量 p_s 的函数行列式,而我们假设它异于零(方程组(177)关于 p_s 可解).由此我们能断定所有的量(180)应当等于零.固定 j 而给 i 以值 $i=1,2,\cdots,n$,我们也得到关于量

$$\frac{\partial p_j}{\partial x_s}-\frac{\partial p_s}{\partial x_j} \quad (s=1,2,\cdots,n) \tag{181}$$

的齐次方程组,它的行列式仍旧是 F_s 关于 p_s 的函数行列式.从此立即推知所有的量(181)应成为零,这就是我们要证的.总之,为了使方程组(177)所确定的

p_k 是某函数 u 的偏导数起见，必要且充分的是函数 F_i 两两在对合下．我们已预先假定方程(177)的右边是任意常数，因为这样，就必得要求关系式(178)恒满足．若是我们固定了这些常数中某几个的数值，那么只要求在这样得到的方程有效时关系式(178)能满足就行了．

还须指出泊松括号的一些初等的性质．若 φ 及 ψ 为自变量 x_k 和 p_k 的两个任意函数，而 a 及 b 是常数，则从泊松括号的定义直接推出以下的关系式

$$(\varphi,\varphi)=0,(\psi,\varphi)=-(\varphi,\psi),(0,\varphi)=0,(a\varphi,b\psi)=ab(\varphi,\psi)$$

更设 ω 是上述变量的某函数．就成立以下的恒等式

$$((\varphi,\psi),\omega)+((\psi,\omega),\varphi)+((\omega,\varphi),\psi)=0 \qquad (182)$$

它通常称为泊松恒等式．所写的恒等式含二重泊松括号．为了写开上面公式的第一项，我们应写出泊松括号 (φ,ψ)，然后利用这样得到的函数作括号 $((\varphi,\psi)$，$\omega)$．为了验证恒等式(182)，首先注意这恒等式中每一项含一阶导数．因为所写的恒等式关于三个函数以及变量 x_k 和 p_k 分别是对称的，为了验证所写的恒等式，把左边减缩到所有包含 $\dfrac{\partial\varphi}{\partial p_k}$ 的项来检验就行了．利用泊松括号的定义，我们可以断定恒等式左边关于 $\dfrac{\partial\varphi}{\partial p_k}$ 的系数是

$$\sum_{s=1}^{n}\left[\frac{\partial}{\partial p_s}\left(\frac{\partial\psi}{\partial x_k}\right)\frac{\partial\omega}{\partial x_s}-\frac{\partial}{\partial x_s}\left(\frac{\partial\psi}{\partial x_k}\right)\frac{\partial\omega}{\partial p_s}\right]-\frac{\partial}{\partial x_k}\sum_{s=1}^{n}\left(\frac{\partial\psi}{\partial p_s}\frac{\partial\omega}{\partial x_s}-\frac{\partial\psi}{\partial x_s}\frac{\partial\omega}{\partial p_s}\right)-$$

$$\sum_{s=1}^{n}\left[\frac{\partial}{\partial p_s}\left(\frac{\partial\omega}{\partial x_k}\right)\frac{\partial\psi}{\partial x_s}-\frac{\partial}{\partial x_s}\left(\frac{\partial\omega}{\partial x_k}\right)\frac{\partial\psi}{\partial p_s}\right]$$

进行微分运算，我们不难肯定这些系数确实等于零．

122. 雅可比方法

现在转来叙述拓广的拉格朗日－夏比方法，就是要解决求任意个数自变量的一阶方程的全积分的问题，而我们假设这个方程不包含未知函数，就是说，它有形状

$$F_1(x_1,\cdots,x_n,p_1,\cdots,p_n)=0 \qquad (183)$$

若是我们还能补充 $(n-1)$ 个函数 F_k，使所得到的 n 个函数两两在对合下，而且它们对于 p_k 可解，则取方程组(177)，在其中令 $a_1=0$，我们求得满足条件(176)的 p_k，并且因而得到 u．方程组(177)使我们有 $(n-1)$ 个任意常数，而后来从偏导数 p_k 确定函数 u 时还得到一个任意常数．函数 F_k 的求得可以逐次进行．假定说，已经有了前 m 个函数 $F_1,F_2,\cdots,F_m$，它们两两在对合下且关于量 p_k 中的 m 个可解．为了求得下一个函数 F_{m+1}，我们必须作出 m 个方程

$$(F_1,u)=0,(F_2,u)=0,\cdots,(F_m,u)=0 \qquad (184)$$

这些是关于 $2n$ 个自变量 x_k 与 p_k 的未知函数 F_{m+1} 的线性齐次方程．

把关于 F_{m+1} 的方程组写为展开的形状

$$\sum_{k=1}^{n}\left(\frac{\partial F_j}{\partial p_k}\frac{\partial u}{\partial x_k}-\frac{\partial F_j}{\partial x_k}\frac{\partial u}{\partial p_k}\right)=0 \quad (j=1,2,\cdots,m) \tag{185}$$

既然我们假设 F_j 关于量 p_k 中的 m 个可解，我们应认为函数 F_j 对变量 p_k 的某个 m 阶行列式异于零，由此推知，方程组 (185) 中导数的系数矩阵的秩要等于 m，就是说，方程 (185) 确实是线性独立的。今证明这个方程组是完全的。为了显示这个事实，写出对方程组 (184) 的差式 (165)

$$(F_p,(F_q,u))-(F_q,(F_p,u))$$

我们需要证明它们恒等于零。应用恒等式 (172)，我们能改变所写的差式为形状

$$-((F_q,u),F_p)-((u,F_p),F_q)=((F_p,F_q),u)$$

但是函数 F_p 与 F_q 在对合下，由此立即推知，所考虑的差式等于零。因此，由 [120] 中所述，方程 (185) 有 $2n-m$ 个独立的解。我们有这个方程组的明显的解

$$u=F_1,u=F_2,\cdots,u=F_m \tag{186}$$

因此，除了它们以外，还应该存在 $2n-2m$ 个解，它们和解 (186) 一起必须关于 x_k 与 p_k 中的 $(2n-m)$ 个可解出。由此推知，对方程组 (185) 确实找到这样的解 $u=F_{m+1}$，使 $F_1=0,F_2=a_2,\cdots,F_{m+1}=a_{m+1}$ 关于量 p_k 中的 $(m+1)$ 个可解。为了求下一个函数 F_{m+2}，我们作方程组

$$(F_1,u)=0,\cdots,(F_{m+1},u)=0$$

我们对它进行如同对组 (184) 所作的同样的讨论。这样，我们作出所有 n 个两两在对合下的方程，并且方程组 (177)（当 $a_1=0$）关于所有 p_k 可解。如我们以前见过的，这就引出方程 (183) 的全积分。

我们曾假设方程不含未知函数。若我们有了包含这个函数的方程

$$F(x_1,\cdots,x_n,u,p_1,\cdots,p_n)=0$$

那么，把自变量的个数增加一个，就能达到不含未知函数的方程。为了这样，求出方程隐式的解

$$v(x_1,\cdots,x_n,u)=C$$

就行了，其中 C 是任意常数。应用隐函数的求导数法则，我们总归得到对 v 的方程，它已经不含有函数本身。

123. 标准组

我们来建立上面的论述和柯西方程组的联系。我们将考虑当方程不含未知函数且关于导数之一是可解出的那种情形。为了对称起见，引入 $(n+1)$ 个自变量，而把这些变量中的一个记为 t，关于它的导数记为 $p_0=u_t$。方程将有形状

$$p_0+H(t,x_1,\cdots,x_n,p_1,\cdots,p_n)=0 \tag{187}$$

而对应的柯西方程组是标准方程组 [115]

$$\frac{\mathrm{d}x_k}{\mathrm{d}t}=H_{p_k},\frac{\mathrm{d}p_k}{\mathrm{d}t}=-H_{x_k} \tag{188}$$

设

$$\varphi(t,x_1,\cdots,x_n,p_1,\cdots,p_n)=C$$

是这个方程组的积分,就是说,因为方程组(188),而有

$$\varphi_t+\sum_{k=1}^{n}\left(\varphi_{x_k}\frac{\mathrm{d}x_k}{\mathrm{d}t}+\varphi_{p_k}\frac{\mathrm{d}p_k}{\mathrm{d}t}\right)=0$$

按另外的样子,可写最后的等式为形状

$$\varphi_t+(H,\varphi)=0 \tag{189}$$

由此推知,为了函数 φ 给出组的积分,它满足方程(189)是必要和充分的. 假定函数 φ 与 ψ 给出组的两个积分. 要证明它们的泊松括号也是组的积分(或者成为常数). 由泊松括号的定义立即推出等式

$$\frac{\partial}{\partial t}(\varphi,\psi)=(\varphi_t,\psi)+(\varphi,\psi_t)$$

用函数 $\omega=(\varphi,\psi)$ 来替代关系式(189) 中的 φ,我们得到

$$(\varphi_t,\psi)+(\varphi,\psi_t)+(H,(\varphi,\psi))=0$$

既然 φ 与 ψ 是积分,我们能在最后的等式里改变

$$\varphi_t=-(H,\varphi),\psi_t=-(H,\psi)$$

且因此得出关系式

$$-((H,\varphi),\psi)-(\varphi,(H,\varphi))+(H,(\varphi,\psi))=0$$

它由于(182)而恒满足. 因之,标准方程组的两个积分的泊松括号还是这个方程组的积分或者是常数.

现在假定,我们有方程组(188)的 n 个积分

$$\varphi_s(t,x_1,\cdots,x_n,p_1,\cdots,p_n)=a_s \quad (s=1,2,\cdots,n) \tag{190}$$

它们两两在对合下且关于 p_k 可解. 我们联合微分方程(187)本身到方程(190)中去,如果考虑自变量是 $t,x_1,\cdots,x_n$ 而对应的导数为 $p_0,p_1,\cdots,p_n$,就可以证明所得的 $(n+1)$ 个函数两两在对合下. 就是在联合了新自变量 t 之后,诸函数(190)将明显地两两在对合下,因为它们完全不含 p_0. 只要验证(190)中每个函数同(187)的左边在对合下就够了. 把对应的泊松括号等于零,我们恰好导出等式

$$\frac{\partial \varphi_s}{\partial t}+(H,\varphi_s)=0$$

它确实是满足的,因为(190)是方程组(188)的积分. 注意到[122]中的结果,若是我们关于 $p_k(k=1,\cdots,n)$ 解方程(190)以及关于 p_0 解(187),并把所得的 p_k 的表达式代入函数 H,那么我们可以肯定和式

$$p_1\mathrm{d}x_1+p_2\mathrm{d}x_2+\cdots+p_n\mathrm{d}x_n-H\mathrm{d}t$$

是某函数 $v(t,x_1,\cdots,x_n,a_1,\cdots,a_n)$ 的全微分. 它显然给出方程(187)的全积分. 利用雅可比定理,我们就能断定标准方程组的其余的 n 个积分能简单地通过微分方法而得到,也就是,它们由等式 $v_{a_k}=b_k(k=1,\cdots,n)$ 来确定.

124. 例

1. 考虑两个线性齐次方程的方程组

$$\begin{cases} X_1 = p_1 + (x_2 + x_4 - 3x_1)p_3 + (x_3 + x_1 x_2 + x_1 x_4)p_4 = 0 \\ X_2 = p_2 + (x_3 x_4 - x_2)p_3 + (x_1 x_3 x_4 + x_2 - x_1 x_2)p_4 = 0 \end{cases} \tag{191}$$

从左边作泊松括号,又得到一个方程

$$X_3 = p_3 + x_1 p_4 = 0$$

泊松括号(X_1, X_3)及(X_2, X_3)只同最末方程的左边相差一个因子. 我们就得到由这三个方程构成的完全组. 关于p_1, p_2, p_3解出,便得到雅可比组

$$p_1 + (x_3 + 3x_1^2)p_4 = 0, \quad p_2 + x_2 p_4 = 0, \quad p_3 + x_1 p_4 = 0$$

最末的方程有解:x_1, x_2及$x_4 - x_1 x_3$. 引进自变量:x_1, x_2, x_3及$t = x_4 - x_1 x_3$. 方程组改写为形状

$$\frac{\partial u}{\partial x_1} + 3x_1^2 \frac{\partial u}{\partial t} = 0, \quad \frac{\partial u}{\partial x_2} + x_2 \frac{\partial u}{\partial t} = 0, \quad \frac{\partial u}{\partial x_3} = 0$$

前面两个方程给出自变量:x_1, x_2, t的雅可比组. 第二个方程有解:x_1及$t - \frac{x_2^2}{2}$.

引用新自变量:x_1, x_2及$\tau = t - \frac{x_2^2}{2}$. 所说到的方程改为形状

$$\frac{\partial u}{\partial x_1} + 3x_1^2 \frac{\partial u}{\partial \tau} = 0, \quad \frac{\partial u}{\partial x_2} = 0$$

这些方程的第一个有解

$$u = \tau - x_1^3 \text{ 或 } u = x_4 - x_1 x_3 - \frac{x_2^2}{2} - x_1^3$$

而这变量u的任何函数是方程组(191)的解.

2. 求方程

$$F_1 = (p_1 + x_2)^2 + (x_1 + p_2)^2 - x_3 p_3 = 0 \tag{192}$$

的全积分.

方程$(F_1, u) = 0$有形状

$$2(p_1 + x_2)\frac{\partial u}{\partial x_1} + 2(x_1 + p_2)\frac{\partial u}{\partial x_2} - x_3 \frac{\partial u}{\partial x_3} -$$

$$2(x_1 + p_2)\frac{\partial u}{\partial p_1} - 2(p_1 + x_2)\frac{\partial u}{\partial p_2} + p_3 \frac{\partial u}{\partial p_3} = 0 \tag{193}$$

这个方程有明显的解:$u = x_1 + p_2$. 令

$$F_2 = x_1 + p_2 = a_2 \tag{192'}$$

联合方程$(F_2, u) = 0$到方程(193)去,就是

$$\frac{\partial u}{\partial p_1} - \frac{\partial u}{\partial x_2} = 0$$

这个方程与方程(193)有解:$u = x_3 p_3$,就是说

54

$$F_3 = x_3 p_3 = a_3 \qquad\qquad (192'')$$

关于 p_1, p_2, p_3 解（192）（192′）及（192″）

$$p_1 = -x_2 + \sqrt{a_3 - a_2^2}, \quad p_2 = a_2 - x_1, \quad p_3 = \frac{a_3}{x_3}$$

从偏导数来作出函数 u，就得到方程（192）的全积分

$$u = -x_1 x_2 + \sqrt{a_3 - a_2^2}\, x_1 + a_2 x_2 + a_3 \ln x_3 + a$$

125. 优级数法

在研究柯西问题时，我们曾假定已知函数和未知函数是实自变量的实函数. 可以在所有函数是其变量的解析函数的假定下而引出一切理论. 同时这些变数可以取实数值也能取复数值. 从这个观点出发，我们推导柯西问题解的存在性与唯一性定理的证明. 我们需要预先叙述一些辅助命题.

设有 m 个变量的幂级数

$$\varphi(z_1, \cdots, z_m) = \sum_{p_1, \cdots, p_m = 0}^{\infty} a_{p_1 \cdots p_m} z_1^{p_1} \cdots z_m^{p_m} \qquad\qquad (194)$$

它在遵守条件

$$\mid z_1 \mid \leqslant R_1, \cdots, \mid z_m \mid \leqslant R_m \qquad\qquad (195)$$

时收敛. 我们假设级数（194）的收敛半径甚至略大于数 R_k. 设 M 是保持条件（195）时函数（194）的模数的最大值. 我们见过，由展开函数［Ⅲ₂；83］

$$\frac{M}{\left(1 - \dfrac{z_1}{R_1}\right)\left(1 - \dfrac{z_2}{R_2}\right) \cdots \left(1 - \dfrac{z_m}{R_m}\right)} \qquad\qquad (196)$$

而得的幂级数的所有系数是正的并且不小于级数（194）的系数的模. 换句话说，最后的级数是级数（194）的优级数.

一般的，级数

$$\sum_{p_1, \cdots, p_m = 0}^{\infty} c_{p_1 \cdots p_m} z_1^{p_1} \cdots z_m^{p_m} \qquad\qquad (197)$$

的优级数是具同样形状的级数，但它的系数是非负的（即大于或等于零）并且不小于级数（197）中相应的系数的模. 如所熟知，每个幂级数在其收敛圆内绝对收敛［Ⅲ₂；83］. 若是级数（197）的某个优级数当 $\mid z_k \mid < \rho_k (k = 1, 2, \cdots, m)$ 收敛，显然，我们能够断定级数（197）也在圆 $\mid z_k \mid < \rho_k$ 的内部收敛. 假设在表达式（196）中所有的数 R_k 相同（可改变一切 R_k 为最小的），考虑两个函数

$$\frac{M}{\left(1 - \dfrac{z_1}{R}\right)\left(1 - \dfrac{z_2}{R}\right) \cdots \left(1 - \dfrac{z_m}{R}\right)} \qquad\qquad (198)$$

及

$$\frac{M}{1 - \dfrac{z_1 + z_2 + \cdots + z_m}{R}} \tag{199}$$

这些函数的幂级数展开依次有形状

$$\sum_{p_1, \cdots, p_m = 0}^{\infty} M \frac{z_1^{p_1} \cdots z_m^{p_m}}{R^{p_1 + \cdots + p_m}} \ \text{及} \ \sum_{p=0}^{\infty} M \frac{(z_1 + \cdots + z_m)^p}{R^p}$$

并展开 $(z_1 + \cdots + z_m)^p$，我们断定函数(199)的展开式的系数不小于(198)的展开式中相应的系数，就是说，函数(199)（或者对应的幂级数）也是函数(197)（即所对应的幂级数）的优函数（优级数）.

优幂级数方法用于在解析函数的情形微分方程解的存在性的证明. 首先对一阶常微分方程来推导相应的证明. 设有微分方程

$$\frac{\mathrm{d}y}{\mathrm{d}x} = f(x, y)$$

它的右边在 $x = y = 0$ 的邻域内是关于 x 和 y 的收敛的幂级数，就是说

$$\frac{\mathrm{d}y}{\mathrm{d}x} = \sum_{p,q=0}^{\infty} a_{pq} x^p y^q \tag{200}$$

求这个方程的在点 $x = 0$ 为正则且满足初始条件

$$y \mid_{x=0} = 0 \tag{201}$$

的解. 为了作出所求的解，写出它的麦克劳林级数就可以了，就是说，计算在 $x = 0$ 的导数之值. 这麦克劳林级数的自由项给出初始条件而等于零. 在 $x = 0$ 时第一个导数之值由微分方程给出，我们有 $y'_0 = a_{00}$. 为了确定第二个导数，把方程的两边关于 x 微分

$$y'' = \sum_{p,q=0}^{\infty} p a_{pq} x^{p-1} y^q + \sum_{p,q=0}^{\infty} q a_{pq} x^p y^{q-1} y'$$

并以 $x = 0, y = 0, y' = a_{00}$ 代入它的右边，就确定出在 $x = 0$ 时第二个导数之值

$$y''_0 = a_{10} + a_{01} a_{00}$$

继续这样进行，我们就能确定出在 $x = 0$ 时的所有各阶导数并写出麦克劳林级数

$$y_0 + \frac{y'_0}{1!} x + \frac{y''_0}{2!} x^2 + \cdots \tag{202}$$

从前面的计算推出只能存在一个正则解满足已给的初始条件. 然而为了断定这样的解实际上存在，我们需要证明级数(202)有大于零的收敛半径. 同时应当指出，由于幂级数的基本性质，前面对于级数所施行的运算在收敛圆内的是合法的. 若级数(202)是收敛的，则从它的系数组成的规则立即推出，它的和适合方程(200).

从前面的计算立即推知级数(202)的系数是 a_{pq} 的有非负系数的多项式.

实际上,在将方程逐次微分并把已求得的导数初始值代入右边而使我们得以作出系数的只是加法和乘法运算. 所以,如果我们改变方程(200)右边的级数为优级数,那么级数(202)也变为优级数. 若是这优级数当 x 充分接近于零时收敛,则对于方程(200)的级数(202)本身更要收敛. 以后的证明的主要关键是那个事实,在改变方程(200)右边的级数为优级数时,我们得到能求积为有限形式的方程. 假定方程(200)右边的级数当 $|x| \leqslant R$ 及 $|y| \leqslant R$ 时为绝对且一致收敛,并设 M 为在所说条件下级数和的最大值. 转到优级数,我们得到微分方程

$$\frac{\mathrm{d}y}{\mathrm{d}x} = \frac{M}{\left(1 - \dfrac{x}{R}\right)\left(1 - \dfrac{y}{R}\right)} \tag{203}$$

在其中分离变数

$$\left(1 - \frac{y}{R}\right)\mathrm{d}y = \frac{M}{\left(1 - \dfrac{x}{R}\right)}\mathrm{d}x$$

求它的积分并注意到(201),得到

$$y - \frac{y^2}{2R} = -MR\ln\left(1 - \frac{x}{R}\right)$$

于是

$$y = R - R\sqrt{1 + 2M\ln\left(1 - \frac{x}{R}\right)} \tag{204}$$

而根式的值当 $x = 0$ 要取为1,就是说,使满足初始条件(201). 函数(204)在点 $x = 0$ 是正则函数,并由此推知可展开为幂级数.

这个级数的系数,和按前述步骤从方程(203)逐项微分而得到的那些系数显然一致. 因此对于优方程,级数(202)在 $x = 0$ 的邻域收敛. 如前面见到的一样,对于原来方程,级数更是收敛. 这样不仅证明了唯一性,而且证明了方程(200)的满足初始条件(201)的正则解的存在性.

126. 柯瓦列夫斯卡娅定理

上述的优级数或优函数的方法,对于偏微分方程的柯西问题的解的存在性和唯一性的证明也适用. 为此我们经常取对某个 p 解出了的微分方程. 设有一阶微分方程

$$p_1 = f(x_1, \cdots, x_n, u, p_2, \cdots, p_n) \tag{205}$$

其中 f 为在点

$$x_1 = \cdots = x_n = 0, u = u^{(0)}, p_2 = p_2^{(0)}, \cdots, p_n = p_n^{(0)} \tag{206}$$

的正则函数,而且不失一般性我们取自变量的初始值等于零. 要求出方程的解,使满足以下的柯西条件

$$u \mid_{x_1=0} = \varphi(x_2, \cdots, x_n) \tag{207}$$

同时我们假设函数 $\varphi(x_2, \cdots, x_n)$ 在它的变量为零时正则,此外

$$(\varphi)_0 = u^{(0)}, (\varphi_{x_k})_0 = p_k^{(0)} \quad (k = 2, \cdots, n) \tag{208}$$

位于下边的记号零总是指函数的一切变量代换为零. 在转到解决问题之前,我们借助于未知函数的初等变换可简化问题的条件,就是代替函数 u,依公式

$$u = u' + \varphi(x_2, \cdots, x_n) + Ax_1$$

来导入新未知函数 u',其中常数 A 是方程(205)右边在变量取初始值(206)时之值,简单地说,就是 A 为方程(205)的右边展开为所对应的幂级数时的自由项

$$A = f(0, \cdots, 0, (\varphi)_0, (\varphi_{x_2})_0, \cdots, (\varphi_{x_n})_0)$$

新未知函数应当满足方程

$$u'_{x_1} = f(x_1, \cdots, x_n, u' + \varphi + Ax_1, \varphi_{x_2} + u'_{x_2}, \cdots, \varphi_{x_n} + u'_{x_n}) -$$
$$f(0, \cdots, 0, (\varphi)_0, (\varphi_{x_2})_0, \cdots, (\varphi_{x_n})_0) \tag{209}$$

且代替初始条件(207)我们有初始条件

$$u' \mid_{x_1=0} = 0$$

注意方程(209)右边函数的自变量. 若令所有 $x_s = 0$ 及 $u' = 0$,自变量 $u' + \varphi + Ax_1$ 变成 $(\varphi)_0$. 完全一样,只要仍旧令所有 $x_s = 0$ 及 $u'_{x_k} = 0$,每个自变量 $\varphi_{x_k} + u'_{x_k}$ 变成 (φ_{x_k}). 因此,所提到的函数的自变量当 x_s, u', u'_{x_k} 为零时恰好和初始值(208)一致,而对这些初始值,函数 f 是正则的. 这样一来,我们能断定方程(209)的右边是在点

$$x_1 = \cdots = x_n = u' = u'_{x_2} = \cdots = u'_{x_n} = 0 \tag{210}$$

的正则函数.

此外,考虑到方程(209)右边的被减项,我们能肯定当自变量取初始值(210)时右边变为零. 这样,我们把柯西初始值及方程右边函数的一切自变量的初始值都化为零了. 因此,保持以前的记号,我们得出以下的问题:设有微分方程

$$p_1 = f(x_1, \cdots, x_n, u, p_2, \cdots, p_n) \tag{211}$$

其中 f 是在点

$$x_1 = \cdots = x_n = u = p_2 = \cdots = p_n = 0$$

的正则函数,而求出这个方程满足条件

$$u \mid_{x_1=0} = 0 \tag{212}$$

的解. 注意到,方程(211)的右边必须展开为下面形状的级数

$$f = \sum_{s_1, \cdots, s_n, t_1, \cdots, t_n = 0}^{\infty} a_{s_1 \cdots s_n t_1 \cdots t_n} x_1^{s_1} \cdots x_n^{s_n} u^{t_1} p_2^{t_2} \cdots p_n^{t_n} \quad (a_{0 \cdots 00 \cdots 0} = 0) \tag{213}$$

而当所有变量之值充分接近于零时收敛.

58

完全像在常微分方程的情形一样,我们要利用方程(211)和初始条件(212)来计算未知函数 u 的麦克劳林级数的系数,就是所有偏导数在变量取零值时之值.在对 x_1 以外的任何变量微分时我们可预先令 $x_1 = 0$.

因此,初始条件(212)向我们指明

$$\left(\frac{\partial^{a_2+\cdots+a_n}u}{\partial x_2^{a_2}\cdots\partial x_n^{a_n}}\right)_0 = 0 \tag{214}$$

其中 α_k 为任意非负整数.现在要计算出关于 x_1 微分的那些导数的初始值.由方程(211)推知

$$\left(\frac{\partial u}{\partial x_1}\right)_0 = 0 \tag{215}$$

把方程(211)的两边关于变量 $x_2,\cdots,x_n$ 微分任意次,然后令各变量为零,我们在右边就有已计算过的导数之值(214)及(215),因此,对任何非负整数 $\alpha_2,\cdots,$ α_n 确定了

$$\left(\frac{\partial^{1+a_2+\cdots+a_n}u}{\partial x_1\partial x_2^{a_2}\cdots\partial x_n^{a_n}}\right)_0$$

现在取从方程(211)经过关于 x_1 微分而得的方程,并对它像对原来的方程一样来处理.这使我们对于导数

$$\left(\frac{\partial^{2+a_2+\cdots+a_n}u}{\partial x_1^2\partial x_2^{a_2}\cdots\partial x_n^{a_n}}\right)_0$$

有完全确定的值.继续这样进行,我们能计算未知函数的任何偏导数在变量的初始值处之值,并且写出麦克劳林级数

$$\sum_{a_1,\cdots,a_n=0}^{\infty}\frac{1}{a_1!\cdots a_n!}\left(\frac{\partial^{a_1+\cdots+a_n}u}{\partial x_1^{a_1}\cdots\partial x_n^{a_n}}\right)_0 x_1^{a_1}\cdots x_n^{a_n} \tag{216}$$

以上的论断像常微分方程的情形一样,证明了所建立的柯西问题正则解的唯一性.为了存在性的证明,我们需要显示当令所得的导数的初始值于级数(216),它在以原点为中心的某邻域内收敛.完全像在前一段一样,可以断定,若是我们更改级数(213)为优级数,且若对于所得优方程按前述方式而写出的级数(216)收敛,则对于原来方程的(216)更是收敛.假定说,级数(213)在条件

$$|x_1|\leqslant\rho,\cdots,|x_n|\leqslant\rho,|u|\leqslant\rho,|p_2|\leqslant R,\cdots,|p_n|\leqslant R$$

下为绝对且一致收敛,且设 M 是在这些条件下级数之和的模数的最大值.函数

$$\frac{M}{\left(1-\frac{x_1}{\rho}\right)\cdots\left(1-\frac{x_n}{\rho}\right)\left(1-\frac{u}{\rho}\right)\left(1-\frac{p_2}{R}\right)\cdots\left(1-\frac{p_n}{R}\right)} - M$$

是(213)的优函数,我们在右边从前一式减去数 M 是为的消除自由项而它正是级数(213)所没有的.级数(213)又以

$$\frac{M}{\left(1-\frac{x_1+\cdots+x_n+u}{\rho}\right)\left(1-\frac{p_2+\cdots+p_n}{R}\right)} - M$$

为其优函数.若我们以适合条件 $0 < \alpha < 1$ 的某数 α 来除变量 x_1,则 α 的不同幂数出现在包含 x_1 幂数的各项系数的分母中,而函数

$$\frac{M}{\left(1 - \dfrac{\dfrac{x_1}{\alpha} + x_2 + \cdots + x_n + u}{\rho}\right)\left(1 - \dfrac{p_2 + \cdots + p_n}{R}\right)} - M$$

也一定是(213)的优函数.这样,我们有优方程

$$p_1 = \frac{M}{\left(1 - \dfrac{\dfrac{x_1}{\alpha} + x_2 + \cdots + x_n + u}{\rho}\right)\left(1 - \dfrac{p_2 + \cdots + p_n}{R}\right)} - M \qquad (217)$$

计算对于这个方程满足初始条件(212)的解的麦克劳林系数,我们得到当 $x_s = 0$ 成为零时的幂级数,并且是对于方程(211)所写的级数(216)的优级数.若这级数收敛,则对方程(211)所写的级数(216)更是收敛.我们现在建立方程(217)的解适合非零的初始条件,而为条件

$$u\,\big|\,_{x_1=0} = \psi(x_2, \cdots, x_n) \qquad (218)$$

其中 ψ 是具非负系数的幂级数.这个解的麦克劳林系数的逐步计算能像上面一样来进行,而只是对一切非负值 α_k,初始条件(218)要使得位于公式(214)右边的已经不是零,而为某非负数.往下的系数的计算亦如上进行,而成为对于已得的非负系数与方程(218)右方展开式的正系数的加法与乘法运算.因此,若是我们对于方程(217)改零初始值(212)为初始值(218),其中 ψ 展开为非负的实系数的级数,那么对于方程(217)有初始条件(218)的级数(216),将优于对方程(217)有零初始条件(212)的级数(216),并且更加优于对方程(211)有零初始条件的级数(216).这样一来,一切归结到证明对于方程(217)而有形状(218)的任何初始条件的级数(216)在以原点为中心的某个圆的内部是收敛的,其中 ψ 有上述性质.

换句话说,一切问题归结到建立方程(217)的满足初始条件(218)的解,并证明若 x_k 充分接近于零这个解可展开为麦克劳林级数.要求出只作为一个自变量 $z = x_1 + \alpha(x_2 + \cdots + x_n)$ 的函数的那种解.

此时

$$u_{x_1} = \frac{\mathrm{d}u}{\mathrm{d}z},\, u_{x_k} = \alpha\,\frac{\mathrm{d}u}{\mathrm{d}z} \quad (k = 2, \cdots, n)$$

因而方程(217)取形状

$$\frac{\mathrm{d}u}{\mathrm{d}z} = \frac{M}{\left(1 - \dfrac{\dfrac{z + u}{\alpha}}{\rho}\right)\left(1 - \dfrac{(n-1)\alpha}{R}\dfrac{\mathrm{d}u}{\mathrm{d}z}\right)} - M$$

或

$$\left(1-\frac{(n-1)M\alpha}{R}\right)\frac{\mathrm{d}u}{\mathrm{d}z}-\frac{(n-1)\alpha}{R}\left(\frac{\mathrm{d}u}{\mathrm{d}z}\right)^2=\frac{M}{1-\dfrac{\dfrac{z}{\alpha}+u}{\rho}}-M$$

将假设数 α 取的相当接近于零,以使 $\frac{\mathrm{d}u}{\mathrm{d}z}$ 的系数为正. 在所写等式的右边按等比级数公式展开,我们得到没有自由项的正系数的幂级数. 末尾的方程可以写为形状

$$\left(\frac{\mathrm{d}u}{\mathrm{d}z}\right)^2-2h\frac{\mathrm{d}u}{\mathrm{d}z}+\varphi(z,u)=0$$

其中, $h>0$,而 $\varphi(z,u)$ 是没有自由项的正系数的幂级数. 关于 $\frac{\mathrm{d}u}{\mathrm{d}z}$ 求解,我们得到一阶方程

$$\frac{\mathrm{d}u}{\mathrm{d}z}=h-h\sqrt{1-\frac{1}{h^2}\varphi(z,u)} \tag{219}$$

而根式当 $z=u=0$ 时必须算作等于 1. 按牛顿二项式来展开,我们得到

$$-h\sqrt{1-\frac{1}{h^2}\varphi(z,u)}=-h+\frac{\frac{1}{2}}{1!}\frac{\varphi}{h}-\frac{\frac{1}{2}\left(\frac{1}{2}-1\right)}{2!}\frac{\varphi^2}{h^3}+$$

$$\frac{\frac{1}{2}\left(\frac{1}{2}-1\right)\left(\frac{1}{2}-2\right)}{3!}\frac{\varphi^3}{h^5}+\cdots$$

而 $\varphi(z,u)$ 的幂级数的一切系数是正的. 关于 z 及 u 的乘幂来展开,我们在方程(219)的右边得到有正系数且无自由项的幂级数 $\varphi_1(z,u)$,并且化到一阶方程

$$\frac{\mathrm{d}u}{\mathrm{d}z}=\varphi_1(z,u)$$

我们已经有过这种方程的满足初始条件 $u\mid_{z=0}=0$ 的正则解的存在性定理. 这个解是有正系数的级数

$$u=\sum_{k=1}^{\infty}c_k z^k$$

若在写出的展开式中令 $z=x_1+\alpha(x_2+\cdots+x_n)$,就得到方程(217)的表示为正系数的幂级数的解. 这个解当 $x_1=0$ 时适合某初始值(218),其中 $\psi(x_2,\cdots,x_n)$ 为正系数的幂级数. 由于以上所述,有了方程(216)的这种解的作出就把柯西问题解的存在性的证明进行到底. 所引的证明属于古萨. 定理本身通常称为柯瓦列夫斯卡娅定理,因为它的证明完善的形式第一个是由 C. B. 柯瓦列夫斯卡娅给出的.

从以上所引的证明推知,给出问题(211)(212)之解而作的级数(216)关于变量 x_k 的收敛半径仅与方程(213)的右边的收敛半径以及右边的最大模 M 有

61

关,而与函数 f 的具体形状无关. 对于(205)(207)还要加上与出现在条件(207)中的函数 $\varphi(x_2,\cdots,x_n)$ 的收敛半径和最大模的相关性. 类似的注对下一段的结果也有关系.

127. 高阶方程

上述方法几乎不要任何改变就可应用于高阶方程的情形. 譬如考察两个自变量的二阶方程. 它关于对 x 的二阶导数是解出的

$$r=f(x,y,u,p,q,s,t) \tag{220}$$
$$(p=u_x,q=u_y,r=u_{xx},s=u_{xy},t=u_{yy})$$

在这种情形下,柯西初始条件在于对 x 的初始值给定 u 及 p

$$u\mid_{x=0}=\varphi(y),p\mid_{x=0}=\psi(y) \tag{221}$$

设 $\varphi(y)$ 及 $\psi(y)$ 为在点 $y=0$ 的正则函数. 记

$$\varphi(0)=u_0,\psi(0)=p_0,\varphi'(0)=q_0,\psi'(0)=s_0,\varphi''(0)=t_0$$

且假定方程(220)的右边为在点

$$x=y=0,u=u_0,p=p_0,q=q_0,s=s_0,t=t_0$$

的正则函数. 此时方程(220)有满足柯西初始条件(221)的唯一的正则解. 我们不推导这个断言的证明,它完全类似于以前的证明,而只限于指出未知函数的麦克劳林系数的单值计算的可能性. 初始条件(221)直接给我们对于任何非负值 α 的导数之值

$$\left(\frac{\partial^{\alpha}u}{\partial y^{\alpha}}\right)_0,\left(\frac{\partial^{1+\alpha}u}{\partial x\partial y^{\alpha}}\right)_0$$

就是说,初始条件给出函数本身以及对 x 进行不多于一次微分的导数的初始值. 然后,方程本身使我们有

$$\left(\frac{\partial^2 u}{\partial x^2}\right)_0$$

关于 y 微分方程(220)的两边 α 次,我们得到值

$$\left(\frac{\partial^{2+\alpha}u}{\partial x^2\partial y^{\alpha}}\right)_0$$

对方程(220)两边关于 x 微分,并完全像我们刚才对原来出发的方程(220)所做的一样,利用已得的方程,我们就有值

$$\left(\frac{\partial^{3+\alpha}u}{\partial x^3\partial y^{\alpha}}\right)_0$$

这样继续进行,我们完全单值地得到未知函数的一切麦克劳林系数.

现在叙述对于任何阶方程组在最一般情形下的柯瓦列夫斯卡娅定理. 设有关于自变量 $x_1,\cdots,x_n$ 的未知函数 $u_1,\cdots,u_m$ 的 m 个方程的方程组

$$\frac{\partial^{r_k}u_k}{\partial x_1^{r_k}}=f_k\left(x_i,u_i,\frac{\partial^l u_i}{\partial x_1^{l_1}\cdots\partial x_n^{l_n}}\right) \quad (k=1,\cdots,m) \tag{222}$$

62

这些方程的右边含自变量 x_s,函数 u_k 以及它们的到 r_k 阶的导数,而在这右边不应当出现导数 $\dfrac{\partial^{r_k} u_k}{\partial x_1^{r_k}}$,方程是关于它们解出的.同时柯西初始条件有形状

$$\begin{cases} u_k \mid_{x_1=0} = \varphi_k(x_2,\cdots,x_n) \\[2mm] \dfrac{\partial u_k}{\partial x_1}\bigg|_{x_1=0} = \varphi_k^{(1)}(x_2,\cdots,x_n) \\[2mm] \qquad\qquad \vdots \\[2mm] \dfrac{\partial^{r_k-1} u_k}{\partial x_1^{r_k-1}}\bigg|_{x_1=0} = \varphi_k^{(r_k-1)}(x_2\xi_i,\cdots,x_n) \quad (k=1,\cdots,m) \end{cases} \tag{223}$$

我们假设最后等式右边的函数对零值的变量是正则的.要来确定这些函数以及它们的导数的初始值,而函数 u_k 的这些导数的总阶数不超过 r_k.我们假设方程(222)的右边是其变量在这种值时的正则函数,这些值等于从函数(223)经过刚才所说微分方法而得到的那些函数的初始值.

此时在初始条件(223)之下方程组(222)正则解的存在性与唯一性定理成立.

应当指出,若单单限于考察解析函数,可以建立偏微分方程的全部理论.往后在讨论高阶方程时我们要说明这种观点的缺陷.

§2 高 阶 方 程

128. 二阶方程的类型

我们从二阶线性方程的研究来开始高阶方程一般理论的叙述.设有自变量 $x_1,\cdots,x_n$ 的函数 u 的二阶线性方程

$$\sum_{i,k=1}^{n} a_{ik}(x_1,\cdots,x_n) u_{x_i x_k} + \cdots = 0 \tag{1}$$

我们假设系数 a_{ik} 为自变量 x_s 的给定的函数,并且注意到微分的结果与顺序无关性,显然能假定 $a_{ki}=a_{ik}$.方程中未写明的各项不含二阶导数.它们和未知函数及其一阶导数的联系甚至是非线性的,因之,严格地说,我们考察的方程只关于高阶导数是线性的.我们假设所有函数和自变量是实的.

一般理论的基础在于把方程划分为若干类型.对属于不同类型的方程,完全按不同样式提出基本问题,使用不同的解决问题方法,而且满足不同类型方程的函数具有不同的解析特性.在这一段我们要把形状(1)的方程划分为各类型.为了这个,写出关于辅助变数 ξ_s 的二次形式

$$\sum_{i,k=1}^{n} a_{ik}\xi_i\xi_k \tag{2}$$

给变量 x_s 以确定的值 $x_s = x_s^{(0)}$,我们就有数字系数的二次形式.若这形式为正定的或负定的[Ⅲ;35],则称方程(1)在所说的点 $x_s = x_s^{(0)}$ 属于椭圆型.其次,我们说方程在空间$(x_1, \cdots, x_n)$的某区域 D 属于椭圆型,只要它在这区域的所有点是属于椭圆型.属于椭圆型说明了对区域 D 的每一点,当二次形式(2)化为平方和时所有系数有同一符号,而且这些系数没有一个等于零.完全类似的,我们说方程(1)在区域 D 中属双曲型,或者有时说为正规双曲型,只要二次形式(2)在化成平方和时,所有的系数除了一个以外有确定的符号,而余下的一个有相反的符号.若是在区域 D 中的所有点,形式(2)在化成平方和时至少有一个系数等于零,则称方程(1)在区域 D 属于抛物型.如果所有系数中没有等于零的,而且也不是椭圆型和双曲型,有时候就称这种方程属于超双曲型.若系数 a_{ik} 是常数,那么方程的属于这一类型或那一类型与自变量的值无关.最简单的椭圆型方程是拉普拉斯方程;最简单的双曲型方程是波动方程,而最后最简单的抛物型方程为热传导方程.考察最后的方程

$$u_t = a^2 (u_{xx} + u_{yy} + u_{zz})$$

在记号(1)之下,我们可以写成

$$u_{x_1 x_1} + u_{x_2 x_2} + u_{x_3 x_3} - \frac{1}{a^2} u_{x_4} = 0$$

并且二次形式(2)为

$$\xi_1^2 + \xi_2^2 + \xi_3^2$$

它已具有化为平方和的形状,而 ξ_4^2 的系数等于零.

如果方程(1)的系数 a_{ik} 含有函数 u 以及它的导数 u_{x_i},那么我们只在固定了这个方程不论什么解 $u^{(0)}(x_1, \cdots, x_n)$ 时才能说到方程的类型.在系数 a_{ik} 中令 $u = u^{(0)}$ 及 $u_{x_i} = u_{x_i}^{(0)}$,就得到只是 x_s 的函数,并且能在上述的基础上对给定的解 $u^{(0)}$ 解决方程的类型问题.

若方程是非线性的

$$F(x_1, \cdots, x_n, u, u_{x_1}, \cdots, u_{x_n}, u_{x_1 x_1}, \cdots, u_{x_n x_n}) = 0$$

那么为了确定对于给定的解 $u^{(0)}$ 方程的类型,须按公式

$$a_{ik} = \frac{\partial F}{\partial u_{x_i x_k}}$$

而

$$u = u^{(0)}$$

作出系数 a_{ik},然后确定以下的线性方程的类型

$$\sum_{i, k=1}^{n} a_{ik} u_{x_i x_k} = 0$$

129. 常系数方程

考虑有常系数 a_{ik} 的方程(1)并写出相应的二次形式.试用自变量的线性变

64

换,把方程(1)中含二阶导数项的总体化为最简单的形状.因此,用线性变换

$$y_k = c_{k1}x_1 + \cdots + c_{kn}x_n \quad (k=1,2,\cdots,n)$$

引入新自变量 y_s 来代替 x_s,我们当然要假设这变换的系数所组成的行列式异于零.关于旧变量的导数按以下公式用对新变量的导数来表示

$$u_{x_i} = \sum_{s=1}^{n} c_{si} u_{y_s}$$

$$u_{x_i x_k} = \sum_{s,t=1}^{n} c_{si} c_{tk} u_{y_s y_t}$$

代入方程(1),得到下面形状的变后方程

$$\sum_{i,k=1}^{n} a'_{ik} u_{y_i y_k} + \cdots = 0$$

其中新系数 a'_{ik} 按公式

$$a'_{ik} = \sum_{s,t=1}^{n} c_{is} c_{kt} a_{st} \tag{3}$$

通过旧的而表示.另一方面,如果我们在二次形式(2)中,替代变量 ξ_s 借助于矩阵 c_{ik} 的转置矩阵来引进新变量 η_s,但是这个矩阵只用在通过新变量把旧变量表出,就是令

$$\xi_k = c_{1k}\eta_1 + \cdots + c_{nk}\eta_n \quad (k=1,\cdots,n)$$

不难验证,变后的二次形式恰好有由公式(3)所定义的系数 a'_{ik},即

$$\sum_{i,k=1}^{n} a_{ik} \xi_i \xi_k = \sum_{i,k=1}^{n} a'_{ik} \eta_i \eta_k$$

然而如同我们所知道的,我们能够选取系数 c_{ik} 使二次形式(2)化成平方和,即

$$\sum_{i,k=1}^{n} a_{ik} \xi_i \xi_k = \sum_{i=1}^{n} \lambda_i \eta_i^2$$

或者换句话说,当 $i \neq k$ 时 $a'_{ik}=0$ 而 $a'_{ii}=\lambda_i$.系数 λ_i 的符号就确定了方程的类型.对自变量保持以前的记号,我们得到下面形状的方程

$$\sum_{i=1}^{n} \lambda_i u_{x_i x_i} + \cdots = 0$$

如果方程不仅对于二阶导数是线性的和有常系数,那么变后方程就有形状

$$\sum_{i=1}^{n} \lambda_i u_{x_i x_i} + \sum_{i=1}^{n} b_i u_{x_i} + cu = f(x_1,\cdots,x_n) \tag{4}$$

按适当方式对自变量 x_s 添上数因子,我们总能达到使异于零的系数 λ_i 为 $(+1)$ 或 (-1).我们假定所有 λ_i 异于零,并且证明在这种情况下用函数 u 的初等变换就可以消去含一阶导数的各项,这就是按公式

$$u = v\mathrm{e}^{-\frac{1}{2}\sum_{i=1}^{n} \frac{b_i}{\lambda_i} x_i} \tag{5}$$

引进新未知函数 v 来替代函数 u.

65

代入方程(4),不难验证,我们得到下面形状的方程

$$\sum_{i=1}^{n} \lambda_i v_{x_i x_i} + c_1 v = f_1(x_1, \cdots, x_n)$$

对于椭圆型方程一切 λ_i 同号,若有需要在方程两边同乘以(-1),我们就可认定一切 λ_i 为正数. 替代 x_i 引进新自变量 $x_i = \sqrt{\lambda_i} x'_i$,就得消去系数 λ_i,并且保持原来的记号,我们就能断定,任何常系数椭圆型的线性方程可以化为形状

$$\sum_{i=1}^{n} u_{x_i x_i} + c_1 u = f_1(x_1, \cdots, x_n) \tag{6}$$

在双曲型情形,我们假设有$(n+1)$个自变量,并记自变量中之一为 t. 当然我们能假定数 λ_i 中有 n 个负的和一个正的,而以 t 来记这个自变量,对于它 λ_i 是正的. 终于任何常系数双曲型的线性方程化成形状

$$u_{tt} - \sum_{i=1}^{n} u_{x_i x_i} + cu = f_1(t, x_1, \cdots, x_n)$$

130. 两个自变量时的标准形式

在[129]中我们证过,在常系数的情形我们用线性变换可以将方程所含二阶导数诸项的总体化成某种标准形式. 在有随 x_i 而变的系数的情形,我们当然不能希望施行变量的线性变换就化为标准形式,而需要用更一般的变换,可是就连这样我们也仅仅对两个自变量的情形能解决问题. 因此,我们来考虑两个自变量的关于二阶导数为线性的二阶方程

$$a(x, y)u_{xx} + 2b(x, y)u_{xy} + c(x, y)u_{yy} + \cdots = 0 \tag{7}$$

替代(x, y)引进新自变量(ξ, η)

$$\xi = \varphi(x, y), \eta = \psi(x, y) \tag{8}$$

关于旧变量的导数按以下公式用对新变量的导数表示

$$u_x = u_\xi \varphi_x + u_\eta \psi_x, u_y = u_\xi \varphi_y + u_\eta \psi_y$$

$$u_{xx} = u_{\xi\xi} \varphi_x^2 + 2u_{\xi\eta} \varphi_x \psi_x + u_{\eta\eta} \psi_x^2 + u_\xi \varphi_{xx} + u_\eta \psi_{xx}$$

$$u_{yy} = u_{\xi\xi} \varphi_y^2 + 2u_{\xi\eta} \varphi_y \psi_y + u_{\eta\eta} \psi_y^2 + u_\xi \varphi_{yy} + u_\eta \psi_{yy}$$

$$u_{xy} = u_{\xi\xi} \varphi_x \varphi_y + u_{\xi\eta}(\varphi_x \psi_y + \varphi_y \psi_x) + u_{\eta\eta} \psi_x \psi_y + u_\xi \varphi_{xy} + u_\eta \psi_{xy}$$

代入方程(7)我们就有变后方程

$$a'(\xi, \eta)u_{\xi\xi} + 2b'(\xi, \eta)u_{\xi\eta} + c'(\xi, \eta)u_{\eta\eta} + \cdots = 0$$

其中

$$\begin{cases} a'(\xi, \eta) = a\varphi_x^2 + 2b\varphi_x\varphi_y + c\varphi_y^2 \\ c'(\xi, \eta) = a\psi_x^2 + 2b\psi_x\psi_y + c\psi_y^2 \\ b'(\xi, \eta) = a\varphi_x\psi_x + b(\varphi_x\psi_y + \varphi_y\psi_x) + c\varphi_y\psi_y \end{cases} \tag{9}$$

由直接代换可验证以下恒等式

$$a'c' - b'^2 = (ac - b^2)(\varphi_x\psi_y - \varphi_y\psi_x)^2 \tag{10}$$

66

不难看出,差 $ac-b^2$ 的符号确定了方程(7)的类型.若 $ac-b^2<0$,方程属双曲型, $ac-b^2>0$ 为椭圆型以及 $ac-b^2=0$ 时为抛物型.由于(10),变换变数并不改变所说的差式的符号,就是说,实质上不改变方程的类型.

在常系数双曲型方程的情形,两个自变量时的最简单形式有形状

$$u_{xx}-u_{yy}+\cdots=0 \tag{11}$$

替代 (x,y) 引新自变量 (ξ,η)

$$\xi=\frac{x+y}{2},\eta=\frac{x-y}{2} \tag{12}$$

我们对双曲型得出形状为

$$u_{\xi\eta}+\cdots=0 \tag{13}$$

的最简单形式.因此我们看到在两个自变量情形,我们对于双曲型能取形状(11)或(13)的最简单形式.这些方程很容易从一个变到另一个.

回到方程(7),并假定在平面 (x,y) 的某区域 D 内方程(7)属双曲型.就是说,对于 D 中之值 (x,y),二次方程

$$a(x,y)\tau^2+2b(x,y)\tau+c(x,y)=0 \tag{14}$$

有不同实根.同时我们假设或是 $a\neq0$ 或是 $c\neq0$.若 $a=c=0$,则方程(7)已经有最简单形式(13).不失一般性,当然我们可以假设 $a\neq0$.考虑一阶偏微分方程

$$a(x,y)u_x^2+2b(x,y)u_xu_y+c(x,y)u_y^2=0 \tag{15}$$

用 $f_1(x,y)$ 及 $f_2(x,y)$ 记方程(14)的根,我们见到方程(15)分解为两个方程

$$u_x=f_1(x,y)u_y \tag{16}$$

及

$$u_x=f_2(x,y)u_y \tag{16'}$$

如果系数 a,b 及 c 是足够光滑的,而因之函数 f_1 及 f_2 也就是足够光滑,那么写出的方程在区域 D 的某部分有到二阶为止的连续导数[参看 100].在变换(8)中取方程(16)的解作为 $\varphi(x,y)$ 而方程 $(16')$ 的解作为 $\psi(x,y)$.可以选取这些解使得行列式 $\varphi_x\psi_y-\varphi_y\psi_x$ 在 D 的所提到的部分异于零.注意到,我们有

$$\varphi_x=f_1\varphi_y,\psi_x=f_2\psi_y$$

于是

$$\varphi_x\psi_y-\varphi_y\psi_x=(f_1-f_2)\varphi_y\psi_y \tag{17}$$

从所写的公式推出,若行列式在某点变成零,则在这一点 φ 或 ψ 的两个一阶导数等于零.因此需要作方程(16)及 $(16')$ 这样的解,使它们的一阶导数不同时等于零.

函数 φ 与 ψ 满足方程(15),而由于(9)我们有 $a'=c'=0$,并从公式(10)推出 $b'\neq0$,因此方程(7)化成形状(13).

67

如同我们在 [100] 见过的, 方程 (16) 及 (16′) 的解具有局部性, 就是说, 我们一般只能在 $f_k(x,y)$ 连续可导的区域的某一部分区域来作出这些方程异于常数的解, 并且化方程 (7) 为标准形式也只能在所述的区域中进行. 关于化方程 (7) 为标准形式的局部性的同样注解对以后的叙述也有关系.

转而考虑椭圆型方程. 这时 $ac - b^2 > 0$ 且方程 (14) 的根为共轭复数. 我们仍然能写下方程 (15). 写出方程 (16) 中的一个

$$u_x = \frac{-b + \sqrt{ac - b^2}\, \mathrm{i}}{a} u_y$$

其中根式可取算术值. 假设系数 a, b 及 c 是 x 和 y 的解析函数, 我们就能求到这个方程的解析函数形状的解 [126]: $u = \varphi(x,y) + \psi(x,y)\mathrm{i}$, 而且我们得到

$$\varphi_x = -\frac{b}{a}\varphi_y - \frac{\sqrt{ac - b^2}}{a}\psi_y, \quad \psi_x = -\frac{b}{a}\psi_y + \frac{\sqrt{ac - b^2}}{a}\varphi_y$$

现在施行变数变换 (8). 利用所写出的关于 φ 和 ψ 的方程组以及公式 (9), 我们得到

$$b' = 0, \quad a' = c' = \frac{(ac - b^2)}{a}(\varphi_y^2 + \psi_y^2)$$

在用 a' 除了以后, 方程取形状

$$\frac{\partial^2 u}{\partial \xi^2} + \frac{\partial^2 u}{\partial \eta^2} + \cdots = 0 \tag{18}$$

替代公式 (17) 将有

$$\varphi_x \psi_y - \varphi_y \psi_x = -\frac{2\sqrt{ac - b^2}}{a}\varphi_y \psi_y$$

因此, 在椭圆型情形问题也得到解决. 剩下要考虑抛物型方程. 在这最后的情形方程 (14) 有等根, 而方程 (15) 归结为一个方程, 就是说, 方程 (16) 和 (16′) 一致. 取这个方程的解作为函数 $\varphi(x,y)$, 而对第二个函数 $\psi(x,y)$ 任意取, 但使得 φ 和 ψ 的函数行列式异于零. 由于 $\varphi(x,y)$ 的选法, 我们在变后方程中将有 $a' = 0$. 此外, 由于方程属抛物型, 就应当成立 $ac - b^2 = 0$, 而公式 (10) 表明 $b' = 0$. 所以变换的结果将有 $a' = b' = 0$. 函数 c' 不能恒等于零, 否则我们已得到的是一阶方程, 而经过从 (ξ, η) 到 (x, y) 的逆变换就不可能使我们有二阶方程 (7). 因此在抛物型的情形, 我们有下面的标准形式

$$u_{\eta\eta} + \cdots = 0 \tag{19}$$

其中未写出各项不含二阶导数.

131. 柯西问题

我们以前见过 [127], 对于二阶方程

$$F(x, y, u, p, q, r, s, t) = 0 \tag{20}$$

柯西条件在特殊情况下可由对初始值 $x = x_0$ 给定函数 u 和它的偏导数 $u_x = p$ 组

68

成

$$u\mid_{x=x_0}=\varphi(y),p\mid_{x=x_0}=\psi(y) \tag{21}$$

将称这样的条件为特殊的柯西条件. 这些条件归结为沿(x,y)平面上的直线 $x=x_0$ 给出未知函数 u 和它的偏导数 p 之值. 同时注意另一个一阶偏导数之值:$q\mid_{x=x_0}=\varphi'(y)$ 直接从(21)的第一个条件得到. 这样,依照初始条件我们就可以知道沿直线 $x=x_0$ 函数本身和它的两个一阶偏导数. 不难提出更一般的柯西条件. 假设在(x,y)平面上有某一不自相交的曲线 λ,并假定沿这条曲线已给定未知函数 u 之值. 因而沿曲线 λ 我们也知道 u 关于 λ 的切线方向的方向导数. 为了知道沿任何方向的一阶导数,沿曲线我们还应当再有一个资料,就是说,我们应给定沿曲线 λ 函数 u 关于一任意方向的导数之值,这个方向异于曲线 λ 的切线方向. 有了沿曲线 λ 的关于(x,y)平面上的两个方向的导数,我们就知道沿 λ 的关于这平面上任何方向的导数. 因此,在所考虑的情形,沿曲线 λ 我们必须给定函数 u 和它关于不和 λ 相切的任何方向的导数之值. 沿(x,y)平面上的曲线 λ 确定了 u 的数值就使我们得到三维空间(x,y,u)的某曲线 l. 此外,沿 λ 的偏导数 p 及 q 我们是知道的. 于是柯西条件最后化为给定三维空间(x,y,u)的某曲线 l 和沿这条曲线的切平面的位置. 利用参数表示,我们能把一般的柯西条件表述为以下形式:给定单参数的五个函数

$$x(t),y(t),u(t),p(t),q(t) \tag{22}$$

而必须满足关系

$$\mathrm{d}u=p\mathrm{d}x+q\mathrm{d}y \tag{23}$$

最后的关系式是要求沿 λ 给定的两个偏导数 p 及 q 和沿 λ 所给定函数 u 本身不相矛盾,就是说,根据给定的 p 和 q 计算而得的沿 λ 的切线方向的导数和由于沿 λ 给定的函数 u 本身所得到的有同样数值. 满足关系(23)的五个函数(22)确定了三维空间(x,y,u)的长条,而柯西问题在于求方程(20)的含给定长条的积分曲面.

对任意个数自变量的函数在一般情况下的柯西问题可按类似的方式提出. 例如,考虑三个自变量的二阶方程

$$F(x_1,x_2,x_3,u,u_{x_1},u_{x_2},u_{x_3},u_{x_1x_1},u_{x_1x_2},\cdots)=0 \tag{24}$$

在这种情形下,柯西初始条件成为在三维空间(x_1,x_2,x_3)的某曲面 S 上给定函数 u 和它的一阶偏导数. 一当给定了函数 u 本身在 S 上的值,为了确定沿 S 的所有一阶偏导数,只要沿 S 给出关于不在曲面 S 切平面上的任意方向的导数就够了. 若带有柯西初始条件的曲面 S 是平面 $x_1=x_1^{(0)}$,则柯西初始条件有特殊形式

$$u\mid_{x_1=x_1^{(0)}}=\varphi(x_2,x_3),u_{x_1}\mid_{x_1=x_1^{(0)}}=\psi(x_2,x_3) \tag{25}$$

上述的柯西条件在参数形式下成为给定双参数的七个函数

$$x_1(t_1,t_2),x_2(t_1,t_2),x_3(t_1,t_2),u(t_1,t_2)$$

$$u_{x_1}(t_1,t_2),u_{x_2}(t_1,t_2),u_{x_3}(t_1,t_2) \tag{26}$$

而必须满足条件

$$\mathrm{d}u = u_{x_1}\,\mathrm{d}x_1 + u_{x_2}\,\mathrm{d}x_2 + u_{x_3}\,\mathrm{d}x_3 \tag{27}$$

函数 x_1,x_2,x_3 的给定在于给定曲面,而其余的条件是沿这曲面函数 u 以及它的一阶偏导数的给出.满足条件(27)的所给函数组(26)通常称为长条或者更确切地称为四维空间 (x_1,x_2,x_3,u) 的一阶长条,而柯西问题是确定方程(24)的积分曲面使含有已给的长条.在 n 个自变量 $(x_1,\cdots,x_n)$ 的函数 u 的情形,长条由 $(n-1)$ 个参数的 $(2n+1)$ 个函数给定

$$x_k(t_1,\cdots,t_{n-1}),u(t_1,\cdots,t_{n-1}),u_{x_k}(t_1,\cdots,t_{n-1})$$
$$(k=1,2,\cdots,n)$$

而这些函数必须适合关系式

$$\mathrm{d}u = \sum_{k=1}^{n} u_{x_k}\,\mathrm{d}x_k$$

如果自变量中之一是时间 t,且带有柯西初始条件的曲面是平面 $t=0$,那么这就是通常数学物理中的在给定了初始条件下求该方程积分的问题了[Ⅱ;163].

柯西初始条件确定了在带有初始条件的曲线或曲面上的函数 u 和它的所有一阶偏导数.若是联合微分方程本身到初始条件去,则如同在[127]中见过的一样,在特殊柯西条件的情况下,我们能单值确定未知函数在所述曲线或曲面上的所有二阶导数.若是给定的长条连同微分方程本身不能单值确定二阶导数,则称所给长条是特征长条.在下一段我们要对两个自变量的准线性方程情形详细讲明这个问题.

132. 特征长条

考虑下面形状的微分方程

$$ar + 2bs + ct + h = 0 \tag{28}$$

其中系数及自由项是 (x,y,u,p,q) 的已知函数.要求出这个方程的积分曲面使其含有给定的长条

$$x(t),y(t),u(t),p(t),q(t) \quad (\mathrm{d}u = p\mathrm{d}x + q\mathrm{d}y) \tag{29}$$

显然,我们有

$$\mathrm{d}p = r\mathrm{d}x + s\mathrm{d}y, \mathrm{d}q = s\mathrm{d}x + t\mathrm{d}y$$

再添上原来方程本身,就得到三个一次方程,用来确定在带有柯西条件的基始曲线 $\lambda:x(t),y(t)$ 上的未知函数的二阶导数

$$\begin{cases} \mathrm{d}x \cdot r + \mathrm{d}y \cdot s = \mathrm{d}p \\ \mathrm{d}x \cdot s + \mathrm{d}y \cdot t = \mathrm{d}q \\ ar + 2bs + ct = -h \end{cases} \tag{30}$$

在这个方程组中 r,s,t 是未知量,而其余的量由于(29)是参数 t 的已知函数.若

所写的方程组的行列式异于零,则得到二阶导数确定的值.因此,求二阶导数的问题之为不相容或不确定,必要和充分条件是下列等式成立

$$\Delta = \begin{vmatrix} dx & dy & 0 \\ 0 & dx & dy \\ a & 2b & c \end{vmatrix} = 0 \tag{31}$$

或者是它展开的形状

$$a dy^2 - 2b dx dy + c dx^2 = 0 \tag{32}$$

要求出第二个条件使能保证问题恰是不确定的情形,就是说,它向我们保证方程组(30)有无穷多个解.假设行列式(31)有一个二阶小行列式异于零.为确定起见,假定

$$\begin{vmatrix} 0 & dy \\ a & c \end{vmatrix} = -a dy \neq 0$$

在这个情形下,方程组(30)有一个特征行列式[Ⅲ₁;9],为了问题是不确定的情形,必要而充分的是对条件(31)再添加这特征行列式为零的等式[Ⅲ₁;9]

$$\begin{vmatrix} dx & dp & 0 \\ 0 & dq & dy \\ a & -h & c \end{vmatrix} = 0$$

或者是展开的形状

$$a dp dy + h dx dy + c dx dq = 0 \tag{33}$$

还记起等式(23),我们终于得到下面三个等式,它们完全描述了特征长条是那种从方程组(30)来确定二阶导数时有无限多解答的长条

$$\begin{cases} a dy^2 - 2b dx dy + c dx^2 = 0 \\ a dp dy + h dx dy + c dx dq = 0 \\ du = p dx + q dy \end{cases} \tag{34}$$

单独考虑特殊柯西条件的情况

$$u \mid_{x=x_0} = \varphi(y), p \mid_{x=x_0} = \psi(y) \tag{35}$$

同时变数 y 起公式(29)中参数 t 的作用,而变数 x 保持定值 $x=x_0$.条件(32)成为等式 $a=0$.应指出,这等式不必恒等地而只要在初始条件(35)代入函数 a 之后满足.同时方程组(30)有形状

$$s dy = dp, t dy = dq, 2bs + ct = -h$$

为了它是不确定,必要而充分的是所写出方程的第三个为前面两个的推论.以 dy 乘这个方程并考虑到前两个方程,我们得到下面条件

$$2b dp + c dq = -h dy$$

在所给的情形下,它替代了条件(33).终于对特殊的柯西条件(35),我们将有决定特征长条的以下条件

$$a = 0, 2b\mathrm{d}p + c\mathrm{d}q = -h\mathrm{d}y, \mathrm{d}u = q\mathrm{d}y \tag{36}$$

条件 $a = 0$ 表明从方程(28)不能求 u_{xx}. 第二条件

$$2b\frac{\mathrm{d}p}{\mathrm{d}y} + c\frac{\mathrm{d}q}{\mathrm{d}y} + h = 0$$

意味着在直线 $x = x_0$ 上给定的量 p 和 q 满足方程(28),因为在所说直线上 $s = \dfrac{\mathrm{d}p}{\mathrm{d}y}$

及 $t = \dfrac{\mathrm{d}q}{\mathrm{d}y}$. 第三条件给出明显的公式

$$q \mid_{x=x_0} = \varphi'(y)$$

133. 高阶导数

在前一段我们考虑过在给定长条上确定二阶导数的问题. 现在转到高阶导数的确定问题. 假定说,我们所考虑的是行列式(31)异于零的情形. 取方程(30)中前两个的全微分,并且关于 x 和 y 微分已给的方程(28). 于是我们得到确定在所给长条上未知函数的四个三阶导数的四个一次方程

$$(\mathrm{d}x)^2 u_{xxx} + 2\mathrm{d}x\mathrm{d}y u_{xxy} + (\mathrm{d}y)^2 u_{xyy} = \cdots$$
$$(\mathrm{d}x)^2 u_{xxy} + 2\mathrm{d}x\mathrm{d}y u_{xyy} + (\mathrm{d}y)^2 u_{yyy} = \cdots$$
$$a u_{xxx} + 2b u_{xxy} + c u_{xyy} = \cdots$$
$$a u_{xxy} + 2b u_{xyy} + c u_{yyy} = \cdots$$

这个方程组的行列式有形状

$$\Delta_1 = \begin{vmatrix} (\mathrm{d}x)^2 & 2\mathrm{d}x\mathrm{d}y & (\mathrm{d}y)^2 & 0 \\ 0 & (\mathrm{d}x)^2 & 2\mathrm{d}x\mathrm{d}y & (\mathrm{d}y)^2 \\ a & 2b & c & 0 \\ 0 & a & 2b & c \end{vmatrix}$$

可以证明这行列式等于行列式(31)的平方,就是说,也异于零. 实际上,以 γ 记方程

$$a + 2b\gamma + c\gamma^2 = 0 \tag{37}$$

的任何根,将第二列元素乘 γ,第三列乘 γ^2,第四列乘 γ^3 而加到第一列去. 这时第一列元素成为

$$(\mathrm{d}x + \gamma\mathrm{d}y)^2, \gamma(\mathrm{d}x + \gamma\mathrm{d}y)^2, 0, 0$$

于是看出 Δ_1 是关于 $\mathrm{d}x$ 和 $\mathrm{d}y$ 的四次齐次多项式,而能被 $(\mathrm{d}x + \gamma\mathrm{d}y)^2$ 除尽. 表示式 Δ_1 中 $(\mathrm{d}x)^4$ 的系数等于 c^2,如果我们以 γ_1 和 γ_2 记方程(37)的根,则可写为

$$\Delta_1 = c^2(\mathrm{d}x + \gamma_1\mathrm{d}y)^2(\mathrm{d}x + \gamma_2\mathrm{d}y)^2$$

或者,考虑到二次方程根的性质

$$\Delta_1 = (c\mathrm{d}x^2 - 2b\mathrm{d}x\mathrm{d}y + a\mathrm{d}y^2)^2 = \Delta^2$$

在证明时我们假设方程(37)有不同的根. 但是如果等式 $\Delta_1 = \Delta^2$ 在这个假设下成立,则当方程(37)有等根时也要成立. 为了确信这个事实,只要把系数 a, b, c

做一些变动,使方程(37)有不同的根,然后,把系数的变动值趋向于方程(37)有等根时原来的值,等式 $\Delta_1 = \Delta^2$ 也因为趋向于极限而成立.

完全同样的,我们能得到确定五个四阶导数的五个一次方程,并且这个方程组的行列式也是异于零,其余类推.假设一些有关的函数是解析和正则的.那么,像在特殊柯西条件的情形和关于 r 解出的方程的情形一样[127],我们也能在假定行列式 Δ 异于零的比较普遍的情况下,计算未知函数在给定的长条上的各阶导数.写出相应的泰勒级数,我们可以像在[126]中一样,证明它的收敛性.

现在转到已给长条是特征长条的情形.同时我们只限于考察特殊的柯西初始条件(35).这些初始条件本身给出了当 $x = x_0$ 时 s 和 t,而余下要确定的只是 r.但是在把所得初始条件代入方程(28)时,由于(36),我们得到恒等式,而在 $x = x_0$ 时的导数 r 初看起来仍然完全不确定.关于 x 微分方程(28)的两边

$$ar_x + 2bs_x + ct_x + (a_x + a_u p + a_p r + a_q s)r + (\cdots)s + (\cdots)t + (\cdots) = 0$$

而在含点的圆括弧中出现的表示式,和在含 a 的导数的括弧中的式子完全相类似.如果把初始条件(35)和已经知道的二阶导数

$$s \mid_{x=x_0} = \psi'(y), t \mid_{x=x_0} = \varphi''(y)$$

代入所写的方程,记 $r \mid_{x=x_0} = \omega(y)$,则不难验证,对未知函数 $\omega(y)$,我们得到黎卡提方程,就是下面形状的方程

$$\alpha(y)\omega'(y) + \beta(y)\omega^2(y) + \gamma(y)\omega(y) + \delta(y) = 0$$

其中 α, β, γ 和 δ 是 y 的已知函数.若取这个方程的任何解,按照前面的证明就知道在 $x = x_0$ 时的 r,由此推知,在 $x = x_0$ 时除了 u_{xxx} 以外的所有三阶导数皆可确定.为了确定这个导数的初始值我们必须关于 x 微分方程(38),并且用已经计算出的所有初始条件代入这样得到的方程.那么,我们得到关于未知函数 $u_{xxx} \mid_{x=x_0} = \omega_1(y)$ 的线性微分方程

$$\alpha_1(y)\omega'_1(y) + \beta_1(y)\omega_1(y) + \gamma_1(y) = 0$$

这个步骤能够继续进行.在求上述的黎卡提方程和后面的线性方程的积分时,要接连不断地引进任意常数,问题的一切困难之点归结为选取这些常数的值使所得的泰勒级数收敛.可以证明:对双曲型方程可以按无限多种方法来进行,这就是说,通过特征长条实际上有无限多个积分曲面,但我们不去讨论它了.因此,条件(36)或者更一般些,条件(34)是存在积分曲面使含有给定的特征长条的必要和充分条件,这些条件是初始条件所必须适合的.

作为例题来考虑最简单的抛物型二阶方程

$$t - u_x = 0, \text{即 } u_x = u_{yy} \tag{39}$$

此时 $a = b = 0, c = -1$,而方程(32)给出 $\mathrm{d}x = 0$,即 $x = $ 常数.在试图解决柯西问题时,沿每条线 $x = x_0$ 必须有某些特性.假定说,我们有特殊的柯西条件

(35). 在方程(39)中令 $x=x_0$,我们得到 $\psi(y)=\varphi''(y)$,于是可见,函数 $\psi(y)$ 由已给函数 $\varphi(y)$ 完全决定. 这对应于(36)的第二个条件满足的必要性. 因此,在这种情形下仅给出(35)的第一个条件就够了.

关于 x 微分方程(39)并令 $x=x_0$,我们完全确定了初始值:$r\mid_{x=x_0}=\varphi^{(\mathrm{IV})}(y)$. 有了这个初始值,关于 x 对(39)微分两次且令 $x=x_0$,我们得到当 $x=x_0$ 时关于 x 的三阶导数的初始值等. 在所给定的情况下,关于 x 的导数的初始值按唯一的方式确定,而上述微分方程退化为有限关系式. 既然确定了当 $x=x_0$ 时关于 x 的所有阶数导数的初始值,我们就能作出相应的泰勒级数. 仅在 $\varphi(y)$ 是整函数并满足某种附加条件的情形下它在 $x=x_0$ 的邻域才为收敛. 我们记起在考虑无界极轴上的热传导问题时[II;204],曾作出方程(39)的满足(35)的第一个条件而取定积分形状的解. 这时,自然无须假定 $\varphi(y)$ 是整函数. 为了转来用[II;204]中过去的记号,应当在方程(39)中改 x 为 t,y 为 x,并在 [II;204] 的方程中假定 $a^2=1$.

如果我们令 $\varphi(y)=0$,显然,就得到方程(39)的解恒等于零. 我们证明方程(39)还有除一点 $y=0$,$x=x_0$ 而外满足同样初始条件:$u\mid_{x=x_0}=0$ 的初等解. 假定说

$$u=\frac{1}{\sqrt{x-x_0}}e^{-\frac{y^2}{4(x-x_0)}} \quad (\text{当 } x>x_0) \tag{40}$$

$$u=0 \quad (\text{当 } x\leqslant x_0) \tag{40'}$$

函数(40)以及它的一切导数当 x(从较大的值)趋向于 x_0 时趋近于零,就是说,由公式(40)及(40′)所确定的函数和它的一切导数当通过直线 $x=x_0$ 时保持连续,而在这直线本身函数 u 和它的一切导数是零. 只有点 $x=x_0$,$y=0$ 有例外,在这一点所作的函数有奇异性. 直接微分(40)可肯定所作函数满足方程(39). 在直线 $x=x_0$ 上各点所作的函数自然已经不是 x 的解析而正则的函数,因为在这直线的左方它恒等于零,而在右方异于零. 因此所作的函数不能表示为 $(x-x_0)$ 的正整幂次的泰勒级数. 解(40)和给出基本热源的解相差的是常数因子[II;204].

134. 实的和虚的特征

既然方程(28)的系数不仅和 x 及 y 而且与 u,p,q 有关,只要固定了五维空间 (x,y,u,p,q) 的某一点,我们就能确定方程的类型. 同时,若 $b^2-ac>0$,则我们有双曲型,若 $b^2-ac<0$,则有椭圆型,若 $b^2-ac=0$,则为抛物型. 假设我们已给定某个长条(29),且设它是实的. 如果沿这长条我们的方程属于椭圆型,则方程(32)左方的表达式不可能化为零,由此推知,没有实的长条能是特征长条. 往后我们只考察双曲型. 方程(32)是关于 $\frac{\mathrm{d}y}{\mathrm{d}x}$ 的二次方程. 在双曲型的情形,

它有两个相异实根,我们用 $\mu_1(x,y,u,p,q)$ 和 $\mu_2(x,y,u,p,q)$ 来记,这样一来,上述方程分解为二,$dy=\mu_i dx(i=1,2)$. 因此替代方程(34)我们能写出两个方程组

$$\begin{cases} dy-\mu_i dx=0 \\ a\mu_i dp+h\mu_i dx+cdq=0 \quad (i=1,2) \\ du=pdx+qdy \end{cases} \tag{41}$$

它对应于两个特征组.

特别简单的情形是这样的,方程关于二阶导数是纯线性的,就是说,当系数 a,b 及 c 仅与自变量 (x,y) 有关的情形. 这时基本方程(32)变成变量为 x 与 y 的一阶常微分方程

$$a(x,y)dy^2-2b(x,y)dxdy+c(x,y)dx^2=0$$

在双曲型情形它在 (x,y) 平面上确定两族曲线,通常称之为方程(28)的特征曲线或特征. 每条特征曲线的特性是这样的,如果我们沿这条曲线给出某种柯西条件,就是说,函数 u 和它的一阶导数,这样得到的长条或者引出关于二阶导数不相容的方程组(30),或者就是特征长条. 对于不是特征的每条曲线,任意柯西条件皆使二阶和以次的各阶导数得以确定. 在椭圆型情形,方程(32)关于 $\frac{dy}{dx}$ 有虚根,我们在 (x,y) 平面上就没有特征曲线. 如果我们转到变数 (x,y) 的复素值,则从方程(32)能得到虚的特征. 同时,一切函数自然要设为解析的,最后,在抛物型情形,方程(32)使我们在平面 (x,y) 上有一族特征曲线. 应用(32)的结果,我们见到,在化方程为标准形式时,我们取过特征曲线族作为平面 (x,y) 上的坐标曲线.

135. 基本定理

和一阶方程的情形完全一样,在求方程的积分时特征流形起重要作用. 在这里我们有一些基本定理,而和对于一阶方程有过的那些定理完全相类似.

假定说,方程(28)的两个积分曲面沿空间 (x,y,u) 的某曲线 l 具有有限阶接触,就是说,沿这条曲线积分曲面有公共切平面,可是这些积分曲面的某些高于一阶的导数沿这条曲线是不同的. 不难看出,这条曲线和沿着它的切平面一起必须是特征长条. 事实上,若不是这样,从[133]的议论推知,我们便得到沿曲线 l 各阶导数完全确定的值. 因此,我们有下面定理:

定理 1 若两积分曲面沿曲线 l 具有有限阶接触,则这条曲线连同相应的切平面成为特征长条.

特征长条的基本性质是那样的事实,沿这长条由方程求二阶导数时要引出不定方程组(30). 这性质自然与自变量的选取无关,因此,我们得到下面定理:

定理 2 对于变量 x,y 的任何改变,特征长条变为特征长条.

设有方程(28)的某一积分曲面. 在这曲面上 u,p,q 是自变量 (x,y) 的确定的函数. 把方程(28)的系数中的 u,p,q 用它们关于 (x,y) 的表达式来代,我们得到这些系数关于 (x,y) 的确定的表达式,而方程(32)是一阶微分方程,在曲面 S 上确定两系曲线. 沿每条这样的曲线 l 要满足方程(23)和方程(32),并且不难看出,沿这条曲线也必须满足(34)中第二个方程. 实际上,如果它不满足,那么我们就有为了确定二阶导数的不相容的方程组,这同由曲线 l 和积分曲面 S 的切平面所确定的长条属于积分曲面 S 的那个事实相矛盾. 因此,我们得到第三个定理:

定理 3 每个积分曲面能被特征长条族所遮盖.

注意到,若是保持在实的范围内,这一结果仅能在双曲型和抛物型的情形下发生,并且在双曲型的情形,我们能用两族特征长条来遮盖积分曲面.

现在证明逆定理,也就是以下的第四个定理:

定理 4 如果某一族特征长条构成曲面 $S:u=u(x,y)$,而 $u(x,y)$ 有到二阶为止的连续导数,则这曲面是方程(28)的积分曲面.

设有曲面 S 为一族特征长条所遮盖,这些长条满足方程(34). 沿每个这样的长条我们有

$$\mathrm{d}p = r\mathrm{d}x + s\mathrm{d}y, \quad \mathrm{d}q = s\mathrm{d}x + t\mathrm{d}y$$

将 $\mathrm{d}p$ 和 $\mathrm{d}q$ 的表达式代入方程(34),我们得到下面两个方程

$$as\mathrm{d}y^2 + (ar + ct + h)\mathrm{d}x\mathrm{d}y + cs\mathrm{d}x^2 = 0$$
$$a\mathrm{d}y^2 - 2b\mathrm{d}x\mathrm{d}y + c\mathrm{d}x^2 = 0$$

第二式乘 s 而从第一式来减,并且必须考虑到由于 x 同 y 是自变量,微分 $\mathrm{d}x\mathrm{d}y$ 异于零,我们就得到基本方程(28).

在一阶方程的情形,我们有过关于特征长条的普通的常微分方程组,由于这样,一阶偏微分方程的积分问题就化为常微分方程组的积分问题. 在现在的情形下,方程组(34)是关于五个未知函数的三个(全微分)方程. 在列维—齐维塔(Levi-Civita)的论文中(Math. Annal. t. 97)指出如何来扩大方程组(34),而使能得到具有特殊形状的含五个未知函数的五个一阶微分方程的方程组. 对这个方程组按确定的方式作出柯西问题的解,这也就导出对方程(28)的柯西问题的解.

在下一段我们来考察当方程组(34)有积分的特殊情形.

136. 中间积分

为以后计算的方便起见,改变确定特征长条的方程组(34)为新形状. 记起二次方程根的基本性质,我们能写 $\mu_1\mu_2 = \dfrac{c}{a}$,并利用这个等式,我们可改写在 $i=1$ 时方程组(34)为形状

76

$$\mathrm{d}y - \mu_1 \mathrm{d}x = 0, \mathrm{d}p + \mu_2 \mathrm{d}q + \frac{h}{a}\mathrm{d}x = 0, \mathrm{d}u - (p + q\mu_1)\mathrm{d}x = 0 \qquad (42)$$

第二组(当 $i=2$)方程从上一组交换字母 μ_1 和 μ_2 而得到.要求出这样的函数 $V(x,y,u,p,q)$,使它的全微分由于方程(42)而等于零

$$V_x \mathrm{d}x + V_y \mathrm{d}y + V_u \mathrm{d}u + V_p \mathrm{d}p + V_q \mathrm{d}q = 0 \qquad (43)$$

从方程组(42)确定 $\mathrm{d}y,\mathrm{d}u$ 及 $\mathrm{d}p$ 并代入上方程的左端,我们应当使其余的微分 $\mathrm{d}x$ 和 $\mathrm{d}q$ 的系数等于零.因此,原来要函数 V

$$V(x,y,u,p,q) = C \qquad (44)$$

是方程组(42)的积分,必须且只需使函数 V 满足以下两个线性齐次一阶偏微分方程

$$\begin{cases} V_x + \mu_1 V_y + (p + \mu_1 q)V_u - \dfrac{h}{a}V_p = 0 \\ V_q - \mu_2 V_p = 0 \end{cases} \qquad (45)$$

若是我们在这些方程中交换 μ_1 和 μ_2 的位置,那么得到类似的方程组,它表示函数 V 是特征长条的第二方程组的积分的必要和充分条件.方程组(45)的求解方法,我们在[120]中已有叙述.假定说,我们能求出这个方程组的等于常数的显然解以外的解.我们证明,这时一阶方程(44)的每一个解,若不是奇解,就是我们的方程(28)的解.实际上,在所考虑的情形,V 的全微分由于(42)而必须为零,就是说,应当是这些方程左边的线性组合

$$\mathrm{d}V = \alpha(\mathrm{d}y - \mu_1 \mathrm{d}x) + \beta\left(\mathrm{d}p + \mu_2 \mathrm{d}q + \frac{h}{a}\mathrm{d}x\right) + \gamma(\mathrm{d}u - p\mathrm{d}x - q\mathrm{d}y) \qquad (46)$$

设有方程(44)的某积分曲面 S.在这曲面上 u,p,q 是 (x,y) 的确定函数,又求一阶方程 $\mathrm{d}y - \mu_1 \mathrm{d}x = 0$ 的积分,我们得到遮盖曲面 S 的某曲线族.此外,沿这些曲线我们显然应有 $\mathrm{d}u = p\mathrm{d}x + q\mathrm{d}y$.注意到,由于刚才所说的公式(46)中的 α 和 γ 后面的因子沿曲线等于零,因此,我们沿这条曲线也就是沿曲面 S 得到等式

$$\beta\left(\mathrm{d}p + \mu_2 \mathrm{d}q + \frac{h}{a}\mathrm{d}x\right) = 0$$

按条件,积分曲面 S 不是奇解,由此推知公式(43)左边 $\mathrm{d}p$ 或 $\mathrm{d}q$ 的系数异于零.从此导出 $\beta \neq 0$,并推知沿我们的曲线,(42)的所有三个方程满足,就是说,曲面 S 被方程(28)的特征长条所遮盖.然而由[135]的第四个定理,便知这曲面是方程(28)的积分曲面.因此,有了积分(44),再求一阶方程(44)的积分,我们就得到方程(28)的某一类解.假定说,我们能够求得方程(45)的两个独立解 V_1 及 V_2.此时,对于任意选取的函数 Φ 所作的表达式 $V_1 - \Phi(V_2)$ 也是方程组(45)的解,而我们就有含任意函数 Φ 的方程组(42)的如下的积分

$$V_1 - \Phi(V_2) = 0 \qquad (47)$$

设已求得方程(28)的积分曲面含有给定长条(29).在函数 V_1 和 V_2 中,将 $x,y,$ u,p,q 以它们的表达式(29)来代,我们得到参数 t 的两个确定的函数:$v_1(t)$ 和 $v_2(t)$.同时方程(47)化为形状 $v_1(t) - \Phi[v_2(t)] = 0$.替代 t 导入新变数 $\sigma = v_2(t)$.关于 t 解出这个方程,得到 $t = \omega(\sigma)$,而上面的等式以变量 σ 表出,就使我们确定了函数的形状 $\Phi(\sigma) = v_1[\omega(\sigma)]$.在函数 $\Phi(\sigma)$ 的形状确定之后,方程(47)就是确定的一阶方程.对它求解在初始条件(29)下的柯西问题,我们也就得到对方程(28)柯西问题的解.方程组(42)的或由交换 μ_1 与 μ_2 所得的类似方程组的每一积分通常称为方程(28)的中间积分.我们指出,如果方程组(45)是完全的,那么它就有三个独立的解.可以证明,这种情形只在 $\mu_1 = \mu_2$ 时能够发生.

注 假设 $h = 0$,而系数 a,b 及 c 是常数或者只与 p 及 q 有关.此时 μ_1 和 μ_2 也只是同 p 与 q 相关,若要求得只和 p 及 q 有关的 V,我们就能求到方程组(45)的解.由于 $h = 0$,第一个方程当任意选取 $V(p,q)$ 时满足,并且我们得到为了确定 V 的一个方程:$V_q - \mu_2(p,q)V_p = 0$.求得这个方程的解 $V_1(p,q)$,我们得到一阶方程 $V_1(p,q) = $ 常数,它的每个解就满足原来的二阶方程.替代 $\mu_2(p,q)$ 我们也可利用方程(32)的第二个根 $\mu_1(p,q)$,而得到另一个一阶方程:$V_2(p,q) = $ 常数.

137. 孟日－安培尔方程

所有上述的特征长条和中间积分的理论能直接推广到较一般类型的方程上去,就是关于 r,s,t 以及 $rt - s^2$ 为线性的方程,亦即下面形状的方程

$$ar + 2bs + ct + g(rt - s^2) + h = 0 \quad (g \neq 0)$$

它通常称为孟日－安培尔方程.设已给定某长条,若表达式

$$A = a\,dy^2 - 2b\,dx\,dy + c\,dx^2 + g(dx\,dp + dy\,dq)$$

异于零,则沿这长条确定的二阶导数全是单值的.若这个表达式变成零,而式子

$$B = a\,dp\,dy + h\,dx\,dy + c\,dq\,dx + g\,dp\,dq$$

异于零,那么为了确定二阶导数就引出不相容的方程组.特征长条由以下三个方程确定

$$A = 0, B = 0, du = p\,dx + q\,dy$$

若以 μ_1 及 μ_2 来记方程

$$\mu^2 + 2b\mu + ac - gh = 0$$

的根,特征长条的两个方程组能由以下的方程来确定

$$g\,dp + c\,dx + \mu_1\,dy = 0, g\,dq + a\,dy + \mu_2\,dx = 0, du = p\,dx + q\,dy$$

第二组由所写方程改变 μ_1 与 μ_2 的位置而得到.所有这些结论完全和以前相类似地能用计算得到.对于孟日－安培尔方程,在[135]中叙述的基本定理仍然成立.

在求中间积分时,替代方程组(45),我们有方程组

$$V_x + pV_u - \frac{c}{g}V_p - \frac{\mu_2}{g}V_q = 0$$

$$V_y + qV_u - \frac{\mu_1}{g}V_p - \frac{a}{g}V_q = 0$$

第二组可以像前面一样从写出的方程交换字母 μ_1 和 μ_2 而得到. 所有上述的中间积分的性质也仍旧正确.

138. 任意个数自变量时的特征

现在要考虑有任意个数自变量的二阶方程

$$\sum_{i,k=1}^{n} a_{ik} u_{x_i x_k} + \cdots = 0 \quad (a_{ik} = a_{ki}) \tag{48}$$

而未写出的各项不含二阶导数. 系数 a_{ik} 暂时将假设只同自变量 x_s 有关. 在这种情形下我们只限于讲明那样的条件:使方程(48)连同柯西初始条件不给出单值确定二阶导数的可能性,就是说,在求这些导数时引出不相容性或不确定性. 此条件类似于两个自变量情形的条件(32). 我们开始在柯西初始条件有特殊形式

$$u\mid_{x_1=x_1^{(0)}} = \varphi(x_2,\cdots,x_n),\, u_{x_1}\mid_{x_1=x_1^{(0)}} = \psi(x_2,\cdots,x_n)$$

的情况下考虑我们的问题. 这些条件使我们有确定在超平面 $x_1 = x_1^{(0)}$ 上所有一阶导数和除 $u_{x_1 x_1}$ 以外的所有二阶导数的可能性. 为了确定导数 $u_{x_1 x_1}$ 我们必须利用方程(48)本身,而在其中令 $x_1 = x_1^{(0)}$. 若这时发生 $a_{11} \neq 0$,那么对所说的导数就有了确定的值. 若把所说的导数代入之后出现了 $a_{11} = 0$,那么我们或者引出不可能的等式,或是得到恒等式. 因此,在特殊柯西条件的情形下所求条件有形状

$$a_{11} = 0 \tag{49}$$

现在转到一般情形,当柯西初始条件给定在某超曲面上

$$\omega_1(x_1,\cdots,x_n) = 0 \tag{50}$$

除了在最后式子中出现的函数 ω_1 而外,再引进 $(n-1)$ 个函数 $\omega_s(x_1,\cdots,x_n)$ $(s=2,\cdots,n)$ 使我们能够作自变量的变换

$$x'_s = \omega_s(x_1,\cdots,x_n) \quad (s=1,\cdots,n) \tag{51}$$

就是说,使得最后诸方程能关于 x_s 解出. 把对原来变量的导数用关于新变量的导数表出,而只写下出现我们所关心的导数的那些项

$$u_{x_i} = u_{x'_1} \frac{\partial \omega_1}{\partial x_i} + \cdots,\, u_{x_i x_k} = u_{x'_1 x'_1} \frac{\partial \omega_1}{\partial x_i} \frac{\partial \omega_1}{\partial x_k} + \cdots$$

变换后的方程将有形状

$$a'_{11} u_{x'_1 x'_1} + \cdots = 0$$

其中

$$a'_{11} = \sum_{i,k=1}^{n} a_{ik} \frac{\partial \omega_1}{\partial x_i} \frac{\partial \omega_1}{\partial x_k} \tag{52}$$

而未写出的各项不含导数 $u_{x'_1 x'_1}$. 由于(51),对变后方程,初始条件给定在超平面上 $x'_1 = 0$,也就是有特殊形状. 因此,在这种情形下,我们能利用条件(49),不过只是在新自变量之下. 考虑到(52),因而我们能断定为了超曲面(50)上的柯西初始条件在求二阶导数时会引出不相容性或不确定性起见,其必要而充分的是函数 ω_1 在条件 $\omega_1 = 0$ 下满足方程

$$\sum_{i,k=1}^{n} a_{ik} \frac{\partial \omega_1}{\partial x_i} \frac{\partial \omega_1}{\partial x_k} = 0 \tag{53}$$

换句话说,就是方程(53)由于方程(50)而满足. 每一个满足这条件的超曲面称为方程(48)的特征曲面或特征.

若是我们固定了任何一点 $M_0(x_1^{(0)}, \cdots, x_n^{(0)})$,则在这点系数 a_{ik} 有确定的值,记之为 $a_{ik}^{(0)}$. 设一向量的实数分量 $\alpha_1, \cdots, \alpha_n$ 满足方程

$$\sum_{i,k=1}^{n} a_{ik}^{(0)} \alpha_i \alpha_k = 0 \tag{53'}$$

则所对应的方向称为在点 M_0 的特征法线方向. 方程(53)等价于在曲面 $\omega_1(x_1, \cdots, x_n) = 0$ 的每一点,这曲面的法线方向是特征法线方向. 若曲面 $S(\omega_1 = 0)$ 是这样的,在它各点的法线方向无一是特征的,就是说,沿这曲面方程(53)的左边异于零,则由以上所述推知,在施行变数变换(51)之后,方程(48)可改写为形状

$$u_{x'_1 x'_1} = \sum_{i,k=2}^{n} a''_{ik} u_{x'_i x'_k} + \sum_{i=2}^{n} a''_{1i} u_{x'_1 x'_i} + \cdots \tag{48'}$$

并且曲面 S 变为平面 $x'_1 = 0$. 这提供了把初始条件在所述曲面上的柯西问题改变为初始条件在平面 $x'_1 = 0$ 上的柯西问题的可能性. 若方程(48)有解析特性——例如它是线性的而有解析的系数,曲面 S 不是特征的,并且 ω_1 是解析函数,那么在适当的条件下,变后的柯西问题能按照柯瓦列夫斯卡娅定理来解. 若曲面 S 是特征的,则函数 u 和它的一阶偏导数之间必有某种关系式联系. 事实上,u 和它的偏导数在 S 上之值可用在平面 $x'_1 = 0$ 上同样的量来表示,反之亦成立. 设当 $x'_1 = 0$ 时,有

$$u = \varphi_0(x'_2, \cdots, x'_n), \quad u_{x'_1} = \varphi_1(x'_2, \cdots, x'_n)$$

$$u_{x'_k} = \frac{\partial \varphi_0}{\partial x'_k} \quad (k = 2, \cdots, n)$$

若 S 是特征曲面,则在变后方程中,当 $x'_1 = 0$ 时 $a'_{11} = 0$,我们有方程

$$\sum_{i,k=2}^{n} a'_{ik} u_{x'_i x'_k} + \sum_{i=2}^{n} a'_{1i} u_{x'_1 x'_i} + \cdots = 0$$

其中未写出各项只含一阶导数. 由此得到函数 φ_0 和 φ_1 之间的联系

$$\sum_{i,k=2}^{n} a'_{ik} \frac{\partial^2 \varphi_0}{\partial x'_i \partial x'_k} + \sum_{i=2}^{n} a'_{1i} \frac{\partial \varphi_1}{\partial x'_i} + \cdots = 0$$

一般说来,这关系式不成为关于 φ_0 与 φ_1 的恒等式.

现在假定系数 a_{ik} 不仅与 x_s 而且同 u 及 u_{x_s} 相关.在 $(n-1)$ 维流形(50)上的柯西初始条件和 $(n-1)$ 个参数相关.假设 $x_2,\cdots,x_n$ 是这些参数.把这些初始条件的表达式代入系数 a_{ik},我们仍旧得到方程(53),它必须因为(50)而满足,这就可以决定在给定的初始条件下曲面 $\omega_1=0$ 是否为特征曲面.

往后我们限于考虑系数 a_{ik} 只与 x_s 有关的情形.我们注意,若方程(48)关于椭圆型,那么就如同在两个自变量的情形一样,方程(53)除了 $\omega_1=$ 常数而外不可能有实的解.这最后的解对于我们的问题显然是没有兴趣的.

139. 双特征

方程(53)必须因为(50)而得满足.现在要求使这个方程关于 x_s 恒满足.此时方程(53)将是通常的一阶偏微分方程,并且它的每一个解若不是常数,将给出不是一个特征而是整族特征

$$\omega_1(x_1,\cdots,x_n)=C \tag{54}$$

其中 C 是任何常数.反之,为了最后的方程对任何常数 C 确定一族特征,必要而充分的是 ω_1 满足方程(53).同以前完全一样,[100],可以证明每一个特征能包含在形状(54)的族中,因之方程(53)的解就给出所有的特征.

在数学物理方程中自变量之一,也就是时间,和其余的通常确定空间坐标的变量相比较占据特殊地位.以后我们认定这个特殊自变量为变量 x_n,并记 $x_n=t$.对其余变量我们引用记号 $x_1,\cdots,x_m$,也就是假设 $n=m+1$.

写曲面方程(50)为关于 t 解出的形状:$t-\omega(x_1,\cdots,x_m)=0$ 并认为系数 a_{ik} 与 t 无关.

把方程 $t-\omega=0$ 的左边代入方程(53),我们得到关于函数 ω 的以下方程

$$\sum_{i,k=1}^{m} a_{ik} \frac{\partial \omega}{\partial x_i} \frac{\partial \omega}{\partial x_k} - 2\sum_{i=1}^{m} a_{in} \frac{\partial \omega}{\partial x_i} + a_{nn} = 0 \tag{55}$$

这个方程应该满足,严格地说,是由于 $t=\omega$ 而满足.然而它完全不含字母 t,因此我们能肯定它必须恒满足.回到一般情形,考虑方程(53),并写下对应于这个一阶方程的柯西方程组.方程(53)不包含函数 ω_1 本身,因而在所对应的柯西方程组中,我们无须写出包含 $\mathrm{d}\omega_1$ 的那个比式.这样,我们得以下的常微分方程组

$$\frac{\mathrm{d}x_k}{\mathrm{d}s} = 2\sum_{i=1}^{n} a_{ki} p_i \tag{56}$$

$$\frac{\mathrm{d}p_k}{\mathrm{d}s} = -\sum_{i,j=1}^{n} \frac{\partial a_{ij}}{\partial x_k} p_i p_j \tag{56'}$$

$$(k=1,2,\cdots,n)$$

其中 s 为某辅助参数. 取某一族特征超曲面 $\omega_1(x_1,\cdots,x_n)=C$ 并令 $p_k=\dfrac{\partial\omega_1}{\partial x_k}$. 同时 p_i 用 $(x_1,\cdots,x_n)$ 表达, 并把这些表达式代到方程 (56) 的右边, 我们得到关于 $x_1,\cdots,x_n$ 的一阶方程组. 若取这个方程组的任何解, 并代入上述 p_k 通过 $(x_1,\cdots,x_n)$ 的表示式, 则不难验证所得的函数将满足方程 (56'). 实际上

$$\frac{\mathrm{d}p_k}{\mathrm{d}s}=\sum_{i=1}^{n}\frac{\partial^2\omega_1}{\partial x_k\partial x_i}\frac{\mathrm{d}x_i}{\mathrm{d}s}=2\sum_{i,j=1}^{n}\frac{\partial^2\omega_1}{\partial x_k\partial x_i}a_{ij}p_j=2\sum_{i,j=1}^{n}\frac{\partial p_i}{\partial x_k}a_{ij}p_j \qquad (57)$$

更改方程 (53) 中标数 k 为 j, 并关于 x_k 微分两边

$$\sum_{i,j=1}^{n}\frac{\partial a_{ij}}{\partial x_k}p_ip_j+\sum_{i,j=1}^{n}a_{ij}\frac{\partial p_i}{\partial x_k}p_j+\sum_{i,j=1}^{n}a_{ij}p_i\frac{\partial p_j}{\partial x_k}\equiv 0$$

由于 $a_{ij}=a_{ji}$ 后面两和式彼此相等, 又利用这个恒等式我们能改写公式 (57) 为形状

$$\frac{\mathrm{d}p_k}{\mathrm{d}s}=-\sum_{i,j=1}^{n}\frac{\partial a_{ij}}{\partial x_k}p_ip_j$$

这和方程 (56') 相一致. 应指出等式 (54) 同时是方程组 (56) 的积分. 事实上

$$\frac{\mathrm{d}\omega_1}{\mathrm{d}s}=\sum_{k=1}^{n}\frac{\partial\omega_1}{\partial x_k}\cdot\frac{\mathrm{d}x_k}{\mathrm{d}s}=2\sum_{i,k=1}^{n}a_{ik}\frac{\partial\omega_1}{\partial x_k}\frac{\partial\omega_1}{\partial x_i}$$

而最后的和式由于 (53) 而恒等于零. 带有坐标 $(x_1,\cdots,x_n)$ 的空间 R_n 的那些曲线, 若由于求方程组 (56) 积分的结果而得到, 在其中令 $p_i=\dfrac{\partial\omega_1}{\partial x_i}$, 则称之为对应于特征曲面组 $\omega_1=C$ 的双特征.

若在求方程组 (56) 积分时, 我们取某超曲面 $\omega_1=C_0$ 上的点作为初始值 x_k, 则所有对应的双特征将落在所说的超曲面上. 就是说, 方程 (48) 的每个特征曲面能由双特征构成. 现在指出方程组 (56) 与 (56') 的解产生特征超曲面的那些条件. 曲面 (54) 是 R_n 中的 $(n-1)$ 维流形. 在双特征的方程中出现参数 s, 由此推知为了形成特征超曲面必须取与 $(n-2)$ 个参数有关的双特征族. 我们假设, 出现在方程组 (56) 与 (56') 的变量的初始值 $x_k^{(0)}$ 和 $p_k^{(0)}$ 与 $(n-2)$ 个参数 $t_1,\cdots,t_{n-2}$ 有关. 重复 [106] 中的议论, 不难相信, 要使所得到的双特征族给出特征超曲面, 必须且只需使上述初始值满足以下关系式 [110]

$$\sum_{i,k=1}^{n}a_{ik}^{(0)}p_i^{(0)}p_k^{(0)}=0 \qquad (58)$$

$$\sum_{s=1}^{n}p_s^{(0)}\frac{\partial x_s^{(0)}}{\partial t_j}=0 \qquad (j=1,\cdots,n-2) \qquad (59)$$

其中 $a_{ik}^{(0)}$ 是代 $x_s=x_s^{(0)}$ 到表达式 a_{ik} 的结果. 同时, 预先假定变量 $(x_1,\cdots,x_n)$ 关于 $(s,t_1,\cdots,t_{n-2})$ 的 $(n-1)$ 阶函数行列式中至少有一个异于零.

一切所说的结果由求一阶方程积分的柯西方法直接推出 [110]. 在当前情

况下,非本质的复杂化在于所求积分曲面的方程是隐式的 $\omega_1(x_1,\cdots,x_n)=C$,而与之相联系的柯西方程组(56)并不包含函数 ω_1 本身的那个事实.

在数学物理中方程(53)的奇积分曲面,也就是所谓这个方程的特征角锥起着重要的作用.此特征曲面按前述方法得到,如果我们假设 $x_k^{(0)}$ 固定了,即(角锥的顶点)和参数无关,而 $p_k^{(0)}$ 受条件(58)的限制.注意到由这个方程确定 n 个量 $p_k^{(0)}$ 为 $(n-1)$ 个参数的函数.由于方程(58)的齐次性,参数之一作为 $p_k^{(0)}$ 前的因子.不难验证,当改 s 为 $\frac{1}{\alpha}s$ 及 p_k 为 αp_k 时,其中 α 与 s 无关,方程(56)和(56′)并不改变.作为 $p_k^{(0)}$ 前的因子的参数因而是多余的,因为它反正通过 s 而出现.所以,例如我们能假定量 $p_k^{(0)}$ 中的一个等于1.

若系数 a_{ik} 是常数,那么方程(56′)表明 p_k 必须是常数,而我们从方程(56)看出,x_k 是 s 的一次多项式,就是说,若 a_{ik} 是常数,则双特征是 R_n 中的直线.

考察一个重要的特殊情形.引用上述记号 $x_n=t$ 并考虑特殊形状的方程

$$u_{tt}-\sum_{i,k=1}^{m}a_{ik}u_{x_ix_k}+\cdots=0 \qquad (60)$$

其中 $m=n-1$,而系数 a_{ik} 不含 t,亦即仅与 $(x_1,\cdots,x_m)$ 相关.假定二次形式

$$\sum_{i,k=1}^{m}a_{ik}\xi_i\xi_k$$

对于所有值 ξ_s 是正定的.在这种情形下方程(53)具形状

$$\left(\frac{\partial\omega_1}{\partial t}\right)^2-\sum_{i,k=1}^{m}a_{ik}\frac{\partial\omega_1}{\partial x_i}\frac{\partial\omega_1}{\partial x_k}=0$$

要求出关于 t 解出的形状的特征超曲面

$$\omega(x_1,\cdots,x_m)-t=0 \text{ 或 } t=\omega(x_1,\cdots,x_m) \qquad (61)$$

此时 $p_0=\frac{\partial\omega_1}{\partial t}=-1$,而对于函数 ω 我们得到一阶方程

$$\sum_{i,k=1}^{m}a_{ik}\omega_{x_i}\omega_{x_k}=1 \qquad (62)$$

$$\sum_{i,k=1}^{m}a_{ik}p_ip_k=1 \qquad (63)$$

对应于这个方程的柯西方程组为

$$\frac{\mathrm{d}x_k}{2\sum_{i=1}^{m}a_{ki}p_i}=\frac{\mathrm{d}t}{2\sum_{i,k=1}^{m}a_{ik}p_ip_k}=\frac{\mathrm{d}p_k}{-\sum_{i,j=1}^{m}\frac{\partial a_{ij}}{\partial x_k}p_ip_j}$$

若我们取某具体的特征超曲面(61),则由(63)及最后的方程组推知,它的双特征的母线必须满足以下的方程组

$$\frac{\mathrm{d}x_k}{\mathrm{d}t} = \sum_{i=1}^{m} a_{ki} p_i \quad (p_i = \omega_{x_i}, k = 1, \cdots, m) \tag{64}$$

我们可以不把曲面(61)视作坐标是$(x_1, \cdots, x_m, t)$的n维空间R_n中不动的曲面,而视作有坐标$(x_1, \cdots, x_m)$的m维空间中随时间而变动的曲面.同时,我们设想方程组(64)的解是R_m中借助于参数t(时间)而由参数式所确定的曲线λ.不待说,这时空间R_m的曲线λ不是已经落在运动着的曲面上的.

例如,若在有坐标(x_1, x_2, t)的空间R_3内有锥面

$$x_1^2 + x_2^2 - c^2 t^2 = 0$$

则在(x_1, x_2)平面上我们应当把它看作是中心在原点具有变动的半径ct的圆周.若这锥面的直母线是双特征,那么平面(x_1, x_2)上的线λ是一束经过原点的直线.所引的例题如同我们在以后将见到的一样,对应于当所给定方程是波动方程的情形

$$u_{tt} - c^2 (u_{x_1 x_1} + u_{x_2 x_2}) = 0$$

140. 与变分问题的联系

设A是系数a_{ik}的矩阵.关于p_i解方程(64),我们得到$p_i = A^{-1} \dfrac{\mathrm{d}x_k}{\mathrm{d}t}$,其中$A^{-1}$照例是矩阵$A$的逆阵.将所得的$p_i$表达式代入方程(63)的左边,我们把关于$p_i$的二次形式改变为$\dfrac{\mathrm{d}x_k}{\mathrm{d}t}$的二次形式,就是要有

$$\sum_{i,k=1}^{m} b_{ik} \frac{\mathrm{d}x_i}{\mathrm{d}t} \frac{\mathrm{d}x_k}{\mathrm{d}t} = \sum_{i,k=1}^{m} a_{ik} p_i p_k = 1 \tag{65}$$

系数b_{ik}的矩阵B从矩阵A按公式

$$B = (A^{-1})^* A A^{-1} = (A^{-1})^*$$

得到[Ⅲ;32],或者考虑到A是对称的,即得:$B = A^{-1}$.

在空间R_m引进由等式

$$\mathrm{d}\sigma^2 = \sum_{i,k=1}^{m} b_{ik} \, \mathrm{d}x_i \, \mathrm{d}x_k$$

所定义的度量.由于(65),沿着作为某特征超曲面(61)的组成部分的任何双特征所作的积分

$$\int \mathrm{d}\sigma = \int \sqrt{\sum_{i,k=1}^{m} b_{ik} \, \mathrm{d}x_i \, \mathrm{d}x_k} = \int_{t_0}^{t_1} \sqrt{\sum_{i,k=1}^{m} b_{ik} x'_i x'_k} \, \mathrm{d}t \tag{66}$$

等于积分道路的端点所对应的t的数值的差,就是说,在有度量(66)的条件下,所说双特征的任何弧的长度被对应于弧的端点的时间数值之差来确定.

比较上述的结果和[80]中的结果,我们看出方程(63)是对于积分(66)的场的基本函数的方程.于是超曲面族$\omega(x_1, \cdots, x_m) = 1$是对于积分(66)的某个变分问题场的横截曲面.其次,不难验证,对应于整个特征曲面族并由方程(64)

所确定的双特征是场的极线. 为了确信这个,利用(64)来验证双特征与超曲面 $\omega(x_1,\cdots,x_m)=t$ 为横截的那个事实就够了.

实际上,在当前情形下,横截条件成为 $p_i=\omega_{x_i}$ 和积分(66)的被积函数关于 x'_i 的导数成比例[80],就是说,p_i 和 $\sum\limits_{k=1}^{m}b_{ik}x'_k$ 成比例. 但是关于 p_i 来解方程(64),我们得到

$$p_i=\sum_{k=1}^{m}b_{ik}x'_k$$

这就证明了关于特征超曲面族和所对应的双特征相横截的断言.

应当指出,此时特征角锥和空间 R_m 中以角锥的顶点 $(x_1^{(0)},\cdots,x_m^{(0)})$ 为中心,t 为半径的拟似球面相合.

若方程(60)相应于空间 R_m 的波动过程,则借助于特征曲面,一阶方程(63)确定了这过程的几何光学,而双特征是光线,确定同样的几何光学. 上述的想法引出几何光学与某个变分问题的直接联系. 如果已给定 $t=0$ 时的波前 S_0,为了得到任何时刻 t 的波前 S_t,我们必须作中心在 S_0 上半径为 t 的一族拟似球面,并取这族的包络(惠更斯构图). 这个构图和我们在[109]中所说的关于用一阶方程的特征角锥来解它的柯西问题相对应. 我们不去讲这个构图的证明. 它能从全积分的基本理论导出. 要指出,半径为 t 的拟似球面的包络能由两个超曲面组成. 只是其中的一个将给出在时刻 t 的波前.

一切上面的论断,可以不在空间 R_m,而在包含 t 为半径之一的空间 R_n 中来进行. 为了更加对称起见,考虑方程(48)的一般情形

$$\sum_{i,k=1}^{n}a_{ik}u_{x_ix_k}+\cdots=0 \quad (a_{ki}=a_{ik}) \tag{67}$$

其中 a_{ik} 是 $(x_1,\cdots,x_n)$ 的已知函数. 特征曲面将由方程

$$D(x_1,\cdots,x_n,p_1,\cdots,p_n)=\sum_{i,k=1}^{n}a_{ik}p_ip_k=0 \quad \left(p_i=\frac{\partial\omega_1}{\partial x_i}\right) \tag{68}$$

确定,其中用 $D(x_1,\cdots,x_n,p_1,\cdots,p_n)$ 来记方程的左边. 对应于这个方程的柯西方程组,就是说,确定双特征的常微分方程组由(56)与(56′)给定. 改辅助参数 s 为 $\frac{s}{2}$,能改写这个方程组为形状

$$\frac{\mathrm{d}x_k}{\mathrm{d}s}=\frac{1}{2}D_{p_k},\frac{\mathrm{d}p_k}{\mathrm{d}s}=-\frac{1}{2}D_{x_k} \quad (k=1,\cdots,n) \tag{69}$$

这组中的前一组方程有形状

$$\frac{\mathrm{d}x_k}{\mathrm{d}s}=\sum_{i=1}^{n}a_{ki}p_i \quad (k=1,\cdots,n)$$

关于 p_i 解这些方程并代入方程(68),得

$$\sum_{i,k=1}^{n} b_{ik} \frac{\mathrm{d}x_i}{\mathrm{d}s} \frac{\mathrm{d}x_k}{\mathrm{d}s} = 0 \tag{70}$$

其中系数 b_{ik} 的矩阵 $\boldsymbol{B}$ 由公式 $\boldsymbol{B} = \boldsymbol{A}^{-1}$ 表示. 在空间 R_n 引进度量

$$\mathrm{d}\sigma_1^2 = \sum_{i,k=1}^{n} b_{ik} \, \mathrm{d}x_i \, \mathrm{d}x_k$$

与以前的主要区别是那样的事实,对于双曲型方程,所写公式的右边可以取正值也可以取负值(不定的二次形式[Ⅲ;35]),且由此推知,$\mathrm{d}\sigma_1$ 可以是虚的量.

从(70)推知,对双特征有关系 $\mathrm{d}\sigma_1 = 0$,即在所取度量下,双特征的任一段的长度等于零. 同时应当记住所引度量的非实的特性.

141. 间断曲面的传播

假定说,方程(48)的某一解 u 的二阶导数在曲面

$$\psi(x_1, \cdots, x_n) = 0 \tag{71}$$

上有第一类间断点,解的本身及其一阶导数当通过曲面(71)时保持连续. 从曲面不同的两侧来看,所说的解 u 当作方程(48)的两个不同的解. 这些解在这曲面上有同一个柯西条件,但是二阶导数不同,因此,我们能够断定曲面(71)必须是方程(67)的特征曲面. 如果预先假定,不仅解 u 的本身及其一阶导数,而且二阶导数当点穿过曲面(71)时也保持连续,而间断只对高于二阶的导数发生,那么我们也会得到同样的结果. 一般地说,二阶方程(67)的解在曲面(71)上有弱性间断,只要当通过这曲面时,u 和它的一阶偏导数保持连续,而某些高于一阶的导数在曲面上有第一类间断点. 从上面的议论推知,弱性间断曲面只能是特征曲面.

仍然选定自变量 $x_n = t$,替代(71),我们就有在空间 R_m 中移动的弱性间断曲面

$$\psi(x_1, \cdots, x_m, t) = 0 \tag{72}$$

来定义这曲面的移动速度. 在曲面(72)上取某一点 M,并通过它向 $\psi > 0$ 的一侧引曲面的法线. 在这方向的法线上取一线段 MM_1,从点 M 到与时间 t 的瞬间 $t + \Delta t$ 所对应的曲面的交点 M_1. 当 $\Delta t \to 0$ 时,比 $|MM_1| : \Delta t$ 的极限通常称为曲面(72)的移动速度. 引用记号

$$g = \sqrt{\sum_{i=1}^{m} \psi_{x_i}^2} \tag{73}$$

我们便有所提到的法线方向余弦的以下表达式

$$\cos(n, x_i) = \frac{\psi_{x_i}}{g} \tag{74}$$

微分关系式(72)

86

$$\sum_{i=1}^{m} \psi_{x_i} \mathrm{d}x_i + \psi_t \mathrm{d}t = 0$$

量 $\mathrm{d}x_i$ 能看为沿法线的无穷小移动 MM_1 在坐标轴上的投影,因而我们能写出

$$\sum_{i=1}^{m} \psi_{x_i} \mid MM_1 \mid \cos(n, x_i) + \psi_t \mathrm{d}t = 0$$

考虑到(74),我们得到曲面(72)的移动速度的以下表达式

$$P = -\frac{\psi_t}{g} \tag{75}$$

在 $m=2$ 的情形,我们有在平面(x_1, x_2)上的移动曲线,在 $m=3$ 的情形,有在三维空间(x_1, x_2, x_3)的移动曲面.

作为例题来考虑当 $m=1$ 时的波动方程

$$u_{tt} - a^2 u_{xx} = 0$$

基本方程(53)有形状

$$\psi_t^2 - a^2 \psi_x^2 = 0 \text{ 或 } \frac{\psi_t}{\psi_x} = \pm a$$

它表明每个弱性间断应当沿 x 轴以速度 $\pm a$ 而移动.在平面(x, t)上,特征是两族直线 $x \pm at = c$.再考虑方程

$$u_{tt} - f(u_x, u_t) u_{xx} = 0$$

这个方程在研究一维情形下可压缩流体的运动时遇到.条件(53)写为形状

$$\psi_t^2 - f(u_x, u_t) \psi_x^2 = 0$$

假定说,我们在 x 轴上间断的一侧有静态.于是在间断的这一侧和间断点本身我们有 $u_x = u_t = 0$.上面的条件就写成了形状 $\psi_t^2 - f(0, 0)\psi_x^2 = 0$,并且间断的传播速度由公式

$$P = \pm \sqrt{f(0, 0)} \tag{76}$$

确定.

现在转到考虑有三个自变量的波动方程

$$u_{tt} - a^2 (u_{x_1 x_1} + u_{x_2 x_2}) = 0$$

方程(53)这时写为形状

$$\psi_t^2 - a^2 (\psi_{x_1}^2 + \psi_{x_2}^2) = 0$$

或者利用公式(73),我们能写最后方程为形状 $\psi_t^2 - a^2 g^2 = 0$,这个一阶方程表明这样的事实,每一特征曲线在平面(x_1, x_2)上应以速度 a 移动.如果是从波动方程三维空间(x_1, x_2, x_3)的波动方程

$$u_{tt} - a^2 (u_{x_1 x_1} + u_{x_2 x_2} + u_{x_3 x_3})$$

出发,对于特征曲面,我们也能得到完全类似的结果.应当指出,系数 a^2 也可假设是和坐标(x_1, x_2, x_3)相关.

142. 强性间断

在研究二阶方程的间断解时,我们曾经假定,函数本身及其一阶导数当通过间断曲面时保持连续,并且经受间断的导数不低于二阶(弹性间断). 只在这种假定下,我们才断定间断曲面必定是特征曲面. 我们现在转到强性间断的研究. 这就是说,在二阶方程的情形下,一阶导数已经有了间断. 我们的目的,要讲明间断曲面仍必须是特征曲面的那些情形. 我们考虑有三个自变量的波动方程. 在讨论中引进位于所说方程左边的算子

$$\Box u = u_{xx} + u_{yy} - \frac{1}{a^2}u_{tt} \tag{77}$$

这个表达式通常称为洛伦兹算子. 在讨论中还引进一个包含一阶导数的算子

$$P(u) = u_x \cos(n,x) + u_y \cos(n,y) - \frac{1}{a^2}u_t \cos(n,t) \tag{78}$$

式中 n 是空间 (x,y,t) 的某一方向. 设 D 是空间 (x,y,t) 的某区域,S 是它的境界曲面,且 n 是曲面 S 的外法线方向. 应用平常的高斯公式,我们能够和在 [II; 193] 中完全一样,对洛伦兹算子写出以下的格林公式

$$\iiint_D [v\Box u - u\Box v]d\tau = \iint_S [vP(u) - uP(v)]dS \tag{79}$$

其中 u 与 v 是在 D 内有到二阶为止的连续导数的两个函数. 假定 D 被某曲面 σ 分为两部分 D_1 与 D_2,并且这曲面 σ 对函数 u 的一阶导数是间断曲面. 要讲明这种间断所必须满足的条件,以使得公式 (79) 对整个范围 D 在应用于有间断导数的函数 u 以及任何有连续到二阶为止导数的函数 v 时仍然成立. 首先将假设函数 u 本身当通过 σ 时保持连续. 设 M 是 σ 上某一点,l 是落在 σ 在点 M 的切平面上的任一方向. 我们假设,从曲面 σ 的两侧趋向点 M 时,导数 $\frac{\partial u}{\partial l}$ 有同一极限,并且这极限等于在曲面 σ 上函数 u 之值沿方向 l 的导数. 这个条件有时称为运动学的相容条件. 若 n 是 σ 在点 M 的一个固定的法线方向,我们假设:从曲面的这一侧或那一侧趋向于点 M 时,$\frac{\partial u}{\partial n}$ 有确定的极限,但是这些极限在曲面的不同侧可以不同.

现在转来叙述一个条件,称它为动力学的相容条件. 我们将假设表达式 (78) 当趋向曲面的任意点时(n 为在这点的法线方向)在曲面的两侧有同一极限值,只要在两种情形下取同一个法线方向 n. 我们并且假定公式 (79) 分别应用在区域的两部分 D_1 与 D_2. 若是函数 u 在 D_1 与 D_2 中直到曲面有连续的二阶导数,这就一定实现. 若我们对 D_1 及 D_2 应用公式 (79),则在曲面 σ 上,对这两种情形,恰好有相反的外法线方向,这使得对所写的两种积分表达式 $P(u)$ 有不同的符号. 将这两个式子相加,我们得着对整个范围 D 的公式 (79),因为取在 σ

88

上的两个积分相互抵消. 因此, 在所作关于函数 u 的强性间断的假定下, 我们得到公式(79)对整个范围 D 的正确性.

现在要从所作的假定引出某些重要的推论. 设 $\boldsymbol{n}$ 为 σ 的单位法线向量. 考虑向量积 $\mathbf{grad}\, u \times \boldsymbol{n}$. 若以 $\boldsymbol{l}$ 记一单位向量, 具有 $\mathbf{grad}\, u$ 在 σ 的切平面上投影的方向, 因而 $\mathbf{grad}\, u = \dfrac{\partial u}{\partial l}\boldsymbol{l} + \dfrac{\partial u}{\partial n}\boldsymbol{n}$, 那么所讲的向量积就等于 $\dfrac{\partial u}{\partial l}\boldsymbol{l} \times \boldsymbol{n}$, 因之, 当通过曲面 σ 时它是连续的. 若我们作这向量积的三个分量, 我们得到下面的三个表达式

$$\begin{cases} u_x \cos(n,y) - u_y \cos(n,x) = M_1 \\ u_y \cos(n,t) - u_t \cos(n,y) = M_2 \\ u_t \cos(n,x) - u_x \cos(n,t) = M_3 \end{cases} \tag{80}$$

由于运动学的相容条件, 当通过曲面 σ 时, 它们必须是连续的. 除此而外, 上述条件并使我们有第四个表达式

$$u_x \cos(n,x) + u_y \cos(n,y) - \frac{1}{a^2} u_t \cos(n,t) = M_4 \tag{81}$$

它当通过曲面 σ 时也必须保持连续. 把方程(80)与(81)看作关于 u_x, u_y, u_t 的四个一次方程. 假如这个方程组的系数矩阵的秩等于3, 就是说, 假若系数矩阵至少有一个三阶行列式异于零, 那么我们能够关于上述导数来解所对应的三个方程, 并且这些导数由连续函数 M_k 表示. 同时函数 u 的一切一阶导数当通过 σ 时保持连续, 而我们就不能有强性间断. 因此, 我们能够断定, 所说的系数矩阵的秩必须小于3, 就是矩阵

$$\begin{bmatrix} \cos(n,y) & -\cos(n,x) & 0 \\ 0 & \cos(n,t) & -\cos(n,y) \\ -\cos(n,t) & 0 & \cos(n,x) \\ \cos(n,x) & \cos(n,y) & -\dfrac{1}{a^2}\cos(n,t) \end{bmatrix} \tag{82}$$

的所有三阶行列式必须等于零. 例如, 划去第一行, 我们得到条件

$$\cos(n,t)\cos^2(n,x) + \cos(n,t)\cos^2(n,y) - \frac{1}{a^2}\cos^3(n,t) = 0$$

我们假设 $\cos(n,t) \neq 0$, 因而得到以下等式

$$\cos^2(n,x) + \cos^2(n,y) - \frac{1}{a^2}\cos^2(n,t) = 0 \tag{83}$$

若 $\psi(x,y,t) = 0$ 是曲面 σ 的方程, 则这等式显然可改写为形状

$$\psi_x^2 + \psi_y^2 - \frac{1}{a^2}\psi_t^2 = 0$$

于是我们看出, 就在所考虑强性间断的情形, 曲面 σ 必须是方程 $\square u = 0$ 的特征曲面. 条件 $\cos(n,t) \neq 0$ 显然等价于 $\psi_t \neq 0$. 若条件(83)满足, 则不难证明, 矩

阵(82)的所有三阶行列式等于零,而 M_4 是 M_1, M_2 以及 M_3 的线性结合,我们此时显然有

$$\cos(n,t)M_4 = \cos(n,y)M_2 - \cos(n,x)M_3$$

这样,我们看到,若是给出 M_1, M_2, M_3 为连续的运动学的相容条件满足,又曲面 σ 是方程 $\square u = 0$ 的特征曲面,那么由此已经推出表达式 M_4 为连续,也就是已推出了动力学的相容条件. 要指出,在以上的讨论中,我们曾得到特征曲面方程,那时完全没有对方程 $\square u = 0$ 的解进行研究,而只从等式(79)出发,在这等式的左边包含式子 $\square u$.

143. 黎曼方法

现在转向解柯西问题,而从有两个自变量的线性方程的情形开始,并且我们取已经化约为标准形式的方程

$$L(u) = u_{xy} + a(x,y)u_x + b(x,y)u_y + c(x,y)u = f(x,y) \qquad (84)$$

往后我们不再写出系数同自由项中所包含的变数. 我们以 $L(u)$ 来记方程的左边. 应记起,对所写方程来确定特征的基本条件(32)有形状 $\mathrm{d}x\mathrm{d}y = 0$,因而方程(84)的特征是平行于轴的直线 $x = $ 常数和 $y = $ 常数. 除了算子 $L(u)$ 而外,还要考虑所谓共轭算子,它按照以下方式定义

$$M(v) = v_{xy} - (av)_x - (bv)_y + cv$$

同时,我们当然要假设系数 a 与 b 连续可微分. 利用 $L(u)$ 和 $M(v)$ 的表达式,不难验证以下的基本恒等式

$$2[vL(u) - uM(v)] = (u_x v - v_x u + 2buv)_y + \\ (u_y v - v_y u + 2auv)_x \qquad (85)$$

考虑平面 (x,y) 上有围道 λ 的某区域 D,且假定函数 u 及 v 在区域 D 内有连续一阶导数和连续的混合二阶导数. 同时,沿区域 D 对恒等式(85)的两边积分,并利用已知的公式[II;69],得

$$\iint\limits_{D} \left(\frac{\partial Q}{\partial x} - \frac{\partial P}{\partial y}\right) \mathrm{d}x\mathrm{d}y = \int_{\lambda} P\mathrm{d}x + Q\mathrm{d}y$$

我们就得到以下的格林公式

$$2\iint\limits_{D} [vL(u) - uM(v)]\mathrm{d}S = \\ \int_{\lambda} -(u_x v - v_x u + 2buv)\mathrm{d}x + (u_y v - v_y u + 2auv)\mathrm{d}y \qquad (86)$$

在有了这些预先的计算以后,就转来解方程(84)的柯西问题.

假定说,在平面 (x,y) 上我们已有某曲线 l,它和平行于坐标轴的直线的交点不多于一点. 这条曲线的方程能写为形状 $x = x(y)$ 或 $y = y(x)$. 我们假设在所考虑曲线 l 的一段上,存在异于零的导数 $x'(y)$ 或 $y'(x)$. 要按照在 l 上的柯西条件求方程(84)的解,就是说,沿着这条曲线函数 u 及其偏导数 u_x, u_y 之值

已给定,并且照例必须满足条件 $du = u_x dx + u_y dy$. 我们可以认为 u, u_x, u_y 沿 l 只是 x 或只是 y 的函数.

同时假设,给出 u 在 l 上数值的函数有连续导数,而 u_x 及 u_y 为连续函数. 如我们以上所述,系数 a 和 b 按照假定有连续偏导数,而 c 与 f 是在包含 l 的某区域内连续,这将在以后的讨论中牵涉. 往后我们要证明,在所做的假定下问题有解. 目前我们的问题是在解存在的假定下建立关于问题的解的一些公式.

取在平面 (x, y) 上由曲线 l 的弧和两条从定点 $P(x, y)$ 发出的平行于轴的二直线所围成的部分作为区域 D(图5). 假定说,在这区域内我们已知齐次共轭方程

$$M(v) = 0 \qquad (87)$$

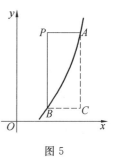

图 5

的解. 把公式(86)应用于所要求的柯西问题的解 u 及刚才提到的方程(87)的解,利用方程(84),我们得到

$$-2\iint\limits_{D} vf d\sigma = \int_{AB} + \int_{BP} + \int_{PA} \qquad (88)$$

沿围道 λ 的积分,分为沿曲线 l 的弧 AB 和沿平行于轴的直线 BP 及 PA 的积分. 沿 l 弧的积分我们应当算是已知的,因为在这弧上我们已给定了未知函数 u 和它的一阶偏导数之值. 考虑沿所提到的直线的积分. 沿 PA 仅仅 x 变动,于是当沿 PA 积分时,我们得到积分

$$-\int_{PA} (u_x v - v_x u + 2buv) dx$$

我们可以改写被积函数为形状

$$u_x v - v_x u + 2buv = (uv)_x + 2u(bv - v_x)$$

于是推知,要有

$$-\int_{PA} (u_x v - v_x u + 2buv) dx = (uv)_P - (uv)_A - \int_{PA} 2u(bv - v_x) dx$$

其中例如 $(uv)_P$ 记 uv 在点 P 之值.

完全一样,沿 BP 求积分,使我们有下面的结果

$$\int_{BP} (u_y v - v_y u + 2auv) dy = (uv)_P - (uv)_B + \int_{BP} 2u(av - v_y) dy$$

公式(88)能改写为以下方式

$$2v(P)u(P) = \int_{AB} \left[(u_x v - v_x u + 2buv) dx - (u_y v - v_y u + 2auv) dy \right] +$$

$$u(A)v(A) + u(B)v(B) + \int_{PA} 2u(bv - v_x) dx +$$

$$\int_{PB} 2u(av - v_y) dy - 2\iint\limits_{D} fv d\sigma \qquad (89)$$

假定说,我们已知的不是方程(87)的任意解,而是方程的这种解,在直线 PA 和 PB 上满足以下条件

$$bv - v_x = 0 \quad (\text{在 } PA \text{ 上})$$

及

$$av - v_y = 0 \quad (\text{在 } PB \text{ 上})$$

并且 $v(P) = 1$. 在这种情形下,公式(89)中沿 PA 和 PB 的积分消失,而我们就得到下面的公式来表出未知函数在点 P 之值 $u(P)$,我们用 (x_0, y_0) 来记这点的坐标

$$2u(x_0, y_0) = u(A)v(A) + u(B)v(B) +$$
$$\int_{AB} (u_x v - v_x u + 2buv)\mathrm{d}x - (u_y v - v_y u + 2auv)\mathrm{d}y -$$
$$2\iint_D fv\mathrm{d}\sigma \tag{90}$$

现在更详细地讲明方程(87)的解 v 所应当满足的条件. 沿直线 PA 我们应有

$$v_x = b(x, y_0)v$$

这个方程可看为关于自变量 x 的常微分方程,并求它的积分,我们得到在直线 PA 上如下的 v 之值

$$v(x, y_0) = \mathrm{e}^{\int_{x_0}^{x} b(x, y_0)\mathrm{d}x} \quad (\text{在 } PA \text{ 上}) \tag{91}$$

完全一样,在直线 PB 上我们得到

$$v(x_0, y) = \mathrm{e}^{\int_{y_0}^{y} a(x_0, y)\mathrm{d}y} \quad (\text{在 } PB \text{ 上}) \tag{92}$$

同时在点 $P(x_0, y_0)$ 本身我们要有 $v(x_0, y_0) = 1$. 因此方程(87)的解 v 在直线 PA 及 PB 上应有由公式(91)和(92)所确定的已知值. 不待说,它和点 (x_0, y_0) 的选取有关,实质上说来,它是一对点的函数. 记之为

$$v(x, y; x_0, y_0) \tag{93}$$

方程(87)的满足条件(91)与(92)的这种解称为黎曼函数. 这个解既不和 l 上的柯西条件有关,也不和这条曲线的形状有关. 对于它点 (x, y) 起自变量的作用,而点 (x_0, y_0) 起参数的作用. 要指出,我们用直接验证公式(90)实际上给出满足方程(84)和在 l 上的条件函数 $u(x_0, y_0)$ 的方法,就能证明问题的解存在. 这种验证有一些困难,我们将在以后的某一段中,给出柯西问题解的存在性的另外证明.

上述的黎曼方法把柯西问题的解决化为黎曼函数(93)的寻求. 这函数本身是与方程(84)同类型的齐次方程(87)的解,但有和柯西条件完全不同的附加条件,就是如同上面见到的,只要在从点 P 发出的两特征线 PA 和 PB 上给定函数 v 的数值. 以后我们要证黎曼函数的存在. 还要指出,基本公式(90)是我们在问题的解存在的假定下得到的. 因此,如果问题的解存在,则它必定用公式

92

(90)表示,从而证明了柯西问题的解的唯一性.但是剩下还要证明公式(90)实际上给出问题的解.往后我们不仅证明黎曼函数的存在,而且证明柯西问题的解存在,而按照前面所说,也就证明了公式(90)实际上给出问题的解的那个事实.

暂且假设所有上述的存在定理已经证明了,我们转而说明公式(90)的一些推论.如同我们刚才所说的一样,这个公式证明了问题的解的唯一性.此外,由这公式立即推出,如果我们充分小地改变在曲线l上的柯西条件,就能使问题的解改变任意小量,就是说,柯西问题的解和初始条件是连续相关的.此外,由公式(90)直接推知,未知函数u在点P之值只与曲线l的弧AB上所展布的初始条件有关.若我们用两种不同的方法延拓在弧AB上所给的初始条件,而保持在A与B两点初始条件的连续性,那么我们在曲线三角形PAB的外面,得到柯西问题的两个不同的解,严格地说,就是我们将有两个不同的柯西条件组,它对应于两个不同的柯西问题的解,可是因为在两个问题中,弧AB上的初始条件相一致,因此,这些解在曲线三角形PAB中相符合.特征PA与PB是这样的线,在所说的三角形内相一致的解,沿着它就分开为两个不同的解了.

本段所有的讨论自然没有假设函数的解析性.要指出平行于坐标轴的直线,也就是特征,交曲线l不多于一点那个条件的作用.取(图6)曲线l_1,它和x轴平行的直线相交于两点,并假定在它上面已给定柯西初始条件.应用黎曼方法,或者利用曲线三角形PAB,或者利用曲线三角形PBC,我们能确定未知函数u在点P之值.一般说来,得到的两个公式在点P对u给出不同的结果,因此,问题是不可解的.

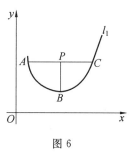

图6

144. 特征的初始条件

现在考察因作黎曼函数所引出的问题,并且我们只考虑齐次方程的情形.设需要确定方程

$$u_{xy} + au_x + bu_y + cu = 0 \tag{94}$$

的解,而只是给定未知函数u在和轴相平行的直线CA及CB上的值(图5).以(ξ, η)记点C的坐标.注意到,如果我们已有在CB上u的值,那么我们因而也就知道沿CB的偏导数u_x.但是方程(94)当用$y = \eta$和已知函数u及u_x代入时,就变为对沿CB的函数u_y的一阶线性常微分方程.求这个方程的积分,我们就知道沿CB偏导数u_y之值.恰好一样,有了沿CA的u之值,我们就知道u沿CA的两个一阶偏导数.当积分一阶常微分方程时所得到的任意常数是确定的,因为我们认为在点C处u_y与u_x是已知的.上面的议论向我们表明,何以沿着特征CA与CB,只要给出函数u本身的值就够了.前述的黎曼方法能逐字逐句地应

用到所考虑的情形,而我们就得到对于未知函数的公式

$$2u(P) = u(A)v(A) + u(B)v(B) + \int_{CA} (u_y v - v_y u + 2auv) \mathrm{d}y +$$

$$\int_{CB} (u_x v - v_x u + 2buv) \mathrm{d}x$$

像以前一样,其中 v 是黎曼函数(93).

在写出的第一个积分中改写被积函数为形状

$$u_y v - v_y u + 2auv = -(uv)_y + 2v(au + u_y)$$

并进行积分. 对第二个积分运用类似的变换. 结果我们将有以下公式

$$u(P) = u(C)v(C) + \int_{CA} v(au + u_y) \mathrm{d}y + \int_{CB} v(bu + u_x) \mathrm{d}x \qquad (95)$$

把所得的公式应用于黎曼函数的一个性质的证明. 首先要指出,共轭于算子 $M(v)$ 的算子是原来的算子 $L(u)$. 实际上

$$M(v) = v_{xy} - av_x - bv_y + (c - a_x - b_y)v$$

而共轭算子为

$$L_1(u) = u_{xy} + (au)_x + (bu)_y + (c - a_x - b_y)u =$$
$$u_{xy} + au_x + bu_y + cu = L(u)$$

应用公式(95)于算子 $M(v)$ 的黎曼函数 u. 在算子 $M(v)$ 中,v_x 与 v_y 的系数等于 $(-a)$ 和 $(-b)$,于是这个算子的黎曼函数是方程(94)的解,在直线 CA 与 CB 上满足方程:$au + u_y = 0$ 及 $bu + u_x = 0$,此外,我们应有 $u(C) = 1$. 同时点 $C(\xi, \eta)$ 将起函数(93)中点 $P(x_0, y_0)$ 的作用.

利用公式(95)于这个特殊情形,我们得到以下公式

$$u(x_0, y_0; \xi, \eta) = v(\xi, \eta; x_0, y_0)$$

就是说,算子 $L(u)$ 的黎曼函数(93)要变为共轭算子 $M(v)$ 的黎曼函数,只要在其中交换点 (x, y) 和 (x_0, y_0). 若是表达式 $M(x)$ 和表达式 $L(v)$ 相合,则表达式或算子 $L(u)$ 称为自共轭的,且对自共轭算子,黎曼函数是它所牵涉的两点的对称函数. 考虑到 $L(u)$ 及 $M(v)$ 的表达式,不难写出 $L(u)$ 是自共轭的条件:$a \equiv b \equiv 0$. 在二特征线上给定函数本身数值时,方程(94)的定解问题通常称为有特征初始条件的问题. 完全和在柯西问题的情形一样,公式(95)表明有特征初始条件的问题只能有一个解.

145. 存在定理

我们剩下要证明一些定理,它们用来确定柯西问题和有特征初始条件的问题的解是存在的. 我们从后面的问题开始,并且将只考虑齐次方程的情形. 需要求出方程(94)的解,而在特征 $x = x_0$ 和 $y = y_0$ 上取给定的值

$$u \mid_{x=x_0} = \psi(y), u \mid_{y=y_0} = \varphi(x) \qquad (\psi(y_0) = \varphi(x_0)) \qquad (96)$$

假设系数 b 有对 y 的连续导数,我们能改写方程(94)为有两个一阶方程的方程

组形状

$$u_x + bu = w \tag{97}$$

$$w_y + aw = \mathrm{d}u \tag{98}$$

其中

$$d = ab + b_y - c$$

并且对新引进的函数 w,我们得着以下的初始条件

$$w \big|_{y=y_0} = \varphi'(x) + b(x, y_0)\varphi(x) = \omega(x) \tag{99}$$

把方程(97)看作线性常微分方程,并考虑到(96)中第一个条件,我们得到函数 $u(x, y)$ 通过函数 $w(x, y)$ 表达的式子

$$u(x, y) = \mathrm{e}^{-\int_{x_0}^{x} b(\xi, \eta)\mathrm{d}\xi} \left[\int_{x_0}^{x} \mathrm{e}^{\int_{x_0}^{\xi} b(\xi', y)\mathrm{d}\xi'} w(\xi, y)\mathrm{d}\xi + \psi(y) \right]$$

完全同样的,方程(98)使我们有

$$w(x, y) = \mathrm{e}^{-\int_{y_0}^{y} a(x, \eta)\mathrm{d}\eta} \left[\int_{y_0}^{y} \mathrm{e}^{\int_{y_0}^{\eta} a(x, \eta')\mathrm{d}\eta'} d(x, \eta)u(x, \eta)\mathrm{d}\eta + \right.$$
$$\left. \varphi'(x) + b(x, y_0)\varphi(x) \right]$$

这些方程等价于有初始条件(96)的方程(97)和(98).引进记号

$$K_1(x, y; \xi) = \mathrm{e}^{\int_{x}^{\xi} b(\xi', y)\mathrm{d}\xi'}$$

$$K_2(x, y; \eta) = \mathrm{e}^{\int_{y}^{\eta} a(x, \eta')\mathrm{d}\eta'} d(x, \eta) \tag{100}$$

可以改写上述方程为形状

$$u(x, y) = \mathrm{e}^{-\int_{x_0}^{x} b(\xi, y)\mathrm{d}\xi} \psi(y) + \int_{x_0}^{x} K_1(x, y; \xi)w(\xi, y)\mathrm{d}\xi$$

$$w(x, y) = \mathrm{e}^{-\int_{y_0}^{y} a(x, \eta)\mathrm{d}\eta} \omega(x) + \int_{y_0}^{y} K_2(x, y; \eta)u(x, \eta)\mathrm{d}\eta \tag{101}$$

应用通常为了确立收敛性而进行讨论的逐次逼近法,就给出最后方程组的解的存在性和唯一性的证明.为了能够从方程(97)和(98)回到(94),必须存在连续的混合导数 u_{xy}.从连续函数 $u(x, y)$ 与 $w(x, y)$ 所满足的方程(101)看出,若 $b(x, y)$ 有连续一阶偏导数,而 $\psi(y)$ 有连续导数,则关于 u_{xy} 的断言成立.若将方程(101)中第二个表达式 $w(x, y)$ 代入第一式,那么得到关于 $u(x, y)$ 有二重积分的通常的沃尔泰拉方程.

转到柯西问题解的存在性的证明.带有柯西条件的曲线 l 的方程,如前所见,能够写为形状 $x = x(y)$ 或 $y = y(x)$,其中 $x(y)$ 与 $y(x)$ 有连续的而不等于零的导数.我们可以把 l 上的柯西条件看成或是自变量 x 或是自变量 y 的函数.写这些条件为形状

$$u \big|_{x=x(y)} = \psi(y), u \big|_{y=y(x)} = \psi_1(x), u_x \big|_{y=y(x)} = \varphi_1(x)$$

在求方程(97)和(98)的积分时,我们应考虑到初始条件

$$u \big|_{x=x(y)} = \psi(y), w \big|_{y=y(x)} = \varphi_1(x) + b[x, y(x)]\psi_1(x) = \omega_1(x)$$

95

因此像上面一样,我们得到以下的积分方程组

$$u(x,y) = e^{-\int_{x(y)}^x b(\xi,y)d\xi}\psi(y) + \int_{x(y)}^x K_1(x,y;\xi)w(\xi,y)d\xi$$

$$w(x,y) = e^{-\int_{y(x)}^y a(x,\eta)d\eta}\omega_1(x) + \int_{y(x)}^y K_2(x,y;\eta)u(x,\eta)d\eta$$

(102)

其中 $K_1(x,y;\xi)$, $K_2(x,y;\eta)$ 由公式(100)确定. 对于方程组按通常方式进行逐次逼近法的收敛性的证明,而因此能得到解的存在定理. 若点 P 有像在图 5 中所处的位置,那么当对 ξ 积分时,在估计中,积分路径长度可改为$(\alpha - x)$,而对 η 积分时,改为$(\beta - y)$,其中 α 及 β 是 x 及 y 在边平行于轴的矩形中的最大值,我们是在这矩形中考虑问题的解的,并且其中的系数满足上面所加的条件,例如,a 与 b 有连续一阶偏导数,又 c 和 f 连续,这些是在推导黎曼方法时为我们所必需的. 我们也能够考虑非齐次方程(84). 此时在方程(98)的右边添上自由项 $f(x,y)$ 就够了. 就是不用黎曼方法而利用方程组(102),也容易证明解的唯一性.

146. 逐次逼近法

为了证明存在定理,完全像对常微分方程所做过的一样,可以直接应用逐次逼近法于方程(94)本身. 我们从特征初始条件(96)开始. 有初始条件(96)的方程(94)等价于积微分方程

$$u(x,y) = \varphi(x) + \psi(y) - \varphi(x_0) - \int_{x_0}^x \int_{y_0}^y [a(\xi,\eta)u_\xi(\xi,\eta) +$$
$$b(\xi,\eta)u_\eta(\xi,\eta) + c(\xi,\eta)u(\xi,\eta)]d\xi d\eta$$

(103)

并且由于明显的条件 $\varphi(x_0) = \psi(y_0)$,所写出方程的积分式以外的项满足初始条件(96).

我们可以取函数

$$u_0(x,y) = \varphi(x) + \psi(y) - \varphi(x_0)$$

作为第一次逼近,其余的逼近陆续按以下公式计算

$$u_n(x,y) = u_0(x,y) - \int_{x_0}^x \int_{y_0}^y \left[a(\xi,\eta)\frac{\partial u_{n-1}(\xi,\eta)}{\partial \xi} + \right.$$
$$\left. b(\xi,\eta)\frac{\partial u_{n-1}(\xi,\eta)}{\partial \eta} + c(\xi,\eta)u_{n-1}(\xi,\eta)\right]d\xi d\eta \quad (n=1,2,\cdots)$$

(104)

作一些简单估计,能证明函数列

$$u_n(x,y), \frac{\partial u_n(x,y)}{\partial x}, \frac{\partial u_n(x,y)}{\partial y}$$

在图 5 所画的矩形 R 中一致收敛,并且我们假设方程的系数是这矩形中的连续函数. 把关系式(104)取极限,我们不难相信,序列 $u_n(x,y)$ 的极限函数满足方

96

程(103),且由此推知它满足方程(94)和初始条件(96).

现在转向柯西问题.设 R 为含曲线 l 的一段在内的矩形,在这一段上给定了柯西条件,并且方程的系数在矩形 R 内是连续函数.设 (x,y) 是这矩形内的某一点.用 D_{xy} 来记曲线三角形 PAB,它由曲线 l 的弧 AB 和从点 $P(x,y)$ 发出的两条平行于轴的直线 PA 和 PB 所围成.我们可以写柯西初始条件为形状

$$u\mid_l = \varphi(x) + \psi(y), u_x\mid_l = \varphi'(x), u_y\mid_l = \psi'(y) \qquad (105)$$

实际上,像我们已经说过的,我们总能认为 u_x 与 u_y 的初始条件通过 x 或 y 表示.积分这些函数,我们得到 u 的初始条件就取上述形状.带有初始条件(105)的方程(94)等价于方程

$$u(x,y) = \varphi(x) + \psi(y) + \iint\limits_{D_{xy}} [a(\xi,\eta) u_\xi(\xi,\eta) +$$
$$b(\xi,\eta) u_\eta(\xi,\eta) + c(\xi,\eta) u(\xi,\eta)] \mathrm{d}\xi \mathrm{d}\eta$$

在公式(103)中我们写过有所说上下限的二次积分,并且在这种写的方式中点 $P(x,y)$ 关于特征 $x=x_0$ 和 $y=y_0$ 所处位置是没有区别的.在最后公式中我们写出二重积分,并且取点,曲线和轴的相互位置是如图5所指出的.作为第一次逼近我们取

$$u_0(x,y) = \varphi(x) + \psi(y)$$

而其次的逼近按照下面公式计算

$$u_n(x,y) = u_0(x,y) + \iint\limits_{D_{xy}} \Big[a(\xi,\eta) \frac{\partial u_{n-1}(\xi,\eta)}{\partial \xi} +$$
$$b(\xi,\eta) \frac{\partial u_{n-1}(\xi,\eta)}{\partial \eta} + c(\xi,\eta) u_{n-1}(\xi,\eta) \Big] \mathrm{d}\xi \mathrm{d}\eta$$

完全像上面一样,借助于积分的简单估计,能证明序列 $u_n(x,y)$ 在矩形 R 中一致收敛于极限函数,它就是柯西问题的解.

我们从前见过[Ⅱ;51],就是在非线性微分方程情形,逐次逼近法也应用于存在定理的证明.完全一样,上述的逐次逼近法也能应用于下面形状的非线性偏微分方程

$$u_{xy} = f(x,y,u,p,q) \qquad (106)$$

假定说,在曲线 $l(y=y(x))$ 上的柯西初始条件用自变量 x 表示: $u(x), p(x), q(x)$,而且我们必须有 $u'(x) = p(x) + y'(x) q(x)$.假设上述诸函数有连续导数.作辅助函数

$$\omega(x,y) = u(x) + [y - y(x)] q(x)$$

显然它有连续导数 ω_x 与 ω_y.函数 ω 在曲线 l 上满足所需要的初始条件.替代 u 引进新未知函数: $u_1 = u - \omega$,对于它我们得到在 l 上等于零的柯西初始条件.同时,不待说,方程(106)改变为新未知函数的方程.因此,我们能够假设对方程(106)有等于零的柯西初始条件.假设对充分邻近于曲线 l 的值 (x,y) 和对充

分接近于零的值(u,p,q),方程右边的函数 f 有关于自己的一切变量的连续一阶导数.有零初始条件的方程(106)变为方程

$$u(x,y) = -\iint\limits_{Dxy} f(\xi,\eta,u,p,q)\mathrm{d}\xi\mathrm{d}\eta$$

而对于这个方程应用通常的逐次逼近法,只要我们把值(x,y)限制在曲线 l 的某邻域内.作为第一次逼近我们应当取 $u_0 = p_0 = q_0 = 0$,而以后的逼近按公式计算

$$u_n(x,y) = -\iint\limits_{Dxy} f(\xi,\eta,u_{n-1},p_{n-1},q_{n-1})\mathrm{d}\xi\mathrm{d}\eta$$

$$p_n(x,y) = \int_{BP} f(x,\eta,u_{n-1},p_{n-1},q_{n-1})\mathrm{d}\eta$$

$$q_n(x,y) = \int_{AP} f(\xi,y,u_{n-1},p_{n-1},q_{n-1})\mathrm{d}\xi$$

要指出,在对线性方程应用逐次逼近法时,不待说,我们也可以考虑到非齐次方程,并像上面对方程(94)完全一样,我们能把柯西问题或有特征初始条件的问题中的初始条件化为零.同时,原来出发的齐次方程对变后函数一定是非齐次的.

147. 格林公式

在自变量的个数多于二的情形下,解二阶方程的柯西问题有大得多的困难,而我们在这个问题上只限于一般的叙述.

应记起,对于波动方程当初始条件在 $t=0$ 给定时,我们讲过柯西问题的解法[Ⅱ;171].但是这个特殊方法不能推广到有变系数的方程.在这一段我们谈解常系数方程柯西问题的另外方法.这个方法是黎曼方法的推广,就同后者一样,以格林公式的适当的应用为基础.当初始条件不仅在平面 $t=0$ 上而且在某个非特征曲面 S 上给定时,这个方法给出柯西问题的解.按着它的基本思想,它接近于也能对变系数方程应用的方法.在下一段我们以变系数的波动方程为例,来叙说有变系数的线性方程的柯西问题解法,这解法是属于 C. Л. 索伯列夫的.

在方程左边有特殊形状的情形,我们曾建立过格林公式[143].现在对二阶偏导数的线性算子的一般情形来推导格林公式.往后我们假设所有有关的导数存在和连续.

设

$$L(u) = \sum_{i,k=1}^{m} a_{ik}u_{x_ix_k} + \sum_{k=1}^{m} b_k u_{x_k} + cu \quad (a_{ki} = a_{ik}) \tag{107}$$

和

$$M(v) = \sum_{i,k=1}^{m} \frac{\partial^2 (a_{ik}v)}{\partial x_i \partial x_k} - \sum_{k=1}^{m} \frac{\partial(b_k v)}{\partial x_k} + cv \tag{108}$$

其中 a_{ik},b_k 及 c 是自变量的已知函数. 设 D 为 m 维空间$(x_1,\cdots,x_m)$中的有界区域, 又 S 是包围它的曲面.

格林公式将 m 重积分

$$\int\cdots\int_D[vL(u)-uM(v)]\mathrm{d}\tau \qquad (109)$$

用曲面 S 上的$(m-1)$ 重积分表出. 不难直接由微分验证以下的恒等式

$$vL(u)-uM(v)=\sum_{i,k=1}^m\frac{\partial}{\partial x_i}\Big[a_{ik}\Big(v\frac{\partial u}{\partial x_k}-u\frac{\partial v}{\partial x_k}\Big)-\frac{\partial a_{ik}}{\partial x_k}uv\Big]+$$
$$\sum_{i=1}^m\frac{\partial}{\partial x_i}(b_iuv)$$

并且应用奥斯特罗格拉德斯基公式, 我们得到

$$\int\cdots\int_D[vL(u)-uM(v)]\mathrm{d}\tau=$$
$$\int\cdots\int_S[vP(u)-uP(v)+uvQ]\mathrm{d}S \qquad (110)$$

其中

$$\begin{cases} P(u)=\sum_{i,k=1}^m a_{ik}\dfrac{\partial u}{\partial x_k}\cos(n,x_i) \\ Q=\sum_{i=1}^m\Big(b_i-\sum_{k=1}^m\dfrac{\partial a_{ik}}{\partial x_k}\Big)\cos(n,x_i) \end{cases} \qquad (111)$$

而 n 是 S 的外法线方向. 在曲面 S 上各点我们来确定某方向 v. 为此令

$$N=\sqrt{\sum_{k=1}^m\Big[\sum_{i=1}^m a_{ik}\cos(n,x_i)\Big]^2} \qquad (112)$$

并按照公式

$$\cos(v,x_k)=\frac{1}{N}\sum_{i=1}^m a_{ik}\cos(n,x_i) \quad (k=1,2,\cdots,m) \qquad (113)$$

确定方向 v. 同时(111)中前一公式可改写为形状

$$P(u)=N\sum_{k=1}^m\frac{\partial u}{\partial x_k}\cos(v,x_k)=N\frac{\partial u}{\partial v}$$

而格林公式(110) 终于可改写为形状

$$\int\cdots\int_D[vL(u)-uM(v)]\mathrm{d}\tau=$$
$$\int\cdots\int_S\Big[N\Big(v\frac{\partial u}{\partial v}-u\frac{\partial v}{\partial v}\Big)+uvQ\Big]\mathrm{d}S \qquad (114)$$

注意到, 若以下等式成立

$$\sum_{k=1}^m\frac{\partial a_{ik}}{\partial x_k}=b_i \quad (i=1,2,\cdots,m)$$

则 Q 变为零,算子 $M(v)$ 合于 $L(v)$,并且我们可改写 $L(u)$ 为形状

$$L(u) = \sum_{i=1}^{m} \frac{\partial}{\partial x_i} \sum_{k=1}^{m} a_{ik} u_{x_k} + cu$$

在这种情形算子 $L(u)$ 称为自共轭的.

假定说,超曲面 S 是方程 $L(u)=0$ 或 $L(u)=f$ 的特征超曲面,其中 f 是自变量的已给函数. 设 $\omega(x_1, \cdots, x_m)=0$ 是这超曲面的方程. 诸量 $\cos(n, x_i)$ 和偏导数 $p_i = \omega_{x_i}$ 成比例,且由于(113),方向 v 的方向余弦和量

$$\sum_{i=1}^{m} a_{ik} p_i$$

成比例. 写出的和式是双特征的方程的右边[139]

$$\frac{\mathrm{d}x_k}{\mathrm{d}s} = \sum_{i=1}^{m} a_{ik} p_i$$

这些双特征构成特征超曲面 S,因此我们能断定:若 S 是特征超曲面,则它上面的方向 v 在每一点和落在 S 上并通过这一点的双特征方向相合. 由此推知,在所考虑的情形方向 v 落在 S 的切平面上. 方向 v 有时称为 S 上的余法线方向. 现在讲明格林公式(114)在解柯西问题时的作用. 设需要求得方程

$$L(u) = -f \tag{115}$$

的解,只是 u 和余法线导数 $\dfrac{\partial u}{\partial v}$ 在某曲面 S_1 上之值为已知的. 我们假定 S_1 是这样的,在其上各点的方向 v 不在切平面上. 同时在 S_1 上给定了 u 和 $\dfrac{\partial u}{\partial v}$ 就确定了函数 u 沿任何方向的导数在 S_1 上的值. 为了求 u 在 S_1 的外面某点 $M_0(x_1^0, \cdots, x_m^0)$ 之值可按以下方式进行. 引方程(115)的以 M_0 为顶点的特征角锥,且假设这角锥的一半同曲面 S_1 的一部分围成空间 $(x_1, \cdots, x_m)$ 的有界区域 D(图7). 其次对区域 D 应用格林公式(114),而

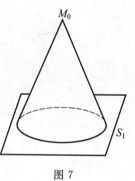

图 7

我们取要求的方程(115)的解为 u,共轭方程 $M(v)=0$ 的某个奇解为 v. 区域 D 的表面由曲面 S_1 的一块和特征角锥的侧面 Γ 组成,在 S_1 上,u 及 $\dfrac{\partial u}{\partial v}$ 为已知的. 在 Γ 上,方向 v 合于落在 Γ 上的双特征的切线方向,而这使在沿 Γ 积分时有进行分部积分的可能性.

对波动方程

$$L(u) = u_{xx} + u_{yy} - u_{tt} = -f(x, y, t) \tag{116}$$

施行这个方法. 在这种情形下,特征角锥是圆锥面,而母线和高的夹角等于 $\dfrac{\pi}{4}$.

算子 $L(u)$ 是自共轭算子,公式(112)给出 $N=1$,由公式(113)得到

$$\cos(v,x)=\cos(n,x),\cos(v,y)=\cos(n,y)$$
$$\cos(v,t)=-\cos(n,t)$$

于是可见,方向 v 是方向 n 关于平面 $t=0$ 的反射的像. 顶点为 (x_0,y_0,t_0) 的特征锥面的方程为

$$(x-x_0)^2+(y-y_0)^2-(t-t_0)^2=0 \tag{117}$$

利用方程 $L(v)=0$ 的如下的解

$$v=\ln\left[\sqrt{\frac{(t-t_0)^2}{r^2}-1}-\frac{t-t_0}{r}\right] \tag{118}$$

其中

$$r^2=(x-x_0)^2+(y-y_0)^2$$

取由减少的 t 值的一方所生成锥面(117)的那一半. 在这锥面的侧面 Γ 上 $\frac{t-t_0}{r}=-1$,并且解(118)在这曲面上变为零. 在 Γ 上关于 v 的微分是关于 Γ 上的余法线方向的微分,也就是关于锥面的母线微分,由此推出,在 Γ 上我们不仅 $v=0$,而且 $\frac{\partial v}{\partial v}=0$. 但是解(118)当 $r=0$ 时有奇异性,也就是通过顶点而平行于 t 轴的直线是解(118)的奇线. 用半径为 ε 的圆柱面 T_ε 划出这条线. 区域 D 剩下的部分记为 D'. 这区域的境界除 S_1 和 Γ 而外,将包含所说柱面 T_ε 的侧面(图8). 设 S'_1 是曲面 S_1 含在圆锥内而扣除在圆柱 T_ε 之内的部分. 现在应用公式(114). 考虑到 $L(v)=M(v),L(u)=-f(x,y,t)$, $L(v)=0$,又在 Γ 上:$v=\frac{\partial v}{\partial v}=0$,即得

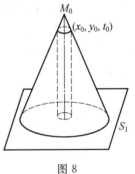

图 8

$$\iint\limits_{T_\varepsilon+S'_1}\left(v\frac{\partial u}{\partial v}-u\frac{\partial v}{\partial v}\right)\mathrm{d}S=-\iiint\limits_{D'}fv\mathrm{d}\tau \tag{119}$$

在曲面 T_ε 上方向 v 合于外法线方向,就是和从轴 t 算起的方向 r 相反. 以 φ 记坐标系统:$x-x_0=r\cos\varphi$ 和 $y-y_0=r\sin\varphi$ 的极角,则得

$$\iint\limits_{T_\varepsilon}v\frac{\partial u}{\partial v}\mathrm{d}S=\iint\limits_{T_\varepsilon}v\frac{\partial u}{\partial v}\varepsilon\mathrm{d}\varphi\mathrm{d}t \tag{120}$$

在 T_ε 上我们有 $r=\varepsilon$,并且由于(118),v 是 $\ln\varepsilon$ 级. 因为当 $\varepsilon\to0$ 时 $\varepsilon\ln\varepsilon\to0$,所以我们能够断定积分(120)和 ε 同时趋向于零. 其次,我们有

$$\frac{\partial v}{\partial v}=-\frac{\partial v}{\partial r}=-\frac{t-t_0}{r\sqrt{(t-t_0)^2-r^2}}$$

而根式必须算作正的. 在 T_ε 上

$$\sqrt{(t-t_0)^2 - r^2} = \sqrt{(t-t_0)^2 - \varepsilon^2}$$

且当 $\varepsilon \to 0$ 时,这根式趋向于 $(t_0 - t)$,因为 $t < t_0$. 这样我们有

$$\lim_{\varepsilon \to 0} \iint_{T_\varepsilon} u \frac{\partial v}{\partial v} dS = -\lim_{\varepsilon \to 0} \iint_{T_\varepsilon} \frac{(t-t_0)u}{\sqrt{(t-t_0)^2 - \varepsilon^2}} d\varphi dt =$$

$$2\pi \int_{t'}^{t_0} u(x_0, y_0, t) dt$$

其中 t' 是直线 $r=0$ 和曲面 S_1 的交点所对应的 t 值. 因此公式 (119) 给出

$$2\pi \int_{t'}^{t_0} u(x_0, y_0, t) dt = \iint_{S_2} \left(v \frac{\partial u}{\partial v} - u \frac{\partial v}{\partial v} \right) dS + \iiint_D fv d\tau$$

其中 S_2 是曲面 S_1 在上述圆锥之内的部分. 右边是已知量,而关于 t_0 微分,我们得到最后的结果

$$u(x_0, y_0, t) = \frac{1}{2\pi} \frac{\partial}{\partial t_0} \left[\iint_{S_2} \left(v \frac{\partial u}{\partial v} - u \frac{\partial v}{\partial v} \right) dS + \iiint_D fv d\tau \right] \qquad (121)$$

假设了问题的解存在,我们才得到这个公式. 严格地说,我们还须验证右边满足问题的一切条件. 这需要较多的工作,因为在变动 t_0 时,锥面 (117) 的位置要改变. 若 S_2 是平面 $t = 0$,那么解是我们以前得到过的. 上述的柯西问题解法属于沃尔泰拉. 它的详细的叙说可以在下书中找到:韦伯斯特尔和赛格《数学物理中的偏微分方程》(II 卷 6 章) [Вебстер и Сеге "Дифференциальные уравнения в частных производных математической физики"].

和格林公式相联系的还有柯西问题的其他解法,就是阿达玛方法. 在应用这个方法时,取方程 $M(v) = 0$ 的解使得在特征角锥或锥面 (117) 的整个侧面上成为无穷,而后者是当方程为 (116) 的情形. 这种场合在应用格林公式时需要特别谨慎,并且很自然地引出新的奇异积分的概念.

对形状为

$$L(u) = \sum_{s=1}^{m} u_{x_s x_s} - u_{tt} = -f$$

的方程,阿达玛奇解有形状

$$v = \left[(t-t_0)^2 - \sum_{s=1}^{m} (x_s - x_s^{(0)})^2 \right]^{\frac{1}{2} - \frac{m}{2}}$$

阿达玛方法对变系数线性方程的应用的详细说明能在他的书中找到:《柯西问题和双曲型线性偏微分方程》(巴黎,1932) ["Le probléme de Cauchy et les équations aux dérivées partielles linéaires hyperboliques"]. 在柯朗与希尔伯特的书《数学物理方法》卷 II ["Methoden der Mathematischen Physik" t. II] 中有阿达玛方法应用于常系数方程的叙述.

148. 索伯列夫公式

对四个自变量的波动方程我们有过克希荷夫公式 [II;202]. 设 u 是波动方

程的解,在空间(x_1,x_2,x_3)由曲面S所围成的某区域D内有到二阶为止的连续导数.克希荷夫公式用沿曲面S的积分表示出u在区域D内部的任何点的值,并且在这公式中出现u和它的一阶导数的推后值.我们也见到过,当曲面S特别选取时,克希荷夫公式引出初始条件在$t=0$给定时柯西问题的解[Ⅱ;202].克希荷夫公式能推广到有偶数个自变量的波动方程情形

$$u_{tt}=u_{x_1 x_1}+u_{x_2 x_2}+\cdots+u_{x_{2k+1} x_{2k+1}}$$

而且同从前一样,对这个方程它给出柯西问题的解[参看153].

我们现在讲在变系数的波动方程

$$u_{tt}=c^2(x,y,z)(u_{xx}+u_{yy}+u_{zz}) \tag{122}$$

情形拓广的克希荷夫公式,其中$c(x,y,z)$为一正函数而有足够数量的导数.往后替代$c(x,y,z)$我们常常写为$c(M)$,其中M为有坐标(x,y,z)的点.

考虑到对于方程(122)的特征论,我们自然要达到关于泛函

$$J=\int_{M_0}^{M_1}\frac{\mathrm{d}s}{c(x,y,z)}=\int_{M_0}^{M_1}\frac{\sqrt{\mathrm{d}x^2+\mathrm{d}y^2+\mathrm{d}z^2}}{c(x,y,z)} \tag{123}$$

的极值问题.在这种情形下,横截条件合于正交条件,并且如同在[79]中所说过的,我们能作变分问题的场.设$\tau(M;M_0)$是以M_0为中心的中心场的基本函数.这函数给出沿M_0到M的极线所取积分(123)之值.方程$\tau(M;M_0)=$常数给出在按公式(123)所确定的度量下以M_0为中心的拟似球面.对函数$\tau(M;M_0)$我们有方程

$$\mathbf{grad}^2\tau(M;M_0)=\frac{1}{c^2(M)} \tag{124}$$

就是

$$\tau_x^2+\tau_y^2+\tau_z^2=\frac{1}{c^2(M)} \tag{124'}$$

函数$\tau(M;M_0)$显然是M_0和M的对称函数.若c为常数,则$\tau(M;M_0)=\dfrac{r}{c}$,其中r是M_0到M的距离.在一般情形,当确定任何函数$u(M;t)$的推后值时,我们要用τ替代$\dfrac{r}{c}$,并且和在[Ⅱ;202]中一样,我们引进记号

$$u(M;t-\tau)=[u(M;t)]$$

假定说,$u(M;t)$是方程(122)的解,并且为了简化写法,记

$$u(M;t-\tau)=u_1(M;t)$$

在方程(122)中改变为推后值

$$[u_{tt}]=c^2(M)[\Delta u] \tag{125}$$

式中Δ是拉普拉斯算子.用u_1表示$[\Delta u]$.我们有

$$\begin{cases} \mathbf{grad}\ u_1 = [\mathbf{grad}\ u] - [u_t]\mathbf{grad}\ \tau \\ \Delta u_1 = \operatorname{div}\mathbf{grad}\ u_1 = [\Delta u] - 2[\mathbf{grad}\ u_t]\cdot\mathbf{grad}\ \tau - \\ \qquad\qquad [u_t]\Delta\tau + [u_{tt}]\mathbf{grad}^2\tau \end{cases} \tag{126}$$

并把从最后方程得到的 $[\Delta u]$ 的表达式代入(125),利用(124),即得

$$\frac{1}{c^2(M)}[u_{tt}] = \Delta u_1 + 2[\mathbf{grad}\ u_t]\cdot\mathbf{grad}\ \tau + [u_t]\Delta\tau - [u_{tt}]\frac{1}{c^2(M)}$$

类似于(126)中第一个公式,我们有

$$\mathbf{grad}\ \frac{\partial u_1}{\partial t} = [\mathbf{grad}\ u_t] - [u_{tt}]\mathbf{grad}\ \tau$$

并且把从最后方程得到的 $[\mathbf{grad}\ u_t]$ 的表达式代入前一个公式,我们得到下面的对以后重要的公式

$$\Delta u_1 = -2\mathbf{grad}\ \tau\cdot\mathbf{grad}\ \frac{\partial u_1}{\partial t} - \Delta\tau\frac{\partial u_1}{\partial t}$$

对这等式的两边乘以待定的函数 $\sigma(M)$,得

$$\sigma\Delta u_1 = -2\sigma\mathbf{grad}\ \tau\cdot\mathbf{grad}\ \frac{\partial u_1}{\partial t} - \sigma\Delta\tau\frac{\partial u_1}{\partial t} \tag{127}$$

且选取函数 $\sigma(M)$ 使右边是形状为 $\left(-\dfrac{\partial u_1}{\partial t}\boldsymbol{w}\right)$ 的某向量的散度,其中 $\boldsymbol{w}$ 是与 u_1 无关的向量

$$\sigma\Delta u_1 = \operatorname{div}\left(-\frac{\partial u_1}{\partial t}\boldsymbol{w}\right) \tag{128}$$

展开右边

$$\sigma\Delta u_1 = -\frac{\partial u_1}{\partial t}\operatorname{div}\ \boldsymbol{w} - \mathbf{grad}\ \frac{\partial u_1}{\partial t}\cdot\boldsymbol{w}$$

和(127)相比较,我们看出,要是满足下面两个等式

$$\boldsymbol{w} = 2\sigma\mathbf{grad}\ \tau, \operatorname{div}\ \boldsymbol{w} = \sigma\Delta\tau \tag{129}$$

等式(128)就成立并且 $\boldsymbol{w}$ 也不与 u_1 相关.把这些等式的第一个代到第二个去,我们得到确定 σ 的方程

$$\operatorname{div}(2\sigma\mathbf{grad}\ \tau) = \sigma\Delta\tau$$

即

$$2\mathbf{grad}\ \sigma\cdot\mathbf{grad}\ \tau + \sigma\Delta\tau = 0 \tag{130}$$

或在坐标表示下为

$$2(\sigma_x\tau_x + \sigma_y\tau_y + \sigma_z\tau_z) + \sigma\Delta\ \tau = 0 \tag{131}$$

就是说,为了确定 σ 我们有一阶线性方程.有了 σ,我们就可以从(129)中前一式确定向量 $\boldsymbol{w}$.设 D 是三维空间 (x,y,z) 的某区域,而 S 是围成它的曲面.假定在区域 D 内函数 σ 和 u_1 有到二阶为止的连续导数.应用格林公式

$$\iiint_D (\sigma\Delta u_1 - u_1\Delta\sigma)\,\mathrm{d}v = \iint_S \left(\sigma\frac{\partial u_1}{\partial n} - u_1\frac{\partial\sigma}{\partial n}\right)\mathrm{d}S$$

其中 n 为 S 的外法线方向. 利用公式(128)和(129),能改写格林公式为形状

$$-\iiint_D u_1\Delta\sigma\,\mathrm{d}v - \iiint_D \operatorname{div}\left(2\sigma\frac{\partial u_1}{\partial t}\operatorname{\mathbf{grad}}\tau\right)\mathrm{d}v =$$

$$\iint_S \left(\sigma\frac{\partial u_1}{\partial n} - u_1\frac{\partial\sigma}{\partial n}\right)\mathrm{d}S$$

并应用奥斯特罗格拉德斯基公式于包含散度的积分,即得

$$\iint_S \left(\sigma\frac{\partial u_1}{\partial n} - u_1\frac{\partial\sigma}{\partial n} + 2\sigma\frac{\partial\tau}{\partial n}\frac{\partial u_1}{\partial t}\right)\mathrm{d}S + \iiint_D u_1\Delta\sigma\,\mathrm{d}v = 0$$

回到函数 u 并考虑到

$$\frac{\partial u_1}{\partial n} = \left[\frac{\partial u}{\partial n}\right] - \left[\frac{\partial u}{\partial t}\right]\frac{\partial\tau}{\partial n}$$

便得到对以后重要的下面公式

$$\iint_S \left\{\sigma\left[\frac{\partial u}{\partial n}\right] - [u]\frac{\partial\sigma}{\partial n} + \sigma\frac{\partial\tau}{\partial n}\left[\frac{\partial u}{\partial t}\right]\right\}\mathrm{d}S +$$

$$\iiint_D [u]\Delta\sigma\,\mathrm{d}v = 0 \tag{132}$$

在所有以上的计算中,我们可以假设场不是中心的而为任意的. 应当满足方程(130)的函数 σ 明显的与 τ 有关,就是同场的选取有关. 往后我们只考虑中心场并且函数 σ 将记为 $\sigma(M;M_0)$. 所有我们的论断只和点 M_0 的这种邻域有关,在其中积分(123)的极线不相交并且构成场. 若 c 是常数,则如已指出过的 $\tau = \dfrac{r}{c}$,并且不难验证,函数 $\sigma = \dfrac{1}{r}$ 满足方程(130).

149. 索伯列夫公式(续)

假定说,我们能作出函数 $\sigma(M;M_0)$,在点 M_0 的邻域内有到二阶为止的连续导数,在点 M_0 有奇异性并且满足下列条件:

(1)乘积 $\sigma(M;M_0)\tau(M;M_0)$ 包括对点 M_0 在内有到二阶为止的连续导数,且

$$\lim_{M\to M_0}\sigma(M;M_0)\tau(M;M_0) = \frac{1}{c(M_0)} \tag{133}$$

(2)

$$\sigma(M_0;M) = \sigma(M;M_0) \tag{134}$$

(3)拉普拉斯算子用于 $\sigma(M;M_0)$ 满足不等式

$$|\Delta\sigma(M;M_0)| \leqslant \frac{K}{\tau(M;M_0)} \tag{135}$$

式中 K 为(和 M 无关的)常数;

（4）若 S_1 为含点 M_0 在它里面的某一闭曲面，且 n 为 S_1 的外法线方向，则当无限制地收缩 S_1 于 M_0 时成立极限的等式

$$\lim_{S_1 \to M_0} \iint_{S_1} \frac{\partial \sigma(M; M_0)}{\partial n} \mathrm{d}S = -4\pi \tag{136}$$

若 c 为常数，则函数 $\sigma = \dfrac{1}{r}$ 满足所有的这些条件.

利用有上述性质的函数 $\sigma(M; M_0)$，我们来建立对于方程（122）的解的公式. 设 $u(M; t)$ 是区域 D 内这种解，D 由曲面 S 围成，且设 M_0 是 D 内部的点. 假定说，存在以 M_0 为中心的中心场，M_0 含在区域 D 内，并假定我们有了具上述性质的函数 $\sigma(M; M_0)$.

从区域 D 中划出中心为 M_0 而半径为 ε 的小球 S_ε. 对剩下的区域 D' 应用公式（132）

$$\iint_S \left\{ \sigma \left[\frac{\partial u}{\partial n} \right] - [u] \frac{\partial \sigma}{\partial n} + \sigma \frac{\partial \tau}{\partial n} \left[\frac{\partial u}{\partial t} \right] \right\} \mathrm{d}S +$$
$$\iint_{S_\varepsilon} \{ \quad \} \mathrm{d}S + \iiint_{D'} [u] \Delta \sigma \mathrm{d}v = 0 \tag{137}$$

要证明，当 $\varepsilon \to 0$ 时沿 S_1 的积分给出 $-4\pi u(M_0; t)$. 实际上，量

$$\left[\frac{\partial u}{\partial t} \right] \text{和} \frac{\partial \tau}{\partial n} \left[\frac{\partial u}{\partial t} \right]$$

当接近于 M_0 时为有界的；$\tau(M; M_0)$ 在 S_1 上是 ε 阶，又由于（133），$\sigma(M; M_0)$ 在 S_1 上是 $\dfrac{1}{\varepsilon}$ 阶，而 S_1 的面积是 ε^2 阶. 由此推知，积分

$$\iint_{S_\varepsilon} \sigma \left[\frac{\partial u}{\partial n} \right] \mathrm{d}S \text{和} \iint_{S_\varepsilon} \sigma \frac{\partial \tau}{\partial n} \left[\frac{\partial u}{\partial t} \right] \mathrm{d}S$$

与 ε 同时趋向于零. 剩下积分

$$-\iint_{S_\varepsilon} [u] \frac{\partial \sigma}{\partial n} \mathrm{d}S = -\iint_{S_\varepsilon} u(M, t-\tau) \frac{\partial \sigma}{\partial n} \mathrm{d}S$$

这里法线关于区域 D' 向外取，就是关于球面 S_ε 是向内的. 在球面上当 $\varepsilon \to 0$ 时，$u(M; t-\tau)$ 趋向于 $u(M_0; t)$，又考虑到（136）和上述的法线方向，我们看出，最后的积分确实给出极限 $-4\pi u(M_0; t)$. 公式（137）在取极限下使我们有所求的公式

$$u(M_0; t) = \frac{1}{4\pi} \iint_S \left\{ \sigma \left[\frac{\partial u}{\partial n} \right] - [u] \frac{\partial \sigma}{\partial n} + \right.$$
$$\left. \sigma \frac{\partial \tau}{\partial n} \left[\frac{\partial u}{\partial t} \right] \right\} \mathrm{d}S + \frac{1}{4\pi} \iiint_D [u] \Delta \sigma \mathrm{d}v \tag{138}$$

它是 C. Л. 索伯列夫所建立的.

若 c 是常数,则 $\sigma = \dfrac{1}{r}$ 且 $\Delta\sigma = 0$,三重积分消失,而我们得到通常的克希荷夫公式.在 c 是变量(非均匀介质)的情形,在点 $M_0 u$ 之值不只是从曲面 S 上的点,而且从整个区域 D 上的点发出推后值的结果而得到.

公式(138)能应用于解方程(122)的柯西问题.设需要求出方程(122)的解,而满足给定的初始条件

$$u(M;t)\mid_{t=0} = f_0(M), u_t(M;t)\mid_{t=0} = f_1(M) \qquad (139)$$

对要求的解应用公式(138),同时取中心 M_0 和半径 t 的拟似球面 S_t 作为曲面 S,就是假定曲面 S 的方程有形状: $\tau(M;M_0) = t$.同时右边的函数值

$$[u], \left[\frac{\partial u}{\partial n}\right], \left[\frac{\partial u}{\partial t}\right]$$

应当取在时刻 $t - \tau(M;M_0)$,或者由于 $\tau(M;M_0) = t$,而取在时刻 $t = 0$.考虑到初始条件(139),我们能改写方程(138)为形状

$$u(M_0,t) = \frac{1}{4\pi} \iint\limits_{S_t} \left\{ \sigma \frac{\partial f_0}{\partial n} - f_0 \frac{\partial \sigma}{\partial n} + \sigma \frac{\partial \tau}{\partial n} f_1 \right\} \mathrm{d}S +$$
$$\frac{1}{4\pi} \iiint\limits_{D_t} [u] \Delta\sigma \, \mathrm{d}v$$

其中 D_t 是拟似球面 S_t 所围的区域.右边的二重积分是已知函数,我们记之为 $F(M_0;t)$.于是我们得到对于 $u(M;t)$ 的积分方程

$$u(M_0;t) = F(M_0;t) + \frac{1}{4\pi} \iiint\limits_{D_t} [u] \Delta\sigma(M;M_0) \mathrm{d}v \qquad (140)$$

在推导这个方程时,我们必须假定 t 是这样的,使在区域 D_t 内存在中心为 M_0 的中心场并且函数 $\sigma(M;M_0)$ 有上述性质.

我们指出,当 M_0 和 t 变动时,区域 D_t 也变动,并且方程(140)类似于沃尔泰拉方程.可以证明,对充分接近于零的 t,方程有唯一的解,它可以应用普通的逐次逼近法得到,并且这个解同时也是对方程(122)所建立的柯西问题的解.若我们有无界空间,则 t 是否接近于零要看当 D_t 扩张时变分问题场是否可能呈现奇性而定.在有境界时,我们自然应当考虑到到达境界而引起反射,实质上就限制了 t 变动的可能区间.

150. 函数 σ 的作出

转来作出具有上述性质的函数 σ.我们证明,这个函数有有限形状的显明表达式,只要假定构成上述中心场的极线是已知的.预先证明两个引理:

引理 1 若有微分方程组

$$\frac{\mathrm{d}x_k}{\mathrm{d}t} = X_k(t, x_1, x_2, x_3) \quad (k = 1, 2, 3) \qquad (141)$$

并且已知它的通积分

$$x_k = \varphi_k(t, a_1, a_2, a_3) \quad (k=1,2,3) \tag{142}$$

那么成立公式

$$\frac{\mathrm{d}}{\mathrm{d}t} \ln \frac{D(\varphi_1, \varphi_2, \varphi_3)}{D(a_1, a_2, a_3)} = \frac{\partial X_1}{\partial x_1} + \frac{\partial X_2}{\partial x_2} + \frac{\partial X_3}{\partial x_3} \tag{143}$$

在这公式的对数记号下是函数(142)关于 a_1, a_2, a_3 的函数行列式,而在它的右边 x_k 应当换成函数(142).写出刚才所说的行列式并把它关于 t 微分.考虑到行列式是它的元素乘积之和的基本定义,我们能肯定要微分行列式只需分别微分它的每一列,然后相加所有得到的行列式就行了[III_2;120].于是我们得到

$$\frac{\mathrm{d}}{\mathrm{d}t} \frac{D(\varphi_1, \varphi_2, \varphi_3)}{D(a_1, a_2, a_3)} = \begin{vmatrix} \dfrac{\partial^2 \varphi_1}{\partial a_1 \partial t} & \dfrac{\partial \varphi_2}{\partial a_1} & \dfrac{\partial \varphi_3}{\partial a_1} \\[2mm] \dfrac{\partial^2 \varphi_1}{\partial a_2 \partial t} & \dfrac{\partial \varphi_2}{\partial a_2} & \dfrac{\partial \varphi_3}{\partial a_2} \\[2mm] \dfrac{\partial^2 \varphi_1}{\partial a_3 \partial t} & \dfrac{\partial \varphi_2}{\partial a_3} & \dfrac{\partial \varphi_3}{\partial a_3} \end{vmatrix} +$$

$$+ \begin{vmatrix} \dfrac{\partial \varphi_1}{\partial a_1} & \dfrac{\partial^2 \varphi_2}{\partial a_1 \partial t} & \dfrac{\partial \varphi_3}{\partial a_1} \\[2mm] \dfrac{\partial \varphi_1}{\partial a_2} & \dfrac{\partial^2 \varphi_2}{\partial a_2 \partial t} & \dfrac{\partial \varphi_3}{\partial a_2} \\[2mm] \dfrac{\partial \varphi_1}{\partial a_3} & \dfrac{\partial^2 \varphi_2}{\partial a_3 \partial t} & \dfrac{\partial \varphi_3}{\partial a_3} \end{vmatrix} + \begin{vmatrix} \dfrac{\partial \varphi_1}{\partial a_1} & \dfrac{\partial \varphi_2}{\partial a_1} & \dfrac{\partial^2 \varphi_3}{\partial a_1 \partial t} \\[2mm] \dfrac{\partial \varphi_1}{\partial a_2} & \dfrac{\partial \varphi_2}{\partial a_2} & \dfrac{\partial^2 \varphi_3}{\partial a_2 \partial t} \\[2mm] \dfrac{\partial \varphi_1}{\partial a_3} & \dfrac{\partial \varphi_2}{\partial a_3} & \dfrac{\partial^2 \varphi_3}{\partial a_3 \partial t} \end{vmatrix} \tag{144}$$

注意到,函数(142)必须满足方程组(141),我们得到下面的关于 t 和 a_k 的恒等式

$$\frac{\partial \varphi_k}{\partial t} = X_k(t, \varphi_1, \varphi_2, \varphi_3) \quad (k=1,2,3)$$

关于 a_s 微分这恒等式.就有

$$\frac{\partial^2 \varphi_k}{\partial a_s \partial t} = \sum_{i=1}^{3} \frac{\partial X_k}{\partial x_i} \frac{\partial \varphi_i}{\partial a_s}$$

把这些二阶导数的表达式代入公式(144)的右边,并且分解每个行列式为三个行列式之和,就有

$$\frac{\mathrm{d}}{\mathrm{d}t} \frac{D(\varphi_1, \varphi_2, \varphi_3)}{D(a_1, a_2, a_3)} =$$

$$\left(\frac{\partial X_1}{\partial x_1} + \frac{\partial X_2}{\partial x_2} + \frac{\partial X_3}{\partial x_3} \right) \cdot \frac{D(\varphi_1, \varphi_2, \varphi_3)}{D(a_1, a_2, a_3)}$$

这样给出公式(143).

引理 2 设 t 是单位向量,切于某族曲线,它们和两个参数有关并填满三维空间或它的某一部分,又 "Δ" 是从笛卡儿坐标到曲线坐标的变换行列式,取确定上述族中曲线的参数 a_1 和 a_2 以及沿这些曲线的弧长 s 作为曲线坐标的参数,

弧长 s 从和族中所有曲线相交的某曲面或是所有这些曲线的交点算起. 此时成立公式

$$\text{div } t = \frac{\partial \ln \Delta}{\partial s} \tag{145}$$

设 $X(x,y,z), Y(x,y,z), Z(x,y,z)$ 是向量 t 在点 (x,y,z) 的分量. 此时族中曲线满足微分方程组

$$\frac{\mathrm{d}x}{\mathrm{d}s} = X, \frac{\mathrm{d}y}{\mathrm{d}s} = Y, \frac{\mathrm{d}z}{\mathrm{d}s} = Z$$

因为右边不含 s, 任意常数之一 s_0 作为 s 的附加数而出现, 且方程组的通积分将有形状

$$x = \varphi_1(s + s_0, a_1, a_2), y = \varphi_2(s + s_0, a_1, a_2)$$
$$z = \varphi_3(s + s_0, a_1, a_2)$$

应用前面引理, 即得

$$\text{div } t = \frac{\partial X}{\partial x} + \frac{\partial Y}{\partial y} + \frac{\partial Z}{\partial z} = \frac{\partial}{\partial s} \ln \frac{D(\varphi_1, \varphi_2, \varphi_3)}{D(s_0, a_1, a_2)}$$

并考虑到

$$\frac{\partial \varphi_k}{\partial s_0} = \frac{\partial \varphi_k}{\partial s}$$

我们就得到公式(145).

现在回到上面考虑过的以 M_0 为中心的中心极线场和函数 σ 所应当满足的方程(130). 向量 $\mathbf{grad}\ \tau$ 切于极线, 并从(124)推知 $\frac{\partial \tau}{\partial s} = n(M)$, 其中 $n(M) = 1$: $c(M)$. 注意到这个, 可以改写方程(130)为形状

$$2\frac{\partial \sigma(M)}{\partial s}n(M) + \sigma(M)\Delta\tau(M) = 0$$

而弧长 s 从点 M_0 量起.

为了计算 $\Delta\tau(M)$, 我们利用引理 2. 就有

$$\mathbf{grad}\ \tau(M) = n(M)t$$

其中 t 是切于场的极线的单位向量. 由此

$$\text{div } \mathbf{grad}\ \tau(M) = \Delta\tau(M) = t \cdot \mathbf{grad}\ n(M) + n(M)\text{div } t$$

右边第一项是 $n(M)$ 关于 s 的导数, 而第二项由于引理 2 而等于

$$n(M)\frac{\partial \ln \Delta}{\partial s}$$

并且对于 $\sigma(M)$ 的方程可改写为形状

$$2\frac{\partial \sigma}{\partial s}n(M) + \sigma\left[\frac{\partial n(M)}{\partial s} + n(M)\frac{\partial \ln \Delta}{\partial s}\right] = 0$$

或

$$2\frac{\partial \ln \sigma}{\partial s} = -\frac{\partial \ln n}{\partial s} - \frac{\partial \ln \Delta}{\partial s}$$

于是求积分,得到

$$\sigma(M) = \frac{\Psi(a_1, a_2)}{\sqrt{n(M)\Delta}}$$

其中 $\Psi(a_1, a_2)$ 是变量的任何函数. 取点 M_0 处极线的切线方向在球坐标系中的角坐标 ϑ_0, φ_0 作为参数 a_1 与 a_2. 前面的公式此时写为形状

$$\sigma(M) = \frac{\Psi(\vartheta_0, \varphi_0)}{\sqrt{n(M)\dfrac{D(x,y,z)}{D(s,\vartheta_0,\varphi_0)}}} \tag{146}$$

函数 $\Psi(\vartheta_0, \varphi_0)$ 的形状能由 [149] 中所说对于函数 $\sigma(M)$ 的第一个条件确定. 这个条件有形状

$$\lim_{M \to M_0} \sigma(M)\tau(M) = n(M_0)$$

注意到积分 (123) 的形状,我们能写出

$$\tau(M) = \int_0^s n(M)\,\mathrm{d}s$$

其中积分沿极线进行. 应用中值定理,得

$$\lim_{s \to 0} \frac{\tau(M)}{s} = n(M_0)$$

而对于 $\sigma(M)$,上面的条件能写为形状

$$\lim_{s \to 0} \sigma(M)s = 1 \tag{147}$$

应指出,当 $s \to 0$ 时,点 M 趋向 M_0.

为了研究位于公式 (146) 中的函数行列式,要用到在 [81] 中对关于测地线问题的标准变数所建立的公式. 在这种情形

$$\varphi = n^2(M)(x'^2 + y'^2 + z'^2)$$

而标准变数有形状

$$p_1 = 2n^2(M)x', \quad p_2 = 2n^2(M)y', \quad p_3 = 2n^2(M)z'$$

我们有以下的初始条件

$$x'_0 = \sin \vartheta_0 \cos \varphi_0, \quad y'_0 = \sin \vartheta_0 \sin \varphi_0, \quad z'_0 = \cos \vartheta_0$$

及

$$p_{10} = 2n^2(M_0)\sin \vartheta_0 \cos \varphi_0, \quad p_{20} = 2n^2(M_0)\sin \vartheta_0 \sin \varphi_0$$

$$p_{30} = 2n^2(M_0)\cos \vartheta_0 \tag{148}$$

场的极线方程为

$$x = \varphi_1(r_1, r_2, r_3, x_0, y_0, z_0), \quad y = \varphi_2(\quad), \quad z = \varphi_3(\quad) \tag{149}$$

其中 $r_k = sp_{k0}$,又 φ_k 为有到某阶为止连续导数的函数. 关于 s 微分第一个式子,然后令 $s=0$,得到

$$\sin \vartheta_0 \cos \varphi_0 = \left(\frac{\partial \varphi_1}{\partial r_1}\right)_{s=0} p_{10} + \left(\frac{\partial \varphi_1}{\partial r_2}\right)_{s=0} p_{20} + \left(\frac{\partial \varphi_1}{\partial r_3}\right)_{s=0} p_{30}$$

利用公式(148)以及 ϑ_0 和 φ_0 的任意性,得

$$\left(\frac{\partial \varphi_1}{\partial r_2}\right)_{s=0} = \left(\frac{\partial \varphi_1}{\partial r_3}\right)_{s=0} = 0, \left(\frac{\partial \varphi_1}{\partial r_1}\right)_{s=0} = 1 : 2n^2(M_0)$$

利用(149)中其余的公式,得到以下的一般公式

$$\left(\frac{\partial \varphi_k}{\partial r_k}\right)_{s=0} = 1 : 2n^2(M_0), \left(\frac{\partial \varphi_k}{\partial r_l}\right)_{s=0} = 0 \quad (l \neq k)$$

利用公式(148)和(149),我们能写出函数 φ_k 关于变量 $s, \vartheta_0, \varphi_0$ 的函数行列式. 利用了 r_k 而关于 ϑ_0 和 φ_0 微分时,我们得到乘数 s,而这行列式有两列包含这个乘数. 以 s^2 除行列式,我们令 s 趋于零取极限. 利用以前的公式,我们因而得到

$$\lim_{s\to 0} \frac{1}{s^2} \frac{D(x,y,z)}{D(s,\vartheta_0,\varphi_0)} =$$

$$\begin{vmatrix} \sin \vartheta_0 \cos \varphi_0 & \cos \vartheta_0 \cos \varphi_0 & -\sin \vartheta_0 \sin \varphi_0 \\ \sin \vartheta_0 \sin \varphi_0 & \cos \vartheta_0 \sin \varphi_0 & \sin \vartheta_0 \cos \varphi_0 \\ \cos \vartheta_0 & -\sin \vartheta_0 & 0 \end{vmatrix} = \sin \vartheta_0$$

为了确定公式(146)中任意函数,以 s 乘它的两边并将 s 趋向于零. 利用最末的公式和公式(147),就有

$$1 = \frac{\Psi(\vartheta_0, \varphi_0)}{\sqrt{n(M_0)\sin\vartheta_0}}, 即 \Psi(\vartheta_0, \varphi_0) = \sqrt{n(M_0)\sin\vartheta_0}$$

终于我们得到函数 σ 的以下的表达式

$$\sigma(M;M_0) = \sqrt{\frac{n(M_0)\sin\vartheta_0}{n(M)\frac{D(x,y,z)}{D(s,\vartheta_0,\varphi_0)}}} \tag{150}$$

可以验证,这函数有在[149]所说的一切性质. 若 $n(M) =$ 常数,则 $(s,\vartheta_0,\varphi_0)$ 是点 M 的通常的坐标,并且最后的公式给出: $\sigma = \frac{1}{r}$.

151. 初始条件的一般情形

现在假定初始条件不在平面 $t=0$ 上,而在有方程 $t=\varphi(M)$ 的某一曲面上给定

$$u\mid_{t=\varphi(M)} = f_0(M), u_t\mid_{t=\varphi(M)} = f_1(M) \tag{151}$$

要解决当 $t > \varphi(M)$ 的问题. 替代超球面 $\tau(M;M_0) = t$ 考虑曲面

$$\tau(M;M_0) + \varphi(M) = t \tag{152}$$

且假设,对差 $[t-\varphi(M)]$ 的所有充分接近于零的正值,曲面(152)是含点 M_0 在内的三维空间的闭曲面,并且含在曲面内部的空间部分,由以下不等式确定

$$\tau(M;M_0) + \varphi(M) < t \tag{153}$$

111

现在应用公式(138)，取曲面(152)作为 S. 同时在沿 S 积分的被积函数中我们要有

$$[u] = u(M; t - \tau) = u(M; \varphi(M)) = f_0(M), \quad [u_t] = f_1(M)$$

今证明，$\left[\dfrac{\partial u}{\partial n}\right]$ 也能用初始条件表示. 我们有

$$\frac{\partial f_0(M)}{\partial n} = \frac{\partial u(M; \varphi(M))}{\partial n} = \frac{\partial u(M; t)}{\partial n}\bigg|_{t = \varphi(M)} +$$

$$\frac{\partial u(M; t)}{\partial t}\bigg|_{t = \varphi(M)} \cdot \frac{\partial \varphi(M)}{\partial n}$$

于是

$$\frac{\partial u(M; t)}{\partial n}\bigg|_{t = \varphi(M)} = \frac{\partial f_0(M)}{\partial n} - \frac{\partial u(M; t)}{\partial t}\bigg|_{t = \varphi(M)} \cdot \frac{\partial \varphi(M)}{\partial n}$$

也就是

$$\left[\frac{\partial u(M; t)}{\partial n}\right] = \frac{\partial f_0(M)}{\partial n} - \frac{\partial \varphi(M)}{\partial n} f_1(M)$$

引进记号

$$F(M_0; t) = \frac{1}{4\pi} \iint\limits_{\tau(M; M_0) + \varphi(M) = t} \left\{ \sigma \frac{\partial f_0(M)}{\partial n} + \right.$$

$$\left. \sigma \left(\frac{\partial \tau}{\partial n} - \frac{\partial \varphi}{\partial n} \right) f_1(M) - \frac{\partial \sigma}{\partial n} f_0 \right\} \mathrm{d}S$$

对于 $u(M_0; t)$，我们得到类似于(140)的方程

$$u(M_0; t) = F(M_0; t) + \frac{1}{4\pi} \iiint\limits_{\tau(M; M_0) + \varphi(M) < t} [u] \Delta\sigma(M; M_0) \mathrm{d}v \tag{154}$$

同以前一样，它能够用逐次逼近法来解，且给出条件为(151)时柯西问题的解. 全部证明的严格推导需要函数 $c(M), f_0(M), f_1(M), \varphi(M)$ 有若干个数的连续偏导数.

我们来阐明曲面(152)与特征论的联系. 对于方程(122)顶点在 $(M_0; t)$ 的特征角锥，在四维空间 $(M; t_1)$ 中有方程

$$t_1 = t - \tau(M; M_0) \tag{155}$$

其中 t_1 和 $M(x, y, z)$ 是流动坐标，而 t 与 M_0 为参数. 曲面(152)是三维空间有同样坐标 (x, y, z) 的那些点的几何轨迹，也是特征角锥(155)和四维空间曲面 $t_1 = \varphi(M)$ 的交点，就是说，曲面(152)是上述交截在三维空间 (x, y, z) 的投影. 为了明显起见，设想这一切在三维空间 (x, y, t_1) 发生. 方程(155)相应于通常的锥型曲面. 这曲面与曲面 $t_1 = \varphi(x, y)$ 沿某曲线相交. 投影这条曲线到平面 (x, y) 上应是闭合线 l，它正是曲面(152)的类似. 角锥的顶点在 (x, y) 平面上的投影应当落在 l 的内部，且公式(154)中三重积分有其类似的沿平面 (x, y) 上的 l 内部区域的二重积分. 这区域当然和角锥顶点 (x_0, y_0, t) 的位置有关. 若

这顶点趋向于曲面 $t_1 = \varphi(x, y)$ 上的某一点,那么曲线必须缩到点 (x'_0, y'_0). 完全类似的,若角锥(155)的顶点趋向于曲面 $t_1 = \varphi(M)$ 上某一点 (M'_0, t'),则闭曲面 S 必须缩到点 M_0.

曲面 S 的所有这些几何学特性,对于柯西问题解的存在性的严格证明是必要的,因为这个缘故,曲面 $t = \varphi(M)$ 的切平面和平面 $t = 0$ 不应偏差太多. 可以证明,这条件能写成形状

$$\mathbf{grad}^2 \varphi(M) < \frac{1}{c^2(M)} \tag{156}$$

同时重要的是函数 $c^2(M)$ 和 $\tau(M; M_0)$ 由方程(124)联系. 当保持条件(156)时,说是曲面 $t = \varphi(M)$ 为空向的. 对于更一般的双曲型方程

$$u_{tt} - \sum_{i,j=1}^{m} a_{ij} u_{x_i x_j} + \cdots = 0$$

其中 u 为自变量 $x_1, x_2, \cdots, x_m$ 的函数,说是曲面 $t = \varphi(x_1, x_2, \cdots, x_m)$ 在它的某一点为空向的,只要在这点满足不等式

$$\sum_{i,j=1}^{m} a_{ij} \varphi_{x_i} \varphi_{x_j} < 1$$

上述方法的建立以及完全说明它在解关于方程(122)的柯西问题上的应用,可以在 C. Л. 索伯列夫的工作中找到[苏联科学院地震学研究所汇报,6 期(1930)和 42 期(1934). Труды Сейсмологического Института Академии Наук СССР № 6 и № 42,1930 и 1934 г. г.]. 这一方法 B. Г. 戈戈拉得斯对更一般的四个自变量的双曲型线性方程曾应用过(苏联科学院报告,1934). 其次在 C. Л. 索伯列夫的工作中[数学汇刊,1(43),1 期;1936. Математ.сборник,1(43),вып. 1,1936 г.],上述方法对偶数个自变量的一般双曲型方程有拓广. 在下一段我们要指出对更一般方程在叙说的方法上的一些变动,这就是 B. Г. 戈戈拉得斯工作中已经做的,然后只对有常系数 c^2 的波动方程,叙述在自变量为任意偶数时方法的拓广.

152. 推广的波动方程

替代(122)考虑更一般方程

$$\frac{1}{c^2} u_{tt} = \sum_{i=1}^{3} a_i u_{x_i x_i} + \sum_{i=1}^{3} b_i u_{x_i} + hu \tag{157}$$

其中系数 a_i, b_i, c 及 h 为自变量 x_1, x_2, x_3 的函数,并且 a_i 大于某一正数. 替代泛函(123)作泛函

$$J = \int_{M_0}^{M_1} \frac{\mathrm{d}s}{c} \tag{158}$$

其中

$$ds^2 = \sum_{i=1}^{3} \frac{dx_i^2}{a_i} \tag{159}$$

中心场的基本函数 $\tau(M;M_0)$ 满足以下方程

$$\sum_{i=1}^{3} a_i \tau_{x_i}^2 = \frac{1}{c^2} \tag{160}$$

就像在[148]中一样,定义任何函数 $u(M;t)$ 的推后值. 替代(131)得到对于函数 σ 的以下的方程

$$2\sum_{i=1}^{3} a_i \tau_{x_i} \sigma_{x_i} + \sigma \sum_{i=1}^{3} \left[a_i \tau_{x_i x_i} + \left(2\frac{\partial a_i}{\partial x_i} - b_i \right) \tau_{x_i} \right] = 0 \tag{161}$$

条件(133)取形状

$$\lim_{M \to M_0} \sigma(M;M_0) \tau(M;M_0) = \frac{n(M_0)}{\sqrt{a_1^0 a_2^0 a_3^0}} \tag{162}$$

$$\left(n(M) = \frac{1}{c(M)} \right)$$

其中 a_i^0 是函数 a_i 在点 M_0 之值. 替代(135)有估计

$$| L(\sigma) | \leqslant \frac{K}{\tau(M;M_0)} \tag{163}$$

式中 $L(u)$ 是方程(157)的右边,而 K 为常数,并且公式(136)取形状

$$\lim_{S_1 \to M_0} \iint_{S_1} \sum_{i=1}^{3} a_i \sigma_{x_i} \cos(n, x_i) dS = -4\pi \tag{164}$$

替代(138)成立公式

$$u(M_0;t) = \frac{1}{4\pi} \iint_S \{ \sigma P([u]) - [u]P(\sigma) +$$

$$\sigma \left[\frac{\partial u}{\partial t} \right] P(\tau) + \sigma R[u] \} dS + \frac{1}{4\pi} \iiint_D [u]M(\sigma) dv \tag{165}$$

其中

$$P(v) = \sum_{i=1}^{3} a_i v_{x_i} \cos(n, x_i)$$

$$R = \sum_{i=1}^{3} \left(\frac{\partial a_i}{\partial x_i} - b_i \right) \cos(n, x_i)$$

$$M(\sigma) = \sum_{i=1}^{3} \left(\frac{\partial^2 a_i \sigma}{\partial x_i^2} - \frac{\partial b_i \sigma}{\partial x_i} + h\sigma \right)$$

而 $M(\sigma)$ 是共轭于 $L(\sigma)$ 的算子. 利用公式(165),可以和在[149]中一样,把初始条件为(139)的柯西问题化为积分方程

$$u(M_0;t) = F(M_0;t) + \frac{1}{4\pi} \iiint_D [u]M(\sigma) dv$$

应当指出,方程(157)的写法中有某些不定性,由于这样,我们可以按不同方式

选取乘数 c^2. 特别,用 c^2 乘方程的两边,而把这函数包括到方程的系数中去,我们可以认为 $c \equiv 1$.

对于函数 $\sigma(M;M_0)$ 可以得到类似于(150) 的公式

$$\sigma^2(M;M_0) = \frac{n(M_0)\sin\vartheta_0 \mathrm{e}^{\int_0^s \sum_{i=1}^3 \left(b_i - \frac{\partial u_i}{\partial x_i}\right)\frac{1}{a_i}\frac{\mathrm{d}x_i}{\mathrm{d}s}\mathrm{d}s}}{n(M)\dfrac{D(x_1,x_2,x_3)}{D(s,\vartheta_0,\varphi_0)}\sqrt{a_1^0 a_2^0 a_3^0}} \tag{166}$$

式中 s 是连接 M_0 和 M 的极线弧长,并且 $\mathrm{d}s^2$ 按照公式(159) 计算.

153. 任意个数自变量的情形

在应用 C. Л. 索伯列夫方法于许多个自变量的情形,需要引进一些函数 σ_i. 我们对于常系数的波动方程来说明这个方法的应用

$$\frac{1}{c^2}u_{tt} = \sum_{i=1}^{2k+1} u_{x_i x_i} \tag{167}$$

(参看 C. Л. 索伯列夫"关于一个推广的克希荷夫公式"苏联科学院报告, 1933).

用 M 来记空间 R_{2k+1} 中坐标为 $(x_1,\cdots,x_{2k+1})$ 的点. 除此而外,要考虑坐标为 $(x_1,\cdots,x_{2k+1},t_1)$ 或 $(M;t)$ 的空间 R_{2k+2}. 对于方程(167) 顶点在 $(M_0;t)$ 的特征锥面在 R_{2k+2} 中有方程

$$t_1 = t - \frac{r}{c} \tag{168}$$

其中

$$r^2 = \sum_{i=1}^{2k+1}(x_i - x_i^0)^2 \tag{169}$$

照例用 $[\varphi]$ 记函数 φ 的推后值

$$[\varphi(M;t)] = \varphi\left(M;t - \frac{r}{c}\right)$$

就是说,数值 φ 在关于 t 是下面的半锥面(168) 上. 如同我们已经指出的[138], 在特征曲面上,满足方程(167) 的函数 u 与它的导数之间存有关系. 要对于 u 关于 t 的导数

$$u_s = \left[\frac{\partial^s u}{\partial t^s}\right] \quad (s = 0,1,2,\cdots) \tag{170}$$

来确定这些关系,而且我们将设想 u_s 是 R_{2k+1} 中的函数. 预先指出,基本方程(124) 在这种情形下有形状

$$\left(\mathbf{grad}\,\frac{r}{c}\right)^2 = \frac{1}{c^2} \tag{171}$$

将函数 u_s 对坐标直接微分,并也通过变量 $\left(t - \dfrac{r}{c}\right)$ 来微分,且利用容易验证的

公式

$$\mathbf{grad}\ u_{s+1} \cdot \mathbf{grad}\ \frac{r}{c} = \left[\mathbf{grad}\ \frac{\partial^{s+1} u}{\partial t^{s+1}}\right] \cdot \mathbf{grad}\ \frac{r}{c} - \left[\frac{\partial^{s+2} u}{\partial t^{s+2}}\right] \mathbf{grad}^2\ \frac{r}{c}$$

其中点表示 R_{2k+1} 中的数量积,我们就得到以下的公式

$$\Delta u_s = -2\mathbf{grad}\ u_{s+1} \cdot \mathbf{grad}\ \frac{r}{c} - u_{s+1}\Delta\ \frac{r}{c} \tag{172}$$

引进算子

$$L(v) = -2\mathbf{grad}\ v \cdot \mathbf{grad}\ \frac{r}{c} - v\Delta\ \frac{r}{c} =$$

$$-\frac{2}{c}\sum_{i=1}^{2k+1} \frac{x_i - x_i^0}{r}v_{x_i} - \frac{v}{c}\Delta r \tag{173}$$

可以改写(172) 为形状

$$\Delta u_s = L(u_{s+1}) \tag{174}$$

这就是在锥面(168) 上满足的关系式. 算子 L 适合关系式

$$vL(w) + wL(v) = -\mathrm{div}\left(2vw\,\mathbf{grad}\ \frac{r}{c}\right) \tag{175}$$

对 r 的乘幂,我们有

$$\Delta r^s = (2k + s - 1)sr^{s-2},\ L(r^s) = -\frac{2}{c}(s+k)r^{s-1} \tag{176}$$

导入函数 σ_i

$$\sigma_i = \frac{(2k-2)(2k-4)\cdots(2i+2)2i}{(k-i)!\ c^{k-i}(2k-2)(2k-3)\cdots(k+i-1)}r^{-k-i+1} \quad (i=1,2,\cdots,k-1)$$

$$\sigma_k = r^{-2k+1}$$

$$\tag{177}$$

我们有

$$L(\sigma_1) = 0,\ L(\sigma_{i+1}) = \Delta\sigma_i,\ \Delta\sigma_k = 0 \quad (i=1,2,\cdots,k-1) \tag{178}$$

设 D 是空间 R_{2k+1} 中不包含点 M_0 的某区域. 写出$(2k+1)$ 重积分

$$\int_D \sum_{s=1}^{k} (-1)^{s-1}\big[(u_{s-1}\Delta\sigma_{k-s+1} - \sigma_{k-s+1}\Delta u_{s-1}) +$$

$$(\sigma_{k-s+1}L(u_s) + u_sL(\sigma_{k-s+1}))\big]\mathrm{d}x_1\cdots\mathrm{d}x_{2k+1} \tag{179}$$

从(174) 与(178) 推出这个积分等于零. 注意到公式(175) 和公式

$$v\Delta w - w\Delta v = \mathrm{div}(v\,\mathbf{grad}\ w - w\,\mathbf{grad}\ v)$$

可以改变积分(179) 为沿包围区域 D 的曲面 S 的积分. 还考虑到公式

$$\frac{\partial u_s}{\partial n} = \left[\frac{\partial^{s+1} u}{\partial t^s \partial n}\right] - \left[\frac{\partial^{s+1} u}{\partial t^{s+1}}\right]\frac{\partial\ \frac{r}{c}}{\partial n}$$

我们能写出

$$\int_S \sum_{s=1}^{k} (-1)^s \left\{ \frac{\partial \sigma_{k-s+1}}{\partial n} \left[\frac{\partial^{s-1} u}{\partial t^{s-1}} \right] - \sigma_{k-s+1} \left[\frac{\partial^s u}{\partial n \partial t^{s-1}} \right] - \right.$$

$$\left. \sigma_{k-s+1} \frac{\partial \frac{r}{c}}{\partial n} \left[\frac{\partial^s u}{\partial t^s} \right] \right\} dS = 0$$

其中 n 是 S 的外法线方向. 若区域 D 含点 M_0 在内, 在用小球划出 M_0 以后, 上面公式仍旧适用. 然后按通常方式过渡到极限, 即得以下公式

$$u(M_0;t) = A \int_S \sum_{s=1}^{k} (-1)^s \left\{ \frac{\partial \sigma_{k-s+1}}{\partial n} \left[\frac{\partial^{s-1} u}{\partial t^{s-1}} \right] - \right.$$

$$\left. - \sigma_{k-s+1} \left[\frac{\partial^s u}{\partial n \partial t^{s-1}} \right] - \sigma_{k-s+1} \frac{\partial \frac{r}{c}}{\partial n} \left[\frac{\partial^s u}{\partial t^s} \right] \right\} dS \qquad (180)$$

其中常数 A 由公式

$$A = \frac{\prod_{i=1}^{2k-1} \Gamma\left(\frac{i+2}{2}\right)}{2(2k-1)\pi^{\frac{2k-1}{2}} \prod_{i=1}^{2k-1} \Gamma\left(\frac{i+1}{2}\right)}$$

来确定. 当 $2k+1=3$, 公式(180)合于克希荷夫公式. 若取中心为 M_0 及半径为 ct 的球面作为曲面 S, 那么函数 u 的导数的推后值用 $t=0$ 时 u 与 u_t 的初始条件表出, 并且我们得到柯西问题显式的解, 这是我们以前在别的形状下有过的 [Ⅱ;171]. 当初始条件给定在曲面 $t_1 = \varphi(M)$ 上的情形, 利用公式(180)也能完全一样地解出柯西问题. 要指出, 在积分号下也出现初始条件的导数, 因此为了问题能解, 我们必须要求初始条件直到某一与 k 相关的确定阶数的导数的连续性, 这也是我们以前指出过的.

在 C. A. 克利斯齐阿诺维奇的工作中(数学汇刊, 卷 Ⅱ, 5 期, 1937), 这个方法已扩充到非线性双曲型方程上去.

154. 基本不等式

考虑具有形状

$$\sum_{i,k=1}^{n} a_{ik} u_{x_i x_k} + \sum_{i=1}^{n} b_i u_{x_i} + cu - u_{tt} = f \qquad (181)$$

的双曲型方程, 其中 a_{ik}, b_i, c 及 f 与 $(x_1, \cdots, x_n, t)$ 有关, 并且 b_i, c 及 f 为连续, 而 a_{ik} 在空间 $(x_1, \cdots, x_n, t)$ 的某区域上有连续一阶导数, 这区域是我们以下要说到的. 因为我们假设(181)是双曲型方程, 就要成立不等式

$$\sum_{i,k=1}^{n} a_{ik} \xi_i \xi_k \geqslant \lambda \sum_{i=1}^{n} \xi_i^2 \quad (\lambda > 0) \qquad (182)$$

并且我们设对上述区域 λ 为正常数. 以后为了更加明显起见, 我们考虑 $n=2$, 这就是说, 我们将考虑以 (x_1, x_2, t) 为坐标的三维空间 R. 一切讨论也能转到一般

情形去.

我们的问题是通过初始条件与系数来对方程(181)的解给出估计. 顺便说到,从这些估计立即就推出柯西问题的解的唯一性以及它和初始条件的连续相关性. 我们以下的讨论和那一些在对波动方程的柯西问题和边值问题的唯一性证明中我们用到过的事实相类似[II;179].

设 D 为空间 R 的某一由光滑曲面 S 所围成的有限区域,且设 n 为 S 的外法线方向. 假定说,方程(181)的解和到二阶为止的导数在 D 中直到 S 连续. 写出积分

$$J = \iint\limits_{S} \big[\big(\sum_{i,k=1}^{2} a_{ik} u_{x_i} u_{x_k} + u_t^2 \big) \cos(n,t) - $$

$$2 \sum_{i,k=1}^{2} a_{ik} u_{x_i} u_t \cos(n,x_k) \big] \mathrm{d}S \tag{183}$$

应用奥斯特罗格拉德斯基公式并利用(181),得到

$$J = \iiint\limits_{D} \Big\{ 2u_t \Big[\sum_{i=1}^{2} \Big(b_i - \sum_{k=1}^{2} \frac{\partial a_{ik}}{\partial x_k} \Big) u_{x_i} + cu - f \Big]$$

$$\sum_{i,k=1}^{2} \frac{\partial a_{ik}}{\partial t} u_{x_i} u_{x_k} \Big\} \, \mathrm{d}\tau \tag{184}$$

积分(183)中被积函数可以表示为形状

$$\frac{1}{\cos(n,t)} \Big[\sum_{i,k=1}^{2} a_{ik} (u_{x_i} \cos(n,t) - $$

$$u_t \cos(n,x_i)) (u_{x_k} \cos(n,t) - u_t \cos(n,x_k)) + $$

$$u_t^2 \big(\cos^2(n,t) - \sum_{i,k=1}^{2} a_{ik} \cos(n,x_i) \cos(n,x_k) \big) \Big] \tag{185}$$

假定说,区域 D 由平面 $t=0, t=C (C > 0)$ 和特征曲面所围成,在最后的曲面上 $\cos(n,t) > 0$. 同时在它上面

$$\cos^2(n,t) - \sum_{i,k=1}^{2} a_{ik} \cos(n,x_i) \cos(n,x_k) = 0 \tag{186}$$

且由于(182),表达式(185)在侧面上是非负的. 应当指出,若侧面并不是特征的,可是在其上适合条件

$$\cos^2(n,t) - \sum_{i,k=1}^{2} a_{ik} \cos(n,x_i) \cos(n,x_k) \geqslant 0 \tag{187}$$

就要有同样的结论. 在这种情形下,称曲面是空向的[参看 151]. 其次,当 $t=C$ 时,$\cos(n,t)=1$ 及 $t=0$ 时 $\cos(n,t)=-1$,而同时 $\cos(n,x_1)$ 和 $\cos(n,x_2)$ 等于零. 记

$$K(t) = \iint\limits_{B(t)} \big(\sum_{i,k=1}^{2} a_{ik} u_{x_i} u_{x_k} + u_t^2 \big) \, \mathrm{d}x_1 \mathrm{d}x_2 \tag{188}$$

其中 $B(t_0)$ 是 D 与平面 $t = t_0$ 的截面,并且注意到,表达式(185)在整个侧面上是非负的,就得到

$$\int_0^t \iint_{B(t_1)} 2u_t \left[\sum_{i=1}^2 \left(b_i - \sum_{k=1}^2 \frac{\partial a_{ik}}{\partial x_k} \right) u_{x_i} + cu - f \right] \mathrm{d}x_1 \mathrm{d}x_2 \mathrm{d}t_1 +$$

$$\int_0^t \iint_{B(t_1)} \sum_{i,k=1}^2 \frac{\partial a_{ik}}{\partial t} u_{x_i} u_{x_k} \mathrm{d}x_1 \mathrm{d}x_2 \mathrm{d}t_1 \geqslant K(t) - K(0) \tag{189}$$

$$(0 < t \leqslant C)$$

假定说,不等式

$$\left| \frac{\partial a_{ik}}{\partial t} \right| \leqslant P_0 \tag{190}$$

成立,其中 P_0 为某正数,于是

$$\left| \iint_{B(t_1)} \sum_{i,k=1}^2 \frac{\partial a_{ik}}{\partial t} u_{x_i} u_{x_k} \mathrm{d}x_1 \mathrm{d}x_2 \right| \leqslant P_0 \iint_{B(t_1)} \sum_{i,k=1}^2 |u_{x_i}| \cdot |u_{x_k}| \mathrm{d}x_1 \mathrm{d}x_2$$

其次,我们有

$$\sum_{i,k=1}^2 |u_{x_i}| \cdot |u_{x_k}| \leqslant 2 \sum_{i=1}^2 u_{x_i}^2$$

但是由于(182)

$$\sum_{i=1}^2 u_{x_i}^2 \leqslant \frac{1}{\lambda} \sum_{i,k=1}^2 a_{ik} u_{x_i} u_{x_k}$$

于是推知

$$\left| \int_0^t \iint_{B(t_1)} \sum_{i,k=1}^2 \frac{\partial a_{ik}}{\partial t} u_{x_i} u_{x_k} \mathrm{d}x_1 \mathrm{d}x_2 \mathrm{d}t_1 \right| \leqslant P_1 \int_0^t K(t_1) \mathrm{d}t_1$$

其中 P_1 是与系数有关的正常数. 完全类似地

$$\left| \int_0^t \iint_{B(t_1)} 2u_t \sum_{i=1}^2 \left(b_i - \sum_{k=1}^2 \frac{\partial a_{ik}}{\partial x_k} \right) u_{x_i} \mathrm{d}x_1 \mathrm{d}x_2 \mathrm{d}t_1 \right| \leqslant$$

$$P_2 \int_0^t K(t_1) \mathrm{d}t_1$$

其中 P_2 是类似于 P_1 的常数. 记

$$L(t) = \iint_{B(t)} u^2 \mathrm{d}x_1 \mathrm{d}x_2 \tag{191}$$

应用不等式 $2ab \leqslant a^2 + b^2$ 并且注意到

$$\sum_{i,k=1}^2 a_{ik} u_{x_i} u_{x_k} \geqslant 0$$

得到

$$\left| \int_0^t \iint_{B(t_1)} 2cu_t u \mathrm{d}x_1 \mathrm{d}x_2 \mathrm{d}t_1 \right| \leqslant P_3 \int_0^t \left[K(t_1) + L(t_1) \right] \mathrm{d}t_1$$

最后假设成立不等式

$$|f| \leqslant M \tag{192}$$

注意到 $2|u_t| \leqslant (u_t^2 + 1)$，我们得着

$$\left| \iint\limits_{B(t_1)} 2fu_t \, \mathrm{d}x_1 \mathrm{d}x_2 \right| \leqslant 2M \iint\limits_{B(t_1)} |u_t| \, \mathrm{d}x_1 \mathrm{d}x_2 \leqslant$$

$$ME + M \iint\limits_{B(t_1)} u_t^2 \, \mathrm{d}x_1 \mathrm{d}x_2$$

其中 E 为当 $0 \leqslant t_1 \leqslant C$ 时面积 $B(t_1)$ 的最大值，或者

$$\left| \iint\limits_{B(t_1)} 2fu_t \, \mathrm{d}x_1 \mathrm{d}x_2 \right| \leqslant ME + MK(t_1)$$

于是推出

$$\left| \int_0^t \iint\limits_{B(t_1)} 2fu_t \, \mathrm{d}x_1 \mathrm{d}x_2 \mathrm{d}t_1 \right| \leqslant MEt + M \int_0^t K(t_1) \, \mathrm{d}t_1 \tag{193}$$

将所有得到的估计式代入(189)，就有

$$K(t) \leqslant K(0) + M_1 t + (P + M) \int_0^t K(t_1) \, \mathrm{d}t_1 + P \int_0^t L(t_1) \, \mathrm{d}t_1 \tag{194}$$

式中 P 为常数，它与系数 a_{ik}, b_i, c 以及 a_{ik} 的导数在所考虑的区域内的数值有关，且 $M_1 = ME$.

对于 $L(t)$ 非常简单地得到类似的不等式

$$\iint\limits_{B(t)} u^2 \, \mathrm{d}x_1 \mathrm{d}x_2 = \iint\limits_{B(0)} u^2 \, \mathrm{d}x_1 \mathrm{d}x_2 + \int_0^t \iint\limits_{B(t_1)} 2uu_t \, \mathrm{d}x_1 \mathrm{d}x_2 \mathrm{d}t_1$$

从这里，注意到不等式 $2ab \leqslant a^2 + b^2$，即得

$$L(t) \leqslant L(0) + \int_0^t K(t_1) \, \mathrm{d}t_1 + \int_0^t L(t_1) \, \mathrm{d}t_1 \tag{195}$$

把(194)与(195)相加

$$K(t) + L(t) \leqslant K(0) + L(0) + M_1 t + \gamma \int_0^t [K(t_1) + L(t_1)] \, \mathrm{d}t_1 \tag{196}$$

其中

$$\gamma = P + M + 1 \tag{197}$$

引用记号

$$w(t) = \int_0^t [K(t_1) + L(t_1)] \, \mathrm{d}t_1$$

能写出

$$\frac{\mathrm{d}}{\mathrm{d}t} [\mathrm{e}^{-\gamma t} w(t)] \leqslant (\delta + M_1 t) \mathrm{e}^{-\gamma t}$$

其中

$$\delta = K(0) + L(0) \tag{198}$$

120

对最后的不等式求积分并用 e^n 乘两边,即得

$$w(t) \leqslant \left(\frac{\delta}{\gamma} + \frac{M_1}{\gamma^2} \right) e^n - \frac{M_1}{\gamma} t - \frac{\delta}{\gamma} - \frac{M_1}{\gamma^2}$$

用这不等式的右边来替代(196)右边的 $w(t)$

$$K(t) + L(t) \leqslant \left(\delta + \frac{M_1}{\gamma} \right) e^n - \frac{M_1}{\gamma} \tag{199}$$

更加有不等式

$$K(t) \leqslant \left(\delta + \frac{M_1}{\gamma} \right) e^n - \frac{M_1}{\gamma} \tag{200}$$

$$L(t) \leqslant \left(\delta + \frac{M_1}{\gamma} \right) e^n - \frac{M_1}{\gamma} \tag{200'}$$

对于齐次方程($f \equiv 0$)必须假定 $M = M_1 = 0$

$$K(t) \leqslant \delta e^{(P+1)t} \tag{201}$$

$$L(t) \leqslant \delta e^{(P+1)t} \tag{201'}$$

注意到(182),我们能在(201)的左边换 $K(t)$ 为

$$\iint\limits_{B(t)} (\lambda u_{x_1}^2 + \lambda u_{x_2}^2 + u_t^2) \, dx_1 \, dx_2$$

并不限制一般性,可以假设在(182)中 $\lambda < 1$,那么不等式(201)能换为较弱的不等式

$$\iint\limits_{B(t)} (u_{x_1}^2 + u_{x_2}^2 + u_t^2) \, dx_1 \, dx_2 \leqslant \frac{\delta}{\lambda} e^{(P+1)t} \tag{202}$$

对于任意个数自变量 x_k,也能完全与上面一样地来证明不等式(200). 应当指出,这个不等式对于一切的 t 适用,只要当其时我们能作出上述类型区域 D.

形状(200)的不等式的推导和这些不等式对于双曲型偏微分方程论的应用,可以在 C. JI. 索伯列夫的工作中找到:"偏微分方程论的一些新问题"(数学汇刊,5 卷 1 期)和"非线性双曲型偏微分方程论"(数学汇刊,5 卷 1 期,1939).

155. 解的唯一性和连续相关性的定理

从证明了的不等式容易推出柯西问题的解的唯一性以及解与初始条件和方程的自由项的连续相关性定理. 考虑在同一初始条件下柯西问题的两个解之差,我们把唯一性定理化为以下的方式:若在方程(181)中自由项 f 等于零,并且初始条件有形状

$$u \mid_{t=0} = u_t \mid_{t=0} = 0 \tag{203}$$

那么问题的解必须是 $u \equiv 0$. 通过任何点 $(x_1^{(0)}, x_2^{(0)}, t^{(0)})$ 引特征角锥,并假定它和平面 $t = 0$ 一起产生上述类型的区域 D. 设 $u(x_1, x_2, t)$ 为当 $f \equiv 0$ 以及有初始条件(203)时问题的解,它连同到二阶为止的导数在区域 D 中连续. 比如说不等式(201')就可以应用,而且由以上所说的推知 $\delta = 0$. 因此

$$L(t) = \iint\limits_{B(t)} u^2 \, \mathrm{d}x_1 \mathrm{d}x_2 = 0$$

于是推知在 D 中 $u \equiv 0$. 若齐次的初始条件 (203) 不在整个平面 (x,y) 上而只在区域 D 的底面 $B(0)$ 上成立, 这个论断仍旧有效, 因为这时同样有 $\delta = 0$. 从此可以作出结论: 齐次方程 (181) 的解在点 $(x_1^{(0)}, x_2^{(0)}, t^{(0)})$ 的值只同顶点在 $(x_1^{(0)}, x_2^{(0)}, t^{(0)})$ 的特征角锥的底面 $B(0)$ 上的初始条件之值有关. 这里假设这个角锥同平面 $t = 0$ 产生前述类型的区域 D.

完全和上面一样, 解和初始条件的连续相关性归结于, 若 $f \equiv 0$ 而且出现在初始条件

$$u \big|_{t=0} = \varphi_0(x_1, x_2), \quad u_t \big|_{t=0} = \varphi_1(x_1, x_2) \tag{204}$$

中的函数 $\varphi_0(x_1, x_2)$ 与 $\varphi_1(x_1, x_2)$ 很小 (在某一意义下), 那么解 $u(x_1, x_2, t)$ 也同样是很小的. 假定说, 我们取初始条件的微小是在那样的意义下, 就是积分 $L(0)$ 与 $K(0)$ 很小, 也就是假设我们有不等式 $L(0) \leqslant \varepsilon$ 和 $K(0) \leqslant \varepsilon$, 其中 ε 是小的正数. 同时从 (201) 和 (201′) 立即推出, $L(t)$ 和 $K(t)$ 在整个区域 D 上有以下形状的估计

$$K(t) \leqslant 2\varepsilon \mathrm{e}^{(P+1)t}, \quad L(t) \leqslant 2\varepsilon \mathrm{e}^{(P+1)t}$$

若仅仅是 $n = 1$, 就是说, 若我们有两个自变量 x_1 和 t, 与初始条件的连续相关性, 可以证明不仅在估计积分 $K(t)$ 和 $L(t)$ 的意义上, 而且在估计函数本身的绝对值的意义上. 这直接由黎曼方法推出 [143], 只要方程已化为在应用黎曼方法时所采取的那种标准形式. 如果自变量的个数大于 2, 则从 $|\varphi_0|$ 与 $|\varphi_1|$ 的微小性不能推出 $|u|$ 的微小性 (当 $f \equiv 0$ 时). 借助于上面所推导的不等式来研究一下 $n = 1$ 的情形.

此时我们有自变量 (x, t), 而区域 D 一般说来是有曲线斜边的梯形 ABB_1A_1. 直线 A_1B_1 有方程 $t = C$. 假定说, $x = \xi_1(t)$ 是边 AA_1 的方程, $x = \xi_2(t)$ 是边 BB_1 的方程. 我们假设, 不仅出现在初始条件 (204) 中的函数 $\varphi_0(x)$ 与 $\varphi_1(x)$, 而且导数 $\varphi_0'(x)$ 按绝对值皆是很小的. 同时这些量的平方沿着区域 D 的底边 AB 的积分也是很小的, 因而值 $L(0)$ 与 $K(0)$ 很小, 而且在所给的情形下, 我们有

$$K(t) = \int_{\xi_1(t)}^{\xi_2(t)} [a(x,t)u_x^2 + u_t^2] \mathrm{d}x$$

其中 $a(x,t) \geqslant m > 0$. 由于上述的估计, 从 $L(0)$ 和 $K(0)$ 的微小性推知量 $L(t)$ 与 $K(t)$ 当 $0 \leqslant t \leqslant C$ 时的微小性, 于是我们能断定以下诸积分的微小性

$$\int_{\xi_1(t)}^{\xi_2(t)} u^2(x,t)\mathrm{d}x, \quad \int_{\xi_1(t)}^{\xi_2(t)} u_x^2(x,t)\mathrm{d}x, \quad \int_{\xi_1(t)}^{\xi_2(t)} u_t^2(x,t)\mathrm{d}x \tag{205}$$

假定说, 这些积分不超过某正数 η. 应用布尼亚科夫斯基不等式, 我们有

$$\{u(x,t) - u[\xi_1(t), t]\}^2 = \left[\int_{\xi_1(t)}^{x} u_x(x', t)\mathrm{d}x' \right]^2 \leqslant$$

$$\int_{\xi_1(t)}^{x} u_x^2(x',t)\mathrm{d}x' \cdot \int_{\xi_1(t)}^{x} 1^2 \mathrm{d}x'$$

于是

$$\{u(x,t)-u[\xi_1(t),t]\}^2 \leqslant a\eta \quad (\xi_1(t)\leqslant x\leqslant \xi_2(t)) \tag{206}$$

式中 a 为差式 $\xi_2(t)-\xi_1(t)$ 在 D 中之最大值.

完全一样,得到估计

$$\left[\int_{\xi_1(t)}^{x} u(x',t)\mathrm{d}x'\right]^2 \leqslant a\eta \quad (\xi_1(t)\leqslant x\leqslant \xi_2(t)) \tag{207}$$

从(206)推出

$$u[\xi_1(t),t]=u(x,t)+v(x,t) \quad (|v(x,t)|\leqslant \sqrt{a\eta}) \tag{208}$$

在范围 $\xi_1(t)\leqslant x\leqslant \xi_2(t)$ 内关于 x 求两边的积分,并利用(207),得

$$|u[\xi_1(t),t]|\leqslant \frac{\sqrt{a\eta}}{b}+\sqrt{a\eta} \tag{209}$$

其中 b 是差式 $[\xi_2(t)-\xi_1(t)]$ 在 D 中的最小值,就是说,$|u[\xi_1(t),t]|\leqslant c\eta^{\frac{1}{2}}$,其中 c 为某常数.利用(208)并根据刚才所说的不等式,得到估计

$$|u(x,t)|\leqslant d\eta^{\frac{1}{2}} \tag{210}$$

其中 η 是积分(205)的估计,而 d 是对于 D 中一切点皆相同的常数.这样一来,我们就有了 $|u(x,t)|$ 在整个区域 D 上的估计式.现在转到解 $u(x,t)$ 与自由项 f 相关性的估计.

假定说,在齐次初始条件(203)时自由项 f 异于零.这时不等式(200)与(200')化为形状

$$K(t)\leqslant M_1\left(\frac{1}{\gamma}\mathrm{e}^{n}-\frac{1}{\gamma}\right)$$
$$L(t)\leqslant M_1\left(\frac{1}{\gamma}\mathrm{e}^{n}-\frac{1}{\gamma}\right) \qquad (M_1=ME,\ |f|\leqslant M) \tag{211}$$

于是推知在所说意义下解与自由项的连续相关性.

有不同的自由项但有相同的初始条件的方程(181)的两个解 u_1 与 u_2,其差 u_2-u_1 的积分 $K(t)$ 和 $L(t)$ 可以任意小,只要差的绝对值 $|f_2-f_1|$ 为充分小.当 $n=1$ 时,和上面一样,也可以得到 $|u_2-u_1|$ 的估计.

156. 波动方程的情形

考虑齐次波动方程

$$u_{x_1x_1}+u_{x_2x_2}-u_{tt}=0$$

我们对于它能作出有初始条件

$$u|_{t=0}=\varphi(x_1,x_2),u_t|_{t=0}=\psi(x_1,x_2)$$

的柯西问题的解,其中 $\varphi(x_1,x_2)$ 和 $\psi(x_1,x_2)$ 依次有到三阶和二阶为止的连续导数,[Ⅱ;171,172].若是 $\varphi(x_1,x_2)$ 有到六阶为止而 $\psi(x_1,x_2)$ 有到五阶为止

的连续导数,那么利用泊松公式,我们能断定,u 关于坐标(x_1,x_2)到三阶为止的任何导数同样是波动方程的解,而在初始条件中 φ 与 ψ 换成相应的导数. 因此,例如 u_{x_1} 是有初始条件 φ_{x_1} 与 ψ_{x_1} 的柯西问题的解等. 设 D 为波动方程的以某点 $M_1(x_1,y_1,t_1)(t_1>0)$ 为顶点的特征锥面,下面由平面 $t=0$ 所限制. 与平面 $t=t_0$ 相截的任一截口 $B(t_0)$ 是圆,其中 $0 \leqslant t_0 < t_1$. 假定说,对于函数 φ 和 ψ 以及它们的导数有估计

$$\iint\limits_{B(0)} \left(\frac{\partial^\alpha \varphi}{\partial x_1^{\alpha_1} \partial x_2^{\alpha_2}}\right)^2 \mathrm{d}S \leqslant \varepsilon^2 \quad (\alpha=0,1,2,3,4)$$

$$\iint\limits_{B(0)} \left(\frac{\partial^\alpha \psi}{\partial x_1^{\alpha_1} \partial x_2^{\alpha_2}}\right)^2 \mathrm{d}S \leqslant \varepsilon^2 \quad (\alpha=0,1,2,3)$$

对于波动方程,$K(t)$ 成为关于 x_1,x_2 及 t 的导数平方和在 $B(t)$ 上的积分,并且考虑对于 u 和它的关于(x_1,x_2)直到三阶的导数的柯西问题,由于以上所述,我们有 $K(0) \leqslant 3\varepsilon^2$ 及 $L(0) \leqslant \varepsilon^2$,于是 $\delta \leqslant 4\varepsilon^2$,且不等式(201)和(201$'$)给出

$$K(t) \leqslant 4\varepsilon^2 \mathrm{e}^{(P+1)t}, L(t) \leqslant 4\varepsilon^2 \mathrm{e}^{(P+1)t}$$

这些不等式不论是对于 u,或者是对于它的直到三阶为止关于(x_1,x_2)的导数皆成立. 尤其是成立不等式

$$\iint\limits_{K(t)} \left(\frac{\partial^\alpha u}{\partial x_1^{\alpha_1} \partial x_2^{\alpha_2}}\right)^2 \mathrm{d}S \leqslant 4\varepsilon^2 \mathrm{e}^{(P+1)t} \quad (\alpha=0,1,2,3,4)$$

$$\iint\limits_{K(t)} \left(\frac{\partial^\alpha u}{\partial t \partial x_1^{\alpha_1} \partial x_2^{\alpha_2}}\right)^2 \mathrm{d}S \leqslant 4\varepsilon^2 \mathrm{e}^{(P+1)t} \quad (\alpha=1,2,3,4)$$

其中 $K(t)$ 为圆. 如同我们现在要证明的,从此能得到对于函数本身以及它的导数在有较小半径的 $K(t)$ 的任何同心圆 $K_1(t)$ 上成立的不等式

$$|u|, |u_{x_1}|, |u_{x_2}|, |u_{x_1 x_1}|, |u_{x_1 x_2}|, |u_{x_2 x_2}|, |u_t|, |u_{tx_1}|, |u_{tx_2}| \leqslant$$
$$2\varepsilon c \mathrm{e}^{\frac{P+1}{2}t}$$

其中 c 是某常数. u_{tt} 的估计直接从波动方程本身推得. 因此,我们得到的不是平方平均估计,而是函数自身和它的到二阶为止导数的估计.

上述的一切可直接从下面的一般性定理推出,我们对任意维数空间来叙述和证明它. 在下一章这个定理我们也是需要的.

定理   若函数 $f(x_1,\cdots,x_n)$ 在 n 维球 D 的内部有到某一阶数 l 为止的连续导数,并且成立估计

$$\int_D \left(\frac{\partial^\alpha f}{\partial x_1^{\alpha_1} \cdots \partial x_n^{\alpha_n}}\right)^2 \mathrm{d}x_1 \cdots \mathrm{d}x_n \leqslant A^2 \quad (\alpha=0,1,\cdots,l) \tag{212}$$

那么在里面的任何同心球 D_1 内,对于函数 u 本身和它的到 $l-\left[\dfrac{n}{2}\right]-1$ 阶的导数成立估计

$$\left|\frac{\partial^\beta f}{\partial x_1^{\beta_1}\cdots\partial x_n^{\beta_n}}\right|\leqslant cA \quad \left(\beta=0,1,\cdots,l-\left[\frac{n}{2}\right]-1\right) \tag{213}$$

其中$\left[\dfrac{n}{2}\right]$是正数$\dfrac{n}{2}$的整数部分,而常数$c$只与$D_1$的选取有关.

作辅助函数

$$\sigma(x)=\begin{cases}1 & \left(\text{当 } x\leqslant\frac{1}{3}\right)\\[2mm]0 & \left(\text{当 } x\geqslant\frac{2}{3}\right)\\[2mm]\dfrac{1}{2}+\dfrac{1}{2}\dfrac{\mathrm{e}^u-\mathrm{e}^{-u}}{\mathrm{e}^u+\mathrm{e}^{-u}} & \left(\text{当 }\frac{1}{3}<x<\frac{2}{3}\right)\end{cases} \tag{214}$$

其中

$$u=\frac{\dfrac{1}{2}-x}{\left(\dfrac{2}{3}-x\right)\left(x-\dfrac{1}{3}\right)}$$

显然,当x从大于$\dfrac{1}{3}$的值趋向于$\dfrac{1}{3}$时$u\to+\infty$,而当x从小于$\dfrac{2}{3}$的值趋向于$\dfrac{2}{3}$时$u\to-\infty$.同时$\sigma(x)$相应地趋向1和0,并且不难验证,$\sigma(x)$的一切导数在$x=\dfrac{1}{3}$和$x=\dfrac{2}{3}$时为连续.设M_0为D_1中某一点且h为D与D_1的半径之差.

引进中心在M_0的球坐标系

$$x_1=r\cos\theta_1$$
$$x_2=r\sin\theta_1\cos\theta_2$$
$$\vdots$$
$$x_{n-2}=r\sin\theta_1\cdots\sin\theta_{n-3}\cos\theta_{n-2}$$
$$x_{n-1}=r\sin\theta_1\cdots\sin\theta_{n-2}\cos\psi$$
$$x_n=r\sin\theta_1\cdots\sin\theta_{n-2}\sin\psi$$

而$0\leqslant\theta_k\leqslant\pi$及$0\leqslant\psi<2\pi$.我们有体积元素

$$\mathrm{d}\omega_n=r^{n-1}\sin^{n-2}\theta_1\sin^{n-3}\theta_2\cdots\sin\theta_{n-2}\mathrm{d}r\mathrm{d}\theta_1\cdots\mathrm{d}\theta_{n-2}\mathrm{d}\psi$$

划去$\mathrm{d}r$并令$r=1$,得到单位球面的面积单元$\mathrm{d}\sigma_n$.引进函数

$$F(M)=f(M)\cdot\frac{\partial^{l-1}}{\partial r^{l-1}}\left[\frac{r^{l-1}}{(l-1)!}\sigma\left(\frac{r}{h}\right)\right]-$$
$$\frac{\partial f(M)}{\partial r}\cdot\frac{\partial^{l-2}}{\partial r^{l-2}}\left[\frac{r^{l-1}}{(l-1)!}\sigma\left(\frac{r}{h}\right)\right]+\cdots+$$
$$(-1)^{l-1}\frac{\partial^{l-1}f(M)}{\partial r^{l-1}}\cdot\left[\frac{r^{l-1}}{(l-1)!}\sigma\left(\frac{r}{h}\right)\right]$$

其中r为距离$\overline{M_0M}$.能直接验证以下公式

$$F(M_0) = f(M_0), F(M) = 0$$

当 $r = h$,有

$$\frac{\partial F(M)}{\partial r} = f(M) \cdot \frac{\partial^l}{\partial r^l}\left[\frac{r^{l-1}}{(l-1)!}\sigma\left(\frac{r}{h}\right)\right] +$$

$$(-1)^{l-1}\frac{\partial^l f}{\partial r^l} \cdot \left[\frac{r^{l-1}}{(l-1)!}\sigma\left(\frac{r}{h}\right)\right] \qquad (215)$$

并且我们能写出

$$f(M_0) = -\int_0^h \frac{\partial F(M)}{\partial r}\mathrm{d}r$$

而积分沿从点 M_0 发出的射线进行. 用 $\mathrm{d}\sigma_n = \mathrm{d}\omega_n : r^{n-1}\mathrm{d}r$ 乘这公式的两边,在范围 $0 \leqslant \theta_s \leqslant \pi; 0 \leqslant \psi \leqslant 2\pi$ 上积分,得

$$f(M_0) = -\frac{1}{\sigma_n}\int_{D_0}\frac{\partial F(M)}{\partial r}r^{-n+1}\mathrm{d}x_1\cdots\mathrm{d}x_n$$

其中 D_0 是中心在 M_0 和半径为 h 的球,而 σ_n 是 R_n 中单位球面的面积. 令 $k = \left[\frac{n}{2}\right]$,改写前面的公式为形状

$$f(M_0) = -\frac{1}{\sigma_n}\int_{D_0}\frac{1}{r^k}\frac{\partial F(M)}{\partial r}r^{k-n+1}\mathrm{d}x_1\cdots\mathrm{d}x_n$$

并应用布尼亚科夫斯基不等式,得

$$f^2(M_0) \leqslant \frac{1}{\sigma_n^2}\int_{D_0}\left(\frac{1}{r^k}\frac{\partial F(M)}{\partial r}\right)^2\mathrm{d}x_1\cdots\mathrm{d}x_n \cdot$$

$$\int_{D_0}r^{2k-2n+2}r^{n-1}\mathrm{d}r\mathrm{d}\theta_1\cdots\mathrm{d}\theta_{n-2}\mathrm{d}\psi$$

当 n 为偶数时,最末积分中的幂指数等于 1,而当 n 为奇数时等于零. 因此我们得到

$$f^2(M_0) \leqslant c_1\int_{D_0}\left(\frac{1}{r^k}\frac{\partial F(M)}{\partial r}\right)^2\mathrm{d}x_1\cdots\mathrm{d}x_n \qquad (216)$$

其中常数 c_1 只和 h 有关. 转向公式 (215). 右边 f 的系数当 $r \leqslant \frac{h}{3}$ 时,由于 (214) 而等于零. 另一方面,注意到复合函数的微分法则,就能断定. $\frac{\partial^l f}{\partial r^l}$ 是关于 $x_1,\cdots,x_n$ 的 l 阶导数有有界系数的线性结合. 注意到这个,可以写

$$\frac{1}{r^k}\frac{\partial F(M)}{\partial r} = af + \sum a_{a_1\cdots a_n}\frac{\partial^l f}{\partial x_1^{a_1}\cdots\partial x_n^{a_n}}$$

其中 a 为有界连续函数而 $|a_{a_1\cdots a_n}| \leqslant c_2 r^{l-k-1}$. 当 $l \geqslant k+1$ 时,也就是 $l \geqslant \left[\frac{n}{2}\right] + 1$ 时,在写出的公式中的一切系数都是有界的,并且考虑到不等式 $(x_1 + \cdots + x_n)^2 \leqslant n(x_1^2 + \cdots + x_n^2)$ 及估计 (212),由于 (216),我们得到

$$f^2(M_0) \leqslant c^2 A^2$$

其中常数 c 只和 h 有关.若对于正整数 β 成立不等式 $l-\beta \geqslant \left[\dfrac{n}{2}\right]+1$,即 $\beta \leqslant l-\left[\dfrac{n}{2}\right]-1$,换 f 为 f 的任何 β 阶导数,又 l 为 $(l-\beta)$,那么我们可以运用所有以上的论断.这样,我们就得到估计(213).定理得证.这个定理以及所引的证明属于 C. Л. 索伯列夫.

对于非齐次波动方程解的估计,假设不仅出现在初始条件中的函数可微,而且自由项也是充分可微上面证明的定理可以应用.除此而外,对于到推广的波动方程[Ⅱ;188]

$$u_{tt} = u_{x_1 x_1} + u_{x_2 x_2} + c^2 u$$

以及波动方程中有任意个数自变量的情形以上所进行的讨论也适用.

157. 辅助命题

现在我们叙说函数论的若干定理,它们是我们以后所必需的.这些定理在任何维数的欧氏空间成立.为了写法简单,我们对平面的情形来叙述它们.

设 F 是平面上的有界闭集,又在其上已给定连续函数 $f(P)=f(x,y)$.在 F 上连续性的定义和在闭区域上的一样[Ⅰ;67 及 151],并且完全同样的可以证明 $f(P)$ 在 F 上有最大值和最小值.设 $A=\max |f(P)|$ 在 F 上.

定理 有界闭集 F 上的连续函数 $f(x,y)$ 能开拓到全平面上,而保持连续性和上界 A.

开始证明下面引理:

引理 设 D 与 E 是平面上两个没有公共点的有界闭集,a 与 b 为给定的数 $(a<b)$,那么可以作出在整个平面上的连续函数 $\varphi_{a,b}(x,y)$,对 D 中点等于 a,对 E 中点等于 b,并且满足不等式

$$a \leqslant \varphi_{a,b}(x,y) \leqslant b$$

注意到,若是点 (x,y) 不属于 F,点 (x,y) 到有界闭集 F 的距离 $\rho(x,y;F)$ 为正的,若 (x,y) 属于 F,就等于零,而且距离是 (x,y) 的连续函数[Ⅱ;89].若 $a=0$ 及 $b=1$,则函数

$$\varphi_{0,1}(x,y) = \frac{\rho(x,y;D)}{\rho(x,y;D) + \rho(x,y;E)}$$

显然满足引理中一切要求.在一般情况下,令

$$\varphi_{a,b}(x,y) = (b-a)\varphi_{0,1}(x,y) + a$$

就行了.

注 若两集之一,例如 E 是没有的,则在整个平面上令 $\varphi(x,y)=a$ 就够了.

转到定理的证明.令 $f_0(x,y)=f(x,y)$.用 D_0 与 E_0 表示由集 F 的点组成

的闭集,在其中相应地有 $f(x,y) \leqslant -\dfrac{A}{3}$ 及 $f(x,y) \geqslant \dfrac{A}{3}$. 依照引理可以作在全

平面上的连续函数 $\varphi_0(x,y)$,在 D_0 上等于 $\left(-\dfrac{A}{3}\right)$,在 E_0 上等于 $\dfrac{A}{3}$,并且适合条

件 $|\varphi_0(x,y)| \leqslant \dfrac{A}{3}$. 设

$$f_1(x,y) = \varphi_0(x,y) - f_0(x,y) \quad ((x,y) \text{ 在 } F \text{ 上})$$

从 $\varphi_0(x,y)$ 和 $f_0(x,y)$ 的性质直接推知,若 $A_1 = \max |f_1(x,y)|$ 在 F 上,则

$A_1 \leqslant \dfrac{2}{3}A$. 现在对于 $f_1(x,y)$ 作新函数 $f_2(x,y)$,完全像我们对于 $f_0(x,y)$ 作

$f_1(x,y)$ 一样. 设 D_1 与 E_1 是 F 的一些点的集合,在其中 $f_1(x,y) \leqslant -\dfrac{A_1}{3}$ 与

$f_1(x,y) \geqslant \dfrac{A_1}{3}$. 作 $\varphi_1(x,y)$,在全面上连续,在 D_1 上等于 $\left(-\dfrac{A_1}{3}\right)$,在 E_1 上等于

$\dfrac{A_1}{3}$ 且满足条件 $|\varphi_1(x,y)| \leqslant \dfrac{A_1}{3}$. 然后令

$$f_2(x,y) = \varphi_1(x,y) - f_1(x,y) \quad ((x,y) \text{ 在 } F \text{ 上})$$

若 $A_2 = \max |f_2(x,y)|$ 在 F 上,则 $A_2 \leqslant \dfrac{2}{3}A_1$. 于是作出两个连续函数列:在

F 上定义的 $f_n(x,y)$ 和确定在整个平面上的函数 $\varphi_n(x,y)$,并且

$$f_{n+1}(x,y) = f_n(x,y) - \varphi_n(x,y) \quad ((x,y) \text{ 在 } F \text{ 上}) \qquad (217)$$

及

$$|f_n(x,y)| \leqslant \left(\dfrac{2}{3}\right)^n A \quad ((x,y) \text{ 在 } F \text{ 上})$$

$$|\varphi_n(x,y)| \leqslant \left(\dfrac{2}{3}\right)^n \dfrac{A}{3} \quad ((x,y) \text{ 任意的}) \qquad (218)$$

从最后的不等式推知,级数

$$\sum_{n=0}^{\infty} \varphi_n(x,y)$$

在全平面上一致收敛. 它的和 $\varphi(x,y)$ 在全平面上连续,且

$$|\varphi(x,y)| \leqslant \sum_{n=0}^{\infty} \left(\dfrac{2}{3}\right)^n \dfrac{A}{3} = A$$

剩下要证明 $\varphi(x,y)$ 在 F 上符合于 $f(x,y)$. 关于 n 从 $n=0$ 到 $n=p$ 求等式(217)
的和,得

$$\sum_{n=0}^{p} \varphi_n(x,y) = f_0(x,y) - f_{p+1}(x,y) \quad ((x,y) \text{ 在 } F \text{ 上})$$

当 $p \to \infty$ 时,由于(218)中前一个不等式,得到在 F 上 $\varphi(x,y) = f_0(x,y)$,也就
是,在 F 上 $\varphi(x,y) = f(x,y)$,定理证毕.

上述的证明我们取自 П. C. 亚历山大罗夫的书《集与函数泛论初阶》("Введение в обшую теорию мнохеств и Функций"). 现在对于在全平面上给定且连续的任何函数 $f(x,y)$,引进某种平均化过程. 它向我们引出函数列 $F_n(x,y)$,$F_n(x,y)$ 有各阶导数且当 n 的值大时接近于 $f(x,y)$.

设 $\omega(t)$ 为对所有实数 t 定义的某函数,具有一切阶数的普通导数,在区间 $[-1,+1]$ 上非负,在这区间外面等于零,并且使得

$$\int_{-\infty}^{+\infty} \omega(t)\mathrm{d}t = \int_{-1}^{+1} \omega(t)\mathrm{d}t = 1 \tag{219}$$

作为例子我们指出按以下方式定义的函数

$$\omega(t) = c\mathrm{e}^{\frac{1}{t^2-1}} \text{ 当 } |t|<1 \text{ 及 } \omega(t)=0 \text{ 当 } |t|\geqslant 1 \tag{220}$$

其中常数 c 由条件

$$c\int_{-1}^{+1} \mathrm{e}^{\frac{1}{t^2-1}}\mathrm{d}t = 1$$

来确定. 若 t 从小于 1 的值 $t \to 1$,则 $\dfrac{1}{t^2-1} \to -\infty$,因而函数 $\omega(t)$ 的各阶导数当 t 通过 $t=1$ 时并不失去连续性,而转到当 $t \geqslant 1$ 时等于零的数值去. 当 t 从大于 -1 的值 $t \to -1$ 时也相类似.

现在作在平面上的平均化核的序列

$$\psi_n(x,y;\xi,\eta) = n^2 \omega(nx - n\xi)\omega(ny - n\eta)$$

非负函数 $\psi_n(x,y;\xi,\eta)$ 有各阶连续偏导数,只与差 $x-\xi,y-\eta$ 有关,在二维区间

$$\Delta_n^{(\xi,\eta)}\left(|x-\xi| \leqslant \frac{1}{n}, |y-\eta| \leqslant \frac{1}{n}\right)$$

的外部成为零,且由于(219),我们有

$$\iint_{\Delta_n^{(\xi,\eta)}} \psi_n(x,y;\xi,\eta)\mathrm{d}x\mathrm{d}y = 1 \tag{221}$$

设 $f(x,y)$ 在全平面上定义且连续. 作平均函数列

$$F_n(\xi,\eta) = \iint f(x,y)\psi_n(x,y;\xi,\eta)\mathrm{d}x\mathrm{d}y \quad (n=1,2,\cdots) \tag{222}$$

对于任意固定的 (ξ,η) 被积函数在 $\Delta_n^{(\xi,\eta)}$ 的外面等于零,且所写的积分可以视为或是关于区间 $\Delta_n^{(\xi,\eta)}$ 或是关于全平面而取. 被积函数是点对 (x,y),(ξ,η) 的连续函数,且有关于 (ξ,η) 的各阶连续导数. 由此推知[Ⅱ;80],$F_n(\xi,\eta)$ 在全平面上连续且有各阶连续导数.

今证明在平面的任何有限闭区域 $\overline{B}$ 上,$F_n(\xi,\eta)$ 一致趋向于 $f(\xi,\eta)$. 注意到(221)与(222),可以写出

$$f(\xi,\eta) - F_n(\xi,\eta) = \iint [f(\xi,\eta) - f(x,y)]\psi_n(x,y;\xi,\eta)\mathrm{d}x\mathrm{d}y$$

于是,因 ψ_n 为正

$$| f(\xi,\eta)-F_n(\xi,\eta) |\leqslant$$

$$\iint | f(\xi,\eta)-f(x,y) | \psi_n(x,y;\xi,\eta)\mathrm{d}x\mathrm{d}y \tag{223}$$

我们选取这样大的 N,使得当 $n\geqslant N$ 时对于 $\overline{B}$ 中任意选取的 (ξ,η),有 $| f(\xi,\eta)-f(x,y) |\leqslant\varepsilon$,只要 (x,y) 属于 $\Delta_n^{(\xi,\eta)}$. 由于在任何有界区域上 $f(x,y)$ 的一致连续性,这样的 N 存在.

注意到(223)和在 $\Delta_n^{(\xi,\eta)}$ 外面 $\psi_n(x,y;\xi,\eta)=0$ 的事实,根据(221)得到:当 $n\geqslant N$,若 (ξ,η) 属于 $\overline{B}$,则 $| f(\xi,\eta)-F_n(\xi,\eta) |\leqslant\varepsilon$,这就证明了我们的断言.

若 $f(x,y)$ 适合不等式 $| f(x,y) |\leqslant A$,则对每一 n,$| F_n(\xi,\eta) |\leqslant A$. 实际上

$$| F_n(\xi,\eta) |\leqslant\iint | f(x,y) | \psi_n(x,y;\xi,\eta)\mathrm{d}x\mathrm{d}y\leqslant$$

$$\iint A\psi_n(x,y;\xi,\eta)\mathrm{d}x\mathrm{d}y=A$$

还要指出以下事实. 若 $f(x,y)$ 在某有限区域 B_1 的外部等于零,则在平面上到 B_1 境界的距离大于 $\frac{1}{n}$ 的一切点,函数 $F_n(\xi,\eta)$ 成为零. 由此推知,在位于 B_1 外面的每一点,对所有充分大的值 n,函数 $F_n(\xi,\eta)$ 等于零. 在这种情形下,在全平面上 $F_n(\xi,\eta)\to f(\xi,\eta)$(一致地).

上述作平均函数的步骤也能运用到当 $f(x,y)$ 仅为可积的情形. 关于这方面在第五卷中将更详细地叙述.

158. 波动方程的广义解

利用格林公式,能拓广关于偏微分方程解的概念. 从波动方程

$$\Box u=u_{xx}+u_{yy}-\frac{1}{a^2}u_{tt}=0 \tag{224}$$

开始. 设 D 为三维空间 (x,y,t) 的某有界区域,S 是包围它的曲面. 格林公式有形状

$$\iiint_D(v\Box u-u\Box v)\mathrm{d}\tau=\iint_S[\sigma P(u)-uP(\sigma)]\mathrm{d}S \tag{225}$$

其中

$$P(u)=u_x\cos(n,x)+u_y\cos(n,y)-\frac{1}{a^2}u_t\cos(n,t) \tag{226}$$

假定说,函数 u 有在 D 内到二阶为止的连续导数并满足方程(224),而 σ 为任意函数,在 D 内部有到二阶为止的连续导数,并且在 D 内的到 S 的距离不超过某一(对不同的 σ 是不同的)正数的一切点处等于零. 这时公式(225)给出

$$\iiint_D u \,\square\, \sigma \mathrm{d}\tau = 0 \tag{227}$$

这公式不包含函数 u 的导数,而以上的想法很自然地使我们引出下面的定义:在区域 D 内可积函数 u 称为方程(224)的广义解,如果它对于具有上述性质的任何函数 σ 适合方程(227).

假定说,我们有和参数 λ 相关的一族广义解 $u(M,\lambda)$. 条件(227)写成形状

$$\iiint_D u(M,\lambda) \,\square\, \sigma(M)\mathrm{d}\tau = 0 \tag{228}$$

其中 $M(x,y,t)$ 为动点. 为了确定起见,假定当 λ 在固定的有限区间 $[a,b]$ 上变动时,$u(M,\lambda)$ 是四个变量 (x,y,t,λ) 的连续函数. 关于 λ 在区间 $[a,b]$ 上积分(228),得

$$\iiint_D u_1(M) \,\square\, \sigma(M)\mathrm{d}\tau = 0$$

其中

$$u_1(M) = \int_a^b u(M,\lambda)\mathrm{d}\lambda$$

就是说,函数 $u_1(M)$ 适合条件(227)因而也是方程(224)的广义解,这就是,关于参数求与参数有关的某些广义解的积分,我们得到的也是广义解.

波动方程广义解的理论是 C. Л. 索伯列夫在他的工作"在黎曼曲面上波的绕射的一般理论"(B. A. 斯捷克洛夫数学研究所汇报)["Общая теория дифракции волн на Римановых поверхностях"(Труды Математического института им. В. А. Стеклова)]中阐明的. 我们要提到在这工作中所证明的两个结果. 为了 $u(M)$ 是在 D 内部的广义解起见,必要而充分的是存在方程(224)的这样一列解 $u_n(M)$,在 D 内有到二阶为止的连续导数,使

$$\lim_{n\to\infty} \iiint_D \mid u(M) - u_n(M) \mid \mathrm{d}\tau = 0$$

此外,在所提到的工作中,建立了关于广义解的柯西问题并证明了它的解的唯一性. 其次广义解也应用于解决在黎曼曲面上波的绕射问题. 从[142]的讨论推出,当保持了运动学的相容条件时,波动方程广义解的强性间断只能在特征曲面上发生.

给出波方程

$$\square u = u_{xx} + u_{yy} + u_{zz} - \frac{1}{a^2}u_{tt} = 0$$

的广义解的例子. 设 $\omega(\xi)$ 为有限区间 $J(a \leqslant \xi \leqslant b)$ 上的连续函数,而不具有导数. 设 D 是四维空间 (x,y,z,t) 这样的有限区域,在它的一切点处 $r = \sqrt{x^2 + y^2 + z^2} > 0$ 且量 $\left(t - \dfrac{r}{a}\right)$ 属于区间 J. 存在函数列 $\omega_n(\xi)$,对一切 ξ 有任

何阶的导数,在区间 J 中均匀趋向于 $\omega(\xi)$[157]. 函数

$$\frac{\omega_n\left(t-\dfrac{r}{a}\right)}{r}$$

有在 D 中连续的各阶导数且满足方程(224)[Ⅱ;200]. 按照格林公式,我们有

$$\iiint\limits_{D} \frac{\omega_n\left(t-\dfrac{r}{a}\right)}{r}\square\sigma\mathrm{d}\tau=0$$

其中 σ 适合上述条件. 当 $n\to\infty$ 时,过渡到极限,得

$$\iiint\limits_{D} \frac{\omega\left(t-\dfrac{r}{a}\right)}{r}\square\sigma\mathrm{d}\tau=0$$

也就是,函数

$$u=\frac{\omega\left(t-\dfrac{r}{a}\right)}{r}$$

甚至没有一阶导数,而是区域 D 中方程(224)的广义解. 完全一样,能够证明,$\omega(x-at)$ 是在平面 (x,t) 上的某区域内方程 $u_{xx}-\dfrac{1}{a^2}u_{tt}=0$ 的广义解. 利用格林公式作为导引的方法,对于非齐次波动方程或者甚至对于以下形状的方程[147]

$$L(u)=\sum_{i,k=1}^{n} a_{ik}u_{x_ix_k}+\sum_{k=1}^{n} b_k u_{x_k}+cu=f \tag{229}$$

也可以定义广义解. 同上面一样,利用格林公式,我们来引出这个方程的广义解的定义:方程(229)的广义解是指任何满足条件

$$\int\cdots\int_{D} uM(\sigma)\mathrm{d}\tau=\int\cdots\int_{D} f\sigma\mathrm{d}\tau \tag{230}$$

的连续函数,其中 σ 为在 D 内有到二阶为止连续导数的任何函数,而在到 D 的境界距离不超过某一正数的所有点处等于零. 我们用 $M(\sigma)$ 来记和 $L(u)$ 共轭的算子[147]. 若 u 满足(230)且在 D 内有到二阶为止的连续导数,那么我们可以应用公式(110),并且利用靠近 D 的境界 σ 成为零的事实,就有

$$\int\cdots\int_{D} [\sigma L(u)-uM(\sigma)]\mathrm{d}\tau=0$$

考虑到(230),即得

$$\int\cdots\int_{D} \sigma[L(u)-f]\mathrm{d}\tau=0$$

由于 σ 在 D 内的任意性,因之可以断定[62],在 D 内 $L(u)=f$. 这样一来,当函数 u 在 D 内部具有到二阶为止的连续导数时,由(230)推出,函数 u 在 D 内部确

实满足方程(229).定义(230)本身甚至并不要求函数 u 有一阶导数.

函数 u 的连续性的要求,实质上也一样是多余的,而可以改为它的可积性条件.广义解的一般研究需要实变函数论,而我们把它搁置到第五卷去.

关于广义解较详细的知识,可在 C. Л. 索伯列夫的《数学物理方程》(1950)书中看到.

159. 椭圆型方程

在柯西问题的研究中,直到现在,我们考虑的是双曲型方程.现在要讲最简单的椭圆型方程,就是两个自变量的拉普拉斯方程

$$u_{xx} + u_{yy} = 0 \qquad (231)$$

我们知道,这个方程的任何解是某解析函数: $f(z) = u(x,y) + v(x,y)\mathrm{i}$ 的实部[Ⅲ;22].考察方程(231)在某一点的邻域内的解,而这一点我们可取作坐标原点.假设 u 在这点和它的近旁有到二阶为止的连续导数,对于 $f(z)$ 将有幂级数展开式

$$f(z) = \sum_{n=0}^{\infty} c_n z^n$$

在某一圆 $|z| < R$ 内收敛,并且 $c_n = a_n + b_n\mathrm{i}$ 是一些复数.在级数

$$f(z) = \sum_{n=0}^{\infty} (a_n + b_n\mathrm{i})(x + y\mathrm{i})^n$$

的各项中分出实部,对于 $u(x,y)$ 我们得到关于 (x,y) 的齐次多项式级数形的表示式

$$
\begin{aligned}
u(x,y) = \sum_{n=0}^{\infty} \Big\{ & a_n \Big[x^n - \frac{n(n-1)}{2!} x^{n-2} y^2 + \cdots \Big] + \\
& b_n \Big[-n x^{n-1} y + \frac{n(n-1)(n-2)}{3!} x^{n-3} y^3 - \cdots \Big] \Big\}
\end{aligned} \qquad (232)
$$

并且这个级数在条件: $\sqrt{x^2 + y^2} < R$ 之下绝对收敛.把最后的级数写为关于 x 和 y 正整次幂的二重级数的形状

$$\sum_{p,q=0}^{\infty} d_{pq} x^p y^q \qquad (233)$$

并证明,只要实值 x 和 y 充分接近于零,它同样是收敛的.实际上,级数(233)各项的绝对值不超出从级数

$$\sum_{n=0}^{\infty} |c_n| (|x| + |y|)^n$$

所得到的二重级数的项.但是级数

$$\sum_{n=0}^{\infty} |c_n| r^n \quad (r > 0)$$

当 $r < R$ 时收敛,从此推出,级数(233)在条件: $|x| + |y| < R$ 之下绝对收敛.

在这级数中我们可以分别聚集各项，因此得到级数(232)，也就是，级数(233)的和等于 $u(x,y)$. 所以方程(231)的每个解在任一点的邻域内表示为幂级数，只要所考虑的解在这一点没有奇异性，简单地说，就是方程(231)的每个解是 (x,y) 的解析函数. 从此立即推知，调和函数有各阶导数，且若两个调和函数在平面 (x,y) 的某二维部分上一致，那么它们到处符合.

要指出，对于双曲型方程

$$u_{yy} - a^2 u_{xx} = 0 \tag{234}$$

我们有完全另外一种情况，式中 a 是已知实数. 这个方程有明显的解[Ⅱ;164]

$$u = \varphi(x + ay) \tag{235}$$

其中 φ 为有到二阶为止连续导数的函数. 在实变数函数论中证明了，可以作出具有连续的一阶和二阶导数而对任何 t 值没有三阶导数的函数. 对这样的函数 $\varphi(t)$，不论是怎样的 (x,y)，解(234) 没有三阶导数，因此，自然不可能是 (x,y) 的解析函数. 在方程(234) 及公式(235) 中，令 $a=\mathrm{i}$. 此时 $a^2 = -1$，而方程(234) 过渡为方程(231)，公式(235) 给出它的以下形状的解：$u = \varphi(x + y\mathrm{i})$. 这个函数应有关于自己的变数的连续导数，在当前情形，变量是复素的. 可是有连续导数的复变量函数就是解析函数. 在解 $u = \varphi(x + y\mathrm{i})$ 中分开实数部分，同样地得到方程(231)的解析的解. 这个论断带有表面性而并不严格，但是利用它非常简单地说明了，我们以前所断定的方程(231)和(235)的解在性质上的那种区别的原因.

对方程(231) 可以建立柯西问题. 例如，可以求出方程(231) 的解，如果在 $x = 0$ 时 u 和它的偏导数 u_x 是给定的

$$u\mid_{x=0} = f_0(y), u_x\mid_{x=0} = f_1(y) \tag{236}$$

其中 $f_0(y)$ 与 $f_1(y)$ 为 y 的已知解析函数[127]. 这个问题在 $x = 0$ 的邻域中将有一个确定的解. 可是问题的这种提法，从物理学的观点看来是不自然的. 我们还不知道有这样的物理问题是归结到方程(231) 的柯西问题的. 可用例子来证明，即使从数学的观点来看，所建立问题的解可能有本质上的缺点. 假定说

$$f_0(y) = 0 \text{ 及 } f_1(y) = \frac{1}{n}\sin(ny) \tag{237}$$

其中 n 为给定的正数. 不难验证，方程(231)的满足这些初始条件的解为

$$u = \frac{\mathrm{e}^{nx} - \mathrm{e}^{-nx}}{2n^2}\sin(ny) \tag{238}$$

让 $n \to \infty$. 同时由于 $\mid\sin(ny)\mid \leqslant 1$，初始条件 $f_1(y)$ 关于 y 一致地趋向于零，而如果 $x \neq 0$，ny 不是 π 的倍数，解(238) 就会趋向于无限大. 实际上，假如 $x > 0$，则 $\mathrm{e}^{-nx} \to 0$，而当 $n \to \infty$ 时，比式 $\dfrac{\mathrm{e}^{nx}}{n^2} \to \infty$，因为指数函数 e^{nx} 的增加比 n^2 快.

这样一来，当初始条件趋向于零时，解本身无限增大. 换句话说，我们从所举的

例题看出,对于方程(231),柯西问题的解没有对初始条件的连续相关性,对于双曲型方程,这种连续相关性总归是有的[155].

对两个自变量的情形,我们证过拉普拉斯方程的解的解析性.同样的事情也发生三个自变量的场合

$$u_{xx} + u_{yy} + u_{zz} = 0$$

来拟定这个断言的证明.设有这个方程的解,在原点和它的邻域内有到二阶为止的连续导数.因此函数 u 是中心在原点和半径为 R 的某个闭球内的调和函数.我们能够按照下面的公式[Ⅱ;197],用这函数在球面 S 上各点 (ξ,η,ζ) 的值来表示函数在球内部任何点 (x,y,z) 的值

$$u(x,y,z) = \frac{1}{4\pi R} \iint_S u(\xi,\eta,\zeta) \frac{R^2 - (x^2 + y^2 + z^2)}{[(x-\xi)^2 + (y-\eta)^2 + (z-\zeta)^2]^{\frac{3}{2}}} dS$$

(239)

当所有 x,y,z 充分接近于零时,利用牛顿二项公式,我们可以展开函数

$$[(x-\zeta)^2 + (y-\eta)^2 + (z-\zeta)^2]^{-\frac{3}{2}} =$$

$$R^{-3} \left[1 + \frac{(x^2+y^2+z^2) - (2\xi x + 2\eta y + 2\zeta z)}{R^2} \right]^{-\frac{3}{2}}$$

为 (x,y,z) 的正整次幂的幂级数.同时积分(239)的整个被积函数表示为系数与 (ξ,η,ζ) 相关的这样的级数.沿 S 对这个级数逐项求积分,得到对于 $u(x,y,z)$ 的幂级数.

按照类似的方法,可以证明,方程

$$\frac{\partial^2 u}{\partial x^2} + \frac{\partial^2 u}{\partial y^2} + k^2 u = 0$$

(240)

的解也是变数 (x,y) 的解析函数,我们将在下一章说到它.

对于广泛的一类椭圆型方程,解的解析性的证明是在 C. H. 伯恩斯坦的工作中给出的.

160. 泊松方程的广义解

在三维的情形拉普拉斯方程的广义解应当按照关系式

$$\iiint_D u \Delta \sigma d\tau = 0$$

(241)

定义,其中 σ 为在 D 内有到二阶为止连续导数以及在充分接近于 D 的境界的一切点处等于零的任何函数.来证明一个定理,它向我们指出,拉普拉斯方程的每个连续的广义解是拉普拉斯方程的通常解.

定理 若在 D 内部的连续函数 $u(M)$ 满足关系(241),那么这就是 D 内的调和函数.

预先证明简单的引理.

引理 若在 D 内部的连续函数 $u(M)$ 具有性质:它在 D 内任何点 M_0 之值等于它在以 M_0 为中心和充分小半径的任意球面上的平均值,那么 $u(M)$ 是 D 内的调和函数.

证明 $u(M)$ 是以 D 内任何点 M_0 为中心的球内的调和函数就行了. 取有充分小半径的这种球 C, 且设 $u_0(M)$ 是 C 内的调和函数, 在 C 的境界上取和 $u(M)$ 相同的值. 差 $u(M)-u_0(M)$ 在 C 内的每一点有引理中所说的平均性, 因而按条件 $u(M)$ 有这个性质, 而调和函数 $u_0(M)$ 也一样是有的. 从这个平均性推出, 所说的差在 C 的境界上到达最大值和最小值. 但是它在这境界上的所有点等于零, 于是 $u(M)$ 在 C 内部符合于调和函数 $u_0(M)$, 这就证得引理.

转到定理的证明. 按照刚才证明的引理, 我们证明, 从 (241) 推出 $u(M)$ 在每一点 M_0 满足引理中所说的平均性就够了. 设 D_ε 是中心 M_0 和半径 ε 而落在 D 内部的球. 作函数

$$\sigma(M) = \begin{cases} (r^2 - \varepsilon^2)^3 & (\text{若 } r \leqslant \varepsilon, \text{即 } M \text{ 属于 } D_\varepsilon) \\ 0 & (\text{若 } r > \varepsilon, \text{即 } M \text{ 在 } D_\varepsilon \text{ 外面}) \end{cases}$$

其中 $r = |M_0 M|$.

这个函数满足我们上面对 $\sigma(M)$ 所加的那些要求. 我们有

$$\frac{1}{6}\Delta\sigma(M) = \begin{cases} 7r^4 - 10\varepsilon^2 r^2 + 3\varepsilon^4 & (\text{当 } r \leqslant \varepsilon) \\ 0 & (\text{当 } r > \varepsilon) \end{cases}$$

并且公式 (241) 给出

$$\iiint\limits_{r \leqslant \varepsilon} u(M)(7r^4 - 10\varepsilon^2 r^2 + 3\varepsilon^4)\,\mathrm{d}\tau = 0$$

关于 ε 微分这个等式. 我们必须同时不仅关于 ε 微分被积函数, 并且要添上沿球面 $r = \varepsilon$ 的二重积分 [Ⅱ; 171]. 可是当 $r = \varepsilon$, 被积函数成为零, 而我们得到

$$\iiint\limits_{r \leqslant \varepsilon} u(M)(12\varepsilon^3 - 20\varepsilon r^2)\,\mathrm{d}\tau = 0$$

关于 ε 再微分一次, 得

$$\varepsilon\iint\limits_{r = \varepsilon} u(M)\,\mathrm{d}S - 3\iiint\limits_{r \leqslant \varepsilon} u(M)\,\mathrm{d}\tau = 0$$

这个等式可以改写为

$$4\pi\varepsilon^2\left[\frac{1}{4\pi\varepsilon^2}\iint\limits_{r = \varepsilon} u(M)\,\mathrm{d}S\right] - 3\iiint\limits_{r \leqslant \varepsilon} u(M)\,\mathrm{d}\tau = 0$$

关于 ε 再一次微分, 得

$$\frac{\mathrm{d}}{\mathrm{d}\varepsilon}\left[\frac{1}{4\pi\varepsilon^2}\iint\limits_{r = \varepsilon} u(M)\,\mathrm{d}S\right] = 0$$

于是可见, 在方括弧中沿球面的平均值与球的半径无关, 就是说

$$\frac{1}{4\pi\varepsilon^2}\iint_{r=\varepsilon}u(M)\,\mathrm{d}S=C$$

令 ε 趋向于零,我们看出,常数 C 等于 $u(M_0)$,就是说,$u(M)$ 确实有引理中所说的平均性,而定理得证.

因此,不可能存在拉普拉斯方程的异于通常解的连续广义解.但是,例如,若函数 $f(M)$ 没有足够好的性质,可以存在泊松方程

$$\Delta u(M)=f(M) \tag{242}$$

的广义解,它在以前关于 σ 的条件下,由关系式

$$\iiint_D u\Delta\sigma\,\mathrm{d}\tau=\iiint_D f\sigma\,\mathrm{d}\tau \tag{243}$$

所定义.譬如,假定说,$f(M)$ 在闭区域 $\overline{D}$ 上连续,但是没有导数.我们自然可以开拓 $f(M)$ 到整个空间而保持连续性.设 $F_n(x,y,z)$ 是对于 $f(M)$ 的平均函数.它们在闭区域 $\overline{D}$ 上一致趋向于 $f(M)$.

我们证明牛顿势量

$$u(x,y,z)=-\frac{1}{4\pi}\iiint_D\frac{f(\xi,\eta,\zeta)}{r}\mathrm{d}\xi\mathrm{d}\eta\mathrm{d}\zeta \tag{244}$$

$$(r=\sqrt{(x-\xi)^2+(y-\eta)^2+(z-\zeta)^2})$$

适合关系(243),即为泊松方程的广义解.同时它可以没有二阶导数[Ⅱ;200].作出势量

$$u_n(x,y,z)=-\frac{1}{4\pi}\iiint_D\frac{F_n(\xi,\eta,\zeta)}{r}\mathrm{d}\xi\mathrm{d}\eta\mathrm{d}\zeta \tag{245}$$

它们在 D 的内部满足方程 $\Delta u_n(x,y,z)=F_n(x,y,z)$.写出格林公式

$$\iiint_D(u_n\Delta\sigma-\sigma\Delta u_n)\mathrm{d}\tau=0$$

并且我们注意到 σ 在充分接近于 D 的境界各点等于零的事实.于是推出

$$\iiint_D u_n\Delta\sigma\,\mathrm{d}\tau=\iiint_D F_n\sigma\,\mathrm{d}\tau$$

过渡到极限,不难验证,我们就得到关系式(243),其中 u 由公式(244)确定.抛物型方程一般性质的研究,要在关于边值问题的一章中进行.仅仅指出,像对于拉普拉斯方程一样,可以证明,齐次的热传导方程的每一广义解有连续导数并且是在通常说法意义下的解[С. Л. 索伯列夫《数学物理方程》1950,314 页].

137

§3 方 程 组

161. 方程组的特征

我们现在转到偏微分方程组的研究. 在解析的情形关于柯西问题解的存在性与唯一性问题, 我们以前已经说过了[126]. 在非解析的情形, 这个问题就比一个方程时困难得多. 在这方面很一般的结果已经由 И. Г. 彼得罗夫斯基在他的以下的工作中得到:《对于偏微分方程组的柯西问题》(数学汇刊, Ⅱ 卷 5 期, 1937) 及《关于非解析函数域中的线性偏微分方程组的柯西问题》(莫斯科大学通报, 1938)["О проблеме Коши для систем уравнений с частными производными"(Математический сборник, т. Ⅱ, вып. 5, 1937 г.)и "О проблеме Коши для системы линейных уравнений с частными производными в области неаналитических функций"(Бюллетень Московского Университета, 1938 г.)]. 某些有关于此的结果叙述在 И. Г. 彼得罗夫斯基的《偏微分方程讲义》中. 在那里也指出了问题的文献和结果的概括.

对于方程组我们限于不多的几个方面, 而从特征论以及与这一理论相联系的关于间断解问题的叙述开始.

考虑方程组

$$\sum_{j=1}^{m}\sum_{k=1}^{n} a_{ij}^{(k)} \frac{\partial u_j}{\partial x_k} + \overline{\Phi}_i(x_k, u_s) = 0 \tag{1}$$
$$(i = 1, 2, \cdots, m)$$

由于这组是一阶方程组, 柯西条件成为在空间 $(x_1, \cdots, x_n)$ 的已知曲面上给定函数 $u_s(x_1, \cdots, x_n)$ 的初始值. 假定说, 带有这些条件的曲面是平面 $x_1 = 0$, 就是说, 我们有特殊的柯西条件

$$u_j \big|_{x_1=0} = \varphi_j(x_2, \cdots, x_n) \quad (j = 1, \cdots, m) \tag{2}$$

这些初始条件给出在平面上计算除导数 $\dfrac{\partial u_j}{\partial x_1}$ 以外的所有一阶导数的可能性. 若方程组 (1) 在 $x_1 = 0$ 以及其他的初始条件代入之后, 关于 $\dfrac{\partial u_j}{\partial x_1}$ 可以解出, 则在 $x_1 = 0$ 上我们有了一切的一阶导数. 不然的话, 就称平面 $x_1 = 0$ 为特征的. 一般的, 某曲面

$$\omega_1(x_1, \cdots, x_n) = 0 \tag{3}$$

连同确定在它上面的初始条件称为特征的, 如果这些初始条件和方程组 (1) 一起, 并不给出在它上面所有一阶导数单值确定的可能性. 当系数 $a_{ij}^{(k)}$ 只包含 x_s 的情形, 知道曲面 (3) 上函数 u_j 的初始值对我们并不重要. 为了得到特征曲面

138

(3) 所必须满足条件,可以像在[138]中一样,替代 x_k 按照公式

$$x'_k = \omega_k(x_1, \cdots, x_n) \quad (k=1, \cdots, n) \tag{4}$$

引进新自变量 x'_k,式中$(n-1)$ 个函数 $\omega_2, \cdots, \omega_n$ 这样来选取,使得所写公式关于 x_k 能够解出. 用关于新变量的导数来表示关于原来变量的导数,我们得到

$$\frac{\partial u_j}{\partial x_k} = \sum_{s=1}^n \frac{\partial u_j}{\partial x'_s} \frac{\partial \omega_s}{\partial x_k}$$

把这些表达式代入方程组(1),并且只写出包含导数 $\frac{\partial u_j}{\partial x'_1}$ 的那些项

$$\sum_{j=1}^m \sum_{k=1}^n a_{ij}^{(k)} \frac{\partial \omega_1}{\partial x_k} \frac{\partial u_j}{\partial x'_1} + \cdots = 0 \quad (i=1, \cdots, m) \tag{1'}$$

对新变量,我们有特殊形状的柯西条件,也就是这些条件是关于平面 $x'_1 = 0$ 的. 假如后面的方程组不能确定导数 $\frac{\partial u_j}{\partial x'_1}$,就是说,如果由 $\frac{\partial u_j}{\partial x'_1}$ 的系数构成的行列式等于零,这平面就是特征的. 为了简略起见,引用记号

$$\omega_{ij} = \sum_{k=1}^n a_{ij}^{(k)} \frac{\partial \omega_1}{\partial x_k} \tag{5}$$

我们得到方程组(1)的每个特征曲面所必须满足的以下的一阶方程

$$|\omega_{ij}| = \begin{vmatrix} \omega_{11} & \omega_{12} & \cdots & \omega_{1m} \\ \omega_{21} & \omega_{22} & \cdots & \omega_{2m} \\ \vdots & \vdots & & \vdots \\ \omega_{m1} & \omega_{m2} & \cdots & \omega_{mm} \end{vmatrix} = 0 \tag{6}$$

这一阶方程关于导数 $\frac{\partial \omega_1}{\partial x_k}$ 是 m 次. 它完全类似于[138]中的方程(53).

方程(6)应当由于(3)而满足. 如果我们要求它是恒满足,就是说,若我们设想它是函数 $\omega_1(x_1, \cdots, x_n)$ 的通常的一阶方程,那么我们就有方程组(1)的特征曲面族 $\omega_1(x_1, \cdots, x_n) = C$. 可以证明(参见[101]),每一特征曲面能包含在这样的族中.

如果函数 $\omega_1(x_1, \cdots, x_n)$ 使方程(6)的左边在曲面 $\omega_1 = 0$ 上异于零. 那么作变数变换(4),我们可以关于 $\frac{\partial u_j}{\partial x'_1}$ 解变后方程组(1').

若在方程(6)的左边改 $\frac{\partial \omega_1}{\partial x_k}$ 为 α_k,那么就得到对于向量 $(\alpha_1, \cdots, \alpha_n)$ 的分量的 m 次方程,这向量在每一点确定特征法线方向. 在特征曲面的每一点,法线有特征方向.

完全类似地,我们也可以考察二阶方程组

$$\sum_{j=1}^m \sum_{k,l=1}^n a_{ij}^{kl} \frac{\partial^2 u_j}{\partial x_k \partial x_l} + \cdots = 0 \tag{7}$$

而且我们照例可以假设 $a_{ij}^{kl}=a_{ij}^{lk}$. 如果我们有在超平面 $x_1=0$ 上的特殊柯西条件

$$u_j\mid_{x_1=0}=\varphi_j(x_2,\cdots,x_n)$$

$$\frac{\partial u_j}{\partial x_1}\bigg|_{x_1=0}=\psi_j(x_2,\cdots,x_n)\quad(j=1,\cdots,m)$$

那么我们可以知道在这超平面上的所有一阶导数和除 $\dfrac{\partial^2 u_j}{\partial x_1^2}$ 以外的所有二阶导数. 把初始条件代到方程组的系数中去,并且把由 $\dfrac{\partial^2 u_j}{\partial x_1^2}$ 的系数所作的行列式等于零,我们得到超平面 $x_1=0$ 是特征曲面的条件. 在一般情形,函数本身和它的一阶导数在曲面(3)上给定,而我们应当求出方程组(7)连同初始条件不能使一阶导数单值确定的条件. 仍旧按公式(4)引入新变量 x'_k 以替代 x_k. 原来变量的导数用新变量的导数表示的式子为

$$\frac{\partial u_j}{\partial x_k}=\frac{\partial u_j}{\partial x'_1}\frac{\partial\omega_1}{\partial x_k}+\cdots$$

$$\frac{\partial^2 u_j}{\partial x_k\partial x_l}=\frac{\partial^2 u_j}{\partial x'^2_1}\frac{\partial\omega_1}{\partial x_k}\frac{\partial\omega_1}{\partial x_l}+\cdots$$

代入(7)并且只写出包含 $\dfrac{\partial^2 u_j}{\partial x'^2_1}$ 的项,我们得到在新自变量下的方程组

$$\sum_{j=1}^m\sum_{k,l=1}^n a_{ij}^{kl}\frac{\partial\omega_1}{\partial x_k}\frac{\partial\omega_1}{\partial x_l}\frac{\partial^2 u_j}{\partial x'^2_1}+\cdots=0$$

在新变量下初始条件是关于平面 $x'_1=0$ 的,而我们必须写出最后方程组不能单值确定导数 $\dfrac{\partial^2 u_j}{\partial x'^2_1}$ 的条件. 和上面相类似,来引用记号

$$\omega'_{ij}=\sum_{k,l=1}^n a_{ij}^{kl}\frac{\partial\omega_1}{\partial x_k}\frac{\partial\omega_1}{\partial x_l}\tag{8}$$

我们可以写这条件为形状

$$|\omega'_{ij}|=\begin{vmatrix}\omega'_{11}&\omega'_{12}&\cdots&\omega'_{1m}\\\omega'_{21}&\omega'_{22}&\cdots&\omega'_{2m}\\\vdots&\vdots&&\vdots\\\omega'_{m1}&\omega'_{m2}&\cdots&\omega'_{mm}\end{vmatrix}=0\tag{9}$$

这一阶方程的左边是关于导数 $\dfrac{\partial\omega_1}{\partial x_k}$ 的齐 $2m$ 次多项式.

回到一阶方程组. 若在方程(6)的左边改 $\dfrac{\partial\omega_1}{\partial x_k}$ 为 α_k,那么我们得到方程

$$\overline{\Phi}(\alpha_1,\cdots,\alpha_n)=0\tag{10}$$

其中 $\overline{\Phi}$ 是系数与 $(x_1,\cdots,x_n)$ 相关的关于变量 $\alpha_1,\cdots,\alpha_n$ 的 m 次齐次多项式. 若在空间 $(x_1,\cdots,x_n)$ 的某区域 D 内,方程(10)的左边只在 $\alpha_1=\cdots=\alpha_n=0$ 时成

为零,就说方程组(1)在区域 D 中是椭圆型的.类似的也对方程组(7)定义椭圆型.双曲型的术语在几种不同的意义下应用于方程组.我们还要回来讲对两个自变量情形的这个问题.若在某一点 $(x_1,\cdots,x_n)$ 或在某一区域 D 内,能用变量 α_n 的适当的线性变换把齐次多项式 $\overline{\Phi}(\alpha_1,\cdots,\alpha_n)$ 化为较少的变量,那么就说方程组(1)在所提到的点或区域为抛物型退化的.

若方程组(1)的系数 $a_{ij}^{(k)}$ 含有函数 u_j(准线性方程组),那么,把在曲面 $\omega_1=0$ 上任意给定的函数 u_j 代到这些系数中去,我们可以作方程(6),而解决曲面 $\omega_1=0$ 是否为特征的问题.类似的附语对方程组(7)也有,只要它的系数中包含函数 u_j 和它们的一阶偏导数[参看128].要指出,方程组(7)可以化为一阶方程组,如果引入 mn 个新函数

$$\frac{\partial u_j}{\partial x_k}=w_{jk} \quad (j=1,\cdots,m;k=1,\cdots,n\ ) \tag{10'}$$

的话.将变换(10′)施行于方程(7),我们得到关于 $(m+mn)$ 个函数 u_j 与 w_{jk} 的 m 个一阶方程.对这些方程再添上 mn 个方程(10′).

162. 运动学的相容条件

为了进一步讨论,我们必须证明一个关于沿曲面函数的微分法的命题.为具备更多的几何直观性起见,我们将对三个自变量的情形来证明这个引理.

设函数 $f(x_1,x_2,x_3)$ 从某曲面 S

$$\psi(x_1,x_2,x_3)=0$$

的一侧直到 S 为连续,并假定它的一阶偏导数在 S 所提到的一侧也是连续的,而在 S 上有确定的极限值 f_{x_i}.若从曲面的同一侧给定某曲线 $l:x_i=x_i(t)(i=1,2,3)$,其中 $x_i(t)$ 关于 t 有连续导数,那么沿 l 函数 f 是 t 的函数,并且我们有

$$\frac{\mathrm{d}f}{\mathrm{d}t}=\sum_{k=1}^{3}f_{x_k}x'_k(t) \tag{11}$$

引理 若 l 在 S 上,公式(11)成立.

我们能假设曲线 l 充分小.设 N_1 和 N_2 为其端点,而 N 是 l 上的动点.通过 N 引直线平行于曲面在点 N_1 的法线 n_1,而法线指向函数 f 有定义的那一侧,又在每一这样的直线上,取同样长度 δ 的一段 NN'.我们假设这线段的端点 N' 构成某曲线 l',它不自相交而落在函数 f 的定义区域内.这条曲线上的点有坐标: $\xi_i=x_i(t)+\delta\cos(n_1,x_i)$.沿 l' 我们应用公式(11)

$$\left.\frac{\mathrm{d}f}{\mathrm{d}t}\right|_{l'}=\sum_{k=1}^{3}f_{x_k}(\xi_1,\xi_2,\xi_3)x'_k(t)$$

关于 t 在从对应于 N_1 的值 t_1 到变动的 t 的范围上积分两边

$$f(t)\mid_{l'}-f(t_1)\mid_{l'}=\int_{t_1}^{t}\sum_{k=1}^{3}f_{x_k}(\xi_1,\xi_2,\xi_3)x'_k(t)\mathrm{d}t$$

其中左边的 $f(t_1)$ 和 $f(t)$ 为 f 在 l' 上对应于所指值 t 的点处之值.按条件 f 与

f_{x_k} 直到 S 连续,因此右边的被积函数是参数 δ 的均匀连续函数. 在最后的公式当 $\delta \to 0$ 取极限,得到

$$f(t) - f(t_1) = \int_{t_1}^{t} \sum_{k=1}^{3} f_{x_k} [x_1(t), x_2(t), x_3(t)] x'_k(t) \mathrm{d}t$$

其中左边是 f 在 l 上的值. 关于 t 微分两边,即得公式(11). 所证的引理我们不仅在这一段要用,在下一章也是需要的.

转到任意个数变量的情形,并且现在假定某函数 $f(x_1, \cdots, x_n)$ 当通过曲面 S

$$\varphi(x_1, \cdots, x_n) = 0 \tag{12}$$

时为连续,而它的一阶偏导数从曲面的每一侧有确定的极限,但是在曲面的不同侧这些极限不同,简单地说,就是函数 f 的一阶导数在曲面(12)上有第一类的间断. 我们称曲面的两侧为正侧和负侧. 为了标出在正侧所得到的极限,我们在对应量上附以记号 $(+)$,而对负侧用记号 $(-)$. 例如,在通过 S 时 t 为连续的条件可写成形状 $f^+ = f^-$. 在考察中引进一阶导数的跃度

$$[f_{x_k}] = f_{x_k}^+ - f_{x_k}^-$$

沿落在曲面(12)上的每一曲线,按条件 f^+ 与 f^- 一致. 因此,应用引理,得

$$\sum_{k=1}^{n} f_{x_k}^+ \mathrm{d}x_k = \sum_{k=1}^{n} f_{x_k}^- \mathrm{d}x_k \quad \text{(在 } S \text{ 上)} \tag{13}$$

在曲面 S 上变量 x_k 不能看为独立的. 例如,若曲面的方程是显式确定的,则坐标之一是其余坐标的函数,后面这些坐标已经能看作自变量.

我们可以改写前面的公式为形状

$$\sum_{k=1}^{n} [f_{x_k}] \mathrm{d}x_k = 0$$

此外我们有

$$\sum_{k=1}^{n} \varphi_{x_k} \mathrm{d}x_k = 0$$

用待定的乘数 h 来乘最后的等式,并从前一式来减

$$\sum_{k=1}^{n} \{ [f_{x_k}] - h\varphi_{x_k} \} \mathrm{d}x_k = 0$$

现在确定 h,使因变量微分的系数变为零. 剩下的自变量微分的系数显然必须等于零[Ⅰ;167],因此,得到下面的 n 个等式

$$[f_{x_k}] = h\varphi_{x_k} \tag{14}$$

就是说,一阶导数的跃度应当和(12)的左边关于相应变量的偏导数成比例. 所写的条件通常称为运动学的相容条件.

现在考察当通过曲面(12)时,函数 f 本身和它的一阶导数保持连续,而二阶导数受到连续性间断的那种情形. 我们把上面的讨论应用到每个函数 f_{x_k}. 每

个这样的函数在运动学的相容条件中将有自己的比例系数 h_k,而且函数 f_{x_k} 关于每个变量 x_l 导数的跃度必须和 ψ_{x_l} 成比例,就是说,对于二阶导数的跃度,我们将有以下的等式

$$\left[f_{x_k x_l}\right]=f_{x_k x_l}^+ - f_{x_k x_l}^- = h_k \psi_{x_l}$$

注意到,不论在曲面的正侧和负侧,微分的结果和微分顺序是无关的,我们能写出 $h_k \psi_{x_l} = h_l \psi_{x_k}$,即 $\dfrac{h_k}{\psi_{x_k}} = \dfrac{h_l}{\psi_{x_l}}$. 换句话说,比 $h_k : \psi_{x_k}$ 不应当和标数 k 有关. 令 $h_k : \psi_{x_k} = h$,我们终于改变最后的公式为形状

$$\left[f_{x_k x_l}\right] = h\psi_{x_k}\psi_{x_l} \tag{15}$$

这些公式给出二阶间断的运动学的相容条件,即二阶导数间断的情形的运动学的相容条件.

163. 动力学的相容条件

回到一阶方程组(1),并假定曲面(3)是所写的方程组的特征曲面,而且某个解 u 在这曲面上有弱性间断,就是说,u 自身连续,也许是一阶导数就有间断. 设 u^+ 为从曲面正侧的连续解,而 u^- 为从曲面负侧的连续解,它们相合于 u. 我们能对 u^+ 和 u^- 写出方程组(1).取这些方程在曲面(3)本身上的差.这时,当通过曲面时诸项 Φ_i 连续而在相减时消去.我们因此得到一阶导数的跃度所必须满足的以下的 m 个方程

$$\sum_{j=1}^{m}\sum_{k=1}^{n} a_{ij}^{(k)}\left[\frac{\partial u_j}{\partial x_k}\right] = 0 \quad (i=1,\cdots,m) \tag{16}$$

在推导这些条件时,我们主要是利用方程组(1)本身,它通常描述某种物理过程;对跃度所得的条件称为动力学的相容条件.在运动学的相容条件(14)中,函数 u_j 的每一个有自己的比例系数 h_j

$$\left[\frac{\partial u_j}{\partial x_k}\right] = h_j \frac{\partial \omega_1}{\partial x_k} \quad (j=1,2,\cdots,m) \tag{17}$$

把这些表达式代入条件(16),并注意到记号(5),我们得到关于系数 h_j 的 m 个齐一次方程的方程组

$$\sum_{j=1}^{m}\omega_{ij}h_j = 0 \quad (i=1,2,\cdots,m) \tag{18}$$

从特征曲面的方程(6)立即推出,这个方程组的行列式等于零,因此,我们能得到方程组异于零的解.在一般情形,当方程组(18)的系数矩阵的秩等于 $(m-1)$ 时,这个方程组的通解除任意常因子而外完全确定,这因子在确定间断特性时不起重要作用.

现在来考虑二阶方程组(7).在这种情况下,具有弱性间断的解就是函数本身和它的一阶导数为连续的解.完全同上面一样,我们得到对二阶导数的跃度的动力学的相容条件

$$\sum_{j=1}^{m} \sum_{k,l=1}^{n} a_{ij}^{kl} \left[\frac{\partial^2 u_j}{\partial x_k \partial x_l} \right] = 0 \tag{19}$$

每一函数 u_j 在运动学的相容条件中,将有自己的比例系数 h_j

$$\left[\frac{\partial^2 u_j}{\partial x_k \partial x_l} \right] = h_j \frac{\partial \omega_1}{\partial x_k} \frac{\partial \omega_1}{\partial x_l} \tag{20}$$

把这些表达式代入条件(19)且利用记号(8),仍然得到关于乘数 h_j 的齐次方程组

$$\sum_{j=1}^{m} \omega'_{ij} h_j = 0 \tag{21}$$

它的行列式由于(9)而等于零.

164. 流体动力学方程

我们应用特征论到流体动力学方程的情形去.用 (u_1, u_2, u_3) 记速度向量的分量,p 记压力,ρ 记密度,并以 f_1, f_2, f_3 记在单位质量上所计算的外力的分量.时间 t 和空间的坐标 x_1, x_2, x_3 为自变量.我们就有三个欧拉方程

$$\frac{\partial u_i}{\partial t} + \sum_{k=1}^{3} \frac{\partial u_i}{\partial x_k} u_k + \frac{1}{\rho} \frac{\partial p}{\partial x_i} = f_i \quad (i=1,2,3)$$

和连续性方程 $[\text{II}; 114, 115]$

$$\frac{\partial \rho}{\partial t} + \sum_{k=1}^{3} \frac{\partial \rho}{\partial x_k} u_k + \rho \sum_{k=1}^{3} \frac{\partial u_k}{\partial x_k} = 0$$

假设流体是可压缩的,且假定物态方程由压力和密度的相关性 $p = p(\rho)$ 确定,其中 $p(\rho)$ 为已知函数.终于有关于自变量 x_1, x_2, x_3, t 的函数 u_1, u_2, u_3, ρ 的四个一阶方程

$$\frac{\partial u_i}{\partial t} + \sum_{k=1}^{3} \frac{\partial u_i}{\partial x_k} u_k + \frac{1}{\rho} \frac{\mathrm{d}p}{\mathrm{d}\rho} \frac{\partial \rho}{\partial x_i} = f_i \quad (i=1,2,3)$$

$$\rho \sum_{k=1}^{3} \frac{\partial u_k}{\partial x_k} + \frac{\partial \rho}{\partial t} + \sum_{k=1}^{3} \frac{\partial \rho}{\partial x_k} u_k = 0$$

由公式(5)确定的量 ω_{ij} 在目前情形下将有形状

$$\omega_{12} = \omega_{21} = \omega_{13} = \omega_{31} = \omega_{23} = \omega_{32} = 0$$

$$\omega_{ii} = \frac{\mathrm{d}\omega_1}{\mathrm{d}t} = \frac{\partial \omega_1}{\partial t} + \sum_{k=1}^{3} \frac{\partial \omega_1}{\partial x_k} u_k \quad (i=1,2,3,4)$$

$$\omega_{i4} = \frac{1}{\rho} \frac{\mathrm{d}p}{\mathrm{d}\rho} \frac{\partial \omega_1}{\partial x_i}, \omega_{4i} = \rho \frac{\partial \omega_1}{\partial x_i} \quad (i \neq 4)$$

和从前一样其中 ω_1 是特征曲面方程

$$\omega_1(x_1, x_2, x_3, t) = 0 \tag{22}$$

的左边.正如从前,用 g^2 来记和式

$$g^2 = \sum_{k=1}^{3} \left(\frac{\partial \omega_1}{\partial x_k} \right)^2$$

144

特征曲面(22)所必须满足的一阶方程(6),在当前情况下将有形状

$$\begin{vmatrix} \dfrac{\mathrm{d}\omega_1}{\mathrm{d}t} & 0 & 0 & \dfrac{1}{\rho}\dfrac{\mathrm{d}p}{\mathrm{d}\rho}\dfrac{\partial\omega_1}{\partial x_1} \\[2mm] 0 & \dfrac{\mathrm{d}\omega_1}{\mathrm{d}t} & 0 & \dfrac{1}{\rho}\dfrac{\mathrm{d}\rho}{\mathrm{d}\rho}\dfrac{\partial\omega_1}{\partial x_2} \\[2mm] 0 & 0 & \dfrac{\mathrm{d}\omega_1}{\mathrm{d}t} & \dfrac{1}{\rho}\dfrac{\mathrm{d}p}{\mathrm{d}\rho}\dfrac{\partial\omega_1}{\partial x_3} \\[2mm] \rho\dfrac{\partial\omega_1}{\partial x_1} & \rho\dfrac{\partial\omega_1}{\partial x_2} & \rho\dfrac{\partial\omega_1}{\partial x_3} & \dfrac{\mathrm{d}\omega_1}{\mathrm{d}t} \end{vmatrix}=0$$

$$\left(\frac{\mathrm{d}\omega_1}{\mathrm{d}t}=\frac{\partial\omega_1}{\partial t}+\frac{\partial\omega_1}{\partial x_1}u_1+\frac{\partial\omega_1}{\partial x_2}u_2+\frac{\partial\omega_1}{\partial x_3}u_3\right)$$

展开这行列式,得到

$$\left(\frac{\mathrm{d}\omega_1}{\mathrm{d}t}\right)^2\left[\left(\frac{\mathrm{d}\omega_1}{\mathrm{d}t}\right)^2-g^2\frac{\mathrm{d}p}{\mathrm{d}\rho}\right]=0 \tag{23}$$

曲面(22)在曲面法线方向的移动速度 P,如所知道的,由[141]中公式(75)确定. 在每一给定的时刻,曲面(22)要经过流体某些小部分. 设 u_n 为在所说曲面上流体小部分的速度在对应点的曲面法线上的分量. 注意到,$\dfrac{\partial\omega_1}{\partial x_k}:g$ 是所提到的法线(在 $\omega_1>0$ 的一侧)的方向余弦 ,我们有

$$u_n=\frac{1}{g}\sum_{k=1}^3 u_k\frac{\partial\omega_1}{\partial x_k}$$

曲面移动速度相对于流体小部分的移动速度表出的差式 $P-u_n$,通常称为波的传播速度. 对于这个速度,我们有以下的表达式

$$V=P-u_n=-\frac{1}{g}\frac{\partial\omega_1}{\partial t}-\frac{1}{g}\sum_{k=1}^3 u_k\frac{\partial\omega_1}{\partial x_k}$$

或

$$V=-\frac{1}{g}\frac{\mathrm{d}\omega_1}{\mathrm{d}t} \tag{24}$$

特征曲面的微分方程(23)等价于两个方程

$$V^2=0, V^2=\frac{\mathrm{d}p}{\mathrm{d}\rho} \tag{25}$$

这前一个方程对应于稳定的间断情形,以后我们只考虑第二个方程,公式(25)所确定的速度 V 是声速

$$V=\sqrt{\frac{\mathrm{d}p}{\mathrm{d}\rho}} \tag{26}$$

现在利用运动学的和动力学的相容条件来确定间断的特性. 用 h_k 来记出现在公式(17)中函数 u_k 的间断系数,又以 r 记函数 ρ 的相当系数. 在这种情形下,方程(18)可写为形状

145

$$\frac{\mathrm{d}\omega_1}{\mathrm{d}t}h_k + \frac{1}{\rho}\frac{\mathrm{d}p}{\mathrm{d}\rho}\frac{\partial\omega_1}{\partial x_k}r = 0 \quad (k=1,2,3)$$

或者,注意到(24)和(25)

$$-gh_k + \frac{1}{\rho}V\frac{\partial\omega_1}{\partial x_k}r = 0$$

即

$$h_k = \frac{rV}{\rho}\cos\alpha_k \tag{27}$$

式中 $\cos\alpha_k$ 是间断曲面的法线的方向余弦. 把 (h_1,h_2,h_3) 看成是某向量 $\boldsymbol{h}$(速度导数的间断向量)的分量. 上面的公式可以写成下面的向量形式

$$\boldsymbol{h} = \frac{rV}{\rho}\boldsymbol{n}$$

其中 $\boldsymbol{n}$ 是间断曲面的单位法线向量. 因此,我们看到,速度导数的间断向量指向间断曲面的法线(纵波).

加速度向量的分量 w_i 由公式

$$w_i = \frac{\partial u_i}{\partial t} + \sum_{k=1}^{3}\frac{\partial u_i}{\partial x_k}u_k \quad (i=1,2,3)$$

表示,并且当通过曲面时有间断. 假定在曲面的一侧,我们有静态. 由于速度本身的连续性,从两侧到曲面上的极限值等于零,而速度的导数在曲面上有等于跃度之值,因为在到曲面之前我们有静态,这些导数等于零. 关于加速度向量的分量能够同样地来谈到. 这些分量的跃度,由于(27)和(24)而按下面的等式确定

$$[w_i] = h_i\frac{\partial\omega_1}{\partial t} + \sum_{k=1}^{3}h_iu_k\frac{\partial\omega_1}{\partial x_k} = h_i\frac{\mathrm{d}\omega_1}{\mathrm{d}t} = -\frac{rgV^2}{\rho}\cos\alpha_i$$

或者在向量形式下

$$[\boldsymbol{w}] = -\frac{rgV^2}{\rho}\boldsymbol{n}$$

在上述条件下,这公式将给出在间断曲面上的加速度向量.

现在考虑所谓稳定的情况,就是当函数 u_k 及 ρ 与 t 无关的那种情况. 假设 ω_1 也与 t 无关,将有 $P=0$ 和 $V=-u_n$. 假定说,在某区域内流体流动速度小于声速(26). 此时更不待说 $|u_n| < \sqrt{\frac{\mathrm{d}p}{\mathrm{d}\rho}}$,而等式 $V=-u_n$ 不可能. 因此,我们看到,当不到声速时,我们不可能有在稳定情况下的间断传播.

165. 弹性学方程

作为应用特征论到二阶方程组的例子,考虑在均匀的各向同性介质的最简单情形的弹性学方程. 以 (u_1,u_2,u_3) 记位移向量的分量,并以 λ 和 μ 记弹性物体的普通常数. 弹性学的基本方程是下面的对于自变量 (x_1,x_2,x_3,t) 的函数

(u_1, u_2, u_3) 的三个二阶方程的方程组

$$(\lambda + \mu) \frac{\partial}{\partial x_i} \sum_{k=1}^{3} \frac{\partial u_k}{\partial x_k} + \mu \Delta u_i - \rho \frac{\partial^2 u_i}{\partial t^2} + \cdots = 0 \quad (i=1,2,3)$$

在这种情形下,我们将有

$$\omega'_{ij} = (\lambda + \mu) \frac{\partial \omega_1}{\partial x_i} \frac{\partial \omega_1}{\partial x_j} + \delta_{ij} \left[\mu \sum_{k=1}^{3} \left(\frac{\partial \omega_1}{\partial x_k} \right)^2 - \rho \left(\frac{\partial \omega_1}{\partial t} \right)^2 \right] \qquad (28)$$

$$(i, j = 1, 2, 3)$$

$$\left(\delta_{ij} = \begin{cases} 0 & (i \neq j) \\ 1 & (i = j) \end{cases} \right)$$

在展开所对应的行列式以后,方程(9)此刻将有形状

$$\left[(\lambda + 2\mu) g^2 - \rho \left(\frac{\partial \omega_1}{\partial t} \right)^2 \right] \left[\mu g^2 - \rho \left(\frac{\partial \omega_1}{\partial t} \right)^2 \right]^2 = 0 \qquad (29)$$

由于[141]中公式(75),这个方程使我们有间断曲面的以下两种可能的移动速度

$$P_1 = \sqrt{\frac{\lambda + 2\mu}{\rho}}, P_2 = \sqrt{\frac{\mu}{\rho}}$$

在这种情形下,形变假设为很小,并且单独地说传播速度也就是关于介质小部分的移动速度是没有意义的.

现在考察间断的特性. 引进函数 u_j 的二阶导数的间断系数 h_j

$$\left[\frac{\partial^2 u_j}{\partial x_i \partial x_k} \right] = h_j \frac{\partial \omega_1}{\partial x_i} \frac{\partial \omega_1}{\partial x_k} \qquad (30)$$

由于(28),方程(21)在目前情况下有形状

$$\left[\mu g^2 - \rho \left(\frac{\partial \omega_1}{\partial t} \right)^2 \right] h_i + (\lambda + \mu) \frac{\partial \omega_1}{\partial x_i} \sum_{j=1}^{3} \frac{\partial \omega_1}{\partial x_j} h_j = 0 \quad (i=1,2,3)$$

注意到

$$\frac{\partial \omega_1}{\partial x_k} = g \cos(n, x_k) \quad (k=1,2,3)$$

其中 n 为曲面(3)的法线方向,我们可以改写上面的方程为形状

$$\left[\mu g^2 - \rho \left(\frac{\partial \omega_1}{\partial t} \right)^2 \right] h_i + (\lambda + \mu) g^2 \cos(n, x_i) \sum_{j=1}^{3} \cos(n, x_j) h_j = 0$$

引进分量为 (h_1, h_2, h_3) 的向量 $\boldsymbol{h}$. 上面的方程可以写成形状

$$\left[\mu g^2 - \rho \left(\frac{\partial \omega_1}{\partial t} \right)^2 \right] h_i + (\lambda + \mu) g^2 \cos(n, x_i) h_n = 0$$

其中 h_n 是向量 $\boldsymbol{h}$ 在曲面(3)的法线 n 上投影的大小,或者在向量形式下

$$\left[\mu g^2 - \rho \left(\frac{\partial \omega_1}{\partial t} \right)^2 \right] \boldsymbol{h} + (\lambda + \mu) g^2 h_n \boldsymbol{n} = 0 \qquad (31)$$

其中 $\boldsymbol{n}$ 是曲面(3)的单位法线向量. 如果我们取移动速度 P_2,那么 $\boldsymbol{h}$ 的系数等于

零,因而必有 $h_n = 0$,就是说,向量 $\boldsymbol{h}$ 必须落在曲面(3)的切平面上(横波).如果我们却是取了速度 P_1,则从(31)立即推出 $\boldsymbol{h}$ 和 $\boldsymbol{n}$ 只有数因子相差,就是说,$\boldsymbol{h}$ 应当指向曲面(3)的法线(纵波).还要指出,方程(29)中给出横波速度的因子是一平方.这个情况在下一节得到解释,在那里我们将考虑关于各向异性介质的弹性学方程.

要解释向量 $\boldsymbol{h}$ 的力学意义.假定说,沿弱性间断曲面 $S: \omega_1(x_1, x_2, x_3, t) = 0$ 的一侧有静态,即 $u_j (j = 1, 2, 3)$ 等于零.在曲面 S 上各点 u_j 和它们的一阶导数同样等于零.u_j 在 S 上的从有移动的一侧的二阶导数之值将由公式(30)确定,因为从曲面的另一侧,这些导数恒等于零,就是说

$$\frac{\partial^2 u_j}{\partial x_i \partial x_k}\bigg|_S = h_j \frac{\partial \omega_1}{\partial x_i} \frac{\partial \omega_1}{\partial x_k}\bigg|_S \quad (i, k = 0, 1, 2, 3)$$

而我们设 $x_0 = t$.在曲面 S 上取某一点 M,并且把它当作空间 (x_0, x_1, x_2, x_3) 的坐标原点.在点 M 的邻域内展开 u_j 为麦克林级数,把展开式作到二次项.注意到上面的公式以及 u_j 同它的一阶偏导数在点 M 成为零的事实,我们得到近似等式

$$u_j \sim \frac{h_j}{2} \sum_{i,k=0}^{3} \left(\frac{\partial \omega_1}{\partial x_i}\right)_0 \left(\frac{\partial \omega_1}{\partial x_k}\right)_0 x_i x_k$$

而标数零表明导数之值必须取在点 M.

注意到函数 ω_1 在点 M 成为零,得着以下的取到一次项为止的麦克劳林展开式

$$\omega_1 \sim \sum_{i=0}^{3} \left(\frac{\partial \omega_1}{\partial x_i}\right)_0 x_i$$

而前面的公式可改写为形状

$$\boldsymbol{u} \sim \frac{\boldsymbol{h}}{2} \omega_1^2 (x_0, x_1, x_2, x_3)$$

这个关于位移向量 $\boldsymbol{u}$ 的近似等式将在有移动的一侧接近间断曲面成立.

166. 各向异性弹性体

在讨论中引进形变张量的分量,少许变动[94]中记号

$$\varepsilon_i = \frac{\partial u_i}{\partial x_i}, \gamma_1 = \frac{\partial u_3}{\partial x_2} + \frac{\partial u_2}{\partial x_3}, \gamma_2 = \frac{\partial u_1}{\partial x_3} + \frac{\partial u_3}{\partial x_1}, \gamma_3 = \frac{\partial u_2}{\partial x_1} + \frac{\partial u_1}{\partial x_2}$$
$$(i = 1, 2, 3)$$

在有三个相互正交对称平面的各向异性的物体情形,单位体积所受形变力的功由形变张量的分量表达为以下的齐二次多项式的形状

$$A = \frac{1}{2}(a\varepsilon_1^2 + b\varepsilon_2^2 + c\varepsilon_3^2 + 2a'\varepsilon_2\varepsilon_3 + 2b'\varepsilon_3\varepsilon_1 + 2c'\varepsilon_1\varepsilon_2 + a''\gamma_1^2 + b''\gamma_2^2 + c''\gamma_3^2)$$

其中 $a, b, \cdots, c''$ 是 (x_1, x_2, x_3, t) 的函数,或者在均匀介质的情形为常数.在有内力出现时,[94] 中方程可以写为形状

$$\frac{\partial}{\partial x_1}\left(\frac{\partial A}{\partial \varepsilon_1}\right)+\frac{\partial}{\partial x_2}\left(\frac{\partial A}{\partial \gamma_3}\right)+\frac{\partial}{\partial x_3}\left(\frac{\partial A}{\partial \gamma_2}\right)-\rho\frac{\partial^2 u_1}{\partial t^2}+X_1=0$$

$$\frac{\partial}{\partial x_1}\left(\frac{\partial A}{\partial \gamma_3}\right)+\frac{\partial}{\partial x_2}\left(\frac{\partial A}{\partial \varepsilon_2}\right)+\frac{\partial}{\partial x_3}\left(\frac{\partial A}{\partial \gamma_1}\right)-\rho\frac{\partial^2 u_2}{\partial t^2}+X_2=0$$

$$\frac{\partial}{\partial x_1}\left(\frac{\partial A}{\partial \gamma_2}\right)+\frac{\partial}{\partial x_2}\left(\frac{\partial A}{\partial \gamma_1}\right)+\frac{\partial}{\partial x_3}\left(\frac{\partial A}{\partial \varepsilon_3}\right)-\rho\frac{\partial^2 u_3}{\partial t^2}+X_3=0$$

把 A 的表达式代入,即得下面的方程

$$a\frac{\partial^2 u_1}{\partial x_1^2}+c''\frac{\partial^2 u_1}{\partial x_2^2}+b''\frac{\partial^2 u_1}{\partial x_3^2}+$$

$$(c'+c'')\frac{\partial^2 u_2}{\partial x_1\partial x_2}+(b'+b'')\frac{\partial^2 u_3}{\partial x_1\partial x_3}-\rho\frac{\partial^2 u_1}{\partial t^2}+\cdots=0$$

$$c''\frac{\partial^2 u_2}{\partial x_1^2}+b\frac{\partial^2 u_2}{\partial x_2^2}+a''\frac{\partial^2 u_2}{\partial x_3^2}+$$

$$(c'+c'')\frac{\partial^2 u_1}{\partial x_1\partial x_2}+(a'+a'')\frac{\partial^2 u_3}{\partial x_2\partial x_3}-\rho\frac{\partial^2 u_2}{\partial t^2}+\cdots=0$$

$$b''\frac{\partial^2 u_3}{\partial x_1^2}+a''\frac{\partial^2 u_3}{\partial x_2^2}+c\frac{\partial^2 u_3}{\partial x_3^2}+$$

$$(b'+b'')\frac{\partial^2 u_1}{\partial x_1\partial x_3}+(a'+a'')\frac{\partial^2 u_2}{\partial x_2\partial x_3}-\rho\frac{\partial^2 u_3}{\partial t^2}+\cdots=0$$

为了省写而引用记号

$$p_0=\frac{\partial \omega_1}{\partial t},p_i=\frac{\partial \omega_1}{\partial x_i}\quad(i=1,2,3)\tag{32}$$

我们可以写 ω'_{ij} 为形状

$$\omega'_{11}=ap_1^2+c''p_2^2+b''p_3^2-\rho p_0^2,\omega'_{12}=(c'+c'')p_1 p_2,\omega'_{13}=(b'+b'')p_1 p_3$$

$$\omega'_{21}=(c'+c'')p_1 p_2,\omega'_{22}=c''p_1^2+bp_2^2+a''p_3^2-\rho p_0^2,\omega'_{23}=(a'+a'')p_2 p_3$$

$$\omega'_{31}=(b'+b'')p_3 p_1,\omega'_{32}=(a'+a'')p_2 p_3$$

$$\omega'_{33}=b''p_1^2+a''p_2^2+cp_3^2-\rho p_0^2$$

不难看出,确定特征曲面的一阶方程(9)和关于 $\lambda=\rho p_0^2$ 的基本方程相符合,它是用来化椭圆面

$$(ap_1^2+c''p_2^2+b''p_3^2)\xi_1^2+(c''p_1^2+bp_2^2+a''p_3^2)\xi_2^2+$$

$$(b''p_1^2+a''p_2^2+cp_3^2)\xi_3^2+2(a'+a'')p_2 p_3\xi_2\xi_3+$$

$$2(b'+b'')p_3 p_1\xi_3\xi_1+2(c'+c'')p_1 p_2\xi_1\xi_2=1\tag{33}$$

到对称轴的[Ⅲ₁;32,33]. 要指出,所写的方程能从表达式 $2A$ 得到,只要在其中,令: $\varepsilon_k=p_k\xi_k,\gamma_1=p_2\xi_3+p_3\xi_2,\gamma_2=p_3\xi_1+p_1\xi_3,\gamma_3=p_1\xi_2+p_2\xi_1$,所以它是关于 ξ_s 的正定二次形式(因为 $A>0$),由此推知,方程(33)确实对应于椭圆面. 对 λ 解出上述方程,我们在物体的每一点得到 p_0^2 的三个正根,而且 p_0^2 是 $p_1,p_2,$ p_3 的齐二次函数. 若是方程(33)的两边以 g^2 来除,那么 p_k 换为 $\cos\alpha_k$,其中

$\cos \alpha_k$ 是波面的法线方向余弦,并且所得的根 p_0^2 换为 P^2. 因此,在每一点对任意固定的方向,我们将有波的三种可能的移动速度.

间断向量的分量 (h_1, h_2, h_3) 将从确定椭圆面(33)的对称轴方向的齐次方程组得到. 因此当给了确定方向时,在每一点我们有相应于三种移动速度的三个相互正交的间断向量,为了有纵波和横波起见,必要而充分的是椭圆面轴之一指向相应的波的法线. 如果这个已经满足,那么我们将有一个纵波和两个横波,而我们假设在固定了方向时,所说的三次方程有不同的根. 如我们见过的,在均匀的各向同性的介质情形,一个根将是二重的. 波的法线的方向余弦和 p_1, p_2, p_3 成比例,且由此推知,上述条件等价于:对某个根 $\lambda = \rho p_0^2$,在任意选取 p_k,也就是在任意选取方向时,量 (h_1, h_2, h_3) 必须和 (p_1, p_2, p_3) 成比例. 在对于 h_k 的齐次方程组中,换这些量以成比例的量 p_k,我们得到

$$\begin{cases} (ap_1^2 + c''p_2^2 + b''p_3^2 - \rho p_0^2)p_1 + (c' + c'')p_1 p_2^2 + (b' + b'')p_1 p_3^2 = 0 \\ (c' + c'')p_1^2 p_2 + (c''p_1^2 + bp_2^2 + a''p_3^2 - \rho p_0^2)p_2 + (a' + a'')p_2 p_3^2 = 0 \ (34) \\ (b' + b'')p_1^2 p_3 + (a' + a'')p_2^2 p_3 + (b''p_1^2 + a''p_2^2 + cp_3^2 - \rho p_0^2)p_3 = 0 \end{cases}$$

如果我们注意到,在任意选取 p_1, p_2, p_3 时,我们应当从(34)的三个方程得到同样的 ρp_0^2 之值,那么我们得到对于弹性位能 A 的系数的以下的条件

$$a = b = c = a' + 2a'' = b' + 2b'' = c' + 2c'' \tag{35}$$

并且所写的三个方程给出:$\rho p_0^2 = ag^2$,就是说,我们得到对于纵波的速度

$$P = \sqrt{\frac{a}{\rho}}$$

余下的对应于横波的两个根,一般说来是不同的,并且和波的方向的选取,也就是和 p_k 的选取有关. 等式(35)使我们对于在弹性位能 A 的表达式中出现的九个系数有五个条件.

167. 电磁波

来考虑对于各向同性的介质的前面两个马克斯威尔方程

$$c\mathbf{rot}\,\boldsymbol{H} = \lambda \boldsymbol{E} + \varepsilon \boldsymbol{E}_t, \quad c\mathbf{rot}\,\boldsymbol{E} = -\mu \boldsymbol{H}_t \tag{36}$$

其中 $\boldsymbol{E}$ 和 $\boldsymbol{H}$ 为电场和磁场的强度,c 为光速,λ 为介质的传导系数,ε 与 μ 为介电常数与导磁率. 向量 $\boldsymbol{E}$ 和 $\boldsymbol{H}$ 是自变量 (x_1, x_2, x_3, t) 的函数,以 (e_1, e_2, e_3) 和 (h_1, h_2, h_3) 记这些向量的分量,可以改写方程(36)为形状

$$\begin{cases} \dfrac{\varepsilon}{c}\dfrac{\partial e_1}{\partial t}+\dfrac{\partial h_2}{\partial x_3}-\dfrac{\partial h_3}{\partial x_2}+\cdots=0 \\[2mm] \dfrac{\varepsilon}{c}\dfrac{\partial e_2}{\partial t}+\dfrac{\partial h_3}{\partial x_1}-\dfrac{\partial h_1}{\partial x_3}+\cdots=0 \\[2mm] \dfrac{\varepsilon}{c}\dfrac{\partial e_3}{\partial t}+\dfrac{\partial h_1}{\partial x_2}-\dfrac{\partial h_2}{\partial x_1}+\cdots=0 \\[2mm] \dfrac{\mu}{c}\dfrac{\partial h_1}{\partial t}+\dfrac{\partial e_3}{\partial x_2}-\dfrac{\partial e_2}{\partial x_3}=0 \\[2mm] \dfrac{\mu}{c}\dfrac{\partial h_2}{\partial t}+\dfrac{\partial e_1}{\partial x_3}-\dfrac{\partial e_3}{\partial x_1}=0 \\[2mm] \dfrac{\mu}{c}\dfrac{\partial h_3}{\partial t}+\dfrac{\partial e_2}{\partial x_1}-\dfrac{\partial e_1}{\partial x_2}=0 \end{cases} \tag{37}$$

而未写出的各项不包含函数 e_k 和 h_k 的导数. 在这种情形下,我们有带有六个函数的六个一阶方程的方程组. 把这些函数按以下顺序标上号码

$$u_1=e_1,u_2=e_2,u_3=e_3,u_4=h_1,u_5=h_2,u_6=h_3$$

作表达式(5)并写出方程(6),我们得到以下的对特征曲面的一阶方程

$$\begin{vmatrix} \dfrac{\varepsilon}{c}p_0 & 0 & 0 & 0 & p_3 & -p_2 \\[2mm] 0 & \dfrac{\varepsilon}{c}p_0 & 0 & -p_3 & 0 & p_1 \\[2mm] 0 & 0 & \dfrac{\varepsilon}{c}p_0 & p_2 & -p_1 & 0 \\[2mm] 0 & -p_3 & p_2 & \dfrac{\mu}{c}p_0 & 0 & 0 \\[2mm] p_3 & 0 & -p_1 & 0 & \dfrac{\mu}{c}p_0 & 0 \\[2mm] -p_2 & p_1 & 0 & 0 & 0 & \dfrac{\mu}{c}p_0 \end{vmatrix}=0 \tag{38}$$

用 $\dfrac{\mu}{c}p_0$ 乘这行列式的前三列元素. 随后,对第一列元素,加上第五列元素乘 $(-p_3)$ 和第六列元素乘 p_2;对第二列的元素,加上第四列元素乘 p_3 和第六列乘 $(-p_1)$;对第三列元素加上第四列元素乘 $(-p_2)$ 和第五列乘 p_1. 再关于第六,第五和第四行的元素展开,得到方程

$$\begin{vmatrix} q+p_1^2 & p_1p_2 & p_1p_3 \\[1mm] p_2p_1 & q+p_2^2 & p_2p_3 \\[1mm] p_3p_1 & p_3p_2 & q+p_3^2 \end{vmatrix}=0 \tag{39}$$

其中

$$q=\frac{\varepsilon\mu}{c}p_0^2-g^2 \tag{40}$$

151

展开行列式,我们得到方程

$$q^2(q+g^2)=0 \quad (g^2=p_1^2+p_2^2+p_3^2) \tag{41}$$

它分解为二. 如果把括弧中的和式等于零,则得 $p_0=0$,而要有驻波[141]. 往后讲到当 $q=0$ 的第二种情形,就是说

$$\frac{\varepsilon\mu}{c^2}p_0^2-g^2=0 \tag{42}$$

它给出已知的关于波的移动速度之值的表示式

$$V=\frac{c}{\sqrt{\varepsilon\mu}} \tag{43}$$

现在来考察间断的特性. 以 $(\alpha_1,\alpha_2,\alpha_3)$ 来记对向量 E 的分量的导数的间断系数,又以 $(\beta_1,\beta_2,\beta_3)$ 记对于向量 H 的分量的类似的量. 在讨论中照例引用间断向量 $\boldsymbol{\alpha}(\alpha_1,\alpha_2,\alpha_3)$ 和 $\boldsymbol{\beta}(\beta_1,\beta_2,\beta_3)$. 我们能写出

$$\begin{cases} [E_{x_k}]=p_k\boldsymbol{\alpha} \\ [H_{x_k}]=p_k\boldsymbol{\beta} \end{cases} \quad (k=0,1,2,3;x_0=t) \tag{44}$$

在目前情形下,方程(18)中的前三个写为形状

$$\begin{cases} \dfrac{\varepsilon}{c}p_0\alpha_1+p_3\beta_2-p_2\beta_3=0 \\[2mm] \dfrac{\varepsilon}{c}p_0\alpha_2+p_1\beta_3-p_3\beta_1=0 \\[2mm] \dfrac{\varepsilon}{c}p_0\alpha_3+p_2\beta_1-p_1\beta_2=0 \end{cases} \tag{45}$$

或者,以 n 记波面 $\omega_1=0$ 的指向 $\omega_1>0$ 一侧的单位法线向量,我们可以写最末的诸方程为形状

$$\frac{\varepsilon V}{c}\boldsymbol{\alpha}=\boldsymbol{\beta}\times n \tag{46}$$

而在右边是向量 $\boldsymbol{\beta}$ 和 n 的向量积. 完全一样,(18) 后面的三个方程可以写为形状

$$\frac{\mu V}{c}\boldsymbol{\beta}=-\boldsymbol{\alpha}\times n \tag{47}$$

从所写的方程直接推出,向量 $\boldsymbol{\alpha}$ 和 $\boldsymbol{\beta}$ 在波的切平面上并且相互正交.

假定说,在波面的前面,就是在 $\omega_1>0$ 的一面,我们有静态,即 E 和 H 等于零. 公式(44) 使我们得到向量 E 和 H 的导数在波面本身上的值

$$E_{x_k}=-p_k\boldsymbol{\alpha},H_{x_k}=-p_k\boldsymbol{\beta} \tag{48}$$

在邻近波前之处展开 E 和 H 为泰勒级数,取展开式到包含一阶导数的项. 注意到 E 和 H 在波面上成为零,利用公式(48),我们可以写出下面的近似公式

$$E\sim-\boldsymbol{\alpha}\sum_{k=0}^{3}p_k(x_k-x_k^{(0)}),H\sim-\boldsymbol{\beta}\sum_{k=0}^{3}p_k(x_k-x_k^{(0)})$$

其中 $(x_0^{(0)},x_1^{(0)},x_2^{(0)},x_3^{(0)})$ 是波面上的某一点. 对函数 ω_1 应用泰勒公式, 并考虑到 $\omega_1(x_0^{(0)},x_1^{(0)},x_2^{(0)},x_3^{(0)})=0$, 可以写

$$\omega_1(x_0,x_1,x_2,x_3) \sim \sum_{k=0}^{3} p_k(x_k - x_k^{(0)})$$

而前面的公式能够改写为形状[参看164]

$$\boldsymbol{E} \sim -\omega_1(x_0,x_1,x_2,x_3)\boldsymbol{\alpha}, \boldsymbol{H} \sim -\omega_1(x_0,x_1,x_2,x_3)\boldsymbol{\beta} \qquad (49)$$

这些近似公式从波的有电磁过程的一侧接近波时成立.

在均匀的各向异性的介质情形, 我们应认为量 ε 已经不是数, 而是九个元素的对称的矩阵. 这个量出现在联系电的位移向量和向量 $\boldsymbol{E}$ 的公式中[Ⅱ; 118]. 量 μ 仍旧可视作数. 取坐标轴使矩阵 $\boldsymbol{\varepsilon}$ 化为对角线形式, 且设 $\varepsilon_3 > \varepsilon_2 > \varepsilon_1 > 0$ 是它的特征值[Ⅲ$_1$;32,33]. 这时, 方程(37)中的前三个有形状

$$\frac{\varepsilon_1}{c}\frac{\partial e_1}{\partial t} + \frac{\partial h_2}{\partial x_3} - \frac{\partial h_3}{\partial x_2} + \cdots = 0$$

$$\frac{\varepsilon_2}{c}\frac{\partial e_2}{\partial t} + \frac{\partial h_3}{\partial x_1} - \frac{\partial h_1}{\partial x_3} + \cdots = 0$$

$$\frac{\varepsilon_3}{c}\frac{\partial e_3}{\partial t} + \frac{\partial h_1}{\partial x_2} - \frac{\partial h_2}{\partial x_1} + \cdots = 0$$

并且替代(39)我们将有方程

$$\begin{vmatrix} q_1 + p_1^2 & p_1 p_2 & p_1 p_3 \\ p_1 p_2 & q_2 + p_2^2 & p_2 p_3 \\ p_1 p_3 & p_2 p_3 & q_3 + p_3^2 \end{vmatrix} = 0 \qquad (50)$$

其中

$$q_i = \frac{\varepsilon_i \mu}{c^2} p_0^2 - g^2 \quad (i=1,2,3)$$

引入记号

$$V_i^2 = \frac{c^2}{\varepsilon_i \mu}$$

我们可以写出

$$q_i = \frac{p_0^2}{V_i^2} - g^2 \qquad (51)$$

以 g^2 除方程(50)的两边, 可以改写它为形状

$$q_2 q_3 \cos^2 \alpha_1 + q_3 q_1 \cos^2 \alpha_2 + q_1 q_2 \cos^2 \alpha_3 + \frac{1}{g^2} q_1 q_2 q_3 = 0 \qquad (52)$$

我们有这个方程的明显的解 $q_1=0, \cos\alpha_1=0$. 注意到(51), 我们看出, V_1 是波在平行于平面 $x_1=0$ 的任何方向的可能的传播速度. 完全类似的, V_2 和 V_3 是在平行于平面 $x_2=0$ 和 $x_3=0$ 的方向波的可能传播速度. 在一般情况下, 用 g^2 乘(52)的两边, 并写:$q_1 q_2 q_3 = q_1 q_2 q_3 (\cos^2 \alpha_1 + \cos^2 \alpha_2 + \cos^2 \alpha_3)$, 我们可改写

方程(52)为形状[141]

$$V^2 q_1 q_2 q_3 \sum_{i=1}^{3} \frac{\cos^2 \alpha_i}{V^2 - V_i^2} = 0 \tag{53}$$

弃去相应于驻波的解 $V=0$,我们在给定了由量 $\cos \alpha_k$ 所表出的方向时,得到为了确定 V 的关于 V^2 的二次方程

$$\sum_{i=1}^{3} \frac{\cos^2 \alpha_i}{V^2 - V_i^2} = 0 \tag{54}$$

完全和在[Ⅱ;137]中一样,可以证明这个方程对 V^2 有两个不同的正根.

如果我们关于 p_0 解方程(50)或(52),就得到下面形状的方程

$$p_0 + F(p_1, p_2, p_3) = 0 \tag{55}$$

式中 F 为齐一次函数.由于方程(55)不包含 x_k,这个方程的柯西方程组对 p_k 化为常数值,且双特征为直线.它们的方程写为形状

$$\frac{\mathrm{d} x_k}{\mathrm{d} t} = F_{p_k} \quad (k=1,2,3)$$

引顶点在原点的特征角锥.它是点源在坐标原点在不同时刻的波面.它的方程为: $x_k = F_{p_k} t$,或者当 $t=1$

$$x_k = F_{p_k} \quad (k=1,2,3) \tag{56}$$

因为 F_{p_k} 是齐零次函数,方程(56)的右边含两个参数,那就是量 p_1, p_2, p_3 中的两个和第三个的比.设 S 为曲面(56), $P(x_1, x_2, x_3)$ 为 S 上某一点,且 δ 为原点到 S 在点 P 切平面的距离.若 $\cos \alpha_i$ 是 S 在点 P 的法线方向余弦,那么应用对于齐次函数的欧拉公式,我们有

$$\delta = \sum_{i=1}^{3} x_i \cos \alpha_i = \sum_{i=1}^{3} F_{p_i} \cos \alpha_i = \pm \frac{1}{g} \sum_{i=1}^{3} p_i F_{p_i} =$$

$$\pm \frac{F}{g} = \pm \frac{p_0}{g} = \pm V$$

为了确定起见取(+)号,这在以后并非主要的,我们可以写 S 的切平面方程为形状

$$\sum_{i=1}^{3} x_i \cos \alpha_i - V = 0 \tag{57}$$

在这个方程中出现四个参数 $\cos \alpha_i (i=1,2,3)$ 和 V,它们由两个关系式联系

$$\sum_{i=1}^{3} \cos^2 \alpha_i = 1, \sum_{i=1}^{3} \frac{\cos^2 \alpha_i}{V^2 - V_i^2} = 0$$

因此方程(57)包含两个独立参数,这正是应当如此的.曲面 S 本身是和两个参数有关的平面族(57)的包络.若是作出一切计算,对它我们不去讲了,那么我们得到以下的曲面方程

154

$$\sum_{i=1}^{3} \frac{V_i^2 x_i^2}{V_i^2 - (x_1^2 + x_x^2 + x_3^2)} = 0$$

假如 $V_1 = V_2$,那么这个四阶曲面退化为球面和椭圆面的总合.

168. 弹性学中的强性间断

我们以前考虑过关于一个方程的解的强性间断问题[142].现在从强性间断理论的观点来进行弹性学方程的研究.

同时我们限于考察平面的情形.设 (u,v) 是 (x,y) 平面上的位移向量的分量,又 X,Y 为体积力的分量.照例用 $\sigma_x,\sigma_y,\tau_{xy}$ 记张力张量的分量,我们将有以下的两个弹性学的基本方程

$$\begin{cases} \rho \dfrac{\partial^2 u}{\partial t^2} - \dfrac{\partial \sigma_x}{\partial x} - \dfrac{\partial \tau_{xy}}{\partial y} = X \\ \rho \dfrac{\partial^2 v}{\partial t^2} - \dfrac{\partial \tau_{xy}}{\partial x} - \dfrac{\partial \sigma_y}{\partial y} = Y \end{cases} \tag{58}$$

对这些方程还须加上张力张量和形变张量间的联系(胡克定律)

$$\sigma_x = \lambda(u_x + v_y) + 2\mu u_x, \sigma_y = \lambda(u_x + v_y) + 2\mu v_y, \tau_{xy} = \mu(u_y + v_x) \tag{58'}$$

把最后的表达式代入方程(58),得到通过位移向量 $\boldsymbol{\omega}$ 而表示的弹性学方程

$$\rho \frac{\partial^2 \boldsymbol{\omega}}{\partial t^2} = (\lambda + \mu) \mathbf{grad} \operatorname{div} \boldsymbol{\omega} + \mu \Delta \boldsymbol{\omega} + F$$

往后记号 (u,v) 指的是 (x,y,t) 的两个任意函数,而具有到二阶为止的连续导数.同时方程(58)使我们有对应于所取函数 (u,v) 的量 X 和 Y.还引进两个线性算子,含有函数 (u,v) 的一阶导数

$$\begin{cases} P_x(u,v) = \sigma_x \cos(n,x) + \tau_{xy} \cos(n,y) - \rho u_t \cos(n,t) \\ P_y(u,v) = \tau_{xy} \cos(n,x) + \sigma_y \cos(n,y) - \rho v_t \cos(n,t) \end{cases} \tag{59}$$

考虑两对函数 (u,v) 和 (u',v'),且设 $\sigma'_x, \sigma'_y, \tau'_{xy}, X', Y'$ 为相应于函数对 (u',v') 的量(58')和 X,Y 的值.因此我们有

$$\sigma'_x = \lambda(u'_x + v'_y) + 2\mu u'_x, \sigma'_y = \lambda(u'_x + v'_y) + 2\mu v'_y, \tau'_{xy} = \mu(u'_y + v'_x)$$

利用这些表达式并应用通常的奥斯特罗格拉德斯基公式,我们得到格林公式的以下的类似

$$-\iiint_D (uX' + vY' - u'X - v'Y)\mathrm{d}\tau =$$

$$\iint_S [uP_x(u',v') + vP_y(u',v') - u'P_x(u,v) - v'P_y(u,v)]\mathrm{d}S \tag{60}$$

其中 D 像以前一样是空间 (x,y,t) 的某区域,S 是包围它的曲面且 n 是曲面 S 的外法线方向.上述公式首先由沃尔泰拉给出.应当指出,对 X,Y 我们简单地了解为公式(58)左边的表达式,并且对于 X',Y' 也相类似.在推导公式(60)时,自然假定函数 (u,v) 和 (u',v') 在区域 D 中有到二阶为止的连续导数.

现在转而考察当函数(u,v)的一阶导数有间断的那种情形.设区域D被曲面σ分为两部分D_1和D_2,并假定函数(u,v)的一阶导数在曲面σ上有间断,而满足[142]中所说的运动学的相容条件.除此而外,假定说,当通过曲面σ时,表达式(59)保持连续.以后我们要解释这些动力学的相容条件的力学意义.完全和在[142]中一样,我们可以断定公式(60)将在整个区域D成立,只要(u,v)满足上述的间断性条件,而(u',v')为有到二阶为止连续导数的任何函数.

现要说明上述条件的一些推论.正像在[142]中一样,我们可以肯定向量**grad** $u\times n$和**grad** $v\times n$当通过σ时应当保持连续.若是我们写出这些向量的分量,就得到六个表达式,当通过σ时应保持连续.再添上表达式(59),在其中把张力张量的分量代以它的按公式(58′)的表达式来改变(59),我们就有在通过曲面σ时应当保持连续的以下的八个式子

$$u_x\cos(n,y)-u_y\cos(n,x)=M_1$$
$$u_y\cos(n,t)-u_t\cos(n,y)=M_2$$
$$u_t\cos(n,x)-u_x\cos(n,t)=M_3$$
$$v_x\cos(n,y)-v_y\cos(n,x)=M_4$$
$$v_y\cos(n,t)-v_t\cos(n,y)=M_5$$
$$v_t\cos(n,x)-v_x\cos(n,t)=M_6$$
$$(\lambda+2\mu)u_x\cos(n,x)+\mu u_y\cos(n,y)-\rho u_t\cos(n,t)+$$
$$\mu v_x\cos(n,y)+\lambda v_y\cos(n,x)=M_7$$
$$\lambda u_x\cos(n,y)+\mu u_y\cos(n,x)+\mu v_x\cos(n,x)+$$
$$(\lambda+2\mu)v_y\cos(n,y)-\rho v_t\cos(n,t)=M_8$$

把所写的方程看成是关于函数u和v的六个一阶导数的八个方程.假若这些方程的系数矩阵至少含有一个异于零的六阶行列式,那么我们就能用连续函数M_k来解出u和v的所有一阶导数,而这些导数在σ上没有间断.因此,我们可以断定上述矩阵的所有六阶行列式必须等于零.划去所提到的矩阵的最后两行并将余下的行列式等于零,我们得到恒等式.考虑其余的情形,我们得着唯一的方程

$$\{\rho\cos^2(n,t)-(\lambda+2\mu)[\cos^2(n,x)+\cos^2(n,y)]\}\times$$
$$\{\rho\cos^2(n,t)-\mu[\cos^2(n,x)+\cos^2(n,y)]\}=0 \qquad (61)$$

它表示上述的矩阵有小于六的秩数的那个事实.假设σ的方程有形状$\psi(x,y,t)=0$.以上所写的方程分解为两个方程

$$\rho\psi_t^2-(\lambda+2\mu)(\psi_x^2+\psi_y^2)=0 \text{ 及 } \rho\psi_t^2-\mu(\psi_x^2+\psi_y^2)=0$$

因此,我们看到,曲面σ必须是弹性学方程的特征曲面[164].

同一个波动方程时相比,在目前情形我们要有重要的区别.归结为M_1,$M_2,\cdots,M_6$的连续性的运动学的相容条件和归结到方程(61)的σ是特征曲面

的事实在一起,还没有向我们保证 M_7 和 M_8 的连续性,就是说,没有保证动力学的相容条件.要讲明使我们得到 M_7 和 M_8 的连续性的那些附加的条件.

在 σ 上取某一点 N,且设 l 是 σ 在点 N 的切平面和通过点 N 的 $t=$ 常数平面相交的直线.取这直线 l 为 y 轴.t 轴有在点 N 正交于直线 l 方向的固定方向.因而也确定了 x 轴.首先考虑当方程(61)左边的第一个因子等于零的情形

$$\rho\cos^2(n,t) - (\lambda+2\mu)[\cos^2(n,x) + \cos^2(n,y)] = 0 \qquad (62)$$

它对应于纵波的速度.由于所作 y 轴的选取,在点 N 我们有:$\cos(n,y)=0$,除此而外,当通过 σ 时在点 N 处 u_y 和 v_y 保持连续.作表达式

$$(\lambda+2\mu)u_x\cos(n,x) - \rho u_t\cos(n,t) = r \qquad (63)$$

利用(62),可以写出

$$r\cos(n,x) = -\rho\cos(n,t)M_3$$

由于运动学的相容条件和方程(62),从而推知表达式(63)在点 N 连续.此时 M_7 在点 N 一样是连续的,而对于 M_8 的连续性成为必要和充分的是式子

$$\mu v_x\cos(n,x) - \rho v_t\cos(n,t) = M \qquad (64)$$

的连续性.此外,我们有表达式

$$v_x\cos(n,t) - v_t\cos(n,x) = -M_6 \qquad (65)$$

的连续性.方程组(64)和(65)的行列式等于 $\rho\cos^2(n,t) - \mu\cos^2(n,x)$,由于(62)和 $\cos(n,y)=0$ 而异于零,且由此推知,式子(64)的连续性相当于偏导数 v_x 和 v_t 的连续性.此外,我们已经有在点 N 偏导数 v_y 的连续性.曲面 σ 和 $t=$ 常数平面的截口是 (x,y) 平面上在给定时刻的间断曲线,而直线 l 是这条曲线在点 N 的切线.量 v 是位移向量在间断曲线的切线 l 方向的投影.我们上面说过 v 的一切一阶导数应当在点 N 连续,就是说,只有位移向量在正交于间断曲线的方向的分量 u 可以感受到强性间断(纵间断).因此,若满足运动学的相容条件和方程(62),则为了动力学的相容条件适合起见,必要和充分的是仅仅位移向量的正交于移动在 (x,y) 平面上的间断曲线的分量有强性间断.完全一样,可以考虑方程

$$\rho\cos^2(n,t) - \mu[\cos^2(n,x) + \cos^2(n,y)] = 0$$

此时只有位移向量在间断曲线的切线上的分量能感受到强性间断.

假定说,位移场是势量的

$$(u,v) = \mathbf{grad}\ \varphi$$

于是推知

$$u_y = v_x$$

取原来的坐标轴,在点 N 我们将有连续导数 u_y,v_y 及 v_x.那么从 M_6 的连续性将推得 v_t 的连续性,因此,在势量场的情形,位移向量只有在间断曲线法线上的分量能感受到间断.

现在假定位移场是管量的，就是说

$$u_x + v_y = 0$$

这时我们要有连续导数 u_y, v_y 和 u_x，由于 M_3 的连续性，从而推知导数 u_t 也是如此，就是说，在管量场时只是位移向量在间断曲线切线上的分量可能是间断的.

现在讲明上述理论的力学意义，就是我们要指出，在一些最简单的特殊情形下，公式(60)的存在表明了冲量定律对于含有间断曲面在内的范围也是正确的. 在公式中令 $u' = 1$ 和 $v' = 0$. 同时按照公式(58')，对于 (u', v') 的张力张量的分量要等于零，而公式(60)化为形状

$$\iiint_D X \mathrm{d}\tau = -\iint_S P_x(u, v) \mathrm{d}S \tag{66}$$

完全一样，若令 $u' = 0, v' = 1$，则得到公式

$$\iiint_D Y \mathrm{d}\tau = -\iint_S P_y(u, v) \mathrm{d}S \tag{67}$$

取母线平行于 t 轴的柱体为 D，且设这柱体的底 S_1 与 S_2 在平面 $t = t_1$ 和 $t = t_2$ 上. 假定在这柱体内部有间断曲面 σ. 在下底和上底 S_1 与 S_2 上，我们有 $\cos(n, x) = \cos(n, y) = 0$. 在下底 $\cos(n, t) = -1$ 而在上底 $\cos(n, t) = +1$. 在侧面上 $\cos(n, t) = 0$. 以 S_t 记柱体和垂直于其母线的平面变动的截面，并以 l_t 记这平面和柱体的侧面的相截曲线，我们可以改写公式(66)为形状

$$\int_{t_1}^{t_2} \left[\iint_{S_t} X \mathrm{d}x \mathrm{d}y \right] \mathrm{d}t = \iint_{S_t} \rho u_t \mathrm{d}x \mathrm{d}y \mid_{t=t_2} - \iint_{S_t} \rho u_t \mathrm{d}x \mathrm{d}y \mid_{t=t_1} -$$

$$\int_{t_1}^{t_2} \left[\int_{l_t} \sigma_n \mathrm{d}s \right] \mathrm{d}t$$

其中

$$\sigma_n = \sigma_x \cos(n, x) + \tau_{xy} \cos(n, y)$$

或者

$$\int_{t_1}^{t_2} \left[\iint_{S_t} X \mathrm{d}x \mathrm{d}y \right] \mathrm{d}t + \int_{t_1}^{t_2} \left[\int_{l_t} \sigma_n \mathrm{d}s \right] \mathrm{d}t = \iint_{S_t} \rho u_t \mathrm{d}x \mathrm{d}y \mid_{t=t_2} - \iint_{S_t} \rho u_t \mathrm{d}x \mathrm{d}y \mid_{t=t_1}$$

左边的第一项给出在时间 $[t_1, t_2]$ 内加在 (x, y) 平面的区域 S_t 体积力的冲量. 第二项给出这区域的境界上所受张力的冲量，而在右边的差是计算在同一区域上动量的增量，而不论是力的冲量，或者是动量的增量皆是投影在 x 轴上的. 完全一样，公式(67)使我们对力的冲量和动量的增量在 y 轴上的投影有类似的关系式. 于是我们实质上得到对于含间断曲面的容积 D 的冲量定律.

169. 特征和高频率

在以前叙说方程组的特征论时所得到的那些公式与试图用特殊类型的函数近似地满足微分方程组所得到的公式之间存在着联系. 设有二阶方程组

$$\sum_{j=1}^{m}\sum_{k,l=1}^{n} a_{ij}^{kl} \frac{\partial^2 u_j}{\partial x_k \partial x_l} + \cdots = 0 \quad (i=1,2,\cdots,m) \tag{68}$$

试以形状为

$$u_j = X_j e^{i\omega\Phi} \quad (j=1,2,\cdots,m) \tag{69}$$

的函数 u_j 来满足这个方程组,其中 X_j 和 Φ 为自变量的某些未知函数,而 ω 是数.把式(69)代到方程(68)去,并且只保留包含 ω 的平方的各项,我们得到下面的方程组

$$\sum_{j=1}^{m}\sum_{k,l=1}^{n} a_{ij}^{kl} X_j \Phi_{x_k} \Phi_{x_l} = 0 \quad (i=1,2,\cdots,m) \tag{70}$$

把这个方程组看成是关于 X_j 的齐次方程组.为了得到异于零的解,我们应当使这个方程组的行列式等于零.因此,我们得到对于未知函数 Φ 的一阶方程

$$|\omega'_{ij}| = 0 \quad \left(\omega'_{ij} = \sum_{k,l=1}^{n} a_{ij}^{kl} \Phi_{x_k} \Phi_{x_l}\right)$$

它和特征曲面的方程相合.取这个方程的某一解,一般说来,我们可以从方程组(70)除一任意因子而外确定 X_j.这个方程组与为了确定间断系数 h_j 我们有过的方程组(21)相一致.这最后的方程组应当只在波面上成立.方程(70)必须到处成立.但是此时我们只是用形状(69)的函数组来近似地满足方程组(68)的.在目前情形,$\Phi=$ 常数是同相曲面.

更仔细地研究一个波动方程的情形

$$u_{tt} = a^2(u_{xx} + u_{yy} + u_{zz}) \tag{71}$$

而要求出它的关于时间 t 的频率为 ω 的调和振动形状的解

$$u = A e^{i\omega(t+\Phi)}$$

其中 A 与 Φ 只是坐标(x,y,z) 的未知函数.问题在于把表达式

$$v = A e^{i\omega\Phi} \tag{72}$$

代入到方程

$$\Delta v + k^2 v = 0 \quad \left(k^2 = \frac{\omega^2}{a^2}\right) \tag{73}$$

里.我们有

$$v_x = (A_x + i\omega A\Phi_x) e^{i\omega\Phi}$$

$$v_{xx} = (A_{xx} + i\omega A\Phi_{xx} + 2i\omega A_x\Phi_x - \omega^2 A\Phi_x^2) e^{i\omega\Phi}$$

对关于 y 和 z 的导数也得到类似的公式.代入方程(73)并使 ω^2 的系数等于零,即得到对于 Φ 的方程

$$\Phi_x^2 + \Phi_y^2 + \Phi_z^2 = \frac{1}{a^2} \tag{74}$$

再把 ω 的系数等于零,我们得到方程,在其中将出现解(72)的振幅 $A(x,y,z)$

159

$$A\Delta\Phi + 2(A_x\Phi_x + A_y\Phi_y + A_z\Phi_z) = 0$$

或是

$$\mathbf{grad}\ \ln A \cdot \mathbf{grad}\ \Phi = -\frac{1}{2}\Delta\Phi \tag{75}$$

容易建立方程(74)和特征曲面方程的联系.对于方程(71),我们有以下的特征曲面方程

$$a^2\left[\left(\frac{\partial\omega_1}{\partial x}\right)^2 + \left(\frac{\partial\omega_1}{\partial y}\right)^2 + \left(\frac{\partial\omega_1}{\partial z}\right)^2\right] = \left(\frac{\partial\omega_1}{\partial t}\right)^2$$

并用 $\omega_1 = t + \Phi$ 来代,我们也得到方程(74).以 $\boldsymbol{n}$ 记在某一点 M 的通过这一点的同相曲面 $\Phi =$ 常数的单位法线向量,我们可以写

$$\mathbf{grad}\ \Phi = \varphi(x,y,z)\boldsymbol{n}$$

其中 $\varphi(x,y,z)$ 是在点 (x,y,z) 的向量 $\mathbf{grad}\ \Phi$ 的长度.同时方程(75)可以写为形状

$$\mathbf{grad}_n \ln A = -\frac{1}{2\varphi}\mathrm{div}(\varphi\boldsymbol{n}) \tag{76}$$

其中 $\mathbf{grad}_n \ln A$ 是 $\mathbf{grad}\ \ln A$ 在 n 方向的投影.方程(74)与(76)必须在整个空间成立.可是我们来满足方程(71)的只是近似的.

完全一样,如果我们在马克斯威尔方程(36)中代以

$$\boldsymbol{E} = \boldsymbol{e}\mathrm{e}^{i\omega\Phi},\ \boldsymbol{H} = \boldsymbol{h}\mathrm{e}^{i\omega\Phi} \tag{77}$$

其中 $\boldsymbol{e}$ 和 $\boldsymbol{h}$ 为向量,Φ 为数量函数,皆和 (x_1,x_2,x_3,t) 有关,而 ω 是数,那么聚集含因子 ω 的各项,我们得到

$$\Phi_t\frac{\varepsilon}{c}\boldsymbol{e} = \mathbf{grad}\ \Phi \times \boldsymbol{h} \tag{78}$$

这个方程实际上和[167]中方程(46)相一致.完全一样,也得到类似于方程(47)的方程.方程(78)应当不只在 $\Phi =$ 常数曲面上成立,并且这最后的曲面不是间断曲面,而为在解(77)中的同相曲面.

170. 两个自变量的情形

考虑有两个自变量的一阶方程组,并假设它对关于 x_2 的导数可解出.因此我们有形状为

$$\frac{\partial u_i}{\partial x_2} = \sum_{j=1}^{m} a_{ij}\frac{\partial u_j}{\partial x_1} + \Phi_i(x_1,x_2,u_j)\quad (i=1,\cdots,m) \tag{79}$$

的方程组,其中 a_{ij} 可以和 x_1,x_2 相关.

引入分量为 u_i 与 Φ_i 的向量 $\boldsymbol{u}$ 与 $\boldsymbol{\Phi}$ 以及有元素 a_{ij} 的矩阵 $\boldsymbol{A}$,可以改写方程组(79)为一个向量等式的形状

$$\frac{\partial \boldsymbol{u}}{\partial x_2} = \boldsymbol{A}\frac{\partial \boldsymbol{u}}{\partial x_1} + \boldsymbol{\Phi}(x_1,x_2,u_j) \tag{80}$$

按公式

$$u = Bv \tag{81}$$

引进新向量 v 以替代 u,其中 B 是有元素 b_{ik} 的某矩阵,b_{ik} 与 x_1,x_2 相关,在(x_1,x_2)平面的某区域 D 内有连续导数,并且 B 有异于零的行列式. 我们有

$$\frac{\partial u}{\partial x_i} = B \frac{\partial v}{\partial x_i} + \frac{\partial B}{\partial x_i} v \quad (i = 1, 2) \tag{82}$$

其中矩阵 B 的微分法归结为它的元素的微分法. 把(81)与(82)代入(80),得到对于 v 的方程

$$B \frac{\partial v}{\partial x_2} = AB \frac{\partial v}{\partial x_1} + \Psi$$

其中 Ψ 是向量,其分量和(x_1,x_2,v_j)相关. 以 B^{-1} 乘两边,得到下面形状的变后方程

$$\frac{\partial v}{\partial x_2} = B^{-1} AB \frac{\partial v}{\partial x_1} + \Psi_1 \tag{83}$$

现在若有可能,取矩阵 B 使矩阵 $B^{-1}AB$ 有对角线的形式. 如同大家所知的,这与解对于矩阵 A 的特征方程[Ⅲ₁;27]

$$D(A - \lambda) = 0 \tag{84}$$

相联系,其中左边是矩阵($A - \lambda$)的行列式,或者,在展开的形状

$$\begin{vmatrix} a_{11} - \lambda & a_{12} & \cdots & a_{1m} \\ a_{21} & a_{22} - \lambda & \cdots & a_{2m} \\ \vdots & \vdots & & \vdots \\ a_{m_1} & a_{m_2} & \cdots & a_{mm} - \lambda \end{vmatrix} = 0 \tag{85}$$

假定说,在某一点($x_1^{(0)}$,$x_2^{(0)}$)的邻域内系数 a_{ik} 有连续导数,又方程(85)有不同的根 $\lambda_k(x_1, x_2)(k = 1, \cdots, m)$. 最后的假定主要是为的以后. 此时利用[Ⅲ₁,27]中所说的方法,在所提到的邻域内我们可以作出矩阵 B,使具有化 $B^{-1}AB$ 为纯对角线形式的特性,同时,在标明所有分量以后,我们能写方程(83)为形状

$$\frac{\partial v_i}{\partial x_2} - \lambda_i(x_1, x_2) \frac{\partial v_i}{\partial x_1} + \psi_i(x_1, x_2, v_j) = 0 \tag{86}$$

$$(i = 1, 2, \cdots, m)$$

如果所有的 $\lambda_i(x_1, x_2)$ 在所说到的邻域内是实的,那么方程组称为在这邻域内是双曲型的.

利用[161]中记号,对方程组我们有

$$a_{ij}^{(k)} = 0 \quad (当 i \neq j)$$
$$a_{ii}^{(2)} = 1, a_{ii}^{(1)} = -\lambda_i(x_1, x_2) \tag{87}$$

对于由公式(5)确定的量 ω_{ij} 得到

$$\omega_{ij} = 0 \quad (当 i \neq j)$$

161

$$\omega_{ii} = \frac{\partial \omega_1}{\partial x_2} - \lambda_i(x_1, x_2) \frac{\partial \omega_1}{\partial x_1}$$

方程(6)取形状

$$\left[\frac{\partial \omega_1}{\partial x_2} - \lambda_1(x_1, x_2) \frac{\partial \omega_1}{\partial x_1}\right] \cdots \left[\frac{\partial \omega_1}{\partial x_2} - \lambda_m(x_1, x_2) \frac{\partial \omega_1}{\partial x_1}\right] = 0$$

并且它分解为 m 个线形方程

$$\frac{\partial \omega_1}{\partial x_2} - \lambda_i(x_1, x_2) \frac{\partial \omega_1}{\partial x_1} = 0 \quad (i = 1, \cdots, m) \tag{88}$$

若 $\omega_1(x_1, x_2)$ 是这些方程的一个解,则族 $\omega_1(x_1, x_2) = C$ 是对于方程组(86)的特征曲线族或特征族. 方程(88)相当于常微分方程

$$\mathrm{d}x_1 + \lambda_i(x_1, x_2)\mathrm{d}x_2 = 0$$

即

$$\frac{\mathrm{d}x_1}{\mathrm{d}x_2} = -\lambda_i(x_1, x_2) \tag{89}$$

并且对于平面上我们有具有连续一阶导数的函数 $\lambda_i(x_1, x_2)$ 的那种区域内的各点,有 m 条特征曲线经过.

考虑充分接近于轴 $x_2 = 0$ 的点,且设 l_i 为方程(89)通过点 (x_1, x_2) 的积分曲线的一部分,夹在这一点和这积分曲线与轴 $x_2 = 0$ 相交的某一点 $(x_1^{(i)}, 0)$ 之间. 沿曲线 l_i,我们可以认为任何函数 $\psi(x_1, x_2)$ 只是 x_2 的函数,由于(89)有

$$\frac{\mathrm{d}\psi}{\mathrm{d}x_2} = \frac{\partial \psi}{\partial x_2} - \lambda_i(x_1, x_2) \frac{\partial \psi}{\partial x_1} \quad (沿 l_i)$$

因而方程组(86)等价于以下的积分方程组

$$v_i(x_1, x_2) - v_i(x_1^{(i)}, 0) - \int_{l_i} \psi_i(x_1, x_2, v_j)\mathrm{d}x_2 \tag{90}$$
$$(i = 1, \cdots, m)$$

假设在轴 $x_2 = 0$ 上我们已给定函数 $v_i(x_1, x_2)$ 的数值,我们可以认为 $v_i(x_1^{(i)}, 0)$ 是已知的,并且能对方程组(90)应用逐次逼近法. 这给出柯西问题的解的存在性和唯一性定理以及对初始条件的连续相关性. 这个问题的详细的说明以及当方程(85)有重根的情形的同样的研究,可以在前述的 И. Г. 彼得罗夫斯基的书中找到.

171. 例

1. 考虑确定解析函数实部和虚部的方程组 $[\text{Ⅲ}_2; 2]$

$$\frac{\partial u_1}{\partial x_1} - \frac{\partial u_2}{\partial x_2} = 0, \frac{\partial u_2}{\partial x_1} + \frac{\partial u_1}{\partial x_2} = 0 \tag{91}$$

我们有

$$a_{11}^{(1)} = a_{21}^{(1)} = a_{22}^{(1)} = 1, a_{12}^{(2)} = -1$$

而其余的 $a_{ij}^{(k)}$ 等于零. 方程(6)的左边在改 $\dfrac{\partial w_1}{\partial x_k}$ 为 α_k 时, 有形状: $\alpha_1^2 + \alpha_2^2$, 从而推

知方程组(91)有椭圆型. 考虑到以前说过的这个方程组与解析函数的联系, 可

以肯定, 它的每一个具有连续一阶导数的解是 x_1 和 x_2 的解析函数.

2. 考虑方程组(彼朗(Perron), Math. Zeitschr., Bd. 27, H. 4, 1927)

$$\frac{\partial u_1}{\partial x_1} - \frac{\partial u_2}{\partial x_2} = 0, \quad \frac{\partial u_2}{\partial x_1} - a\,\frac{\partial u_1}{\partial x_2} + F(x_2) = 0 \tag{92}$$

其中 a 为常数.

方程(6)的左边把 $\dfrac{\partial w_1}{\partial x_k}$ 改为 α_k 时有形状 $\alpha_1^2 - a\alpha_2^2$, 因此, 当 $a < 0$ 时方程组

为椭圆型, 而对 $a = 0$ 时为抛物型. 若写方程组为关于 x_1 的偏导数解出的形式,

方程(85)有形状

$$\begin{vmatrix} -\lambda & 1 \\ a & -\lambda \end{vmatrix} = 0$$

即

$$\lambda^2 - a = 0$$

并且当 $a > 0$ 时它有相异实根, 就是说, 当 $a > 0$ 方程组是双曲型的.

首先假定 $a > 0$. 像在[170]所说的来做, 替代 u_1, u_2 引入新函数

$$v_1 = \sqrt{a}\,u_1 + u_2, \quad v_2 = \sqrt{a}\,u_1 - u_2 \tag{93}$$

而得到两个单独对于 v_1 与 v_2 的方程

$$\frac{\partial v_1}{\partial x_1} - \sqrt{a}\,\frac{\partial v_1}{\partial x_2} + F(x_2) = 0, \quad \frac{\partial v_2}{\partial x_1} + \sqrt{a}\,\frac{\partial v_2}{\partial x_2} - F(x_2) = 0 \tag{94}$$

在引进新自变量

$$2\xi = \sqrt{a}\,x_1 + x_2, \quad 2\eta = -\sqrt{a}\,x_1 + x_2$$

以后, 方程组改写为形状

$$-\sqrt{a}\,\frac{\partial v_1}{\partial \eta} + F(\xi + \eta) = 0, \quad \sqrt{a}\,\frac{\partial v_2}{\partial \xi} - F(\xi + \eta) = 0 \tag{95}$$

求出方程组(95)的满足初始条件

$$v_1 \big|_{x_1 = 0} = v_2 \big|_{x_1 = 0} = 0$$

就是

$$v_1 \big|_{\eta = \xi} = 0, \quad v_2 \big|_{\eta = \xi} = 0$$

的那种解. 利用(95), 得到

$$v_1 = \frac{1}{\sqrt{a}} \int_{2\xi}^{\xi + \eta} F(t)\,\mathrm{d}t, \quad v_2 = \frac{1}{\sqrt{a}} \int_{2\eta}^{\xi + \eta} F(t)\,\mathrm{d}t$$

用原来自变量

$$v_1 = \frac{1}{\sqrt{a}} \int_{\sqrt{a}\,x_1 + x_2}^{x_2} F(t)\,\mathrm{d}t$$

$$v_2 = \frac{1}{\sqrt{a}} \int_{-\sqrt{a}x_1+x_2}^{x_2} F(t)\mathrm{d}t$$

并且按照公式(93)可以确定 u_1 与 u_2，它们是方程组(92)的解且满足初始条件

$$u_1 \mid_{x_1=0} = u_2 \mid_{x_1=0} = 0 \tag{96}$$

这样的解显然是唯一的.

当 $a=0$，方程组(92)取形状

$$\frac{\partial u_1}{\partial x_1} - \frac{\partial u_2}{\partial x_2} = 0, \frac{\partial u_2}{\partial x_1} + F(x_2) = 0$$

而我们得到满足条件(96)它的唯一的解

$$u_1 = -\frac{x_1^2}{2}F'(x_2), u_2 = -x_1 F(x_2)$$

并且我们应当假设 $F(x_2)$ 有二阶连续导数.

最后,考虑当 $a=-b^2 < 0$ 的情形.令

$$bx_1 = x, x_2 = y, v_1 = bu_1 + \frac{1}{b}\int_c^y F(t)\mathrm{d}t, v_2 = u_2 \tag{97}$$

改写方程组(92)为形状

$$\frac{\partial v_1}{\partial x} - \frac{\partial v_2}{\partial y} = 0, \frac{\partial v_2}{\partial x} + \frac{\partial v_1}{\partial y} = 0$$

由此可见 $v_1 + v_2\mathrm{i}$ 必须是 $z = x + y\mathrm{i}$ 的正则函数,且由于(96)和(97),这个函数当 $x \to 0$ 时当趋向于实函数

$$\frac{1}{b}\int_c^y F(t)\mathrm{d}t \tag{98}$$

我们可以断定,所说的正则函数必须是通过直线 $x=0$ 的解析延拓,于是推知,也必须是在这直线本身上的解析函数 $[\mathrm{III}_2;24]$.于是函数(98),且因而 $F(y)$,应当是实变数 y 的解析函数.按照 $(y-y_0)$ 的乘幂展开函数(98)

$$-\frac{1}{b}\int_c^y F(t)\mathrm{d}t = \sum_{k=0}^{\infty} a_k(y-y_0)^k$$

其中 y_0 为任何实数,当 z 邻近于 $\mathrm{i}y_0$ 时,我们得到

$$v_1 + v_2\mathrm{i} = \sum_{k=0}^{\infty}(-\mathrm{i})^k a_k(z-\mathrm{i}y_0)^k \quad (z = x + y\mathrm{i})$$

知道了 v_1 和 v_2,依照(97)就求出 u_1 和 u_2.

边 值 问 题

第 4 章

§1　常微分方程的边值问题

172. 二阶线性方程的格林函数

这一章将从事于常微分方程与偏微分方程的边值问题的研究,我们已不止一次地遇到这样的问题的解法.本章目的是给出问题的系统的阐述.

在解数学物理中的一些边值问题时,傅里叶方法的应用屡次地导向下述包含参数的常微分方程的边值问题:求参数 λ 的值,使得齐次方程

$$\frac{\mathrm{d}}{\mathrm{d}x}[p(x)y'] + [\lambda r(x) - q(x)]y = 0 \tag{1}$$

在有限区间 $[a,b]$ 上存在不恒等于零的解,它在这一区间的端点还满足某些齐次的边值条件

$$\alpha_1 y(a) + \alpha_2 y'(a) = 0, \beta_1 y(b) + \beta_2 y'(b) = 0 \tag{2}$$

这里 α_k 与 β_k 是已给的数.此外,我们自然还要假设,α_1 与 α_2 之中,β_1 与 β_2 之中都至少有一个不等于零.我们假定 $p(x), q(x)$ 与 $r(x)$ 都是在闭区间 $[a,b]$ 上的连续函数,并且 $p(x)$ 在这区间上不等于 0 而且有连续的导数.对方程(1)左端中,不包含参数 λ 的那些项的和,引入特殊的记号

$$L(y) = \frac{\mathrm{d}}{\mathrm{d}x}[p(x)y'] - q(x)y$$

照例,把使所提的齐次问题有非零解的 λ 称为特征数或特征值,而把解的本身称为特征函数.特征函数显然还可有一常数因子的变化.不难看出,每一特征值只可以对应一个特征函数.事实上,如果我们做了相反的假设:对某一 λ 存在两个线性无关的,满足边值条件(2)的方程(1)的解,这时就会成立:方程(1)的通解也满足这些边值条件.但是,对不满足式(2)中第一个边值条件的那种初值 $y(a)$ 与 $y'(a)$ 也能够定出方程(1)的一个解,所以所述的情况绝不可能.利用了我们已多次应用过的初等变换[III₂;102,145,157],就可以证明:对应于不同特征值的特征函数 $\varphi_1(x)$ 与 $\varphi_2(x)$ 具有正交性,这就是

$$\int_a^b r(x)\varphi_1(x)\varphi_2(x)\mathrm{d}x = 0$$

对于算子 $L(y)$,现在要引进一个函数,它类似于我们在[1]中所考察过的在集中力作用下弦的静力弯曲.在那里算子 y'' 起着算子 $L(y)$ 的作用,为了用较自然的方法来解释上述函数的性质起见,我们考察非齐次方程

$$L(y) = \frac{\mathrm{d}}{\mathrm{d}x}[p(x)y'] - q(x)y = -f(x) \tag{3}$$

并且假设,在整个区间$[a,b]$中除了一个小区间$[\xi-\varepsilon,\xi+\varepsilon]$之外函数 $f(x)$ 为 0,这里 ξ 是$[a,b]$内部的一个定点,它还满足条件

$$\int_{\xi-\varepsilon}^{\xi+\varepsilon} f(x)\mathrm{d}x = 1 \tag{4}$$

当 ε 趋近于零时,取极限,我们就得到类似于在点 $x=\xi$ 的集中力的函数.在关于 $f(x)$ 的这样的假设下,我们考察方程(1)满足边值条件(2)的解 $y_\varepsilon(x)$,但须假设,这样的解是存在的.把方程(3)的两边关于 x 积分,并注意到(4),就得到

$$p(x)y'_\varepsilon(x)\Big|_{x=\xi-\varepsilon}^{x=\xi+\varepsilon} - \int_{\xi-\varepsilon}^{\xi+\varepsilon} q(x)y_\varepsilon(x)\mathrm{d}x = -1$$

并且,在 $\varepsilon \to 0$ 的极限情形下,就有

$$y'(\xi+0) - y'(\xi-0) = -\frac{1}{p(\xi)}$$

这就是,上述解的导数 $y'(x)$ 在点 $x=\xi$ 应当有第一类的间断,它的跃度等于 $-\frac{1}{p(\xi)}$.自然,这一个解将依赖于区间$[a,b]$中的点 ξ 的选择,这就是说,它是两个变量(x,ξ)的函数.在以后我们用 $G(x,\xi)$ 来记它,称它为算子 $L(y)$ 在边值条件(2)下的格林函数.以上的论述导引到格林函数的如下的严格定义:算子 $L(y)$ 在边值条件(2)下的格林函数是指满足下列条件的函数 $G(x,\xi)$:(1) 它在依不等式 $a \leqslant x,\xi \leqslant b$ 所确定的正方形 k_0 中有定义且为连续;(2) 如果把它看成变量 x 的函数,它在 $a \leqslant x < \xi$ 与 $\xi < x \leqslant b$ 有到二阶的连续导数,且满足齐

次方程 $L(y)=0$;(3) 如果把它看成 x 的函数,它满足边值条件(2);(4) 在所说的正方形 k_0 的对角线上,即在 $x=\xi$ 时,它关于变量 x 的导数(我们记它为 $G'(x,\xi)$)有第一类的间断,还应满足如下的两个条件

$$G'(\xi+0,\xi)-G'(\xi-0,\xi)=-\frac{1}{p(\xi)}$$

$$G'(\xi,\xi+0)-G'(\xi,\xi-0)=\frac{1}{p(\xi)} \tag{5}$$

最后的条件可归结到如下的一个要求:对于所说的对角线 $x=\xi$ 上的一点,如从上面,即从区域 $\xi>x$ 来趋近它以及从下面,即从区域 $\xi<x$ 来趋近它,导数 $G'(x,\xi)$ 应当有定值,而这两个极限值之差应当等于 $\frac{1}{p(\xi)}$. 在这两个区域的每一个之中,由于 $L(G)=0$ 之故,它关于第一个变量的二阶导数可表述如下

$$p(x)G''(x,\xi)=-p'(x)G'(x,\xi)+q(x)G(x,\xi)$$

因而,当一点从对角线的某一侧来趋近于对角线上的点时,这二阶导数就会有确定的极限值.

现在要证明,满足上述所有条件的格林函数存在且唯一. 这时我们假设 $\lambda=0$ 并非特征值,这就是说,方程 $L(y)=0$ 没有满足条件(2)的不恒等于0的解. 以后我们会看到当在 $\lambda=0$ 是特征值时,格林函数的定义要作怎样的改变. 作齐次方程 $L(y)=0$ 的一个解 $y_1(x)$,它取满足条件(2)的第一式的某二数为初值 $y_1(a)$ 与 $y'_1(a)$,这个解 $y_1(x)$,和一般所有的解 $c_1y_1(x)$(c_1 是任意常数)都会满足第一个边值条件. 不难见到,它们也已取尽了满足(2)中第一个条件的所有解. 事实上,如果某一个解 $y(x)$ 也满足这一条件,那么就有关于 α_1 与 α_2 的两个齐次方程

$$\alpha_1 y_1(a)+\alpha_2 y'_1(a)=0,\alpha_1 y(a)+\alpha_2 y'(a)=0$$

因为,我们自然要假设这两个数中至少有一个不为0,所述方程组的行列式应当等于零,这就是,解 $y(x)$ 与 $y_1(x)$ 的朗斯基行列式在 $x=a$ 时等于零,因而 $y(x)$ 与 $y_1(x)$ 线性相关,即 $y(x)=cy_1(x)$[Ⅱ;24].

同样地可设 $c_2y_2(x)$ 是方程 $L(y)=0$ 的满足条件(2)中第二式的解,这里 c_2 是任意常数. 根据存在及唯一性定理,两个解 $y_1(x),y_2(x)$ 都在全区间 $[a,b]$ 定义,而且是线性无关. 事实上,如果它们是线性相关,那么 $y_1(x)$ 就会使条件(2)的两个边值条件都得到满足,而 $\lambda=0$ 就会是特征值,这与以上所做的假设相矛盾. 在 $x\leqslant\xi$ 时,$G(x,\xi)$ 应当具有 $c_1y_1(x)$ 的形式,而在 $x\geqslant\xi$ 时,它应当具有形式 $c_2y_2(x)$. 所余下来的就是要选择常数 c_1 与 c_2,使得在点 $x=\xi$ 时函数是连续的,而它的一阶导数具有上述的跃度. 这就导引到决定 c_1 与 c_2 的下列两个方程

$$c_1y_1(\xi)-c_2y_2(\xi)=0$$

$$c_1 y'_1(\xi) - c_2 y'_2(\xi) = \frac{1}{p(\xi)} \qquad (6)$$

这一方程组的行列式 $[y_2(\xi) y'_1(\xi) - y_1(\xi) y'_2(\xi)]$ 不等于0,这是因为这两个解是线性独立的缘故. 因而,我们就得到常数 c_1 与 c_2 的确定数值. 不难见到这两个解的朗斯基行列式应当由公式

$$y_1(x) y'_2(x) - y_2(x) y'_1(x) = \frac{c}{p(x)}$$

所表达 $[\text{II};24]$,这里 c 是某一非零常数. 添加常数因子(例如对解 $y_1(x)$),我们就可以假定这两个解满足条件

$$p(x)[y_1(x) y'_2(x) - y_2(x) y'_1(x)] = 1$$

从此直接可推出,方程组(6)有解 $c_1 = y_2(\xi)$ 与 $c_2 = y_1(\xi)$,而格林函数 $G(x,\xi)$ 就依以下方式所确定

$$G(x,\xi) = \begin{cases} y_1(x) y_2(\xi) & (x \leqslant \xi) \\ y_2(x) y_1(\xi) & (x \geqslant \xi) \end{cases} \qquad (7)$$

不难直接验证,它满足所有的四个条件. 它的唯一性直接从以前的论述中得出.

173. 边值问题化为积分方程

考察非齐次方程

$$L(y) = \frac{\mathrm{d}}{\mathrm{d}x}[p(x) y'] - q(x) y = -f(x) \qquad (8)$$

这里 $f(x)$ 是在区间 $[a,b]$ 上给定的连续函数,要求方程(8)的满足边值条件(2)的解. 这样的解只能有一个,因为如果有两个的话,那么,它们的差就满足齐次方程 $L(y)=0$ 以及边值条件(2),这就是,$\lambda=0$ 就会是特征值了. 现要验证,方程(8)的满足边值条件(2)的唯一解是由公式

$$y(x) = \int_a^b G(x,\xi) f(\xi) \mathrm{d}\xi \qquad (9)$$

所给出,在[1]中所指出的那个相类似的函数,具有简单的力学意义: 如果知道集中力的静力弯曲,那么用积分法就可以得出连续分布力的静力弯曲.

现在来证明公式(9)所定义的函数满足方程(8)与边值条件(2). 考虑到格林函数有上述的不连续性,我们把积分区间划分为二

$$y = \int_a^x G(x,\xi) f(\xi) \mathrm{d}\xi + \int_x^b G(x,\xi) f(\xi) \mathrm{d}\xi$$

对 x 求导数,就得到

$$y' = \int_a^x G'(x,\xi) f(\xi) \mathrm{d}\xi + G(x, x-0) f(x) + $$
$$\int_x^b G'(x,\xi) f(\xi) \mathrm{d}\xi - G(x, x+0) f(x)$$

由于格林函数本身是连续的,即 $G(x, x+0) = G(x, x-0)$,上式即

$$y' = \int_a^x G'(x,\xi) f(\xi) \,\mathrm{d}\xi + \int_x^b G'(x,\xi) f(\xi) \,\mathrm{d}\xi =$$

$$\int_a^b G'(x,\xi) f(\xi) \,\mathrm{d}\xi \qquad (10)$$

从公式(9)与(10)以及 $G(x,\xi)$ 满足边值条件(2)这一事实,直接得出,函数(9)也满足这些边值条件. 为了验证方程(8),把 y' 再对 x 微分一次,经过简单的变形后,我们得到

$$y'' = \int_a^b G''(x,\xi) f(\xi) \,\mathrm{d}\xi + \left[G'(x,x-0) - G'(x,x+0) \right] f(x)$$

而从式(5)就得出

$$y'' = \int_a^b G''(x,\xi) f(\xi) \,\mathrm{d}\xi - \frac{f(x)}{p(x)} \qquad (11)$$

把式(8)的右端的 y,y' 与 y'' 用它们的表示式(9)(10)与(11)来代入,就得到

$$\int_a^b L(G) f(\xi) \,\mathrm{d}\xi - f(x) = -f(x)$$

因为函数 $G(x,\xi)$ 是齐次方程 $L(y)=0$ 的解,所以方程(8)得到满足. 还可指出,从上述公式直接推知:公式(9)所定义的函数 y 在整个区间有到二阶的连续导数. 因而,我们导得如下的断言:如果 $\lambda=0$ 并非微分方程(8)的特征值,那么这一方程对任意给定在 $[a,b]$ 的连续函数 $f(x)$ 有唯一的,满足边值条件(2)的解,并且,这个解是由公式(9)所确定. 还可以用另外的方式来说:对于任意的已给连续函数 $f(x)$,函数(9)有到二阶的连续导数,它还满足方程(8)与边值条件(2).

我们指出,如果 $y(x)$ 是任意的在区间 $[a,b]$ 有到二阶的连续导数的函数,并满足边值条件(2),那么,如果把这个函数代到方程(8)的左端,就可以作出对应的连续函数 $f(x)$,因此,依上面所证,函数 $y(x)$ 可按公式(9)用 $f(x)$ 来表出.

这样,公式(8)与(9)建立起两类函数之间一对一的相互对应:在区间 $[a,b]$ 具有到二阶的连续导数,且满足边值条件(2)的函数 $y(x)$ 属于第一类,而在区间 $[a,b]$ 连续的函数 $f(x)$ 属于第二类,借助公式(8)可由 $y(x)$ 得到 $f(x)$,而按公式(9)可由 $f(x)$ 得到 $y(x)$.

由上所述,直接可得出把上节开端所叙述的边值问题化为积分方程的可能性. 事实上,把方程(1)改写为形式

$$L(y) = -\lambda r(x) y$$

之后,从上面所确立的结果,就直接地得到:带有边值条件(2)的这个方程与积分方程

$$y(x) = \lambda \int_a^b G(x,\xi) r(\xi) y(\xi) \,\mathrm{d}\xi \qquad (12)$$

等价.完全同样地,带有边值条件(2)的非齐次方程

$$\frac{\mathrm{d}}{\mathrm{d}x}[p(x)y'] + [\lambda r(x) - q(x)]y = F(x) \qquad (12')$$

与积分方程

$$y(x) = F_1(x) + \lambda \int_a^b G(x,\xi)r(\xi)y(\xi)\mathrm{d}\xi \qquad (12'')$$

等价,这里

$$F_1(x) = -\int_a^b G(x,\xi)F(\xi)\mathrm{d}\xi$$

并且,我们应当从这两个积分方程来求连续解 $y(x)$.

174. 格林函数的对称性

公式(7)不仅在 $a < x < b$ 时确定格林函数,而且也在端点 $x=a$ 与 $x=b$(这就是在整个问题正方形 $a \leqslant x, \xi \leqslant b$) 确定它,从这一公式直接可推出,在整个正方形内,格林函数具有对称性

$$G(x,\xi) = G(\xi,x) \qquad (13)$$

现给出格林函数对称性的另一证明,它所根据的思想可适用于更一般的情况.不难验证如下的恒等式

$$uL(v) - vL(u) = \frac{\mathrm{d}}{\mathrm{d}x}[p(x)(uv' - vu')] \qquad (14)$$

在这恒等式中,$u(x)$ 与 $v(x)$ 是具有到二阶的连续导数的任意函数.把 $u = G(x, \xi_1)$ 与 $v = G(x, \xi_2)$ 代入公式(14),这时,为了确定起见,假设 $\xi_1 < \xi_2$.沿区间 $[a, \xi_1]$,$[\xi_1, \xi_2]$ 与 $[\xi_2, b]$ 积分,注意到格林函数满足齐次方程 $L(y) = 0$,我们就得到

$$[p(x)(G(x,\xi_1)G'(x,\xi_2) - G(x,\xi_2)G'(x,\xi_1))]_{x=a}^{x=\xi_1} = 0$$

$$[p(x)(G(x,\xi_1)G'(x,\xi_2) - G(x,\xi_2)G'(x,\xi_1))]_{x=\xi_1}^{x=\xi_2} = 0$$

$$[p(x)(G(x,\xi_1)G'(x,\xi_2) - G(x,\xi_2)G'(x,\xi_1))]_{x=\xi_2}^{x=b} = 0$$

把这三式相加,并注意到格林函数本身的连续性与它的第一阶导数的间断性,我们引导到如下的关系式

$$G(\xi_1,\xi_2) - G(\xi_2,\xi_1) =$$
$$[p(x)(G(x,\xi_1)G'(x,\xi_2) - G(x,\xi_2)G'(x,\xi_1))]_{x=a}^{x=b} \qquad (15)$$

不难验证,所写出的公式的右端的差式当 $x=a$ 与 $x=b$ 时均变为零.事实上,格林函数满足边值条件(2)的第一个,即

$$\alpha_1 G(a,\xi_1) + \alpha_2 G'(a,\xi_1) = 0$$

$$\alpha_1 G(a,\xi_2) + \alpha_2 G'(a,\xi_2) = 0$$

并因为,我们自然假设所给常数 α_1 与 α_2 不能同时为零,所以所写的齐次方程组的行列式应该等于零,这就是以上所说的差式在 $x=a$ 时确实变为零.可类似地

证明,它在 $x=b$ 时也变为零,那么公式(15)就给出格林函数的对称性.

还可以研究比条件(2)更广泛的边值条件,这就是,函数 $y(x)$ 及其导数在区间两端的数值都出现在两个条件之中

$$\alpha_1 y(a) + \alpha_2 y'(a) + \alpha_3 y(b) + \alpha_4 y'(b) = 0$$
$$\beta_1 y(a) + \beta_2 y'(a) + \beta_3 y(b) + \beta_4 y'(b) = 0$$

所有上面的论述,除了格林函数的对称性的证明以外,都保持有效,但是,要使以上对格林函数的对称性的证明也能成立,其充要条件是:条件

$$p(b) \begin{vmatrix} \alpha_1 & \alpha_2 \\ \beta_1 & \beta_2 \end{vmatrix} = p(a) \begin{vmatrix} \alpha_3 & \alpha_4 \\ \beta_3 & \beta_4 \end{vmatrix}$$

能满足. 我们不来证明这个论断. 不难直接验证,如果 $p(a)=p(b)$ (即函数 $p(x)$ 有周期性),在纯周期性的边值条件 $y(a)=y(b)$, $y'(a)=y'(b)$ 下,格林函数仍能为对称. 还可指出:如果其余的系数 $q(x)$ 与 $r(x)$ 也具有周期性,那么在上述周期性的边值条件下的边值问题归结为求参数 λ 的数值,使得方程(1)有周期解.

175. 边值问题的特征值与特征函数

因为我们已把边值问题化到积分方程去,那么就可以利用积分方程的一般理论中的结果了,因而就得到一系列的有关边值问题的特征值与特征函数的论断. 首先考察 $r(x) \equiv 1$ 的情形,这时方程(1)具有形式

$$\frac{\mathrm{d}}{\mathrm{d}x}[p(x)y'] + (\lambda - q(x))y = 0 \tag{16}$$

并且,我们还假设边值条件是能使格林函数为对称的. 积分方程(12)是对称核的方程. 它将有实的特征值,而对应不同的特征值的特征函数将是正交的. 在当前的情况,如以前所见[172],每一特征值只对应一个特征函数. 对形式(2)的边值条件我们已经证过了,在周期性的边值条件的情况下,一个特征值可能对应两个特征函数,但不能再多,这是因为方程(16)只有两个线性无关的解. 我们还要证明:方程(16)的核 $G(x,\xi)$ 是一个完备核,就是说,不恒等于零而与核正交的连续函数 $f(x)$ 是不存在的. 如果作相反的假设,即存在这样的函数,使

$$\int_a^b G(x,\xi)f(\xi)\mathrm{d}\xi = 0$$

那么,从一方面来看,函数(9)就应该恒等于零. 但另一面,由于以前所证,它又应满足非齐次方程(8),这是不可能的. 如所知[25],从核的完备性可得出:存在着特征值的无限集. 设 $\lambda_n (n=1,2,\cdots)$ 是方程(16)的特征值,即我们的问题的特征值,又 $\varphi_n(x)$ 是对应的特征函数,它们组成正交标准化的系统. 假设函数 $f(x)$ 满足边值条件并有到二阶的连续导数. 如令 $L(f)=-h(x)$,我们就得到这个函数依核的表达式

$$f(x) = \int_a^b G(x,\xi)h(\xi)\mathrm{d}\xi$$

因此,每一满足边值条件,在区间 $[a,b]$ 有到二阶的连续导数的函数 $f(x)$,在这一区间里可以按特征函数 $\varphi_n(x)$ 展开为正则收敛的傅里叶级数[38].还容易证得如下的定理.

定理　如果连续函数 $f(x)$ 的傅里叶级数

$$\sum_{n=1}^{\infty} c_n\varphi_n(x), c_n = \int_a^b f(x)\varphi_n(x)\mathrm{d}x \tag{17}$$

在区间 $[a,b]$ 一致收敛,那么它的和等于 $f(x)$.

我们用反证法.设 $f_1(x)$ 是级数(17)的和,并设 $f_1(x)$ 在区间 $[a,b]$ 中并不恒等于 $f(x)$,这时不恒等于零的差式 $f_1(x) - f(x)$ 同所有的函数 $\varphi_n(x)$ 相正交,因而也与核相正交,这就与所证过的核的完备性相矛盾.在以后我们将利用这里所证的定理.

可以证明,不仅核 $G(x,\xi)$ 是完备的,而且特征函数 $\varphi_n(x)$ 也组成封闭族,上面所证的定理也可以直接地从这里推出.

以后,在考察多维的情形时,我们给出下述事实的证明:对于任何连续函数,封闭性方程成立.这一证明对一维的情形也有效.

现在考察 $r(x)$ 不为 1 的情形,还假设这一函数是正的.利用[32]中的结果,我们可以看到,在这种情形下,方程(1)的边值问题也可以化为对称核的积分方程.特别是,每一满足边值条件,在区间 $[a,b]$ 有到二阶连续导数的函数,都可以按问题的特征函数展开为正则收敛的傅里叶级数

$$f(x) = \sum_{n=1}^{\infty} c_n\varphi_n(x) \tag{18}$$

它的系数是由公式

$$c_n = \int_a^b r(x)f(x)\varphi_n(x)\mathrm{d}x \tag{19}$$

所确定.为了证明这一断言,我们注意到:据[173]中所证明的事实,就有

$$f(x) = -\int_a^b G(x,\xi)L[f(\xi)]\mathrm{d}\xi$$

但是显然,我们可以记 $L[f(\xi)] = -\sqrt{r(\xi)}\,h(\xi)$,这里,由于 $r(\xi) > 0$,所以 $h(\xi)$ 在区间 $[a,b]$ 连续. 因此,我们可以用对称核的积分方程的核来表示函数 $\sqrt{r(x)}\,f(x)$

$$\sqrt{r(x)}\,f(x) = \int_a^b G(x,\xi)\,\sqrt{r(x)r(\xi)}\,h(\xi)\mathrm{d}\xi \tag{20}$$

而[32]中的论述立即就给出上面所说的展开的定理.也同以上一样,可以证明核的封闭性,因而就存在特征值的无限集.在函数 $f(x)$ 有连续的第一阶导数与

分段连续的第二阶导数的情况,重复应用[172]中的议论,并记起[22]中的定理 17 对于借分段连续函数 $h(x)$ 依核来表达的函数也有效,我们就能肯定:上述的展开的定理在满足边值条件的函数 $f(x)$ 有一阶连续导数与二阶分段连续导数的情形也有效.在以后,我们还指出一些情况,那时展开的定理中还可以容许函数的第一阶导数的分段连续性.

176. 特征值的符号

为使后来的公式简单起见,在研究特征值的符号时,我们将假设,$r(x) \equiv 1$.所有的论述容易推广到一般的情形去.首先,要给出用对应的特征函数来表示特征值的一个公式.如前,设 λ_n 是特征值,$\varphi_n(x)$ 是特征函数,它们组成正交标准化系统.我们有

$$L(\varphi_n) = -\lambda_n \varphi_n(x)$$

在两端乘以 $\varphi_n(x)$,积分,注意到特征函数的标准化的性质,就得到

$$\lambda_n = -\int_a^b L(\varphi_n)\varphi_n(x)\mathrm{d}x =$$

$$-\int_a^b \left[\frac{\mathrm{d}}{\mathrm{d}x}(p(x)\varphi'_n(x)) - q(x)\varphi_n(x)\right]\varphi_n(x)\mathrm{d}x$$

由此,把第一项分部积分,就导得下面的公式

$$\lambda_n = \int_a^b \left[p(x)\varphi'^2_n(x) + q(x)\varphi_n^2(x)\right]\mathrm{d}x -$$

$$\left[p(x)\varphi_n(x)\varphi'_n(x)\right]_{x=a}^{x=b} \tag{21}$$

我们假设,这公式中积分号以外的项变为零.例如在边值条件 $\varphi_n(a) = \varphi_n(b) = 0$ 时会发生这情况.这时,公式(21)可改写为形式

$$\lambda_n = \int_a^b \left[p(x)\varphi'^2_n(x) + q(x)\varphi_n^2(x)\right]\mathrm{d}x \tag{22}$$

设 $p(x) > 0$.此外,如果我们还假设在区间 $[a,b]$ 中 $q(x) \geqslant 0$,那么从所写的公式中,就可直接推知所有的特征值均为正.现证 $q(x)$ 是任意的连续函数,而 m 是它在区间中的极小值,即在 $[a,b]$ 中 $q(x) \geqslant m$.从前一公式直接地推出

$$\lambda_n \geqslant \int_a^b p(x)\varphi'^2_n(x)\mathrm{d}x + m \geqslant m$$

因之,在所论情形下,只能有有限个负的特征值.现设边值条件具有形式

$$y'(a) - h_1 y(a) = 0,\ y'(b) + h_2 y(b) = 0 \tag{23}$$

这里 h_1 与 h_2 是正的常数.公式(21)在积分号以外的项这时都为正,我们就与以前一样,可以肯定,在边值条件(23)以及 $q(x) \geqslant 0$ 的情况下,所有的特征值都是正的.

如果所有的特征值都是正的,或者只有有限个特征值是负的,那么麦色定理就会成立,我们可以把核的展开式写成绝对且一致收敛的级数

$$G(x,\xi) = \sum_{n=1}^{\infty} \frac{\varphi_n(x)\varphi_n(\xi)}{\lambda_n} \qquad (24)$$

这个等式使我们能够直接把在[175]所证明的按特征函数展开的定理推广到更广泛的一类函数中去,这就是,我们设 $f(x)$ 为连续,在整个区间除点 $x=c$ 外有连续的导数,在 $x=c$ 时,它有第一类的不连续性

$$f'(c+0) - f'(c-0) = k$$

函数还存在分段连续的二阶导数.此外,照例还假设 $f(x)$ 满足边值条件.作差式

$$f(x) + \frac{k}{p(c)}G(x,c)$$

它在整个区间无例外地具有连续的导数.对这一差式,按特征函数展开的定理有效.另一面,由式(24),所差的项 $G(x,c)$ 可以按特征函数展开,因此,原来的函数 $f(x)$ 可以展开为绝对与一致收敛的按特征函数的傅里叶级数.自然,所进行的讨论也可以适用于导数 $f'(x)$ 在区间 $[a,b]$ 中有有限个第一类不连续点的情况.它类似于我们从前在改善傅里叶级数的收敛性时所用的方法[II;158].

177.例

1.考察方程

$$y'' + \lambda y = 0$$

与边值条件 $y(0) = y(1) = 0$.在当前的情况下 $L(y) = y''$,而格林函数是

$$G(x,\xi) = \begin{cases} (1-\xi)x & (x \leqslant \xi) \\ (1-x)\xi & (\xi \leqslant x) \end{cases}$$

特征值与特征函数可以用有限的方式确定起来

$$\lambda_n = n^2\pi^2, \quad \varphi_n(x) = \sqrt{2}\sin n\pi x \quad (n=1,2,\cdots)$$

我们也有对满足前段所述条件的所有的函数的展开的定理.展开定理可应用的条件还可以大大地放宽,但我们不来讨论它.

2.保留以上的微分方程,选取新的边值条件 $y(0) = y'(1) = 0$,在这种情形下

$$G(x,\xi) = \begin{cases} x & (x \leqslant \xi) \\ \xi & (\xi \leqslant x) \end{cases}$$

而特征值与特征函数所取的形式是

$$\lambda_n = (2n+1)^2 \frac{\pi^2}{4}, \quad \varphi_n(x) = \sqrt{2}\sin(2n+1)\frac{\pi}{2}x$$

3.对同一方程,考察边值条件 $y(0) = 0, y(1) + hy'(1) = 0$.

现在要作对应的格林函数.作方程 $y'' = 0$ 的两个解,其一满足第一个边值条件,另一个满足第二个边值条件:$y_1(x) = x, y_2(x) = (1+h) - x$.依在[172]中所指出的方法,我们就能导引到如下的格林函数的公式

$$G(x,\xi) = \begin{cases} \dfrac{1+h-\xi}{1+h}x & (x \leqslant \xi) \\[3mm] \dfrac{1+h-x}{1+h}\xi & (\xi \leqslant x) \end{cases}$$

在这种情形下,所有的特征值是正的,并且,如令 $\lambda = \mu^2$,我们不难相信,特征值 μ 是由方程 $\tan \mu + h\mu = 0$ 所决定,而特征函数将为 $c_n \sin \mu_n x$,这时常数 c_n 应当由这些函数的标准化条件来决定.

4. 在研究边缘固定着的圆形膜的振动时,我们曾引导到如下的边值问题. 求参数 λ 的值,使得方程

$$y'' + \frac{1}{x}y' + \left(\lambda - \frac{n^2}{x^2}\right)y = 0 \tag{25}$$

有在 $x=0$ 为有限,在 $x=l$ 等于零的解. 用字母 n 记非负整数. 这一边值问题与我们以前所研究的比较起来,是特别一些的,这就是,它的系数在端点 $x=0$ 时有一极点,同时在这一端点,只提出解在 $x=0$ 的近旁是有界的这一条件,以代替确定的边值条件. 这引导到方程(25)的解在 $x=0$ 有确定的有限值.

我们从前也已屡次地遇到过这一类的边值问题. 把式(25)的两边乘以 x,就可把方程改写成通常的形式

$$\frac{\mathrm{d}}{\mathrm{d}x}(xy') + \left(\lambda x - \frac{n^2}{x}\right)y = 0 \tag{26}$$

并假设 n 是正的.

格林函数的决定方法如前,但我们以格林函数在 $x=0$ 时为有限的要求来代替在端点 $x=0$ 的边值条件. 方程 $L(y)=0$ 是欧拉方程[Ⅱ;42],它有线性无关的解 x^n 与 x^{-n}.

如果注意到在端点 $x=0$ 的有限性的条件,在区间 $0 \leqslant x \leqslant \xi$ 中,我们就应取表示式 $c_1 x^n$ 为格林函数,而在区间 $\xi \leqslant x \leqslant 1$ 中,我们就应作起所指出两个解的适当的线性组合,使得它在 $x=1$ 时化为零,这就是,在这区间中,应取表达式 $c_2(x^n - x^{-n})$ 为格林函数. 常数 c_1 与 c_2 照例是从格林函数的连续性及它的导数在 $x=\xi$ 时的跃度等条件所决定的. 这就给出如下的公式

$$G(x,\xi) = \begin{cases} \dfrac{1}{2n}\left[\left(\dfrac{x}{\xi}\right)^n - (x\xi)^n\right] & (x \leqslant \xi) \\[3mm] \dfrac{1}{2n}\left[\left(\dfrac{\xi}{x}\right)^n - (x\xi)^n\right] & (\xi \leqslant x) \end{cases}$$

完全与从前一样,非齐次方程 $L(y) = -f(x)$ 有唯一的满足上述边值条件的解,并且这个解由公式

$$y(x) = \int_0^1 G(x,\xi)f(\xi)\,\mathrm{d}\xi$$

所确定.[176] 中的论述指出,所有的特征值均为正. 令 $\lambda = \mu^2$,决定特征值的超

175

越方程就是 $J_n(\mu)=0$,而特征函数就是 $\varphi_n(x)=c_nJ_n(\mu_nx)$. 在 $n=0$ 时,方程 $L(y)=0$ 有线性无关的解 $y_1(x)=1$ 与 $y_2(x)=\ln x$,而决定格林函数的公式是

$$G(x,\xi)=\begin{cases} -\ln\xi & (x\leqslant\xi) \\ -\ln x & (\xi\leqslant x) \end{cases} \tag{27}$$

还可注意到,在当前的情形下,公式(9)给出

$$y(x)=\int_0^1 G(x,\xi)f(\xi)\,\mathrm{d}\xi=-\ln x\int_0^x f(\xi)\,\mathrm{d}\xi-\int_x^1 f(\xi)\ln\xi\,\mathrm{d}\xi$$

而且可以直接验证,这一函数满足方程 $L(y)=-f(x)$ 与边值条件. 从方程 (26) 就可直接得到:在所论情况下,$r(x)=x$. 在把我们的边值问题化到积分方程时,就得到核 $G(x,\xi)\sqrt{\xi x}$,它在整个正方形上除了顶点 $x=\xi=0$ 以外都是连续的.

这一积分方程的特征函数就是 $\varphi_n(x)=c_n\sqrt{x}J_0(\mu_nx)$,我们就有展为绝对且一致收敛的傅里叶级数

$$G(x,\xi)\sqrt{\xi x}=\sum_{n=1}^\infty \frac{\varphi_n(x)\varphi_n(\xi)}{\lambda_n}$$

除以 $\sqrt{\xi x}$ 之后,就得到

$$G(x,\xi)=\sum_{n=1}^\infty \frac{c_n^2 J_0(\mu_nx)J_0(\mu_n\xi)}{\lambda_n}$$

而对这级数,我们只能断定它在区间 $[\varepsilon,1]$ 为一致收敛,这里 ε 是任意已给的正数. 由于标准化的条件,常数 c_n 可由公式

$$c_n^2=\frac{2}{J_1(\mu_n)}$$

来决定$[\text{Ⅲ}_2;145]$. 这时还可注意到,由公式(27)所决定的函数 $G(x,\xi)$,它在点 (x,ξ) 趋向于正方形的顶点 $(0,0)$ 时趋于无限大. 在这时,除掉以上所指出的特异性以外,我们还有另一特异性,即是 $r(x)=x$ 在一端 $x=0$ 时也变为零.

在第五卷我们要详细研究在区间端点有特异点的方程的边值问题与在无穷区间的方程.

178. 推广的格林函数

现在来考察方程(1)在边值条件(2)下有特征值 $\lambda=0$ 的情形,也就是齐次方程 $L(y)=0$ 有一满足边值条件的解 $y=\varphi_0(x)$. 可以假设这个解已经是标准化的,我们以后也将这样做. 现在,我们已经不能作出满足在[172]中所指出的全部条件的格林函数,而要把格林函数的定义本身做些变更. 我们保持着以前关于函数本身连续性,关于它的导数在 $x=\xi$ 的间断性以及关于满足边值条件等条件,同时我们要求使函数 $G(x,\xi)$ 在区间 $[a,\xi]$ 与 $[\xi,b]$ 所应满足的方程已不是齐次方程 $L(y)=0$,而是具有右端的方程

$$L[G(x,\xi)]=\varphi_0(\xi)\varphi_0(x) \tag{28}$$

如果 $y(x)$ 是这个方程的某一解,又满足边值条件,那么,由于 $\varphi_0(x)$ 满足齐次方程与边值条件,和式 $y(x)+c\varphi_0(x)$ 对任何的 c 也都会满足方程(28)与边值条件;为了确定常数 c 起见. 我们还引入新的补充条件,这就是函数 $G(x,\xi)$ 与函数 $\varphi_0(x)$ 的直交条件

$$\int_a^b [G(x,\xi)]\varphi_0(x)\mathrm{d}x=0 \tag{29}$$

方程(28)的右端有其简单的物理意义. 如果 $\lambda=0$ 是问题的特征值,那么在等于零的频率时就有共振,因而存在集中力时就不能得到有限的静力位移. 为了得出这种位移,除了集中力以外,我们还必须添上连续分布的力,它是由方程(28)的右端所表征的力.

类似于在[172]中所做的过程,就可作出推广的格林函数. 设 $\omega(x)$ 是非齐次方程

$$L(\omega)=\varphi_0(\xi)\varphi_0(x) \tag{30}$$

的某个解,而 $\varphi_1(x)$ 是对应的齐次方程的解,它与 $\varphi_0(x)$ 线性无关,并使

$$p(x)[\varphi_0(x)\varphi'_1(x)-\varphi_1(x)\varphi'_0(x)]=1 \tag{31}$$

回忆起,非齐次方程的一般解是它的一个特解 $\omega(x)$ 与齐次方程的通解的和,我们就应令

$$G(x;\xi)=\omega(x)+c_1\varphi_0(x)+c_2\varphi_1(x) \quad (x\leqslant\xi)$$
$$G(x;\xi)=\omega(x)+c_3\varphi_0(x)+c_4\varphi_1(x) \quad (x\geqslant\xi) \tag{32}$$

这一函数应当满足边值条件(2),如果注意到 $\varphi_0(x)$ 满足这些条件,就得到两个等式

$$\alpha_1\omega(a)+\alpha_2\omega'(a)+c_2[\alpha_1\varphi_1(a)+\alpha_2\varphi'_1(a)]=0$$
$$\beta_1\omega(b)+\beta_2\omega'(b)+c_4[\beta_1\varphi_1(b)+\beta_2\varphi'_1(b)]=0 \tag{33}$$

从其中可确定 c_2 与 c_4. 因为 $\varphi_1(x)$ 与 $\varphi_0(x)$ 线性无关,它就不能满足条件(2)中的任何一个[172],所以 c_2 与 c_4 的系数不为 0. 在 $x=\xi$ 的连续性条件与在这一点的导数的间断性条件导致下面的两个等式

$$(c_1-c_3)\varphi_0(\xi)+(c_2-c_4)\varphi_1(\xi)=0$$
$$(c_1-c_3)\varphi'_0(\xi)+(c_2-c_4)\varphi'_1(\xi)=1:p(\xi)$$

由于(31),它们可以写成

$$c_1-c_3=-\varphi_1(\xi), c_2-c_4=\varphi_0(\xi) \tag{34}$$

余下还要满足条件(29). 常数 c_2 与 c_4 已由公式(33)所确定. (34)中的第一等式给出 $c_1=c_3-\varphi_1(\xi)$. 代入公式(32)的第一式,就可以从条件(29)来决定 c_3,而 c_1 可按刚才所写的公式决定. 所有的常数都已经决定,但我们还没有考虑到(34)中的第二式. 剩下来我们还要验证如下的事实:按公式(33)所决定的 c_2 与 c_4 满足等式(34)中的第二式.

为此,把公式(14) 写为

$$\varphi_0(x)L(\omega) - \omega(x)L(\varphi_0) = \frac{\mathrm{d}}{\mathrm{d}x}\big[p(x)(\varphi_0\omega' - \omega\varphi'_0)\big]$$

沿基本区间$[a,b]$ 积分这式子的两端. 注意到$L(\varphi_0)=0$,方程(30) 及函数 $\varphi_0(x)$ 是标准化的,就得到

$$\varphi_0(\xi) = \big[p(x)(\varphi_0\omega' - \omega\varphi'_0)\big]_{x=a}^{x=b} \tag{35}$$

我们所必须验证(34) 中的第二式,由于(33),可以把它写成

$$\frac{\beta_1\omega(b) + \beta_2\omega'(b)}{\beta_1\varphi_1(b) + \beta_2\varphi'_1(b)} - \frac{\alpha_1\omega(a) + \alpha_2\omega'(a)}{\alpha_1\varphi_1(a) + \alpha_2\varphi'_1(a)} = \varphi_0(\xi) \tag{36}$$

对于$\varphi_0(x)$,我们已有边值条件

$$\alpha_1\varphi_0(a) + \alpha_2\varphi'_0(a) = 0, \beta_1\varphi_0(b) + \beta_2\varphi'_0(b) = 0 \tag{37}$$

在$x=a$ 与$x=b$ 时写出式(31),就能从所得的等式及等式(37) 来决定 $\varphi_0(a)$, $\varphi'_0(a)$,$\varphi_0(b)$ 及 $\varphi'_0(b)$. 把所得到的表达式代入已证的等式(35) 之中,就引导到等式(36). 现在是在边值条件$y(a)=y(b)=0$ 的情形下,即在$\alpha_2=\beta_2=0$ 时进行计算. 这时公式(35) 可以改写成形式

$$\varphi_0(\xi) = p(a)\omega(a)\varphi'_0(a) - p(b)\omega(b)\varphi'_0(b)$$

在$x=a$ 与$x=b$ 时公式(31) 给出

$$p(a)\varphi_1(a)\varphi'_0(a) = p(b)\varphi_1(b)\varphi'_0(b) = -1$$

这就是

$$p(a)\varphi'_0(a) = -\frac{1}{\varphi_1(a)}, p(b)\varphi'_0(b) = -\frac{1}{\varphi_1(b)}$$

又把它们代到前面的公式中去,就得到

$$\frac{\omega(b)}{\varphi_1(b)} - \frac{\omega(a)}{\varphi_1(a)} = \varphi_0(\xi)$$

这就是$\alpha_2=\beta_2=0$ 时的等式(36).

为了证明推广的格林函数的对称性,我们写出两个方程

$$L[G(x,\xi_1)] = \varphi_0(\xi_1)\varphi_0(x), L[G(x,\xi_2)] = \varphi_0(\xi_2)\varphi_0(x)$$

把第一式乘上$G(x,\xi_2)$,第二式乘以$G(x,\xi_1)$,逐项相减并沿基本区间积分. 利用格林公式,边值条件与条件(29),就导到等式

$$\big[p(x)(G(x,\xi_2)G'(x,\xi_1) - G(x,\xi_1)G'(x,\xi_2))\big]_{x=\xi_1+0}^{x=\xi_1-0} + \big[\qquad\big]_{x=\xi_2+0}^{x=\xi_2-0} = 0$$

如前,从此就可直接地得到$G(\xi_1,\xi_2) = G(\xi_2,\xi_1)$. 应指出,在沿基本区间积分时,我们应该像在$[174]$ 中一样,把这一区间分为三个部分.

现转向于考察非齐次方程

$$L(y) = -f(x) \tag{38}$$

这里$f(x)$ 是已给的连续函数,而与$\varphi_0(x)$ 相正交. 方程(38) 只可能有一个满足边值条件而与$\varphi_0(x)$ 相正交的解. 事实上,如果有两个这样的解,那么它们的差

应该满足齐次方程与边值条件,此即它应具有 $c\varphi_0(x)$ 的形式,因此就不可能与 $\varphi_0(x)$ 相正交,现在要证明,方程(38)的这一与 $\varphi_0(x)$ 相正交的唯一的解是由公式

$$y(x) = \int_a^b G(x,\xi) f(\xi) \mathrm{d}\xi \tag{39}$$

所决定.事实上,如果把积分的区间划分为 $[a,x]$ 与 $[x,b]$ 两部分,与从前一样[173],我们能证明

$$L(y) = \int_a^b L[G(x,\xi)] f(\xi) \mathrm{d}\xi - f(x)$$

利用方程(28),从此我们就能得到

$$L(y) = \varphi_0(x) \int_a^b \varphi_0(\xi) f(\xi) \mathrm{d}\xi - f(x)$$

而由这个公式可直接推出式(38),这是因为,按条件,$f(x)$ 与 $\varphi_0(x)$ 相正交的缘故.因此,如果 $f(x)$ 与 $\varphi_0(x)$ 相正交,方程(38)有唯一的满足边值条件(2)且与 $\varphi_0(x)$ 正交的解,这个解由公式(39)所确定.

如果 $F(x)$ 是满足边值条件而有到二阶的连续导数且与 $\varphi_0(x)$ 直交的任意函数,那么,如令 $f(x) = -L(F)$,就能用公式(39)来表达 $F(x)$.为证明这一断言起见,我们只需肯定:所做的函数 $f(x)$ 与 $\varphi_0(x)$ 相正交.为此,对 $u = \varphi_0(x)$,$v = F(x)$ 写出格林公式(14).注意到 $L(\varphi_0) = 0$,及对 $\varphi_0(x)$ 与 $F(x)$ 的边值条件,把上述格林公式沿基本区间积分,就能发现函数 $\varphi_0(x)$ 与 $f(x)$ 的正交性,还要指出:对任意选定的连续函数 $f(x)$,公式(39)就给出与 $\varphi_0(x)$ 相正交的函数,这是因为核 $G(x,\xi)$ 具有这一性质的缘故.

转到方程

$$L(y) = \frac{\mathrm{d}}{\mathrm{d}x}[p(x)y'] - q(x)y = -\lambda y \tag{40}$$

的边值问题,其边值条件为(2).这一问题的每一与 $\varphi_0(x)$ 不同的特征函数,即对应于非零的特征值的特征函数应当与 $\varphi_0(x)$ 正交.并且,由于注意到上述的所有的结果,我们就见到,所提出的边值问题(除掉函数 $\varphi_0(x)$ 以外),与积分方程

$$y(x) = \lambda \int_a^b G(x,\xi) y(\xi) \mathrm{d}\xi \tag{41}$$

相等价.现在转到所写方程按特征函数展开的定理.我们必须阐明函数依核来表达的可能性问题.以上我们已看到,每一有到二阶连续导数的函数,如又满足边值条件且与 $\varphi_0(x)$ 正交,那么,它就可以依核来表达.因此,对于任一这样的函数,我们就会有依方程(41)的特征函数展开的绝对且一致收敛的傅里叶级数.还须指出:因为方程(41)的所有的特征函数与 $\varphi_0(x)$ 正交,所以被展开的函数的与 $\varphi_0(x)$ 的正交性这一补充条件是必要的.从刚才的事实可以直接推知:

方程(41)的核不是完备的.照例,在上述展开式的定理中,可以用二阶导数的分段连续性来代替它的连续性.

另外还要指出一个较初等的方法,来考察 $\lambda = 0$ 是特征值的情形.方程(41)会有绝对值最小的特征值,设 m 为它的绝对值,在区间 $[-m, +m]$ 的内部就只有所论的边值问题的唯一的特征值 $\lambda = 0$.在所论区间取任一不等于零的数 λ',在方程(40)中,用一个新的参数 μ 来代替 λ,但 $\lambda = \lambda' + \mu$.在新选的参数下,方程(16)将具有形式

$$\frac{\mathrm{d}}{\mathrm{d}x}[p(x)y'] + [\lambda' - q(x)]y = -\mu y$$

这时,由于上述事实,$\mu = 0$ 就不是特征值,因此,根据用普通的格林函数所做的一切理论都成立.特别是,问题的特征函数将成为封闭系,此外还可由此直接推出,如果把 $\varphi_0(x)$ 加到方程(41)的特征函数上去,那么我们就得到封闭系.如下面的例子可以见到,引入新的参数,可能会使那个用来决定通常格林函数的方程的积分过程复杂化.在下一段中,我们应用推广的格林函数来考察导引到勒让德多项式的边值问题.在这种情形下,函数 $p(x)$ 在区间的两端都变为零,而解在端点具有限性的要求起着边值条件的作用.在这时,前述所有的事实保持有效.

对方程(1)与边值条件(2),如我们所见,特征值 $\lambda = 0$ 只可能对应一个特征函数.对周期性型的边值条件,例如 $y(a) = y(b)$ 与 $y'(a) = y'(b)$,特征函数有可能是两个.对于我们在后面将要说到的高于二阶的方程,它们也可能多于 1 个.在这些情形下,也可以如前地作起格林函数,在这时,方程(28)的右端须写作一个和式,它遍及特征值 $\lambda = 0$ 所对应的特征函数的全体,并且,这些函数应假设为相互正交而标准化的.

179. 勒让德多项式

求出参数 λ 的值,使得方程

$$\frac{\mathrm{d}}{\mathrm{d}x}[(1-x^2)y'] + \lambda y = 0 \tag{42}$$

具有在区间 $[-1, +1]$ 的两端都是有界的解.我们已经知道,这一问题的特征值是 $\lambda_n = n(n+1)[\text{III}_2; 102]$,而正交标准化的特征函数是

$$\varphi_n(x) = \sqrt{\frac{2n+1}{2}} \mathrm{P}_n(x) \quad (n = 0, 1, \cdots) \tag{43}$$

这里,$\mathrm{P}_n(x)$ 是勒让德多项式.不难见到,已不能再有其他的特征值与特征函数.如果还存在其他的特征函数,我们就会有与(43)中所有的函数相正交的特征函数,为了要证明这样的函数是不存在的,我们就只需证明,函数(43)构成封闭系.现在来证明它.设 $f(x)$ 是在 $[-1, +1]$ 上任意给定的连续函数,依魏尔斯特拉斯定理 $[\text{II}; 154]$ 对任给定的正数 ε,可以找到这样的多项式 $Q(x)$,使

得在整个区间$[-1,+1]$内,成立不等式$|f(x)-Q(x)|<\varepsilon$,从此直接可得

$$\int_{-1}^{+1}[f(x)-Q(x)]^2\mathrm{d}x<2\varepsilon^2$$

设m是多项式$Q(x)$的次数.因为函数$\varphi_n(x)$恰好是n次的多项式,我们能把$Q(x)$表达为多项式$\varphi_0(x),\cdots,\varphi_m(x)$的线性组合,而前面的不等式可以改写作

$$\int_{-1}^{+1}\Big[f(x)-\sum_{k=0}^{m}a_k\varphi_k(x)\Big]^2\mathrm{d}x<2\varepsilon^2$$

的形状.如果取函数$f(x)$关于函数系(43)的傅里叶系数来代替这里的a_k,那么所写的不等式更应成立.

注意到数值ε是任意小的,就可断定:如果把函数$f(x)$用它的关于函数系(43)的傅里叶级数的一段来逼近时,它的均方中值误差趋向于零,即函数(43)确实组成一个封闭系.

回到方程(42).在这时我们有

$$L(y)=\frac{\mathrm{d}}{\mathrm{d}x}[(1-x^2)y']$$

而直接地易见,函数(43)中的第一个,即常数$\varphi_0(x)=\dfrac{1}{\sqrt{2}}$,满足齐次方程$L(y)=0$与边值条件(即是在区间的两端有界).换句话说,$\lambda=0$是特征值,这也可从$\lambda_n=n(n+1)$在$n=0$时得出.为了作出格林函数,我们写出非齐次方程(28),在现在的情况下,它有形状

$$\frac{\mathrm{d}}{\mathrm{d}x}[(1-x^2)y']=\frac{1}{2}$$

这个方程的特解是$y=-\dfrac{1}{4}\ln(1-x^2)$,而对应齐次方程的通解具有形状$c_1+c_2\ln\dfrac{1+x}{1-x}$.在$x=\pm1$处保持有限的解分别具有如下的形式

$$y_1(x)=-\frac{1}{4}\ln(1-x^2)+\frac{1}{4}\ln\frac{1+x}{1-x}+\alpha=-\frac{1}{2}\ln(1-x)+\alpha$$

$$y_2(x)=-\frac{1}{4}\ln(1-x^2)-\frac{1}{4}\ln\frac{1+x}{1-x}+\beta=-\frac{1}{2}\ln(1+x)+\beta$$

这里α与β是某些常数.选择这些常数,使得所做的解在$x=\xi$时为连续,并使它与$\varphi_0(x)=\dfrac{1}{\sqrt{2}}$正交.第一个条件给出

$$-\frac{1}{2}\ln(1-\xi)+\alpha=-\frac{1}{2}\ln(1+\varepsilon)+\beta$$

于是可令

$$\alpha=-\frac{1}{2}\ln(1+\xi)+\gamma,\beta=-\frac{1}{2}\ln(1-\xi)+\gamma$$

于此 γ 是常数,它应由格林函数 $G(x,\xi)$ 与 $\varphi_0(x)$ 相正交这一条件所决定. 我们有

$$G(x,\xi)=\begin{cases}-\dfrac{1}{2}\ln[(1-x)(1+\xi)]+\gamma & (x\leqslant\xi)\\[3mm] -\dfrac{1}{2}\ln[(1+x)(1-\xi)]+\gamma & (\xi\leqslant x)\end{cases}$$

直交条件

$$\int_{-1}^{+1}G(x,\xi)\varphi_0(x)\mathrm{d}x=0$$

即

$$\int_{-1}^{+1}G(x,\xi)\mathrm{d}x=0$$

给出 γ 的数值:$\gamma=\dfrac{1}{2}-\ln 2$,而最后,格林函数就由如下的等式所确定

$$G(x,\xi)=\begin{cases}-\dfrac{1}{2}\ln[(1-x)(1+\xi)]-\ln 2+\dfrac{1}{2} & (x\leqslant\xi)\\[3mm] -\dfrac{1}{2}\ln[(1+x)(1-\xi)]-\ln 2+\dfrac{1}{2} & (x\geqslant\xi)\end{cases} \tag{44}$$

核(44)在基本正方形的顶点 $x=\xi=-1$ 与 $x=\xi=1$ 的附近成为无界. 容易验证只要函数 $g(\xi)$ 是连续的,每一依核所表达的函数

$$\int_{-1}^{+1}G(x,\xi)g(\xi)\mathrm{d}\xi \tag{45}$$

就已经是连续的,如同在[174]中所做一样,对这样的函数,就成立按函数 $\varphi_n(x)(n=1,2,\cdots)$ 展开成绝对且一致收敛的傅里叶级数的定理. 每一在区间 $[-1,+1]$ 上有到二阶连续导数的函数,如果又满足表示 $f(x)$ 与 $\varphi_0(x)$ 的正交性的条件

$$\int_{-1}^{+1}f(x)\mathrm{d}x=0 \tag{46}$$

那么它就可按式(45)依核来表示,并且它可以展开为依函数 $\varphi_n(x)(n=1,2,\cdots)$ 的绝对且一致收敛的傅里叶级数,这就是依勒让德多项式 $\mathrm{P}_n(x)(n=1,2,\cdots)$ 的傅里叶级数. 如果 $f(x)$ 不满足条件(46),那么只要把一般的展开的定理应用到满足所述条件的函数

$$f_1(x)=f(x)-\frac{1}{2}\int_{-1}^{+1}f(x)\mathrm{d}x$$

上去就可以了. 对原来的函数 $f(x)$,我们得到依全体勒让德多项式的展开式,在其中也包括 $\mathrm{P}_0(x)=$ 常数.

在这一情形下,核的傅里叶级数具有形状

$$\sum_{n=1}^{\infty}\frac{(2n+1)\mathrm{P}_n(x)\mathrm{P}_n(\xi)}{2n(n+1)} \tag{47}$$

182

因为核是无界的,它不能在整个正方形 k_0 中一致收敛,对相当大的 n,我们可利用勒让德多项式的渐近表示式[Ⅲ$_2$;163]

$$P_n(\cos t) = \sqrt{\frac{2}{n\pi\sin t}}\left\{\cos\left[\left(n+\frac{1}{2}\right)t-\frac{\pi}{4}\right]+\delta_n\right\}$$

这里 δ_n 关于 t 一致地趋向于零,但 t 要属于区间 $[\varepsilon,\pi-\varepsilon]$,$\varepsilon$ 是任一给定的正数. 在区间 $[-1,+1]$ 内部取定某一数值 ξ. 对 $P_n(\xi)$,我们就有渐近估计 $|P_n(\xi)|\leqslant\frac{m_n}{\sqrt{n}}$,这里 m_n 是当 n 增加时保持有界的量. 对在区间 $-1\leqslant x\leqslant 1$ 中的任一 x,成立不等式 $|P_n(x)|\leqslant 1$[Ⅲ;132]. 从此可见,对于固定的 ξ,级数(47)关于 x 在区间 $[-1,+1]$ 上一致且绝对收敛. 函数(44)与 $\varphi_0(x)$ 相正交,因而,级数(47)是它的按封闭函数系(43)的傅里叶级数. 从它的一致收敛性得出:它的和等于核(44)[3]. 从前面的论述也可以直接地推出:如果从正方形 k_0 中除去以顶点 $(-1,-1)$ 及 $(+1,+1)$ 为心、任意小的正数为半径的两个圆(这里也就除去了这两个顶点). 那么级数(47)也就在其中一致且绝对收敛.

现在用另一种方法来考察方程(42)的边值问题,这方法也在前段中指出过. 按公式 $\lambda=\mu+p(p+1)$ 来引入一个新参数 μ 代替 λ,这里 p 是某一固定的非整数. 方程(42)可改写成为

$$\frac{\mathrm{d}}{\mathrm{d}x}[(1-x^2)y']+p(p+1)y+\mu y=0$$

值 $\mu=0$ 已非特征值,这时我们应令

$$L(y)=\frac{\mathrm{d}}{\mathrm{d}x}[(1-x^2)y']+p(p+1)y$$

如果引入新变量 $t=\frac{1+x}{2}$ 代替 x,那么方程 $L(y)=0$ 化为具参数 $\alpha=-p,\beta=p+1,\gamma=1$ 的高斯方程[Ⅲ$_2$;100,101]. 我们就有这个方程的两个解

$$y_1(x)=F\left(-p,p+1,1;\frac{1+x}{2}\right),y_2(x)=cF\left(-p,p+1,1;\frac{1-x}{2}\right)$$

其中第一个解在 $x=-1$ 时为正则,而第二个解在 $x=1$ 时为正则. 可以选择常数 c,使得成立关系式

$$y'_1(x)y_2(x)-y'_2(x)y_1(x)=\frac{1}{1-x^2}$$

可以证明,这就给出 $c=\frac{\pi}{4\sin p\pi}$,因而,普通的格林公式就由下式确定

$$G_1(x,\xi)=\frac{\pi F\left(-p,p+1,1;\frac{1+x}{2}\right)F\left(-p,p+1,1;\frac{1-\xi}{2}\right)}{4\sin p\pi}\quad(x\leqslant\xi)$$

$$(48)$$

在 $\xi \leqslant x$ 时,须把 x, ξ 交换位置.由于参数的变换,特征值就由公式 $\mu_n = n(n+1) - p(p+1)$ 所确定,而特征函数就是以前的 $\varphi_n(x)$. 在这种情形下,核(48)的傅里叶级数具有形状

$$G_1(x, \xi) = \sum_{n=0}^{\infty} \frac{(2n+1) P_n(x) P_n(\xi)}{2[n(n+1) - p(p+1)]}$$

也与以前一样,对任何固定的在 $[-1, +1]$ 内部的 ξ,这式子给出对区间中所有的 x 的格林函数的数值.还指出,在这种情形下,核(48)也是无界的.

180. 埃尔米特函数与拉盖尔函数

对引导到埃尔米特函数与拉盖尔函数的边值问题,也可以作出格林函数.

埃尔米特函数 $\psi_n(x)$ [III_2;156] 是方程

$$y'' + (\lambda - x^2) y = 0$$

在基本区间 $(-\infty, +\infty)$ 中的特征函数,其条件是当 $x \to -\infty$ 与 $x \to +\infty$ 时 $y \to 0$. 特征值是:$\lambda_n = 2n+1 (n = 0, 1, \cdots)$. 把 λ 改为 $(\lambda - 1)$,就可以改写方程为

$$L(y) + \lambda y = 0$$

的形状,这里

$$L(y) = y'' - (1 + x^2) y$$

并且,特征值现在是由公式:$\lambda_n = 2n+2 (n = 0, 1, \cdots)$ 来决定.方程

$$L(y) = y'' - (1 + x^2) y = 0$$

有解 $y = e^{\frac{x^2}{2}}$,而如果按公式 $y = w e^{\frac{x^2}{2}}$ 引入新的未知函数 w 来代替 y,我们就立即找到它的通积分

$$y = C_1 e^{\frac{x^2}{2}} \int_{C_2}^{x} e^{-v^2} \, dv$$

这里 C_1 与 C_2 是任意常数,在 $x \leqslant \xi$ 时,我们应当选取在 $x = -\infty$ 时化为零的解

$$y_1 = a e^{\frac{x^2}{2}} \int_{-\infty}^{x} e^{-v^2} \, dv$$

这里 a 是常数.在 $x \geqslant \xi$ 时,同样地可以选取

$$y_2 = b e^{\frac{x^2}{2}} \int_{x}^{+\infty} e^{-v^2} \, dv$$

这里 b 是新的常数.这些常数可以从 $G(x, \xi)$ 在点 $x = \xi$ 时的连续性与导数 $G'(x, \xi)$ 在这点的跃度来决定.最后得到

$$G(x, \xi) = \begin{cases} \dfrac{1}{\sqrt{\pi}} e^{\frac{x^2 + \xi^2}{2}} \displaystyle\int_{-\infty}^{x} e^{-v^2} \, dv \int_{\xi}^{+\infty} e^{-t^2} \, dt & (x \leqslant \xi) \\[3mm] \dfrac{1}{\sqrt{\pi}} e^{\frac{x^2 + \xi^2}{2}} \displaystyle\int_{-\infty}^{\xi} e^{-v^2} \, dv \int_{x}^{+\infty} e^{-t^2} \, dt & (x \geqslant \xi) \end{cases}$$

拉盖尔函数 $\omega_n(x)$(见 [III_2;160],在 $s = 0$ 的情形) 是方程

$$xy'' + y' + \left(\lambda - \frac{x}{4}\right) y = 0$$

184

在基本区间$(0,+\infty)$的特征函数,条件是:在$x=0$的近旁解有界,当$x\to+\infty$时解趋向于零,特征值是:$\lambda_n=\dfrac{1}{2}+n$. 如果用$\lambda-\dfrac{1}{2}$来代替λ,就可以把方程改写成为

$$L(y)+\lambda y=0$$

的形状,这里

$$L(y)=xy''+y'-\left(\frac{1}{2}+\frac{x}{4}\right)y$$

特征值将为:$\lambda_n=n+1(n=0,1,\cdots)$. 方程

$$L(y)=xy''+y'-\left(\frac{1}{2}+\frac{x}{4}\right)y=0$$

有解$y=\mathrm{e}^{\frac{x}{2}}$,并且,进行了未知函数的代换$y=w\mathrm{e}^{\frac{x}{2}}$之后,我们就能求出这一方程的通积分

$$v=C_1\mathrm{e}^{\frac{x}{2}}\left(\int_{+\infty}^{x}\frac{\mathrm{e}^{-v}}{v}\mathrm{d}v+C_2\right)$$

在$x\leqslant\xi$时,我们应当取在$x=0$为正则的解

$$y_1=a\mathrm{e}^{\frac{x}{2}}$$

而在$x\geqslant\xi$时,应取在$x=+\infty$时为零的解

$$y_2=b\mathrm{e}^{\frac{x}{2}}\int_{x}^{+\infty}\frac{\mathrm{e}^{-v}}{v}\mathrm{d}v$$

如前一样地决定a,b. 最后就得到

$$G(x,\xi)=\begin{cases}\mathrm{e}^{\frac{x+\xi}{2}}\displaystyle\int_{\xi}^{\infty}\frac{\mathrm{e}^{-v}}{v}\mathrm{d}v & (x\leqslant\xi)\\[2mm] \mathrm{e}^{\frac{x+\xi}{2}}\displaystyle\int_{x}^{\infty}\frac{\mathrm{e}^{-v}}{v}\mathrm{d}v & (x\geqslant\xi)\end{cases}$$

181. 四阶的方程

对于高阶方程,格林函数的概念及化到积分方程的方法也可以同样进行. 考察枢轴的振动,我们就会得到如下的边值问题:求参数λ的数值,使得方程

$$y^{(\mathrm{IV})}-\lambda y=0 \tag{49}$$

在四个齐次的边值条件下有异于零的解. 例如,如果枢轴在端点$x=0$固定而在端点$x=l$为自由,我们就得到边值条件

$$y\,|_{x=0}=y'\,|_{x=0}=0,\;y''\,|_{x=l}=y'''\,|_{x=l}=0 \tag{50}$$

对于非均匀的枢轴,我们会得到方程

$$y^{(\mathrm{IV})}-\lambda r(x)y=0 \tag{51}$$

格林函数$G(x,\xi)$就相当于枢轴在集中力作用下的静力弯曲. 它由如下的四个条件来决定:(1) 它本身以及其第一、二两阶导数为连续;(2) 在$0<x<\xi$及$\xi<x<l$时,它有到四阶的连续的导数且满足齐次方程$G^{(\mathrm{IV})}(x,\xi)=0$;(3) 对

区间 $[0,l]$ 中的 ξ 的任何值,它满足边值条件;(4) 在正方形的对角线上,它的第三阶导数有一跃度,它是由条件

$$G'''(\xi+0,\xi)-G'''(\xi-0,\xi)=-1 \qquad (52)$$

所决定. 如果 $y(x)$ 是有到四阶的连续导数的函数,并且四阶的导数也可以只是分段连续,那么,从关系式 $y^{(\mathrm{IV})}=-f(x)$ 可以得到

$$y(x)=\int_0^l G(x,\xi)f(\xi)\,\mathrm{d}\xi \qquad (53)$$

反之,由这一等式所定义的函数有到四阶的连续的导数,还满足边值条件与方程 $y^{(\mathrm{IV})}=-f(x)$. 因此,方程(49)的边值问题化为积分方程

$$y(x)=-\lambda\int_0^l G(x,\xi)y(\xi)\,\mathrm{d}\xi$$

而对方程(51),也化到积分方程

$$y(x)=-\lambda\int_0^l G(x,\xi)r(\xi)y(\xi)\,\mathrm{d}\xi$$

在这一情况下,与以前一样,特征函数组成一封闭系统,而满足边值条件且有四阶的连续导数的每一函数,都可以按特征函数展为绝对一致收敛的傅里叶级数. 完全与在[176]中一样地可以证明,所有的特征值为正,因而,据麦色定理,我们也有核本身按特征函数的展开式.

现在要实际地作出两端都固着的枢轴的格林函数,这就是,边值条件为 $y(0)=y'(0)=y(1)=y'(1)=0$,这时,我们假设 $r(x)\equiv1$ 与 $l=1$. 方程 $y^{(\mathrm{IV})}=0$ 的通积分乃是具任意系数的三次多项式. 我们可以直接地写出仅在左端或仅在右端满足边值条件的解. 它们就是解

$$y_1(x)=x^2(a_1+a_2x),\ y_2(x)=(x-1)^2(b_1+b_2x)$$

任意常数由四个条件来决定,即从函数及其首先两阶导数的在 $x=\xi$ 时的连续性及其三阶导数在 $x=\xi$ 时的不连续性(52)来确定. 作一些初等计算后,我们就会得到在所论情形下的格林函数的表示式的最后形式

$$G(x,\xi)=\frac{x^2(\xi-1)^2}{6}(2x\xi+x-3\xi)\quad(x\leqslant\xi)$$

在 $\xi\leqslant x$ 时,须把 x 与 ξ 易位.

182. B. A. 斯捷克洛夫的精确化的展开定理

在[175]中我们已得到依方程(16)的特征函数 $\varphi_n(x)$ 的展开式定理. 我们取边值条件为

$$y(a)=y(b)=0 \qquad (54)$$

在很一般的条件下,依函数 $\varphi_n(x)$ 的展开式定理是在 B. A. 斯捷克洛夫的著作中给出,且与积分方程的理论无关. 与此有关的结果收集在他的《数学物理的基本问题》["Основные задачи математической Физики", т. I, 1922] 一书中. 我们

要举出他所得到的若干结果.

考察方程(16),除了上述假设外,还假定 $q(x) \geqslant 0$. 并且还设 $f(x)$ 是区间 $[a,b]$ 中的连续函数,有连续的一阶导数而又满足边值条件(54). 我们并不假定二阶导数的存在性. 先要证明一个预备的公式

$$\int_a^b [p(x)\varphi'_k(x)\varphi'_l(x) + q(x)\varphi_k(x)\varphi_l(x)]\mathrm{d}x = 0 \quad (在 k \neq l 时) \quad (55)$$

实际上,进行分部积分,又利用特征函数所满足的方程

$$q(x)\varphi_k(x) - \frac{\mathrm{d}}{\mathrm{d}x}[p(x)\varphi'_k(x)] = \lambda_k \varphi_k(x) \quad (56)$$

就会得到

$$\int_a^b [p(x)\varphi'_k(x)\varphi'_l(x) + q(x)\varphi_k(x)\varphi_l(x)]\mathrm{d}x =$$

$$p(x)\varphi'_k(x)\varphi_l(x) \Big|_{x=a}^{x=b} + \lambda_k \int_a^b \varphi_k(x)\varphi_l(x)\mathrm{d}x$$

但由于 $\varphi_l(a) = \varphi_l(b) = 0$,积分号以外的项等于 0,而后面的积分由于特征函数的正交性也是零. 现在考察泛函

$$J(y) = \int_a^b [p(x)y'^2 + q(x)y^2]\mathrm{d}x \quad (57)$$

并且用

$$y = r_n(x) = f(x) - \sum_{k=1}^{n-1} c_k \varphi_k(x) \quad (58)$$

代入,这里 c_k 是函数 $f(x)$ 的傅里叶系数

$$c_k = \int_a^b f(x)\varphi_k(x)\mathrm{d}x \quad (59)$$

展开括弧并注意到(22)与(55),我们得到

$$J\Big[f(x) - \sum_{k=1}^{n-1} c_k \varphi_k(x)\Big] =$$

$$\int_a^b [p(x)f'^2(x) + q(x)f^2(x)]\mathrm{d}x + \sum_{k=1}^{n-1} \lambda_k c_k^2 -$$

$$2\sum_{k=1}^{n-1} c_k \int_a^b [p(x)f'(x)\varphi'_k(x) + q(x)f(x)\varphi_k(x)]\mathrm{d}x$$

把最后的积分进行分部积分,且注意到条件 $f(a) = f(b) = 0$ 及(56),我们就得到

$$J\Big[f(x) - \sum_{k=1}^{n-1} c_k \varphi_k(x)\Big] =$$

$$\int_a^b [p(x)f'^2(x) + q(x)f^2(x)]\mathrm{d}x - \sum_{k=1}^{n-1} \lambda_k c_k^2 \quad (60)$$

如果不仅假设 $p(x) > 0$,而且还有 $q(x) \geqslant 0$,那么从这些公式中就直接得到贝

187

塞尔不等式的类似

$$\sum_{k=1}^{\infty} \lambda_k c_k^2 \leqslant \int_a^b \left[p(x) f'^2(x) + q(x) f^2(x) \right] \mathrm{d}x \tag{61}$$

而在左边的级数为收敛. 因为在 $q(x) \geqslant 0$ 时所有的 $\lambda_k > 0$, 所以这级数的所有项为正.

还指出, 如果我们假设连续函数 $f(x)$ 在 $[a, b]$ 中除了有限个点 $a_1, a_2, \cdots,$ a_m 以外处处有导数, 并且这导数除开在所提到那些点外处处连续, 而且在那些点都有有限的左右极限(即第一类的不连续性), 那么不等式(61)的证明完全可以保持有效. 在分部积分时只要把 $f'(x)$ 沿其连续的区间求积分, 然后把这些积分相加就可以了.

现在要证明, 在以上的关于 $f(x)$ 的假设下, 函数的傅里叶级数

$$\sum_{k=1}^{\infty} c_k \varphi_k(x) \tag{62}$$

在区间 $[a, b]$ 中正则收敛, 这就是级数

$$\sum_{k=1}^{\infty} | c_k \varphi_k(x) | \tag{63}$$

在这区间中一致收敛. 如果利用积分方程

$$\varphi_k(x) = \lambda_k \int_a^b G(x, \xi) \varphi_k(\xi) \mathrm{d}\xi \tag{64}$$

我们可以把级数(63)表示为

$$\sum_{k=1}^{\infty} \lambda_k | c_k \psi_k(x) | \tag{65}$$

的形状, 这里

$$\psi_k(x) = \int_a^b G(x, \xi) \varphi_k(\xi) \mathrm{d}\xi \tag{66}$$

可以视作变量 ξ 的函数 $G(x, \xi)$ 的傅里叶系数. 利用不等式(61), 就可以写出

$$\sum_{k=1}^{\infty} \lambda_k \psi_k^2(x) \leqslant \int_a^b \left[p(\xi) G_\xi^2(x, \xi) + q(\xi) G^2(x, \xi) \right]^2 \mathrm{d}\xi \tag{67}$$

这里, $G_\xi(x, \xi)$ 是 $G(x, \xi)$ 关于 ξ 的导数, 在积分号下的所有的函数为有界, 而从(67)就推得

$$\sum_{k=1}^{\infty} \lambda_k \psi_k^2(x) \leqslant M \tag{68}$$

这里 M 是某一常数. 把 λ_k 改为 $\sqrt{\lambda_k} \sqrt{\lambda_k}$, 而对级数(65)的一段应用柯西不等式

$$\sum_{k=m}^{m+p} \lambda_k | c_k \psi_k(x) | \leqslant \sqrt{\sum_{k=m}^{m+p} \lambda_k c_k^2} \sqrt{\sum_{k=m}^{m+p} \lambda_k \psi_k^2(x)}$$

或者

$$\sum_{k=m}^{m+p} \lambda_k \mid c_k \psi_k(x) \mid \leqslant \sqrt{\sum_{k=m}^{m+p} \lambda_k c_k^2} \sqrt{M}$$

从这一不等式及以 $\lambda_k c_k^2$ 为项所成的级数的收敛性,可以推出,级数(65)在区间 $[a,b]$ 上一致收敛,即级数(62)正则收敛.从此直接推知,其和等于 $f(x)$[3].

现在要再举出一个展开定理的证明.对 $f(x)$ 的假设如前,但不必假定 $q(x) \geqslant 0$. 这证明也是属于 B. A. 斯捷克洛夫的.引用记号(58),首先来证明,存在一个与 n 无关的常数 C,使得

$$\sigma_n = \int_a^b p(x) r'^2_n(x) \mathrm{d}x \leqslant C \tag{69}$$

我们有

$$\sigma_n = \int_a^b p(x) \Big[f'(x) - \sum_{k=1}^{n-1} a_k \varphi'_k(x) \Big]^2 \mathrm{d}x =$$

$$\int_a^b p(x) \Big[f'(x) - \sum_{k=1}^{n-1} a_k \varphi'_k(x) \Big] r'_n(x) \mathrm{d}x$$

$$\int_a^b p(x) f'(x) r'_n(x) \mathrm{d}x - \sum_{k=1}^{n-1} a_k \int_a^b p(x) \varphi'_k(x) r'_n(x) \mathrm{d}x$$

把最后的积分进行分部积分,并注意到(56)及 $r_n(x)$ 与函数 $\varphi_k(x)(k=1,2,\cdots, n-1)$ 的正交性,我们得到

$$\sigma_n = \int_a^b p(x) f'(x) r'_n(x) \mathrm{d}x + \int_a^b q(x) r_n(x) f(x) \mathrm{d}x -$$

$$\int_a^b q(x) r_n^2(x) \mathrm{d}x$$

从此,以 q_0 记 $\mid q(x) \mid$ 在区间 $[a,b]$ 的最大值,应用布尼亚柯夫斯基不等式,并在第一积分中改写 $p(x) = \sqrt{p(x)} \sqrt{p(x)}$,我们就会得到

$$\sigma_n \leqslant \sqrt{\int_a^b p(x) f'^2(x) \mathrm{d}x} \sqrt{\sigma_n} + q_0 \sqrt{\int_a^b f^2(x) \mathrm{d}x} \times$$

$$\sqrt{\int_a^b r_n^2(x) \mathrm{d}x} + q_0 \int_a^b r_n^2(x) \mathrm{d}x$$

如果注意到封闭性条件

$$\lim_{n \to \infty} \int_a^b r_n^2(x) \mathrm{d}x = 0$$

我们就得到具有形式

$$\sigma_n \leqslant c_1 \sqrt{\sigma_n} + c_2$$

的关于 σ_n 的不等式,这里 c_1 与 c_2 都是正常数.从这一不等式可见,当 n 增加时, σ_n 保持有界,我们就得到(69).

其次,从

$$\int_\xi^x \frac{\mathrm{d}}{\mathrm{d}t} r_n^2(t)\,\mathrm{d}t = r_n^2(x) - r_n^2(\xi)$$

推出

$$r_n^2(x) = r_n^2(\xi) + 2\int_\xi^x r_n(t) r'_n(t)\,\mathrm{d}t$$

从此,应用布尼亚柯夫斯基不等式,并假设 $\xi < x$,就得到

$$r_n^2(x) \leqslant r_n^2(\xi) + 2\sqrt{\int_\xi^x r_n^2(t)\,\mathrm{d}t}\sqrt{\int_\xi^x r'^2_n(t)\,\mathrm{d}t} \leqslant$$
$$r_n^2(\xi) + 2\sqrt{\int_a^b r_n^2(t)\,\mathrm{d}t}\sqrt{\int_a^b r'^2_n(t)\,\mathrm{d}t}$$

在 $x < \xi$ 的情形下,我们应当交换积分限 ξ 与 x. 把式子的两端按 ξ 沿区间 $[a,b]$ 求积分,就得到

$$(b-a) r_n^2(x) \leqslant \int_a^b r_n^2(\xi)\,\mathrm{d}\xi + 2(b-a)\sqrt{\int_a^b r_n^2(t)\,\mathrm{d}t}\sqrt{\int_a^b r'^2_n(t)\,\mathrm{d}t}$$

如果以 p_0 来记正的函数 $p(x)$ 在区间 $[a,b]$ 的极小值,由(69),就可以写出

$$\int_a^b r'^2_n(t)\,\mathrm{d}t \leqslant \frac{1}{p_0}\int_a^b p(t) r'^2_n(t)\,\mathrm{d}t \leqslant \frac{C}{p_0}$$

而前一不等式给出

$$r_n^2(x) \leqslant \frac{1}{b-a}\int_a^b r_n^2(t)\,\mathrm{d}t + 2\sqrt{\frac{C}{p_0}}\sqrt{\int_a^b r_n^2(t)\,\mathrm{d}t}$$

右边与 x 无关,而当 n 无限增大时趋向于 0,从此可得,在区间 $[a,b]$ 中 $r_n(x)$ 一致地趋向于零,这就是,级数(62)在这区间中一致收敛,其和为 $f(x)$. 不假设 $q(x) \geqslant 0$ 也可以证明级数(62)正则收敛.

183. 热传导方程的傅里叶方法的有效性

考察偏微分方程

$$\frac{\partial u}{\partial t} = \frac{\partial}{\partial x}\left[p(x)\frac{\partial u}{\partial x}\right] - q(x)u \tag{70}$$

它对应于不均匀枢轴上热的传播,其中并考虑到从枢轴表面的辐射. 设 $a \leqslant x \leqslant b$,要在初始条件

$$u\mid_{t=0} = f(x) \quad (a \leqslant x \leqslant b) \tag{71}$$

与边值条件

$$u\mid_{x=a} = 0, u\mid_{x=b} = 0 \tag{72}$$

下,求方程(70)的解. 应用傅里叶方法,得到形式为

$$u(x,t) = \sum_{k=1}^\infty c_k \mathrm{e}^{-\lambda_k t}\varphi_k(x) \tag{73}$$

的解,这里 λ_k 与 $\varphi_k(x)$ 是方程

$$\frac{\mathrm{d}}{\mathrm{d}x}\left[p(x)y'\right] + \left[\lambda - q(x)\right]y = 0 \tag{74}$$

在边值条件

$$y(a) = y(b) = 0 \tag{75}$$

的特征值与特征函数,而 c_k 为函数 $f(x)$ 的傅里叶系数(59).将假设 $q(x) \geqslant 0$,并且 $f(x)$ 在$[a,b]$有连续的导数,又满足边值条件(72).应指出,因为 $q(x) \geqslant 0$,所以所有的 λ_k 都是正的.现在要证明,函数(73)满足问题的所有的条件,即满足(71)和(72),并且在 $t > 0$ 时也满足方程(70).

如我们所证,级数(62)在区间$[a,b]$正则收敛.注意到 $\lambda_k > 0$,就可以断定级数(73)在 $t \geqslant 0$ 与 $a \leqslant x \leqslant b$ 时为绝对且一致收敛.因而,其和是关于所指变量的连续函数,即

$$\lim_{t \to 0} u(x,t) = u(x,0) = \sum_{k=1}^{\infty} c_k \varphi_k(x) = f(x)$$

这样就证明了初始条件(71)是满足的.由于所有的 $\varphi_k(x)$ 满足边值条件(72),所以边值条件(72)也就能满足,余下来要在 $t > 0$ 时验证方程(70).级数(73)的每一项,按其作法都满足方程(70),我们只要证明级数(73)可以关于 x 逐项微分一次,关于 t 可以逐项微分两次,但,为此,就只要证明级数

$$\sum_{k=1}^{\infty} \lambda_k c_k e^{-\lambda_k t} \varphi_k(x) \tag{76}$$

$$\sum_{k=1}^{\infty} c_k e^{-\lambda_k t} \varphi'_k(x) \tag{76'}$$

与

$$\sum_{k=1}^{\infty} c e^{-\lambda_k t} \varphi''_k(x) \tag{76''}$$

在 $t \geqslant \alpha, a \leqslant x \leqslant b$ 时一致收敛,这里 α 是任意的正数.因为 $k \to +\infty$ 时,$\lambda_k \to +\infty$,所以 $\lambda_k e^{-\lambda_k \alpha} \to 0$,而在 $t \geqslant \alpha$ 时 $\lambda_k e^{-\lambda_k t} \leqslant \lambda_k e^{-\lambda_k \alpha}$,这就是,存在与 t 无关的 N,使得 $t \geqslant \alpha, k \geqslant N$ 时 $\lambda_k e^{-\lambda_k t} < 1$.从此,注意到级数(63)的一致收敛性,就得到级数(76)在 $t \geqslant \alpha, a \leqslant x \leqslant b$ 的一致收敛性.

完全同样的方法可以证明,在 $t > 0$ 时,把级数(73)按 t 逐项微分任意次是可能的.为了研究后面的两个级数,我们利用式(7),把对 $\varphi_k(x)$ 的表达式(64)写成

$$\varphi_k(x) = \lambda_k y_1(x) \int_a^x y_2(\xi) \varphi_k(\xi) \mathrm{d}\xi + \lambda_k y_2(x) \int_x^b y_1(\xi) \varphi_k(\xi) \mathrm{d}\xi$$

从此,就有

$$\varphi'_k(x) = \lambda_k y'_1(x) \int_a^x y_2(\xi) \varphi_k(\xi) \mathrm{d}\xi + \lambda_k y'_2(x) \int_x^b y_1(\xi) \varphi_k(\xi) \mathrm{d}\xi$$

及

$$c_k e^{-\lambda_k t} \varphi'_k(x) = y'_1(x) \int_a^x y_2(\xi) c_k \lambda_k e^{-\lambda_k t} \varphi_k(\xi) \mathrm{d}\xi +$$

$$y'_2(x) \int_x^b y_1(\xi) c_k \lambda_k e^{-\lambda_k t} \varphi_k(\xi) d\xi \tag{77}$$

注意到 $t > 0$ 时级数(76)在区间$[a,b]$中关于x的一致收敛性,我们就可断言,级数

$$\sum_{k=1}^{\infty} y_2(\xi) c_k \lambda_k e^{-\lambda_k t} \varphi_k(\xi) \text{ 与 } \sum_{k=1}^{\infty} y_1(\xi) c_k \lambda_k e^{-\lambda_k t} \varphi_k(\xi)$$

在区间$[a,b]$一致收敛. 从此,由于(77),就可推出级数(76′)的一致收敛性. 余下来要研究级数(76″). 为此,利用特征函数的方程(56). 从它可推出

$$c_k e^{-\lambda_k t} \varphi''_k(x) = \frac{1}{p(x)} [- p'(x) c_k e^{-\lambda_k t} \varphi'_k(x) +$$

$$q(x) c_k e^{-\lambda_k t} \varphi_k(x) - \lambda_k c_k e^{-\lambda_k t} \varphi_k(x)] \tag{78}$$

从此,由于级数(73)(76)(76′)对任意$t > 0$在区间$[a,b]$的一致收敛性,也就可推得级数(76″)的一致收敛性. 因而我们就证明了,公式(73)所定义的函数 $u(x,t)$ 具有相应的偏导数,而在 $t > 0$ 时满足方程(70). 因而我们得到如下的定理:

定理 如果在初始条件中的函数 $f(x)$ 在区间$[a,b]$中有连续的导数,又满足边值条件(72),那么公式(73)所定义的函数 $u(x,t)$ 满足初始条件(71),边值条件(72),而在 $t > 0$ 时,还满足方程(70). 则级数(73)可以关于 t 任意次、关于 x 两次地逐项微分.

184. 振动方程的傅里叶方法的有效性

代替方程(70),我们来考察方程

$$\frac{\partial^2 u}{\partial t^2} = \frac{\partial}{\partial x} \left[p(x) \frac{\partial u}{\partial x} \right] - q(x) u \tag{79}$$

这里,除了边值条件(72)以外,我们有两个初始条件

$$u \mid_{t=0} = f(x), \frac{\partial u}{\partial t} \bigg|_{t=0} = f_1(x) \tag{80}$$

而应用傅里叶方法,就给出问题的解为如下形式

$$u(x,t) = \sum_{k=1}^{\infty} (a_k \cos \sqrt{\lambda_k} t + b_k \sin \sqrt{\lambda_k} t) \varphi_k(x) \tag{81}$$

这里 λ_k 与 $\varphi_k(x)$ 的意义如前,而

$$a_k = \int_a^b f(x) \varphi_k(x) dx, b_k = \frac{1}{\sqrt{\lambda_k}} \int_a^b f_1(x) \varphi_k(x) dx \tag{82}$$

如同在[183]所做的一样,我们只要证明,级数(81)及其关于 x 及 t 逐项微分两次所得到的级数对任意 t 在区间$[a,b]$一致收敛就可以了.

把级数(81)分为两个级数,而首先考察级数

$$\sum_{k=1}^{\infty} a_k \cos \sqrt{\lambda_k} t \varphi_k(x) \tag{83}$$

注意到，k 充分大时 $\lambda_k > 1$，可以断言，在 k 充分大时，$\sqrt{\lambda_k} < \lambda_k$.

如果我们在对 $p(x)$，$q(x)$ 与 $f(x)$ 添加了某些条件之下证明了级数

$$\sum_{k=1}^{\infty} \lambda_k \mid a_k \varphi_k(x) \mid \tag{84}$$

在区间 $[a,b]$ 一致收敛，而从此，用几乎是与 [183] 中相同的论述，我们就能证明上述的关于级数 (81) 的逐项可微分性的一切的论断.

实际上，因为 $\lambda_k \to +\infty$，对于级数 (83) 本身，这一点是显然的，又因为 k 充分大时 $\sqrt{\lambda_k} < \lambda_k$，这一点对于按 t 微分所得到的两个级数也是显然的. 在关于 x 微分一次的情形下，只要证明级数

$$\sum_{k=1}^{\infty} \mid a_k \varphi'_k(x) \mid$$

的一致收敛性就可以了. 由类似于 (77) 的公式

$$a_k \varphi'_k(x) = y'_1(x) \int_a^x y_2(\xi) \lambda_k a_k \varphi_k(\xi) d\xi +$$

$$y'_2(x) \int_x^b y_1(\xi) \lambda_k a_k \varphi_k(\xi) d\xi$$

可以看到，从级数 (84) 的一致收敛性就可推出它. 为了要证明级数

$$\sum_{k=1}^{\infty} \mid a_k \varphi''_k(x) \mid$$

的一致收敛性，只要利用类似于 (78) 的公式 (和上面一样地除去因子 $e^{-\lambda_k t}$ 后所得到的) 就可以了. 因此，所有的事情都归结到证明级数 (84) 的一致收敛性.

利用方程 (56)，就得到

$$\lambda_k a_k = \lambda_k \int_a^b f(x) \varphi_k(x) dx =$$

$$\int_a^b f(x) \left\{ q(x) \varphi_k(x) - \frac{d}{dx} [p(x) \varphi'_k(x)] \right\} dx$$

如果假设 $f(x)$ 有到二阶的连续导数，又满足条件 (72)，再分部积分，就得到

$$\lambda_k a_k = \int_a^b \left\{ q(x) f(x) - \frac{d}{dx} [p(x) f'(x)] \right\} \varphi_k(x) dx$$

如果我们假设，在积分号下尖括弧内的表示式有连续的导数，又满足边值条件 (72)，那么就可推得，级数 (84) 在 $[a,b]$ 中一致收敛. 上述的要求归结如下：$f(x)$ 有到三阶的连续导数，$p(x)$ 有到二阶的连续导数，$q(x)$ 有连续的导数，且满足如下的条件：在 $x=a$ 与 $x=b$ 时

$$\frac{d}{dx} [p(x) f'(x)] - q(x) f(x) = 0 \tag{85}$$

由于 $f(x)$ 也应当满足条件 (72)，我们可将式 (85) 写成：当 $x=a$ 与 $x=b$ 时

$$\frac{d}{dx} [p(x) f'(x)] = 0 \tag{86}$$

现在考察级数

$$\sum_{k=1}^{\infty} b_k \sin \sqrt{\lambda_k}\, t\, \varphi_k(x) \tag{87}$$

这里 b_k 由等式(82)的第二式所决定. 如前, 只要证明级数

$$\sum_{k=1}^{\infty} \lambda_k \mid b_k \varphi_k(x) \mid$$

即级数

$$\sum_{k=1}^{\infty} \sqrt{\lambda_k} \mid b'_k \varphi_k(x) \mid \tag{88}$$

的一致收敛性就可以了, 这里

$$b'_k = \int_a^b f_1(x)\varphi_k(x)\mathrm{d}x$$

如果假设 $f_1(x)$ 有到二阶的连续的导数, 又满足条件(72), 与上面一样, 我们就会得到

$$\lambda_k b'_k = \int_a^b \left\{ q(x)f_1(x) - \frac{\mathrm{d}}{\mathrm{d}x} \left[p(x)f'_1(x) \right] \right\} \varphi_k(x)\mathrm{d}x = b''_k$$

这里 b''_k 是在尖括弧中的连续函数的傅里叶系数. 再以 $\varphi_k(x) = \lambda_k \psi_k(x)$ 代入, 就得

$$\sqrt{\lambda_k} \mid b'_k \varphi_k(x) \mid = \sqrt{\lambda_k} \mid b''_k \psi_k(x) \mid$$

由此, 依柯西不等式, 成立

$$\sum_{k=m}^{m+p} \sqrt{\lambda_k} \mid b'_k \varphi_k(x) \mid \leqslant \sqrt{\sum_{k=m}^{m+p} b''^2_k} \cdot \sqrt{\sum_{k=m}^{m+p} \lambda_k \psi_k^2(x)}$$

由于注意到(68), 这就是

$$\sum_{k=m}^{m+p} \sqrt{\lambda_k} \mid b'_k \varphi_k(x) \mid \leqslant \sqrt{\sum_{k=m}^{m+p} b''^2_k} \cdot \sqrt{M}$$

但是, 由项 b''^2_k 所组成的级数收敛, 从上面的不等式直接可推知级数(88)为一致收敛的. 这样, 我们就得到如下的定理:

定理 如果 $p(x)$ 有到二阶的连续的导数, $q(x) \geqslant 0$, 且有连续的导数, $f(x)$ 有三阶的连续导数, 满足条件(72)与条件(85), 而 $f_1(x)$ 有到二阶的连续导数, 又满足条件(72), 那么, 公式(81)所定义的函数 (ux, t) 满足初始条件(80), 边值条件(72)以及方程(79). 并且, 级数(81)可以关于 t 与 x 逐项微分两次, 而所得的级数对任何 t 在区间 $[a, b]$ 一致收敛.

185. 唯一性定理

在适当的边值条件下, 我们已确立方程(70)与(79)的解的存在性. 现证这种解的唯一性.

先论在 $q(x) \geqslant 0$ 时的方程(70), 并设解在 $t \geqslant 0$ 及 $a \leqslant x \leqslant b$ 时是连续的,

而对任意的 $t>0$,这个解有关于 t 的连续导数,并且在区间 $[a,b]$ 中它还有关于 x 的到二阶的连续导数.我们在 [183] 中所做的也就是具有这样性质的解.

解的唯一性的论断等价于如下的事实:方程(70)的解 $u_0(x,t)$,如满足齐次的初始条件

$$u_0 \mid_{t=0} = 0 \quad (a \leqslant x \leqslant b) \tag{89}$$

与边值条件(72),并具有上述性质,那么在 $t>0$ 时它就恒等于零.

对 $u_0(x,t)$ 写出方程(70),把它的两边乘上 $u_0(x,t)$ 并关于 x 积分.这时设 $t>0$.因而,我们得到公式

$$\frac{1}{2} \frac{\partial}{\partial t} \int_a^b u_0^2 \mathrm{d}x = \int_a^b u_0 \frac{\partial}{\partial x}\left[p(x) \frac{\partial u_0}{\partial x} \right] \mathrm{d}x - \int_a^b q(x) u_0^2 \mathrm{d}x$$

由于上述的 $u_0(x,t)$ 的性质,所有的运算都是可实现的.对右边的第一个积分用分部积分法,并注意到边值条件.这样,就会得到

$$\frac{1}{2} \frac{\partial}{\partial t} \int_a^b u_0^2 \mathrm{d}x = -\int_a^b p(x) \left(\frac{\partial u_0}{\partial x} \right)^2 \mathrm{d}x - \int_a^b q(x) u_0^2 \mathrm{d}x \leqslant 0$$

因而,t 的非负函数

$$\int_a^b u_0^2 \mathrm{d}x \tag{90}$$

在 $t \geqslant 0$ 为连续,在 $t=0$ 时由于式(89)而等于零,且在 $t>0$ 时有不大于零的导数.从此可得:函数(90)在 $t>0$ 时恒等于零.于是在 $t>0$ 时也有 $u(x,t) \equiv 0$,这就是我们所要证明的.

现转到在 $q(x) \geqslant 0$ 时方程(79)的唯一性定理的证明.我们假设,函数本身及其导数 u_t, u_{tt}, u_x, u_{xx} 在区间 $a \leqslant x \leqslant b$ 及对任意的 t 连续.我们在 [184] 中所做的解就具有这些性质.解的唯一性的论断等价于如下的事实:如果方程(79)的解 $u_0(x,t)$ 有上述性质,满足齐次的初始条件

$$u_0 \mid_{t=0} = \frac{\partial u_0}{\partial t}\bigg|_{t=0} = 0 \tag{91}$$

及边值条件(72),那么它就恒等于零.

引入函数

$$v(x,t) = \int_0^t u_0(x,\tau) \mathrm{d}\tau \tag{92}$$

在变量的所论的数值范围,它有连续的导数:$v_x, v_t, v_{xx}, v_{xt}, v_{tt}$.对 $u_0(x,\tau)$ 写下方程(79),把它关于 τ 沿区间 $\tau=0$ 到 $\tau=t$ 积分.注意到(91)与(92),我们就会得到

$$\frac{\partial^2 v(x,t)}{\partial t^2} = \frac{\partial}{\partial x}\left[p(x) \frac{\partial v(x,t)}{\partial x} \right] - q(x) v(x,t)$$

在这个方程中,把 t 改为 τ,在两端乘以 $v_\tau(x,\tau)$,而按 τ 沿区间 $\tau=0$ 到 $\tau=t$ 积分.注意到(91)与(92),就得到

$$\frac{1}{2}v_t^2(x,t) = \int_0^t v_\tau(x,\tau)\frac{\partial}{\partial x}[p(x)v_x(x,\tau)]\mathrm{d}\tau -$$

$$\frac{1}{2}q(x)v^2(x,t)$$

把两端关于 x 在区间 $[a,b]$ 中积分,并把第二积分的积分次序加以变更

$$\frac{1}{2}\int_a^b v_t^2(x,t)\mathrm{d}x = \int_0^t \left\{\int_a^b v_\tau(x,\tau)\frac{\partial}{\partial x}[p(x)v_x(x,\tau)]\mathrm{d}x\right\}\mathrm{d}\tau -$$

$$\frac{1}{2}\int_a^b q(x)v^2(x,t)\mathrm{d}x$$

把在里面的一个积分进行分部积分,并注意到,由于(91)与(92),积分号外的项等于零.就有

$$\frac{1}{2}\int_a^b v_t^2(x,t)\mathrm{d}x = -\int_0^t \left\{\int_a^b p(x)v_{\tau x}(x,\tau)v_x(x,\tau)\mathrm{d}x\right\}\mathrm{d}\tau -$$

$$\frac{1}{2}\int_a^b q(x)v^2(x,t)\mathrm{d}x$$

再变更积分的次序,关于 τ 进行积分,并注意到 $v_x(x,0)=0$,就得到

$$\frac{1}{2}\int_a^b v_t^2(x,t)\mathrm{d}x = -\frac{1}{2}\int_a^b p(x)v_x^2(x,\tau)\mathrm{d}\tau -$$

$$\frac{1}{2}\int_a^b q(x)v^2(x,t)\mathrm{d}x$$

从此推出

$$\int_a^b v_t^2(x,t)\mathrm{d}x \leqslant 0$$

因而 $v_t(x,t)\equiv 0$ 在 $a\leqslant x\leqslant b$, $-\infty<t<+\infty$ 时成立.注意到式(92),就得到 $u_0(x,t)\equiv 0$,这就是我们所要证明的.

186.特征值与特征函数的极值性质

回到方程

$$\frac{\mathrm{d}}{\mathrm{d}x}[p(x)y'] + [\lambda - q(x)]y = 0 \tag{93}$$

或方程

$$L(y) = -\lambda y$$

的边值问题,这里

$$L(y) = \frac{\mathrm{d}}{\mathrm{d}x}[p(x)y'] - q(x)y$$

在一般情形下的方程(1)也可以化为形式(93),只要我们用新的自变量

$$t = \int_a^x r(x)\mathrm{d}x \tag{94}$$

来代替 x.这时方程(1)就改写成形式

$$r(x)\frac{\mathrm{d}}{\mathrm{d}t}\left[r(x)p(x)\frac{\mathrm{d}y}{\mathrm{d}t}\right]+(\lambda r(x)-q(x))y=0$$

再把两边除以 $r(x)$，我们就得到形状(93)的方程. 在这个变换中，$r(x)$ 在闭区间不等于零是个重要的假设. 设方程(93)中的 $p(x)$ 在区间 $[a,b]$ 有 $p(x)>0$，且设边值条件具有形状

$$y(a)=y(b)=0 \tag{95}$$

这时，如我们所已见的[176]，特征值可通过对应的特征函数由公式

$$\lambda_n=\int_a^b[p(x)\varphi_n'^2(x)+q(x)\varphi_n^2(x)]\mathrm{d}x \tag{96}$$

来表达. 并且，可能仅存在有限个负的特征值. 这就是说，可以假设特征值是以递增的顺序分布的，即 $\lambda_1<\lambda_2<\lambda_3<\cdots$.

所提的边值问题等价于积分方程

$$\varphi(x)=\lambda\int_a^b G(x,\xi)\varphi(\xi)\mathrm{d}\xi$$

这里 $G(x,\xi)$ 是算子 $L(y)$ 的在边值条件(95)下的格林函数. 我们知道[26]，第一个特征值 λ_1 是积分

$$\int_a^b\int_a^b G(x,\xi)\omega(x)\omega(\xi)\mathrm{d}x\mathrm{d}\xi \tag{97}$$

在满足条件

$$\int_a^b\left[\int_a^b G(x,\xi)\omega(\xi)\mathrm{d}\xi\right]^2\mathrm{d}x=1 \tag{98}$$

的连续函数类 $\omega(x)$ 中的极小值. 可是对于任意选择的连续函数 $\omega(\xi)$，积分

$$y(x)=\int_a^b G(x,\xi)\omega(\xi)\mathrm{d}\xi \tag{99}$$

所给出的函数 $y(x)$ 有到二阶的连续导数，且满足边值条件(95). 反过来说，具有刚才所说性质的函数 $y(x)$，可以用适当选择的连续函数 $\omega(x)=-L(y)$ 的积分(99)来表示.

因之，根据(97)(98)与(99)，就可断言，λ_1 是积分

$$-\int_a^b L(y)y\mathrm{d}x \tag{100}$$

的在函数类 $y(x)$ 中的最小值，而 $y(x)$ 是有到二阶连续导数的函数，满足边值条件(95)并满足条件

$$\int_a^b y^2(x)\mathrm{d}x=1 \tag{101}$$

在积分(100)中进行分部积分，我们就看到函数 $y(x)$ 属于刚才所说的函数类中时，在条件(101)下，λ_1 是积分

$$\int_a^b[p(x)y'^2+q(x)y^2]\mathrm{d}x \tag{102}$$

的最小值. 并且, 由于式(96)第一个特征函数 $y = \varphi_1(x)$ 就给出积分(102)的最小值 λ_1. 现转到第二个特征值 λ_2. 我们已知, 如果对条件(98)还添上条件

$$\int_a^b \omega(\xi)\varphi_1(\xi)\mathrm{d}\xi = 0 \tag{103}$$

λ_2 就是积分(97)的最小值. 如果用公式(99)来确定 $y(x)$, 那么[22]

$$\int_a^b y(x)\varphi_1(x)\mathrm{d}x = \frac{1}{\lambda_1}\int_a^b \omega(\xi)\varphi_1(\xi)\mathrm{d}\xi$$

因而条件(103)等价于条件

$$\int_a^b y(x)\varphi_1(x)\mathrm{d}x = 0 \tag{104}$$

因此, 在有到二阶连续导数、满足条件(95)的函数类 $y(x)$ 中, 在补充条件(101)与(104)下, 积分(102)的最小值就是 λ_2.

一般地说, 特征值 λ_n 是积分(102)的极小值, 但 $y(x)$ 是在有二阶连续导数的函数类中, 并且它满足边值条件(95)以及如下的补充条件

$$\int_a^b y^2 \mathrm{d}x = 1, \int_a^b \varphi_k(x)y(x)\mathrm{d}x = 0 \quad (k = 1, 2, \cdots, n-1) \tag{105}$$

现在要证明, 方程(93)是表示积分(102)在补充条件(101)下取极值的必要条件的欧拉方程. 事实上[68], 我们应当作出函数

$$F = p(x)y'^2 + q(x)y^2 - \lambda y^2$$

而对它写出欧拉方程

$$\frac{\mathrm{d}}{\mathrm{d}x}F_{y'} - F_y = 0$$

它实际上就重合于方程(93). 现在考察在两个补充条件(101)与(104)下积分(102)的极值. 在这种情形下, 我们应当作起辅助函数

$$F = p(x)y'^2 + q(x)y^2 - \lambda y^2 - \mu\varphi_1(x)y$$

而对于这一函数的欧拉方程具有形状

$$\frac{\mathrm{d}}{\mathrm{d}x}[p(x)y'] + (\lambda - q(x))y + \frac{\mu}{2}\varphi_1(x) = 0 \tag{106}$$

现要证明, 常数 μ 应当等于零, 即我们又得到方程(93). 为此, 写出对于第一个特征函数的方程(93)

$$\frac{\mathrm{d}}{\mathrm{d}x}[p(x)\varphi'_1(x)] + (\lambda_1 - q(x))\varphi_1(x) = 0$$

把这一方程乘上 y, 方程(106)乘上 $\varphi_1(x)$, 所得的二方程逐项相减, 再把这样所得的方程沿基本区间积分. 注意到正交性条件(104)与第一个特征函数的标准性, 我们就导得如下的关系式

$$\frac{\mu}{2} = \int_a^b \left\{ y\frac{\mathrm{d}}{\mathrm{d}x}[p(x)\varphi'_1(x)] - \varphi_1(x)\frac{\mathrm{d}}{\mathrm{d}x}[p(x)y'] \right\}\mathrm{d}x$$

198

进行分部积分并利用边值条件,就可以不难断定所做的积分等于零,从此便可直接推出所要证明的 $\mu = 0$. 一般地说,如果我们写出欧拉方程,它表示积分(102)在补充条件(105)下取极值的必要条件,我们就会如前同样地得到方程(93).

到这里为止,我们只考察了 $r(x) \equiv 1$ 的情形. 在一般情形下,我们假设 $r(x) > 0$,可以有完全相类似的结果. 在这一般情形下,必须把补充条件(105)写作

$$\int_a^b r(x)y^2(x)\mathrm{d}x = 1 \tag{107}$$

$$\int_a^b r(x)\varphi_k(x)y(x)\mathrm{d}x = 0 \quad (k=1,2,\cdots,n-1)$$

为了要证实它,只要对一般的方程(1)进行自变量的变换(94)就可以了. 这时,我们会得到形式为(93)的方程,对于这个方程,这结果是已证好的. 如果变回到原来的自变量,我们就得到积分(102)与补充条件(107).

还可指出,所有上述的事实,在边值条件为(2)的情况,也保持有效.

在求积分(102)的逐次极小值时,可以把问题对在区间 $[a,b]$ 中不必具二阶而只有一阶连续导数的函数类中进行. 可以证明,在这问题的更广泛的提法下,仍旧是由函数 $\varphi_n(x)$ 来实现逐次的极小值.

考察弦振动方程

$$\frac{\partial^2 u}{\partial t^2} = a^2 \frac{\partial^2 u}{\partial x^2} \quad \left(a = \sqrt{\frac{T_0}{\rho}}\right)$$

这里 ρ 是线性密度,T_0 为张力. 我们有如下的动能与势能的表达式

$$T = \frac{1}{2}\int_0^l \rho u_t^2 \mathrm{d}x, \quad -U = \frac{1}{2}\int_0^l T_0 u_x^2 \mathrm{d}x$$

在正弦式系统 $U = \sin \omega t y(x)$ 下,我们得到 $y(x)$ 的方程为

$$y'' + \lambda y = 0 \quad \left(\lambda = \frac{\omega^2}{a^2}\right)$$

如果弦的两端是固定着的,那么对 $y(x)$ 的边值条件就是 $y(0) = y(l) = 0$,而动能与位能可用公式

$$T = \frac{\rho \omega^2}{2}\sin^2 \omega t \int_0^l y^2 \mathrm{d}x, \quad -U = \frac{T_0}{2}\sin^2 \omega t \int_0^l y'^2 \mathrm{d}x$$

来表示. 这问题的第一个特征值归结为求积分

$$\int_0^l y'^2 \mathrm{d}x$$

在条件

$$\int_0^l y^2 \mathrm{d}x = 1$$

下的最小值的问题.

187. 柯朗定理

从前一段的论述中可以推出：特征函数 $\varphi_n(x)$ 实现了积分(102) 在条件 (105) 下的极小值，它的数值等于 λ_n. 这样地来确定 λ_n 与 $\varphi_n(x)$ 时，我们必须知道所有前面的特征函数. 这一情况使所述的极值原理在应用时发生困难. 我们现在要来证明一个定理，它能够用来确定 λ_n 与 $\varphi_n(x)$ 而不必利用到前面的特征函数. 设 $z_1(x), \cdots, z_{n-1}(x)$ 是任意的在区间 $[a,b]$ 连续的函数. 我们提出求积分

$$\int_a^b [p(x)y'^2 + q(x)y^2]\mathrm{d}x \tag{108}$$

在补充条件下

$$\int_a^b r(x)y^2\mathrm{d}x = 1, \int_a^b r(x)z_k(x)y\mathrm{d}x = 0 \tag{109}$$
$$(k = 1, 2, \cdots, n-1)$$

的最小值问题，而 $y(x)$ 取满足边值条件、有二阶连续导数的函数类中的函数. 我们虽然事先并不知道在所提条件下最小值是否能达到，但总可以谈论到这个积分的下确界的数值. 自然，这个下确界与函数 $z_k(x)$ 的选择有关. 我们用 $m(z_1, \cdots, z_{n-1})$ 来记它. 现在我们来证如下的柯朗定理：对于任意选择的连续函数 $z_k(x)$，数 $m(z_1, \cdots, z_{n-1})$ 不超过特征值 λ_n. 如果对任意选择的函数 z_k，我们总能够作出满足条件(109) 及所有其余要求的函数 $y(x)$，使得对应于它的积分 (108) 的值不超过 λ_n，那么定理也就证明好了. 我们将求形式为

$$y = c_1\varphi_1(x) + \cdots + c_n\varphi_n(x) \tag{110}$$

的函数 $y(x)$，这里 $\varphi_k(x)$ 是边值问题的特征函数，c_k 就是我们现在要去决定的常数. 由于函数 $\varphi_k(x)$ 是标准化的，条件(109) 中的第一式化为等式

$$c_1^2 + c_2^2 + \cdots + c_n^2 = 1 \tag{111}$$

其余 $(n-1)$ 个条件给出 n 个未知数 $c_1, \cdots, c_n$ 的齐次方程组，它包括有 $n-1$ 个方程. 如所知 $[\mathrm{III}; 10]$，这样的方程组有不同于零的解. 每一个这样的解可以乘上任意的常数因子，这常数因子可以选择得使等式(111) 实现. 因此，借助于公式(110)，可以作出有到二阶的连续导数，满足边值条件及所有补充条件(109) 的函数. 余下只是把表示式(110) 代入到积分(108) 而来证明这一积分之值小于或等于 λ_n. 进行了上述的代入之后，在积分号下包含平方项 $\varphi_k^2(x)$ 和平方项 $\varphi'^2_k(x)$，以及乘积的项 $\varphi_k(x)\varphi_l(x)$ 与 $\varphi'_k(x)\varphi'_l(x)$. 但在 $r(x)$ 不等于 1 时也可以与在 $[182]$ 中完全一样地证明公式

$$\int_a^b [p(x)\varphi'_k(x)\varphi'_l(x) + q(x)\varphi_k(x)\varphi_l(x)]\mathrm{d}x = 0 \quad (k \neq l)$$

再注意到公式(22)，我们确信：把表示式(110) 代入积分(108) 就会导到表示式

$$c_1^2\lambda_1 + \cdots + c_n^2\lambda_n$$

如果注意到 $\lambda_1 < \cdots < \lambda_n$ 并利用公式(111),我们就会得到

$$c_1^2\lambda_1 + \cdots + c_n^2\lambda_n \leqslant \lambda_n$$

这就最后给出柯朗定理.

推论 如果我们取 $z_1 = \varphi_1(x),\cdots,z_{n-1} = \varphi_{n-1}(x)$,那么如我们以上所见,在条件(109)下,积分(108)的最小值确实等于 λ_n,而且在 $y = \varphi_n(x)$ 时达到.因此我们可以说: λ_n 是积分(108)在满足补充条件(109)下的所有可能的下界 $m_n(z_1,\cdots,z_{n-1})$ 的最大值,其中 $y(x)$ 是在满足边值条件、有到二阶的连续导数的函数类中.并且,这些下确界中的最大值可以在 $z_k = \varphi_k(x)$ 与 $y = \varphi_n(x)$ 时达到.特征值 λ_n 的这种最大－最小的特性对于更广泛的一类偏微分方程也保持有效,且在研究特征值时起最基本的作用.

188. 特征值的渐近表示

在方程(1)中把 $p(x)$ 与 $q(x)$ 用新的函数 $p_1(x)$ 与 $q_1(x)$ 来代替,而在整个区间中 $p_1(x)$ 与 $q_1(x)$ 不比 $p(x)$ 与 $q(x)$ 小,即

$$p_1(x) \geqslant p(x), q_1(x) \geqslant q(x) \quad (a \leqslant x \leqslant b) \tag{112}$$
$$(p(x) > 0, r(x) > 0)$$

函数 $r(x)$ 保持不变.用 λ'_n 来记新方程的特征值,我们来证 $\lambda'_n \geqslant \lambda_n$.为此,我们利用刚才所证的特征值的性质.

在 $p(x)$ 与 $q(x)$ 受了所说的变化时,补充条件(109)保持不变,但积分(108)对固定的函数 y 来说只可能是增加的.因为在所说的系数变更时,函数集 y 仍保持不变,所以积分(108)的下确界 $m(z_1,\cdots,z_{n-1})$ 总不会减小,因而数 $m(z_1,\cdots,z_{n-1})$ 的最大值,即 λ_n 不会减小,这就是所要证的.

我们把 $p(x)$ 与 $q(x)$ 保持不变而用 $r_1(x)$ 来代替 $r(x)$,并且在 $a \leqslant x \leqslant b$ 时 $r_1(x) \geqslant r(x)$.在这一情形下,就不能说变化着的函数 y 所组成的集合是不变的,这是因为,如果 y 满足(109)的第一个条件,那么经过以 $r_1(x)$ 来代替 $r(x)$ 的置换以后,我们就会有

$$\int_a^b r_1(x)y^2 \mathrm{d}x \geqslant 1$$

但是,从函数 $y(x)$ 容易得出新的问题的可容许的函数.为此,只要选择一个满足条件 $0 < \theta \leqslant 1$ 的数 θ,使得

$$\int_a^b r_1(x)\theta^2 y^2 \mathrm{d}x = 1$$

不难看出,函数 θy 也满足(109)的其余条件,然而是对于另一些函数 $z_k(x)$.事实上,因为 θ 是常数,从(109)就推出

$$\int_a^b r_1(x) \frac{z_k(x)r(x)}{r_1(x)} \theta y \mathrm{d}x = 0 \quad (k=1,2,\cdots,n-1)$$

201

但这就是对于改变形状后的方程的(109)型的条件,并且,这里是用函数

$$\tilde{z}_k(x) = \frac{z_k(x)r(x)}{r_1(x)}$$

来代替函数 $z_k(x)$. 每一函数系 $z_k(x)$ 会对应于一函数系 $\tilde{z}_k(x)$, 反之亦然. 要从变形方程的函数 θy 反过来得出原方程的同一函数时,可以把 θy 除以 θ. 在用 θy 来代替 y 时,积分(108)的值不可能增加. 因之,这些值的下确界也不可能增加. 所以,作为这些下确界的最大值的数 λ_n, 也不可能增加. 因此,我们导得如下的命题:如果改变后的系数 $p_1(x)$ 与 $q_1(x)$ 满足条件(112),那么特征值不能减少,又如果改变后的系数 $r_1(x)$ 满足条件 $r_1(x) \geqslant r(x)$, 那么 λ_n 不可能增加.

现在把所证的命题应用到当 n 值很大时特征值 λ_n 的渐近估计问题. 设 $(p, P), (q, Q), (r, R)$ 各是函数 $p(x), q(x), r(x)$ 在区间 $[a, b]$ 的最小值与最大值. 把所给的方程(1)中的 $p(x), q(x)$ 与 $r(x)$ 各用 P, Q 与 r 来代替. 所得的新的常系数方程

$$Py'' + (\lambda r - Q)y = 0 \tag{113}$$

的特征值 λ'_n 无论如何不会比原来方程的特征值 λ_n 小. 但我们容易求到 λ'_n. 为此,首先注意到,方程(113)只有当 $\dfrac{\lambda r - Q}{P} > 0$ 时才可以有满足边值条件(95)的解. 注意到这一点,我们就能把方程(113)的通积分写作

$$y = C_1 \cos\sqrt{\frac{\lambda r - Q}{P}}x + C_2 \sin\sqrt{\frac{\lambda r - Q}{P}}x$$

为将来的计算简单起见,把区间 $[0, l]$ 取为基本区间 $[a, b]$. 从边值条件 $y(0) = 0$ 就推得 $C_1 = 0$, 从第二个边值条件 $y(l) = 0$ 就给出决定 λ 的方程,即为

$$\sqrt{\frac{\lambda r - Q}{P}}\, l = n\pi$$

由此得

$$\lambda'_n = \frac{n^2 \dfrac{\pi^2}{l^2}P + Q}{r}$$

因而

$$\lambda_n \leqslant \frac{n^2 \dfrac{\pi^2}{l^2}P + Q}{r}$$

完全同样地,如果我们用 $p(x), q(x)$ 与 $r(x)$ 分别地用 p, q 与 R 来代替,我们证到

$$\lambda_n \geqslant \frac{n^2 \dfrac{\pi^2}{l^2}p + q}{R}$$

因此,我们得到特征值的如下的估计

$$\frac{n^2\frac{\pi^2}{l^2}P+Q}{r} \geqslant \lambda_n \geqslant \frac{n^2\frac{\pi^2}{l^2}p+q}{R}$$

从此可得:当 n 相当大时,λ_n 与 n^2 是同阶的,而级数

$$\sum_{n=1}^{\infty} \frac{1}{\lambda_n}$$

是收敛的. 如果预先改变原来的方程,利用 λ_n 的最大 — 最小性,还可以得到更细致的估值. 设 $p(x)$ 与 $r(x)$ 有到二阶的连续的导数,引入新自变量 t

$$t=\int_a^x \sqrt{\frac{r(x)}{p(x)}}\,\mathrm{d}x \tag{114}$$

来代替 x,新的未知函数

$$u=\sqrt[4]{p(x)r(x)}\,y \tag{115}$$

来代替 y 而变换原来的方程. 变量 x 的变化区间 $[a,b]$ 换为变量 t 的变化区间 $[0,l]$,这里

$$l=\int_a^b \sqrt{\frac{r(x)}{p(x)}}\,\mathrm{d}x$$

$u(t)$ 的方程具有形式

$$\frac{\mathrm{d}^2 u}{\mathrm{d}t^2}+(\lambda-s(t))u=0 \tag{116}$$

这里 $s(t)$ 是某一连续函数,它容易从方程(1)的已给的系数来确定. 从条件 $y(a)=y(b)=0$ 可推得 $u(0)=u(l)=0$,反之亦然,所以原方程的特征函数可以由变换后的方程的特征函数依公式(115)来确定,与之不同的是,特征值却保持不变. 为了决定方程(116)的特征值,我们应当提出积分

$$\int_0^l [u'^2+s(t)u^2]\mathrm{d}t \tag{117}$$

的极小问题. 设 σ 是 $|s(t)|$ 在区间 $[0,l]$ 的最大值,这就是说

$$-\sigma \leqslant s(t) \leqslant \sigma \quad (0 \leqslant t \leqslant l)$$

如果代替积分(117),我们对积分

$$\int_a^b (u'^2+\sigma u^2)\mathrm{d}t \tag{118}$$

与

$$\int_a^b (u'^2-\sigma u^2)\mathrm{d}t \tag{118'}$$

提出极小问题,又以 λ'_n 与 λ''_n 作为对应的特征值,那么就会得到

$$\lambda'_n \geqslant \lambda_n \geqslant \lambda''_n \tag{119}$$

但是,数 λ'_n 与 λ''_n 可从方程

$$u'' + (\lambda - \sigma)u = 0 \quad \text{与} \quad u'' + (\lambda + \sigma)u = 0$$

在边值条件 $u(0) = u(l) = 0$ 下的解利用初等方法算到. 因而我们有

$$\lambda'_n = \frac{n^2 \pi^2}{l^2} + \sigma, \lambda''_n = \frac{n^2 \pi^2}{l^2} - \sigma$$

由于式(119),就得到

$$\lambda_n = \frac{n^2 \pi^2}{l^2} + A_n \quad (\mid A_n \mid \leqslant \sigma) \tag{120}$$

或

$$\lambda_n = \frac{n^2 \pi^2}{l^2} + O(1) \tag{121}$$

这里我们用的 $O(1)$,照例表示绝对值保持有界(对所有的 n)的量. 回到原来的变量,我们得到

$$\lambda_n = n^2 \pi^2 \left[\int_a^b \sqrt{\frac{r(x)}{p(x)}} \, \mathrm{d}x \right]^{-2} + O(1) \tag{122}$$

因而

$$\lim_{n \to \infty} \frac{n^2}{\lambda_n} = \frac{1}{\pi^2} \left[\int_a^b \sqrt{\frac{r(x)}{p(x)}} \, \mathrm{d}x \right]^2 \tag{123}$$

对于其他的边值问题,我们也可以得到特征值的这样确切的渐近表示. 如果我们在其他边值条件下考察方程 $u'' + \mu u = 0$,这就会直接得到.

189. 特征函数的渐近表示

有了特征值的渐近表示,我们就可以得到特征函数的渐近表示,所利用的方法与我们以前用来导出埃尔密特与勒让德多项式的渐近表示式的方法相同 $[\text{III}_2; 162, 163]$.

借助于上述的变量变换,我们可以把所论方程化为(116)型

$$u''(t) + (\lambda - s(t))u(t) = 0$$

如我们所知,当 n 相当大时特征值 λ_n 是正的[176],今后我们假设,n 已充分大能使得 $\lambda_n > 0$. 设 $u_n(t)$ 是对应于特征值 λ_n 的特征函数. 我们可写出

$$u''_n(t) + \lambda_n u_n(t) = s(t)u_n(t)$$

而得到

$$u_n(t) = a_n \sin \sqrt{\lambda_n} t + b_n \cos \sqrt{\lambda_n} t +$$
$$\frac{1}{\sqrt{\lambda_n}} \int_0^t s(\tau)u_n(\tau)\sin \sqrt{\lambda_n}(t-\tau)\mathrm{d}\tau \tag{124}$$

对在右边的积分应用布尼亚柯夫斯基不等式

$$\left[\int_0^t s(\tau)u_n(\tau)\sin \sqrt{\lambda_n}(t-\tau)\mathrm{d}\tau \right]^2 \leqslant$$
$$\int_0^t u_n^2(\tau)\mathrm{d}\tau \int_0^t s^2(\tau)\sin^2 \sqrt{\lambda_n}(t-\tau)\mathrm{d}\tau$$

从此推知对区间$[0,l]$中每一个 t,有

$$\left[\int_0^t s(\tau)u_n(\tau)\sin\sqrt{\lambda_n}\,(t-\tau)\mathrm{d}\tau\right]^2 \leqslant \int_0^l s^2(\tau)\mathrm{d}\tau \tag{125}$$

这时我们已经注意到函数 $u_n(t)$ 是标准化的.

设 $\varphi_n(x)$ 是原来方程(1)的特征函数,它是从 $u_n(t)$ 借助于变换(114)与(115)而得到.从这些变换直接可得

$$\int_a^b r(x)\varphi_n^2(x)\mathrm{d}x = \int_0^l u_n^2(t)\mathrm{d}t = 1 \tag{126}$$

这就是 $u_n(t)$ 的普通的赋范与 $\varphi_n(x)$ 依权 $r(x)$ 的赋范等价.边值条件 $u(0)=0$ 给出 $b_n=0$,我们可以改写公式(124)为如下的形式

$$u_n(t) = a_n\sin\sqrt{\lambda_n}\,t + \frac{m_n(t)}{\sqrt{\lambda_n}} \tag{127}$$

这里,由于不等式(125),函数 $m_n(t)$ 对所有正整数 n 及在区间$[0,l]$中所有的 t 保持有界,这就是说,存在正数 A,使得

$$|\,m_n(t)\,| \leqslant A \tag{128}$$

把(127)的两边平方,依基本区间作积分并注意到函数 $u_n(t)$ 已经标准化,我们就可以写出

$$1 = a_n^2\int_0^l \sin^2\sqrt{\lambda_n}\,t\,\mathrm{d}t + \frac{2a_n}{\sqrt{\lambda_n}}\int_0^l m_n(t)\sin\sqrt{\lambda_n}\,t\,\mathrm{d}t + \frac{1}{\lambda_n}\int_0^l m_n^2(t)\mathrm{d}t$$

所写的第一个积分可以计算到最终的结果,而其余两个积分的绝对值对所有的 n 为有界.因之就得到

$$1 = \frac{l}{2}a_n^2 - \frac{\sin 2\sqrt{\lambda_n}\,l}{4\sqrt{\lambda_n}}a_n^2 + \frac{a^n}{\sqrt{\lambda_n}}p_n + \frac{1}{\lambda_n}q_n \tag{129}$$

这里 p_n 与 q_n 当 n 增加时其绝对值保持有界.把右端的 a_n^2 移到括弧以外去

$$1 = a_n^2\left[\frac{l}{2} - \frac{\sin 2\sqrt{\lambda_n}\,l}{4\sqrt{\lambda_n}} + \frac{1}{a_n\sqrt{\lambda_n}}p_n + \frac{1}{a_n^2\lambda_n}q_n\right]$$

如果当 n 增加时,我们会得到任意大的 a_n^2 的数值,那么对这样的 n,右边括弧中的表示式就会趋于极限 $\dfrac{l}{2}$,它是不为 0 的.而这一公式右边的乘积就不能等于一.从此我们可以得到结论:当 n 增加时 a_n 保持有界.注意到了这一点,我们就能把公式(129)改写为

$$1 = \frac{l}{2}a_n^2 + O\left(\frac{1}{\sqrt{\lambda_n}}\right) \tag{130}$$

这里,照例用 $O\left(\dfrac{1}{x_n}\right)$ 来记这样的量,使得 $x_n \cdot O\left(\dfrac{1}{x_n}\right)$ 当 n 无限增大时保持有界.我们可以如下改写上一公式

$$a_n^2 = \frac{2}{l} + O\left(\frac{1}{\sqrt{\lambda_n}}\right)$$

从此

$$a_n = \sqrt{\frac{2}{l}} + O\left(\frac{1}{\sqrt{\lambda_n}}\right)$$

代入式(127),得到

$$u_n(t) = \sqrt{\frac{2}{l}} \sin\sqrt{\lambda_n}\, t + O\left(\frac{1}{\sqrt{\lambda_n}}\right) \tag{131}$$

这里

$$O\left(\frac{1}{\sqrt{\lambda_n}}\right) = \frac{p_n(t)}{\sqrt{\lambda_n}}$$

而 $p_n(t)$ 的绝对值对所有的 n 及区间 $0 \leqslant t \leqslant l$ 所有的 t 为有界.

从(121)推出

$$\lambda_n = \frac{n^2\pi^2}{l^2}\left[1 + O\left(\frac{1}{n^2}\right)\right] \text{ 或 } \sqrt{\lambda_n} = \frac{n\pi}{l} + O\left(\frac{1}{n}\right)$$

从此

$$\sin\sqrt{\lambda_n}\, t = \sin\frac{n\pi}{l}t + O\left(\frac{1}{n}\right)$$

其中 $O\left(\frac{1}{n}\right) = \frac{q_n(t)}{n}$,而 $q_n(t)$ 的绝对值对所有 n 及 $[0,l]$ 中所有的 t 为有界. 把它代入式(131)中,就得到标准化的函数 $u_n(t)$ 的如下的渐近表示式

$$u_n(t) = \sqrt{\frac{2}{l}} \sin\frac{n\pi}{l}t + O\left(\frac{1}{n}\right) \tag{132}$$

回到原来的变量,依据(114)与(115),我们就得到如下的渐近公式

$$\varphi_n(x) = \frac{\sqrt{2}}{\sqrt{l}\,\sqrt[4]{p(x)r(x)}} \sin\left[\frac{n\pi}{l}\int_a^x \sqrt{\frac{r(x)}{p(x)}}\, \mathrm{d}x\right] + O\left(\frac{1}{n}\right) \tag{133}$$

其中,据(126)特征函数 $\varphi_n(x)$ 是已经标准化的,而 $O\left(\frac{1}{n}\right) = \frac{r_n(x)}{n}$,这里 $r_n(x)$ 的绝对值对所有 n 及 $[a,b]$ 中的所有 x 为有界.

190. 黎兹方法

方程

$$\frac{\mathrm{d}}{\mathrm{d}x}\left[p(x)y'\right] + \left[\lambda r(x) - q(x)\right]y = 0 \tag{134}$$

是积分

$$\int_a^b \left[p(x)y'^2 + q(x)y^2\right]\mathrm{d}x \tag{135}$$

在补充条件

$$\int_a^b r(x) y^2(x) \mathrm{d}x = 1$$

下的欧拉方程. 又如我们所见,求累次的特征值及特征函数归结到求积分(135)的极值问题. 这引导出在实用上方便的一种决定特征值与特征函数的近似方法. 我们已经描述过这个方法(黎兹方法)对求积分的绝对极值的应用.

我们选取线性独立的函数序列 $v_1(x), v_2(x), \cdots$,它们满足边值条件,又作起线性组合

$$y = \sum_{k=1}^n a_k^{(n)} v_k(x) \tag{136}$$

而把它代入积分

$$J(y) = \int_a^b \{p(x) y'^2 + [q(x) - \lambda r(x)] y^2\} \mathrm{d}x$$

结果我们得到量 $a_k^{(n)}$ 的二次形式. 把它关于 $a_k^{(n)}$ 的偏导数等于零,我们就导得含 n 个自变量的齐次方程组. 把这一方程组的行列式等于零,我们就得到 λ 的 n 次方程. 这个方程的根 $\lambda_1^{(n)}, \cdots, \lambda_n^{(n)}$ 可以取为问题的最初 n 个特征值的近似值. 对其中的每一个,可以从所说的齐次方程组中求出一组数 $a_k^{(n)}$,而据(136)我们就可用这组数作对应的函数 y,它可以近似地采取为对应的特征函数. 这一过程的收敛性实质上依赖于坐标函数 $v_k(x)$ 的选择. 在这一方面,我们只举出 H. M. 克雷洛夫院士的著作(Memorial des Sciences Math. fasc. XLIX, 1931)的某些结果.

现设方程具有形状

$$y'' + \lambda r(x) y = 0 \quad (r(x) > 0) \tag{137}$$

边值条件取为最简单的形式:$y(0) = y(1) = 0$. 如果令 $v_n(x) = \sqrt{2} \sin n\pi x$,那么真正的特征值 λ_m 与这一个数的第 n 个近似值可由下式估计

$$|\lambda_m - \lambda_m^{(n)}| \leqslant \frac{2\lambda_m^2 \max r^{\frac{3}{2}}(x)}{(n+1)^2 \pi^2 \min \sqrt{r(x)} - 2\lambda_m \max r^{\frac{3}{2}}(x)}$$

或者

$$\left| \frac{\lambda_m^{(n)} - \lambda_m}{\lambda_m} \right| \leqslant \frac{\lambda_m A}{(n+1)^2 \pi^2 - \lambda_m B} \tag{138}$$

于此

$$A = [\max r(x) - \min r(x)] \sqrt{\frac{\max r(x)}{\min r(x)}}, B = 2\max r(x)$$

在实际计算中,时常不利用三角函数而利用多项式. 假定说,我们依然有方程(137),其边值条件为 $y(-1) = y(+1) = 0$,并取 $v_n(x) = (1 - x^2) x^{n-1}$(因子 $(1 - x^2)$ 保证边值条件的满足). 在 $v_n(x)$ 的如此选择下,成立如下的估计

$$\left| \frac{\lambda_m^{(n)} - \lambda_m}{\lambda_m} \right| < \frac{\lambda_m^{(n)} \max r(x)}{(n+1)(n+2)} \qquad (139)$$

只要假设函数 $r(x)$ 连续,这个估计就有效. 如果这个函数还有连续的导数,那么可以得到更精确的估计,即

$$\left| \frac{\lambda_m^{(n)} - \lambda_m}{\lambda_m} \right| < \frac{N\lambda_m^{(n)}}{(n+1)^2(n+2)}$$

于此

$$N = \left\{ \max \left| \frac{r'(x)}{\sqrt{r(x)}} \right| + \sqrt{\lambda_m^{(n)}} \sqrt[4]{\frac{\max r^5(x)}{\min r(x)}} \right\}^2$$

如果假设函数 $r(x)$ 有二阶连续导数,还可以得到更精确的估计.

191. 黎兹的例子

举出近似地计算特征值与特征函数的一个例子. 在这个例子中,特征值与特征函数可以求得准确的有限形式,而这就使我们能够阐明近似过程的收敛速度. 下述例子可以在黎兹的论文中找到(Journ für die reine und angew. Mathem. Bd. 135,1909). 考察方程

$$y'' + k^2 y = 0$$

其边值条件为 $y(-1) = y(+1) = 0$,且 k^2 起参数 λ 的作用. 两端固定的弦的振动问题导来这样的边值问题. 弦的基音是由解

$$y_1 = \cos \frac{\pi x}{2}, k_1 = \frac{\pi}{2}$$

所给出,第一泛音为

$$y_2 = \sin \pi x, k_2 = \pi$$

第二泛音为

$$y_3 = \cos \frac{3\pi x}{2}, k_3 = \frac{3\pi}{2}$$

等等. 我们要近似地求具多项式形状的偶函数的解,这多项式也由 x 的偶次幂所排列而成. 满足边值条件的这样的多项式的一般形式为

$$y = (1 - x^2)(a_0 + a_1 x^2 + \cdots + a_n x^{2n})$$

我们只限定两项

$$y = (1 - x^2)(a_0 + a_1 x^2)$$

并代入积分

$$J(y) = \int_{-1}^{+1} (y'^2 - k^2 y^2) \mathrm{d}x$$

就得到

$$J(y) = \frac{8}{315} \left[(105 - 42k^2)a_0^2 + (42 - 12k^2)a_0 a_1 + (33 - 2k^2)a_1^2 \right]$$

把它关于 a_0, a_1 的偏导数等于零,我们导出方程组

$$(35 - 14k^2)a_0 + (7 - 2k^2)a_1 = 0$$
$$(21 - 6k^2)a_0 + (33 - 2k^2)a_2 = 0$$

它的行列式等于零就给出

$$k^4 - 28k^2 + 63 = 0$$

它的根将是

$$k_1^2 = 2.467\ 44, k_3^2 = 25.6$$

从上面所举出的精确解,可以得到

$$k_1^2 = \frac{\pi^2}{4} = 2.467\ 401\ 100\cdots, k_3^2 = \frac{9}{4}\pi^2 = 22.207$$

在第二次的近似中

$$y = (1 - x^2)(a_0 + a_1 x^2 + a_2 x^4)$$

为了要决定 k^2,我们有方程

$$4k^6 - 450k^4 + 8\ 910k^2 - 19\ 305 = 0$$

从其中求出

$$k_1^2 = 2.467\ 401\ 108\cdots, k_3^2 = 23.301\cdots$$

把所得到的 k_1^2 的近似值代到用来决定 a_0, a_1, a_2 的方程组的系数中去,我们除了一个常数因子外求得了这些系数,而这个常数因子可以这样来决定,使所得的解满足条件

$$\int_{-1}^{+1} y^2 \mathrm{d}x = 1$$

而精确解 $y = \cos\dfrac{\pi x}{2}$ 是满足它的.用这样的方法我们导来如下的近似解

$$y = (1 - x^2)(1 - 0.233\ 430 x^2 + 0.018\ 962 x^4)$$

y 与 $\cos\dfrac{\pi}{2}x$ 之间的差异的微小程度可由下表指出,在其中举出这些函数以 10 为底的对数的尾数值:

x	0.1	0.2	0.3	0.4	0.5	0.6	0.7	0.8	0.9
$\lg \cos\dfrac{\pi x}{2}$	994 620	978 206	949 881	907 958	849 485	769 219	657 047	489 982	194 332
$\ln y$	994 621	978 212	949 889	907 952	849 493	769 221	657 043	489 978	194 345

为 x 的奇函数的特征函数及其特征值,可以用如下形状的函数

$$y = (1 - x^2)(a_0 x + a_1 x^3 + \cdots + a_n x^{2n+1})$$

来近似地求出它.

§2   椭圆型方程

192. 牛顿势函数

现在转到偏微分方程边值问题的研究. 我们从拉普拉斯方程开始,我们已经解决了这个方程在圆内与球内的狄利克雷问题. 在这一段中除了拉普拉斯方程以外,也还研究别的椭圆型的方程. 对于这些方程,也可以提出一些问题,它们类似于拉普拉斯方程的狄利克雷问题与诺伊曼问题. 在物理上,这些方程通常是由于考察静力学的问题或稳定体系所产生的. 例如我们记得,拉普拉斯方程本身就是由于考察静电场或稳定热流等问题所得出的.

在研究拉普拉斯方程边值问题时,牛顿势函数有着很大的意义. 让我们重提一下牛顿势函数的基本定义,并且也引进一些新的概念.

设 D 是三维空间的有界区域, $\mu(N)$ 是这个区域点的连续函数, r 是从点 M 到区域 D 的变点 N 的距离. 如所知,公式

$$v(M) = \iiint\limits_{D} \frac{\mu(N)}{r} \mathrm{d}v \tag{1}$$

定义了体积质量的势函数. 同样地,公式

$$u(M) = \iint\limits_{S} \frac{\mu(N)}{r} \mathrm{d}s \tag{2}$$

定义了沿曲面 S 分布的以 $\mu(N)$ 为密度的单层势函数. 如我们所知[Ⅱ;87,200]在没有质量的地方,函数 $u(M)$ 与 $v(M)$ 有一切阶的导数,并满足拉普拉斯方程. 为了后来的叙述起见,首先着重地指出对曲面 S 的一些限制,以后,我们还将假设这个曲面为闭的. 这首先是由 A. M. 李雅普诺夫在他的著作《论与狄利克雷问题有关的某些问题》("О некоторых вопросах,связанных с задачей Дирихле")(1898 年)中所叙述. 这一著作在势函数理论的发展上以及在拉普拉斯方程的边值问题的研究上起了杰出的作用. 在这一段以及以后的几段中,我们依照这一著作来进行叙述.

对曲面 S 添上如下的要求:

1. 在 S 的每一点切平面是存在的.

2. 存在这样一数 $d > 0$,使得:如 N_0 为 S 上的任意点,那么以 N_0 为心,以 d 或小于 d 的数为半径的球把 S 分为两个部分,其中之一是包含在球内部,另一是在球的外部,而与点 N_0 的法线相平行的直线,与 S 的在所述的球的内部的部分的交点不超过一个.

3. 如果 ϑ 是由 S 的两点 N_1 与 N_2 的法线所做成的锐角, $r_{1,2}$ 是这两点的距

离,那么存在与 N_1 及 N_2 的选择无关的两个正数 a 与 α,使得不等式

$$\vartheta \leqslant a r_{1,2}^{\alpha} \quad (\alpha \leqslant 1) \tag{3}$$

对 N_1 与 N_2 在 S 上的任意位置都成立.

满足这些条件的闭曲面通常称作李雅普诺夫曲面. 将来我们还引进对 S 的某些假设,而现在要从所做的假设中引出若干推论.

从(3)直接推得,当切点沿曲面变位时,切平面是连续地变动的. 为了后来的需要,现在指出第三个条件的一个重要推论. 设 N_0 是曲面 S 的某一点. 把坐标原点放到这一点,Z 轴放在沿 S 在点 N_0 的外法线,X 轴与 Y 轴任意地放在切平面上. 这时,就可以把包含在以 N_0 为心、以 d 为半径的球 C_0 内部的 S 的片段的方程表示为显式的形状

$$\zeta = \zeta(\xi, \eta) \tag{4}$$

我们常用 (ξ, η, ζ) 来记曲面 S 上动点 N 的坐标,而用 (x, y, z) 来记空间任意点的坐标. 上述的坐标轴称为在点 N_0 的局部坐标轴.

从切平面的存在性与它的连续变化的性质可以推得第一阶导数 $\zeta_\xi(\xi, \eta)$ 与 $\zeta_\eta(\xi, \eta)$ 的存在性. 我们假设 d 取为充分小. 例如,可采用条件

$$a d^{\alpha} \leqslant 1 \tag{5}$$

这就是在,曲面 S 在球 C_0 内部的一块上的任意点 N 的法线与点 N_0 的法线间的交角 ϑ_0 不超过 $\frac{\pi}{2}$. 用 r_0 记距离 $N_0 N (r_0 < d)$,就有

$$\cos \vartheta_0 \geqslant 1 - \frac{1}{2} \vartheta_0^2 \geqslant 1 - \frac{1}{2} a^2 r_0^{2\alpha} \tag{6}$$

从此

$$\frac{1}{\cos \vartheta_0} = \sqrt{1 + \zeta_\xi^2 + \zeta_\eta^2} \leqslant 1 + a^2 r_0^{2\alpha} \leqslant 2 \tag{7}$$

因此,由于(5)而成立

$$\zeta_\xi^2 + \zeta_\eta^2 \leqslant 2 a^2 r_0^{2\alpha} + a^4 r_0^{4\alpha} \leqslant 3 a^2 r_0^{2\alpha} \tag{8}$$

引入极坐标

$$\xi = \rho_0 \cos \theta, \eta = \rho_0 \sin \theta$$

我们有

$$\zeta_{\rho_0}^2 = (\zeta_\xi \cos \theta + \zeta_\eta \sin \theta)^2 \leqslant \zeta_\xi^2 + \zeta_\eta^2$$

从此,由于式(8),而有

$$| \zeta_{\rho_0} | \leqslant \sqrt{3} a r_0^{\alpha} \tag{9}$$

及

$$| \zeta | \leqslant \sqrt{3} a d^{\alpha} \rho_0 \leqslant \sqrt{3} \rho_0 \tag{10}$$

因此

$$r_0 = \sqrt{\rho_0^2 + \zeta^2} \leqslant 2\rho_0 \tag{11}$$

不等式(9)给出

$$|\zeta_{\rho_0}| \leqslant \sqrt{3}\, a 2^\alpha \rho_0^\alpha \tag{12}$$

从此得

$$|\zeta| \leqslant \frac{\sqrt{3}\, 2^\alpha}{\alpha+1} a \rho_0^{\alpha+1}$$

或者进而

$$|\zeta| \leqslant 2a\rho_0^{\alpha+1} \tag{13}$$

这是因为在 $\alpha \leqslant 1$ 时 $2^\alpha \leqslant \alpha+1$. 最后，由式(6)得出

$$1 - \cos\vartheta_0 \leqslant 2^{2\alpha-1} a^2 \rho_0^{2\alpha} \tag{14}$$

再还给出 $\cos(\boldsymbol{n}, X)$ 与 $\cos(\boldsymbol{n}, Y)$ 的一个估值，这里 $\boldsymbol{n}$ 是 S 在点 N 的外法线上的单位向量. 根据(8)，我们有

$$|\cos(\boldsymbol{n}, X)| = \frac{|\zeta_\xi|}{\sqrt{1 + \zeta_\xi^2 + \zeta_\eta^2}} \leqslant |\zeta_\xi| \leqslant \sqrt{3}\, a r_0^\alpha$$

完全相类似地有

$$|\cos(\boldsymbol{n}, Y)| \leqslant \sqrt{3}\, a r_0^\alpha$$

我们还有

$$\cos(\boldsymbol{n}, Z) = \cos\vartheta_0$$

把以上所得到的估值的全体集起来

$$|\zeta| \leqslant c\rho_0^{1+\alpha}, \ |\cos(\boldsymbol{n}, X)| \leqslant c\rho_0^\alpha, \ |\cos(\boldsymbol{n}, Y)| \leqslant c\rho_0^\alpha$$

$$1 - \cos(\boldsymbol{n}, Z) \leqslant c\rho_0^{2\alpha}, \ |\cos(\boldsymbol{n}, Z)| \geqslant \frac{1}{2} \tag{15}$$

并且，为了记法上的方便起见，我们用 c 来记在所有的估值的式中出现的最大的常数. 显然，如果把所有式子中右端的 ρ_0 用 r_0 来代替，它们保持有效. 在 S 与 C_0 的交点，我们有 $r_0 = d$，从式(11)可得：$\rho_0 \geqslant \frac{1}{2} d$. 因此我们见到：用以 Z 轴(点 N_0 的法线)为轴，$\frac{1}{3} d$ 为半径的圆柱面割曲面 S，所割下的部分在 C_0 内部，将用 σ_0 来表示曲面的这一部分. 它在 XY 平面(在点 N_0 的切平面)上的投影 σ'_0 是圆

$$\xi^2 + \eta^2 \leqslant \frac{d^2}{9} \tag{16}$$

对所有的在 σ_0 中的点，公式(15)有效. 还考察曲面 S 的一个部分 σ_1，它是在 S 上用以 Z 轴为轴，小于 $\frac{d}{2}$ 的 d_1 为半径的圆柱体所割下来的. 在 σ_1 上也成立(15). 曲面块 σ_1 在点 N_0 的切平面上的投影 σ'_1 是圆

$$\xi^2 + \eta^2 \leqslant d_1^2 \quad \left(d_1 < \frac{d}{2}\right) \tag{17}$$

我们要转到单层势函数的性质的研究,也还研究其他的势函数 —— 双层势函数,它也与单层势函数一样,可表示为沿曲面 S 的积分的形式.

193. 双层势函数

在作出函数(1)与(2)时,拉普拉斯方程的奇解 $\dfrac{1}{r}$ 是起了基本的作用. 现在要引入这一方程的另一奇解. 设 N 是空间的某一点,l 是由点 N 所引出的定方向. 在方向 l 上取长度为 ε 的线段 NN',而在点 N 令电荷 $\left(+\dfrac{1}{\varepsilon}\right)$,在点 N' 令电荷 $\left(-\dfrac{1}{\varepsilon}\right)$. 用 r 与 r' 来记变动点 M 到点 N 与 N' 的距离,我们就有所述的电荷的势函数如下

$$u_0(M) = \frac{1}{\varepsilon}\left(\frac{1}{r} - \frac{1}{r'}\right) = \frac{1}{\varepsilon} \cdot \frac{r' - r}{rr'} = \frac{1}{\varepsilon} \frac{r'^2 - r^2}{(r' + r)rr'}$$

我们还考察角 $\varphi = (r, l)$,这时 r 的方向是假设从点 M 到 N 的.

注意到明显的等式 $r'^2 = r^2 + \varepsilon^2 + 2r\varepsilon \cos \varphi$,我们就可写出

$$u_0(M) = \frac{\varepsilon + 2r\cos \varphi}{(r' + r)rr'}$$

并且在 $\varepsilon \to 0$ 的极限情形下,我们就得到具单位强度,以 l 为方向的电偶极子的势函数

$$u_0(M) = \frac{\cos \varphi}{r^2}$$

不难验证,可以把这一势函数写作 $\dfrac{1}{r}$ 依方向 l 的导数,这时微分是依点 M 所做的

$$\frac{\cos \varphi}{r^2} = \frac{\partial}{\partial l}\left(\frac{1}{r}\right) \tag{18}$$

事实上,用 (ξ, η, ζ) 来记点 N 的坐标,而 (x, y, z) 记点 M 的坐标,我们就得到

$$\frac{\partial}{\partial l}\left(\frac{1}{r}\right) = \frac{(\xi - x)\cos(l, x) + (\eta - y)\cos(l, y) + (\zeta - z)\cos(l, z)}{r^3}$$

如果注意到公式

$$\cos \varphi = \frac{\xi - x}{r}\cos(l, x) + \frac{\eta - y}{r}\cos(l, y) + \frac{\zeta - z}{r}\cos(l, z)$$

我们从这里就导到公式(18). 显然,函数(18)满足拉普拉斯方程,并且以点 N 为奇点. 把曲面 S 上布满偶极子,使得它们的方向重合于曲面的外法线 n,又设 $\mu(N)$ 为在曲面上点 N 的偶极子强度. 这样,我们就导到双层势函数的概念,它就是由公式

$$w(M) = \iint\limits_S \mu(N) \frac{\cos \varphi}{r^2} \mathrm{d}S \quad (\varphi = (r, n)) \tag{19}$$

所定义的(图9).对不在 S 上的点,函数(19)有任意阶的导数,也满足拉普拉斯方程,并且它还可以关于点 M 在积分号下求导数.如果点 M 合于曲面 S 上的某一点 N_0,那么当 N 重合于 N_0 时,r 化为零,而积分(19)在这时为反常积分.现要证,它是有意义的.

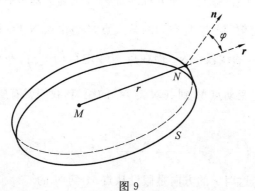

图 9

只要研究被积函数在点 N_0 附近的曲面小块 σ_0 上的情况就可以了.这时我们就可以利用在点 N_0 的局部坐标下的曲面方程(4).

我们来求 $\cos \varphi_0 = \cos(\boldsymbol{r}_0, \boldsymbol{n})$ 的表示式,这里 $\boldsymbol{r}_0$ 是方向 $N_0 N$

$$\cos \varphi_0 = \frac{\xi}{r_0}\cos(\boldsymbol{n}, X) + \frac{\eta}{r_0}\cos(\boldsymbol{n}, Y) + \frac{\zeta}{r_0}\cos(\boldsymbol{n}, Z) \qquad (20)$$

$$((\boldsymbol{n}, Z) = \vartheta_0)$$

这里 (ξ, η, ζ) 为点 N 的坐标而 $r_0 = \sqrt{\xi^2 + \eta^2 + \zeta^2}$. 注意到以上所得到的估计(15)与明显的不等式:$|\xi| \leqslant \rho_0$,$|\eta| \leqslant \rho_0$,$\rho_0 \leqslant r_0$,就得到

$$\left| \frac{\cos \varphi_0}{r_0^2} \right| \leqslant \frac{3c\rho_0^\alpha}{\rho_0^2} \qquad (\rho_0 = \sqrt{\xi^2 + \eta^2})$$

这就是

$$\left| \frac{\cos \varphi_0}{r_0^2} \right| \leqslant \frac{b}{\rho_0^{2-\alpha}}$$

这里 b 是常数.此外,对于连续函数 $\mu(N)$ 成立估计

$$|\mu(N)| \leqslant A \qquad (N \text{ 在 } S \text{ 上}) \qquad (22)$$

这里常数 $A = \max |\mu(N)|$,但 N 是在 S 上变化的.把沿 σ_0 的积分改为沿曲面 σ_0 在 XY 平面上的投影 σ_0' 积分(σ_0' 是以 N_0 为心,$\dfrac{d}{3}$ 为半径的圆),我们就得到

$$\iint\limits_{\sigma_0'} \mu(\xi, \eta) \frac{\cos \varphi_0}{r_0^2} \frac{\mathrm{d}\xi \mathrm{d}\eta}{\cos \vartheta_0}$$

此外,由于(21)(22)与(15)还成立对被积函数的如下的估计

$$\left| \mu(\xi, \eta) \frac{\cos \varphi_0}{r_0^2 \cos \vartheta_0} \right| \leqslant \frac{2Ab}{\rho_0^{2-\alpha}}$$

214

从此也就推出积分(19)当M在曲面S上时的收敛性.因此,函数(19)在全空间有定义.

考察在$\mu(N) \equiv 1$时的积分(19).注意到(18),我们就可以写出

$$w_1(M) = \iint\limits_S \frac{\cos\varphi}{r^2}dS = -\iint\limits_S \frac{\partial \frac{1}{r}}{\partial n}dS \tag{23}$$

这里我们假设,沿n的方向的导数是关于点N所做的,这个N就是积分的变量.因此,在积分号之前我们置一负号.

首先假设点是在闭曲面S之外的.这时$\frac{1}{r}$是S内部的调和函数,有直到S上为连续的任何阶导数.而由于调和函数的一个基本性质,我们就有$[Ⅱ;194]$

$$w_1(M) = -\iint\limits_S \frac{\partial \frac{1}{r}}{\partial n}dS = 0 \quad (M\text{在}S\text{外})$$

设点M在S内.在S的内部除去一以M为心、ρ为半径的小球C.在C与S之间的空间部分D'中,函数$\frac{1}{r}$为调和,并成立

$$\iint\limits_S \frac{\partial \frac{1}{r}}{\partial n}dS + \iint\limits_C \frac{\partial \frac{1}{r}}{\partial n}dS = 0$$

区域D'的外法线指向于球C的中心,因此

$$\frac{\partial \frac{1}{r}}{\partial n}\bigg|_C = \frac{1}{\rho^2}$$

这样,前一公式可改写为形式

$$\iint\limits_S \frac{\partial \frac{1}{r}}{\partial n}dS + \frac{1}{\rho^2}\iint\limits_C dS = 0 \text{ 或} \iint\limits_S \frac{\partial \frac{1}{r}}{\partial n}dS + 4\pi = 0$$

从此

$$w_1(M) = -\iint\limits_S \frac{\partial \frac{1}{r}}{\partial n}dS = 4\pi \quad (M\text{在}S\text{内部})$$

最后,设点M合于在曲面上的某点N_0.作以N_0为心、以$d_1 < \frac{d}{2}$为半径的球C.把包含于C内部的曲面S的小块σ_1用球面C的一部分C'来代替,使得点N_0在所得到的曲面外部.这个曲面是由$(S-\sigma_1)$及球C的部分C'所构成.我们有

$$\iint\limits_{S-\sigma_1} \frac{\partial \frac{1}{r}}{\partial n}dS + \iint\limits_C \frac{\partial \frac{1}{r}}{\partial n}dS = 0 \tag{24}$$

第二项的计算方法如前,它等于从球 C 的中心来看这个球面的一部分 C' 的立体角

$$\iint_{C'} \frac{\partial \frac{1}{r}}{\partial n} \mathrm{d}S = \frac{1}{d_1^2} \iint_{C'} \mathrm{d}S \tag{25}$$

球 C 与 S 的交线 l 具有如下的性质:由于(15),对这线上的点的坐标 ζ 成立不等式 $|\zeta| \leqslant cd_1^{1+\alpha}$,而 l 上的点当 $d_1 \to 0$ 时无限地接近于 XY 平面.

从此可见,d_1 趋向于零时立体角(25)趋向于 2π,而公式(24)的极限就给出

$$w_1(M) = -\iint_S \frac{\partial \frac{1}{r}}{\partial n} \mathrm{d}S = 2\pi \quad (M \text{ 在 } S \text{ 上})$$

因此我们就有

$$\iint_S \frac{\cos \varphi}{r^2} \mathrm{d}S = \begin{cases} 4\pi & (M \text{ 在 } S \text{ 内}) \\ 0 & (M \text{ 在 } S \text{ 外}) \\ 2\pi & (M \text{ 在 } S \text{ 上}) \end{cases} \tag{26}$$

再考察不闭的曲面 S_1 与积分

$$w_2(M) = \iint_{S_1} \frac{\cos \varphi}{r^2} \mathrm{d}S \tag{27}$$

这时我们假设点 M 在 S_1 之外. 作以 M 为顶点、S_1 为底的锥面,并作以 M 为心、充分小的 ρ 为半径的球面,设 σ_1 是它在所论锥面内部的部分.

考察由 S_1,σ 与所论锥面侧面 Γ 所围成的空间区域 D(图 10). (我们假设,所提到的这些曲面围成空间的某一区域 D).

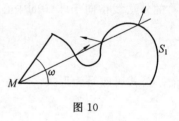

图 10

在 D 内,函数 $\frac{1}{r}$ 为调和,因而

$$\iint_{S_1} \frac{\partial \frac{1}{r}}{\partial n} \mathrm{d}S + \iint_{\sigma_1} \frac{\partial \frac{1}{r}}{\partial n} \mathrm{d}S + \iint_{\Gamma} \frac{\partial \frac{1}{r}}{\partial n} \mathrm{d}S = 0$$

在曲面 Γ 上

$$\frac{\partial \frac{1}{r}}{\partial n} = -\frac{\cos \varphi}{r^2} = 0$$

在 σ_1 上方向 n 与 r 相反,而 $\dfrac{\partial \frac{1}{r}}{\partial n} = \dfrac{1}{\rho^2}$. 用 ω 来记从点 M 来看 S_1 的立体角,从前面的公式,我们得到

$$\omega = -\iint_{S_1} \frac{\partial \frac{1}{r}}{\partial n} \mathrm{d}S = \iint_{S_1} \frac{\cos \varphi}{r^2} \mathrm{d}S$$

这就是积分(27)给出从点 M 来看 S_1 的立体角. 这时, S_1 上的方向 n 是设为朝 D 的外部的. 从 M 出发的向径可以与 S_1 相交于若干点. 例如, 如果有三个交点, 那么在其中的两个 $\cos \varphi > 0$, 而在第三个点 $\cos \varphi < 0$(图 10). 所论的积分的元素, 即 $\frac{\cos \varphi}{r^2} \mathrm{d}S$ 是立体角单元 $\mathrm{d}\omega$, 它是从点 M 来看曲面元素的立体角, 并且, 在 $\cos \varphi > 0$ 时, 这个角是正的, 在 $\cos \varphi < 0$ 时这角为负的. 如果 M 在 S_1 之上, 那么如同我们以前对闭曲面所做一样, 必须把积分(27)视为反常积分. 从以上所指出的议论, 也可以得出公式(26).

在以后, 我们假设曲面 S 具有如下的性质: 对任意位置的点 M 成立不等式

$$\iint_{S} \frac{|\cos \varphi|}{r^2} \mathrm{d}S \leqslant c \tag{28}$$

这里 c 是一个确定的正数. 例如, 假设存在正整数 k, 使得对任意位置的点 M, 可以把 S 分为个数不多于 k 的各个小块, 使得过 M 的直线与各个小块的交点不超过一个, 而在每一小块上 $\cos \varphi$ 不变号. 在这种情形下, 如果取 $c = 4\pi k$, 条件(28)是满足的.

公式(26)指明, 在 $\mu(N) \equiv 1$ 时, 当 M 穿过曲面 S 时双层势函数(19)的连续性就遭到中断. 现对任意的连续密度来研究这一问题.

设 N_0 是曲面 S 上的定点. 我们作起双层势函数

$$w_0(M) = \iint_{S} \left[\mu(N) - \mu(N_0)\right] \frac{\cos \varphi}{r^2} \mathrm{d}S \tag{29}$$

并证明, 当 M 在点 N_0 穿过曲面 S 时, 它保持为连续. 设 ε 是已给的正数. 取出曲面 S 的一个小块, 它包含 N_0 在其内部, 在其上成立不等式

$$|\mu(N) - \mu(N_0)| \leqslant \frac{\varepsilon}{4c} \quad (N \text{ 在 } \sigma \text{ 上}) \tag{30}$$

这里 c 是条件(28)中的常数. 把 S 分为两块 —— σ 与 $S - \sigma$, 可记

$$w_0(M) = w_0^{(1)}(M) + w_0^{(2)}(M) \tag{31}$$

这里

$$w_0^{(1)}(M) = \iint_{\sigma} \left[\mu(N) - \mu(N_0)\right] \frac{\cos \varphi}{r^2} \mathrm{d}S$$

$$w_0^{(2)}(M) = \iint_{S-\sigma} \left[\mu(N) - \mu(N_0)\right] \frac{\cos \varphi}{r^2} \mathrm{d}S \tag{32}$$

对任意位置的 M, 我们有

$$|w_0^{(1)}(M)| \leqslant \iint_{\sigma} |\mu(N) - \mu(N_0)| \frac{\cos \varphi}{r^2} \mathrm{d}S$$

从此,由于(28)与(30),有

$$w_0^{(1)}(M) \leqslant \frac{\varepsilon}{4} \tag{33}$$

从(31)可得

$$w_0(M) - w_0(N_0) = w_0^{(1)}(M) - w_0^{(1)}(N_0) + [w_0^{(2)}(M) - w_0^{(2)}(N_0)]$$

从而

$$|w_0(M) - w_0(N_0)| \leqslant |w_0^{(1)}(M)| + |w_0^{(1)}(N_0)| + \\ |w_0^{(2)}(M) - w_0^{(2)}(N_0)|$$

或者,由于(33),而有

$$|w_0(M) - w_0(N_0)| \leqslant \frac{\varepsilon}{2} + |w_0^{(2)}(M) - w_0^{(2)}(N_0)| \tag{34}$$

在双层势函数 $w_0^{(2)}(M)$ 中,积分沿 $(S-\sigma)$ 进行,而点 N_0 在 σ 的内部,所以函数 $w_0^{(2)}(M)$ 在点 N_0 及其某个邻域为连续(且有所有阶的导数). 因而对每一与 N_0 充分接近的点 M,我们有 $|w_0^{(2)}(M) - w_0^{(2)}(N_0)| \leqslant \frac{\varepsilon}{2}$,而由于(34),成立 $|w_0(M) - w_0(N_0)| \leqslant \varepsilon$,由此,从 ε 的任意性推出,由公式(29)所定义的函数在点 N_0 的连续性. 我们可以写出

$$w_0(M) = w(M) - \mu(N_0) \iint\limits_S \frac{\cos \varphi}{r^2} \mathrm{d}S \tag{35}$$

这里 $w(M)$ 是双层势函数(19). 首先设点 M 在 S 上,记它为 N. 这时,由(26)就有

$$w_0(N) = w(N) - 2\pi\mu(N_0) \tag{36}$$

与

$$w_0(N_0) = w(N_0) - 2\pi\mu(N_0) \tag{37}$$

这里 $w(N_0)$ 是积分(19)在点 N_0 的数值. 现将在 S 上的点 N 趋近于 N_0. 由于 $w_0(M)$ 的连续性而有

$$w_0(N) \to w_0(N_0) = w(N_0) - 2\pi\mu(N_0)$$

转到公式(36)的右端,我们就见到,这时 $w(N)$ 有极限 $w(N_0)$,这就是说,公式(19)所定义的函数 $w(M)$ 在曲面 S 上为连续函数.

现设点 M 在曲面 S 之内.

这时,由于(26)而有

$$w_0(M) = w(M) - 4\pi\mu(N_0) \tag{38}$$

现令在 S 内部的点 M 趋向于 N_0. 由于已证明过的 $w_0(M)$ 的连续性,我们就有

$$w_0(M) \to w_0(N_0) = w(N_0) - 2\pi\mu(N_0) \tag{39}$$

转向于公式(38)的右端,我们见到,这时 $w(M)$ 也有极限. 用 $w_i(N_0)$ 来记这个极限. 从(38)与(39)就得出

$$w_i(N_0) - 4\pi\mu(N_0) = w(N_0) - 2\pi\mu(N_0)$$

这就是

$$w_i(N_0) = w(N_0) + 2\pi\mu(N_0) \tag{40}$$

从此可见,如果 $\mu(N_0) \neq 0$,函数 $w(M)$ 在点 N_0 的数值 $w(N_0)$ 与极限值 $w_i(N_0)$ 是不同的.如果点 M 在 S 之外,那么代替(38)而成立

$$w_0(M) = w(M)$$

照以上的方法进行讨论,就可以见到,当 M 在 S 的外面而趋向于 N_0 时,$w(M)$ 的极限是存在的.用 $w_e(N_0)$ 来记这个极限并利用式(39),就有

$$w_0(N_0) = w(N_0) - 2\pi\mu(N_0) \tag{41}$$

当 M 重合于 N_0 时,用 r_0 与 φ_0 来记 r 与 φ 的值,我们可以把(40)与(41)改写为以下形式

$$w_i(N_0) = w(N_0) + 2\pi\mu(N_0) = \iint_S \mu(N) \frac{\cos\varphi_0}{r_0^2} \mathrm{d}S + 2\pi\mu(N_0)$$

$$w_e(N_0) = w(N_0) - 2\pi\mu(N_0) = \iint_S \mu(N) \frac{\cos\varphi_0}{r_0^2} \mathrm{d}S - 2\pi\mu(N_0) \tag{42}$$

这里 φ_0 是方向 $\overline{N_0 N}$ 与点 N 的外法线 $\boldsymbol{n}$ 的交角,即 $\varphi_0 = (\boldsymbol{r}_0, \boldsymbol{n})$.注意到这些公式以及函数 $w(N_0)$ 当 N_0 在 S 上变动的连续性,我们就可以断言,公式(19)所定义的函数 $w(M)$ 在 S 内连续,还可以连续地延拓到 S.同样地,它在 S 外连续,也可以连续地延拓到 S.提醒一下,这个函数在 S 内与 S 外都有任意阶的导数.不难看出,当点 M 趋于无限远时 $w(M)$ 趋于零.实际上,记 D 为 S 外的点 M 到曲面 S 的最短距离[Ⅱ;89],就有

$$|w(M)| \leqslant \iint_S \left| \mu(N) \frac{\cos\varphi}{r^2} \right| \mathrm{d}S \leqslant \frac{A}{D^2} \cdot S \text{ 的面积} \tag{43}$$

从此就推出,当 M 趋于无限远离时,$w(M) \to 0$.更精确地说,如果 O 是任意定点,那么对任意已给正数 ε,就存在这样的正数 B,使得,只要点 M 在以 O 为心、B 为半径的球的外部,成立 $|w(M)| \leqslant \varepsilon$.

194. 单层势函数的性质

如果 M 在 S 上,单层势函数

$$u(M) = \iint_S \frac{\mu(N)}{r} \mathrm{d}S \tag{44}$$

是反常积分.设 M 重合于在 S 上的点 N_0.我们要证明,这时反常积分(44)是有意义的.如同在[193]一样,只要考察在 S 的包含 N_0 在内的一小块 σ_0 上的积分就可以了.对 σ_0 利用局部坐标下的方程(4),我们有

$$\iint_{\sigma_0} \frac{\mu(N)}{r_0} \mathrm{d}S = \iint_{\sigma_0} \frac{\mu(\xi, \eta)}{r_0 \cos\vartheta_0} \mathrm{d}\xi \mathrm{d}\eta$$

由于(15)(22)以及$\rho_0 \leqslant r_0$,我们得到对被积函数的如下估计

$$\left| \frac{\mu(\xi,\eta)}{r_0 \cos \vartheta_0} \right| \leqslant \frac{2A}{\rho_0}$$

从此直接可推出,当M在S上时积分(44)是收敛的.因此公式(44)对点M的任意位置定义了$u(M)$.函数$u(M)$对不在S上的点M是连续的.现证,$u(M)$对在S上的任一点N_0也是连续的.设ε是已给的正数,σ_1是S的一部分,它是由不等式(17)所定义的.现证:可以选取适当小的数d_1,使得在N_0的某一邻域中的任意位置的M满足不等式

$$\left| \iint\limits_{\sigma_1} \frac{\mu(N)}{r} dS \right| \leqslant \frac{\varepsilon}{4} \tag{45}$$

我们有

$$\left| \iint\limits_{\sigma_1} \frac{\mu(N)}{r} dS \right| \leqslant \iint\limits_{\sigma'_1} \frac{A}{\rho_1} d\xi d\eta \tag{46}$$

这里σ'_1为以N_0为心、d_1为半径的圆,ρ_1是线段MN在切平面上的投影$M_1 N_1$的长度.假定说,M在以N_0为中心,d_1为半径的球的内部.这时M_1属于圆σ'_1,而且,如果我们在(ξ,η)平面上取一以M_1为中心、$2d_1$为半径的圆σ''_1,那么σ''_1就会整个地包含σ'_1,因而,由于(46),有

$$\left| \iint\limits_{\sigma_1} \frac{\mu(N)}{r} dS \right| \leqslant A \iint\limits_{\rho_1 \leqslant 2d_1} \frac{d\xi d\eta}{\rho_1} = A \int_0^{2\pi} \int_0^{2d_1} \frac{\rho_1 d\rho_1 d\theta}{\rho_1} = 4\pi d_1 A$$

现在只要这样固定d_1,使不等式$4\pi d_1 A \leqslant \dfrac{\varepsilon}{4}$成立,对于以$N_0$为心、$d_1$为半径的球内部的任意位置的点$M$,我们得到估值(45).接着,我们把函数(44)表达为形式

$$u(M) = u_1(M) + u_2(M)$$

这里

$$u_1(M) = \iint\limits_{\sigma_1} \frac{\mu(N)}{r} dS, \quad u_2(M) = \iint\limits_{S-\sigma_1} \frac{\mu(N)}{r} dS$$

并且$u_2(M)$在点N_0连续,而$u(M)$在点N_0的连续性的证明可以完全照[193]中对函数(29)所做的证明一样来进行.因而,我们有如下的结果:单层势函数(44)在全空间有定义,是全空间的连续函数.也十分相类似于[193]中的情形,可以证明,当点M趋于无限远离时,$u(M) \to 0$.

195. 单层势函数的法线导数

设n_0是曲面S上某一点N_0的外法线方向.假设点M不在S上,作函数(44)沿方向$\boldsymbol{n}_0$的导数.仅有因子$\dfrac{1}{r}$与M有关,因而我们可以依照积分号下求导数的法则来微分

$$\frac{\partial u(M)}{\partial n_0}=\iint_S \mu(N)\frac{\partial\frac{1}{r}}{\partial n_0}\mathrm{d}S=\iint_S\mu(N)\frac{\cos\psi}{r^2}\mathrm{d}S \tag{47}$$

要指出这一积分与定义双层势函数的积分(19)之间的差别:在积分(19)中,$\varphi=(r,n)$,这里 n 是点 N 的外法线单位向量,而 N 是积分的变点,而在积分(47)中,$\psi=(r,n_0)$,这里 n_0 是在定点 N_0 的外法线单位向量. 这两种情形 r 都是

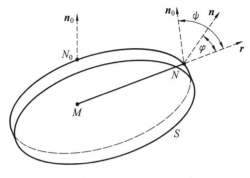

图 11

方向 $\overline{MN}$(图11). 现证,当 M 重合于点 N_0 时积分(47)是存在的. 在这一情形我们把(47)写作

$$\iint_S\mu(N)\frac{\cos\psi_0}{r_0^2}\mathrm{d}S=\iint_S\mu(N)\frac{\cos(r_0,n_0)}{r_0^2}\mathrm{d}S \tag{48}$$

这里 r_0 是距离 $|N_0N|$,角 $\psi_0=(r_0,n_0)$ 是方向 $\overline{N_0N}$ 与 n_0 间的夹角. 接下去我们就证明,当 M 从曲面内部或外部沿法线趋向 N_0 时,导数(47)有确定的极限,而对这些极限成立公式

$$\left(\frac{\partial u(N_0)}{\partial n_0}\right)_i=\iint_S\mu(N)\frac{\cos\psi_0}{r_0^2}\mathrm{d}S+2\pi\mu(N_0)$$

$$\left(\frac{\partial u(N_0)}{\partial n_0}\right)_e=\iint_S\mu(N)\frac{\cos\psi_0}{r_0^2}\mathrm{d}S-2\pi\mu(N_0) \tag{49}$$

这里,如同[193]中一样,记号 i 与 e 表示应当把 M 从内部或外部趋向 N_0 来取 $\dfrac{\partial u(M)}{\partial n_0}$ 的极限,而公式的左边仅仅表示这些极限的记号.

在以 N_0 为原点的局部坐标系中,方向 n_0 重合于 Z 轴的方向,如前,用 (x,y,z) 记 M 的坐标,(ξ,η,ζ) 记 N 的坐标(都参考于所述的坐标系). 照例,选取曲面 S 的一小块 σ_0,把积分(47)写为

$$\iint_{\sigma_0}\mu(N)\frac{\zeta-z}{r^3}\mathrm{d}S \tag{50}$$

如果 M 重合于 N_0,那么 $z=0$,而积分采取形式

$$\iint\limits_{\sigma_1} \mu(N)\frac{\zeta}{r_0^3}\mathrm{d}S = \iint\limits_{\sigma_1'} \mu(\xi,\eta,\zeta)\frac{\zeta(\xi,\eta)}{r_0^3\cos(\boldsymbol{n},Z)}\mathrm{d}\xi\mathrm{d}\eta$$

这里 ζ 按公式(4)化为 ξ,η 的函数. 由于注意到(15)及不等式 $r_0 \geqslant \rho_0$,可直接地断言,所写的积分式子是有意义的. 因而我们证明了积分(50)的存在. 现转到证明公式(49).

作积分(47)与用同一密度 $\mu(N)$ 所做的双层势函数间的差式

$$\frac{\partial u(M)}{\partial n_0} - w(M) = \iint\limits_{S} \mu(N)\frac{\cos\psi - \cos\varphi}{r^2}\mathrm{d}S \tag{51}$$

如果 M 不在 S 上,或者 M 重合于 N_0,所写出的积分是有意义的.

现证,当 M 在点 N_0 穿过曲面 S 时这一差式保持为连续. 为此,如同前段一样,只要证明:沿由条件(17)所定义的曲面 S 的一小块 σ_1 所写的积分的绝对值可以做到任意地小. 在下面的估计中,我们假设 M 在点 N_0 的 S 的法线上,即在局部坐标系统下,$x = y = 0$. 这时就有

$$\frac{\cos\psi - \cos\varphi}{r^2} = -\frac{\xi}{r^3}\cos(\boldsymbol{n},X) - \frac{\eta}{r^3}\cos(\boldsymbol{n},Y) -$$

$$\frac{\zeta - z}{r^3}(\cos\vartheta_0 - 1) \tag{52}$$

注意到式(15)与估值

$$|\xi| \leqslant \rho_0,\ |\eta| \leqslant \rho_0,\ r \geqslant \rho_0 \geqslant \frac{1}{2}r,\ |\zeta - z| \leqslant r \leqslant 2\rho_0$$

于此 $\rho_0 = \sqrt{\xi^2 + \eta^2}$ 为 $\overline{MN}$ 在 XY 平面上投影的长度,我们就得到

$$\frac{|\cos\psi - \cos\varphi|}{r^2} \leqslant \frac{b_1}{\rho_0^{2-\alpha}}$$

这里 b_1 是某一常数. 注意到式(22),就有

$$\left|\iint\limits_{\sigma_1} \mu(N)\frac{\cos\psi - \cos\varphi}{r^2}\mathrm{d}S\right| \leqslant$$

$$\iint\limits_{\rho_0 \leqslant d_1} \frac{2Ab_1}{\rho_0^{2-\alpha}}\mathrm{d}\xi\mathrm{d}\eta =$$

$$2Ab_1\int_0^{2\pi}\int_0^{d_1}\frac{\mathrm{d}\rho_0\mathrm{d}\varphi}{\rho_0^{1-\alpha}} = b_2 d_1^\alpha \tag{53}$$

式中 b_2 是常数. 这一估值对于在 S 的点 N_0 的法线上的任何点 M 都有效,并且,M 也可以与 N_0 重合. 从此也可推得:当 d_1 取得适当小时,在(51)右侧沿 σ_1 所取的积分的绝对值可以小于任何预先指定的正数. 这样,就证明了差式(51)在点 N_0 为连续. 但是,当 M 从曲面 S 内部或外部趋向于 N_0 时 $w(M)$ 有极限. 所以,量(47)在这两种情形下也都有极限. 利用差式(51)的连续性,就得到

$$\left(\frac{\partial u(N_0)}{\partial n_0}\right)_i - w_i(N_0) = \iint\limits_{S}\mu(N)\frac{\cos\psi_0}{r_0^2}\mathrm{d}S - w(N_0)$$

同时,由于注意到公式(42)中的第一式,我们就得到(49)中的第一式. 类似地可以得到(49)中的第二式. 从这两个式子直接可以得到单层势函数法线导数的跃度

$$\left(\frac{\partial u(N_0)}{\partial n_0}\right)_i - \left(\frac{\partial u(N_0)}{\partial n_0}\right)_e = 4\pi\mu(N_0) \tag{54}$$

196. 单层势函数的法线导数(续)

对于我们以后重要的是证明:当 M 沿法线趋向于 N_0 时,法线导数对于整个曲面 S 来说趋向于它们的极限

$$\left(\frac{\partial u(N_0)}{\partial n_0}\right)_i \quad \text{与} \quad \left(\frac{\partial u(N_0)}{\partial n_0}\right)_e$$

为此,先证公式(51)中的积分是一致趋向于其极限的. 以 $\omega(M)$ 记这个积分的值. 如我们已经证明了的,这一函数只要当 M 重合于 N_0 时是有意义的. 我们需要证明,对任意的已给正数 ε,就存在一个与点 N_0 在 S 上的位置无关的正数 η,使得当 $|MN_0| \leqslant \eta$,且 M 在点 N_0 的 S 的法线上时,有 $|\omega(M) - \omega(N_0)| \leqslant \varepsilon$.

固定 d_1,使 $b_2 d_1^q \leqslant \dfrac{\varepsilon}{4}$,并且把 $\omega(M)$ 表示为 $\omega(M) = \omega_1(M) + \omega_2(M)$ 的形式,这里

$$\omega_1(M) = \iint\limits_{\sigma_1} \mu(N) \frac{\cos\psi - \cos\varphi}{r^2} dS$$

$$\omega_2(M) = \iint\limits_{S-\sigma_1} \mu(N) \frac{\cos\psi - \cos\varphi}{r^2} dS$$

这时,由式(53),我们有 $|\omega_1(M)| \leqslant \dfrac{\varepsilon}{4}$ 对于在点 N_0 的 S 的法线上任何点 M 均成立,并且

$$\omega(M) - \omega(N_0) = \omega_1(M) - \omega_1(N_0) + [\omega_2(M) - \omega_2(N_0)]$$

从此得

$$|\omega(M) - \omega(N_0)| \leqslant |\omega_1(M)| + |\omega_1(N_0)| + |\omega_2(M) - \omega_2(N_0)| \leqslant$$

$$\frac{\varepsilon}{2} + |\omega_2(M) - \omega_2(N_0)| \tag{55}$$

注意到(52),我们就得出

$$\left[\frac{\cos\psi - \cos\varphi}{r^2}\right]_M - \left[\frac{\cos\psi - \cos\varphi}{r^2}\right]_{N_0} =$$

$$\left(\frac{1}{r_0^3} - \frac{1}{r^3}\right)\left[\xi\cos(\boldsymbol{n}, X) + \eta\cos(\boldsymbol{n}, Y) + \right.$$

$$\zeta(\cos\vartheta_0 - 1)\right] + \frac{z}{r^3}(\cos\vartheta_0 - 1) \quad (\vartheta_0 = (\boldsymbol{n}, Z)) \tag{56}$$

在沿 $S-\sigma_1$ 积分时,$r \geqslant d_1, r_0 \geqslant d_1$. 此外,当点 N 与 N_0 取 S 上的任何位置时,

量 ξ,η,ζ 的绝对值不超过曲面 S 的直径 D，即 S 上的点之间的最大距离. 我们还有 $|r-r_0|\leqslant|z|$ 以及

$$\left|\frac{1}{r_0^3}-\frac{1}{r^3}\right|=|r-r_0|\left(\frac{1}{r_0^3 r}+\frac{1}{r_0^2 r^2}+\frac{1}{r_0 r^3}\right)\leqslant\frac{3|z|}{d_1^4},\ \frac{|z|}{r^3}\leqslant\frac{|z|}{d_1^3}$$

又据式(56)，得出

$$\left|\left[\frac{\cos\psi-\cos\varphi}{r^2}\right]_M-\left[\frac{\cos\psi-\cos\varphi}{r^2}\right]_{N_0}\right|\leqslant c_1|z|$$

于此 c_1 是与 N_0 的位置无关的一个固定的常数. 它当然与 d_1 的选择有关. 注意到 $\omega_2(M)$ 的表示式，就得到

$$|\omega_2(M)-\omega_2(N_0)|\leqslant\iint\limits_{S-\sigma_1}|\mu(N)|c_1|z|\,\mathrm{d}S\leqslant Ac_1|z|\cdot S\text{ 的面积}$$

如果选取

$$|z|\leqslant\frac{\varepsilon}{2Ac_1\cdot S\text{ 的面积}}\tag{57}$$

那么我们就有 $|\omega_2(M)-\omega_2(N_0)|\leqslant\dfrac{\varepsilon}{2}$，而由于式(55)，就得出 $|\omega(M)-\omega(N_0)|\leqslant\varepsilon$. 因而，不等式(57)的右边就可取为待求的数 η.

这样，我们就已证明了，当 M 沿法线趋向于 N_0 时差式

$$\frac{\partial u(M)}{\partial n_0}-w(M)$$

关于点 N_0 在 S 上的位置一致收敛于它自身的极限值. 另一方面，单层势函数 $w(M)$ 是到 S 上的连续函数，所以 $w(M)$ 也一致趋向于它在 S 上的极限值. 从此可得，法线导数 $\dfrac{\partial u(M)}{\partial n_0}$ 在 S 上一致趋向于它自己的极限值(49). 依据 A. M. 李雅普诺夫，如果 M 沿 S 的法线趋向 N_0 时，在 S 内部或外部的调和函数 $v(M)$ 的法线导数 $\dfrac{\partial v(M)}{\partial n_0}$ 关于在 S 上的点 N_0 一致地趋向于它自身的极限值，那么就称函数 $v(M)$ 有正常的法线导数. 因而，我们就可断言：

定理 连续密度的单层势函数在 S 内与 S 外都有正常的法线导数.

把正数 $|z|$ 固定起来，规定 M 在 S 之内或 S 之外，我们就可以把法线导数 $\dfrac{\partial u(M)}{\partial n_0}$ 视为点 N_0 的函数，并且与一参数 $|z|$ 有关. 并且，由于 $u(M)$ 在 S 内或 S 外有连续的导数，方向 $\boldsymbol{n}$ 在 S 上连续变化，所以这个函数是 N_0 的连续函数.

由于 $|z|\to 0$ 时一致趋向于极限，我们就可断言，极限值(49)是 N_0 的连续函数，又从此可得，式(49)右端的积分乃是 N_0 在 S 上的连续函数. 这一积分称为在 S 上单层势函数法线导数的平均值.

197. 法线导数的平均值

以 $F(N)$ 记法线导数在 S 上的平均值

$$F(N_0) = \iint\limits_{S} \mu(N) \frac{\cos(\boldsymbol{r}_0, \boldsymbol{n}_0)}{r_0^2} \mathrm{d}S \tag{58}$$

我们已见到, $F(N_0)$ 是 S 上点 N_0 的位置的连续函数. 我们现在要证明一个关于 $F(N_0)$ 的这一性质更显得明确化的定理. 这定理首先是李雅普诺夫所证的.

定理 对于连续的密度 $\mu(N)$, 函数 $F(N_0)$ 满足条件

$$| F(N_1) - F(N_0) | \leqslant B r_{0,1}^{\beta} \tag{59}$$

这里 B 与 β 都是正的常数, 且 $r_{0,1} = | N_0 N_1 |$.

在以后称条件(59)为李普希茨条件. 如果 $r_{0,1}$ 大于某一正数, 那么对任一已给的正的 β, 我们可以选择适当的常数 B, 使这个条件得到满足. 实际上, 如我们所知, 函数 $F(N)$ 在 S 上连续, 因而有界, 即 $| F(N) | \leqslant A_1$. 如果 $r_{0,1} \geqslant h > 0$, 那么可以取 $B = \dfrac{2A_1}{h^{\beta}}$, 我们显然地就可得到 $r_{0,1} \geqslant h$ 时的不等式(59). 如果在 $r_{0,1} < h$ 时, 我们得到不等式(59)中的另外的 B, 那么我们只要采取这两个所得的 B 中的最大者, 就会得到对所有的 $r_{0,1}$ 都成立的式(59). 因而, 我们不妨就假设 $r_{0,1} < \dfrac{d}{10}$. 我们有

$$F(N_1) - F(N_0) = \iint\limits_{S} \mu(N) \left[\frac{\cos(\boldsymbol{r}_1, \boldsymbol{n}_1)}{r_1^2} - \frac{\cos(\boldsymbol{r}_0, \boldsymbol{n}_0)}{r_0^2} \right] \mathrm{d}S$$

这里 $\boldsymbol{r}_0$ 与 $\boldsymbol{r}_1$ 是向量 $\overline{N_0 N}$ 与 $\overline{N_1 N}$, 而 r_0 与 r_1 为它们的长度, 因而注意到式(22), 就可推出

$$| F(N_1) - F(N_0) | \leqslant A \iint\limits_{S} \left| \frac{\cos(\boldsymbol{r}_1, \boldsymbol{n}_1)}{r_1^2} - \frac{\cos(\boldsymbol{r}_0, \boldsymbol{n}_0)}{r_0^2} \right| \mathrm{d}S \tag{60}$$

作以 S 在 N_0 的法线为轴、以 $2r_{0,1}$ 为底半径的圆柱面, 它在 S 上割下的部分为 σ_1. 把沿 S 的积分分为两部分——沿 σ_1 的积分与沿 $S - \sigma_1$ 的积分

$$J_1 = \iint\limits_{\sigma_1} \left| \frac{\cos(\boldsymbol{r}_1, \boldsymbol{n}_1)}{r_1^2} - \frac{\cos(\boldsymbol{r}_0, \boldsymbol{n}_0)}{r_0^2} \right| \mathrm{d}S$$

$$J_2 = \iint\limits_{S - \sigma_1} \left| \frac{\cos(\boldsymbol{r}_1, \boldsymbol{n}_1)}{r_1^2} - \frac{\cos(\boldsymbol{r}_0, \boldsymbol{n}_0)}{r_0^2} \right| \mathrm{d}S \tag{61}$$

如果引入向量的数量积, 就可写出

$$\frac{\cos(\boldsymbol{r}_1, \boldsymbol{n}_1)}{r_1^2} - \frac{\cos(\boldsymbol{r}_0, \boldsymbol{n}_0)}{r_0^2} = \frac{\boldsymbol{r}_1 \cdot \boldsymbol{n}_1}{r_1^3} - \frac{\boldsymbol{r}_0 \cdot \boldsymbol{n}_0}{r_0^3} =$$

$$\frac{\boldsymbol{r}_1 \cdot \boldsymbol{n}_0 - \boldsymbol{r}_0 \cdot \boldsymbol{n}_0}{r_1^3} + \frac{\boldsymbol{r}_1 \cdot \boldsymbol{n}_1 - \boldsymbol{r}_1 \cdot \boldsymbol{n}_0}{r_1^3} + \boldsymbol{r}_0 \cdot \boldsymbol{n}_0 \left(\frac{1}{r_1^3} - \frac{1}{r_0^3} \right)$$

式中 $\boldsymbol{n}_0$ 与 $\boldsymbol{n}_1$ 照例记在点 N_0 与 N_1 的单位法线向量.

从上面所写下的式子, 就推出

$$\left| \frac{\cos(\boldsymbol{r}_1, \boldsymbol{n}_1)}{r_1^2} - \frac{\cos(\boldsymbol{r}_0, \boldsymbol{n}_0)}{r_0^2} \right| \leqslant$$

$$\frac{|\boldsymbol{r}_1 \cdot \boldsymbol{n}_0 - \boldsymbol{r}_0 \cdot \boldsymbol{n}_0|}{r_1^3} + \frac{|\boldsymbol{r}_1 \cdot \boldsymbol{n}_1 - \boldsymbol{r}_1 \cdot \boldsymbol{n}_0|}{r_1^3} + |\boldsymbol{r}_0 \cdot \boldsymbol{n}_0| \left| \frac{1}{r_1^3} - \frac{1}{r_0^3} \right|$$

$$(62)$$

进行分项的估计

$$|\boldsymbol{r}_1 \cdot \boldsymbol{n}_1 - \boldsymbol{r}_1 \cdot \boldsymbol{n}_0| = |\boldsymbol{r}_1 \cdot (\boldsymbol{n}_1 - \boldsymbol{n}_0)| \leqslant r_1 |\boldsymbol{n}_1 - \boldsymbol{n}_0|$$

作以 $\boldsymbol{n}_0$ 与 $\boldsymbol{n}_1$ 为边的三角形,就得到 $|\boldsymbol{n}_1 - \boldsymbol{n}_0| \leqslant \vartheta$,于此 ϑ 是方向 $\boldsymbol{n}_0$ 与 $\boldsymbol{n}_1$ 的交角. 如果注意到条件(3),我们就可写出

$$|\boldsymbol{r}_1 \cdot \boldsymbol{n}_1 - \boldsymbol{r}_1 \cdot \boldsymbol{n}_0| \leqslant a r_1 r_{0,1}^a$$

这里 a 是常数. 其次

$$|\boldsymbol{r}_1 \cdot \boldsymbol{n}_0 - \boldsymbol{r}_0 \cdot \boldsymbol{n}_0| = |(\boldsymbol{r}_1 - \boldsymbol{r}_0) \cdot \boldsymbol{n}_0| = |\boldsymbol{r}_{0,1} \cdot \boldsymbol{n}_0| = |\zeta_1|$$

这里 ζ_1 是点 N_1 在 N_0 为原点的局部坐标系统下的坐标. 注意到式(15),就有

$$|\boldsymbol{r}_1 \cdot \boldsymbol{n}_0 - \boldsymbol{r}_0 \cdot \boldsymbol{n}_0| \leqslant c r_{0,1}^{1+a}$$

最后,如果积分的点 N 与 N_0 相当接近,那么由式(15),就有 $|\boldsymbol{r}_0 \cdot \boldsymbol{n}_0| = |\zeta| \leqslant c r_0^{1+a}$. 但是如同对不等式(59)所做的情况一样,我们可以认为,这一不等式也对所有的 r_0 成立. 把所有这些估计代到(62)中去,就有

$$\left| \frac{\cos(\boldsymbol{r}_1, \boldsymbol{n}_1)}{r_1^2} - \frac{\cos(\boldsymbol{r}_0, \boldsymbol{n}_0)}{r_0^2} \right| \leqslant$$

$$\frac{c_1 r_1 r_{0,1}^a}{r_1^3} + \frac{c_1 r_{0,1}^{1+a}}{r_1^3} + c_1 r_0^{1+a} |\boldsymbol{r}_1 - \boldsymbol{r}_0| \left(\frac{1}{r_0^3 r_1} + \frac{1}{r_0^2 r_1^2} + \frac{1}{r_0 r_1^3} \right) \quad (63)$$

式中 c_1 是常数 a 与 c 之中的最大者. 在 $\triangle N_0 N_1 N$ 中有 $r_1 + r_{0,1} \geqslant r_0$. 但在沿 $S - \sigma_1$ 积分时,我们有 $r_{0,1} \leqslant \dfrac{r_0}{2}$,因而 $r_1 \geqslant \dfrac{r_0}{2}$. 利用这些不等式以及不等式 $|\boldsymbol{r}_1 - \boldsymbol{r}_0| \leqslant r_{0,1}$,我们就可以把(63)改写为

$$\left| \frac{\cos(\boldsymbol{r}_1, \boldsymbol{n}_1)}{r_1^2} - \frac{\cos(\boldsymbol{r}_0, \boldsymbol{n}_0)}{r_0^2} \right| \leqslant$$

$$c_1 r_{0,1}^a \left(\frac{1}{r_1^2} + \frac{r_{0,1}}{r_1^3} + \frac{r_0^{1+a} r_{0,1}^{1-a}}{r_0^3 r_1} + \frac{r_0^{1+a} r_1^{1-a}}{r_0^2 r_1^2} + \frac{r_0^{1+a} r_1^{1-a}}{r_0 r_1^3} \right) \leqslant$$

$$c_1 r_{0,1}^a \left(\frac{4}{r_0^2} + \frac{4}{r_0^2} + \frac{2}{r_0^2} + \frac{4}{r_0^2} + \frac{8}{r_0^2} \right) = \frac{22 c_1 r_{0,1}^a}{r_0^2}$$

回到公式(61)的第二式,就得到

$$|J_2| \leqslant c_0 r_{0,1}^a \iint\limits_{S-\sigma_1} \frac{\mathrm{d}S}{r_0^2} \quad (64)$$

于此 $c_0 = 22 c_1$. 从曲面 S 上割下部分 σ_1 的圆柱的半径取为 $2 r_{0,1}$ 取一柱面,它有同样的轴,有固定的半径 $\dfrac{d}{3}$. 它从曲面 S 上割下部分 σ_0,并且 σ_0 包含 σ_1 在其内.

我们有

$$\iint\limits_{S-\sigma_1} \frac{\mathrm{d}S}{r_0^2} = \iint\limits_{\sigma_0-\sigma_1} \frac{\mathrm{d}S}{r_0^2} + \iint\limits_{S-\sigma_0} \frac{\mathrm{d}S}{r_0^2}$$

在第二个积分中 $r_0 \geqslant \dfrac{d}{3}$,因而

$$\iint\limits_{S-\sigma_0} \frac{\mathrm{d}S}{r_0^2} \leqslant \frac{9}{d^2} \cdot S \text{ 的面积}$$

在沿 $\sigma_0-\sigma_1$ 积分时,我们可以把积分归化到点 N_0 的切平面上的积分,用普通的估计方法 $\left(r_0 \geqslant \rho_0 \text{ 和 } \cos(\pmb{n},Z) \geqslant \dfrac{1}{2}\right)$,得到

$$\iint\limits_{\sigma_0-\sigma_1} \frac{\mathrm{d}S}{r_0^2} \leqslant \int_0^{2\pi} \int_{3r_{0,1}}^{\frac{d}{3}} \frac{2\rho_0 \mathrm{d}\rho_0 \mathrm{d}\theta}{\rho_0^2} = 4\pi\left(\ln\frac{d}{3} - \ln 2r_{0,1}\right)$$

代入式(64),得到

$$J_2 \leqslant A_1 r_{0,1}^\alpha \ln r_{0,1} + B_1 r_{0,1}^\alpha$$

型的估计,式中 A_1 与 B_1 都是常数. 如果采取正数 β 小于 α,就可以把这个估计式换作

$$J_2 \leqslant A_2 r_{0,1}^\beta$$

转到估计 J_1. 我们有

$$J_1 \leqslant \iint\limits_{\sigma_1} \frac{|\cos(\pmb{r}_1,\pmb{n}_1)|}{r_1^2}\mathrm{d}S + \iint\limits_{\sigma_1} \frac{|\cos(\pmb{r}_0,\pmb{n}_0)|}{r_0^2}\mathrm{d}S \qquad (65)$$

应用普通的估计,得到

$$\iint\limits_{\sigma_1} \frac{|\cos(\pmb{r}_0,\pmb{n}_0)|}{r_0^2}\mathrm{d}S = \iint\limits_{\sigma_1} \frac{|\zeta|}{r_0^3}\mathrm{d}S \leqslant c\int_0^{2\pi}\int_0^{2r_{0,1}} \frac{\rho_0^{1+\alpha}\rho_0 \mathrm{d}\rho_0 \mathrm{d}\theta}{\rho_0^3} = A_3 r_{0,1}^\alpha$$

这里 A_3 是常数. 为了估计式(65)中的第一个积分,作以 N_1 为中心、$4r_{0,1}$ 为半径的球,并且指出 $4r_{0,1} < \dfrac{2d}{5}$. 它在 S 上割下小块 σ_2,σ_2 包含小块 σ_1. 这一部分 σ_2 在以 N_1 为原点的局部坐标下有显式的方程,而且,如果把积分变换到点 N_1 的切平面上,我们就能应用普通的估计方法. 积分的区域是以 N_0 为心、$4r_{0,1}$ 为半径的圆的一部分. 在这个圆上积分,得到估计

$$\iint\limits_{\sigma_1} \frac{|\cos(\pmb{r}_1,\pmb{n}_1)|}{r_1^2}\mathrm{d}S \leqslant \iint\limits_{\sigma_2} \frac{|\cos(\pmb{r}_1,\pmb{n}_1)|}{r_1^2}\mathrm{d}S \leqslant A_4 r_{0,1}^\alpha$$

把所得到的一切估计代入(60),就有

$$|F(N_1) - F(N_0)| \leqslant A(A_2 r_{0,1}^\beta + A_5 r_{0,1}^\alpha)$$

而最后,就可以写出式(59),式中 β 是比 α 小的任意正常数.

198. 单层势函数沿任何方向的导数

在[195]中我们研究过当点 M 沿法线趋近 N_0 时法线导数的极限值. 如果对密度 $\mu(N)$ 作了比连续性更强的假设,可以证明,对任意定方向的导数的极

227

限值是存在的. 此外, 还可以证明, 这一极限不依赖于 M 趋近于 N_0 的方式. 我们假设密度满足李普希茨条件

$$| \mu(N_2) - \mu(N_1) | \leqslant Br_{1,2}^{\delta} \tag{66}$$

这里 $r_{1,2} = | N_1 N_2 |$, B 与 δ 是正常数 ($\delta \leqslant 1$). 设 XYZ 是曲面 S 上点 N_0 的局部坐标系统. 取 $u(M)$ 沿 x 方向的导数, 这个方向落于 S 在点 N_0 的切平面上. 暂时假设 M 在过点 N_0 的 S 的法线上. 为确定计, 设 M 在 S 内. 我们有

$$\frac{\partial u(M)}{\partial x} = \iint_S \mu(N) \frac{\xi}{r^3} dS \quad (r = | MN |) \tag{67}$$

引入量 $r' = \sqrt{\xi^2 + \eta^2 + z^2}$ 而考察积分

$$\iint_{\sigma_0} \mu(N_0) \frac{\xi}{r'^3} \cos(\boldsymbol{n}, Z) dS = \mu(N_0) \iint_{\sigma'_0} \frac{\xi}{(\xi^2 + \eta^2 + z^2)^{3/2}} d\xi d\eta \quad (z \neq 0) \tag{68}$$

式中 σ'_0 是圆 $\xi^2 + \eta^2 \leqslant \dfrac{d^2}{9}$. 显然, 我们有

$$\iint_{\sigma'_0} \frac{\xi}{(\xi^2 + \eta^2 + z^2)^{\frac{3}{2}}} d\xi d\eta = \int_2^{2\pi} \cos\theta d\theta \int_0^{\frac{d}{3}} \frac{\rho_0^2}{\sqrt{\rho_0^2 + z^2}} d\rho_0 = 0$$

我们可以写出

$$\frac{\partial u(M)}{\partial x} = \iint_{\sigma_0} \mu(N) \frac{\xi}{r^3} dS + \iint_{S-\sigma_0} \mu(N) \frac{\xi}{r^3} dS = v_1(M) + v_2(M) \tag{69}$$

以代替 (67). 利用到积分 (68) 等于零, 就有

$$v_1(M) = \iint_{\sigma_0} \xi \left[\frac{\mu(N)}{r^3} - \frac{\mu(N_0)\cos(\boldsymbol{n}, Z)}{r'^3} \right] dS \tag{70}$$

在积分号下的差式可表示为形式

$$\frac{\mu(N)}{r^3} - \frac{\mu(N_0)\cos(\boldsymbol{n}, Z)}{r'^3} =$$

$$\frac{\mu(N) - \mu(N_0)}{r^3} + \frac{\mu(N_0)[1 - \cos(\boldsymbol{n}, Z)]}{r^3} + \mu(N_0)\cos(\boldsymbol{n}, Z)\left(\frac{1}{r^3} - \frac{1}{r'^3}\right) \tag{71}$$

估计右端的每一项. 利用 (66) 就得到

$$\frac{| \mu(N) - \mu(N_0) |}{r^3} \leqslant \frac{br_0^{\beta}}{r^3}$$

从此, 如果注意到 $r_0 \leqslant 2\rho_0$ 与 $r \geqslant \rho_0$, 就求出

$$\frac{| \mu(N) - \mu(N_0) |}{r^3} \leqslant \frac{2^{\beta} b}{\rho_0^{3-\beta}} \tag{72}$$

其次, 从 (15) 与 (22) 推出

$$\frac{| \mu(N_0) | [1 - \cos(\boldsymbol{n}, Z)]}{r^3} \leqslant \frac{cA}{\rho_0^{3-2\alpha}} \tag{73}$$

现在来估计(71)右端的第三项. 量 r' 是从点 M 出发到点 N' 的向量的长, 而 N' 是点 N 在平面 XY 上的投影. 从 $\triangle MNN'$ 看出

$$| r - r' | \leqslant | \zeta | \leqslant 2a\rho_0^{1+a}$$

从此推得

$$\left| \frac{1}{r^3} - \frac{1}{r'^3} \right| \leqslant 2a\rho_0^{1+a} \left(\frac{1}{r^3 r'} + \frac{2}{r^2 r'^2} + \frac{1}{r r'^3} \right) \leqslant \frac{6a}{\rho_0^{3-a}}$$

因为 r 与 $r' \geqslant \rho_0$, 且

$$\left| \mu(N_0) \cos(\boldsymbol{n}, Z) \left(\frac{1}{r^3} - \frac{1}{r'^3} \right) \right| \leqslant \frac{6aA}{\rho_0^{3-a}} \tag{74}$$

在引出估计时, 我们也可设 M 重合于 N_0. 这时 $z = 0, r = r_0$.

把表示式(71)代入积分(70)中, 把 $v_1(M)$ 分为三个积分

$$v_1(M) = v_{1,1}(M) + v_{1,2}(M) + v_{1,3}(M) \tag{75}$$

沿着 σ_0 这三个积分对 M 在 N_0 的法线上的任何位置都有意义, 特别当 M 重合于 N_0 时也有意义. 对这些积分的被积函数, 我们得有估计式(72)(73)与(74), 它们具有形式

$$| \xi | \frac{C_1}{\rho_0^{3-\beta}}, \quad | \xi | \frac{C_2}{\rho_0^{3-2a}}, \quad | \xi | \frac{C_3}{\rho_0^{3-a}} \tag{76}$$

于此常数 C_1, C_2 与 C_3 与 N_0 在 S 上位置及 M 在法线上的位置无关. 从此推得: 当 M 趋向于 N_0 时, 函数 $v_{1,k}(M)(k=1,2,3)$ 一致地趋向于其极限值, 这里的一致性是关于点 N_0 在曲面 S 上的位置的, 极限值是 $v_{1,k}(N_0)$. 对 $v_{1,1}(M)$ 来证明这一点. 设 ε 是已给的正数. 在曲面 σ_0 上选取一部分 σ_1, 它是用不等式 $\xi^2 + \eta^2 \leqslant d_1$ 所定义, 而 d_1 选取得适当小, 使得当点 M 在法线上取任何位置时积分

$$\iint\limits_{\sigma_1} | \xi | \frac{| \mu(N) - \mu(N_0) |}{r^3} \mathrm{d}S$$

的值保持着小于或等于 $\frac{\varepsilon}{4}$. 由于估计(76)的第一式, 这是可以做到的. 其次, 把 $v_{1,1}(M)$ 表示为

$$v_{1,1}(M) = \iint\limits_{\sigma_1} \xi \frac{\mu(N) - \mu(N_0)}{r^3} \mathrm{d}S + \iint\limits_{\sigma_0 - \sigma_1} \xi \frac{\mu(N) - \mu(N_0)}{r^3} \mathrm{d}S =$$
$$v_{1,1}^{(1)}(M) + v_{1,1}^{(2)}(M)$$

的形式, 而得出

$$v_{1,1}(M) - v_{1,1}(N_0) = v_{1,1}^{(1)}(M) - v_{1,1}^{(1)}(N_0) + \left[v_{1,1}^{(2)}(M) - v_{1,1}^{(2)}(N_0) \right]$$

从此

$$| v_{1,1}(M) - v_{1,1}(N_0) | \leqslant \frac{\varepsilon}{2} + | v_{1,1}^{(2)}(M) - v_{1,1}^{(2)}(N_0) | \tag{77}$$

积分 $v_{1,1}^{(2)}(M)$ 是沿曲面所取, 它的所有点到 N_0 与 M 的距离都不小于 d_1. 与

[196] 中完全一样地可以得出

$$| v_{1,1}^{(2)}(M) - v_{1,1}^{(2)}(N_0) | \leqslant C_4 | z |$$

式中 C_4 与 N_0 在 S 上的位置无关. 这时 (77) 给出

$$| v_{1,1}(M) - v_{1,1}(N_0) | \leqslant \frac{\varepsilon}{2} + C_4 | z |$$

而当 $| z | \leqslant \dfrac{\varepsilon}{2C_4}$ 时, 我们得到

$$| v_{1,1}(M) - v_{1,1}(N_0) | \leqslant \varepsilon$$

从此也推出, $v_{1,1}(M)$ 关于 N_0 在 S 上的位置一致地趋向于 $v_{1,1}(N_0)$.

回到公式 (75), 我们看到, 当 $M \to N_0$ 时 $v_1(M)$ 一致地趋向于极限 $v_1(N_0)$. 我们指出, 当 M 从外部或从内部趋向于 N_0 时, 这个极限是相同的. 简单地说, 当 M 在法线上变动时, 函数 $v_1(M)$ 在点 N_0 是连续的.

积分 $v_2(M)$ 是沿曲面 S 的部分 $S - \sigma_0$ 所做的, 它的所有的点, 到 M 与 N_0 的距离始终不小于 $\dfrac{d}{3}$. 如前, 从这里就推出

$$| v_2(M) - v_2(N_0) | \leqslant C_5 | z |$$

这里常数 C_5 与 N_0 在曲面 S 上的位置无关, 因而 $v_2(M)$ 关于 N_0 一致地趋向于 $v_2(N_0)$. 最后, 我们可以断言, 当 M 沿法线趋向于 N_0 时 $\dfrac{\partial u(M)}{\partial x}$ 一致地趋向于其极限, 并且, 当 M 从内部或外部趋向于 N_0 时这个极限值是相同的. 显然, 对 $\dfrac{\partial u(M)}{\partial y}$ 也成立完全相类似的断言. 在 [196] 中, 我们已证明导数 $\dfrac{\partial u(M)}{\partial z}$ 一致地趋向于极限. 但那时, 从内部与外部来趋近时有不连续极限. 如果 l 是任一方向, 与 X, Y, Z 轴的交角为 $\alpha_1, \alpha_2, \alpha_3$, 那么依据前面就可直接推出: 当 M 从内部或外部一致地趋向于 N_0 时, 导数

$$\frac{\partial u(M)}{\partial l} = \frac{\partial u(M)}{\partial x} \cos \alpha_1 + \frac{\partial u(M)}{\partial y} \cos \alpha_2 + \frac{\partial u(M)}{\partial z} \cos \alpha_3 \qquad (78)$$

也一致地趋向于其极限.

由于导数 (78) 是一致地趋向于其极限值的 (从内部或从外部), 就可断言, 这个极限值是曲面上点 N_0 的连续函数.

现证, 不仅在 M 沿法线趋向 N_0 时, 而是 M 按任何方式趋向于 N_0 时, 极限 (78) 也趋向于上述的极限. 为确定计, 设 M 从内部趋向于 N_0, 用 $\omega(N)$ 来记导数 (78) 在曲面上的极限值. 设 ε 为已给的任意小的正数. 我们必须证明: 存在这样的正数 η, 使得: 只要 $| MN_0 | \leqslant \eta$, M 在 S 的内部, 就成立

$$\left| \frac{\partial u(M)}{\partial l} - \omega(N_0) \right| \leqslant \varepsilon \qquad (79)$$

作以 N_0 为中心、以适当小的正数 δ 为半径的球, 使得曲面 S 被包在球内的部分

σ' 上成立不等式 $|\omega(N)-\omega(N_0)|\leqslant\dfrac{\varepsilon}{2}$. 又设 M 在以 N_0 为心、η 为半径的球的内部,并且选择 η 使得:只要 M 在 S 上点 N 的法线上及 $|MN|\leqslant\eta$,就有

$$\left|\frac{\partial u(M)}{\partial n}-\omega(N)\right|\leqslant\frac{\varepsilon}{2}$$

这是可能的,因为已证明好 $\dfrac{\partial u(M)}{\partial l}$ 是关于 S 是一致地趋向于 $\omega(N)$ 的. 此外,还假设 $\eta\leqslant\dfrac{\delta}{3}$. 如果点 M 到 N_0 的距离不大于 η,那么它到点 N 的距离就更会小于 η,这里 N 是在 σ' 上的点,而且 M 是在 N 的法线上. 我们有

$$\frac{\partial u(M)}{\partial l}-\omega(N_0)=\frac{\partial u(M)}{\partial l}-\omega(N)+\omega(N)-\omega(N_0)$$

与

$$\left|\frac{\partial u(M)}{\partial l}-\omega(N_0)\right|\leqslant\left|\frac{\partial u(M)}{\partial n}-\omega(N)\right|+|\omega(N)-\omega(N_0)|$$

由上所述,右端的两项均不大于 $\dfrac{\varepsilon}{2}$,因而

$$当\ |MN_0|\leqslant\eta\ 时,\left|\frac{\partial u(M)}{\partial l}-\omega(N_0)\right|\leqslant\varepsilon \tag{80}$$

上面我们用了如下的初等的命题:点 M 到曲面 S 的最短距离是从 M 所引的曲面 S 的法线 MN 的长.

还指出,当 $z=0$ 时,即点 M 与 N_0 相重合时,积分 (67) 与 (68) 是无意义的. 但,如我们所见,它们的差是有意义的.

上面的论述引导到首先由 A. M. 李雅普诺夫所证明的如下定理:

定理 如果密度 $\mu(N)$ 满足李普希茨条件 (66),那么单层势函数沿任何方向的导数从内部或从外部直到曲面上为止都是连续的. 当点 M 在点 N_0 越过曲面时,沿曲面 S 在点 N_0 的任一切线方向的导数的变化是连续的.

研究双层势函数的导数趋向于曲面 S 时的性态有着很大的困难. 这一方面基本的结果也是 A. M. 李雅普诺夫在他的上述的论文《论与狄利克雷问题有关的若干问题》中所得到的.

199. 对数势函数

平面的情形,我们以 $\ln\dfrac{1}{r}$ 来代替 $\dfrac{1}{r}$ 为基本奇解 $[Ⅱ;193]$. 设 l 是 XY 平面上的闭回道,l_0 是它的长. 单层势函数的定义公式是

$$u(M)=\int_l\mu(N)\ln\frac{1}{r}\mathrm{d}s=\int_l\mu(s)\ln\frac{1}{r}\mathrm{d}s \tag{81}$$

类似于三维情形的偶极子的第二个奇解是

$$\frac{\cos \varphi}{r} = \frac{\partial}{\partial l}\left(\ln \frac{1}{r}\right)$$

而双层势函数由公式

$$w(M) = \int_l \mu(N) \frac{\cos \varphi}{r} ds \tag{82}$$

所定义, 这里 $\varphi = (\boldsymbol{r}, \boldsymbol{n})$. 表示式 $\frac{\cos \varphi}{r} ds$ 给出从点 M 来看回道弧素 ds 的角度, 如果 $\cos \varphi > 0$, 这个角度是正的, 如果 $\cos \varphi < 0$, 它就是负的. 下面的公式

$$\int_l \frac{\cos \varphi}{r} ds = \begin{cases} 2\pi & (M \text{ 在 } l \text{ 内}) \\ 0 & (M \text{ 在 } l \text{ 外}) \\ \pi & (M \text{ 在 } l \text{ 上}) \end{cases} \tag{83}$$

是公式 (26) 的类似. 对回道 l 可以作一些假设, 它们类似于对曲面 S 的那些假设.

给出曲线 l 的参数方程的函数 $x(s), y(s)$ 有周期 l_0, 现设它们有到二阶的连续导数. 函数 $\mu(N) = \mu(s)$ 设为连续的. 假设 M 在 l 上而合于这条曲线上的某一点 N_0, 我们来研究双层势函数的核. 注意到 $\boldsymbol{n}$ 的方向余弦是由导数 $y'(s)$ 与 $-x'(s)$ 所表示, 我们就可写出

$$\frac{\cos \varphi}{r} = \frac{\cos(\boldsymbol{r}, \boldsymbol{n})}{r} =$$

$$\frac{[x(s) - x(s_0)]y'(s) - [y(s) - y(s_0)]x'(s)}{[x(s) - x(s_0)]^2 + [y(s) - y(s_0)]^2} \tag{84}$$

如果 s 与 s_0 不同, 所写的表示式是 s 与 s_0 的连续函数. 现设 s 与 s_0 趋向于同一极限 s_1. 应有泰勒公式, 可以写出

$$x(s) - x(s_0) = x'(s_0)(s - s_0) + \frac{1}{2}x''(s_0')(s - s_0)^2$$

$$x'(s) = x'(s_0) + x''(s_0'')(s - s_0)$$

$$y(s) - y(s_0) = y'(s_0)(s - s_0) + \frac{1}{2}y''(s_0''')(s - s_0)^2$$

$$y'(s) = y'(s_0) + y''(s_0'''')(s - s_0)$$

式中 $s_0', s_0'', s_0''', s_0''''$ 在 s 与 s_0 之间. 把它们代入 (84) 并约去因子 $(s - s_0)^2$, 就得到极限的表示式

$$\frac{x'(s_1)y''(s_1) - y'(s_1)x''(s_1)}{2[x'^2(s_1) + y'^2(s_1)]} = \frac{x'(s_1)y''(s_1) - y'(s_1)x''(s_1)}{2}$$

它等于曲线在点 $s = s_1$ 的曲率的二分之一. 因而函数 (84) 是 s 与 s_0 沿 l 的连续函数, 把它记为 $L(s_0, s)$, 我们可以断言, 如果 N_0 在 l 上, 双层势函数

$$w(N_0) = w(s_0) = \int_0^l \mu(s)L(s_0, s) ds$$

是 N_0 的连续函数.

因而,在对 $x(s)$ 与 $y(s)$ 所做的假定下,函数(84)是 s 与 s_0 在 l 上的连续函数.在三维的情形,一般说来,函数 $\dfrac{\cos\varphi}{r^2}$ 当 N 重合于 N_0 时有一极性奇点.对双层势函数(82),可以证明类似于(42)的公式

$$w_i(N_0)=w(N_0)+\pi\mu(N_0)=\int_l\mu(N)\frac{\cos(\boldsymbol{r}_0,\boldsymbol{n})}{r_0}\mathrm{d}s+\pi\mu(N_0)$$

$$w_e(N_0)=w(N_0)-\pi\mu(N_0)=\int_l\mu(N)\frac{\cos(\boldsymbol{r}_0,\boldsymbol{n})}{r_0}\mathrm{d}s-\pi\mu(N_0) \quad(85)$$

式中 $r_0=|N_0N|$, $(\boldsymbol{r}_0,\boldsymbol{n})$ 是方向 $\overline{N_0N}$ 与 l 在点 N 的外法线 $\boldsymbol{n}$ 的交角.从(85)推出

$$w_i(N_0)-w_e(N_0)=2\pi\mu(N_0) \quad(86)$$

单层势函数(81)在全平面有定义,且为连续.

设 N_0 是 S 上的某一点, $\boldsymbol{n}_0$ 是这点的法线方向.如果 M 不在 S 上,我们就有

$$\frac{\partial u(M)}{\partial n_0}=\int_l\mu(N)\frac{\partial\ln\dfrac{1}{r}}{\partial n_0}\mathrm{d}s=\int_l\mu(N)\frac{\cos(\boldsymbol{r},\boldsymbol{n}_0)}{r}\mathrm{d}s \quad(87)$$

当 M 沿法线从 S 的内部或外部趋向于 N_0 时,导数(87)有极限,这些极限可以由公式

$$\left(\frac{\partial u(N_0)}{\partial n_0}\right)_i=\int_l\mu(N)\frac{\cos(\boldsymbol{r}_0,\boldsymbol{n}_0)}{r_0}\mathrm{d}s+\pi\mu(N_0)$$

$$\left(\frac{\partial u(N_0)}{\partial n_0}\right)_e=\int_l\mu(N)\frac{\cos(\boldsymbol{r}_0,\boldsymbol{n}_0)}{r_0}\mathrm{d}s-\pi\mu(N_0) \quad(88)$$

来确定,从此推出

$$\left(\frac{\partial u(N_0)}{\partial n_0}\right)_i-\left(\frac{\partial u(N_0)}{\partial n_0}\right)_e=2\pi\mu(N_0) \quad(89)$$

代替(84),我们有

$$\frac{\cos(\boldsymbol{r}_0,\boldsymbol{n}_0)}{r_0}=\frac{[x(s)-x(s_0)]y'(s_0)-[y(s)-y(s_0)]x'(s_0)}{[x(s)-x(s_0)]^2+[y(s)-y(s_0)]^2}$$

与以前一样,还可以证明当 s 重合于 s_0 时,这一表示式保持连续.我们指出,一般说来,单层势函数在无穷远处不化为零.

200. 积分公式与平行曲面

在下面,我们必须利用如下的积分公式,利用它们,可能把沿三维区域的积分化为曲面积分 $[\text{Ⅱ};193]$

$$\iiint\limits_{D_i}\left(\frac{\partial u}{\partial x}\cdot\frac{\partial v}{\partial x}+\frac{\partial u}{\partial y}\cdot\frac{\partial v}{\partial y}+\frac{\partial u}{\partial z}\cdot\frac{\partial v}{\partial z}\right)\mathrm{d}\tau=\iint\limits_S u\frac{\partial v}{\partial n}\mathrm{d}S-\iiint\limits_{D_i}u\Delta v\mathrm{d}\tau \quad(90)$$

$$\iiint\limits_{D_i}(u\Delta v - v\Delta u)\,\mathrm{d}\tau = \iint\limits_{S}\left(u\frac{\partial v}{\partial n} - v\frac{\partial u}{\partial n}\right)\mathrm{d}S \tag{91}$$

式中,D_i 是由曲面 S 所围成的空间部分,n 是曲面 S 的外法线方向. 这些公式是在下面的假设下导出的:u,v 及其第一阶偏导数在 D_i 中直到 S 上为止是连续的,第二阶偏导数在 D_i 内为连续,在 D_i 中的包含 Δu 与 Δv 的积分是有意义的. 如果 Δu 与 Δv 并不是直到 S 上都连续,那么这积分就是反常的,它可以作为沿含于 D_i 内的任一区域序列 $D_i^{(n)}$ 的积分的极限而得出,那时这些区域 $D_i^{(n)}$ 是趋向 D_i 的,这就是 D_i 中的任何内点,从某一指标 n 开始,都落在 $D_i^{(n)}$ 的内部. 在后文中我们将讨论调和函数,即 $\Delta u = \Delta v = 0$,而在(91)中我们常设 $u = v$. 这时,上面所指出的公式具有如下的形式

$$\iiint\limits_{D_i}\left[\left(\frac{\partial u}{\partial x}\right)^2 + \left(\frac{\partial u}{\partial y}\right)^2 + \left(\frac{\partial u}{\partial z}\right)^2\right]\mathrm{d}\tau = \iint\limits_{S}u\left(\frac{\partial u}{\partial n}\right)_i\mathrm{d}S \tag{92}$$

$$\iint\limits_{S}\left[u\left(\frac{\partial v}{\partial n}\right)_i - v\left(\frac{\partial u}{\partial n}\right)_i\right]\mathrm{d}S = 0 \tag{93}$$

这些公式对于 S 外的无限区域 D_e 也成立,即

$$\iiint\limits_{D_e}\left[\left(\frac{\partial u}{\partial x}\right)^2 + \left(\frac{\partial u}{\partial y}\right)^2 + \left(\frac{\partial u}{\partial z}\right)^2\right]\mathrm{d}\tau = \iint\limits_{S}u\left(\frac{\partial u}{\partial n}\right)_e\mathrm{d}S \tag{94}$$

$$\iint\limits_{S}\left[u\left(\frac{\partial v}{\partial n}\right)_e - v\left(\frac{\partial u}{\partial n}\right)_e\right]\mathrm{d}S = 0 \tag{95}$$

这只要函数 u 与 v 在 S 外面调和且其一阶偏导数在 S 外面直到 S 为连续,并且在 M 趋于无限远时它们趋于零,因而成立以下的不等式

$$R\mid u(M)\mid \leqslant A, R^2\left|\frac{\partial u(M)}{\partial l}\right| \leqslant A$$

$$R\mid v(M)\mid \leqslant A, R^2\left|\frac{\partial v(M)}{\partial l}\right| \leqslant A \tag{96}$$

其中 R 是由 M 到空间的任一定点 O 的距离. A 是常数,而 l 是任一固定方向. 公式(94)与(95)中的 n 是 S 的法线方向,按 D_e 是朝外,即朝 S 的内部.

为了证明公式(94)与(95)必须把它们应用到由 S 及以 O 为心、充分大半径的球面所围成的有限区域中. 当半径趋向无穷时,因为乘积 $u\dfrac{\partial v}{\partial n}$ 与 $v\dfrac{\partial u}{\partial n}$ 估值的阶次为 $\dfrac{1}{R^3}$,而曲面面积为 $4\pi R^2$,所以沿球面的积分就趋向于零. 因而我们就得到公式(94)和(95). [参看 Ⅱ;194].

我们在后文的一段中可以见到,只要假设调和函数 $u(M)$ 与 $v(M)$ 当 M 趋向无限远时趋向于零,条件(96)就可以满足. 作为公式(93)与(96)的一个推论,我们得到如下的公式[Ⅱ;194]

$$u(M) = \frac{1}{4\pi} \iint\limits_{S} \left[\frac{1}{r} \frac{\partial u}{\partial n} - u \frac{\partial \frac{1}{r}}{\partial n} \right] \mathrm{d}S \qquad (97)$$

式中 n 是区域 D_i 或 D_e 的外法线方向，只要看公式(97)应用在什么情形上.

现在要指出可以应用所举出的公式的更广泛的条件. 在曲面 S 的每点的法线上划一线段，它们具有同一长度 δ，并朝向 S 的内部，假设对一切充分小的 δ，这些线段的端点 P 的几何轨迹构成一个自身不相交的闭曲面，它在 S 的内部而且有连续变化的切平面. 把这一曲面记为 S_δ. S 上的每一点 N 对应于 S_δ 上的一点 P，它是在点 N 的曲面法线上的. 反之，S_δ 上的每点 P 对应于 S 上的一确定点 N. 现证，曲面 S 在点 N 的法线就是曲面 S_δ 在点 P 的法线. 用 (x,y,z) 来表示 S 上点在某一坐标系下的坐标，用 (x',y',z') 来记对应点 P 的坐标.

我们有

$$x' = x - \delta\cos(\boldsymbol{n}, X)$$
$$y' = y - \delta\cos(\boldsymbol{n}, Y)$$
$$z' = z - \delta\cos(\boldsymbol{n}, Z) \qquad (98)$$

式中 $\boldsymbol{n}$ 是曲面的外法线方向. 我们假设 S 的某一小块曲面具有有限方程 $z = z(x,y)$，并且 $z(x,y)$ 有到二阶的连续导数. 这时，法线的方向余弦是坐标的连续可微分函数.

设 N 画出 S 的前述的曲面块上的一条曲线 l，即 (x,y,z) 是某一参数 t 的连续可微分函数. 这时 (x',y',z') 也是 t 的连续可微分函数. 把显然成立的等式

$$(x'-x)^2 + (y'-y)^2 + (z'-z)^2 = \delta^2$$

关于 t 导微，就得出

$$[(x'-x)x'_t + (y'-y)y'_t + (z'-z)z'_t] -$$
$$[(x'-x)x_t + (y'-y)y_t + (z'-z)z_t] = 0$$

但因 PN 是 S 的法线，所以第二个方括弧等于零. 从此可见，第一个方括弧也等于零，这就是说，l' 的切线与 PN 相垂直. 从此直接可推出，PN 是 S_δ 的法线. 我们假设，S 的每一点都能位于具有所述性质的曲面块中. 曲面 S_δ 称为曲面 S 的平行曲面.

现设，在 S 内部的调和函数 u 与 v，当 M 依法线趋向于 N 时，它们有正常的法线导数，并且函数 u 与 v 本身在闭区域 $\overline{D_i}$ 中为连续. 这时，我们可以对由曲面 S_δ 所围成的区域应用所有的上面所指出来的那些公式. 注意到函数 u,v 及其法线导数趋向于极限的一致性，又注意到曲面 S_δ 与 S 的法线是重合的，令 $\delta \to 0$，取极限，我们就得到对 D_i 的所有的公式. 沿 D_i 的三重积分在这时应视为反常积分，它是作为在内部区域的积分，当这些区域趋向于 D_i 时的极限. 因为被积函数是正的，所以它与这些区域如何趋向于 D_i 无关. 特别，可以利用由 S_δ 所围成的区域. 在极限的过程中还必须牵涉到曲面面积的测量. 这一面积元素可以

用第一高斯形式的系数表示为下述形式$[\,\mathbb{I}\,;130\,]$

$$dS = \sqrt{EG - F^2}\,dx\,dy$$

例如,如果取 x,y 作参数,从 (98) 可以推出,E,F,G 都是 δ 的二次多项式. 上面的论述也适用于 D_e. 在这时,公式 (98) 中的负号应改为正号. 如果函数 $u(M)$ 与 $v(M)$ 可以用连续密度的单层势函数来表示,那么它们直到 S 上为止都是连续的,并且还有正常的法线导数.

因而,我们就有:

定理 如果从曲面 S 的内部或外部作具有上述性质的平行曲面系是可能的,那么对连续密度的单层势函数 $u(M)$ 和 $v(M)$,上述的一些公式是适用的.

现阐述存在平行于曲面 S 的曲面系 S_δ 的某些充分条件. 设曲面 S 为李雅普诺夫曲面,并且在条件 (3) 中 $\alpha = 1$. 现证,对充分小的 δ,曲面 S_δ 是无重复点的闭曲面,这就是,对于 S 上的不同的 N,也对应不同的 P. 暂令 $\delta < \dfrac{d}{3}$,并设对不同点 $N_1(x_1,y_1,z_1)$ 与 $N_2(x_2,y_2,z_2)$ 我们得到同一点 P,此即

$$
\begin{aligned}
x_1 - \delta\cos(\boldsymbol{n}_1,X) &= x_2 - \delta\cos(\boldsymbol{n}_2,X)\\
y_1 - \delta\cos(\boldsymbol{n}_1,Y) &= y_2 - \delta\cos(\boldsymbol{n}_2,Y)\\
z_1 - \delta\cos(\boldsymbol{n}_1,Z) &= z_2 - \delta\cos(\boldsymbol{n}_2,Z)
\end{aligned}
\tag{99}
$$

式中 $\boldsymbol{n}_1$ 与 $\boldsymbol{n}_2$ 是 S 在 N_1 与 N_2 的外法线方向. 我们要指出,N_2 在以 N_1 为中心、d 为半径的球内. 用 $r_{1,2}$ 表示距离 $|N_1N_2|$,由于 (99),就得出

$$r_{1,2} = \delta\sqrt{2(1 - \cos\vartheta)}$$

式中 ϑ 是 $\boldsymbol{n}_1$ 与 $\boldsymbol{n}_2$ 之间的交角. 但由于式 (6) 及 $\alpha = 1$,我们有 $1 - \cos\vartheta \leqslant \dfrac{1}{2}a^2 r_{1,2}^2$,而从最后一式就推出:$r_{1,2} \leqslant a\delta r_{1,2}$.

如果取 $\delta < \dfrac{1}{a}$,那么我们就会得出矛盾. 因而对 $\alpha = 1$ 的李雅普诺夫曲面,如 $\delta < \dfrac{d}{3},\delta < \dfrac{1}{a}$,则曲面 S_δ 无重复点. 并且,由于加在 S 上的条件 $[192]$,可直接推出,在 $\delta < d$ 时所有的点 P 都在 S 的内部(或外部). 此外,我们如再假设在局部坐标下,曲面块的方程是 $z = z(x,y)$,函数 $z(x,y)$ 有二阶的连续导数,那么曲面 S_δ 就有沿着 S_δ 连续变动的切平面. S_δ 为闭的这一事实直接如下推出:在 D_i 内部的点 M 向着 S 连续地移动时,M 到 S 的距离一定会在 M 的某一个位置时等于 δ.

注 设 $u(M)$ 在 S 内连续,有第一阶的连续的导数,有正常的法线导数. 这时,以前讨论的 $\left(\dfrac{\partial u(N)}{\partial n}\right)_i$ 的极限值是在 S 上的连续函数 $[196]$,从此可知,必存在数 B,使得

$$\left|\left(\frac{\partial u(N)}{\partial n}\right)_i\right| \leqslant B \quad (N \text{ 在 } S \text{ 上})$$

另一面,由于法线导数是一致地趋向于其极限的,对任意给定的正数 ε,存在数 η,使得在 $|MN| \leqslant \eta$ 时成立

$$\left|\frac{\partial u(M)}{\partial n} - \left(\frac{\partial u(N)}{\partial n}\right)_i\right| \leqslant \varepsilon$$

只要点 M 在 S 的内部并在 S 的过点 N 的法线上. 固定 ε,即得当 $|MN| \leqslant \eta$ 时, $\left|\frac{\partial u(M)}{\partial n}\right| \leqslant (B+\varepsilon)$,从此 $|u(M_2) - u(M_1)| \leqslant (B+\varepsilon)\delta_{1,2}$,于此 $\delta_{1,2} = |M_1 M_2|$. 从此推出,当 M 沿着法线趋向 N 时,$u(M)$ 有一定的极限 $u(N)$. 我们可以进一步写出

$$u(M) - u(N) = \int_0^\delta \frac{\partial u(M_1)}{\partial n} \mathrm{d}\delta_1$$

式中 M_1 是法线上的变点,$\delta_1 = |NM_1|$,$\delta = |NM|$,并且 $\delta_1 \leqslant \delta \leqslant \eta$. 依据上面对法线导数的估计,就推得:$|u(M) - u(N)| \leqslant (B+\varepsilon)\delta$,从此可见对 N 在 S 上的位置 $u(M)$ 是一致趋近于 $u(N)$ 的. 由于注意到了这一点,就不难证明[见 198],当 M 依任何方式趋向 N 时,$u(M)$ 趋向 $u(N)$,并且 $u(M)$ 直到 S 上为连续. 对 D_e 类似的论述也有效. 因而,在函数 $u(M)$ 有正常的法线导数时,它直到 S 为连续.

因而,应用上述积分公式时,所需要的条件只是 $u(M)$ 与 $v(M)$ 的正常的法线导数的存在.

上面的对于 D_i 的全部论述可以移用到平面的情形. 但对平面上无限区域的情形,事情就不同了,我们以后再来说明它.

201. 调和函数序列

在转到利用单层势函数与双层势函数解决拉普拉斯方程边值问题之前,我们先建立调和函数的某些性质,作为我们已有的一些性质的补充. 我们考察调和函数序列,或调和函数所成的级数(二者实际上是一样的). 我们在平面的情形进行所有的证明. 对三维空间,它们是逐字逐句一样的. 只要把泊松公式换为给出球的狄利克雷问题解的公式.

关于调和函数的级数的一致收敛性的基本定理非常相似于对复变量正则函数的相类似的定理[Ⅲ;12]:

如果级数

$$\sum_{k=1}^\infty u_k(x,y) \tag{100}$$

的每项在有界区域 B 内调和,在闭区域 $\overline{B}$ 上连续,而级数在这一区域的境界回道 l 上一致收敛,那么它也在整个闭区域上一致收敛,级数的和是 B 内的调和

函数.

设 ε 为预先给定的正数. 由于在回道 l 上的一致收敛性, 故存在 N, 使对任何 $n \geqslant N$ 及任何正的 p, 成立不等式

$$\left| \sum_{k=n}^{n+p} u_k(x,y) \right| \leqslant \varepsilon \quad ((x,y) \text{ 在 } l \text{ 上})$$

所写出的调和函数的有限和是在 B 内调和的函数, 也在闭区域 $\overline{B}$ 连续, 由于调和函数具有在境界上达到极值这一基本性质 [II; 194], 我们就可断言, 只要所写的不等式是在边境上有效, 那么它们也就在所有内点有效, 换句话说, 它也就在整个闭区域有效. 因而级数 (100) 的和 $S(x,y)$ 也是闭区域上的连续函数. 现证, 它也在闭区域内调和. 设 M_0 为 B 内的任何点. 以 M_0 为中心作圆 Σ_0, 选 Σ_0 的半径 R 使得整个圆 Σ_0 落在 B 的内部. 用 $S_n(x,y)$ 记级数 (100) 的前 n 项之和. 这一有限和式是一个调和函数, 而它在 Σ_0 内部的值可以利用它在这一圆的圆周上的值依泊松公式来表示

$$S_n(\rho, \varphi) = \frac{1}{2\pi} \int_0^{2\pi} S_n(R, \psi) \frac{R^2 - \rho^2}{R^2 - 2R\rho \cos(\psi - \varphi) + \rho^2} \mathrm{d}\psi$$

式中 (ρ, φ) 是点 $M(x,y)$ 的极坐标, 但点 M_0 是取为原点的. 在所说的圆的圆周上, $S_n(R, \psi)$ 关于 ψ 一致地趋向于 $S(R, \psi)$, 取极限, 我们就有

$$S(\rho, \varphi) = \frac{1}{2\pi} \int_0^{2\pi} S(R, \psi) \frac{R^2 - \rho^2}{R^2 - 2R\rho \cos(\psi - \varphi) + \rho^2} \mathrm{d}\psi$$

这就是: 在所说的圆内级数 (100) 的和可以用泊松积分表示, 因而就是调和函数. 提醒一下, M_0 是 B 内的任意一点. 我们注意到, 可以完全一样地证明, 级数 (100) 在 B 内可对 ρ 与 φ 微分任意次. 实际上, 从泊松公式直接推出

$$\frac{\partial u_k(\rho, \varphi)}{\partial \rho} = \frac{1}{2\pi} \int_0^{2\pi} u_k(R, \psi) \frac{\partial}{\partial \rho} \frac{R^2 - \rho^2}{R^2 - 2R\rho \cos(\psi - \varphi) + \rho^2} \mathrm{d}\psi$$

把级数 (100) 的两边乘以

$$\frac{\partial}{\partial \rho} \frac{R^2 - \rho^2}{R^2 - 2R\rho \cos(\psi - \varphi) + \rho^2}$$

再在所说的圆上积分, 我们就有

$$\frac{\partial S(\rho, \varphi)}{\partial \rho} = \sum_{k=1}^{\infty} \frac{\partial u_k(\rho, \varphi)}{\partial \rho}$$

自然, 所证明的定理可以用对调和函数序列的术语表出, 即: 如果在区域 B 内调和, 在闭区域 $\overline{B}$ 连续的函数序列 $S_n(x,y)$ 在边界回道 l 上一致收敛于极限函数 $S(x,y)$, 那么它也在整个闭区域 $\overline{B}$ 上一致收敛于其极限函数. 极限函数在 B 内调和, 并且在 B 内序列可以微分任意次.

再证明一个定理, 它是关于一个特殊情形的, 即级数 (100) 的每项是正的函数的时候. 预先说明泊松公式的一个推论. 函数 $u(\rho, \varphi)$ 在以 M_0 为中心的圆

$\rho < R$ 内调和,在闭圆上连续,在这圆内可由泊松公式表示

$$u(\rho,\varphi) = \frac{1}{2\pi}\int_0^{2\pi} u(R,\psi)\,\frac{R^2-\rho^2}{R^2-2R\rho\cos(\psi-\varphi)+\rho^2}\mathrm{d}\psi$$

此外,我们假设这个函数为正的.由于考虑到 $|\cos(\psi-\varphi)|\leqslant 1$,我们就可写出不等式

$$(R-\rho)^2 \leqslant R^2-2R\rho\cos(\psi-\varphi)+r^2 \leqslant (R+\rho)^2$$

而由泊松公式可直接推得

$$\frac{R-\rho}{R+\rho}\cdot\frac{1}{2\pi}\int_0^{2\pi} u(R,\psi)\mathrm{d}\psi \leqslant u(\rho,\varphi) \leqslant \frac{R+\rho}{R-\rho}\cdot\frac{1}{2\pi}\int_0^{2\pi} u(R,\psi)\mathrm{d}\psi$$

注意到平均值定理[Ⅱ;194],就有

$$\frac{R-\rho}{R+\rho}u(M_0) \leqslant u(\rho,\varphi) \leqslant \frac{R+\rho}{R-\rho}u(M_0) \tag{101}$$

对正调和函数的这一估值——用它在一圆的中心的数值来估计它在圆内任意点的数值,称为哈纳克不等式.利用这一不等式就可以证明如下的定理:

如果有一增加的函数序列 $S_n(M)$,函数 $S_n(M)$ 在 B 内调和.又如果这一序列在 B 内的任意的某一点 M_0 有有限的极限,那么它在 B 内处处收敛,并且在任一连境界都在 B 内的区域 B_1 上为一致收敛.

依定理的条件,在 B 内,成立 $S_{n+1}(M)\geqslant S_n(M)$.由于序列在点 M_0 为收敛的,对任一已给正数 ε,存在 N,使得 $[S_{n+p}(M_0)-S_n(M_0)]\leqslant\varepsilon$ 对 $n\geqslant N$ 及任意 p 成立.设 Σ_0 为以 M_0 为中心、R 为半径含在 B 内的圆.注意到上面所写出的差式是正的调和函数,我们可以写出

$$0 \leqslant S_{n+p}(M)-S_n(M) \leqslant \frac{R+\rho}{R-\rho}\varepsilon$$

式中 M 是所说的圆的任意内点,ρ 是点 M 到 M_0 的距离.以 M_0 为中心、$(R-a)$(a 是任意小的指定正数)为半径作圆 Σ'_0.我们得到在圆 Σ'_0 中的估计式

$$0 \leqslant S_{n+p}(M)-S_n(M) \leqslant \frac{2R}{a}\varepsilon$$

从此推出 $S_n(M)$ 在圆 Σ'_0 中的一致收敛性.取在 Σ_0 内的一点 M_1,因为序列在这一点收敛,利用上面所指出的论述,我们就得到这序列在以 M_1 为心、连境界都在 B 内的圆中的一致收敛性.继续如此地进行下去,如同对解析延拓的情形完全一样的作法,我们就可以证明序列在 B 内的所有的闭圆上的一致收敛性.每一连同境界都在 B 内的闭区域 B_1,我们可以用有限个在 B 内的圆去遮盖它,这就给出序列在这样的区域 B_1 的一致收敛性.再指出:由于前一定理,从序列的一致收敛性就推出序列的极限函数是在 B 内的调和函数.

可以用级数的术语来表达所证得的定理,这就是:如果级数(100)的每项是在 B 中的调和函数,并且从某一 n 起是正的.如果级数在 B 内某点收敛,那么

它在 B 内处处收敛,且在每一连同境界都在 B 内的闭区域 B_1 上一致收敛.在前一定理中我们自然可以用减少序列来代替增加序列,相应地,也可以取负的函数来代替正的函数.

202. 拉普拉斯方程的内部边值问题的提法

设 D_i 为三维空间的有限区域,由曲面 S 所包围.如我们所知,狄利克雷内部问题是要求出函数 $u(M)$ 在 D_i 内调和,在闭区域 $\overline{D_i}$ 内连续,在 S 上取得预先给好的值,这些值是在 S 上的连续函数.问题的解只能是一个 $[\text{II};194]$,在将来,在对境界 S 作了一些假定之下,我们要给出解的存在性的证明.在平面的情形,问题的情况完全是一样的.

对于诺伊曼问题,在境界上所给定的并非函数本身,而是法线导数 $\dfrac{\partial u(M)}{\partial n}$ 的极限值 $f(N)$,这时我们是设 M 沿法线趋向 N 的.如再假设 $u(M)$ 有正常的法线导数,那么我们可以应用公式(93)到 $u(M)$ 与 $v(M) \equiv 1$ 上去,而得到

$$\iint\limits_{S} f(N)\mathrm{d}S = 0 \tag{102}$$

因而,在正常法线导数存在时,这个不等式为诺伊曼内部问题有解的必要条件.我们指出:如果某一函数 $u(M)$ 给出诺伊曼内部问题的解,那么函数 $u(M) + C$ 其中 C 是任意常数也给出问题在同一边值条件 $f(N)$ 下的解.诺伊曼内部问题解的唯一性是在于下述的断言:这些解已取尽了问题所有的解,这就是:如果 $u_1(M)$ 与 $u_2(M)$ 是诺伊曼问题在同一的边值条件 $f(N)$ 下的两个解,那么它们的差 $u_2(M) - u_1(M)$ 在 D 中应为常数.

以上断言容易证明,只要假设 $u_1(M)$ 与 $u_2(M)$ 有正常的法线导数.这时差式 $v(M) = u_2(M) - u_1(M)$ 也有正常的法线导数,它的极限值等于零,因为 $v(M)$ 直到 S 为连续,所以,把公式(92)应用到 $v(M)$,我们就得出

$$\iiint\limits_{D_i} \left[\left(\frac{\partial v(M)}{\partial x} \right)^2 + \left(\frac{\partial v(M)}{\partial y} \right)^2 + \left(\frac{\partial v(M)}{\partial z} \right)^2 \right] \mathrm{d}\tau = 0$$

从此也得出 $v(M)$ 在 D_i 内为常数.后面有一段我们要引出诺伊曼问题解的唯一性的一般证明.

还指出,在狄利克雷与诺伊曼的内部问题提法中,境界 S 也可以由若干块闭曲面构成.

拉普拉斯方程的第三基本边值问题,是在于求出在 S 内的调和函数,并且,在区域的境界上法线导数与函数本身的一个线性组合是已给的.这就是,边值条件具有形式

$$\left(\frac{\partial u(N)}{\partial n} \right)_i + p(N)u = f(N) \quad (N \text{ 在 } S \text{ 上}) \tag{103}$$

式中 $p(N)$ 与 $f(N)$ 是在 S 上给定的连续函数,并且,我们设 $p(N) > 0$.假设

$u(M)$ 有正常的法线导数,我们来证明唯一性定理. 如果问题有两个解,那么它们的差式 $v(N)$ 就会满足齐次的边值条件

$$\left(\frac{\partial v(N)}{\partial n}\right)_i + p(N)v(N) = 0 \tag{104}$$

对 $v(M)$ 应用公式(92),利用(104),就得出

$$\iiint\limits_{D_i}\left[\left(\frac{\partial v(M)}{\partial x}\right)^2 + \left(\frac{\partial v(M)}{\partial y}\right)^2 + \left(\frac{\partial v(M)}{\partial z}\right)^2\right]\mathrm{d}\tau = -\iint\limits_{S} p(N)v^2(N)\mathrm{d}S$$

右边的积分不可能是正的,而左边的积分不可能是负的,这就是,它们双方都等于零,于是直接推出 $v(M) = 0$.

所有前面的结果在平面的情形都有效.

到现在为止我们考察了所谓内部问题. 这些问题都是在某些边值条件下要求决定在有界区域内的调和函数. 我们现在转向于外部问题,这时,我们要求在某一闭曲面之外(或某几个闭曲面之外)的无限区域内为调和的函数. 对平面也可提出类似的问题. 这时,对未知函数在无穷远点邻域的情况所加的条件起了重要的作用. 这一问题在平面的情形与在空间的情形的解法是不同的. 我们从说明上面所提到的在无穷远处的条件开始,而首先研究平面的情形.

203. 平面上的外部问题

函数 $u(M)$ 是在无穷远点邻域为调和的函数,如果点 M 趋向无穷远时,函数 $u(M)$ 有有限的极限,那么我们称函数 $u(M)$ 在无穷远点为正则的. 现在来解释这一定义的意义. 在无穷远点的邻域作起与 $u(M)$ 共轭的调和函数 $v(M)$[Ⅲ;2]. 依逆时针方向环绕无穷远点一周,函数 $v(M)$ 得到一个常数项的增量. 我们记它为 γ. 复变函数

$$f(z) = u(z) + v(z)\mathrm{i} - \frac{\gamma}{2\pi}\ln z$$

为单值的,且在无穷远点邻域为正则,因而要在这一邻域中展开为 z 的整数幂的洛朗级数. 我们来证明:在这个展开式中完全没有 z 的正数幂的项. 事实上,如果这样项数有无限的话,那么,当 $|z| \to \infty$ 时函数 $f(z)$ 就能够取到与任何预先指定数值任意接近的值[Ⅲ₂;17]. 但事实是,函数的实数部分. 即 $u(z) - \frac{\gamma}{2\pi}\ln|z|$ 在 $\gamma \neq 0$ 时它是趋向于无限的;当 $\gamma = 0$ 时它有有限的极限(因为 $u(z)$ 有有限的极限).

如果正数幂的项数是有限,即

$$f(z) = a_m z^m + a_{m-1}z^{m-1} + \cdots + a_0 + \frac{a_{-1}}{2} + \cdots \quad (a_m \neq 0)$$

那么我们就会有

$$u(z) - \frac{\gamma}{2\pi}\ln\rho = r\rho^m\cos(m\varphi + \psi) +$$

241

$$R\left[a_{m-1}z^{m-1}+\cdots+a_0+\frac{a_{-1}}{z}+\cdots\right]$$

$(z=\rho e^{i\varphi},a_m=re^{i\psi},R\text{ 为实数部分的记号})$

如果在φ固定时把等式的两边用ρ^m来除后再令ρ趋向于无穷,那么左边显然地趋向于零,但右边却有极限$r\cos(m\varphi+\psi)$,它与φ有关,并非恒等于零.这样一来,我们就引出了矛盾,因而$f(z)$的展开式中只能有自由项与负数幂的项

$$f(z)=a_0+\frac{a_{-1}}{z}+\frac{a_{-2}}{z^2}+\cdots\tag{105}$$

当$|z|\to\infty$时,函数$f(z)$有有限而确定的极限a_0,从此可以直接推出,常数γ应当等于零,这就是,如果$u(M)$在无穷远点正则,$v(M)$是它的共轭函数,那么函数$f(z)=u(z)+iv(z)$在无穷远点的邻域有展开式(105).从前面的论述可直接推出,为使能得出这一结果,只要单单假设$u(M)$在无穷远点的邻域是有界就够了.从此已能推出展开式(105),因而当点M趋向无穷远时$u(M)$具有有限的极限.

狄利克雷外部问题归结为求在闭回道l以外为调和的函数$u(M)$,要它在无穷远为正则,在l上取指定的值$f(N)$.设z_0为在l内部的某一点.进行平面上的保角变换$w=\dfrac{1}{z-z_0}$.平面在l以外的部分变为某一有界区域B,调和函数变为调和函数[III_2;29],点$z=\infty$变为$w=0$,$f(z)$变成w的函数它在$w=0$处是正则的.以上所叙述的狄利克雷外部问题转化为变后区域的内部问题,显然,对所提的问题,它只有唯一的解.

利用展开式(105),关于z微分,并注意到

在$|z|\to\infty$时,$z^2f'(z)\longrightarrow-a_{-1}$

我们就可断言,如果调和函数$u(M)$在无穷远点正则,那么乘积$\rho^2\dfrac{\partial u}{\partial x}$与$\rho^2\dfrac{\partial u}{\partial y}$,

($\rho=|z|$)在点M趋向无穷远时仍保持有界的.从此直接推得乘积$\rho^2\dfrac{\partial u}{\partial m}$($m$为任意方向)在点$M$变化时也可能变,在点$M$无限远离时仍保持有界.如果$B$是平面在闭回道$l$之外的部分,$u(M)$与$v(M)$是在$B$内为调和的函数,在无限远点为正则,并且及其一阶导数直到回道上都是连续的,那么就会成立公式

$$\iint_B\left[\left(\frac{\partial u}{\partial x}\right)^2+\left(\frac{\partial u}{\partial y}\right)^2\right]\mathrm{d}S=\int_l u\left(\frac{\partial u}{\partial n}\right)_e\mathrm{d}s\tag{106}$$

$$\iint_B\left[u\left(\frac{\partial v}{\partial n}\right)_e-v\left(\frac{\partial u}{\partial n}\right)_e\right]\mathrm{d}S=0\tag{107}$$

式中n是l的朝向区域B的外法线方向.这些公式的证明完全和[200]中所做的关于空间情形的证明一样.只要指出下列事实就够了:在以定点O为中心、R为

半径的圆周 C 上,乘积 $u\left(\dfrac{\partial u}{\partial n}\right)_e$ 与 $u\left(\dfrac{\partial v}{\partial n}\right)_e$ 有估值 $\dfrac{1}{R^2}$,而圆周长为 $2\pi R$. 如同在 [200] 中一样,如果用 $u(M)$ 与 $v(M)$ 沿 l 存在正常法线导数这一要求来代替它们的第一阶偏导数直到 l 的连续性,公式(106)与(107)仍有效.

现在来讲下列情形的诺伊曼外部问题,这时,在 l 上当 M 沿法线趋向 N 时有边值条件

$$\left(\frac{\partial u}{\partial n}\right)_e = f(N) \quad (N \text{ 在 } l \text{ 上}) \tag{108}$$

而 $u(M)$ 在无穷远点的正则性要求仍然保留. 设解 $u(M)$ 存在,且有在 l 上的正常法线导数. 作有充分大的半径 R 的圆周 C,对 $u(M)$ 与 $v(M) \equiv 1$ 应用公式(107),所考虑区域是 l 与 C 所围成的,我们就得

$$\oint_l \left(\frac{\partial u}{\partial n}\right)_e \mathrm{d}s + \oint_C \left(\frac{\partial u}{\partial n}\right)_e \mathrm{d}s = 0 \tag{109}$$

但在 C 上,导数 $\left(\dfrac{\partial u}{\partial n}\right)_e$ 的阶数为 $\dfrac{1}{R^2}$,从此可得,当 $R \to \infty$ 时沿 C 的积分趋于零,取极限,由于(108)就得到

$$\int_l f(N) \mathrm{d}s = 0 \tag{110}$$

对诺伊曼内部问题我们也得出过这一必要条件. 利用公式(106)可以证明,在具有正常法线导数的条件下诺伊曼外部问题解的唯一性[见 202]. 在三维空间,诺伊曼外部问题的可解性却不需要类似于(110)的条件.

再指出一个事实:基本奇解 $\ln \dfrac{1}{r}$ 在无穷远点不是正则的. 当 $r \to \infty$ 时它趋向于 ∞. 对应于偶极子的第二奇解 $\dfrac{\cos \varphi}{r}$ 在无穷远点却已为正则,它在这点化为零. 在三维空间,不仅偶极子的势函数,而且是基本解 $\dfrac{1}{r}$ 在无穷远点都化为零. 单层势函数(81)给出 l 外的调和函数,但一般说来在无穷远点并非正则. 如果电荷的总和为零,即

$$\int_l \mu(N) \mathrm{d}s = 0 \tag{111}$$

那么在这特殊情形下,势函数(81)为正则的. 事实上,设 R 为点 M 到原点的距离. 把等式(111)乘以与积分变点 N 无关的因子 $\ln R$,我们就可以把势函数(81)写作形式

$$u(M) = \int_l \mu(N) \ln \frac{R}{r} \mathrm{d}s$$

当 M 无限远离时,$\ln \dfrac{R}{r}$ 关于在 l 上的点 N 一致地趋向于零. 因而我们看到,单层

势函数在无穷远点为正则,且等于零.

再证明调和函数的一个性质:设 $u(M)$ 是某一除去中心的圆域中的调和函数,我们取该圆的中心 N_0 作为坐标原点,$u(M)$ 在该圆中的绝对值为有界. 我们要证明当 $M \to N_0$ 时 $u(M)$ 的极限值是存在的,又如取该极限值为 $u(N_0)$,则 $u(M)$ 在整个圆内(包括原点)为调和的. 为了要证明这一点,我们就只要进行为了引出展开式(105)的那些论述就可以了,但是要把无穷远点改为原点. 代替式(105)的是

$$f(z) = a_0 + a_1 z + a_2 z^2 + \cdots$$

从此也就得出我们的论断.

204. 凯尔文变换

在考察三维空间的调和函数时,我们已不像平面的情形一样,有那样重大的辅助工具 —— 复变函数论,特别是把每一调和函数仍变为调和函数的保角变换. 但在三维空间的场合. 也具有某些非常特殊形式的点变换,它们也具有这个性质. 即是:如果 $u(x, y, z)$ 是某一区域 D 中的调和函数,那么函数

$$v(x', y', z') = \frac{1}{r'} u\left(\frac{x'}{r'^2}, \frac{y'}{r'^2}, \frac{z'}{r'^2}\right) \quad (r'^2 = x'^2 + y'^2 + z'^2) \tag{112}$$

也就是区域 D' 的调和函数,区域 D' 是由 D 借助变换

$$x' = \frac{x}{r^2}, y' = \frac{y}{r^2}, z' = \frac{z}{r^2} \quad (r^2 = x^2 + y^2 + z^2) \tag{113}$$

而得到的. 我们首先注意到 $r' = \frac{1}{r}$,而(113)的逆变换也与(113)具有同一的形式,即

$$x = \frac{x'}{r'^2}, y = \frac{y'}{r'^2}, z = \frac{z'}{r'^2} \tag{113'}$$

如果引入球坐标,公式(112)化为

$$v(r', \theta, \varphi) = \frac{1}{r'} u\left(\frac{1}{r'}, \theta, \varphi\right)$$

的形状. 注意到函数 $u(r, \theta, \varphi)$ 满足拉普拉斯方程

$$r^2 u_{rr} + 2r u_r + \frac{1}{\sin\theta}(\sin\theta u_\theta)_\theta + \frac{1}{\sin^2\theta} u_{\varphi\varphi} = 0$$

以及一个显然满足的恒等式

$$r'^5\left(v_{r'r'} + \frac{2}{r'} v_{r'}\right) = u_{rr} + \frac{2}{r} u_r$$

我们不难相信:函数 $v(r', \theta, \varphi)$ 满足拉普拉斯方程. 变换(113)是关于以原点为中心的单位球的对称变换[见 Ⅱ;197]. 自然,我们也能够把球心取在任意点 (a, b, c),半径 R 也可视为任意的. 在这时,公式(112)与(113)可写为下面的形状

$$x' - a = \frac{R^2}{r^2}(x-a), y' - b = \frac{R^2}{r^2}(y-b), z' - c = \frac{R^2}{r^2}(z-c)$$

$$v(x', y', z') = \frac{R}{r} u\left[a + \frac{R^2}{r'^2}(x'-a), \cdots \right]$$

$$r^2 = \sqrt{(x-a)^2 + (y-b)^2 + (z-c)^2}$$

$$r'^2 = \sqrt{(x'-a)^2 + (y'-b)^2 + (z'-c)^2} \tag{114}$$

变换(114)称为凯尔文变换.在阐明调和函数在三维空间无穷远点的正则性这一概念之前,我们先来证明它的一个性质,在平面场合下对应的性质在前段末已证明过了.设有一以原点为心的球 S_0,$u(M)$ 为把 S_0 除去中心后所得的区域中的调和函数,在这球内为有界.我们要证当 M 趋向原点时,$u(M)$ 的极限是存在的,并且,如果取这个极限为 $u(M)$ 在原点的值,那么 $u(M)$ 也在原点为调和.

利用在[Ⅱ;197]所指出的积分,我们可以作出在 S_0 内全部的点为调和的函数,而在 S_0 的表面上,取与 $u(M)$ 相同的极限值.

对差式 $u_1(M) - u(M)$ 作关于球 S_0 的凯尔文变换.变后函数在球 S_0 外调和,在这一球的表面等于 0,而当 M' 趋向于无穷远时趋向于零.最后一情况是可由变换的形状及 $u(M)$ 在坐标原点有界这一事实所直接推出.注意到调和函数的极值应在区域边界上取到,我们就可断言,函数 $u_1(M) - u(M)$ 应恒等于零,即函数 $u_1(M)$ 重合于函数 $u(M)$,因而,后一函数也在坐标原点调和.

设 $u(M)$ 为在点 O 及其邻域中调和的函数,我们取 O 为原点.以 O 为中心、任意的半径(比如说是 1)作球,关于这个球作凯尔文变换,我们就得到变后函数 $v(M')$,它在无穷远点邻域为调和的.当 $r' \to \infty$ 时,这一函数趋向于零,此外,从公式(112)还可直接推出,当 $r' \to \infty$ 时,乘积 $r'v(M')$ 保持有界,我们也还可以同样地肯定乘积 $r'^2 \frac{\partial v}{\partial x'}, r'^2 \frac{\partial v}{\partial y'}, r'^2 \frac{\partial v}{\partial z'}$ 的有界性.后面的这些结果可直接地由函数 $u(M)$ 的导数在原点邻域有界这一事实推出.相反地,如果函数 $u(M)$ 在无穷远点邻域内有界,而且当 $r \to \infty$ 时,乘积 $ru(M)$ 保持有界,那么施行凯尔文变换,我们就能断言变后函数 $v(M') = \frac{1}{r}u(M)$ 在原点的邻域中调和,有界,因而也就在原点调和.但这时,由上面所导出的论述直接可推出,当 $r \to \infty$ 时,乘积 $r^2 \frac{\partial u}{\partial x}, r^2 \frac{\partial u}{\partial y}, r^2 \frac{\partial u}{\partial z}$ 保持有界.最后,我们设函数 $u(M)$ 在无穷远点邻域内调和,而且仅知道 $r \to \infty$ 时 $u(M) \to 0$,就是说,任给一正数 ε,存在一正数 A,使得:只要 $r \geqslant A$,就有 $|u(M)| \leqslant \varepsilon$.作以原点为中心、适当大的半径的球 S_0,使得 $u(M)$ 在 S_0 外以及这球面上为调和.我们可以作出在球 S_0 内的调和函数 $v_1(M')$,使它在球面上的极限值与 $u(M)$ 的极限值相同.

设 $u_1(M)$ 是对函数 $v_1(M')$ 关于球 S_0 作凯尔文变换的结果.差式 $u(M) -$

$u_1(M)$ 在 S_0 外为调和函数, 在 S_0 上等于零, 又当 $r \to \infty$ 时也趋向于零. 因而我们原来的函数 $u(M)$ 应当重合于函数 $u_1(M)$, 而 $u_1(M)$ 就是在球 S_0 内部的调和函数 $v_1(M')$ 的凯尔文变换的结果. 对这样的函数, 如我们以前见到过的乘积

$$ru_1(M), r^2 \frac{\partial u_1(M)}{\partial x}, r_2 \frac{\partial u_1(M)}{\partial y}, r^2 \frac{\partial u_1(M)}{\partial z} \tag{115}$$

在 $r \to \infty$ 时应当保持有界, 因而我们看到, 从 $r \to \infty$ 时 $u(M) \to 0$ 这一事实就能推出对 $u(M)$ 所做的乘积 (115) 在 $r \to \infty$ 时都应保持有界.

如果 $r \to \infty$ 时 $u(M) \to 0$, 我们就称在无穷远点邻域内调和的函数 $u(M)$ 在无穷远为正则的. 如果仅仅知道 $u(M)$ 趋向于一个固定的极限 b, 我们可称: 这样的函数等于一个常数项 b 与一个在无穷远为正则的调和函数的和. 如果对 S 外的调和函数 $u(M), v(M)$, 乘积 (115) 保持有界, 这些函数从外面到 S 上有正常的法线导数, 那么如同我们已经看到的 [200], 对这些函数成立公式 (94) 和 (95), 其中的积分是展布在 S 外的那部分空间.

狄利克雷外部问题是要求在 S 外调和的函数 $u(M)$, 使得它在无穷远点正则, 直到 S 上是连续的, 并且在曲面 S 上采取预先给定的函数值 $f(N)$. 取在 S 内的某一点 M_0 为原点, 作一凯尔文变换, 我们就可以把狄利克雷外部问题化为对变后区域的狄利克雷内部问题. 利用普通的论述, 可以证明狄利克雷外部问题解的唯一性. 问题的解的存在性归结到狄利克雷内部问题的解的存在性, 而后者, 在关于曲面的一些一般性的假设下, 以及边值条件为连续的条件之下, 可以证明它是有解的.

我们要指出狄利克雷外部问题提法在平面的场合与在空间的场合的差别. 在平面的场合, 我们给了边界上的极限值且只要求当 $r \to \infty$ 时函数趋向于有限的极限. 在三维空间的场合, 我们还给定这一极限值, 即假设它是趋向于零. 我们似乎也还可以假设: 当 $r \to \infty$ 时, 我们的函数趋向于某一已给数 b. 考察差式 $u(M) - b$, 我们就会回到原来所提的问题上去. 不难看出, 在三维空间的场合, 为了要决定狄利克雷外部问题的解, 光是要求 $u(M)$ 在 $r \to \infty$ 时有有限的极限还是不够的. 事实上, 我们把若干电荷安放在导体的表面上, 这样, 在曲面 S 上, 静电的单层势函数为某一常数 c, 并且, 不难证明, $u(M)$ 会给出一个在 S 外的调和函数, 且在 $r \to \infty$ 时, $u(M)$ 趋向于零. 又常数 c 本身也是 S 外的调和函数, 在 S 上也有同样的极限值, 但据我们的定义, 它在无穷远点已经不是正则的了. 对平面的场合, 这一论述是不能移用的, 因为由曲线 l 所确定的静电单层势函数在无限远点化为无限. 还指出, 当且仅当函数 $u(M)$ 在无穷远点正则的时候, 我们常常称它为在曲面 S 外调和的. 这就是说, 某些作者把无穷远点为正则这一要求, 也包括在 "在曲面 S 外调和的函数" 这一定义中.

诺伊曼外部问题是在于求出一个在 S 外调和的函数, 在无穷远正则但在 S

上它的法线导数的极限值是已给的.在现在的情况,法线导数的极限值已不必满足条件(110).在平面的场合,我们所进行过的对于这个条件的证明已经不适用于空间的场合,这是因为半径为 R 的球面的面积的阶次为 R^2,而 $\dfrac{\partial u}{\partial n}$ 沿半径为充分大的球面积分的值,当 $R \rightarrow \infty$ 时不应趋向于零.如果假定诺伊曼外部问题的解有正常法线导数,那么问题的解的唯一性可直接由公式(94)推出.类似的论述我们对诺伊曼内部问题是已进行过了.

在本段最后,我们指出,调和函数的上述的在无穷远点近旁的性质,可以从这个函数在无穷远近旁依球函数的展开式中直接得出.

205. 诺伊曼问题解的唯一性

在本段中我们要给出诺伊曼内部问题解的唯一性的证明,这里并不用到法线导数的正常性.首先考察某种特殊类型的物体,在其中作起调和函数,这个函数是具有以下将指出的一些性质.设 $T(\alpha,k,h)$ 为一物体,它是由曲面

$$Z = k(x^2 + y^2)^{\frac{1+\alpha}{2}} \tag{116}$$

及平面 $Z = h$ 所围成的.于此 k,α 与 h 都是正常数.点 $(0,0,0)$ 称为这物体的顶点,记它为 N_0.物体在平面 $Z = h$ 中的这一部分边界用字母 σ' 来记它,而字母 σ'' 表示物体边界的其余部分.再设 u_0 与 u_1 是两个实常数,且 $u_0 < u_1$.作起函数 $w(M)$,使在物体 $T(\alpha,k,h)$ 内部为调和,直到边界为连续,又在 σ' 上 $w(M) < u_1$,在 σ'' 上 $w(M) \leqslant u_0$,又 $w(N_0) = u_0$.如果 $r = \sqrt{x^2 + y^2 + z^2}$,$\theta$ 为向径与 z 轴的夹角,$P_n(x)$ 为勒让德函数[Ⅲ$_2$;141],那么如所知[Ⅲ$_2$;135],函数 $r^n P_n(\cos \theta)$ 对任意 n 将在物体 $T(\alpha,k,h)$ 内调和.我们作具有形状

$$w(M) = \gamma[r\cos \theta + r^{1+\beta} P_{1+\beta}(\cos \theta)] + u_0 \tag{117}$$

的 $w(M)$,于此 γ 与 β 为正常数,稍后就可决定的.显然,我们有 $w(N_0) = u_0$.首先我们证明,对所有与零充分接近的 β,有

$$P_{1+\beta}(0) < 0 \tag{118}$$

函数 $P_n(x)$ 为超越几何级数之和

$$P_n(x) = F\left(n+1, -n; 1; \frac{1-x}{2}\right) \quad (|x| < 1)$$

由此可以写出

$$P_n(0) = 1 - \frac{(n+1)n}{2} + \sum_{k=2}^{\infty} (-1)^k \frac{(n+k)(n+k-1)\cdots(n-k+1)}{(k!)^2 2^k}$$

或者

$$P_n(0) = -\frac{(n-1)(n+2)}{2} + \sum_{k=2}^{\infty} (-1)^k \left[\prod_{s=1}^{k} \frac{(n+s)(n-s+1)}{2s^2}\right]$$

我们假设 $1 < n < 2$,所以对应于 $s=1$ 及 $s=2$ 的因子是正的,而其余的 $(k-2)$

个因子为负. 对后面这些因子添上乘数 $(-1)^{k-2}$, 我们可以把它们写成形状

$$0 < \frac{(n+s)(s-n-1)}{2s^2} = \frac{s^2 - n^2 - s - n}{2s^2} < \frac{1}{2} \quad (s = 3, 4, \cdots)$$

因此, 如果我们把首先两个因子分出, 就得到不等式

$$\mathrm{P}_n(0) < -\frac{(n-1)(n+2)}{2} + \sum_{k=2}^{\infty} \frac{(n+2)(n+1)n(n-1)}{16} \cdot \frac{1}{2^{k-2}}$$

即

$$\mathrm{P}_n(0) < \frac{(n-1)(n+2)}{2} \left[\frac{(n+1)n}{8} - 1 \right]$$

从此也推出: 如果 $n^2 + n < 8$, 则 $\mathrm{P}_n(0) < 0$. 因而对所有的与零充分接近的正的 β, (118) 已证好. 固定 β, 使它满足这个条件, 并且 $\beta < \alpha$, 于此 α 是取自方程 (116). 我们注意到 $z = r\cos\theta$, 在曲面 (116) 上就得到

$$r\cos\theta + r^{1+\beta}\mathrm{P}_{1+\beta}(\cos\theta) = k\rho^{1+\alpha} + r^{1+\beta}\mathrm{P}_{1+\beta}(\cos\theta)$$

于此 $\rho = \sqrt{x^2 + y^2}$, 而最后, 在曲面 (116) 上

$$r\cos\theta + r^{1+\beta}\mathrm{P}_{1+\beta}(\cos\theta) = r^{1+\beta}\left[kr^{\alpha-\beta}\sin^{1+\alpha}\theta + \mathrm{P}_{1+\beta}(\cos\theta)\right]$$

如果 $r \to 0$, 那么 $\theta \to \frac{\pi}{2}$, 而由于 (118) 及 $\beta < \alpha$, 这时方括弧有负的极限值. 因而, 我们可以固定 h 为一充分小的正数, 能使得在物体 $T(\alpha, k, h)$ 的表面 σ'' 这一部分上成立

$$r\cos\theta + r^{1+\beta}\mathrm{P}_{1+\beta}(\cos\theta) \leqslant 0 \tag{119}$$

最后, 我们选择正数 γ 充分小, 使得公式 (117) 给出在 σ' 上 $w(M) < u_1$. 所做的函数 $w(M)$ 满足上述的一切条件. 在物体 $T(\alpha, k, h)$ 的轴上, 即在 Z 轴上, 我们有

$$w(M) = \gamma(z + z^{1+\beta}) + u_0 \quad (z > 0)$$

如果 M 是这个轴上的变点, 那么

$$\frac{w(M) - w(N_0)}{z} = \gamma + \gamma z^\beta > \gamma \tag{120}$$

现证明定理:

定理 如果 $u(M)$ 是在 D_i 内非常数的调和函数, u_0 为 $u(M)$ 在 D_i 内数值的有限的下确界, 并存在 S 上的点 N_0, 使得当 M 从内部趋向 N_0 时, $u(M) \to u_0$, 那么当 M 沿法线趋向 N_0 时, 比

$$\frac{u(M) - u(N_0)}{|N_0 M|} \tag{121}$$

保持大于某一正数.

我们假设存在物体 $T(\alpha, k, h)$, 它与 S 相切于点 N_0, 而它的所有的点, 除 N_0 外, 均在 S 内部. 数 h 固定得充分小, 使得在所论物体表面的 σ'' 部分上, 处处

成立(119). 设 u_1 是 $u(M)$ 在 $T(\alpha,k,h)$ 的表面上 σ' 部分的最小值. 因为 $u(M)$ 并非常数,所以 $u_0 < u_1$,并且如果选择 γ 充分小,我们就可以作起具有前述性质的 $w(M)$. 并且 $w(N_0) = u(N_0)$,在 $T(\alpha,k,h)$ 的表面的其余部分 $w(N) < u(N)$. 这时,因为 Z 轴的方向指向 S 在点 N_0 的内法线,我们就得到

$$\frac{u(M) - u(N_0)}{|N_0 M|} = \frac{u(M) - u(N_0)}{z} > \frac{w(M) - w(N_0)}{z} > \gamma \qquad (122)$$

这就证明了定理.

从所证定理直接推出诺伊曼问题解依如下意义的唯一性:

如果在 D_i 内调和的函数 $u(M)$ 直到 S 为连续,且在整个曲面上 $\left(\dfrac{\partial u(N)}{\partial n}\right)_i = 0$,那么 $u(M)$ 为常数. 设 N_0 为曲面 S 上使 $u(M)$ 有最小值的点. 从(122)直接推出:当 M 保持在点 N_0 的法线上,$M \to N_0$ 时,沿点 N_0 法线方向的导数不可能趋向于零. 如果是这样的,那么从有限改变量公式,我们就会得出

$$\frac{u(M) - u(N_0)}{z} \to 0$$

这就与(122)相矛盾.

诺伊曼外部问题的唯一性也可以完全同样地进行证明.

上述证明是 M. B. 凯尔迭虚(Келдыш)与 M. A. 拉符伦捷夫(Лаврентьев)的共同著作中所给出的(Доклады Академии Наук СССР,т. XVI;№3,1937).

如果可以从 S 的内部用球来与它相切,那么唯一性定理的证明可以依初等方式进行[C. 沙勒姆巴(Зарема),Успехи математических наук,т. I вып. 3-4].

206. 三维空间边值问题的解法

现考察对于曲面 S 所包围的区域 D_i 的狄利克雷的与诺伊曼的内部问题. 我们将求具双层势函数形状的

$$u(M) = \iint\limits_S \mu(N) \frac{\cos(\boldsymbol{r},\boldsymbol{n})}{r^2} \mathrm{d}S \quad (r = |MN|) \qquad (123)$$

作为狄利克雷内部问题的解,于此 $\boldsymbol{r}$ 是 MN 的方向,$\boldsymbol{n}$ 是在曲面上点 N 的外法线方向. 所求的是密度函数 $\mu(N)$. 根据公式(42)的第一式,具边值

$$u \mid_S = f(N) \qquad (124)$$

的狄利克雷内部问题等价于对密度 $\mu(N)$ 的如下的积分方程

$$f(N_0) = \iint\limits_S \mu(N) \frac{\cos(\boldsymbol{r}_0,\boldsymbol{n})}{r_0^2} \mathrm{d}S + 2\pi\mu(N_0)$$
$$(r_0 = |N_0 N|)$$

引入核

$$K(N_0; N) = -\frac{1}{2\pi} \frac{\cos(\boldsymbol{r}_0,\boldsymbol{n})}{r_0^2}$$

我们就能把最后一方程写作形状

$$\mu(N_0) = \frac{1}{2\pi} f(N_0) + \iint\limits_{S} \mu(N) K(N_0;N) \, dS \qquad (125)$$

核 $K(N_0;N)$ 并不对称,这是因为法线是选为点 N 的,而 r_0 记方向 $\overline{N_0 N}$. 如果采取点 N_0 的法线,r_0 的方向取为从 N 到 N_0,那么我们就得到了伴随的方程转置核[9]. 因而这一转置核 $K_1(N_0;N)$ 是由公式

$$K_1(N_0;N) = K(N;N_0) = \frac{\cos(r_0,n_0)}{r_0^2} \qquad (126)$$

所定义,这里 n_0 是点 N_0 的外法线方向. 因为在 $K_1(N_0;N)$ 中我们应当把 r_0 的方向改为相反的方向,而在(126)中 r_0 仍然记方向 $\overline{N_0 N}$,所以我们把核改变一次符号. 以

$$\left(\frac{\partial u(N)}{\partial n} \right)_i = f(N) \qquad (127)$$

为边值条件的诺伊曼内部问题的解我们要用单层势函数的形式来求它,即令

$$u(M) = \iint\limits_{S} \frac{\mu(N)}{r} \, dS \qquad (128)$$

利用公式(49)的第一式,我们导来了与所提问题相等价的积分方程

$$f(N_0) = \iint\limits_{S} \mu(N) \frac{\cos(r_0,n_0)}{r_0^2} \, dS + 2\pi \mu(N_0)$$

这一方程也可以写作

$$\mu(N_0) = \frac{1}{2\pi} f(N_0) - \iint\limits_{S} \mu(N) K_1(N_0;N) \, dS \qquad (129)$$

完全一样地,利用公式(42)与(49)的第二式,我们得到在边值条件

$$u \mid_S = f(N) \qquad (130)$$

$$\left(\frac{\partial u(N)}{\partial n} \right)_e = f(N) \qquad (130')$$

下的狄利克雷外部问题与诺伊曼外部问题的积分方程

$$\mu(N_0) = -\frac{1}{2\pi} f(N_0) - \iint\limits_{S} \mu(N) \frac{\cos(r_0,n)}{r_0^2} \, dS \qquad (131)$$

$$\mu(N_0) = -\frac{1}{2\pi} f(N_0) + \iint\limits_{S} \mu(N) \frac{\cos(r_0,n_0)}{r_0^2} \, dS \qquad (131')$$

于此,如同以前一样,我们用(123)的形式来求狄利克雷问题的解,用(128)的形式来求诺伊曼问题的解. 写出带参数的方程

$$\mu(N_0) = \varphi(N_0) + \lambda \iint\limits_{S} \mu(N) K(N_0;N) \, dS \qquad (132)$$

$$\mu(N_0) = \varphi(N_0) + \lambda \iint\limits_{S} \mu(N) K_1(N_0;N) \, dS \qquad (133)$$

在 $\lambda=1,\varphi(N_0)=\dfrac{1}{2\pi}f(N_0)$ 时,方程(132)对应于狄利克雷内部问题,当 $\lambda=-1$ 与 $\varphi(N_0)=-\dfrac{1}{2\pi}f(N_0)$ 时,它对应于狄利克雷外部问题. 当 $\lambda=1$ 且 $\varphi(N_0)=-\dfrac{1}{2\pi}f(N_0)$ 时,方程(133)对应诺伊曼外部问题,在 $\lambda=-1$,$\varphi(N_0)=\dfrac{1}{2\pi}f(N_0)$ 时它对应于诺伊曼内部问题.如果 S 是李雅普诺夫曲面,且在条件(3)中 $\alpha=1$,那么根据[192]的结果,我们有对积分方程的核的估计

$$|K(N_0;N)|\leqslant\frac{C}{r} \tag{134}$$

而我们就可以认为,对方程(132)及(133),积分方程理论的基本定理[19]都有效.

207. 积分方程的研究

考察齐次方程

$$\mu(N_0)=\lambda\iint\limits_{S}\mu(N)K(N_0;N)\mathrm{d}S \tag{135}$$

对凸曲面的情形,它的研究可以很简单地进行. 在这时 $\cos(\boldsymbol{r}_0,\boldsymbol{n}_0)\geqslant 0$ 而 $K(N_0;N)\leqslant 0$.设 $\mu(N)$ 是方程(135)的非零解,设 N_0 是使 $|\mu(N)|$ 取到最大值的点. 如果 $\mu(N)$ 不是常数,那么我们得到

$$|\mu(N_0)|<|\lambda||\mu(N_0)|\iint\limits_{S}\frac{\cos(\boldsymbol{r}_0,\boldsymbol{n}_0)}{2\pi r_0^2}\mathrm{d}S$$

或者由于(26)

$$|\mu(N_0)|<|\lambda||\mu(N_0)|\qquad(\mu(N_0)\neq 0)$$

从此 $|\lambda|>1$.如果在公式(135)中我们令 $\mu(N)$ 为非零常数,那么再一次利用公式(26),我们就得到 $\lambda=-1$.

因而我们得到:

如果 S 是凸曲面,那么 $\lambda=1$ 并非方程(135)的特征值,而 $\lambda=-1$ 为秩数为 1 的特征值,对应特征函数 $\mu(N)=$ 常数.因而我们能够断言.对方程(133),$\lambda=1$ 也并非特征值,而 $\lambda=-1$ 是秩数为 1 的特征值.

现在要证,这些结果对任意的 $\alpha=1$ 的李雅普诺夫曲面也成立,在这时我们利用[200]中的结果,它们的基础在于制作平行曲面的可能性.我们现在将从方程(133)出发而考察 $\lambda=1$ 时对应的齐次方程

$$\mu(N_0)=\iint\limits_{S}\mu(N)K_1(N_0;N)\mathrm{d}S \tag{136}$$

设 $\mu_0(N)$ 是这个方程的连续解.我们必须证明 $\mu_0(N)\equiv 0$.以 $\mu_0(N)$ 为密度的单层势函数给出函数 $u_0(M)$,它在 D_i 与 D_e 都调和,在全空间连续,它的法

251

线导数 $\left(\dfrac{\partial u_0(N)}{\partial n}\right)_e$ 在 S 上的极限值等于零. 最后一事实是由于 $\mu_0(N)$ 按条件满足方程(136)而推出的. 公式(94)可以应用到单层势函数 $u_0(N)$, 从此就推出 $u_0(N)$ 在 D_e 中为常数. 单层势函数在无穷远处等于零, 因而在 D_e 中 $u_0 = 0$, 特别在 S 上也有 $u_0 = 0$. 这时在 S 内调和函数 $u_0(M) = 0$, 这就是在全空间 $u_0(M) \equiv 0$. 注意到(54), 我们得到

$$\mu'_0(N) = \frac{1}{4\pi}\left[\left(\frac{\partial u_0(N)}{\partial n}\right)_i - \left(\frac{\partial u_0(N)}{\partial n}\right)_e\right] \equiv 0$$

在 S 上成立, 这就是所要证明的. 因而可以断言 $\lambda = 1$ 并非方程(132)与(133)的特征值. 由于(26), 齐次方程(135)当 $\lambda = -1$ 时有等于常数的解, 这就是 $\lambda = -1$ 为方程(132)及(133)的特征值. 我们现证它的秩数等于1, 这只要证明当 $\lambda = -1$ 时齐次方程(133), 即

$$\mu(N_0) = -\iint\limits_S \mu(N)K_1(N_0\,;N)\mathrm{d}S \tag{137}$$

除一任意常数因子外只有一个特征函数.

设 $\mu_1(N)$ 为方程(137)的特征函数. 以 $\mu_1(N)$ 为密度的单层势函数给出一个在 D_i 内调和的函数 $u_1(M)$, 对于它, $\left(\dfrac{\partial u_1(N)}{\partial n}\right)_i$ 在 S 上的极限值等于零. 如前, 公式(92)指出, $u_1(M)$ 在 D_i 内为常数, 在 S 上也为常数, 因而 $\mu_1(N)$ 给出一个单层势量, 它在 S 内及 S 上保持为常数值. 换言之, $\mu_1(N)$ 是静电密度.

设 $\mu_2(N)$ 是方程(137)的另一非零解. 我们要证明: $\mu_2(N)$ 与 $\mu_1(N)$ 只相差一个常数因子. 作起以 $\mu_3(N) = \mu_1(N) + c\mu_2(N)$ 为密度的单层势函数 u_3, 于此 c 为常数. 如前面一样, 它在 D_i 中和在 S 上将是常数. 可以选择 c 使得 u_3 在 D_i 中及在 S 上的常数值等于零. 单层势函数 u_3 在无穷远也等于零. 从此推得 u_3 在 D_e 中也等于零, 即在全空间 $u_3 \equiv 0$. 从此, 并根据公式(54), 我们就得出结论 $\mu_3(N) = \mu_1(N) + c\mu_2(N) = 0$ 在 S 上成立, 这就是 $\mu_2(N)$ 实际上与 $\mu_1(N)$ 只差一常数因子. 从 $u_3 \equiv 0$ 的证明中, 可直接推出以 $\mu_1(N)$ 与 $\mu_2(N)$ 为密度的单层势函数在 $\overline{D_i}$ 中均不为零. 从此推出决定常数 c 的可解性.

积分

$$\iint\limits_S \mu_1(N)\mathrm{d}S \tag{138}$$

给出均衡地分布在导体表面的电荷的总的电量, 现证它是不等于零的. 如同我们所已经提到, u_1 在 D_i 中保持为常数, 而公式(54)给出

$$\mu_1(N) = -\frac{1}{4\pi}\left(\frac{\partial u_1(N)}{\partial n}\right)_e \tag{139}$$

如果积分(138)等于零, 那么我们就有

$$\iint\limits_{S}\left(\frac{\partial u_1(N)}{\partial n}\right)_e \mathrm{d}S = 0 \qquad (140)$$

对 u_1 应用公式(94). 在 S 上函数 u_1 保持为常数值, 而积分(140)等于零. 从此推出, 当 $u = u_1$ 时公式(94)的两端等于零, 这就是 u_1 在 D_e 等于常数, 而公式(139)表明 $\mu_1(N)$ 在 S 上等于零, 而这就与基本的假设 $\mu_1(N)$ 为齐次方程(137)的不恒等于零的解相矛盾了. 因而积分(138)实在是不等于零. 只要把 $\mu_1(N)$ 乘以常数因子, 我们就可以给积分(138)以任意预先给定的数值.

从所举出的论述中推出, 方程(132)及(133)当 $\lambda = 1$ 时对任何的自由项有确定的解, 而我们因而就得到狄利克雷内部问题与诺伊曼外部问题的解.

现转向于 $\lambda = -1$ 时的方程(133). 它给出作为诺伊曼内部问题的解的势函数的密度. 为使解存在, 其充分且必要条件是积分方程的自由项正交于齐次伴随方程的特征函数, 也就是与常数相正交. 这就引导到条件

$$\iint\limits_{S} f(N)\mathrm{d}S = 0 \qquad (141)$$

其必要性我们从前已见到过. 在所做的假设下, 它也是充分的. 如果这一条件满足, 那么非齐次方程除掉齐次方程(137)的解一项而外, 即除掉成为静电密度的一项而外, 就是完全确定的. 把这一未定的项代入单层势函数中, 就导得常数势函数, 而在解诺伊曼内部问题时常数项并不起实质上的作用.

现考察 $\lambda = -1$ 时的方程(132), 它对应于狄利克雷外部问题. 为使这个方程为可解, 其充要条件是方程的自由项正交于齐次方程(137)的解, 就是说正交于静电密度 $\mu_1(N)$

$$\iint\limits_{S} \mu_1(N) f(N)\mathrm{d}S = 0 \qquad (142)$$

这一补充条件并非由于问题的本质, 而是仅仅因为我们要求具双层势函数形状的狄利克雷外部问题的解所引起的. 从这一种势函数的形状就直接地推出, 它在 $r \to \infty$ 时化为零, 其阶数为 $\frac{1}{r^2}$. 这样的加强的在无穷点化为零的条件在解狄利克雷外部问题不是必需的. 就是这个情况招致了补充条件(142)的出现. 现在证明可以对 $f(N)$ 不加任何补充条件而利用双层势函数与单层势函数的和式来解决狄利克雷外部问题. 事实上, 设 $\mu_1(N)$ 是静电密度, 对于它积分(138)等于 1, 又 $u_1(M)$ 为对应它的单层势函数. 势函数 $u_1(M)$ 在 S 上有等于某一非零常数 k 的极限值. 选取常数 c, 使能成立等式

$$\iint\limits_{S} \mu_1(N)[f(N) - c]\mathrm{d}S = 0$$

这就是, 令

$$c = \iint\limits_{S} \mu_1(N) f(N) \mathrm{d}S$$

根据以前,我们可以组成一双层势函数 $w(M)$,它是以 $f(N) - c$ 为边值的狄利克雷外部问题的解.这时和

$$w(M) + \frac{c}{k} u_1(M)$$

是具所给的边值 $f(N)$ 的狄利克雷外部问题的解.

注 在本段中我们假设:我们要解边值问题的区域是由一个曲面 S 所围成的.如果有界区域 D 的外面是由曲面 S_0 所包围,内面是由曲面 $S_k (k=1, 2,\cdots,m)$ 所围成,结果就要不同了.将对这一区域求狄利克雷问题的成双层势函数形状的解.对密度函数,我们仍然得到 $\lambda = 1$ 时的方程(132),并且 S 为 D 的全边界,即 S 由曲面 S_0 及 $S_k (k=1,2,\cdots,m)$ 构成,并且在 S_k 上法线应当朝向 D 外,这就是朝曲面之内.这样我们就有狄利克雷内部问题.在 $\lambda = 1$ 时的方程(133) 对应诺伊曼外部问题.在这一情形下,它是来求每一曲面 S_k 内部及 S_0 外部的调和函数,并且在这些曲面上它的法线导数值为已给.照例,在无穷远点函数应为正则的.

如果所给的法线导数之值等于零,那么有 $\lambda = 1$ 时的齐次方程,如同我们刚才所见,若是 D 由一个曲面所围成,这一方程只有零解.在现在的情况下就不是这样了.事实上,我们把所有的曲面看作导体表面.在曲面 S_1 上安放单位的正电荷,而曲面 S_0 通地,并设在所有曲面已建立好静电体系.在曲面 $S_l (l = 2,3,\cdots,m)$ 我们有诱导的电荷分布,其总量为零.

设 $\mu_1(N)$ 是在 S 上所得到的静电分布的密度.具有这样的密度的单层势函数显然在每一曲面 S_k 内部为常数,并在 S_0 之外等于零,就是说,这一势函数是具有齐次边值条件的诺伊曼外部问题的解.换言之,$\mu_1(N)$ 满足当 $\lambda = 1$ 时的齐次方程(133).逐次地把单位正电荷放置在曲面 S_k 的每一个的上面,我们就有 $\lambda = 1$ 时的齐次方程(133) 的 m 个线性独立的解 $\mu_k(N)$.可以证明,这些函数 $\mu_k(N)$ 构成所提到的齐次方程的线性无关解的完全系.这样我们就看到 $\lambda = 1$ 是方程(132) 与(133) 的特征值.为使方程(132) 可以解,其充要条件为 $f(N)$ 满足 m 个条件

$$\iint\limits_{S} f(N) \mu_k(N) \mathrm{d}S = 0$$

如果至少其中的一个条件不满足,狄利克雷内部问题就不能用双层势函数来解出.可以证明,它可以作为双层势函数与单层势函数之和而解出,正像我们对狄利克雷外部问题所做的一样.在边界由好几块曲面组成的情况下,势函数理论的详细研究可见 H. M. 根特尔(Гюнтер) 的书《势函数论及其在数学物理的基本问题上的应用》("La théorie du potentiel et ses applications aux problèmes fondamentaux de la physique mathématique",Paris,1934).

我们以前在未知调和函数直到 S 为连续的条件下已证过诺伊曼问题解的唯一性.从以上所做的讨论推出,诺伊曼问题的唯一的解可以表示为单层势函数.

208. 关于解边值问题的结果的综述

我们现在要表述以上所得到的关于狄利克雷与诺伊曼问题的解法的结果,并举出关于这一问题的一些新的结果.对任一在 S 上的连续的函数 $f(N)$,方程(125)决定了连续的密度 $\mu(N)$,它能使得双层势函数(123)给出具边值条件(124)的狄利克雷问题的解.完全类似的方程(131′)给出连续的密度 $\mu(N)$,使得单层势函数(128)解决了具边值条件(130′)的诺伊曼外部问题.如果 $f(N)$ 满足条件(141),那么方程(129)决定密度 $\mu(N)$,使得单层势函数为诺伊曼内部问题的解.

现作出关于诺伊曼问题解法的一个重要的注解.在方程(129)与(131′)中,右边的积分项满足李普希茨条件[197].如果函数 $f(N)$ 也满足这样的条件,那么从所述的条件推出,$\mu(N)$ 也满足这样的条件.但从[198]可推出,这时所对应的单层势函数,即诺伊曼问题的解非但本身直到 S 为连续,而且有直到 S 为连续的第一阶偏导数.

现在回到诺伊曼内部问题可解性条件(141).在解 $u(M)$ 有正常法线导数这一假设下,我们得到了它.因而 $u(M)$ 应当直到 S 为连续[200].现证明,单由 $u(M)$ 直到 S 的连续性就可推出必要条件(141).设 $f(N)$ 不满足这一条件,但直到 S 为连续的诺伊曼问题的解 $u(M)$ 却存在,我们把它引向矛盾.

据假设,我们有

$$\iint_{S} f(N)\mathrm{d}S \neq 0$$

就可以选择这样的非零的常数 C,使得

$$\iint_{S} [f(N)-C]\mathrm{d}S = 0$$

由于以上所说,我们可以作起具边值条件

$$\left(\frac{\partial u_1(N)}{\partial n}\right)_i = f(N)-C$$

的诺伊曼内部问题的解 $u_1(M)$,它是具有连续密度的单层势函数的形状,并且 $u_1(M)$ 直到 S 为连续.差式 $u_2(M)=u(M)-u_1(M)$ 也直到 S 连续且满足边值条件

$$\left(\frac{\partial u_2(N)}{\partial n}\right)_i = C$$

如果有必要,我们改变 $u_2(M)$ 的符号,使 $C>0$.函数 $u_2(M)$ 在 S 上某一点 N_0

达到自己的最小值,但这就与以下的事实相矛盾:当 M 依法线趋向 N_0 时,$\dfrac{\partial u(M)}{\partial n}$ 趋向于正数 C. 因而诺伊曼内部问题可解性条件(141)可直接地从所要求的解直到 S 的连续性推出.

以上我们指出诺伊曼问题的解的导数逼近于 S 时的性质. 对狄利克雷问题的解的类似的研究是比较困难的,这是由于解被表示为双层势函数的形状. 双层势函数的研究是在前已提到的 A. M. 李雅普诺夫的著作《论狄利克雷问题的诺伊曼基本原理》(1902)中所完成的.

我们来列举 A. M. 李雅普诺夫所得到的关于双层势函数及狄义赫列问题解的结果.

1. 具连续密度的双层势函数在曲面 S 上点的数值 $w(N)$ 是满足以任意的小于 1 的正数为指标的李普希茨条件的函数.

2. 如果具连续密度的双层势函数从曲面 S 的一侧来看有正常法线导数,那么从曲面的另一侧来看也有正常的法线导数,而且对 S 的每一点,这两个法线导数是相同的.

3. 要使在 S 上具有连续边值函数 $f(N)$ 的狄利克雷的内部或外部问题的解在 S 上有正常法线导数,其充要条件为以 $\mu(N)$ 为密度的双层势函数在 S 上有正常法线导数. 这一定理是在条件(3)中的 α 等于 1 时得到证明的.

4. 设 $F(x,y,z)$ 为单值,连续,具义头两阶导数,定义在曲面 S 的某一邻域上的函数. 并设 $f(N)$ 为 $F(x,y,z)$ 在 S 上的值. $u(M)$ 为在 D_i 或 D_e 内的调和函数,它在 S 上取值 $f(N)$. 这时 $u(M)$ 沿任一固定方向的导数直到 S 上为连续. 这个定理的证明未假设 $\alpha = 1$.

A. M. 李雅普诺夫也建立起双层势函数有正常法线导数的条件. 现在举出它. 设 N_0 为 S 上的某一点,我们把它取为在点 N_0 的 S 的切平面的极坐标原点. 在邻近于点 N_0 的点 N,密度 $\mu(N)$ 的数值可以视为点 N 在切平面上投影的 ρ 与 θ 的函数. 记

$$\bar{\mu}(\rho) = \frac{1}{2\pi}\int_0^{2\pi} \mu(\rho,\theta)\,\mathrm{d}\theta$$

上面所提到的条件归结为下面所述. 存在两个正数 b 与 β,使得对任意选择的点 N_0 成立不等式

$$|\,\bar{\mu}(\rho) - \mu(N_0)\,| \leqslant b\rho^{\beta+1}$$

这一定理是李雅普诺夫在假设 $\alpha = 1$ 下证明的.

在质体势函数,单层势函数与双层势函数的理论中及有关狄利克雷问题解的研究的进一步结果可以在以上所提到的 H. M. 根特尔的书中与 Х. Л. 斯穆棱茨基(Смолицкий)的著作《导来基本函数的估值》("Оценки производных Фундаментальных Функций"Доклады Академии Наук СССР,т. XXIV,№ 2,

1950）中找到.

举出后一著作中关于狄利克雷问题解的结果.

设 $z=z(x,y)$ 为曲面 S 在点 N_0 的近旁的显式方程，它在 $x^2+y^2 \leqslant \dfrac{d^2}{4}$ 时成立[192]. 如果 $z(x,y)$ 有到 l 阶的连续导数，而所有这些导数的绝对值不超过某一常数 B，这常数 B 对曲面 S 的所有点 N_0 均为同一的，那么我们说曲面属于类 S_l.

在 S 上所给定的每个函数 $f(N)$，在点 N_0 的近旁可表示为局部坐标的函数 $f(x,y)$. 将用 $D^k f(x,y)$ 来记函数 $f(x,y)$ 某一 k 阶导数，如果成立不等式

$$| D^k f(x,y) | \leqslant A \tag{143}$$

$$| [D^k f(x,y)]_{(x_2,y_2)} - [D^k f(x,y)]_{(x_1,y_1)} | \leqslant B(\sqrt{(x_2-x_1)^2+(y_2-y_1)^2})^{\beta}$$
$$(k=0,1,\cdots,l)$$

于此 $x_i^2+y_i^2 \leqslant \dfrac{d^2}{4}(i=1,2)$，$A,B$ 与 β 是与 N_0 选择无关的常数，那么我们就说，$f(N)$ 属于类 Lip $\beta(l,\beta)$. 设函数 $f_1(M)=f_1(x,y,z)$ 在闭区域 $\overline{D_i}$ 上定义，在 D_i 内部有到 l 阶的导数，直到 S 为连续，且这些导数满足类似于（143）的关系，在其中 D^k 记关于 (x,y,z) 的某一 k 阶导数，并引入点 (x_2,y_2,z_2) 到点 (x_1,y_1,z_1) 的距离代替 $\sqrt{(x_2-x_1)^2+(y_2-y_1)^2}$. 这时我们说 $f_1(M)$ 属于类 Lip $\beta(l,\beta)$. 在所提到的 X. Л. 斯穆棱茨基的著作中证明了定理：设在 S 上所给的 $f(N)$ 属于类 Lip $\beta(l,\beta)$ 而曲面 S 属于类 S_{l+5}，那么以 $f(N)$ 为边值的狄利克雷内部问题的解 $u(M)$ 属于类 Lip $\beta(l,CB)$，于此 C 为与 $f(N)$ 的选择无关的常数.

209. 平面上的边值问题

在平面上的狄利克雷问题与诺伊曼问题也可以完全与[206]中一样地来考察. 我们用双层势函数的形式

$$u(M) = \int_l \mu(N) \frac{\cos(\boldsymbol{r},\boldsymbol{n})}{r} dS \tag{144}$$

来求狄利克雷问题的解，而以单层势函数的形式

$$u(M) = \int_l \mu(N) \ln \frac{1}{r} ds \tag{145}$$

来求诺伊曼问题的解. 可以得出对密度的积分方程

$$\mu(N_0) = \varphi(N_0) + \lambda \int_l \mu(N) K(N_0;N) ds \tag{146}$$

$$\mu(N_0) = \varphi(N_0) + \lambda \int_l \mu(N) K_1(N_0;N) ds \tag{147}$$

于此

$$K(N_0;N) = -\frac{\cos(\boldsymbol{r}_0,\boldsymbol{n})}{\pi r_0}$$

$$K_1(N_0;N) = \frac{\cos(\boldsymbol{r}_0,\boldsymbol{n}_0)}{r_0} \quad (r_0 = |\ N_0 N\ |)$$

在 $\lambda = 1$ 和 $\varphi(N_0) = \frac{1}{\pi}f(N_0)$ 时方程(146)对应狄利克雷内部问题,当 $\lambda = -1$

和 $\varphi(N_0) = -\frac{1}{\pi}f(N_0)$ 时它对应狄利克雷外部问题. 当 $\lambda = 1$ 和 $\varphi(N_0) =$

$-\frac{1}{\pi}f(N_0)$ 时,方程(147)对应诺伊曼外部问题,而 $\lambda = -1$ 和 $\varphi(N_0) =$

$\frac{1}{\pi}f(N_0)$ 时它对应诺伊曼内部问题. 在一切情形下,$f(N_0)$ 是出现在边值条件

中的函数.

方程(146)可以写成形状

$$\mu(s_0) = \varphi(s_0) + \lambda \int_0^{l_0} \mu(s)K(s_0;s)\mathrm{d}s$$

于此 s 及 s_0 为回道 l 的弧 LN 及 LN_0 的长度,它们是从某一定点 L 开始按一定

方向来度量的,而 l_0 为回道 l 的长. 也可类似地写方程(147). 在[199]中对回道

l 所做的假设下,核 $K(s_0;s)$ 与 $K_1(s_0;s)$ 为连续核.

如同在[207]一样,$\lambda = 1$ 并非特征值,而 $\lambda = -1$ 是秩数为 1 的特征值. 这

时,方程(146)的特征函数为任意常数而方程(147)的特征函数为静电密度

$\mu_0(N)$,对于它,单层势函数(145)在 l 上及 l 内等于常数.

把 $\lambda = 1$ 和 $\varphi(N_0) = \frac{1}{\pi}f(N_0)$ 时的方程(146)的解代入公式(144),我们得

到狄利克雷内部问题的解. 把 $\lambda = 1$ 时的方程(147)的解代入公式(145),一般说

来并不得出诺伊曼外部问题的解. 这是因为当 $r \to \infty$ 时 $\ln\frac{1}{r}$ 趋向于无限. 如果

$f(N)$ 满足条件

$$\int_0^l f(N)\mathrm{d}s = 0$$

那么把 $\lambda = -1$ 时(147)的解代入公式(145)就给出诺伊曼内部问题的解.

转到狄利克雷外部问题. 如果 $f(N)$ 满足条件

$$\int_l \mu_0(N)f(N)\mathrm{d}s = 0$$

那么把 $\lambda = -1$ 时的方程(146)的解代入(144)就给出问题的解.

如果这个条件不满足,那么选取一个常数 a,使成立[见 207]

$$\int_l \mu_0(N)[f(N)-a]\mathrm{d}s = 0$$

且如前,依公式(144)得到以 $f(N)-a$ 为边值条件的问题的解 $w(M)$,而和

$w(M)+a$ 就是以 $f(N)$ 为边值条件的问题的解. 添加一常数的原因是在于:公

式(144)给出在无穷远为零的调和函数,而在平面的情形,外部问题的解并不要求在无穷远处化为零.

210. 球函数的积分方程

对以原点为中心、以 1 为半径的球 Σ 的情形来考察齐次方程(133). 在这一情形下,方向 $\boldsymbol{n}_0$ 为向径 $\overline{ON_0}$ 的方向,而 $\cos(\boldsymbol{r}_0,\boldsymbol{n}_0) = -\dfrac{r_0}{2}$,这就是说齐次方程(133)有形状

$$\mu(N_0) = -\frac{\lambda}{4\pi}\iint\limits_{\Sigma}\frac{\mu(N)}{r_0}\mathrm{d}S \tag{148}$$

我们如果从(132)出发,也会得着这同一方程. 在右边的积分是以 $\dfrac{-\lambda\mu(N)}{4\pi} = \dfrac{-\lambda\mu(\theta,\varphi)}{4\pi}$ 为密度的球壳在点 $N_0(\theta_0,\varphi_0)$ 的势函数.

首先考察在球内部的点 $M(\rho,\theta',\varphi')$ 的势函数. 用 r 来记距离 $|MN|$,以 ρ 来记 $|OM|$,就有展开式 $[\text{Ⅲ}_2;132]$

$$\frac{1}{r} = \sum_{k=0}^{\infty}P_k(\cos\gamma)\rho^k \quad (\rho<1) \tag{149}$$

于此 $\mathrm{P}_k(x)$ 是勒让德多项式,γ 是向径 $\overline{OM}$ 与 $\overline{ON}$ 所组成的角. 把某一 n 阶的球函数取为 $\mu(\theta,\varphi)$

$$\mu(\theta,\varphi) = Y_n(\theta,\varphi)$$

利用以上在 $\rho<1$ 为一致收敛的展开式,我们得出

$$\iint\limits_{\Sigma}Y_n(\theta,\varphi)\frac{1}{r}\mathrm{d}\sigma = \frac{4\pi}{2n+1}Y_n(\theta',\varphi')\rho^n$$

这是直接地可由如下的公式 $[\text{Ⅲ}_2;133]$

$$\iint\limits_{\Sigma}Y_n(\theta,\varphi)\mathrm{P}_m(\cos\gamma)\mathrm{d}S = 0 \quad (m\neq n \text{ 时})$$

$$\iint\limits_{\Sigma}Y_n(\theta,\varphi)\mathrm{P}_n(\cos\gamma)\mathrm{d}S = \frac{4\pi}{2n+1}Y_n(\theta',\varphi')$$

推出. 当 M 重合于在球面上的点 N_0 时,我们将有

$$\iint\limits_{\Sigma}Y_n(\theta,\varphi)\frac{1}{r_0}\mathrm{d}\sigma = \frac{4\pi}{2n+1}Y_n(\theta_0,\varphi_0)$$

从此可见,$\lambda_n = -(2n+1)$ 为方程(148)的特征值,并且每个这样的特征值对应 $(2n+1)$ 个特征函数,即 n 阶的球函数. 第一个特征值 $\lambda_0 = -1$,对应于等于常数的特征函数(球的静电密度).

现证方程(148)不能再有其他的特征值,并且对应每个特征值 λ_n 已不具有除上述球函数而外的其他的特征函数. 设 λ' 为(148)的某一与以上所指出的数不同的特征值,而 $\mu'(N)$ 为对应的特征函数. 方程(148)的核关于 N 及 N_0 为对

称的函数,又因 $\mu'(N)$ 与所有球函数应为正交,特别是与 $\mathrm{P}_k(\cos\gamma)$ 正交,即

$$\iint\limits_{\Sigma}\mu'(\theta,\varphi)\mathrm{P}_k(\cos\gamma)\mathrm{d}\sigma=0$$

并且,从展开式(149)推出,以 $\mu'(N)$ 为密度的球壳的势量在球内处处等于零,因而在球面上也处处等于零.但这时积分方程(148)指出,$\mu'(N)$ 在整个球上恒等于零,这对于特征函数是不能成立的.现考察特征值 λ_n.如果它对应某一不为 n 阶球函数的特征数,那么我们就可认为,这一特征函数与所有球函数正交,而重复如上的论述,我们就可以确信,在整个球面上这一函数应当恒等于零.

因而,球函数乃是积分方程(148)的特征函数的完全系.

211. 辐射着的物体的热平衡

考察拉普拉斯方程的第三问题.

在热流为稳定的状态下,物体内的温度 $u(M)$ 应当满足拉普拉斯方程,而在边界 S 上应满足条件

$$\frac{\partial u}{\partial n}+h(u-u_0)=0$$

于此 h 是外导热系数,而 u_0 为物体外介质与物体相密接处的温度.这两个量我们都可以视为在球面 S 上点的函数,而因此,我们转向于求在 S 内部的调和函数,而在这曲面的表面上满足形状为

$$\frac{\partial u(N)}{\partial n}+p(N)u(N)=f(N) \tag{150}$$

的条件,于此 $p(N)$ 与 $f(N)$ 为在 S 上的函数,且 $p(N)>0$.我们将用单层势函数的形式来解这边值问题.边值条件(150)引导到如下的对密度的积分方程

$$\iint\limits_{S}\mu(N)\frac{\cos(\boldsymbol{r}_0,\boldsymbol{n}_0)}{r_0^2}\mathrm{d}S+2\pi\mu(N_0)+p(N_0)\iint\limits_{S}\mu(N)\frac{1}{r_0}\mathrm{d}S=f(N_0)$$

或

$$\mu(N_0)=\frac{1}{2\pi}f(N_0)-\iint\limits_{S}\mu(N)\left[\frac{p(N_0)}{2\pi r_0}+\frac{\cos(\boldsymbol{r}_0,\boldsymbol{n}_0)}{2\pi r_0^2}\right]\mathrm{d}S$$

现证在上面所做的假设下,齐次方程不能有非零解.事实上,我们已在上面见到[202],当 $p(N)>0$ 时可表示为单层势函数的调和函数,也就是具有正常法线导数而满足齐次边值条件

$$\frac{\partial u(N)}{\partial n}+p(N)u(N)=0 \tag{151}$$

的调和函数在 S 内恒等于零.现设齐次方程有解 $\mu(N)$.以 $\mu(N)$ 为密度的单层势函数满足齐次条件(151),因而在 S 内部等于零.因为它在无穷远点也等于零,如前,我们从此就得出结论 $\mu(N)\equiv0$,即齐次方程实际上无解,因而非齐次方程对任意的自由项 $f(N_0)$ 有解.现设曲面 S 为单位球 Σ,而函数 $p(N)$ 为正常

数 h. 在这种情形下,由于 $r_0 = -2\cos(\boldsymbol{r}_0,\boldsymbol{n}_0)$,我们得到积分方程

$$\mu(N_0) = \frac{1-2h}{4\pi}\iint\limits_{\Sigma}\mu(N)\frac{1}{r_0}\mathrm{d}\sigma + \frac{1}{2\pi}f(N_0) \tag{152}$$

我们在前段中已经研究过它. 如果取 h 为参数,那么这个方程的特征值由方程 $1-2h = 2n+1$ 所决定,这就是特征值为 $h = 0,-1,-2,\cdots$,而它所对应的函数 将为球函数. 我们可以完全类似地来考察平面情形的第三边值问题.

212. 施瓦兹方法

再指出一种解狄利克雷问题的方法. 设我们 已能对区域 B_1 与 B_2 及任意的连续边值解出狄利 克雷问题,并且这两个区域有公共区域 D,如同 图 12 所示. 施瓦兹方法给出对区域 B_1 与 B_2 的联 合的区域 $B = B_1 + B_2$ 解狄利克雷问题的可能性.

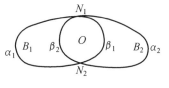

图 12

我们在平面的情形进行论述,但对三维空间的情形,它仍然是同样的. 区域 B_1 与 B_2 的回道由于它们的交点而划分为若干部分,对 B_1 分为 α_1 与 β_1 两部分,对 B_2 分为 α_2 与 β_2 两部分. 设在区域 B 的回道 $l = \alpha_1 + \alpha_2$ 已给连续函数 $\omega(N)$. 施 瓦兹方法的计算是按以下方式进行的. 把在 α_1 上给定的函数 $\omega(N)$ 保持连续性 地依任何方法延拓到 β_1. 设这样地所得的在 β_1 上的函数为 $\omega_1(N)$. 我们解对 B_1 的狄利克雷问题,作起在 B_1 中的调和函数 $u_1(M)$,其边值如下

$$u_1(N) = \begin{cases} \omega(N) & \text{(在 } \alpha_1 \text{ 上)} \\ \omega_1(N) & \text{(在 } \beta_1 \text{ 上)} \end{cases}$$

把这一函数在 β_2 的数值连同 $\omega(N)$ 在 α_2 上的数值取为新的在 B_2 中为调和的函 数 $v_1(M)$ 的边值,即

$$v_1(N) = \begin{cases} \omega(N) & \text{(在 } \alpha_2 \text{ 上)} \\ u_1(N) & \text{(在 } \beta_2 \text{ 上)} \end{cases}$$

现在 B_1 中作调和函数,其边值为

$$u_2(N) = \begin{cases} \omega(N) & \text{(在 } \alpha_1 \text{ 上)} \\ v_1(N) & \text{(在 } \beta_1 \text{ 上)} \end{cases}$$

再作在 B_2 中的调和函数 $v_2(M)$,其边值为

$$v_2(N) = \begin{cases} \omega(N) & \text{(在 } \alpha_2 \text{ 上)} \\ u_2(N) & \text{(在 } \beta_2 \text{ 上)} \end{cases}$$

等等. 而一般地有

$$u_n(M) \text{ 在 } B_1 \text{ 调和,且 } u_n(N) = \begin{cases} \omega(N) & \text{(在 } \alpha_1 \text{ 上)} \\ v_{n-1}(N) & \text{(在 } \beta_1 \text{ 上)} \end{cases}$$

$$v_n(M) \text{ 在 } B_2 \text{ 调和,且 } v_n(N) = \begin{cases} \omega(N) & \text{(在 } \alpha_2 \text{ 上)} \\ u_n(N) & \text{(在 } \beta_2 \text{ 上)} \end{cases}$$

现证极限 $\lim u_n(M)$ 在 B_1 中存在, $\lim v_n(M)$ 在 B_2 中存在, 而在区域 B_1 与 B_2 的公共部分这些极限相重合. 为此, 我们要利用一个即将叙述的引理. 首先让我们提到关于区域的回道所做的假设. 我们假设, 区域 B_1 与 B_2 的回道是由有限段具连续变化切线的曲线弧所组成. 因而在回道上可能有有限个角点. 此外, 我们假设在交点 N_1 与 N_2 (图 12) 这两个回道都有切线, 而在 N_1 与 N_2 的切线组成不等于零的交角. 现在表述:

引理 如果区域 B_1 与 B_2 的回道满足所示的条件, 又 $w(M)$ 为在 B_1 中的调和函数, 在闭区域中连续, 又在 α_1 上取的值为零, 而在 β_1 上满足条件 $|w(M)| \leqslant A$, 那么存在只与区域 B_1 与 B_2 有关而与 $w(M)$ 的选择无关正常数 $q < 1$, 使得在 β_2 上 $|w(M)| \leqslant qA$.

如果我们从 B_2 出发来估计在 β_1 上的 $w(M)$, 类似的断言也正确. 这时我们可以假设, q 对于两个区域是同一的. 我们把引理的证明搁置到下一段去, 而先来应用它来证明施瓦兹的步骤的收敛性.

根据作法

$$u_{n+1}(N) - u_n(N) = \begin{cases} 0 & (\text{在 } \alpha_1 \text{ 上}) \\ v_n(N) - v_{n-1}(N) & (\text{在 } \beta_1 \text{ 上}) \end{cases}$$

$$v_n(N) - v_{n-1}(N) = \begin{cases} 0 & (\text{在 } \alpha_2 \text{ 上}) \\ u_n(N) - u_{n-1}(N) & (\text{在 } \beta_2 \text{ 上}) \end{cases} \tag{153}$$

我们引入如下的记号

$$M_n = \max_{N \in \beta_1} |u_{n+1}(N) - u_n(N)| = \max_{N \in \beta_1} |v_n(N) - v_{n-1}(N)|$$

$$M'_n = \max_{N \in \beta_2} |v_{n+1}(N) - v_n(N)| = \max_{N \in \beta_2} |u_{n+1}(N) - u_n(N)|$$

注意到边值条件 (153) 及引理, 我们就得 $M'_n \leqslant qM_n$ 及 $M_n \leqslant qM'_{n-1}$. 从此推出: $M_n \leqslant q^2 M_{n-1}\ (n = 2, 3, \cdots)$, 此即 $M_n \leqslant q^{2(n-1)} M_1$.

作起级数

$$u_1(M) + \sum_{n=1}^{\infty} [u_{n+1}(M) - u_n(M)] \tag{154}$$

从第二项起, 它的每项在 α_1 等于零, 且在 β_1 上有估计 $|u_{n+1}(N) - u_n(N)| \leqslant q^{2(n-1)} M_1$. 因而所写出的级数在 B_1 的回道上绝对且一致收敛, 因而在整个闭区域也如此. 它的和 $u(M)$ 在闭区域 $\overline{B}_1$ 为连续, 在 B_1 内部为调和. 级数 (154) 的前 n 项之和为 $u_n(M)$, 因而我们可以断言 $u_n(M) \to u(M)$ 在闭区域中一致地成立. 同样可以证明 $v_n(M) \to v(M)$ 在闭区域 $\overline{B}_2$ 一致地成立, 于此 $v(M)$ 在闭区域 $\overline{B}_2$ 连续, 且在 B_2 调和. 根据 (152)

$$u_n(N) = v_{n-1}(N) \quad (\text{在 } \beta_1 \text{ 上})$$

$$v_n(N) = u_n(N) \quad (\text{在 } \beta_2 \text{ 上})$$

过渡到极限,我们见到 $u(N)$ 与 $v(N)$ 在 β_1 上与 β_2 上相重合. 从此推出,它在区域 B_1 与 B_2 的公共部分 D 上也处处重合. 因而在 $B=B_1+B_2$ 之内的函数 $u(M)$ 与 $v(M)$ 给出唯一的调和函数. 由于(152),这一调和函数在回道 $l=\alpha_1+\alpha_2$ 上有已给的边值 $\omega(N)$,因而,施瓦兹方法实际上解决了上面所提出的问题.

213. 引理的证明

作起沿弧 β_1 具单位密度而分布的双层势函数

$$F(M)=-\int_{\beta_1}\frac{\partial\ln\frac{1}{r}}{\partial n}\mathrm{d}s \tag{155}$$

这就是从点 M 来看弧 β 的视角,于此我们假设 M 属于 B_1. 在 B_1 内为调和的函数(155)在弧 α_1,β_1 的内点取连续的极限值(图13).

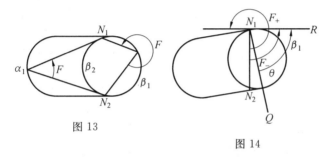

图13

图14

当回道上的点 N 从弧 α_1 的一侧及从弧 β_1 的一侧接近于点 N_1 时,我们就有所提到的函数 $F(N)$ 的不同的极限值,我们记为 $F_-(N_1)$ 与 $F_+(N_1)$.

这些极限值是割线 $\overline{N_1N_2}$ 与区域 B_1 的回道在点 N_1 的切线方向的交角(图14),并且我们有

$$F_+(N_1)-F_-(N_1)=\pi \tag{156}$$

如果我们把点 M 沿任一射线 N_1Q 趋向于 N_1,N_1Q 与图中所示的在点 N_1 的切线方向交角为 θ,那么不难从图中见到,函数(155)将有极限 $F_+(N_1)-\theta$,根据(156),可以把它写为形状

$$F_+(N_1)-\theta=\frac{\theta}{\pi}F_-(N_1)+\left(1-\frac{\theta}{\pi}\right)F_+(N_1) \tag{157}$$

当 M 的任意的方式趋向于 N_1 时,函数(155)可以有不同的极限值,但它们应当包含在 $F_-(N_1)$ 与 $F_+(N_1)$ 之间,而函数(155)在 N_1 近旁为有界. 在点 N_2 也可以得到完全相类似的结果.

我们现在来定义在回道 $l=\alpha_1+\beta_1$ 上的函数 $f(N)$,它在 α_1 内部等于零,在 β_1 内部等于 π. 如前,用 $F(N)$ 来表示函数(155)的极限值,在 α_1 与 β_1 内部我们还作起函数 $f_1(N)=F(N)-f(N)$. 不难看出,它将在整个回道 $l=\alpha_1+\beta_1$ 上

包括 N_1 与 N_2 在内为连续,因为减数与被减数在这两点有同样的跃度.这个函数的数值,例如在 N_1 会等于 $F_-(N_1)$.设 $F_1(M)$ 为在 B_1 内调和的函数,在其回道上有边值 $f_1(N)$.作起调和函数

$$G(M) = \frac{1}{\pi}[F(M) - F_1(M)] \tag{158}$$

它在 α_1 内部的边值为零,在 β_1 内部的边值为 1.此外,由于上述的关于 $F(M)$ 的性质,当 M 趋向于 N_1 或 N_2 时,$G(M)$ 的极限值必须属于区间 $[0,1]$.由于极大极小值原理,函数(158)在所有内点的值也在这个区间内部,即如果 M 在 B_1 之内 $0 < G(M) < 1$.我们设 θ_1 与 θ_2 是曲线 β_2 在点 N_1 与 N_2 的切线与区域 B_1 回道在这些点的切线的交角.当 M 沿着 β_2 趋向 N_1 时,函数 $F(M)$ 由于(157)有极限 $[F_+(N_1) - \theta_1]$,而具连续边值 $f_1(N)$ 的函数 $F_1(M)$ 将有极限 $f_1(N_1) = F_-(N_1)$,因而由于(156),函数(158)会有极限 $1 - \dfrac{\theta_1}{\pi}$.同样地,在点 N_2 函数(158)会有极限 $1 - \dfrac{\theta_2}{\pi}$.这两个极限皆小于 1,而在区域内部我们有 $0 < G(M) < 1$.从此直接推出,存在这样的正数 $q < 1$,使在 β_2 上 $G(M) \leqslant q$.

在这些辅助的作法之后,我们回到引理中所提到的函数 $w(M)$.用 $w(M)/A$ 来代替这个函数,我们就可假定在引理中所具有的 A 等于 1,即在闭区域 $\overline{B_1}$ 上连续的调和函数在 α_1 上有等于零的极限值,在 β_1 上 $|w(N)| \leqslant 1$.在点 N_1 及 N_2,极限值 $w(M)$ 显然等于零.作起调和函数 $H(M) = G(M) - w(M)$.它的极限值在 α_1 内部等于零而在 β_1 内部为非负的,这是因为在 β_1 内部 $G(N) = 1$ 而 $|w(N)| \leqslant 1$.当 M 趋近于 N_1 及 N_2 时,$H(M)$ 的极限值应当属于区间 $[0,1]$.从此直接可以推出,在闭区域 $\overline{B_1}$ 上 $H(M) \geqslant 0$,即 $w(M) \leqslant G(M)$,并因此在 β_2 上我们有 $w(M) \leqslant G(M) \leqslant q$.完全同样地,在 $\overline{B_1}$ 上 $G(M) + w(M) \geqslant 0$,而从此推出在 β_2 上 $-w(M) \leqslant G(M) \leqslant q$.两个所得的不等式给出 $|w(M)| \leqslant q$,这就是所要证的引理.这一证明可以在三维空间中照样地进行[1].

214. 施瓦兹方法(续)

我们考察施瓦兹方法的运用是在区域 B_1 与 B_2 的相互位置具最简单情形.这些区域的边界可以有多于两个的交点(图 15),可以有公共的部分(图 16).也可能发生 B_1 与 B_2 单连通而它们的和为多连通(图 17).在图 15 中区域 $B = B_1 + B_2$ 的回道是 $CDEFGHIKC$.在图 16 中折线 CDE 是回道的公共部分,在图 17 中阴影的区域是区域 B_1 与 B_2 的公共部分.在所有的情形下,施瓦兹方法中逐次逼近的作法是几乎与以前完全相同.对计算的方法作若干的改变,在对

---

[1] 柯朗与希尔伯特,数学物理方法,卷 2.

区域 B_1 与 B_2 会解狄利克雷问题的假定下,我们能得到的不是对 B_1 与 B_2 之和的解,而是对区域 B_1 与 B_2 的公共部分的解. 在图 12 的情形,这就是由回道 β_1 与 β_2 所包围的区域. 在这回道上,我们给定边值 $\omega(N)$.

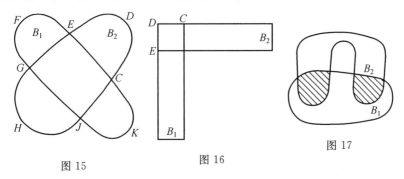

图 15 图 16 图 17

我们将用两调和函数之和的形式

$$w(M) = u(M) + v(M) \tag{159}$$

来求具这个极值的调和函数,于此 $u(M)$ 在 B_1 为调和,$v(M)$ 在 B_2 为调和. 把未知函数分为这样的两项,显然并不是唯一的,但这对进一步的作法并不重要. 把依任何方式给定在 β_1 上的函数 $\omega(N)$ 延拓到弧 α_1 上,使能得到连续函数,并以 $\varphi_1(N)$ 来记它.

作起对 $u(M)$ 与 $v(M)$ 的逐次逼近,其第一步是对以下的边值条件狄利克雷问题的解

$$u_1(N) = \begin{cases} \varphi_1(N) & (在 \alpha_1 上) \\ \omega(N) & (在 \beta_1 上) \end{cases}$$

$$v_1(N) = \begin{cases} 0 & (在 \alpha_2 上) \\ \omega(N) - u_1(N) & (在 \beta_2 上) \end{cases}$$

这时我们还注意到差式 $\omega(N) - u_1(N)$ 在点 N_1 与 N_2 等于零. 为了作出以后的逼近,我们令

$$u_{n+1}(N) = \begin{cases} \varphi_1(N) & (在 \alpha_1 上) \\ \omega(N) - v_n(N) & (在 \beta_1 上) \end{cases}$$

$$v_{n+1}(N) = \begin{cases} 0 & (在 \alpha_2 上) \\ \omega(N) - u_{n+1}(N) & (在 \beta_2 上) \end{cases}$$

这一过程将为收敛,而和(159)将给出问题的解.

所示方法的详细叙述可见 Л. В. 康托罗维奇(Канторович)与 В. И. 克雷洛夫(Крылов)的书《高等分析中的近似计算》("Приближенные методы высшего анализа"),在其中不仅对拉普拉斯方程,而且对其他的椭圆型方程也可以应用这个方法. 这方法对三维的情形也适用.

还指出另一能够应用施瓦兹方法的情况. 现在我们讨论狄利克雷外部问题, 因此, 我们将不考察平面的情况而考察三维空间的情况. 设在空间有 n 个闭曲面 $S_k(k=1,2,\cdots,n)$, 其中任意两个没有公共点. 用 D 来记空间在所有的 S_k 之外的部分, 而 D_k 用来记 S_k 之外的部分. 假设我们对每一对 S_k 上的任意的连续边值关于每一 D_k 能解狄利克雷问题, 而要指出这时可以如何来解区域 D 的狄利克雷问题. 所有区域 D_k 及区域 D 把无穷远点包含在内部, 并且照例, 在解狄利克雷问题时是假设调和函数在无穷远点等于零.

这样, 我们要找寻在 D 内调和的函数, 它在曲面 S_k 上采取已给的连续的数值

$$u\,|_{S_k} = f_k(N) \quad (k=1,2,\cdots,n) \tag{160}$$

首先我们对每一 k 求函数 $u_{0,k}(M)(k=1,2,\cdots,n)$, 它在 D_k 内调和而在 S_k 上采取值 $f_k(N)$. 其次求函数 $u_{1,k}(M)(k=1,2,\cdots,n)$ 使在 D_k 内调和, 具边值

$$u_{1,k}(N) = -\sum_{i\neq k} u_{0,i}(N) \text{ 在 } S_k \text{ 上成立} \quad (k=1,2,\cdots,n) \tag{161}$$

于此和式是对从 $i=1$ 到 $i=n$ 的所有 i 进行, 但 $i=k$ 除外.

一般地, 对任一正整数 m, 我们求函数 $u_{m,k}(M)(k=1,2,\cdots,n)$, 使在 D_k 内部调和并具边值

$$u_{m,k}(N)\,|_{S_k} = -\sum_{i\neq k} u_{m-1,i}(N) \text{ 在 } S_k \text{ 上成立} \tag{162}$$
$$(k=1,2,\cdots,n)$$

函数

$$\sum_{m=0}^{p} u_{m,k}(M) \quad (k=1,2,\cdots,n)$$

在 D_k 内调和, 且在 S_k 上的边值为

$$\sum_{m=0}^{p} u_{m,k}(N) = f_k(N) - \sum_{m=0}^{p-1}\sum_{i\neq k} u_{m,i}(N) \quad (k=1,2,\cdots,n)$$

从两边减去和式

$$\sum_{m=0}^{p-1} u_{m,k}(N)$$

我们就可以把前一等式改写为形状

$$\sum_{m=0}^{p-1}\sum_{i=1}^{n} u_{m,i}(N) = f_k(N) - u_{p,k}(N) \text{ 在 } S_k \text{ 上成立} \quad (k=1,2,\cdots,n)$$

$$\tag{163}$$

如果我们证明了当 p 无限增大时, 在闭区域 $\overline{D}$ 中所有的函数 $u_{p,k}(M)(k=1,2,\cdots,n)$ 一致地趋向于零, 那么从 (163) 会推出, 当 p 无限增大时, 在 D 内调和而且直到边界为连续的函数

$$\sum_{m=0}^{p-1} \sum_{i=1}^{n} u_{m,i}(M)$$

就给出对区域 D 以在 S_k 上的 $f_k(N)$ 为边值的狄利克雷问题的解

$$u(M) = \sum_{m=0}^{\infty} \sum_{i=1}^{n} u_{m,i}(M) \tag{164}$$

转向于阐明 $u_{p,k}(M)$ 在闭区域 $\overline{D}$ 中一致地趋向于零的条件. 以 $v_k(M)(k=1,2,\cdots,n)$ 记在 D_k 内为调和的函数, 在 S_k 上等于 1. 这时, 在 D_k 内 $v_k(M) \geqslant 0$, 且由于当 M 趋向于无限远时 $v_k(M) \to 0$, 所以存在满足条件 $0 < q_k < 1$ 的 q_k, 使得

$$v_k(M) \leqslant q_k \text{ 在 } S_i \text{ 上成立 } i \neq k \quad (k=1,2,\cdots,n) \tag{165}$$

如果 $w_k(M)(k=1,2,\cdots,n)$ 是某一在 D_k 内调和函数的函数, 直到 S_k 为连续, 又满足条件

$$| w_k(M) | \leqslant a_k \text{ 在 } S_k \text{ 上成立 } \quad (k=1,2,\cdots,n) \tag{166}$$

于此 a_k 为常数. 那么 $a_k v_k(M) - w_k(M)$ 将在 D_k 中调和, 在 S_k 上为非负的. 从此推出, 在闭区域 $\overline{D}_k$ 内 $a_k v_k(M) - w_k(M) \geqslant 0$, 即在 $\overline{D}_k$ 内 $w_k(M) \leqslant a_k v_k(M)$. 我们可以改变调和函数 $w_k(M)$ 的符号, 这时条件(166)并不改变, 因而就可假设在所论的点 M 有 $w_k(M) \geqslant 0$. 因而从以上议论就推出

$$| w_k(M) | \leqslant a_k v_k(M) \tag{167}$$

从此, 由于(165)得

$$| w_k(N) | \leqslant a_k q_k \text{ 在 } S_i \text{ 上 } i \neq k \quad (k=1,2,\cdots,n) \tag{168}$$

因此, 这个不等式是(160)的推论. 设 a 是一正数, 它能使在 $k=1,2,\cdots,n$ 时 $| f_k(N) | \leqslant a$, 又设 q 为 $q_1, q_2, \cdots, q_n$ 中的最小者, 并且显然, $0 < q < 1$. 由于(160), 我们在 S_k 上有 $| u_{0,k}(N) | \leqslant a$. 由于(161)及(168), 我们在 S_k 上还有 $| u_{1,k}(N) | \leqslant (n-1)aq(k=1,2,\cdots,n)$. 再应用 $m=2$ 时的(162), 再一次地利用(168), 我们在 S_k 上得到 $| u_{2,k}(N) | \leqslant (n-1)^2 aq^2$. 而一般地, $| u_{p,k}(N) | \leqslant (n-1)^p aq^p$ 在 S_k 上成立, 因而

$$| u_{p,k}(M) | \leqslant [(n-1)q]^p a \quad (M \text{ 在 } \overline{D}_k \text{ 中}, k=1,2,\cdots,n) \tag{169}$$

如果曲面的数目 $n=2$, 从此就推出当 $p \to \infty$ 时 $u_{p,k}(M) \to 0$ 一致地在 $\overline{D}_k$ 中成立, 因而在闭区域 $\overline{D}$ 中成立. 如果 $n > 2$, 那么我们得到为使 $u_{p,k}(M) \to 0$ 的如下的充分条件

$$(n-1)q < 1 \tag{170}$$

数 q 根据其本身的作法与边值条件 $f_k(N)$ 无关, 它仅仅由区域 D 所决定. 我们也可以完全同样地考察区域 D 为有界区域的情形, 它具有外边界 S_1 与内边界 $S_2, S_3, \cdots, S_n$. 这时对 S_1 所包围的区域 D_1 我们具有狄利克雷内部问题, 而对区域 $D_k(k=2,\cdots,n)$ 则与前面一样为外部问题. 上面的作法属于 Γ. M. 戈鲁净

（Голузин，Матем. сборник т. 41，2，1934）. 不难确信，这个作法在平面的情形也有效，只要在各个闭回道 l_k 上给定边界值.

215. 次调和函数与优调和函数

在解狄利克雷问题时，积分方程方法在实质上是受到相当重大的限制的，我们不得不把一些限制加到区域的边界上去. 我们指出另一个解狄利克雷问题的方法，它在对区域边界与对在这边界上的边值的非常一般的假定下都能适用. 这一方法带有较理论的性质而并没有给出问题的解的近似的作法. 它是由潘加勒所提出，其后由彼戎予以精确化的[Math. Zeitschr. Bd. 18，1923，也可参考 И. Г. 彼得罗夫斯基在"Успехи Математических Наук"т. Ⅷ 上的论文以及他的关于偏微分方程的书].

本段我们要叙述若干新的概念，它们在进行上面所提到的方法时要加以利用的. 这些新概念在数学物理中还呈现了广泛的兴趣. 所有的叙述都在平面情形进行. 在三维空间中，这叙述简直是一样的. 在研究用所提到的方法作出的调和函数的边值时是有一些区别的，我们在叙述这方法的最后来指出它.

对于一个自变量的函数，方程 $y''(x)=0$ 是拉普拉斯方程的类似，而它的通积分为一次多项式 $y=ax+b$，它的圆形为直线. 狄利克雷问题，即在已给区间 $[a,b]$ 内由已给在区间端点的函数值来确定方程 $y''(x)=0$ 的解的问题简单地归结为过两已给点画出直线的问题. 一次多项式以下面的事实为其特征：它在任何点 $x=x_0$ 之值是它在与 $x=x_0$ 等距离的两点 $x=x_0+h$ 与 $x=x_0-h$ 之值的算术平均值. 现考察凹向朝着 y 轴正方向的连续曲线. 设 $y=y(x)$ 为它的方程. 在这条曲线上的点，我们有

$$y(x_0) < \frac{1}{2}[y(x_0+h)+y(x_0-h)] \tag{171}$$

完全类似地，如果曲线的凸向朝着 y 轴的正方向，那么

$$y(x_0) > \frac{1}{2}[y(x_0+h)+y(x_0-h)] \tag{171'}$$

不等式(171)直接地可从下述事实推出：在所论情形下曲线的每一小段都在它的弦的下面. 引入在多变数情况下相应的函数. 设 $f(M)$ 为在区域 B 内连续的函数. 如果对在 B 内的每一点 P，存在正数 δ，使得 $f(P)$ 不超过 $f(M)$ 在以 P 为心以任意的 $\rho < \delta$ 为半径的圆上的平均值，那么我们算 $f(M)$ 在 B 内为次调和的. 如果引入点 P 的坐标(x,y)，那么所说的条件可写为形状

$$f(x,y) \leqslant \frac{1}{2\pi}\int_0^{2\pi} f(x+\rho\cos\varphi,y+\rho\sin\varphi)\mathrm{d}\varphi \quad (\rho < \delta) \tag{172}$$

如果函数 $f(M)$ 为在 B 内的调和函数，那么对每一在 B 内的点，在公式(172)中成立等号[Ⅱ；194]，因而，调和函数是次调和函数的特殊情形. 这定义也可直接推到三维的情形，只要我们用球来代替圆就可以了. 可以完全相类似

地定义优调和函数. 对于它, 我们对区域 B 的任一内点应有

$$f(x,y) \geqslant \frac{1}{2\pi}\int_0^{2\pi} f(x+\rho\cos\varphi, y+\rho\sin\varphi)\mathrm{d}\varphi \qquad (172')$$

以代替(172).

调和函数也是优调和函数的特殊情形. 从定义直接推出: 如果 $f(M)$ 是次调和函数, C 为常数, 那么当 $C>0$ 时 $Cf(M)$ 为次调和函数, 当 $C<0$ 时, 它是优调和函数. 如果 $f(M)$ 是优调和函数, 那么当 $C>0$ 时 $Cf(M)$ 为优调和函数, 当 $C<0$ 时它为次调和函数. 此外, 从定义直接推出, 有限个优调和函数之和为优调和函数, 而有限个次调和函数之和为次调和函数.

我们设 $f(M)=f(x,y)$ 在区域 B 内有二阶的连续导数, 且

$$\Delta f=\frac{\partial^2 f}{\partial x^2}+\frac{\partial^2 f}{\partial y^2} \geqslant 0 \quad (\text{在 } B \text{ 内}) \qquad (173)$$

对以 $P(x,y)$ 为心在 B 内的圆 K_ρ 应用格林公式, 并令 $u=f, v=1$, 我们就得出

$$\int_{C_\rho}\frac{\partial f}{\partial n}\mathrm{d}s = \iint_{K_\rho}\Delta f\mathrm{d}\sigma \qquad (174)$$

于此 C_ρ 为圆 K_ρ 的圆周. 对函数 f 再应用公式[Ⅱ;193]

$$f(x,y)=\frac{1}{2\pi}\int_{C_\rho}\left(f\frac{\partial\ln r}{\partial n}-\ln r\frac{\partial f}{\partial n}\right)\mathrm{d}s+\frac{1}{2\pi}\iint_{K_\rho}\Delta f\ln r\mathrm{d}\sigma$$

于是 r 是从 (x,y) 到积分变点的距离. 在 C_ρ 上方向 n 重合于方向 r, 而 $\mathrm{d}s=\rho\mathrm{d}\varphi$, 且利用(174), 我们可以改写前一公式为

$$f(x,y)=\frac{1}{2\pi}\int_0^{2\pi} f(x+\rho\cos\varphi, y+\rho\sin\varphi)\mathrm{d}\varphi +$$
$$\frac{1}{2\pi}\iint_{K_\rho}\Delta f\ln\frac{r}{\rho}\mathrm{d}\sigma$$

在圆 K_ρ, 我们有 $r:\rho\leqslant 1$, 而由于(173), 最后的一个公式就给出不等式(172), 即当在条件(173)下, 函数 $f(M)$ 为在 B 内的次调和函数. 完全同样地, 如果在 B 中

$$\Delta f\leqslant 0 \qquad (173')$$

那么 $f(M)$ 为在 B 中的优调和函数. 根据次调和函数及优调和函数的定义, 我们自然并不假设导数的存在性. 条件(173)与(173′)类似于已知的曲线的凸与凹的条件[Ⅰ;71].

现说明次调和函数与优调和函数的某些简单的性质. 设 $f(M)$ 在闭区域连续, 在区域内为次调和的. 这时从(172)直接推出, 次调和函数在边界上取最大值. 此外, 如它在某内点的邻域不为常数, 那么它就不能在这一点有极大. 同样地, 优调和函数在边界上取最小值.

216. 辅助的命题

我们现在来证明有关次调和函数与优调和函数的一些命题,我们在解狄利克雷问题时需要到它们. 今后照例用 $\overline{B}$ 记有界区域 B 与其边界之和,即记闭的区域.

定理 1 设 $f_k(M)(k=1,\cdots,m)$ 为在 $\overline{B}$ 连续的函数,且在 B 中为次调和的. 作函数 $\varphi(M)$,使它在 $\overline{B}$ 的每一点 M 等于 $f_k(M)(k=1,\cdots,m)$ 中的最大值,即

$$\varphi(M)=\max[f_1(M),\cdots,f_m(M)] \tag{175}$$

这时 $\varphi(M)$ 会在 $\overline{B}$ 连续且在 B 内为次调和.

定理 1' 类似地,如果 $f_k(M)$ 为优调和且

$$\psi(M)=\min[f_1(M),\cdots,f_m(M)] \tag{175'}$$

则 $\psi(M)$ 也是优调和的.

$\varphi(M)$ 在 $\overline{B}$ 的连续性是直接可由 $f_k(M)$ 的连续性推出. 设 (x_0,y_0) 为 B 内的某一点,并不妨设在这一点 $\varphi(x_0,y_0)$ 等于 $f_1(x_0,y_0)$. 由于 $f_1(x,y)$ 的次调和性,我们有

$$\varphi(x_0,y_0)=f_1(x_0,y_0)\leqslant\frac{1}{2\pi}\int_0^{2\pi}f_1(x_0+\rho\cos\varphi,y_0+\rho\sin\varphi)\mathrm{d}\varphi$$

但是,由于(175),在积分进行所沿的圆周上 $\varphi(M)\geqslant f_1(M)$,因而更会有

$$\varphi(x_0,y_0)\leqslant\frac{1}{2\pi}\int_0^{2\pi}\varphi(x_0+\rho\cos\varphi,y_0+\rho\sin\varphi)\mathrm{d}\varphi$$

这就给出 $\varphi(M)$ 的次调和性.

定理 2 设 $f(M)$ 在 B 内为次调和,在 $\overline{B}$ 为连续,K 为包含于 B 中的圆,又 $u_K(M)$ 为在 K 中的调和函数,它在 K 的圆周上的数值重合于 $f(M)$ 的值. 这时在 K 中成立

$$f(M)\leqslant u_k(M) \tag{176}$$

定理 2' 类似地,如果 $f(M)$ 为优调和函数,那么在 K 中

$$f(M)\geqslant u_K(M) \tag{176'}$$

表示式 $f-u_K=f+(-u_K)$ 为次调和函数 $f(M)$ 与调和函数 $(-u_K)$(也为次调和)之和. 此即 $f-u_K$ 在 K 内为次调和函数,在边界上等于零. 因而根据上段所说,在 K 内 $f-u_K\leqslant0$,这就导得(176).

定理 3 在定理 2 的条件下,如果我们把 $f(M)$ 在圆 K 的数值用 $u_K(M)$ 的数值来代替,并记新的函数为 $f_K(M)$,那么这一在 $\overline{B}$ 为连续的函数在 B 内为次调和的.

定理 3' 对优调和函数的同样的作法会给出优调和函数 $f_K(M)$.

在 K 之外,函数 f_K 与 f 相重合,而条件(172)对 K 外的任一点当 δ 充分小时显然满足. 在 K 内 f_K 为调和的,而(172)成立等号而满足. 所余下来的要验

证在圆 K 的圆周上(172)也满足.设 (x_0,y_0) 为这样的点,并且,如果所论圆周与区域 B 的边界有公共点,那么我们假设 (x_0,y_0) 在 B 的内部.我们有

$$f_K(x_0,y_0)=f(x_0,y_0)\leqslant \frac{1}{2\pi}\int_0^{2\pi}f(x_0+\rho\cos\varphi,y_0+\rho\sin\varphi)\mathrm{d}\varphi \quad (\rho<\delta)$$

在 K 内由于定理 $2,f_K\geqslant f$,又在 K 外 $f_K=f$,因而更有

$$f_K(x_0,y_0)\leqslant \frac{1}{2\pi}\int_0^{2\pi}f_K(x_0+\rho\cos\varphi,y_0+\rho\sin\varphi)\mathrm{d}\varphi$$

这就是所要证明的.

217. 上函数与下函数法

我们现在要转向于叙述解狄利克雷问题的一个新方法.设在平面上有一有界区域 B,l 为其边界,我们对它暂时不作任何假定.设在 l 上给定函数 $\omega(N)=\omega(x,y)$,我们暂时只假定它为有界,即存在数 a 与 b,使得

$$a\leqslant\omega(N)\leqslant b \tag{177}$$

任一函数 $\varphi(M)$ 如在闭区域 $\overline{B}$ 连续,在区域内部为次调和,又在边界上满足条件 $\varphi(N)\leqslant\omega(N)$,我们就称它为下函数.类似地,上函数 $\psi(M)$ 应为在区域内为优调和,在边界上应满足条件 $\psi(N)\geqslant\omega(N)$.

显然,存在无穷多个这两类的函数.例如,不超过 a 的常数就是下函数.设 φ 为某一下函数,ψ 为某一上函数,表示式 $\chi=\varphi-\psi=\varphi+(-\psi)$ 为两个次调和函数之和,是一次调和函数,且在 l 上 $\chi\leqslant0$.从此推出在 $\overline{B}$ 上 $\chi\leqslant0$,即在 $\overline{B}$ 上 $\varphi\leqslant\psi$.换言之,每一下函数在 B 中不大于任一上函数.从定理1及1′直接推出:如果 $f_1(M),f_2(M),\cdots,f_m(M)$ 为下函数,那么由公式(175)所决定的函数也为下函数,类似地,对于上函数,公式(175′)也是上函数.由于定理3及3′同样地可推出,如果 $f(M)$ 是下函数,那么函数 $f_K(M)$ 也是下函数,类似地如果 $f(M)$ 是上函数,那么 $f_K(M)$ 也是上函数.

十分显然,所有下函数的某一数为上界,所有上函数有下界.例如在不等式(177)中所描述的 b 是一个上函数,对于任何下函数就有 $\varphi(M)\leqslant b$.完全类似地,对于任一上函数,有 $\psi(M)\geqslant a$.因而所有的上函数 $\psi(M)$ 的全体在 B 中任一固定点 M 的函数值的集合有一下确界[Ⅰ;42],我们记它为 $u(M)$.这就是在 B 内定义的函数.从 $\psi(M)\geqslant a$ 推出 $u(M)\geqslant a$,又因为 b 是上函数,我们有 $u(M)\leqslant b$,即所做的函数满足条件 $a\leqslant u(M)\leqslant b$.根据下确界的定义,对在 B 内的每点 M_0,存在一上函数的序列 $\psi_n(M)$,使当 $n\to\infty$ 时,$\psi_n(M_0)\to u(M_0)$.如果存在上函数 $\psi(M)$,使得 $\psi(M_0)=u(M_0)$,那么我们例如可以假定对任意 $n\psi_n(M)=\psi(M)$.对不同的点 M_0,序列 $\psi_n(M)$ 可能是不同的.现证定理:

定理 $u(M)$ 为在 B 内的调和函数.

我们指出,在后文中,函数的指标不写在下面,而写在上面的括弧中.

预先证明引理:

引理 如果 P 是 B 内部任意的定点，那么存在单调的上函数序列

$$\varphi^{(1)}(M) \geqslant \varphi^{(2)}(M) \geqslant \cdots \quad (M 在 \overline{B} 中) \tag{178}$$

使得 $\varphi^{(n)}(P) \to u(P)$.

如我们以上所见，存在上函数序列 $\psi_n(M)$，使 $\psi_n(P) \to u(P)$. 令

$$\varphi^{(n)}(M) = \min[\psi_1(M), \psi_2(M), \cdots, \psi_n(M)] \tag{179}$$

如我们上面所见，$\varphi^{(n)}(M)$ 为连续的上函数. 当 n 增加时，作出极小值的函数 $\psi_s(M)$ 的个数是增加的，因而 $\varphi^{(n)}(M)$ 满足条件(178). 从函数 $u(M)$ 是上函数的下确界这一事实及式(179)推出 $u(P) \leqslant \varphi^{(n)}(P) \leqslant \psi_n(P)$，而从此，由 $\psi_n(P) \to u(P)$ 就推出 $\varphi^{(n)}(P) \to u(P)$. 引理证毕.

注 设 K 是在 B 内以 P 为心的任意一圆. 依定理 $3'$ 中所示方法作 $\varphi_K^{(n)}(M)$. 由于在圆 K 的圆周上成立不等式(178)，那么类似的不等式在整个闭圆 K 上成立. 在圆 K 外，$\varphi_K^{(n)}(M)$ 重合于 $\varphi^{(n)}(M)$，因而也满足条件(178)

$$\varphi_K^{(1)}(M) \geqslant \varphi_K^{(2)}(M) \geqslant \cdots \quad (M 在 \overline{B} 中)$$

此外，$u(M) \leqslant \varphi_K^{(n)}(M) \leqslant \varphi^{(n)}(M)$，又因 $\varphi^{(n)}(P) \to u(P)$，我们有 $\varphi_K^{(n)}(P) \to u(P)$. 因而我们可以假定，在引理中用到的函数 $\varphi^{(n)}(M)$ 在含于 B 内的以 P 为心的任一固定圆内为调和的.

转向定理的证明. 只要证明 $u(M)$ 在位于 B 内的任一圆 K 内为调和函数就够了. 设 P 为这个圆的中心. 根据引理及关于它的注，函数 $\varphi^{(n)}(M)$ 在 K 内调和，这一函数在点 P 有极限 $u(P)$. 根据哈纳克定理，这些函数在 K 内的一切的点皆趋向于某一调和函数

$$\varphi^{(n)}(M) \to v(M) \quad (M 在 K 内)$$

并且这个收敛性在含于 K 内以 P 为心的圆 K' 内为一致的. 我们要证在 K 中成立 $v(M) = u(M)$. 这点证明了，定理就算证毕. 我们应用反证法. 设在 K 内的某一点 P_1，我们有 $v(P_1) > u(P_1)$. 因而应当存在上函数 $w(M)$，使得 $w(P_1) < v(P_1)$. 设 K' 为以 P 为心的圆，使点 P_1 在其圆周上. 作起上函数

$$\rho^{(n)}(M) = \min[w(M), \varphi^{(n)}(M)] \ 及 \ \rho_{K'}^{(n)}(M)$$

并且

$$\rho_{K'}^{(n)}(M) \leqslant \rho^{(n)}(M)$$

因为 $\varphi^{(n)}(M)$ 在闭圆 K' 内一致收敛于 $v(M)$，我们能断言，$\rho^{(n)}(M)$ 在闭圆 K' 也一致收敛于极限函数

$$\rho(M) = \min[w(M), v(M)]$$

因而在圆 K' 的圆周上一致收敛性也成立，而我们就可以断言，在 K' 内调和的函数 $\rho_{K'}^{(n)}(M)$ 在闭圆 K' 一致收敛于某一调和函数 $\rho_{K'}(M)$. 因为 $w(P_1) < v(P_1)$，我们有 $\rho(P_1) < v(P_1)$，而一般地，在圆 K' 的圆周上我们有 $\rho(M) \leqslant v(M)$. 因而由调和函数的平均值定理，有：$\rho_{K'}(P) < v(P)$. 可是 $v(P) = u(P)$，

由此推出 $\rho_{K'}(P) < u(P)$. 在点 P 函数 $\rho_{K'}(M)$ 是上函数 $\rho_K^{(n)}(M)$ 的极限,而不等式 $\rho_{K'}(P) < u(P)$ 与 $u(P)$ 为上函数在点 P 的下确界这一事实相矛盾. 因而 $u(M)$ 在 B 内为调和函数这一定理证毕.

在三维的情形,证明几乎是完全一样的. 这样,对在边界 l 上给定的任意的有界函数 $\omega(N)$,利用上面所指出的方法就可以作出在 B 内为调和的函数 $u(M)$. 如果我们不作上函数的下确界 $u(M)$,我们也还可以作下函数的上确界 $u_0(M)$. 如果 $\omega(N)$ 是在边界 l 上的连续函数,那么可以证明,$u_0(M)$ 与 $u(M)$ 是重合的. 在后文,我们经常讨论上函数的下确界.

如我们已经提到的,所有的作法可以无变更地移到三维的情形中去. 函数 $u(M)$ 称为以 $\omega(N)$ 为边值的狄利克雷问题的广义解. 它的意义将在下段解释.

注 当在边界 l 上的 $\omega(N)$ 为连续时,上面所指出的狄利克雷问题的广义解还可有另一作法,现来指出它. 把函数 $\omega(N)$ 扩充到全平面,而保持它的连续性. 再设 $B_n(n=1,2,\cdots)$ 是区域序列,它们连同边界 l_n 都在 B 内,而趋向于 B,这就是说,在 B 内的每一点 M 位于从某一 n 开始的所有的 B_n 之中. 比方说区域 B_n 可以是由有限个圆所合成,设对区域 B_n,对在 l_n 上任何的连续的边值,我们已能解狄利克雷问题.

设 $u_n(M)$ 是对 B_n 的狄利克雷问题的解,并且在 l_n 上的极限值为由我们已说过的 $\omega(N)$ 的延拓所给出. 可以证明,当 n 无限增大时,$u_n(M)$ 趋向于上面所做出的狄利克雷问题的广义解 $u(M)$,并且在 B 内的每一闭区域上,这收敛是一致的. 这样,$u_n(M)$ 的极限原来是既与 $\omega(N)$ 的延拓方法无关,也与区域 B_n 的选取无关. 重要的仅是我们上面说过的这些区域的性质. 这些事实的证明可以在 М. В. 凯尔迭虚的论文中找到(Успехи Матем. наук, т. Ⅷ).

218. 边界值的研究

到此为止我们还没有对区域 B 的边界作任何假设. 我们现在对它添加某些条件,它们将是对区域 B 的边界上定点 N_0 而进行表述的. 区域 B 的边界点集记为 l.

条件1 存在 $\overline{B}$ 上连续与在 B 内优调和的函数 $w(M)$,它使得 $w(N_0)=0$,而在 $\overline{B}$ 的其他部分 $w(M) > 0$.

我们现在来证明定理.

定理 如果条件1满足且边界函数 $\omega(N)$ 在点 N_0 连续,那么当点 M 从区域的内部趋向点 N_0 时,$u(M)$ 趋向 $\omega(N_0)$.

用 β_η 记区域 $\overline{B}$ 中到 N_0 的距离不大于 $\eta > 0$ 的那些点. 设 ε 为已给的正数. 由于 $\omega(N)$ 在点 N_0 的连续性,故存在一正数 η,使对属于 β_η 的区域 B 的边界点成立不等式

$$\omega(N_0)-\varepsilon \leqslant \omega(N) \leqslant \omega(N_0)+\varepsilon \quad (N \text{ 在 } l \text{ 上,又属于 } \beta_\eta) \quad (180)$$

作起在 $\overline{B}$ 连续又在 B 内次调和的函数

$$\varphi_1(M) = \omega(N_0) - \varepsilon - Cw(M) \tag{181}$$

于此 C 为我们马上就要选定的某一正常数,由于(180)及 $w(M) \geqslant 0$,对在 l 上而又属于 β_η 的点有 $\varphi_1(N) \leqslant \omega(N)$. 选择 C 相当大,使得在 β_η 之外且在 l 上的点满足同一个不等式

$$\omega(N_0) - \varepsilon - Cw(N) \leqslant \omega(N) \quad (N \text{ 在 } l \text{ 上而在 } \beta_\eta \text{ 外}) \tag{182}$$

在 $\overline{B}$ 中到 N_0 的距离不小于 η 的所有的点,函数 $w(M)$ 达到最小的正值,我们记它为 m_η. 这直接由以下事实推出,所指出的点成一闭集又函数 $w(M)$ 在这点集中为连续且为正值[Ⅱ;89]. 为使不等式(182)能满足,只要取

$$C \geqslant \frac{\omega(N_0) - \varepsilon - a}{m_\eta}$$

就可以了,于此 a 为在(177)中有过的数. 在 C 的这样的选取下,函数(181)为下函数. 同样地当 C 充分大时,函数

$$\psi_1(M) = \omega(N_0) + \varepsilon + Cw(M) \tag{183}$$

为上函数. 从 $w(N_0) = 0$ 推出

$$\varphi_1(N_0) = \omega(N_0) - \varepsilon$$

又由于 $\varphi_1(M)$ 在 $\overline{B}$ 的连续性,可以找出一个小的正数 δ_1,使得在 β_{δ_1} 中

$$\varphi_1(M) \geqslant \omega(N_0) - 2\varepsilon \quad (M \text{ 在 } \beta_{\delta_1} \text{ 中})$$

设 $\psi(M)$ 为任意的上函数. 对所有属于 $\overline{B}$ 的点 M,成立 $\psi(M) \geqslant \varphi_1(M)$,因而,从最后一个不等式推出

$$\psi(M) \geqslant \omega(N_0) - 2\varepsilon \quad (M \text{ 在 } \beta_{\delta_1} \text{ 中})$$

函数 $\psi(M)$ 的下确界也应当满足这一不等式,即

$$u(M) \geqslant \omega(N_0) - 2\varepsilon \quad (M \text{ 在 } B \text{ 内又属于 } \beta_{\delta_1}) \tag{184}$$

完全同样地,从(183)推出

$$\psi_1(N_0) = \omega(N_0) + \varepsilon$$

因此,由于 $\psi_1(M)$ 的连续性存在小的正数 δ_2,使得在 β_{δ_2} 中有

$$\psi_1(M) \leqslant \omega(N_0) + 2\varepsilon \quad (M \text{ 在 } \beta_{\delta_2} \text{ 中})$$

并且更加有

$$u(M) \leqslant \omega(N_0) + 2\varepsilon \quad (M \text{ 在 } B \text{ 中且属于 } \beta_{\delta_2}) \tag{185}$$

设 δ 为数 δ_1 与 δ_2 中的最小者. 由于(184)与(185),我们有

$$\omega(N_0) - 2\varepsilon \leqslant u(M) \leqslant \omega(N_0) + 2\varepsilon \quad (M \text{ 在 } B \text{ 中且属于 } \beta_\delta) \tag{186}$$

由于 ε 的任意性,从此就推出,当 M 在区域内部趋向于 N_0 时 $u(M)$ 趋向于 $\omega(N_0)$,而定理证毕. 这证明在二维与三维情形都有效. 如果 $\omega(N)$ 在边界的每一点均为连续,又在每一点条件 1 均满足,那么函数 $u(M)$ 在闭区域 $\overline{B}$ 为连续且在边界点取值 $\omega(N)$.

定义　如果对于任意选择的在 l 上为连续的函数 $\omega(N)$，当 $M \to N_0$ 时函数 $u(M)$ 趋向于 $\omega(N_0)$，那么点 N_0 称为正则的边界点. 不具有这样性质的边界点称为非正则的边界点.

从上面所证的定理推出，条件 Ⅰ 是点 N_0 为正则的充分条件.

现指出在三维的情形下的关于正则边界点的几何性质的一个充分条件. 设点 N_0 为一边界点，它具有如下的性质：存在一球它除点 N_0 外不包含 $\overline{B}$ 的任何点. 设 M_1 为这个球的中心，R 为它的半径. 用 r 来记距离 $|M_1M|$ 而作起函数

$$w(M) = \frac{1}{R} - \frac{1}{r}$$

显然这一函数能满足条件 Ⅰ 的所有的要求，并且在 B 内它是调和的.

现考察平面的情况，设 B 的边界是由有限个具方程 $x = x(t)$，$y = y(t)$ 的闭曲线所组成，于此 $x(t)$ 与 $y(t)$ 为参数 t 的连续的周期函数(图 18). 首先设，点 N_0 在外回道 l_1 上(图 18). 把坐标原点 $z = 0$ 置于该点且选择单位，使区域 $\overline{B}$ 位于圆 $|z| < 1$ 之中作起函数

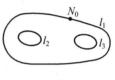

图 18

$$F(z) = -\frac{1}{\ln z}$$

当 z 在 B 中变化时，它不能绕原点一周，因而 $F(z)$ 在 $\overline{B}$ 为单值函数而在 $\overline{B}$ 上为连续，且 $F(0) = 0$.

令 $z = \rho e^{i\varphi}$，对 $F(z)$ 的实部我们有表示式

$$w(z) = -\frac{\ln \rho}{(\ln \rho)^2 + \varphi^2}$$

于此 $\ln \rho < 0$. 这一调和函数满足上面所示的全部的条件.

特别，在 β_ε 之外，成立

$$w(z) > -\frac{\ln R}{(\ln \varepsilon)^2 + \varphi_0^2}$$

于此 φ_0 为 φ 在 $\overline{B}$ 的最大值，又 R 是原点到点 $\overline{B}$ 最大的距离.

现设 N_0 在内回道 l_2 上. 在 l_2 之内任选一点 α，作平面的保角变换

$$z' = \frac{1}{z - \alpha}$$

回道 l_2 变为外回道，而对所考察的点 N_0 可以用上面所示的方法作起函数 $w(M)$. 回到原来的变量 z，我们得到所要求的函数. 因而如果 $w(N)$ 为在所论回道的每点连续，那么 $u(M)$ 就会直到回道连续且在其上等于 $\omega(N)$.

现设 N_0 是 $\omega(N)$ 的不连续点，并且当 N 沿回道从两边趋向 N_0 时极限都存在，但这些极限是不同的(第一类间断点). 把它们记为 $\omega_1(N_0)$ 及 $\omega_2(N_0)$，并设 $\omega_1(N_0) < \omega_2(N_0)$. 进行与以前一样的论述，代替(184)，我们得到

$$u(M) \geqslant \omega_1(N_0) - 2\varepsilon$$

而代替(185)的是

$$u(M) \leqslant \omega_2(N_0) + 2\varepsilon$$

当 M 从 B 的内部趋向 N_0 时 $u(M)$ 可能有不同的极限值. 但由于前一不等式及 ε 的任意性, 对任一这些极限值 u_0 有不等式

$$\omega_1(N_0) \leqslant u_0 \leqslant \omega_2(N_0) \tag{187}$$

如果 $\omega(N)$ 为有界函数, 即满足条件(177), 那么如我们所见, 函数 $u(M)$ 也满足这一条件. 因而 $u(M)$ 是有界的调和函数, 在 $\omega(N)$ 的所有的连续点, 它取到边值 $\omega(N)$.

现回到三维空间的情形. 可以作起比较简单的具有非正则点的闭曲面. 这情况是由勒贝格所发现, 其后 $\Pi.C.$ 乌来松也独立地发现它. 边界值问题的较详细的说明可以在 M. B. 凯尔迭虚的论文中找到("Успехи Матем. Наук", т. Ⅷ).

在平面的情形下再举一例. 设 B 为以坐标原点为中心的圆, 但原点除外. 边界点集 l 为圆周及其中心. 设在圆周上 $\omega(N)=0$, 在圆心 $\omega(N)=1$. 这样的函数在 l 上为连续. 当 M 趋向圆周上点时, 调和函数 $u(M)$ 显见是趋向于零的. 现证 $u(M)$ 当 M 趋向于圆心时不可能趋向于 1. 如果是这样, 那么 $u(M)$ 就在整个圆内部调和, 只要把它在原点的数值取为 1 就可以了[203]. 但在圆心这是与关于调和函数的平均值定理相矛盾的. 因而坐标原点为非正则的边界点.

不难证明在所论情形 $u(M) \equiv 0$. 实际上, $u(M)$ 有界, 因而当 M 趋向于中心时有极限[203], 如果把 $u(M)$ 在中心的数值取作这个数值, 那么 $u(M)$ 在圆内处处调和[203] 且在圆周上等于零, 即 $u(M) \equiv 0$.

还指出, 可以作起另一正则性条件以代替条件 1. 这个条件只牵涉到点 N_0 的近旁, 并可以证明, 这一新的条件等价于条件 1.

条件 2　对点 N_0 的某一近旁 β_η 存在函数 $w_\eta(M)$, 它在 β_η 直到边界为连续, 在 β_η 中优调和且 $w_\eta(N_0)=0$, 又在 β_η 的其他点 $w_\eta(M)>0$.

可以证明, 在三维空间中如果点 N_0 为某一圆锥的顶点, 而该圆锥的与 N_0 充分接近的点在 $\overline{B}$ 外(除点 N_0 外), 那么点 N_0 满足条件 2, 因而这样的点为正则(见 И. Г. 彼得罗夫斯基,《偏微分方程讲义》).

在以后如果不另外声明的话, 我们常假设, 包围所讨论的区域的回道或曲面上的所有的点均为正则. 例如李雅普诺夫曲面就是这样的曲面. 对于它们, 我们已经利用势函数论与积分方程来作出狄利克雷问题的解.

如果在边界上给定连续函数 $\omega(N)$, 且所有点均为正则, 那么所做的调和函数 $u(M)$ 直到边界连续, 且在边界上取值 $\omega(N)$. 我们知道, 只可能存在一个这样的函数. 如果在边界上有非正则点, 那么调和函数 $u(M)$ 在区域内有界并

在所有的正则边界点取值 $\omega(N)$. 可以证明, 只存在一个具这样性质的函数. 这一重要论断的证明可以在以上提到的凯尔迭虚的论文中找到("Успехи Математических Наук", т. Ⅷ, 1941).

219. n 维空间中的拉普拉斯方程

到此为止我们考察了在平面上与在三维空间中的拉普拉斯方程.

这些结果容易推到 n 维空间的情形, 这时方程具有形状

$$\Delta u = \sum_{i=1}^{n} u_{x_i x_i} = 0$$

举出关于解这一方程有关的主要的结果. 有到二阶连续导数且满足这一方程的函数称为调和的. 基本奇解具形状

$$\frac{C}{r^{n-2}} \quad (n > 2)$$

于此常数 C 选为 $\dfrac{1}{(n-2)\omega_n}$, 于此 ω_n 为 n 维空间中单位球面的面积, 这就是, 基本奇解具形状

$$\varphi_0(r) = \frac{1}{(n-2)\omega_n r^{n-2}} \quad (n > 2)$$

以 r 为半径的 n 维球的体积 v_n 可用如下的公式表达 [Ⅱ; 99]

$$v_n = \frac{(2\pi)^{\frac{n}{2}}}{n(n-2)\cdots 2} r^n \quad (n \text{ 为偶数时})$$

$$v_n = \frac{2^{\frac{n+1}{2}} \pi^{\frac{n-1}{2}}}{n(n-2)\cdots 1} r^n \quad (n \text{ 为奇数时})$$

如易于验证的, 可以把它们写为统一的形式

$$v_n = \frac{2(\sqrt{\pi})^n}{n \Gamma\left(\dfrac{n}{2}\right)} r^n$$

由此, 对 r 微分并令 $r = 1$, 我们得到

$$\omega_n = \frac{2(\sqrt{\pi})^n}{\Gamma\left(\dfrac{n}{2}\right)}$$

对在以 S 为表面的区域 D 中的调和函数, 成立公式 [Ⅱ; 194]

$$u(M) = \int_S \left(\varphi_0(r) \frac{\partial u}{\partial n} - u \frac{\partial \varphi_0(r)}{\partial n} \right) dS$$

于此, 我们处处都仅写出一个积分号. 量 r 为曲面 S 上的积分变点到 M 的距离. 调和函数的许多基本性质, 在其中有关于调和函数在球心数值的平均值定理, 狄利克雷问题解的唯一性定理等都仍然正确.

解以 R 为半径的球的狄利克雷问题的公式具形状

$$u(M) = \frac{R^n(R^2 - \rho^2)}{\omega_n} \int_S f(N) \frac{\mathrm{d}s}{(R^2 + \rho^2 - 2R\rho\cos\theta)^{\frac{n}{2}}} \tag{188}$$

于此 ρ 是从球心到 M 的距离，N 是球面上的变点，θ 为 ON,OM 间的交角.

在 n 维空间中解狄利克雷问题的上函数与下函数法可以不加改变地予以移用，并且前所证明的曲面上点的正则性条件也成立.

220. 拉普拉斯算子的格林函数

对于偏微分方程，我们也可以类似于对常微分方程的作法，来定义格林函数. 我们先从拉普拉斯方程的格林函数开始，边值条件是下列二个齐次条件之一

$$u\mid_S = 0 \tag{189}$$

$$\frac{\partial u}{\partial n} + p(N)u\mid_S = 0 \quad (p(N) > 0) \tag{190}$$

并且，我们所考察的是三维的情形. 我们既可以对在 S 内的有限区域 D_i，也可以对 S 外的无限区域 D_e 作格林函数. 先从有限区域 D_i 开始. 格林函数应当是点对 (P,Q) 的函数 $G(P;Q)$，并且，如果把它看成点 P 的函数，它在 D_i 内除点 Q 外，有二阶的连续的导数，满足拉普拉斯方程，在边界上满足边值条件. 其次，视作点 P 的函数的 $G(P;Q)$ 应当在点 Q 带有奇异性，它是与一个集中在点 Q 的有限的电荷(或质量)相适应的. 注意到在公式 [II;201]

$$\Delta\left[\iiint\limits_{D_i} \frac{\mu(M)}{r} \mathrm{d}\tau_M\right] = -4\pi\mu(M_0) \quad (r = \mid M_0M \mid) \tag{191}$$

中的因子 4π，我们就定义对条件(189)或(190)的格林函数如下：

定义 对应于边值条件(189)或(190)的拉普拉斯算子的格林函数是指一个函数 $G(P;Q)$，它满足下列条件：(1) 在 D_i 内，除点 Q 外这一函数是调和的；(2) 它满足边值条件(189)或(190)；(3) 它可以表示为形式

$$G(P;Q) = G(x,y,z;\xi,\eta,\zeta) = \frac{1}{4\pi r} + g(P;Q) \tag{192}$$

式中 $r = \mid PQ \mid$，而 $g(P;Q)$ 是在 D_i 内处处调和的函数.

格林函数的制作归结为寻求它的正则部分 $g(P;Q)$. 在边值条件(189)下，在 D_i 内调和的函数 $g(P;Q)$ 在 S 上应取边值

$$g(N;Q)\mid_S = -\frac{1}{4\pi r} \quad (r = \mid NQ \mid) \tag{193}$$

在(190)的情形，$g(P;Q)$ 的边值条件具有形式

$$\left(\frac{\partial g(N;Q)}{\partial n}\right)_i + p(N)g(N;Q)\mid_S = -\frac{1}{4\pi}\left[\frac{\partial\frac{1}{r}}{\partial n} + \frac{p(N)}{r}\right]_S \tag{194}$$

因而，格林函数的制作归之于解拉普拉斯方程的第一边值问题与第三边值问题，如果 S 是李雅普诺夫曲面，我们就可认为，格林函数是存在的.

对外区域 D_e,应当把在无穷远处的正则性的条件添加到格林函数的定义上去,这就是对任意的在有限处的固定的 Q,如果点 P 趋向无穷远,$G(P;Q)$ 就应当趋向于零.

设 D_i 是任意的有界区域,Γ 为其境界点集. 在 D_i 中以(193)为边值条件的狄利克雷问题的广义解存在. 这时,公式(192)定义出对于区域 D_i 的在边值条件(189)下的广义格林函数. 如果 N_0 是边界上的正则点,那么当 $P \to N_0$ 时 $G(P;Q) \to 0$.还可以证明其逆,即如果当 $P \to N_0$ 时 $G(P;Q) \to 0$,那么 N_0 是边界的正则点.

在平面的情形,格林函数的定义是完全相类似的,但是要成立公式

$$G(P;Q) = \frac{1}{2\pi} \ln \frac{1}{r} + g(P;Q) \tag{195}$$

以代替(192).从公式(192)与(195)推得,当点 P 与 Q 重合时,格林函数化为无限,并且,当 P 充分接近 Q 时,格林函数是正的.点 Q 称为格林函数的极点.后文中,我们只考虑边值条件(189)下的格林函数.我们来证明:如果点 P,Q 不相重合,$G(P;Q)$ 是它们的连续函数.注意到(192),就可断言,$G(P;Q)$ 的连续性的证明要归结到 $g(P;Q)$ 的连续性的证明.估计差式 $g(P';Q') - g(P'';Q'')$. 添加并减去 $g(P;'Q'')$,我们得到

$$| g(P';Q') - g(P'';Q'') | \leqslant$$
$$| g(P';Q') - g(P';Q'') | + | g(P';Q'') - g(P'';Q'') |$$

差式 $g(P';Q'') - g(P'';Q'')$ 是 $g(P';Q'')$ 在点 P' 与 P'' 的差值,当 $P'' \to P'$ 时,它显然趋向于零.差式 $g(P';Q') - g(P';Q'')$ 显然是调和函数 $g(P;Q') - g(P;Q'')$ 在点 P' 之值.这个调和函数在 S 的边值是 $\frac{1}{4\pi}\left(\frac{1}{r'} - \frac{1}{r''}\right)$,这里 r' 与 r'' 是 S 上的变点 N 到点 Q' 与 Q'' 的距离.

设点 Q'' 与 Q' 充分接近,那么当 N 在 S 上变动时,差 $\left(\frac{1}{r'} - \frac{1}{r''}\right)$ 的绝对值是可以任意小的.但调和函数 $g(P;Q') - g(P;Q'')$ 在边界 S 上取到最小值与最大值,我们就可断言,当 $Q'' \to Q'$ 时 $g(P';Q') - g(P';Q'') \to 0$.这样也就证明了 $g(P;Q)$ 的连续性,因而也证得 $G(P;Q)$ 的连续性质.

函数 $G(P;Q)$ 在点 Q 近旁为正,在 S 上等于零,因而它在区域 D_i 内为正. 在三维的情形,这一论述对 D_e 也适用. 再引出一个有关 $G(P;Q)$ 的简单的不等式. 函数 $g(P;Q)$ 在 S 上有负的边值(193).因而在闭区域 D_i 中 $g(P;Q) < 0$,所以在 D_i 内

$$0 < G(P;Q) < \frac{1}{4\pi r} \quad (r = | PQ |) \tag{196}$$

对 D_e 同一估计也有效.

现进行对平面情形的论述. 设 d 是平面上有限区域的直径, 即区域 $\overline{B}$ 的二点的最大距离. 调和函数 $g(P;Q) + \dfrac{1}{2\pi}\ln\dfrac{1}{d}$ 在边界 l 上取值 $\dfrac{1}{2\pi}\ln\dfrac{r}{d}$, 对极点 Q 在 B 内的任何位置, 这值总是负的. 因而我们有: 在 B 中 $g(P;Q) + \dfrac{1}{2\pi}\ln\dfrac{1}{d} < 0$, 即 $g(P;Q) < -\dfrac{1}{2\pi}\ln\dfrac{1}{d}$. 这给出

$$G(P;Q) < \frac{1}{2\pi}\ln\frac{1}{r} - \frac{1}{2\pi}\ln\frac{1}{d}$$

即成立形为

$$0 < G(P;Q) < a\ln\frac{1}{r} + b \quad (\text{在 } B \text{ 内}) \tag{197}$$

的不等式, 这里 a 与 b 是常数. 不等式 (196) 与 (197) 给出格林函数的一个估计, 它与点 P, Q 间的距离 r 有关.

221. 格林函数的性质

考察在 D_i 中的格林函数. 如前, 记 r 为空间变点到点 Q 的距离. 定义函数

$$v(P) = \begin{cases} g(P;Q) & (\text{在 } S \text{ 内}) \\ -\dfrac{1}{4\pi r} & (\text{在 } S \text{ 外}) \end{cases} \tag{198}$$

它在 D_i 内及在 D_e 内都是调和的, 在无穷远为零. 它有直到 S 为连续的任意阶导数. 我们可以把在 D_e 中的 $v(P)$ 视为具有边值

$$f(N) = -\frac{1}{4\pi}\frac{\partial}{\partial n}\left(\frac{1}{r}\right) \tag{199}$$

的诺伊曼问题的解, 因而我们可以在 D_e 内把 $v(P)$ 表示为具连续密度的单层势函数

$$v(P) = \iint\limits_S \frac{\mu(N)}{r'}\mathrm{d}S \quad (r' = |\,NP\,|) \tag{200}$$

这一势函数在 S 上的值等于 $\left(-\dfrac{1}{4\pi r'}\right)$, 于此 $r' = |\,NQ\,|$, 即, 它与 $g(P;Q)$ 在 S 上有相同的值. 从此可见, 由等式 (198) 所定义的 $v(P)$, 在整个空间都可以用公式 (200) 来表达, 即

$$g(P;Q) = \iint\limits_S \frac{\mu(N)}{r'}\mathrm{d}S \quad (P \text{ 在 } D_i \text{ 中}) \tag{201}$$

所以, $g(P;Q)$ 在 D_i 中对 S 有正常法线导数. 显然, 对 $G(P;Q)$ 也可以作同样的论断.

我们指出, 由于边值条件 (199), 对点 Q 在 D_i 中的任意位置, 函数 $\dfrac{1}{r}$ 不仅在 S 上, 而且在与 S 相近的全空间都有任何阶的导数. 在 S 上, (199) 的右边显然

满足李普希茨条件
$$| f(N_2) - f(N_1) | \leqslant a r_{1,2} \quad (r_{1,2} = | N_1 N_2 |)$$
而我们就可断言,$\mu(N)$ 满足李普希茨条件[196],因而 $g(P;Q)$ 就有到 S 为连续的一阶导数[198].

现证格林函数的对称性
$$G(P;Q) = G(Q;P) \tag{202}$$
这时,我们指出,由于前面所证,$G(P;Q)$ 有在 S 上的正常法线导数.在 D_i 内,除点 Q 外,它有连续法线导数.现对函数 $u = G(P;Q_1)$ 及 $v = G(P;Q_2)$ 应用公式

$$\iiint\limits_{D'_i} (u\Delta v - v\Delta u)\mathrm{d}\tau = \iint\limits_{S}\left(u\frac{\partial v}{\partial n} - v\frac{\partial u}{\partial n}\right)\mathrm{d}S$$

选择积分区域 D'_i 为由 D_i 除去两个以点 Q_1 与 Q_2 为中心,ε 为半径的小球后的区域.由于前述事实,这公式是可以这样地应用的.因为格林函数在极点以外满足拉普拉斯方程,所以沿这区域的三重积分为零.由于边值条件在 S 上等于零,所以在 S 上的积分化为零.因而我们导出等式

$$\iint\limits_{S_1}\left[G(P;Q_1)\frac{\partial G(P;Q_2)}{\partial n} - G(P;Q_2)\frac{\partial G(P;Q_1)}{\partial n}\right]\mathrm{d}S + \iint\limits_{S_2}[\quad]\mathrm{d}S = 0$$

式中 S_1 与 S_2 是上述的球面.在点 Q_2,函数 $G(P;Q_1)$ 并无奇异性,而函数 $G(P;Q_2)$ 在点 Q_2 趋向于无限,其阶数为 $\frac{1}{r}$.注意到 $\frac{1}{\varepsilon}$ 与球面积 $4\pi\varepsilon^2$ 的乘积当 $\varepsilon \to 0$ 时也趋向于零.我们看到,当 $\varepsilon \to 0$ 时,所有的不趋向于零的项就只是那些包含 $G(P;Q_i)$ 在这种点近旁的法线导数的项,那些点是使 $G = +\infty$.有两个这样的项,取其和,我们得到

$$\frac{1}{4\pi}\iint\limits_{S_2}G(P;Q_1)\frac{\partial\frac{1}{r_2}}{\partial n}\mathrm{d}S - \frac{1}{4\pi}\iint\limits_{S_1}G(P;Q_2)\frac{\partial\frac{1}{r_1}}{\partial n}\mathrm{d}S + \eta = 0$$

式中,当 $\varepsilon \to 0$ 时 $\eta \to 0$,r_1 为变点 P 到 Q_1 的距离,r_2 为变点 P 到 Q_2 的距离.在格林公式中,我们有外法线,因而在上面的那些公式中,法线要朝向球的内部,这就是与半径相反的方向.我们还有

$$\frac{1}{4\pi\varepsilon^2}\iint\limits_{S_2}G(P;Q_1)\mathrm{d}S - \frac{1}{4\pi\varepsilon^2}\iint\limits_{S_1}G(P;Q_2)\mathrm{d}S + \eta = 0$$

应用积分的中值定理,我们可写出
$$G(P_2;Q_1) - G(P_1;Q_2) + \eta = 0$$
于此 P_2 是 S_2 上的某一点,P_1 是 S_1 上的某一点.取在 $\varepsilon \to 0$ 时的极限,我们就得到

$$G(Q_2;Q_1) = G(Q_1;Q_2)$$

这就证明了格林函数的对称性.

球的格林公式具有形式[Ⅱ;198]

$$G(P;Q)=\frac{1}{4\pi}\left(\frac{1}{r}-\frac{R}{\rho r_1}\right) \tag{203}$$

式中 ρ 是点 Q 到中心的距离, r_1 是点 P 到点 Q 关于球的对称点 Q' 的距离, R 是球的半径. 用 (x,y,z) 与 (ξ,η,ζ) 来记点 P 与 Q 的坐标, 可以写出

$$r=\sqrt{(x-\xi)^2+(y-\eta)^2+(z-\zeta)^2},\rho=\sqrt{\xi^2+\eta^2+\zeta^2}$$

$$r_1=\sqrt{\left(x-\frac{R^2\xi}{\rho^2}\right)^2+\left(y-\frac{R^2\eta}{\rho^2}\right)^2+\left(z-\frac{R^2\zeta}{\rho^2}\right)^2}$$

对公式(203)微分, 例如关于 x 来微分, 注意到

$$\frac{|x-\xi|}{r}<1\ \text{与}\ \frac{\left|x-\dfrac{R^2\xi}{\rho^2}\right|}{r_1}\leqslant 1$$

我们就得到估计

$$\left|\frac{\partial G(P;Q)}{\partial x}\right|\leqslant\frac{1}{4\pi}\left(\frac{1}{r^2}+\frac{R}{\rho r_1^2}\right)$$

注意到对球内的点 P 有 $r_1>r$ 及 $\dfrac{R}{\rho}<1$, 我们得到

$$\left|\frac{\partial G(P;Q)}{\partial x}\right|\leqslant\frac{1}{2\pi r^2} \tag{204}$$

对别的偏导数也得到类似的估计.

设 $u(M)$ 是对由曲面 S 所围成的区域 D_i 的具有边值 $f(N)$ 的狄利克雷内部问题的解. 如果我们知道 $u(M)$ 有正常法线导数, 那么我们令 $v=g(P;Q)$ 而可以对区域 D_i 应用公式(91). 这时, 我们得到[见 Ⅱ;198]

$$u(Q)=-\iint\limits_S f(N)\frac{\partial G(N;Q)}{\partial n}\mathrm{d}S_N \tag{205}$$

A. M. 李雅普诺夫证明过, 对任意选择的作为边值条件的连续函数 $f(N)$, 这一公式给出狄利克雷问题的解. 格林函数对称性的第一个严格的证明也是属于他的. 这些结果, 以及以前我们说过的那些关于势函数论的结果, 包含在 A. M. 李雅普诺夫的论文《与狄利克雷问题有关的某些问题》(1898)("О некоторых вопросах, связанных с задачей Дирихле") 中, 这篇文章我们在以前也已提到过.

222. 平面上的格林函数

对平面上的格林函数的研究与空间的情况相比呈现了若干特殊性. 我们将考察具有回道 l 的有界区域 B_i 中的格林函数, 在 l 上的边值条件是(189).

如同在[221]中的情形一样, 我们定义在平面上的函数 $v(P)$

$$v(P)=\begin{cases}g(P;Q) & (\text{在 } l \text{ 内})\\-\dfrac{1}{2\pi}\ln\dfrac{1}{r} & (\text{在 } l \text{ 外})\end{cases} \tag{206}$$

如同在[221]中所做的一样,作起单层势函数

$$v_1(P) = \int_l \mu(s) \ln \frac{1}{r'} ds \qquad (207)$$

式中 r' 是 P 到在 l 上的变点 N 的距离,在 l 外的区域 B_e 中,函数 $v_1(P)$ 对 l 上的法线导数的极限值是

$$f(N) = -\frac{1}{2\pi}\frac{\partial}{\partial n}\ln\frac{1}{r} = -\frac{\cos(\boldsymbol{r'},\boldsymbol{n})}{2\pi r'} \qquad (208)$$

式中 $\boldsymbol{r'}$ 是方向 QN,而 $\boldsymbol{n}$ 是 l 的法线的方向,它指向闭围道 l 的外面. 现作起在 B_e 内的调和函数

$$w(P) = \int_l \mu(s) \ln \frac{1}{r} ds + \frac{1}{2\pi}\ln\frac{1}{r} \quad (r = |PQ|, Q \text{ 在 } l \text{ 内}) \qquad (209)$$

它在 l 上有等于零的正常法线导数. 在 B_e 内部作任一闭回道 l' 使它围绕 l,对函数 $u = w(P), v = 1$,在 l 与 l' 所围成的区域中应用格林公式. 我们有

$$\int_l \frac{\partial w(P)}{\partial n} ds - \int_{l'} \frac{\partial w(P)}{\partial n} ds = 0$$

并且,在两种情形中,$\boldsymbol{n}$ 都是关于闭回道的外法线. 从此,并由于在 l 上 $\dfrac{\partial w(P)}{\partial n} = 0$,就有

$$\int_l \frac{\partial w(P)}{\partial n} ds = 0 \qquad (210)$$

但

$$\frac{\partial w(P)}{\partial n} = \int_l \mu(s) \frac{\cos(\boldsymbol{r'},\boldsymbol{n})}{r'} ds + \frac{\cos(\boldsymbol{r},\boldsymbol{n})}{2\pi r}$$

这里 r' 是方向 $\overline{PN}$. 沿 l' 积分,改变积分次序[18],并注意到点 P 与 N 都在 l' 内部,由于(210),就得

$$2\pi\int_l \mu(s) ds + 1 = 0$$

我们现在可以改写(209)为形式

$$w(P) = \int_l \mu(s) \ln \frac{r}{r'} ds \quad (r = |QP|, r' = |NP|) \qquad (211)$$

当点 P 无限远离时,比 $\dfrac{r}{r'}$ 一致地趋向于 1,即对任何一已给正数 ε,存在一个正数 M,它使得对 N 在 l 上的任意位置,只要 $r > M$,就有 $\left|1 - \dfrac{r}{r'}\right| \leqslant \varepsilon$. 因而在 B_e 内部为调和的函数(211),在 l 上有正常法线导数,当 P 无限远离时,它趋向于零. 对这一函数应用公式

$$\iint\limits_{B_e}\left[\left(\frac{\partial w}{\partial x}\right)^2 + \left(\frac{\partial w}{\partial y}\right)^2\right] dS = \int_l w\left(\frac{\partial w}{\partial n}\right)_e ds$$

从此推出,在 B_e 中 $w(P)=0$,此即在 B_e 中有

$$\int_l \mu(s)\ln\frac{1}{r}\mathrm{d}s = -\frac{1}{2\pi}\ln\frac{1}{r}$$

如同[221]中一样,从此直接推出,在全平面上,单层势函数(207)与由(206)所定义的函数 $v(P)$ 相同.还可以断言,在 l 上 $g(P;Q)$ 有正常法线导数.其次,与在[221]中一样,可以断言,$g(P;Q)$ 在 B_i 中有直到 l 为连续的第一阶导数,$G(P;Q)$ 的对称性可完全与[221]的情形一样进行.对半径为 R 的圆,格林函数具形状

$$G(P;Q) = \frac{1}{2\pi}\ln\frac{\varrho r_1}{Rr} \tag{212}$$

式中所用的记号与[221]中的一样.这就引出如下的估计

$$\left|\frac{\partial G(P;Q)}{\partial x}\right| \leqslant \frac{1}{\pi r}, \quad \left|\frac{\partial G(P;Q)}{\partial y}\right| \leqslant \frac{1}{\pi r} \tag{213}$$

对 B_i 中狄利克雷问题的解,成立类似于(205)的公式.

在边值条件(189)之下拉普拉斯算子的对平面单联区域的格林函数与把所论区域保角映照到圆 $|w|\leqslant 1$ 的实现函数有密切的联系.设 B 为有回道为 l 的单联区域,而 $z_0 = \xi + \eta\mathrm{i}$ 是该区域的某一内点.设 $w=f(z)$ 实现区域 B 到单位圆的保角变换,且 $f(z_0)=0$,这就是点 $z=z_0$ 变为单位圆的原点.从变换的单叶性推出,$f(z)$ 只在点 $z=z_0$ 有一单根

$$f(z) = (z-z_0)[a_0 + a_1(z-z_0)+\cdots] \quad (a_0 \neq 0) \tag{214}$$

作起函数

$$G(x,y;\xi,\eta) = -\frac{1}{2\pi}\ln|f(z)| \tag{215}$$

不难验证,这就是对区域 B 以 (ξ,η) 为极点的格林函数.事实上,$\ln|f(z)|$ 为 $\ln f(z)$ 的实部,因此它满足拉普拉斯方程.根据(214),函数(215)在点 (ξ,η) 的趋向于无限的部分为 $\frac{1}{2\pi}\ln\frac{1}{|z-z_0|}$,而最后,由于区域 B 的回道 l 变为单位圆周,即在 l 上 $|f(z)|=1$ 而知在该回道上,函数(215)化为零.

用 $H(x,y,\xi,\eta)$ 来记(215)的共轭调和函数,我们就有

$$G + \mathrm{i}H = -\frac{1}{2\pi}\ln f(z) \tag{216}$$

因而可以把 $f(z)$ 用格林函数及其共轭函数表示起来

$$f(z) = \mathrm{e}^{-2\pi(G+H\mathrm{i})}$$

函数 H 除一常数项外为确定的,因而上述公式的右边,还有一个模为 1 的常数因子可为任意,这对应于单位圆 $|w|\leqslant 1$ 围绕原点的任意的转动.

设区域 B 的回道有下的性质:l 的切线与任一固定方向的交角 $\theta(s)$ 是弧长 s 的函数,满足李普希茨条件

$$|\,\theta(s_2)-\theta(s_1)\,|\leqslant b\,|\,s_2-s_1\,|^{\beta} \tag{217}$$

式中 b 与 β 都是正常数. 可以证明, 这时, 导数 $f'(z)$ 直到 l 连续, 还存在两个正常数 m 与 M, 使得

$$m\leqslant|\,f'(z)\,|\leqslant M \tag{218}$$

自然, 这些常数与点 z_0 的选择有关 (z_0 就是变换到 w 平面上坐标原点的那一点), 我们确定了这一点 z_0, 并作起 B 到圆 $|\,w\,|\leqslant 1$ 的一般的保角变换, 在其下, 在 B 内的某一点 z' 变为坐标原点. 为此, 须先实现保角变换 $w=f(z)$, 然后把圆 $|\,w\,|\leqslant 1$ 变换为自身, 使得点 $f(z')$ 变为坐标原点. 这后一变换式为一次分式, 舍去模为 1 的常数因子, 我们终于得出

$$-2\pi G(z;z')=R\left[\ln\frac{f(z)-f(z')}{1-f(z)\overline{f(z')}}\right]$$

这里, 照例用 R 来表示实部的记号, $G(z;z')$ 表示以点 z' 为极点的区域 B 的格林函数. 关于 x 微分, 这里可以把 x 取为任何的方向, 就得出

$$-2\pi\frac{\partial G(z;z')}{\partial x}=R\left[\frac{f'(z)}{f(z)-f(z')}+\frac{\overline{f(z')}f'(z)}{1-f(z)\overline{f(z')}}\right]=$$

$$R\left\{\frac{f'(z)[1-|\,f(z')\,|^2]}{[f(z)-f(z')][1-f(z)\overline{f(z')}]}\right\}$$

或者, 用模来代替实部

$$2\pi\left|\frac{\partial G(z;z')}{\partial x}\right|\leqslant\frac{|\,f'(z)\,|\,|\,1-|\,f(z')\,|^2\,|}{|\,f(z)-f(z')\,|\,|\,1-f(z)\overline{f(z')}\,|}$$

并注意到 $|\,f(z)\,|<1$, $|\,f(z')\,|<1$, 就得出

$$2\pi\left|\frac{\partial G(z;z')}{\partial x}\right|<\frac{|\,f'(z)\,|\,|\,1-|\,f(z')\,|^2\,|}{|\,f(z)-f(z')\,|\,(1-|\,f(z')\,|)}<\frac{2\,|\,f'(z)\,|}{|\,f(z)-f(z')\,|}$$

$$\tag{218'}$$

设 $z=\varphi(w)$ 是 $w=f(z)$ 的逆函数. 它在圆 $|\,w\,|\leqslant 1$ 中定义. 从 (218) 中推出 $|\,\varphi'(w)\,|\leqslant\dfrac{1}{m}$, 而我们就得到

$$|\,\varphi(w)-\varphi(w)'\,|=\left|\int_w^{w'}\varphi'(\tau)\mathrm{d}\tau\right|\leqslant\frac{1}{m}\,|\,w-w'\,|$$

并且, 所示的积分可以沿直线段进行. 最后一个不等式给出 $|\,f(z)-f(z')\,|\geqslant m\,|\,z-z'\,|$, 并注意到 (218'), 由于最后的不等式就会得出

$$\left|\frac{\partial G(z;z')}{\partial x}\right|\leqslant\frac{2M}{2\pi m\,|\,z-z'\,|}=\frac{M}{\pi mr} \tag{219}$$

式中 r 表示点 z 与 z' 间的距离. 因而在对回道 l 所做的假设下, 我们得到格林函数沿任何方向的导数的估计, 这估计只与距离 r 有关.

如果区域 B 为多连通的, 每一围绕它的闭回道都满足上述条件, 那么, 在这种情形下也可得到 (219) 型的估计. 估计 (219) 的上述证明, 以及对多连通区域

的结果的证明(我们并未进行)是 Г. М. 戈鲁净告诉我们的.

223. 例

现在来讲怎样作出格林函数的例子. 我们从圆 $|z| < 1$ 的格林函数开始. 以前, 我们已经决定过使这个圆变为自身的函数, 它还满足使圆内某一点 α 变为原点. 这一函数可写为[III_2; 31]

$$w = \frac{e^{i\psi}}{\overline{\alpha}} \cdot \frac{z-\alpha}{z-\alpha'}$$

式中 $\overline{\alpha}$ 是与 α 共轭的复数, α' 是 α 关于圆的对称点, 即 $\alpha' = \overline{\alpha}^{-1}$. 用 r_1 与 r_2 记点 z' 到点 α 与 α' 的距离, 就直接地得出圆的格林函数的如下的表达式

$$G(z; \alpha) = -\frac{1}{2\pi} \ln \left| \frac{e^{i\psi}}{\overline{\alpha}} \cdot \frac{z-\alpha}{z-\alpha'} \right| = -\frac{1}{2\pi} \ln \frac{r_1}{r_2} + \frac{1}{2\pi} \ln \sqrt{\xi^2 + \eta^2}$$

现设区域 B 为一矩形, 其顶点为 $(0,0), (0,a), (a,b), (0,b)$. 令 $\omega_1 = 2a$, $\omega_2 = 2bi$, 作起魏尔斯特拉斯函数 $\sigma(z; \omega_1, \omega_2)$. 我们已见到过, 把这个矩形变为单位圆, 而使点 $z = \xi + \eta i$ 变为原点的函数是具有形状[III_2; 188]

$$f(z) = e^{i\psi} \frac{\sigma(z-\xi-\eta i)\sigma(z+\xi+\eta i)}{\sigma(z-\xi+\eta i)\sigma(z+\xi-\eta i)}$$

因而, 矩形的格林函数有如下的表达式

$$G(z; \alpha) = -\frac{1}{2\pi} \ln \left| \frac{\sigma(z-\xi-\eta i)\sigma(z+\xi+\eta i)}{\sigma(z-\xi+\eta i)\sigma(z+\xi-\eta i)} \right|$$

复变函数论也可以应用于制作多连通区域的格林函数, 并且, 我们也和以前一样, 限于在 l 上的边值条件(189). 比如说, 设 B 为由外回道 l_1 与内回道 l_2 所围成的双连通区域, $G(z; \alpha)$ 为这区域的格林函数. 作起与 $G(z; \alpha)$ 共轭的调和函数 $H(z; \alpha)$ 及复变数函数 $\varphi(z) = G(z; \alpha) + H(z; \alpha)i$. 在格林函数的极点 $z = \alpha$, 函数 $\varphi(z)$ 有一对数奇异点, 即在这一点的邻域, 它可以表示为在这点为正则的一些项与函数 $-\frac{1}{2\pi} \ln(z-\alpha)$ 的和. 但, 此外, 沿包含 l_2 的闭回道运行一周时, 函数 $\varphi(z)$ 会得到某一虚数的项 γi 的添加, 而函数 $f(z) = e^{-2\pi\varphi(z)}$ 将会得到一个模为 1 的因子 $e^{2\pi\gamma i}$. 此外, 后一函数在 $z = \alpha$ 时有一单根, 而在闭回道 l_1 与 l_2 上, 它的模等于 1, 这是因为在这些回道上, 格林函数 $G(z; \alpha)$ 化为零. 因而, 格林函数的制作归结到制作这样的一个解析函数 $f(z)$, 它在多连通区域 B 的内部有单值的模, 在区域的回道上这模等于 1, 而在点 $z = \alpha$ 有唯一的单根.

我们来考察由两个同心圆所围成的环域的情况为例. 把公共的圆心取为原点, 而圆的半径等于 $h^{-\frac{1}{2}}$ 与 $h^{\frac{1}{2}}$, 于此 $0 < h < 1$. 这常可由一适当选择的相似变换来达到. 依公式 $z = e^{i\pi v}$ 来引入一个新的变量 v 以代替 z, 除了 h 以外, 我们还考察一个由公式 $h = e^{\pi\tau i}$ 所定义的纯虚数 $\tau = ci(c > 0)$. 上述环域在 v 平面上对应一个由平行于实轴的直线 $y = \pm \frac{c}{2}$ 所组成的带域, 它还被两条平行于虚轴,

距离为 2 的直线所界限住.

函数 $f(z)$ 也作为 v 的函数,应当是在所论的整个带域中解析. 由 v 到$(v+2)$ 相当于在环内绕原点一周,而这时函数 $f(z)$ 应当带有一个模等于 1 的因子. 在带域的边界 $y=\pm\dfrac{c}{2}$ 上,应当满足条件 $|f(z)|=1$,并且,如果 $z=\alpha$ 为格林函数在 z 平面上的极点,那么作为 v 的函数的 $f(z)$,应当在由等式 $\alpha=e^{\pi\beta i}$ 所定义的那些点 β 上为单根. 这些点应当为 $f(z)$ 在带域中根的全体. 我们可假设 α 为正实数. 这一点常可简单地由作环域绕原点的旋转而达到. 不难验证,函数

$$f(z)=z^{\frac{\ln\alpha}{\ln h}}\frac{\vartheta_1\left(\dfrac{v}{2}-\dfrac{\beta}{2}\right)}{\vartheta_0\left(\dfrac{v}{2}+\dfrac{\beta}{2}\right)}=e^{-\frac{\pi\beta}{\tau}vi}\frac{\vartheta_1\left(\dfrac{v}{2}-\dfrac{\beta}{2}\right)}{\vartheta_0\left(\dfrac{v}{2}+\dfrac{\beta}{2}\right)}$$

会满足上面所提出的全部的条件. 在所写出的公式里,$\vartheta_0(v)$ 与 $\vartheta_1(v)$ 是我们从前所定义起来的函数[Ⅲ;176],而数 β,为了确定起见,是记方程 $\alpha=e^{\pi\beta i}$ 的纯虚数的解. 为了验证函数 $f(z)$ 的所有的性质,我们必须利用[Ⅲ;177]中的表(109)与(110),也须利用下述事实,对实数 h,函数 $\vartheta_k(v)$ 对 v 的共轭虚数值有共轭的虚数值. 有了函数 $f(z)$,我们就可依照公式

$$G(z;\alpha)=-\frac{1}{2\pi}\ln|f(z)|$$

得出格林函数.

我们指出,对边值条件

$$\frac{\partial u}{\partial n}+hu=0$$

圆 $|z|<1$ 的格林函数具有相当复杂的形式,即

$$G(z;\alpha)=\frac{1}{2\pi h}+\frac{1}{2\pi}\ln\sqrt{\frac{1-2rr_1\cos(\varphi-\varphi_1)+r^2r_1^2}{r_1^2-2rr_1\cos(\theta-\theta_1)+r^2}}+$$

$$\frac{1}{\pi}R\left[(rr_1e^{i(\varphi-\varphi_1)})^{-h}\int_0^{rr_1e^{(\varphi-\varphi_1)i}}\frac{z'^{h-1}}{1-z'}dz'\right]$$

式中,(r,φ) 与 (r_1,φ_1) 记点 z 与 α 的极坐标,R 是实部的记号. 当 $h=\infty$ 时我们应该舍去最后一项,不难验证,它就化为前面所指出的对边值条件(189)的格林函数的表示式.

224. 格林函数与非齐次方程

考察在由曲面 S 所围成的区域 D_i 中的非齐次方程

$$\Delta u(P)=-\varphi(P) \tag{220}$$

我们假设,$\varphi(P)$ 在 D_i 中直到 S 为连续,在 D_i 内有连续的一阶导数. 现求(220)的解,使它直到 S 为连续,并满足边值条件

$$u|_s=0 \tag{221}$$

这样的解只能够有一个. 这是直接由下述事实推出, 方程(220)在初始条件
(221)下的两个解的差应当满足拉普拉斯方程及条件(221), 即这个差应当恒
等于零. 现证, 所求的解具有形式

$$u(P) = \iiint\limits_{D_i} G(P;Q)\varphi(Q)\,\mathrm{d}\tau_Q \tag{222}$$

或其另一记法

$$u(x,y,z) = \iiint\limits_{D_i} G(x,y,z;\xi,\eta,\zeta)\varphi(\xi,\eta,\zeta)\,\mathrm{d}\xi\mathrm{d}\eta\mathrm{d}\zeta \tag{223}$$

由于(192), 还可以写作

$$u(P) = \frac{1}{4\pi}\iiint\limits_{D_i}\varphi(Q)\,\frac{1}{r}\mathrm{d}\tau + \iiint\limits_{D_i} g(P;Q)\varphi(Q)\,\mathrm{d}\tau \tag{224}$$

第一项在 D_i 中有连续的二阶导数, 拉普拉斯算子作用于它的结果是
$[-\varphi(P)]$[Ⅱ;201]. 现证第二项可以关于点 P 的坐标(x,y,z)在积分号下任
意次地求导数. 从此就可推出, 它自身就是在区域 D_i 中的调和函数(因为 $g(P;$
$Q)$ 是在点 P 的调和函数). 首先作一个注解. 设调和函数的边界值 $f(N;a)$ 依
赖于一个参数 a. 这时调和函数本身也是依赖于 a 的函数 $u(P;a)$. 如果 $a \to a_0$
时 $f(N;a)$ 在 S 上一致地趋向于 $f(N;a_0)$, 那么 $u(P;a)$ 在闭区域 $\overline{D_i}$ 也一致地
趋向于 $u(P;a_0)$[201].

函数 $g(P;Q)$ 是点 $Q(\xi,\eta,\zeta)$ 的调和函数[220], 其边值为 $\left(-\dfrac{1}{4\pi r}\right)$, 于此
$r = \sqrt{(x-\xi)^2 + (y-\eta)^2 + (z-\zeta)^2}$. 我们设 P 是在 D_i 内部.

函数

$$\frac{g(x+\Delta x,y,z;\xi,\eta,\zeta) - g(x,y,z;\xi,\eta,\zeta)}{\Delta x} \tag{225}$$

是点(ξ,η,ζ)的调和函数, 其边界值为

$$-\frac{1}{4\pi\Delta x}\left[\frac{1}{\sqrt{(x+\Delta x-\xi)^2 + (y-\eta)^2 + (z-\zeta)^2}} - \frac{1}{\sqrt{(x-\xi)^2 + (y-\eta)^2 + (z-\zeta)^2}}\right]$$

当 $\Delta x \to 0$ 时这些边界值在 S 上一致地趋向于

$$-\frac{1}{4\pi}\frac{\partial}{\partial x}\left(\frac{1}{r}\right) \tag{226}$$

而因此就直接推出, 比(225)在闭区域 $\overline{D_i}$ 中一致地趋向于点(ξ,η,ζ)的调和函
数, 其边界值为(226). 类似的论述也适用于任何阶数的其他的导数. 因而函数
$g(P;Q)$ 对在区域 D_i 内的点 P 的坐标有任何阶的导数. 从此也直接推出, 公式

(224) 的第二项关于 (x,y,z) 在积分号下求导数是可能的.

所剩下要证明的是,由公式 (222) 所决定的函数满足边值条件 (221). 实质上,这是从下述事实中推出来的, $G(P;Q)$ 如作为 P 的函数来看,就满足这个条件. 这个论述的不足之处在于:在积分时点 Q 可以与 S 任意地接近,但另一面,当我们检验条件 (221) 时,点 P 应该趋向于 S. 在这时,函数 $G(P;Q)$ 的性态尚未清楚.

进行对函数 (222) 满足条件 (221) 这一事实的严格证明. 设 D'_i 为区域 D_i 的一部分,它是在以 N_0 为中心、 d_1 为半径的球的外面的部分, D''_i 是 D_i 在这一球里面的部分. 如果给定一个正数 ε,那么由于注意到估计 (196),我们可以选取 d_1 充分小,使得沿 D''_i 作公式 (222) 中的积分时,当 P 为在所说的球的内部任何位置时,积分的绝对值小于 $\dfrac{\varepsilon}{2}$. 在沿 D'_i 作积分时,点 Q 在 D'_i 内,而点 P 比如说可以设为在以 N_0 为中心、 $\dfrac{d_1}{2}$ 为半径的球内部. 在这时,距离 $|PQ|$ 大于 $\dfrac{d_1}{2}$,而从 [220] 就推出, $G(P;Q)$ 为点对 (P,Q) 的连续函数.

因而,在沿 D'_i 的积分中,我们可以关于 P 取 $P \to N_0$ 时的极限,因为 $G(P;Q)$ 满足条件 (221),所以这个极限等于零. 所以,当 P 充分接近于 N_0 时,沿 D'_i 的积分的绝对值小于 $\dfrac{\varepsilon}{2}$,因而,只要 P 充分接近于 N_0,在公式 (222) 中的整个积分的绝对值也小于 ε. 从此,由于 ε 的任意性,就推出这一积分满足条件 (221). 因而公式 (222) 给出方程 (220) 的满足边值条件 (221) 的解这一论断,就完全证好了.

注 1　在体积势函数的连续二阶导数的存在性与泊松公式的证明中,可以只假设,它的密度在区域 D_i 中满足李普希茨条件以代替第一阶连续的导数的存在.(例如,参考 H. M. 根特尔《势函数理论及其对数学物理的基本问题的应用》,Н. М. Гюнтер, "La théorie du potentiel et ses applications aux problèmes fondamentaux de la physique methématique"). 因而如果 $\varphi(P)$ 满足李普希茨条件

$$|\varphi(P_2) - \varphi(P_1)| \leqslant b r_{1,2}^{\beta} \quad (r_{1,2} = |P_1 P_2|) \tag{227}$$

那么我们的论断 —— 公式 (222) 给出问题 (220) 和 (221) 的解 —— 仍然有效. 如果 $\varphi(P)$ 只在闭区域 $\overline{D_i}$ 上连续,那么我们就不能断定公式 (224) 右边的第一项有二阶的导数,也不能断定它适合方程 (220). 但是所提到的公式的第二项为调和函数以及公式 (222) 所定义的函数满足条件 (221) 等证明保持有效.

注意到,具连续密度的体积势函数是方程 (220) 的广义解 [160],我们可以断言,对在闭区域 $\overline{D_i}$ 中的连续函数 $\varphi(P)$,公式 (222) 给出满足条件 (221) 的广义解.

现证,这样的解是唯一的. 设存在方程(220)的两个连续的广义解 $u_1(P)$ 与 $u_2(P)$,它们都满足条件(221). 我们有

$$\iiint\limits_{D_i} u_1 \Delta\sigma \mathrm{d}\tau = -\iiint\limits_{D_i} \varphi\sigma \mathrm{d}\tau$$

$$\iiint\limits_{D_i} u_2 \Delta\sigma \mathrm{d}\tau = -\iiint\limits_{D_i} \varphi\sigma \mathrm{d}\tau$$

这里 σ 是在 D_i 内有连续二阶的导数的任意函数,但在所有的与 S 相当接近的点,它等于零. 逐项相减,得到

$$\iiint\limits_{D_i} (u_2 - u_1)\Delta\sigma \mathrm{d}\tau = 0$$

从此可知,$(u_2 - u_1)$ 为在 D_i 内的调和函数[160]. 由于 $(u_2 - u_1)$ 直到 S 为连续,而在 S 上等于零,就推知,在 D_i 中 u_2 恒等于 u_1.

因而,对任意的连续函数 $\varphi(P)$ 公式(222)给出方程(220)的唯一的满足条件(221)的解. 这个解在 D_i 有连续的第一阶导数[Ⅱ;200].

注 2   现设 $u(P)$ 是一在 $\overline{D_i}$ 上连续的已给函数,它满足条件(221)且在 D_i 内有连续的二阶导数,它能使拉普拉斯算子 $\Delta u(P)$ 直到 S 为连续. 把这个函数代入方程(220)的左端,我们就得到在闭区域 $\overline{D_i}$ 连续的函数 $\varphi(P)$. 显然,函数 $u(P)$ 既为方程(220)的满足条件(221)的普通解,又是它的广义解. 因此,这一函数 $u(P)$ 应当用 $\varphi(P)$ 依公式(222)表示起来.

所述的一切也可以移置于二维的情形,这时方程(220)具有形状

$$\Delta u(x,y) = -\varphi(x,y) \tag{228}$$

在具有回道 l 的区域 B 中的解,如果它满足边值条件

$$u\mid_l = 0 \tag{229}$$

那么它就可以由公式

$$u(x,y) = \iint\limits_{B} G(x,y;\xi,\eta)\varphi(\xi,\eta)\mathrm{d}\xi\mathrm{d}\eta \tag{230}$$

给出.

225. 特征值与特征函数

以上所证明的格林函数的有关于非齐次方程(220)的基本性质构成应用格林函数来解方程

$$\Delta v + \lambda v = 0 \quad (\text{在 } D_i \text{ 内}) \tag{231}$$

在边值条件

$$v\mid_s = 0 \tag{232}$$

下的边值问题的基础,而这一边值问题联系于解波动方程与热传导方程的边值问题,我们在后文还要详述这一点.

290

把 λv 移在右端,如在[173],我们证明所提的问题(231)与(232)等价于具对称核的积分方程

$$v(P)=\lambda \iiint_{D_i} G(P;Q)v(Q)\mathrm{d}\tau \tag{233}$$

当 P 与 Q 重合时这个方程的核化为无限,但由于(192),核的极性的阶次为 $\dfrac{1}{r}$,即

$$G(P;Q)=\frac{K(P;Q)}{r} \tag{234}$$

式中 $K(P;Q)$ 为连续函数,所以[18]中的全部理论都可应用.

把方程(233)表为形状

$$v(P)=\frac{\lambda}{4\pi} \iiint_{D_i} v(Q)\frac{1}{r}\mathrm{d}\tau + \lambda \iiint_{D_i} g(P;Q)v(Q)\mathrm{d}\tau \quad (r=|PQ|) \tag{235}$$

如果 $v(P)$ 是这一方程的连续解,那么右端的第一项,它是作为有连续密度的质量分布的势函数,在 D_i 内有连续的第一阶导数.而右边第二项,如我们以前所见,在 D_i 中有连续的任意阶的导数.因此,$v(P)$ 在 D_i 内有连续的一阶导数.但这时,如我们所知[Ⅱ;201],右边的第一项在 D_i 内有连续的二阶导数.应用泊松公式,由于(235),我们就得到在 D_i 内的方程 $\Delta v=-\lambda v$.如在[224]所见,可以得到边值条件(232).相反地,如在[224]所见,从(231)与(232),可直接得出(233).因而我们证明了边值条件(232)下的方程(231)与积分方程(233)是等价的.对这一积分方程的核,我们有(234),从此可直接推出不等式

$$\iiint_{D_i} G^2(P;Q)\mathrm{d}\tau \leqslant C \tag{236}$$

于此 C 为某一常数.

设 λ_k 与 $v_k(P)$ 为方程(233)的特征值与特征函数,也就是问题(231)(232)的特征值与特征函数

$$\Delta v_k + \lambda_k v_k = 0 \quad (在 D_i 内) \tag{237}$$

$$v_k \mid_s = 0 \tag{237'}$$

可以假设,$v_k(P)$ 在 D_i 中构成正交标准化系统

$$\iint_{D_i} v_l(P)v_m(P)\mathrm{d}\tau = \begin{cases} 0 & (当 l \neq m 时) \\ 1 & (当 l = m 时) \end{cases} \tag{238}$$

设函数 $\omega(P)$ 及其一阶与二阶导数在 D_i 直到 S 为连续并设此函数满足条件(232).我们可以把它表示为形式[224]

$$\omega(P)=-\iiint_{D_i} G(P;Q)\Delta\omega(Q)\mathrm{d}\tau \tag{239}$$

而应用[22]中的展开式的基本定理,我们就可断言,$\omega(P)$ 可按特征函数展开

为傅里叶级数

$$\omega(P) = \sum_{k=1}^{\infty} c_k v_k(P) \tag{240}$$

并且这一级数在闭区域 $\overline{D}_i$ 正则收敛. 系数是可以用通常的方法来决定的

$$c_k = \iiint_{D_i} \omega(P) v_k(P) \mathrm{d}\tau \tag{241}$$

因而我们有:

定理 每一连续函数 $\omega(P)$,如又在闭区域 $\overline{D}_i$ 有直到二阶的连续导数,又满足条件(232),可以展开为特征函数 $v_k(P)$ 的傅里叶级数,它在闭区域 D_i 正则收敛.

其次我们指出,特征值 λ_k 的个数是无限的. 在写出级数(240)时,我们已经利用到这一点. 从级数(240)的一致收敛性就推出,如果 $\omega(P)$ 满足定理中所指出的条件,那么就成立封闭性方程

$$\iiint_{D_i} \omega^2(P) \mathrm{d}\tau = \sum_{k=1}^{\infty} c_k^2 \tag{242}$$

在以下,我们证明这一方程对任何的在闭区域 $\overline{D}_i$ 中连续的函数都成立. 不难证明,如果在闭区域 $\overline{D}_i$ 中的某一连续函数 $\omega_1(P)$ 的傅里叶级数

$$\sum_{k=1}^{\infty} a_k v_k(P) \tag{243}$$

在 $\overline{D}_i$ 一致收敛,那么它的和就等于 $\omega_1(P)$. 用 $\omega_2(P)$ 来记级数(243)的和,我们来考察函数 $\omega_2(P) - \omega_1(P)$,它在 $\overline{D}_i$ 连续,与所有的特征函数正交. 因而,它们与核也正交,即

$$\iiint_{D_i} G(P;Q)[\omega_2(Q) - \omega_1(Q)] \mathrm{d}\tau = 0 \quad (P \text{ 在 } \overline{D}_i \text{ 中})$$

从此可见,在条件(232)下,方程

$$\Delta u(P) = \omega_1(P) - \omega_2(P)$$

的广义解是 $u(P) \equiv 0$,因而,$\omega_2(P)$ 重合于 $\omega_1(P)$.

从最后的论述直接推出,核 $G(P;Q)$ 是完全核[见175],因而有无限个特征值 λ_k[25]. 现指出封闭性方程对任何的在 $\overline{D}_i$ 中为连续的函数 $\omega(P)$ 都成立. 这样的函数必须是有界的,这就是,存在一正数 M,使得 $|\omega(P)| \leqslant M$. 设 ε 为已给正数. 选取闭区域 D'_i,使在 D_i 内,并使 $(D_i - D'_i)$ 的体积小于 $\dfrac{\varepsilon}{32M^2}$. 在 $D_i - D'_i$ 内部作一闭曲面 S',使包含 D'_i 于其内部,并且定义一函数 $\varphi(P)$,使得它在闭区域 D'_i 中等于 $\omega(P)$,在 S' 上与 S' 外等于零. 这一函数可以扩充到全空间,使得它为连续,并满足不等式 $|\varphi(P)| \leqslant M$[157]. 设 $\varphi_n(P)$ 为 $\varphi(P)$ 的平均函数.

它有所有阶的导数,对所有的充分大的 n,它们在曲面 S 上等于零,又满足不等式 $|\varphi_n(P)|\leqslant M$. 函数 $\varphi_n(P)$ 在 D'_i 中一致收敛于 $\omega(P)$,我们可以固定一个充分大的 n,使成立

$$\iiint\limits_{D'_i}[\omega(P)-\varphi_n(P)]^2\mathrm{d}\tau\leqslant\frac{\varepsilon}{4}$$

对函数 $\varphi_n(P)$,由于上面所说的事实,成立封闭性方程,这就是,存在这样的 N,使得当 $m\geqslant N$ 时

$$\iiint\limits_{D_i}[\varphi_n(P)-s_m(\varphi_n)]^2\mathrm{d}\tau\leqslant\frac{\varepsilon}{8}$$

式中 $s_m(\varphi_n)$ 为函数 $\varphi_n(P)$ 的傅里叶级数的一段. 注意到不等式 $(a+b)^2\leqslant2(a^2+b^2)$,就可以写出

$$\iiint\limits_{D_i}[\omega(P)-s_m(\varphi_n)]^2\mathrm{d}\tau=$$

$$\iiint\limits_{D_i}\{[\omega(P)-\varphi_n(P)]+[\varphi_n(P)-s_m(\varphi_n)]\}^2\mathrm{d}\tau\leqslant$$

$$2\iiint\limits_{D_i}[\omega(P)-\varphi_n(P)]^2\mathrm{d}\tau+2\iiint\limits_{D_i}[\varphi_n(P)-s_m(\varphi_n)]^2\mathrm{d}\tau\leqslant$$

$$2\iiint\limits_{D_i}[\omega(P)-\varphi_n(P)]^2\mathrm{d}\tau+\frac{\varepsilon}{4}$$

其次我们有

$$2\iiint\limits_{D_i}[\omega(P)-\varphi_n(P)]^2\mathrm{d}\tau=$$

$$2\iiint\limits_{D_i-D'_i}[\omega(P)-\varphi_n(P)]^2\mathrm{d}\tau+2\iiint\limits_{D'_i}[\omega(P)-\varphi_n(P)]^2\mathrm{d}\tau\leqslant$$

$$2\iiint\limits_{D_i-D'_i}[\omega(P)-\varphi_n(P)]^2\mathrm{d}\tau+\frac{\varepsilon}{2}$$

对最后一积分,我们利用不等式

$$|\omega(P)-\varphi_n(P)|^2\leqslant4M^2$$

而得到

$$2\iiint\limits_{D_i-D'_i}[\omega(P)-\varphi_n(P)]^2\mathrm{d}\tau\leqslant8M^2\cdot(D_i-D'_i)\text{ 的体积}<\frac{\varepsilon}{4}$$

由此,前面的不等式给出,在 $m\geqslant N$ 时

$$\iiint\limits_{D_i}[\omega(P)-s_m(\varphi_n)]^2\mathrm{d}\tau<\frac{\varepsilon}{4}+\frac{\varepsilon}{4}+\frac{\varepsilon}{2}=\varepsilon$$

再进一步[3],在 $m\geqslant N$ 时

$$\iiint\limits_{D_i} \left[\omega(P) - s_m(\omega) \right]^2 \mathrm{d}\tau < \varepsilon$$

从此,由于 ε 的任意性,就推出对 $\omega(P)$ 的封闭性方程.

还指出,从(236)直接推出,级数

$$\sum_{k=1}^{\infty} \frac{1}{\lambda_k^2}$$

是收敛级数[3]. 不难证明,封闭性方程对于[3]中所指出的那种类型的无界函数,特别是对格林函数 $G(P;Q)$ 是成立的.

226. 特征函数的法线导数

对我们今后重要的是:研究函数 $v_k(P)$ 的导数当 P 逼近于曲面 S 时的性态.

定理 函数 $v_k(P)$ 在 S 上有正常法线导数.

作起质体势函数

$$u(P) = \frac{\lambda_k}{4\pi} \iiint\limits_{D_i} \frac{v_k(Q)}{r} \mathrm{d}\tau \quad (r = |PQ|)$$

它在全空间有定义,连续,有连续的第一阶导数,在无穷远等于零,它是 D_e 中的调和函数,在 D_i 中有到二阶的连续导数而且满足方程

$$\Delta u = -\lambda_k v_k \tag{244}$$

我们可以作起单层势函数

$$v(P) = \iint\limits_{S} \frac{\mu(N)}{r} \mathrm{d}S$$

它在 S 上满足边值条件

$$\left(\frac{\partial v(N)}{\partial n} \right)_e = \frac{\partial u(N)}{\partial n}$$

并且,必须指出 $u(P)$ 在全空间有连续的第一阶导数.作起函数

$$w(P) = u(P) - v(P)$$

它在 D_e 内有界,在无穷远等于零,在 S 上有等于零的从外部的正常法线导数.对在 D_e 的函数 $w(P)$ 可以应用格林公式[200],从此推出在 D_e 中 $w(P) \equiv 0$,因而这式子在 S 上也成立. 由于(244),在 D_i 内部的函数 $w(P)$ 满足方程

$$\Delta w = \Delta u - \Delta v = -\lambda_k v_k$$

从此推得,在 D_i 中 $w(P)$ 重合于 $v_k(P)$,即

$$v_k(P) = u(P) - v(P) \quad (P \text{ 在 } D_i \text{ 中})$$

式中 $u(P)$ 与 $v(P)$ 前已定义.从此直接推出,特征函数 $v_k(P)$ 在 S 上有正常法线导数.注意到这一点,我们就可以对函数 $v_k(P)$(非调和的)应用格林公式

$$\iiint\limits_{D_i} \left[\left(\frac{\partial v_k}{\partial x} \right)^2 + \left(\frac{\partial v_k}{\partial y} \right)^2 + \left(\frac{\partial v_k}{\partial z} \right)^2 \right] \mathrm{d}\tau =$$

294

$$\iint_S v_k \left(\frac{\partial v_k}{\partial n}\right)_i \mathrm{d}S - \iiint_{D_i} v_k \Delta v_k \mathrm{d}\tau$$

注意到方程 $\Delta v_k = -\lambda_k v_k$ 和条件 $(237')$ 以及函数 $v_k(P)$ 已为标准化,即

$$\iiint_{D_i} v_k^2(P)\mathrm{d}\tau = 1$$

我们就得到公式

$$\lambda_k = \iiint_{D_i}\left[\left(\frac{\partial v_k}{\partial x}\right)^2 + \left(\frac{\partial v_k}{\partial y}\right)^2 + \left(\frac{\partial v_k}{\partial z}\right)^2\right]\mathrm{d}\tau \qquad (245)$$

从此推出 λ_k 是正的. 这一结果也可以较简单地得到. 它直接地可从如下的定理推出,在 $\lambda < 0$ 和条件 (232) 下,方程 (231) 只有零解. 我们将在 $[234]$ 中证明这一定理.

在 $[208]$ 中提到的斯穆棱茨基的论文中在曲面为充分光滑的假设下,研究了特征函数的各阶导数.

证明了如下的事实:如果 S 属于类 S_{l+5},那么 $v_k(P)$ 属于类 $\mathrm{Lip}\,\beta(l-2,\ C_l \lambda_k^{\frac{l+1}{2}})$,于此 $0 < \beta < 1$ 为任意的,而 β 的选择决定了数 C_l 的选择.

在平面的情形,特征函数的正常法线导数的存在性的证明,由于把以前的证明改变形状之后,就归结到与在 $[222]$ 中所进行的关于格林函数的正常法线导数的存在性的证明的作法相类似的过程.

227. 特征值与特征函数的极值性质

完全与 $[186]$ 中相类似,我们可以阐明特征值 λ_n 与特征函数 $v_n(P)$ 的极值性质. 如我们所见,它们是有弱极性[依据 (234)]的对称核的积分方程 (233) 的特征值与特征函数. 我们假设,特征值 λ_n(它们为正)依不减少的次序排列,即 $\lambda_1 \leqslant \lambda_2 \leqslant \cdots$. 我们知道,$\lambda_1$ 是积分

$$\iiint_{D_i}\iiint_{D_i} G(P;Q)\omega(P)\omega(Q)\mathrm{d}\tau_P \mathrm{d}\tau_Q \qquad (246)$$

在满足条件

$$\iiint_{D_i}\left[\iiint_{D_i} G(P;Q)\omega(Q)\mathrm{d}\tau_Q\right]^2 \mathrm{d}\tau_P = 1$$

的在连续函数类 $\omega(P)$ 中的最小值,而这个最小值可以在 $\omega(P) = v_1(P)$ 时达到. 在 $\mathrm{d}\tau$ 处的记号是指出积分的变点的. 在积分 (246) 中,关于点 P 与点 Q 的积分的次序是无关的[见 17].

为了得到后面的特征值与特征函数,必须添上正交性条件

$$\iiint_{D_i} \omega(P) v_k(P)\mathrm{d}\tau = 0 \quad (k=1,2,\cdots,n-1)$$

引入可以用核来表示的函数类 A

$$v(P) = \iiint\limits_{D_i} G(P;Q)\omega(Q)\mathrm{d}\tau_Q$$

式中 $\omega(Q)$ 是 $\overline{D}_i$ 中的任意连续函数,我们就可以把上面的问题叙述成如下的问题:在条件

$$\iiint\limits_{D_i} v^2(P)\mathrm{d}\tau = 1$$

下,求积分

$$\iiint\limits_{D_i} v(P)\omega(P)\mathrm{d}\tau$$

在上述的函数类 $v(P)$ 中的极小.

这一类函数是对于任何一个在 $\overline{D}_i$ 中连续的函数 $\omega(P)$ 的泊松方程

$$\Delta v(P) = -\omega(P)$$

的广义解类,它们在 S 上等于零.而最后,我们可以说这就是积分

$$-\iiint\limits_{D_i} v\Delta v\mathrm{d}\tau \tag{247}$$

在类 A 的极小,这里 Δv 是广义的拉普拉斯算子.如同[186],上面所示的正交性条件归结为函数 $v(P)$ 的正交性条件

$$\iiint\limits_{D_i} v(P)v_k(P)\mathrm{d}\tau = 0 \quad (k=1,2,\cdots,n-1) \tag{248}$$

类 A 中的函数 $v(P)$ 在 D_i 内部有连续的一阶导数,如果我们重复[226]中的论述,我们就会证明,$v(P)$ 在 S 上有正常法线导数.

现来定义作为类 A 的部分的类 A_1.类 A_1 是一具有如下的性质的函数 $v(P)$ 的集合:它们在闭区域 $\overline{D}_i$ 连续,在 S 上等于零,在 D_i 中它们有到二阶的连续导数,并且它的拉普拉斯算子直到 S 为连续.所有的特征函数都属于类 A_1.如果 $v(P)$ 属于类 A_1,那么我们可以对积分(247)用格林公式,而注意到在 S 上 $v(P)=0$,就可以写出积分

$$\iiint\limits_{D_i} (v_x^2 + v_y^2 + v_z^2)\mathrm{d}\tau \tag{249}$$

以代替积分(247).因而,我们能断言,λ_1 是这个积分在类 A_1 中的满足条件

$$\iiint\limits_{D_i} v^2\mathrm{d}\tau = 1 \tag{249'}$$

的最小值,而这个最小值在 $v(P)=v_1(P)$ 时达到.为了得到后来的特征值与特征函数.必须利用已求到的特征函数而添加上面提到过的正交性条件(248).可以证明,格林公式

$$\iiint\limits_{D_i}(v_x^2+v_y^2+v_z^2)\mathrm{d}\tau=-\iiint\limits_{D_i}v\Delta v\mathrm{d}\tau$$

对类 A 中的任意函数 v 成立,式中 Δv 是广义拉普拉斯算子.

因此,上述的特征值与特征函数的极值性质对类 A 中的函数也成立. 在第五卷中我们要证明,这些极值性质在广泛得多的一类函数中也成立.

228. 赫姆霍茨方程与辐射原理

考察波动方程

$$\frac{\partial^2 u}{\partial t^2}=a^2\Delta u \tag{250}$$

并将要求它的具有已给频率的正弦驻波系统型的解

$$u=\mathrm{e}^{\mathrm{i}\omega t}v \tag{251}$$

对 v,我们得到赫姆霍茨方程

$$\Delta v+k^2v=0 \quad (k=\omega:a) \tag{252}$$

其形状与拉普拉斯方程相类似. 首先我们要阐明这个方程的解在无穷远处要满足什么样的条件. 我们已在 $[\text{Ⅲ}_2;154]$ 中提到这个条件而称它为辐射原理. 在本段中我们要给出这个条件的数学的说法. 设在某一曲面 S 外有一驻波系统,以 S 外的某点 M 为中心作球 S_ρ. 这个球的半径取得相当大,使得 S 在 S_ρ 之内,应用克希荷夫公式 $[\text{Ⅱ};202]$

$$u(M;t)=\frac{1}{4\pi}\iint\limits_{S+S_\rho}\left[\frac{1}{r}\left[\frac{\partial u}{\partial n}\right]+\frac{1}{ar}\left[\frac{\partial u}{\partial t}\right]\frac{\partial r}{\partial n}-[u]\frac{\partial \frac{1}{r}}{\partial n}\right]\mathrm{d}S$$

到解(251). 在所写的公式中,积分沿 S 与 S_ρ 进行. 对解(251),我们有

$$[u]=\mathrm{e}^{\mathrm{i}\omega\left(t-\frac{r}{a}\right)}v, \quad \left[\frac{\partial u}{\partial n}\right]=\mathrm{e}^{\mathrm{i}\omega\left(t-\frac{r}{a}\right)}\frac{\partial v}{\partial n}, \quad \left[\frac{\partial u}{\partial t}\right]=\mathrm{i}\omega\mathrm{e}^{\mathrm{i}\omega\left(t-\frac{r}{a}\right)}v$$

而沿 S_ρ 积分时我们得到如下形状的积分

$$\iint\limits_{S_\rho}\frac{\mathrm{e}^{-\mathrm{i}kr}}{r}\left(\frac{\partial v}{\partial r}+\mathrm{i}kv\right)\mathrm{d}S+\iint\limits_{S_\rho}\frac{v}{r^2}\mathrm{e}^{-\mathrm{i}kr}\mathrm{d}S \tag{253}$$

并且在积分号下,应令 $r=\rho$. 自然就要求,当 $\rho\to\infty$ 时这一个表示式要趋向于零(在无穷远点没有振动的源泉),球面的面积元素包含因子 ρ^2,如果使 v 满足要求:当 $r\to\infty$ 时

$$rv \text{ 有界}, r\left(\frac{\partial v}{\partial r}+\mathrm{i}kv\right)\to 0$$

并且这个条件对任意选择的向径 r 的始点都成立. 还关于这些向径的方向一致地成立. 在后文中我们将利用如下的记号,用 $O(r^a)$ 来记,使当 $r\to\infty$ 时比值 $x:r^a$ 保持有界的这种量 x,而用 $o(r^a)$ 来记使当 $r\to\infty$ 时比值 $x:r^a\to 0$ 的这种量 x,并且这关系式应关于向径 r 的方向一致地成立,且与原点的选择无关.

以前的条件可写作形式

$$v = O(r^{-1}) \tag{254}$$

$$\frac{\partial v}{\partial r} + \mathrm{i}kv = o(r^{-1}) \tag{255}$$

这些条件也就是在三维空间情形下的辐射原理的数学的说法. 在二维空间,完全相类似地,这些条件具有形式

$$v = O(r^{-\frac{1}{2}}) \tag{256}$$

$$\frac{\partial v}{\partial r} + \mathrm{i}kv = o(r^{-\frac{1}{2}}) \tag{257}$$

满足辐射原理的基本解,在三维情形下为解

$$v(P) = \frac{\mathrm{e}^{-\mathrm{i}kr}}{r} \tag{258}$$

式中 r 是从某一定点到动点 P 的距离. 对解(258)关于 r 微分,我们能断言,它能满足比条件(255)更强的条件,即在右端可以用 $O(r^{-2})$ 来代替 $o(r^{-1})$. 这时,我们在公式(255)中,假定距离是从同一点 O 算起的. 现在验证公式(254)与(255),但假设距离是从另一点 O_1 算起的,并记 $O_1P = \rho$. ρv 的有界性直接可从 $\rho : r \to 1$ 而推出. 公式(255)的验证可以简单地由于对解(258)借助于 r 关于 ρ 的微分而得到. 这时,我们有

$$\frac{\partial r}{\partial \rho} = \cos \gamma$$

式中 γ 是方向 r 与 ρ 的交角. 应用对 $\triangle OO_1P$ 的边长 OO_1 平方的公式,我们得到

$$\cos \gamma = 1 + O(r^{-2}) \tag{259}$$

在平面的情形,满足辐射原理的基本解是解 $\mathrm{H}_0^{(2)}(kr)$,于此 $\mathrm{H}_0^{(2)}(z)$ 是第二汉克尔函数. 为了验证它,只需利用汉克尔函数的渐近表示式与公式

$$\frac{\mathrm{d}}{\mathrm{d}z}\mathrm{H}_0^{(2)}(z) = -\mathrm{H}_1^{(2)}(z) \tag{260}$$

就够了. 这时条件(257)在较强的形式下得到满足,即在右边将有 $O(r^{-\frac{3}{2}})$ 来代替 $o(r^{-\frac{1}{2}})$. 我们把这一解 $\mathrm{H}_0^{(2)}(kr)$ 乘以如此的常数因子,使得在 $r=0$ 时,解的奇异性归结为 $\ln \frac{1}{r}$. 因而我们得到解

$$v = \frac{\pi}{2\mathrm{i}}\mathrm{H}_0^{(2)}(kr) \tag{261}$$

如同从前一样,可以证明,解

$$\mathrm{H}_m^{(2)}(kr)\cos m\varphi, \mathrm{H}_m^{(2)}(kr)\sin m\varphi \quad (m=1,2,3,\cdots) \tag{262}$$

也满足辐射原理.

229. 唯一性定理

在辐射原理成立时,可以证明唯一性定理,就是:如果函数 v 在某一闭回道 l 之外满足方程(252),在无穷远处满足辐射原理,在 l 上满足齐次边值条件,例如条件 $v\mid_l = 0$ 或 $\left|\dfrac{\partial v}{\partial n}\right|_l = 0$,那么它就恒等于零.

应用公式

$$\iint_{B_1}(u_1\Delta u_2 - u_2\Delta u_1)\,\mathrm{d}S = \int_\lambda\left(u_1\,\frac{\partial u_2}{\partial n} - u_2\,\frac{\partial u_1}{\partial n}\right)\mathrm{d}s \tag{263}$$

到区域 B_1,回道 l 是它的内边界,以某一定点为中心,适当大的半径的圆周 S_r 是它的外边界,并令 $u_1 = v$,$u_2 = \bar{v}$,于此 $\bar{v}$ 与 v 是互为共轭复数的. 假设 v 直到 l 连续且有正常法线导数. 由于(252)二重积分会等于零,由于边值条件,沿 l 的积分也要等于零. 所余下来的只有沿 S_r 的积分,而在这一回道上,方向 n 重合于方向 r. 条件(257)使我们可以令

$$\frac{\partial v}{\partial r} = -\mathrm{i}kv + o(r^{-\frac{1}{2}}),\ \frac{\partial\bar{v}}{\partial r} = \mathrm{i}k\bar{v} + o(r^{-\frac{1}{2}})$$

因而我们引出等式

$$2\mathrm{i}k\int_{S_r}\mid v\mid^2\mathrm{d}s + \int_{S_r}v\cdot o(r^{-\frac{1}{2}})\mathrm{d}s + \int_{S^r}\bar{v}\cdot o(r^{-\frac{1}{2}})\mathrm{d}s = 0$$

因为 $\sqrt{r}\,v$ 与 $\sqrt{r}\,\bar{v}$ 当 $r\to\infty$ 时都有界,所以最后两项趋向于零,而在圆周 S_r 上引进极坐标的辐角 φ,我们有

$$\int_0^{2\pi}\mid\sqrt{r}\,v\mid^2\mathrm{d}\varphi \to 0 \tag{264}$$

现在格林公式用到解 v 及(262)的第一个解. 二重积分仍旧可以消去,而余下沿 l 到沿 S_r 的积分,因而沿 S_r 的积分与 r 无关. 所取的两组解都满足辐射原理,并且解(262)如同解 $H_0^{(2)}(kr)$ 一样,以较强的形式满足条件(257). 如前,我们利用条件(257),就会得到沿 S_r 的积分趋向于零,而因为它的数值与 r 无关,所以它就单纯地等于零,此即

$$H_m^{(2)}(kr)\int_{S_r}\frac{\partial v}{\partial r}\cos m\varphi\,\mathrm{d}\varphi - \frac{\mathrm{d}H_m^{(2)}(kr)}{\mathrm{d}r}\int_{S_r}v\cos m\varphi\,\mathrm{d}\varphi = 0$$

如果令

$$f_m(r) = \int_{S_r}v\cos m\varphi\,\mathrm{d}\varphi$$

那么这就给出

$$H_m^{(2)}(kr)f'_m(r) = \frac{\mathrm{d}H_m^{(2)}(kr)}{\mathrm{d}r}f_m(r)$$

从此 $f_m(r) = c_m H_m^{(2)}(kr)$,于此 c_m 是常数.

完全类似地对

$$g_m(r) = \int_{S_r} v \sin m\varphi \, d\varphi$$

可以得出表达式 $g_m(r) = d_m H_m^{(2)}(kr)$，于此 d_m 也是常数. 封闭性方程 [3] 及公式 (264) 指出，当 m 固定而 $r \to \infty$ 时

$$c_m \sqrt{r}\, H_m^{(2)}(kr) \ \text{与}\ d_m \sqrt{r}\, H_m^{(2)}(kr) \to 0$$

但由 $H_m^{(2)}(kr)$ 的渐近表示推出 $\sqrt{r}\, H_m^{(2)}(kr)$ 的模当 r 很大时，保持大于某一正常数，从此就推出 $c_m = d_m = 0$，即 $f_m(r) = g_m(r) = 0$，从此得出，由于封闭性方程，在圆周 S_r 上 v 等于零.

如果 l 为圆周，那么只要取 S_r 为与 l 同心的圆，我们就得到 v 在 l 之外恒等于零，这就是所要证明的. 在一般的回道的情形，上面的论述指出，在无穷远点的邻域中 v 化为零. 在后文中 [231] 我们要证明，$v(x, y)$ 应该与拉普拉斯方程的解一样，为解析函数. 而根据解析延拓的原理，由于 v 在无穷远点的邻域为零，就推出在 l 之外 v 处处为零. 在三维空间的唯一性定理，也可以用完全相类似的方法来证明.

230. 极限振幅原理

以前所表述的辐射原理与如下的事实紧密地相联系：考察方程 (252) 的区域包含了无穷远点为内点. 在 А. Н. 吉洪诺夫 (Тихонов) 与 А. А. 萨马尔斯基 (Самарский) 的论文《论辐射原理》("О принципе излучения" Журнал зкспериментальной и теоретической Физики, вып. 2, 1948). 表述了一般的辐射原理，它可以应用到各种类型的无界区域. 所提到的一般的辐射原理归结为：方程

$$\Delta v + k^2 v = -F(P)$$

的解应当为乘积 $u(P; t) e^{-i\omega t}$ 当 $t \to \infty$ 时的极限，于此 $u(P; t)$ 为方程

$$\Delta u - \frac{1}{a^2} u_{tt} = -F(P) e^{i\omega t} \qquad \left(k^2 = \frac{\omega^2}{a^2} \right)$$

的满足齐次初始条件

$$u \mid_{t=0} = 0, u_t \mid_{t=0} = 0$$

的解. 在以上提到的那篇论文中指出，在无界的空间的情形，所表述的辐射原理 —— 它可以称为极限振幅原理 —— 可与 [228] 中所表述的原理引导到方程 (252) 的同样的解，这就是由公式

$$v(P) = \frac{1}{4\pi} \iiint_D \frac{e^{-ikr}}{r} F(Q) \, d\tau \quad (r = |PQ|)$$

所确定的解. 并且假设，在有限区域 D 之外，$F(Q)$ 等于零.

在 А. Г. 斯维什尼可夫 (Свешников) 的著作《辐射原理》("Принцип излучения" Доклады Академии Наук СССР, 1950, т. 73, № 5). 考察在三维空

间中由平面 $z=0$ 与 $z=l$ 所围成的区域中的对函数 $u(P;t)$ 的方程,其初始条件与边值条件为齐次的,而证明极限 $v(P)=\lim\limits_{t\to\infty}u(P;t)\mathrm{e}^{-\mathrm{i}\omega t}$ 是存在的,且 $v(P)$ 满足方程(252).

其次,确立了如下的事实,如果 $v(P)$ 满足条件

$$v_m=O(\rho^{-\frac{1}{2}})$$

$$\frac{\partial v_m}{\partial\rho}+\mathrm{i}k_mv_m=o(\rho^{-\frac{1}{2}})$$

于此

$$\rho=\sqrt{x^2+y^2}\text{ 及 }k_m=k\sqrt{1-\left(\frac{\pi}{lk}\right)^2m^2}$$

那么在当 $z=0$ 与 $z=l$ 时,$v=0$ 的条件之下方程(252)只有零解. 在以上指出的条件中数 m 取值从 $m=1$ 到 $\frac{lk}{\pi}$ 的整数部分. 利用极限振幅原理所区分出来的解满足所示的辐射原理. 在所引用的 A. Г. 斯维什尼可夫的论文中也考察所谓极限吸收原理,依据它要求出方程

$$\Delta v+k_1^2v=0$$

的解在 $\varepsilon\to0$ 时的极限,于此 $k_1^2=k^2+\varepsilon\mathrm{i}(\varepsilon>0)$.

231. 赫姆霍茨方程的边值问题

方程(252)的解(258)在 $r=0$ 时有极性 $\frac{1}{r}$,这就给出对方程(252)来作势函数理论的可能性,这理论完全类似于对拉普拉斯方程的牛顿势函数理论. 用 r 来记曲面 S 上的变点 N 与点 P 的距离,在三维的情形我们有如下的单层势函数与双层势函数的类似

$$\begin{cases}v(P)=\iint\limits_S\mu(N)\dfrac{\mathrm{e}^{-\mathrm{i}kr}}{r}\mathrm{d}S\\[3mm]w(P)=\iint\limits_S\mu(N)\dfrac{\partial}{\partial n}\left(\dfrac{\mathrm{e}^{-\mathrm{i}kr}}{r}\right)\mathrm{d}S\end{cases}\tag{265}$$

式中 n 是 S 在变点 N 的外法线方向. 如果在核中取出极性的项 $\frac{1}{r}$,我们就得到普通的势函数,当 P 趋向于曲面时,它们的极限情况由[193]与[195]的公式所表明. 在所余下的积分的核中,在 $r=0$ 时已经没有奇异性,就可以在积分号下取极限. 因而,我们得到与[193]与[195]中的公式完全类似的公式

$$\left(\frac{\partial v(N_0)}{\partial n_0}\right)_i=2\pi\mu(N_0)+\iint\limits_S\mu(N)\frac{\partial}{\partial n_0}\left(\frac{\mathrm{e}^{-\mathrm{i}kr_0}}{r_0}\right)\mathrm{d}S$$

$$(r_0=|NN_0|)$$

$$\left(\frac{\partial v(N_0)}{\partial n_0}\right)_e=-2\pi\mu(N_0)+\iint\limits_S\mu(N)\frac{\partial}{\partial n_0}\left(\frac{\mathrm{e}^{-\mathrm{i}kr_0}}{r_0}\right)\mathrm{d}S$$

$$(266)$$

与

$$w_i(N_0) = 2\pi\mu(N_0) + \iint\limits_S \mu(N) \frac{\partial}{\partial n}\left(\frac{\mathrm{e}^{-ikr_0}}{r_0}\right)\mathrm{d}S$$

$$w_e(N_0) = -2\pi\mu(N_0) + \iint\limits_S \mu(N) \frac{\partial}{\partial n}\left(\frac{\mathrm{e}^{-ikr_0}}{r_0}\right)\mathrm{d}S$$

于此在(266)中积分的核乃是沿在点 N_0 的法线方向 n_0 的导数值,在(267)中积分中的核是沿当点 P 合于 N_0 时点 N 的法线方向 n.

在平面的情形,我们有单层势函数与双层势函数

$$v(P) = \int_l \mu(N) \frac{\pi}{2i} H_0^{(2)}(kr)\mathrm{d}s$$

$$w(P) = \int_l \mu(N) \frac{\partial}{\partial n}\left[\frac{\pi}{2i} H_0^{(2)}(kr)\right]\mathrm{d}s \tag{268}$$

对于它们也成立完全与公式(266)(267)相类似的一些公式,并且右边的因子 2π 必须改为 π. 所写出的势函数满足方程(252),而由于核的特殊选定,所写出的积分的每个元素满足辐射原理,因而也就是这些积分本身都满足辐射原理.

引入核

$$K(N_0, N; k) = \frac{\partial}{\partial n}\left(\frac{\mathrm{e}^{-ikr_0}}{r_0}\right) = -\frac{\mathrm{e}^{-ikr_0}(ikr_0 + 1)}{2\pi r_0^2}\cos\varphi$$

式中 φ 为方向 n 与方向 $\overline{N_0N}$ 的交角. 它的转置核为

$$K(N, N_0; k) = \frac{\partial}{\partial n_0}\left(\frac{\mathrm{e}^{-ikr_0}}{r_0}\right) = \frac{\mathrm{e}^{-ikr_0}(ikr_0 + 1)}{2\pi r_0}\cos\psi$$

式中 ψ 为点 N_0 的法线方向 n_0 与方向 $\overline{N_0N}$ 的交角. 完全如同对待拉普拉斯方程一样,可以提出狄利克雷问题与诺伊曼问题.

狄利克雷内部问题是在于寻求在回道 l 内的方程(252)的解,它在 S 上满足边值条件

$$u\,|_S = f(N_0)$$

外部问题也可以作类似的表述,并且在无穷远处应满足辐射原理. 在诺伊曼问题的情形,我们有边值条件

$$\frac{\partial u}{\partial n}\bigg|_S = f(N_0)$$

从唯一性定理[229]推出,外部问题只能有一个解. 对内部问题,并非对所有的 k 都成立唯一性.

如果在 l 内存在方程(252)的解(非平凡的 —— 译者),在 l 上满足齐次条件:$u\,|_S = 0$,那么称数 k^2 为狄利克雷内部问题的特征值. 对诺伊曼内部问题,也可同样地定义特征值.

如果我们用双层势函数的方式来求狄利克雷外部问题的解,以单层势函数

的方式来求诺伊曼内部问题的解,那么我们引导到联系的积分方程

$$\mu(N_0) + \iint_S \mu(N)K(N_0,N;k)\,dS = -\frac{1}{2\pi}f(N_0) \tag{269}$$

$$\mu(N_0) + \iint_S \mu(N)K(N,N_0;k)\,dS = -\frac{1}{2\pi}f(N_0) \tag{270}$$

式中 N_0 是 S 的变点. 设 k^2 不是诺伊曼内部问题的特征值,我们证明,这时,齐次方程(269)仅有零解. 我们用反证法来证明. 设它有非零解,这时齐次方程(270)应该有不等于零的解 $\mu_0(N)$. 作起以 $\mu_0(N)$ 为密度的单层势函数,我们就得到具有齐次边值条件 $\dfrac{\partial u}{\partial n}\Big|_l = 0$ 的方程(252)的解. 但因为 k^2 并非诺伊曼内部问题的特征值,所以这个解应当在 l 之内等于零. 由于连续性,所说的单层势函数应在 l 上等于零,因而,据唯一性定理,它应当在 l 外也等于零. 这时,由于与(54)相类似的公式,$\mu_0(N)$ 应当恒等于零. 所得到的矛盾证明了,如果 k^2 并非诺伊曼内部问题的特征值,那么齐次方程(269)只有零解,因而对任意的 $f(N_0)$,非齐次方程是可解的,即,对任意的 $f(N_0)$,狄利克雷外部问题有具双层势函数形式的解. 完全类似地,如果 k^2 并非狄利克雷内部问题的特征值,那么诺伊曼外部问题有具单层势函数形式的解.

在 В. Д. 科布拉齐(Купрадзе)的书《振动理论的边值问题与积分方程》("Гранищные задачи теории колебаний и интегральные уравнения")中,详细地叙述了作者在电动力学,弹性理论的驻波体系方面的研究,特别是绕射方面的研究,我们在下一段要讲到它. 在所提到的这本书中,也考察 k^2 是狄利克雷内部问题或诺伊曼内部问题的特征值的情形,并指出,如何在这些情形下作外部问题的解.

现证明,方程(252)的每个在某一区域 D 内具连续二阶导数的解 $v(P)$ 是坐标的解析函数. 为此,只要证明 $v(P)$ 在以 D 内任意点 P_0 为中心的某一球 S_0 内为解析就可以了.

要设法把 S_0 内的 $v(P)$ 表示为双层势函数(265)的形式. 为求这一势函数的密度,我们引来积分方程

$$\mu(N_0) = \frac{1}{2\pi}f(N_0) - \frac{1}{2\pi}\iint_{S_0}\mu(N)\frac{\partial}{\partial n_0}\left(\frac{e^{-ikr_0}}{r_0}\right)dS \tag{271}$$

这里 $f(N)$ 是 $v(P)$ 在球 S_0 上的数值. 这个球可以取得充分小使得方程

$$\mu(N_0) = -\frac{1}{2\pi}\iint_{S_0}\mu(N)\frac{\partial}{\partial n_0}\left(\frac{e^{-ikr_0}}{r_0}\right)dS \tag{272}$$

只有零解. 现证明这一点. 设 λ_1 是方程 $\Delta u + \lambda u = 0$ 在边值条件 $u|_{s_0}=0$ 下的第一个特征值,这里的 S_0 是以 1 为半径的球. 施行相似变换,不难置信,对以 R

为半径的球,它的第一个特征值等于 $\dfrac{\lambda_1}{R}$,而数 R 可以取得相当小,使得 $\dfrac{\lambda_1}{R}$ 大于数 k^2. 这时方程 $\Delta u + k^2 u = 0$ 的狄利克雷内部问题的具齐次边值条件的解仅是零解. 积分方程(272)是对双层势函数密度的方程,它给出我们刚才所说的齐次狄利克雷内部问题的解. 注意到这个问题仅有零解,进行与[207]中完全相同的论述,我们就会得到,对以 R 为半径的球,方程(272)只有零解. 在 R 的这样的选择下,我们可以断言方程(271)的解的存在性,且有

$$v(P) = \iint_{S_0} \mu(N) \frac{\partial}{\partial n}\left(\frac{e^{-ikr}}{r}\right) dS \quad (P \text{ 在 } S_0 \text{ 内}, r = |PN|)$$

或[Ⅱ;197]

$$v(P) = -\iint_{S_0} \mu(N) \frac{e^{-ikr}(ikr+1)}{r^2} \cdot \frac{R^2 + r^2 - \rho^2}{2Rr} dS \tag{273}$$

式中 R 为 S_0 的半径,$\rho = |P_0 P|$. 被积函数是在 S_0 内部的点 P 的坐标 (x, y, z) 的解析函数,而从(273)就推出 $v(P)$ 是 (x, y, z) 的解析函数[见 159]. 在平面的情形,借助于对应的奇解(我们在下面要讨论它)可以类似地进行证明.

如同对拉普拉斯方程的作法完全一样,我们可以对方程(252)作格林函数. 在三维的情形,这个方程的基本奇解可以写为 $\dfrac{\cos kr}{r}$ 的形状. 对应于条件

$$v|_s = 0 \tag{274}$$

的格林函数可以求为如下的形状

$$G_1(P, Q; k^2) = \frac{\cos kr}{4\pi r} + g_1(P, Q; k^2) \quad (r = |PQ|) \tag{275}$$

式中 $g_1(P, Q; k^2)$ 在 D 内满足方程(252),在 S 上满足边值条件

$$g_1(P, Q; k^2)\Big|_s = -\frac{\cos kr}{4\pi r}\Big|_s \tag{276}$$

如果 k^2 并非方程(252)在边值条件(274)下的特征值,那么我们就可以作出这样的函数.

在平面的情形,方程(252)的只与距离 $r = |PQ|$ 有关的解具有形状 $Z_0(kr)$,于此 $Z_0(z)$ 是零阶的贝塞尔方程的任意的解

$$Z''_0(z) + \frac{1}{z}Z'_0(z) + Z_0(z) = 0 \tag{277}$$

我们取诺伊曼函数[Ⅲ;214]

$$N_0(z) = \frac{2}{\pi} J_0(z)\left(\ln\frac{z}{2} + C\right) -$$

$$\frac{2}{\pi}\sum_{k=1}^{\infty} \frac{(-1)^k}{(k!)^2}\left(\frac{z}{2}\right)^{2k}\left(\frac{1}{k} + \frac{1}{k-1} + \cdots + 1\right)$$

作为这个方程的一解.

在点 Q 有极性 $\frac{1}{2\pi}\ln\frac{1}{r}$ 的基本奇解就是

$$-\frac{1}{4}N_0(kr) \tag{279}$$

从(278)推出,除去带有极性的项外,在函数(279)的表达式中还有包含 $\ln r$ 的形状为 $r^{2n}\ln r(n=1,2,\cdots)$ 的项. 当 $r\to 0$ 时这些项趋向于零. 由直接微分,不难置信,它们的关于坐标的一阶导数也趋向于零,而函数(279)在点 Q 有一阶连续导数. 设 k 并非方程(252)在边值条件(274)下的特征值. 对于这样的 k 就不难作起方程(252)的格林函数 $G_1(P,Q;k^2)$.

要求出具下述形状的格林函数

$$G_1(P,Q;k^2)=-\frac{1}{4}N_0(kr)+g_1(P,Q;k^2) \tag{280}$$

因为右边第一项满足方程,且有所要求的极性. 问题化到决定项 $g_1(P,Q;k^2)$,使得它没有极性,而满足方程(252),在回道 l 上满足如下的非齐次边值条件

$$g_1\big|_l=\frac{1}{4}N_0(kr)$$

我们注意到 k 并非特征值,我们就得到满足这些条件的函数 g_1 的唯一的确定.

重新回到三维的情形,还指出一个与方程(252)相联系的公式. 设 $v_0(r)$ 是这一方程的任一奇解,有极性 $\frac{1}{r}$,并设 $v(P)$ 是在 D_i 中直到 S 有连续到二阶的导数的任一函数. 进行与[Ⅱ;193]中相同的论述,就得到公式

$$v(P)=\frac{1}{4\pi}\iint\limits_S\left[v_0(r)\frac{\partial v}{\partial n}-v\frac{\partial v_0(r)}{\partial n}\right]\mathrm{d}S-\frac{1}{4\pi}\iiint\limits_{D_i}\frac{\Delta v+k^2v}{r}\mathrm{d}\tau$$

这里 P 在 D 内而 r 是 P 到积分变点的距离. 如果 v 满足方程(252),则三重积分等于零. 应而所得公式于 S 为以 R 为半径的球,P 为它的中心的情形,选择 $v_0(r)$ 使得 $v_0(R)=0$

$$v_0(r)=\frac{\cos kr}{r}-\cot kR\frac{\sin kr}{r}$$

结果我们得到

$$\frac{\sin kR}{kR}v(P)=\frac{1}{4\pi R^2}\iint\limits_S v\mathrm{d}S$$

在右边是 v 沿 S 的平均. 这一公式推广了调和函数的平均性质.

232. 电磁波的绕射

在具介电常数 ε 与导电常数 σ 的物体中进行的正弦型的电磁波的绕射现象归结为更复杂的问题. 我们考虑平面的情形. 设 l 为物体的回道,这就是说在 l 之外就是真空. 用 B_i 与 B_e 记平面在 l 之内与在 l 之外的部分. 问题可以数学地

归结为求函数 $E(x,y)$,使满足方程

$$\Delta E + k_i^2 E = 0 \quad \text{(在 } B_i \text{ 内)}$$
$$\Delta E + k_e^2 E = 0 \quad \text{(在 } B_e \text{ 内)} \tag{281}$$

于此

$$k_i^2 = \frac{\omega^2 \varepsilon - \omega \sigma \mathrm{i}}{c}, \quad k_e^2 = \frac{\omega^2}{c}$$

ω 是波进行的频率,c 是光在真空中的速度. 在 B_i 中函数 E 乃是由于进行着的扰动 $A(x,y)\mathrm{e}^{\mathrm{i}\omega t}$ 而产生的电场强度向量在 Z 轴方向的分量,在 B_e 中,E 是进行着的波 A 与从回道的绕射结果所得到的波的和,这就是说,差式 $(E-A)$ 应满足辐射原理. 已给的函数 A 应当在全平面满足方程

$$\Delta A + k_e^2 A = 0 \tag{282}$$

边值条件为 E 与 $\dfrac{\partial E}{\partial n}$ 越过回道时的连续性.

对区域 B_i 及函数 $E(Q)$ 与

$$G(P;Q) = \frac{\pi}{2\mathrm{i}} \mathrm{H}_0^{(2)}(k_e r) \quad (r = |\, PQ \,|) \tag{283}$$

应用格林公式,而假设 P 在 B_i 内部. 这时我们用一小圆 γ 把 P 划出,把所余下来的区域记为 B'_i

$$\iint\limits_{B_i} (E\Delta G - G\Delta E)\mathrm{d}S = \int_l \left(E\frac{\partial G}{\partial n} - G\frac{\partial E}{\partial n} \right)\mathrm{d}s + \int_\gamma \left(E\frac{\partial G}{\partial n} - G\frac{\partial E}{\partial n} \right)\mathrm{d}s$$

(281) 中的第一个方程及对函数(283)的类似方程给出

$$E\Delta G - G\Delta E = (k_e^2 - k_i^2)G(P;Q)E(Q)$$

注意到,$G(P;Q)$ 在 $r=0$ 时有一极性 $\ln\dfrac{1}{r}$,并且无限地压缩圆周 γ,我们就得到 [见 Ⅱ;186]

$$2\pi E(P) = (k_i^2 - k_e^2)\iint\limits_{B_i} G(P;Q)E(Q)\mathrm{d}S + \int_l \left(E\frac{\partial G}{\partial n} - G\frac{\partial E}{\partial n} \right)\mathrm{d}s \tag{284}$$

设 S_ρ 为以原点为中心、充分大的 ρ 为半径的圆周,B'_e 为 B_e 在 S_ρ 中的部分. 对 B'_e 应用格林公式并假设 P 在 B_i 内部,我们就得到

$$0 = \int_{S_\rho} \left(E\frac{\partial G}{\partial n} - G\frac{\partial E}{\partial n} \right)\mathrm{d}s + \int_l \left(E\frac{\partial G}{\partial n} - G\frac{\partial E}{\partial n} \right)\mathrm{d}s \tag{284'}$$

现设 P 在 B_e 中而对 B_i 应用格林公式,就得到

$$0 = (k_i^2 - k_e^2)\iint\limits_{B_i} G(P;Q)E(Q)\mathrm{d}S + \int_l \left(E\frac{\partial G}{\partial n} - G\frac{\partial E}{\partial n} \right)\mathrm{d}s \tag{284''}$$

最后,设 P 在 B_e 中而对 B'_e 应用格林公式,就得到

$$2\pi E(P) = \int_l \left(E\frac{\partial G}{\partial n} - G\frac{\partial E}{\partial n} \right)\mathrm{d}s + \int_{S_\rho} \left(E\frac{\partial G}{\partial n} - G\frac{\partial E}{\partial n} \right)\mathrm{d}s \tag{284'''}$$

在公式(284)与(284′)中回道 l 的外法线方向是相反的. 在公式(284″)与(284‴)中也成立同样的事实. 把(284)与(284′)相加,也把(284″)与(284‴)相加,我们注意到 E 与 $\dfrac{\partial E}{\partial n}$ 越过回道 l 时的连续性,我们得到当 P 在 B_i 中或在 B_e 中时的统一的方程

$$2\pi E(P) = (k_i^2 - k_e^2) \iint\limits_{B_i} G(P;Q)E(Q)\mathrm{d}S + \int_{S_\rho} \left(E\frac{\partial G}{\partial n} - G\frac{\partial E}{\partial n} \right)\mathrm{d}s \quad (285)$$

而所余下来的就是令 $\rho \to \infty$ 时的极限的过程. 对由圆周 S_ρ 所围成的圆,对函数 A 与 G 应用格林公式,并设 P 在 S_ρ 内,我们就得到

$$2\pi A(P) = \int_{S_\rho} \left(A\frac{\partial G}{\partial n} - G\frac{\partial A}{\partial n} \right)\mathrm{d}s$$

而因此,在公式(285)中的曲线积分就等于如下的表达式

$$2\pi A(P) + \int_{S_\rho} \left\{ [E(Q) - A(Q)]\frac{\partial G(P;Q)}{\partial n} - \right.$$

$$\left. G(P;Q)\frac{\partial}{\partial n}[E(Q) - A(Q)] \right\}\mathrm{d}s \quad (286)$$

利用差式 $(E - A)$ 应当满足辐射原理这一事实,我们在下一段的末尾将证明,所写的积分趋向于零,而公式(285)给出

$$E(P) = \frac{k_i^2 - k_e^2}{2\pi} \iint\limits_{B_i} G(P;Q)E(Q)\mathrm{d}S + A(P) \quad (287)$$

如果假设 P 在 B_i 内,那么所写出的方程就是普通的积分方程. 从其中决定 $E(P)$,此时 P 在 B_i 内,把所得到的解代到(287)的右边,就得到当 P 属于 B_e 时,$E(P)$ 的显式表示. 我们在问题存在解的假设下得到方程(287). 严格地说,必须对方程(287)进行研究,并且证明,当 P 在 B_i 时它有解,而这个解就是所提出的绕射问题的解. 这些是在下一段末尾所指出的论文中完成的. 还指出,方程(287)中的积分并非沿 l 所做而是沿整个区域 B_i 所做.

233. 磁场强度向量

为了决定磁场强度向量 $H(x,y)$,我们有同样的方程与同样的条件,而只有一点变动. 我们应当以 $\dfrac{1}{k}\dfrac{\partial H}{\partial n}$ 的连续性代替 $\dfrac{\partial H}{\partial n}$ 的连续性,这里在 B_i 中 $k = k_i$,在 B_e 中 $k = k_e$. 此外,差式 $(H - B)$,应当满足辐射原理,于此 $B(x,y)$ 是满足方程(282)的已给函数. 我们仍然有方程(284). 由于注意到 $\dfrac{1}{k}\dfrac{\partial H}{\partial n}$ 的连续性的要求,把(284)乘以 $\dfrac{1}{k_i^2}$,把(284′)乘以 $\dfrac{1}{k_e^2}$ 相加. 对(284″)与(284‴)也进行同样的手续. 然后,如前地过渡到极限,就有

$$\frac{H(P)}{k_i^2} = \frac{k_i^2 - k_e^2}{2\pi k_i^2} \iint\limits_{B_i} G(P;Q) H(Q) \mathrm{d}S +$$

$$\frac{1}{2\pi} \left(\frac{1}{k_i^2} - \frac{1}{k_e^2} \right) \int_l H(Q) \frac{\partial G(P;Q)}{\partial n} \mathrm{d}s + \frac{B(P)}{k_e^2} \quad (P \text{ 在 } B_i)$$

$$\frac{H(P)}{k_e^2} = \frac{k_i^2 - k_e^2}{2\pi k_i^2} \iint\limits_{B_i} G(P;Q) H(Q) \mathrm{d}S +$$

$$\frac{1}{2\pi} \left(\frac{1}{k_i^2} - \frac{1}{k_e^2} \right) \int_l H(Q) \frac{\partial G(P;Q)}{\partial n} \mathrm{d}s + \frac{B(P)}{k_e^2} \quad (P \text{ 在 } B_e)$$

由于函数 $G(P;Q)$ 当 P 重合于 Q 时有极性,当 P 趋向于回道时,所写出的曲线积分的性态与双层势函数相同,因而当 P 在回道上,我们就得到

$$\frac{1}{2} \left(\frac{1}{k_i^2} + \frac{1}{k_e^2} \right) H(P) = \cdots$$

此时,右边是与前面的方程一样的.我们可以把前面的三个方程写成一个公式的形式

$$\frac{1}{k^2} H(P) = \frac{k_i^2 - k_e^2}{2\pi k_i^2} \iint\limits_{B_i} G(P;Q) H(Q) \mathrm{d}S +$$

$$\frac{1}{2\pi} \left(\frac{1}{k_i^2} - \frac{1}{k_e^2} \right) \int_l H(Q) \frac{\partial G(P;Q)}{\partial n} \mathrm{d}s + \frac{B(P)}{k_e^2} \qquad (288)$$

式中当 P 在 B_i 内时 $k^2 = k_i^2$;当 P 在 B_e 内时 $k^2 = k_e^2$;而当 P 在 l 上时 $\frac{1}{k^2} = \frac{1}{2} \left(\frac{1}{k_i^2} + \frac{1}{k_e^2} \right)$.

如果 P 在闭区域 B_i 中,那么(288)是一个带重的积分方程[49],对于它普通的弗雷德霍姆定理都是适用的.可以证明它有一个确定的解并且这个解给出所提的绕射问题的解.我们指出,如果我们已经解出上面所说的积分方程,这就是已经知道在闭区域 B_i 中的 $H(Q)$,那么公式(288)给出在 B_e 中的 $H(P)$.

现在证明在表示式(286)中的积分当 $\rho \to \infty$ 时趋向于零.由于 $\mathrm{H}_0^{(2)}(z)$ 与 $\mathrm{H}_1^{(2)}(z)$ 的渐近表示式,我们有

$$\frac{\partial G(P;Q)}{\partial r} = -\mathrm{i}k_e G(P;Q) + O(r^{-\frac{3}{2}}) \quad (r = |PQ|)$$

在下面,我们假设 P 为固定而 Q 在 S_ρ 上.我们有

$$\frac{\partial G(P;Q)}{\partial \rho} = \frac{\partial G}{\partial r} \cdot \frac{\partial r}{\partial \rho} = \frac{\partial G}{\partial r} \cos \gamma$$

这里对 $\cos \gamma$ 我们有表达式(259).

其次,成立明显的等式

$$O(r^a) = O(\rho^a)$$

而因此

$$\frac{\partial G(P;Q)}{\partial \rho} = -ik_e G(P;Q) + O(\rho^{-\frac{3}{2}})$$

在表示式(286)中的积分可以表示为形式

$$J = \int_{S_\rho} \{(E-A)[-ik_e G + O(\rho^{-\frac{3}{2}})] - G[-ik_e(E-A) + o(r^{-\frac{1}{2}})]\}ds$$

或

$$J = \int_{S_\rho} [(E-A) \cdot O(\rho^{-\frac{3}{2}}) + G \cdot o(\rho^{-\frac{1}{2}})]ds = \int_{S_\rho} [o(r^{-1}) + o(r^{-1})]ds$$

从此就直接推出 $J \to 0$. 可以在下列论文中找到关于绕射问题的研究.

1. В. Д. 科布拉齐,《振动理论的边值问题与积分方程》.

2. 斯端堡(Sternberg),《积分方程在光的电磁理论中的应用》("Anwendung der Integralgleichungen in der elektromagnetishen Lichttheorie",Compositio Matematica,vol. 3,f. 2,1936).

3. 福洛依邓太(Freudental),《论光的电磁理论中的绕射》("Uber Beugungsprobleme der elektromagnetischen Lichttheorie",Compositio Matematica,vol. 6,f. 2,1938).

234. 椭圆型方程狄利克雷问题解的唯一性

考察两个自变量的线性椭圆型方程

$$L(u) = \sum_{i,k=1}^{2} a_{ik}(x_1,x_2)u_{x_i x_k} + a_1(x_1,x_2)u_{x_1} +$$
$$a_2(x_1,x_2)u_{x_2} + b(x_1,x_2)u = f(x_1,x_2) \quad (a_{ik}=a_{ki}) \quad (289)$$

所有的系数都假设为在 (x_1,x_2) 平面的闭区域 $\overline{B}$ 为连续,由于方程是椭圆型的,变量 ξ_1,ξ_2 的二次形式

$$\sum_{i,k=1}^{2} a_{ik}(x_1,x_2)\xi_i\xi_k \quad (290)$$

在整个区域 $\overline{B}$ 应是定号的. 可以假定它的正定的. 对方程(289)的狄利克雷问题是:求该方程的一解,使它在 B 中有到二阶的连续导数,在闭区域 $\overline{B}$ 中连续,在区域 B 的回道 l 上取已给的数值. 这个问题的解的唯一性的证明归结为证明如下事实:齐次方程

$$L(u) = 0 \quad (291)$$

的具齐次边值条件

$$u \mid_l = 0 \quad (292)$$

的解在 B 中恒等于零. 在证明这一论断时,系数 $b(x_1,x_2)$ 的符号起重大的作用. 不难举出例子,方程(291)与边值条件(292)有非零解. 可以举出一个初等的这样的例子:在正方形 $0 \leqslant x_1 \leqslant \pi,0 \leqslant x_2 \leqslant \pi$ 中的方程

$$u_{x_1 x_1} + u_{x_2 x_2} + 2k^2 u = 0 \quad (291')$$

不难证明，如果 k 为非零整数，那么齐次问题(291)与(292)有解

$$u = \sin kx_1 \sin kx_2$$

还应提醒，在条件(292)下，方程(291′)有无限个特征值. 在唯一性的证明中我们假设系数 $b(x_1, x_2)$ 在 B 内不取正值. 首先假设，在 B 中

$$b(x_1, x_2) < 0 \tag{293}$$

如果问题(291)(292)有非零解，那么这个解在 B 内或者有正的最大值，或者有负的最小值，或者二者兼而有之. 如果必要的话，我们改变解的符号，就可假设，这个解达到正的最大值，因而在 B 内某点 P_0 为极大. 在这点应有 $u_{x_1}(P_0) = u_{x_2}(P_0) = 0$，而方程(289)在这点给出

$$\sum_{i,k=1}^{2} a_{ik}(P_0) u_{x_i x_k}(P_0) + b(P_0) u(P_0) = 0 \tag{294}$$

函数在点 P_0 为有极大的条件给出

$$u_{x_1 x_2} \leqslant 0, u_{x_2 x_2} \leqslant 0, u_{x_1 x_1} u_{x_2 x_2} - u_{x_1 x_2}^2 \geqslant 0 \tag{295}$$

这里，我们未写出变点 P_0.

这一条件等价于二次型

$$\sum_{i,k=1}^{2} u_{x_i x_k}(P_0) \xi_i \xi_k \tag{296}$$

不采取正值. 在方程(294)左边的和式可以写为

$$\sum_{i=1}^{2} \left[\sum_{k=1}^{2} a_{ik}(P_0) u_{x_i x_k}(P_0) \right] \tag{297}$$

的形状，从此可见，这个和式是矩阵 $a_{ik}(P_0)$ 与 $u_{x_i x_k}(P_0)$ 的乘积的迹. 它不因为转变为相似矩阵而改变 [III$_1$; 27]. 利用相似变换，使得矩阵 $a_{ik}(P_0)$ 与 $u_{x_i x_k}(P_0)$ 同时化为平方和 [III$_2$; 37]

$$k_1 \xi_1^2 + k_2 \xi_2^2, l_1 \xi_1^2 + l_2 \xi_2^2$$

并且 $k_1 > 0, k_2 > 0, l_1 \leqslant 0, l_2 \leqslant 0$. 和式(297)将有形式 $k_1 l_1 + k_2 l_2$，从此显见

$$\sum_{i,k=1}^{2} a_{ik}(P_0) u_{x_i x_k}(P_0) \leqslant 0$$

注意到(294)，我们有 $b(P_0) u(P_0) \geqslant 0$，由于(293)及条件 $u(P_0) > 0$，这是不可能的. 因而齐次问题(291)与(292)只有零解.

现证，可以用条件在 B 内 $b(x_1, x_2) \leqslant 0$ 以代替条件(293). 引入新的函数 $v(P)$

$$u(P) = (\alpha - e^{-\beta x_1}) v(P) \tag{298}$$

以代替 $u(P)$，这里 α, β 都是常数. 对 $v(P)$，我们得到如下形状的方程

$$\sum_{i,k=1}^{2} a_{ik} v_{x_i x_k} + c_1 v_{x_1} + c_2 v_{x_2} + dv = 0 \tag{299}$$

式中

$$d = b + \beta e^{-\beta x_1} \frac{a_1 - a_{11}\beta}{\alpha - e^{-\beta x_1}} \quad (a_{11} > 0)$$

而可以选择适当大的正数 α 与 β，使得 $\alpha - e^{-\beta x_1} > A$，于此 A 为正数而 $d < 0$.

条件(292)等价于

$$v \mid_l = 0 \tag{300}$$

对 v 齐次问题(299)和(300)都只有零解，而由于(298)，就可断言，问题(291)和(292)也都只有零解。因而，在条件 $b(x_1, x_2) \leqslant 0$ 下，在 B 内的问题(291)和(292)只有零解。

这个结果可以直接地推到任意个自变量的情形

$$L(u) = \sum_{i,k=1}^{n} a_{ik} u_{x_i x_k} + \sum_{i=1}^{n} a_i u_{x_i} + bu = 0 \tag{301}$$

$$u \mid_S = 0 \tag{302}$$

这里 S 是空间 $(x_1, \cdots, x_n)$ 的区域 D 的边界。二次型

$$\sum_{i,k=1}^{n} a_{ik} \xi_i \xi_k$$

为正定，而在函数 u 的极大点，二次型

$$\sum_{i,k=1}^{n} u_{x_i x_k} \xi_i \xi_k$$

不能取正值[见 Ⅰ;165]。如前，从此就推出：在所提到的极大点

$$\sum_{i,k=1}^{n} a_{ik} u_{x_i} u_{x_k} \leqslant 0$$

而证明就可以完全如前一样地进行。

235. 方程 $\Delta v - \lambda v = 0$

考察方程

$$\Delta v - \lambda v = 0 \tag{303}$$

于此 λ 是一正数，我们提出狄利克雷内部问题，其边值条件为

$$v \mid_S = f(N) \tag{304}$$

在区域 D_i 内，方程(303)的解不能在正的极大，也不能有负的极小[233]，从此就推出所示的狄利克雷问题解的唯一性。

如果函数 $f(N)$ 满足不等式 $-a \leqslant f(N) \leqslant b$，于是 a, b 是某些正数，那么狄利克雷问题在解 D_i 内也应满足同一不等式。

首先考察非齐次方程

$$\Delta v - \lambda v = -\varphi(P) \quad (\text{在 } D_i \text{ 内}) \tag{305}$$

具齐次边值条件

$$v \mid_S = 0 \tag{306}$$

的情形。我们假设 $\varphi(P)$ 在闭区域 $\overline{D}_i$ 连续，在 D_i 内有连续的导数。问题(305)和

(306) 等价于积分方程[见 224]

$$v(P) = -\lambda \iiint_{D_i} G(P;Q)v(Q)\mathrm{d}\tau + \iiint_{D_i} G(P;Q)\varphi(Q)\mathrm{d}\tau \qquad (307)$$

式中，$G(P;Q)$ 是拉普斯方程以(306)为边值条件的格林函数. 因为$(-\lambda)$是一负数，但核 $G(P;Q)$ 的所有特征值均为正，所以方程(307)对于任意的自由项有一个确定的解，它也就是问题(305)和(306)的解.

现转到狄利克雷问题(303)与(304). 设 $w(P)$ 为拉普拉斯方程以(304)为边值条件的狄利克雷问题的解. 函数

$$u(P) = v(P) - w(P) \qquad (308)$$

应当满足方程

$$\Delta u - \lambda u = \lambda w$$

与边值条件

$$u \mid_S = 0$$

我们刚才证过这问题的解的存在性. 知道了 $u(P)$，就可依据公式(308)求出狄利克雷问题的解 $v(P)$.

方程(303)的基本奇解是解

$$v_0(P) = \frac{\mathrm{e}^{-\sqrt{\lambda}r}}{r} \qquad (309)$$

于此 r 是点 P 到某一定点 Q 的距离. 以这个奇解为基础，也可以完全如同以前的作法一样[231]，建立势函数理论，我们不讨论这一方面而转向于定义格林函数.

方程(303)在边值条件(306)下的格林函数 $G_1(P,Q;\lambda)$ 是在区域 D_i 内除点 Q 外直到 S 的点 P 的连续函数，在 D_i 内除点 Q 外有到二阶的连续的导数，在 D_i 内满足方程(303)，在 S 上满足边值条件(306)，并可写作

$$G_1(P,Q;\lambda) = \frac{\mathrm{e}^{-\sqrt{\lambda}r}}{4\pi r} + g_1(P,Q;\lambda) \qquad (310)$$

的形状，这里 $g_1(P,Q;\lambda)$ 在 D_i 内到处有到二阶的连续导数. 函数 $g_1(P,Q;\lambda)$ 是方程(303)以

$$g_1(P,Q;\lambda) \mid_S = -\frac{\mathrm{e}^{-\sqrt{\lambda}r}}{4\pi r}\bigg|_S \qquad (311)$$

为边值条件的狄利克雷问题的解. 完全同[220]中的情况一样，可以证明 $g_1(P, Q;\lambda)$ 是点对 P,Q 的连续函数，而在 D_i 内成立不等式

$$0 < G_1(P,Q;\lambda) < \frac{\mathrm{e}^{-\sqrt{\lambda}r}}{4\pi r} \quad （在 D_i 内，r = \mid PQ \mid） \qquad (312)$$

其次，也完全同[221]中一样，可以证明 $G_1(P,Q;\lambda)$ 的对称性.

在条件(306)下，方程(305)的解可用公式

$$v(P) = \iint\limits_{D_i} G_1(P,Q;\lambda)\varphi(Q)\mathrm{d}\tau \tag{313}$$

来表示.它的证明也与[224]中相同.积分

$$\iint\limits_{D_i} g_1(P,Q;\lambda)\varphi(Q)\mathrm{d}\tau$$

在 D_i 中满足齐次方程(303)[224].含有奇性部分的积分可表示为形式

$$\iint\limits_{D_i} \frac{\mathrm{e}^{-\sqrt{\lambda}r}}{4\pi r}\varphi(Q)\mathrm{d}\tau_Q = \iint\limits_{D_i} \frac{\varphi(Q)}{4\pi r}\mathrm{d}\tau + \iint\limits_{D_i} \left(\frac{\mathrm{e}^{-\sqrt{\lambda}r}}{4\pi r} - \frac{1}{4\pi r}\right)\varphi(Q)\mathrm{d}\tau$$

对第一项应用泊松公式,而在第二项中因已把极性分出而能在积分号下两次求导数.从此直接得出,应用算子 $(\Delta-\lambda)$ 到(313)会给出 $[-\varphi(P)]$.对函数(313)的边值条件(306)可以如在[224]中一样来验证.

可从另一方法来引向格林函数的概念,这就是我们在[172]中的作法的类似.考察非齐次方程(305),并假设,除掉以 Q 为中心和很小的半径 ε 的球 D_ε 外, $\varphi(P)$ 处处化为零,并且

$$\iint\limits_{D_\varepsilon} \varphi(P)\mathrm{d}\tau = 1 \tag{314}$$

转向积分方程(307),我们可以把它的解写为形式[8]

$$v(P) = \iint\limits_{D_i} R(P,Q';\lambda)\varphi(Q')\mathrm{d}\tau_{Q'} \tag{315}$$

式中 $R(P,Q;\lambda)$ 是方程(307)的解核.考虑到 $\varphi(Q')$ 的定义,可以期望,当 ε 趋向于零时,(315)的左边趋向于 $R(P,Q;\lambda)$,所以

$$G_1(P,Q;\lambda) = R(P,Q;\lambda)$$

这就是,格林函数 $G_1(P,Q;\lambda)$ 是积分方程(307)的解核.

自然地,这就会引出下述关系

$$G_1(P,Q;\lambda) = G(P;Q) - \lambda\iint\limits_{D_i} G(P;Q')G_1(Q',Q;\lambda)\mathrm{d}\tau_Q \tag{316}$$

它不难可在下述基础上证实:差式 $H(P,Q) = G_1(P,Q;\lambda) - G(P;Q)$ 满足方程 $\Delta H(P,Q) = \lambda G_1(P,Q;\lambda)$、边值条件(306)以及在点 Q 保持为连续.但我们已有关于把解核依核的特征函数展开的级数表示形式[30],在所论情形下,它给出

$$G_1(P,Q;\lambda) = G(P;Q) - \lambda\sum_{k=1}^{\infty} \frac{v_k(P)v_k(Q)}{\lambda_k(\lambda_k + \lambda)}$$

式中 λ_k 与 $v_k(P)$ 是核 $G(P;Q)$ 的特征值与特征函数,即方程(231)在条件(232)下的特征值与特征函数.与(316)相比较,就得出

$$\iint\limits_{D_i} G(P;Q')G_1(Q',Q;\lambda)\mathrm{d}\tau_{Q'} = \sum_{k=1}^{\infty} \frac{v_k(P)v_k(Q)}{\lambda_k(\lambda_k + \lambda)} \tag{317}$$

上面所说的事实并不是有严格的基础的. 现在我们要进行对式(317)的证明,我们在后文中需要它.

首先让我们记起,如 λ_k 为核 $G(P;Q)$ 的特征值,级数

$$\sum_{k=1}^{\infty} \frac{1}{\lambda_k^2} \tag{318}$$

收敛.

我们决定函数 $G_1(Q',Q;\lambda)$ 关于核 $G(P;Q)$ 的特征函数的傅里叶系数

$$h_k = \iiint\limits_{D_i} G_1(Q',Q;\lambda) v_k(Q') \mathrm{d}\tau_{Q'}$$

用 $v_k(Q') = -\dfrac{\Delta v_k(Q')}{\lambda_k}$ 来代入,我们得到

$$\lambda_k h_k = -\iiint\limits_{D_i} G_1(Q',Q;\lambda) \Delta v_k(Q') \mathrm{d}\tau_{Q'}$$

从最后两个公式推出

$$(\lambda_k + \lambda) h_k = -\iiint\limits_{D_i} G_1(Q',Q;\lambda) [\Delta v_k(Q') - \lambda v_k(Q')] \mathrm{d}\tau_{Q'} \tag{319}$$

注意到格林函数的对称性及公式(313)给出方程(305)的满足条件(306)的解的事实,我们就可断言,公式(319)的右端等于 $v_k(Q)$. 在现在情形下

$$-[\Delta v_k(Q') - \lambda v_k(Q')] = (\lambda + \lambda_k) v_k(Q')$$

起公式(313)中的 $\varphi(Q)$ 的作用. 这一函数在 D_i 内有连续的导数,而且,如果把它取作方程(305)的右端,那么这一方程的满足条件(306)的解(这样的解是唯一的)就是 $v(P) = v_k(P)$. 公式(319)给出

$$h_k = \frac{v_k(Q)}{\lambda_k + \lambda} \tag{320}$$

因而,公式(317)的右边是左边的傅里叶级数,并且后者乃是可以用核来表示的函数. 在(317)右边的级数对任何固定的 Q 关于 P 正则收敛. 这是从估值

$$\sum_{k=1}^{\infty} \frac{v_k^2(P)}{\lambda_k^2} = \iiint\limits_{D_i} G^2(P;Q) \mathrm{d}\tau \leqslant C$$

$$\sum_{k=m}^{m+p} h_k^2 \leqslant \varepsilon$$

所推出,这完全如同在[22]中一样. 所写公式的第一个表示函数 $G(P;Q)$ 的封闭性方程[225]. 我们还指出,(317)的左边在闭区域 $\overline{D}_i$ 为点 P 及 Q 的连续函数. 这可以完全类似于我们证明质体势函数及其一阶导数的连续性一样地得到证实[II;200]. 我们指出在公式(317)的左边的被积函数中,有最大的极性的项是

$$\frac{e^{-\sqrt{\lambda}r}}{rr'}$$

式中 r 与 r' 是 Q' 到 P 与 Q 的距离.

从上面所说的事实推出公式(317)的有效性. 当 P 与 Q 重合时我们得到公式

$$\sum_{k=1}^{\infty}\frac{v_k^2(P)}{\lambda_k(\lambda_k+\lambda)}=\iiint\limits_{D_i}G(P;Q')G_1(Q',P;\lambda)\mathrm{d}\tau_{Q'} \tag{321}$$

并且,因为由以前所述,在右边是 P 的连续函数[23],所以级数在闭区域 $\overline{D}_i$ 上一致收敛. 沿 D_i 积分(321),我们得到

$$\sum_{k=1}^{\infty}\frac{1}{\lambda_k(\lambda_k+\lambda)}=\iiint\limits_{D_i}\psi(P,\lambda)\mathrm{d}\tau \tag{322}$$

于此

$$\psi(P,\lambda)=\iiint\limits_{D_i}G(P;Q)G_1(Q,P;\lambda)\mathrm{d}\tau_Q \tag{323}$$

公式(322)我们要用来研究特征值 λ_k.

236. 特征值的渐近表示

预先阐明函数 $\psi(P,\lambda)$ 的若干性质. 注意到对 G 与 G_1 的估值,我们有

$$|\psi(P,\lambda)|\leqslant\iiint\limits_{D_i}\frac{e^{-\sqrt{\lambda}r}}{16\pi^2r^2}\mathrm{d}\tau_Q \quad (r=|PQ|) \tag{324}$$

沿全空间积分,引入以 P 为中心的球面坐标,就得到

$$|\psi(P,\lambda)|\leqslant\frac{1}{16\pi^2}\int_0^{\infty}\int_0^{\pi}\int_0^{2\pi}e^{-\sqrt{\lambda}r}\sin\theta\mathrm{d}r\mathrm{d}\theta\mathrm{d}\varphi=\frac{1}{4\pi\sqrt{\lambda}} \tag{325}$$

现证对任何在 D_i 之内的闭区域 D' 中,当 $\lambda\to+\infty$ 时乘积 $\sqrt{\lambda}\psi(P,\lambda)$ 一致地趋向于 $\frac{1}{4\pi}$,即

$$\sqrt{\lambda}\psi(P,\lambda)\to\frac{1}{4\pi} \tag{326}$$

在 D' 中一致地成立.

考虑到函数 $g(P;Q)$ 与 $g_1(P,Q;\lambda)$ 在 S 上的极限值,我们得到估值

$$0\geqslant g(P;Q)\geqslant-\frac{1}{4r'},0\geqslant g_1(P,Q;\lambda)\geqslant-\frac{e^{-\sqrt{\lambda}r'}}{4\pi r'} \quad (P\text{ 在 }D'\text{ 中})$$

于此 r' 是 D' 的边界到 S 的距离. 我们有

$$\sqrt{\lambda}\psi(P,\lambda)=\sqrt{\lambda}\iiint\limits_{D_i}\left[\frac{1}{4\pi r}+g(P;Q)\right]\left[\frac{e^{-\sqrt{\lambda}r}}{4\pi r}+g_1(P,Q;\lambda)\right]\mathrm{d}\tau_Q$$

打开括弧,并把积分分为四项

$$\left| \sqrt{\lambda} \iiint\limits_{D_i} g(P;Q) g_1(P,Q;\lambda) d\tau_Q \right| \leqslant \sqrt{\lambda} \; \frac{\mathrm{e}^{-\sqrt{\lambda}r'}}{16\pi r} \cdot D_i \text{ 的体积}$$

从此可见,只要 P 属于 D',左边的积分当 $\lambda \to \infty$ 时就一致地趋向于零. 其次,我们有

$$\left| \sqrt{\lambda} \iiint\limits_{D_i} \frac{1}{4\pi r} g_1(P,Q;\lambda) d\tau_Q \right| \leqslant \sqrt{\lambda} \; \frac{\mathrm{e}^{-\sqrt{\lambda}r'}}{16\pi^2 r'} \iiint\limits_{D_i} \frac{d\tau_Q}{r}$$

而右边的积分,当 P 在 D_i 中取任何位置时都不超过某一常数,从此推出,在左边的积分一致趋向于零. 可以完全类似地考察积分

$$\sqrt{\lambda} \iiint\limits_{D_i} \frac{\mathrm{e}^{-\sqrt{\lambda}r}}{4\pi r} g(P;Q) d\tau_Q$$

剩下来还要考虑积分

$$\sqrt{\lambda} \iiint\limits_{D_i} \frac{\mathrm{e}^{-\sqrt{\lambda}r}}{16\pi^2 r^2} d\tau_Q \tag{327}$$

并证明,如果 P 属于 D',它一致地趋向 $\frac{1}{4\pi}$. 设 D_0 与 D_1 都是以 P 为中心的球,它们的半径分别是 r' 以及区域 D_i 的直径 d. 我们有

$$\sqrt{\lambda} \iiint\limits_{D_0} \frac{\mathrm{e}^{-\sqrt{\lambda}r}}{16\pi^2 r^2} d\tau_Q \leqslant \sqrt{\lambda} \iiint\limits_{D_i} \frac{\mathrm{e}^{-\sqrt{\lambda}r}}{16\pi^2 r^2} d\tau_Q \leqslant \sqrt{\lambda} \iiint\limits_{D_1} \frac{\mathrm{e}^{-\sqrt{\lambda}r}}{16\pi^2 r^2} d\tau_Q$$

我们把沿 D_0 与沿 D_1 的积分用以 P 为中心的球面坐标表示,又引入新的变量 $\rho = \sqrt{\lambda}r$. 因而就引导到不等式

$$\frac{1}{4\pi} \int_0^{\sqrt{\lambda}r'} \mathrm{e}^{-\rho} d\rho \leqslant \sqrt{\lambda} \iiint\limits_{D_i} \frac{\mathrm{e}^{-\sqrt{\lambda}r}}{16\pi^2 r^2} d\tau \leqslant \frac{1}{4\pi} \int_0^{\sqrt{\lambda}d} \mathrm{e}^{-\rho} d\rho$$

当 $\lambda \to \infty$ 时两端的项均趋向于 $\frac{1}{4\pi}$,且它们与点 P 在 D' 中的位置无关. 从此也直接推出,积分(327)在 D' 中一致趋向于 $\frac{1}{4\pi}$,因而证好了论断(326). 注意到(325),我们就可以取 D' 与 D_i 充分接近,使得 $\sqrt{\lambda}\psi(P,\lambda)$ 沿 $(D_i - D')$ 的积分小于 $\frac{\varepsilon}{2}$,于此 ε 是一个预先指定的正数. 从另一面,由于(326),对充分大的 λ,有

$$\left| \iiint\limits_{D'} \sqrt{\lambda}\psi(P,\lambda) d\tau - \frac{v'}{4\pi} \right| \leqslant \frac{\varepsilon}{2}$$

式中 v' 为 D' 的体积,从此

$$\left| \iiint\limits_{D_i} \sqrt{\lambda}\psi(P,\lambda) d\tau - \frac{v}{4\pi} \right| \leqslant \frac{1}{4\pi}(v - v') + \varepsilon$$

式中 v 为 D_i 的体积. 从此推出

$$\lim_{\lambda \to +\infty} \iiint_{D_i} \sqrt{\lambda}\, \psi(P,\lambda)\, \mathrm{d}\tau = \frac{v}{4\pi}$$

而由于(322)得

$$\lim_{\lambda \to +\infty} \sqrt{\lambda} \sum_{k=1}^{\infty} \frac{1}{\lambda_k(\lambda_k + \lambda)} = \frac{v}{4\pi} \tag{328}$$

利用这些公式来推出 λ_k 的渐近表示式的基础是在于如下的定理:

定理 如果级数

$$s(\lambda) = \sum_{k=1}^{\infty} \frac{c_k}{\lambda_k + \lambda} \quad (c_k > 0, \lambda_k > 0) \tag{329}$$

在 $\lambda > 0$ 时收敛,式中 $0 \leqslant \lambda_1 \leqslant \lambda_2 \leqslant \cdots, \lambda_n \to \infty$,且

$$\lim_{\lambda \to +\infty} \sqrt{\lambda}\, s(\lambda) = H \tag{330}$$

那么

$$\lim_{\lambda \to +\infty} \frac{1}{\sqrt{\lambda}} \sum_{\lambda_k \leqslant \lambda} c_k = \frac{2H}{\pi} \tag{331}$$

于此,在最后的和式中,是对那些使 $\lambda_k \leqslant \lambda$ 的值 k 作和的.

把这定理应用到级数(328),在这种情形下 $c_k = \dfrac{1}{\lambda_k}$,且 $H = \dfrac{v}{4\pi}$,而我们得到

$$\lim_{\lambda \to +\infty} \frac{1}{\sqrt{\lambda}} \sum_{\lambda_k \leqslant \lambda} \frac{1}{\lambda_k} = \frac{v}{2\pi^2}$$

或者,同样的

$$\sum_{\lambda_k \leqslant \lambda} \frac{1}{\lambda_k} = \frac{v}{2\pi^2} \sqrt{\lambda} + \varepsilon(\lambda) \sqrt{\lambda} \tag{332}$$

于此当 $\lambda \to +\infty$ 时 $\varepsilon(\lambda) \to 0$,如果取 $\lambda = \lambda_n$,那么得到

$$\sum_{k=1}^{n} \frac{1}{\lambda_k} = \frac{v}{2\pi^2} \sqrt{\lambda_n} + \varepsilon_n \sqrt{\lambda_n} \quad (\varepsilon_n \to 0) \tag{333}$$

我们记

$$\sigma_n = \sum_{k=1}^{n} \frac{1}{\lambda_k}$$

而把(332)的右边记作 $\varphi(\lambda)$. 这是 λ 的不减的函数

$$\varphi(\lambda) = 0 \text{ 当 } \lambda < \lambda_1, \varphi(\lambda) = \sigma_m \text{ 当 } \lambda_m \leqslant \lambda \leqslant \lambda_{m+1} \tag{334}$$

现要导出 n 充分大时 λ_n 的渐近表示式. 我们有

$$n = \sum_{k=1}^{n} \lambda_k \frac{1}{\lambda_k} = \sigma_1(\lambda_1 - \lambda_2) + \sigma_2(\lambda_2 - \lambda_3) + \cdots +$$
$$\sigma_{n-1}(\lambda_{n-1} - \lambda_n) + \sigma_n \lambda_n \tag{335}$$

不减函数

$$\varphi(\lambda) = \frac{v}{2\pi^2} \sqrt{\lambda} + \varepsilon(\lambda) \sqrt{\lambda} \tag{336}$$

沿任何有限区间都可积,因而,右边第二项也是可积函数. 由于(332)与(334),我们有

$$\int_0^{\lambda_n} \varphi(\lambda) \mathrm{d}\lambda = \sigma_1(\lambda_2 - \lambda_1) + \sigma_2(\lambda_3 - \lambda_2) + \cdots + \sigma_{n-1}(\lambda_n - \lambda_{n-1}) =$$

$$\frac{v}{3\pi^2}\lambda_n^{3/2} + \int_0^{\lambda_n} \varepsilon(\lambda) \sqrt{\lambda}\, \mathrm{d}\lambda \tag{337}$$

不难证明,当 $n \to \infty$ 时

$$\frac{1}{\lambda_n^{3/2}} \int_0^{\lambda_n} \varepsilon(\lambda)\sqrt{\lambda}\, \mathrm{d}\lambda \to 0 \tag{338}$$

设 δ 为已给正数. 固定充分大的 p,使得 $\lambda \geqslant \lambda_p$ 时 $|\varepsilon(\lambda)| \leqslant \delta$. 我们有

$$\left| \int_0^{\lambda_n} \varepsilon(\lambda)\sqrt{\lambda}\, \mathrm{d}\lambda \right| \leqslant \int_0^{\lambda_p} |\varepsilon(\lambda)|\sqrt{\lambda}\, \mathrm{d}\lambda + 2\delta \frac{(\lambda_n^{3/2} - \lambda_p^{3/2})}{3} \quad (n > p)$$

从此推出

$$\left| \frac{1}{\lambda_n^{3/2}} \int_0^{\lambda_n} \varepsilon(\lambda)\sqrt{\lambda}\, \mathrm{d}\lambda \right| \leqslant \frac{2}{3}\delta + \left[\frac{1}{\lambda_n^{3/2}} \int_0^{\lambda_p} |\varepsilon(\lambda)|\sqrt{\lambda}\, \mathrm{d}\lambda - \frac{2\delta\lambda_p^{3/2}}{3\lambda_n^{3/2}} \right]$$

对充分大的 n,方括弧的绝对值会小于或等于 $\frac{1}{3}\delta$,即对大的 n

$$\left| \frac{1}{\lambda_n^{3/2}} \int_0^{\lambda_n} \varepsilon(\lambda)\sqrt{\lambda}\, \mathrm{d}\lambda \right| \leqslant \delta$$

从此也就推出(338). 因而,依(337),就得到

$$\sigma_1(\lambda_2 - \lambda_1) + \sigma_2(\lambda_3 - \lambda_2) + \cdots + \sigma_{n-1}(\lambda_n - \lambda_{n-1}) =$$

$$\frac{v}{3\pi^2}\lambda_n^{3/2} + \varepsilon'_n \lambda_n^{3/2}$$

于此当 $n \to \infty$ 时 $\varepsilon'_n \to 0$. 把这式子代入(335),并利用(333),我们得到

$$n = \frac{v}{6\pi^2}\lambda_n^{3/2} + \varepsilon''_n \lambda_n^{3/2} \tag{339}$$

于此 $\varepsilon''_n \to 0$. 从此

$$\lambda_n = \left(\frac{6\pi^2 n}{v} \right)^{\frac{2}{3}} \left(1 + \frac{6\pi^2}{v}\varepsilon''_n \right)^{-\frac{2}{3}}$$

而最后有

$$\lambda_n = \left(\frac{6\pi^2 n}{v} \right)^{\frac{2}{3}} + \varepsilon'''_n n^{\frac{2}{3}} \quad (\varepsilon'''_n \to 0) \tag{340}$$

在平面的情形,相应的结果取形式

$$\lambda_n = \frac{4\pi n}{S} + \varepsilon'''_n n \tag{341}$$

于此,S 是区域的面积.

因而,一切都归结到有关级数(329)的定理的证明.

借助于上述的方法,卡尔曼(Carleman)在他的论文《论偏微分方程特征值

的渐近分布》("Über die asymptotische Verteilung der Eigenwerte partieller Differentialgleichungen" Berichte der Sächsisch. Akad. der Wiss. zu Leipzig, Math. Phys. Klasse，Bd. LⅩⅩⅩⅧ,1936)中也还考察过非常一般形式的方程的特征值.

举出他所得的结果. 设有一表示式

$$L(u) = \sum_{p,q=1}^{3} a_{pq} \frac{\partial^2 u}{\partial x_p \partial x_q} + \sum_{p=1}^{3} a_p \frac{\partial u}{\partial x_p} + au \quad (a_{pq} = a_{qp})$$

式中 a_{pq}, a_p 与 a 都是在空间(x_1, x_2, x_3) 的闭区域 D 中的实连续函数. 其次设，只要点(x_1, x_2, x_3) 在闭区域 D 中，变量 ξ_k 的二次型

$$\sum_{p,q=1}^{3} a_{pq} \xi_p \xi_q$$

是正定的. 考察方程

$$L(u) + \lambda u = 0$$

在边值条件(302)下的边值问题. 它有无限个特征值，这些特征值有可能为复数的. 在平面的任何有界部分只有有限个特征值，如果把它们按模的不减的次序排列起来，那么就成立如下的公式

$$\lim \frac{u}{\lambda_n^{3/2}} = \frac{1}{6\pi^2} \iiint_D \frac{\mathrm{d}v}{\sqrt{\Delta}}$$

式中"Δ"是以 a_{pq} 为元素所构成的行列式. 我们指出，由于二次型的正定的性质，$\Delta > 0$，而最后的公式的右端是实的.

在柯朗与希尔伯特的书《数学物理方法》("Методы математической физики")卷 Ⅰ 中，前面所得到的关于方程 $\Delta u + \lambda u = 0$ 的特征值 λ_n 对大的 n 的渐近表示式是借助于特征值的极值性质而建立的. 对单变量的情形我们在[188]中已经叙述过这个方法. 把这个方法应用到方程 $\Delta u + \lambda u = 0$ 时，其过程变得复杂得多.

237. 辅助定理的证明

在转到证明上段中所表述的定理之先，我们要建立起若干辅助公式，证明一系列引理.

引入如下的记号

$$\varphi(\lambda) = \sum_{\lambda_k \leqslant \lambda} c_k \tag{342}$$

$$\sigma_n = \varphi(\lambda_n) = \sum_{k=1}^{n} c_k \tag{343}$$

在公式(342)中和式是按那些使 $\lambda_k \leqslant \lambda$ 的 k 而作的. 函数 $\varphi(\lambda)$ 是 λ 的不减的函数，其值不小于零

$$\varphi(\lambda) = 0 \text{ 当 } \lambda < \lambda_1 \text{ 时}, \varphi(\lambda) = \sigma_m \text{ 当 } \lambda_m \leqslant \lambda < \lambda_{m+1} \text{ 时} \tag{344}$$

注意到当 $\lambda_k \leqslant \lambda$ 时, $\lambda_k + \lambda \leqslant 2\lambda$, 我们能写出

$$\varphi(\lambda) \leqslant 2\lambda \sum_{\lambda_k \leqslant \lambda} \frac{c_k}{\lambda_k + \lambda}$$

而由于注意到(330), 就会得出

$$\varphi(\lambda) = O(\sqrt{\lambda}) \tag{345}$$

就是说, 当 $\lambda \to \infty$ 时比值 $\dfrac{\varphi(\lambda)}{\sqrt{\lambda}}$ 保持有界. 其次我们有

$$\sum_{k=1}^{n} \frac{c_k}{\lambda_k + \lambda} = \sum_{k=1}^{n-1} \sigma_k \left(\frac{1}{\lambda_k + \lambda} - \frac{1}{\lambda_{k+1} + \lambda} \right) + \frac{\sigma_n}{\lambda_n + \lambda}$$

而

$$\frac{1}{\lambda_k + \lambda} - \frac{1}{\lambda_{k+1} + \lambda} = \int_{\lambda_k}^{\lambda_{k+1}} \frac{\mathrm{d}x}{(x + \lambda)^2}$$

并且注意到公式(334), 就可写出

$$\sum_{k=1}^{n} \frac{c_k}{\lambda_k + \lambda} = \int_0^{\lambda_n} \frac{\varphi(x)}{(x + \lambda)^2} \mathrm{d}x + \frac{\sigma_n}{\lambda_n + \lambda}$$

但 $\sigma_n = \varphi(\lambda_n)$, 又从(345)就推出, 当 $n \to \infty$ 时 $\dfrac{\sigma_n}{\lambda_n + \lambda} \to 0$. 因此, 最后的式子给出

$$s(\lambda) = \sum_{k=1}^{\infty} \frac{c_k}{\lambda_k + \lambda} = \int_0^{\infty} \frac{\varphi(x)}{(x + \lambda)^2} \mathrm{d}x \tag{346}$$

从(345)直接推出, 当 $x \to \infty$ 时被积函数的阶次为 $\dfrac{1}{x^{3/2}}$. 为写法简洁计, 引入一个记号. 如果 $\psi(\lambda) = a\lambda^b + \varepsilon(\lambda)\lambda^b$, 式中当 $\lambda \to \infty$ 时 $\varepsilon(\lambda) \to 0$, 那么我们就记作: $\psi(\lambda) \sim a\lambda^b$ [见 III_2; 106]. 我们要证明两个引理:

引理 1　如果对任一充分大的 λ, 函数 $f(\lambda)$ 有连续的函数, 当 λ 增加时 $\lambda f'(\lambda)$ 不减少, 且 $f(\lambda) \sim a\lambda^q (q > 0)$, 那么 $f'(\lambda) \sim aq\lambda^{q-1}$.

首先在 $a = 1, q = 1$ 时证明这个引理. 我们有 $f(\lambda) \sim \lambda$ 而要证 $f'(\lambda) \sim 1$. 即要证明 $\lambda \to \infty$ 时 $f'(\lambda) \to 1$.

我们用反证法来证明. 如果 $f'(\lambda)$ 不趋向于 1, 那么就存在序列 λ_n, 使得 $\lambda_n \to \infty$ 以及 $f'(\lambda_n) \to h$, 于此数 h 不同于 1. 例如说, $h > 1$. 设 γ 是某一正常数. 注意到 $\lambda f'(\lambda)$ 是不减函数, 可以写出

$$\frac{f(\lambda_n + \gamma\lambda_n) - f(\lambda_n)}{\gamma\lambda_n} = \frac{1}{\gamma\lambda_n} \int_{\lambda_n}^{\lambda_n + \gamma\lambda_n} f'(\lambda)\mathrm{d}\lambda \geqslant \frac{\lambda_n f'(\lambda_n)}{\gamma\lambda_n} \int_{\lambda_n}^{\lambda_n + \gamma\lambda_n} \frac{\mathrm{d}\lambda}{\lambda} = $$
$$\frac{f'(\lambda_n)}{\gamma} \ln(1 + \gamma)$$

右边趋向于数 $\dfrac{h}{\gamma} \ln(1 + \gamma)$, 如果取 γ 充分接近于零, 它大于 1. 但从 $f(\lambda) \sim \lambda$ 可

直接推出,我们应有

$$\frac{f(\lambda_n + \gamma\lambda_n) - f(\lambda_n)}{\gamma\lambda_n} \to 1$$

由这个矛盾,因而就在 $a=q=1$ 时证明了引理. 现转入一般的情形,令 $\mu=\lambda^q$,引入新的函数 $f_1(\mu) = \frac{1}{a} f(\mu^{\frac{1}{q}})$ 以代替 $f(\lambda)$. 我们有

$$f_1(\mu) \sim \mu(\mu \to \infty), \mu f'_1(\mu) = \frac{1}{aq}\mu^{\frac{1}{q}} f'(\mu^{\frac{1}{q}}) = \frac{1}{aq}\lambda f'(\lambda)$$

因此, $\mu f'_1(\lambda)$ 是不减函数,我们可以对 $f_1(\mu)$ 应用 $a=q=1$ 时的这个引理,从此就得

$$f'_1(\mu) \sim 1, \text{即} \frac{1}{aq}\mu^{\frac{1}{q}-1} f'(\mu^{\frac{1}{q}}) \sim 1$$

由此推出 $f'(\lambda) \sim aq\lambda^{q-1}$,这就证明了引理. 在 $h=\infty$ 时证明的叙述仍有效.

考察积分

$$K_p = \int_0^\infty \frac{u^{p+\frac{1}{2}}}{(u+1)^{2p+2}}\mathrm{d}u \quad (p=1,2,\cdots) \tag{347}$$

作变量变换 $u=x/(1-x)$,把这积分变为如下形状[Ⅲ₂;72]

$$K_p = \int_0^1 x^{p+\frac{1}{2}}(1-x)^{p-\frac{1}{2}}\mathrm{d}x = \frac{\Gamma\left(p+\frac{3}{2}\right)\Gamma\left(p+\frac{1}{2}\right)}{\Gamma(2p+2)} \tag{348}$$

引理 2 设

$$K_{p,1} = \int_0^{1-a} \frac{u^{p+\frac{1}{2}}}{(u+1)^{2p+2}}\mathrm{d}u, K_{p,2} = \int_{1-a}^{1+a} \frac{u^{p+\frac{1}{2}}}{(u+1)^{2p+2}}\mathrm{d}u$$

$$K_{p,3} = \int_{1+a}^\infty \frac{u^{p+\frac{1}{2}}}{(u+1)^{2p+2}}\mathrm{d}u$$

于此 $0 < a < 1$. 这时

$$K_{p,1} \leqslant \delta'_p K_p, K_{p,2} \geqslant (1-\delta''_p)K_p, K_{p,3} \leqslant \delta'''_p K_p \tag{349}$$

式中 δ'_p, δ''_p 与 δ'''_p 均与 a 有关,当 $p \to \infty$ 时它们都趋向于零.

我们有斯特林公式[Ⅲ₂;75]

$$\Gamma(z) = \sqrt{2\pi}^{z-\frac{1}{2}}\mathrm{e}^{-z}[1+\varepsilon(z)] \quad (z \to \infty \text{ 时 } \varepsilon(z) \to 0)$$

它用到(348)的右边,就得到

$$K_p = \sqrt{2\pi}2^{-\frac{3}{2}}2^{-2p}\frac{\left(p+\frac{3}{2}\right)^{p+1}\left(p+\frac{1}{2}\right)^p}{(p+1)^{2p+\frac{3}{2}}}(1+\varepsilon_p)$$

于此, $p \to \infty$ 时 $\varepsilon_p \to 0$. 如把式中所写的分式部分乘以 $\sqrt{p}$,在 $p \to \infty$ 时,它就趋向于 1,而我们可以写出

$$K_p = Ap^{-\frac{1}{2}}2^{-2p}(1+\varepsilon'_p) \quad (\varepsilon'_p \to 0) \tag{350}$$

321

式中 $A=\sqrt{2\pi}\,2^{-\frac{3}{2}}$. 函数 $u/(u+1)^2$ 在 $u=1$ 时有极大值 $\frac{1}{4}$, 从此得出

$$K_{p,1} \leqslant k^p \int_0^{1-a} \frac{u^{\frac{1}{2}}}{(u+1)^2} du < k^p \int_0^{\infty} \frac{u^{\frac{1}{2}}}{(u+1)^2} du$$

于此 $0<k<\frac{1}{4}$ 且 k 与 a 的选择有关. 因而得到

$$K_{p,1} \leqslant A_1 k^p \tag{351}$$

式中 $A_1 = \frac{\pi}{2}$, 完全类似地

$$K_{p,3} \leqslant A_1 k^p \tag{352}$$

我们有 $k^p = \left(\frac{1}{4}+\delta\right)^p$, 于此 $\delta>0$ 而与 a 的选择有关. 从所说的事实推出, 当 $p \to \infty$ 时 $k^p \cdot 2^{2p} p^{1/2} = (1-\delta)^p p^{1/2} \to 0$, 且注意到 (350)(351) 与 (352), 我们就得出对 $K_{p,1}$ 与 $K_{p,3}$ 的不等式 (349). 接着我们还有

$$K_{p,2} = K_p - K_{p,1} - K_{p,3} \geqslant K_p - (\delta'_p + \delta'''_p) K_p$$

从此也就推出关于 $K_{p,2}$ 的不等式 (349), 而引理证毕.

转到对 [236] 中所表述的定理的证明. 据这一定理的条件

$$s(\lambda) = \int_0^{\infty} \frac{\varphi(x)}{(x+\lambda)^2} dx \sim H\lambda^{-\frac{1}{2}} \tag{353}$$

考察函数 $\lambda^2 s(\lambda)$ 并证明它的导数为正, 又在 λ 增加时并不减少

$$\frac{\mathrm{d}}{\mathrm{d}\lambda}[\lambda^2 s(\lambda)] = 2\int_0^{\infty} \frac{\lambda x \varphi(x)}{(x+\lambda)^3} dx = 2\int_0^{\infty} \frac{u\varphi(\lambda u)}{(u+1)^3} du$$

从最后一表示式及函数 $\varphi(x)$ 的不减性可直接推出, 在公式左边的导数为正且不减少. 因此, 我们可以对函数 $\lambda^2 s(\lambda)$ 应用引理 1, 又由于注意到 (353), 我们得出

$$\frac{\mathrm{d}}{\mathrm{d}\lambda}[\lambda^2 s(\lambda)] \sim \frac{3}{2} H\lambda^{\frac{1}{2}}$$

从此得

$$-s'(\lambda) = 2\int_0^{\infty} \frac{\varphi(x)}{(x+\lambda)^3} dx \sim \frac{1}{2} H\lambda^{-\frac{3}{2}} \tag{354}$$

接着, 我们得到

$$-\lambda^3 s'(\lambda) \sim \frac{1}{2} H\lambda^{\frac{3}{2}}$$

$$-\frac{\mathrm{d}}{\mathrm{d}\lambda}[\lambda^3 s'(\lambda)] = 2 \cdot 3 \int_0^{\infty} \frac{u\varphi(\lambda u)}{(u+1)^4} du$$

而可以再一次地应用引理 1 到函数 $[-\lambda^3 s'(\lambda)]$, 成之

$$-\frac{\mathrm{d}}{\mathrm{d}\lambda}[\lambda^3 s'(\lambda)] \sim \frac{1}{2} \cdot \frac{3}{2} H\lambda^{\frac{1}{2}}$$

由此,进行微分并利用(354),我们得出

$$s''(\lambda) = 3! \int_0^\infty \frac{\varphi(x)}{(x+\lambda)^4} \mathrm{d}x \sim \frac{1}{2} \cdot \frac{3}{2} H\lambda^{-\frac{5}{2}} \tag{355}$$

这样地继续进行下去,就导出公式

$$(-1)^m s^m(\lambda) = (m+1)! \int_0^\infty \frac{\varphi(x)}{(x+\lambda)^{m+2}} \mathrm{d}x \sim$$

$$\frac{1 \cdot 3 \cdot \cdots \cdot (2m-1)}{2^m} H\lambda^{-\frac{2m+1}{2}} \tag{356}$$

现研究积分

$$J_p(\lambda) = \int_0^\infty \frac{x^p \varphi(x)}{(x+\lambda)^{2p+2}} \mathrm{d}x \quad (p \geqslant 1) \tag{357}$$

当 λ 很大时的渐近性态. 我们有

$$\frac{x^p}{(x+\lambda)^{2p+2}} = \frac{\left(1 - \dfrac{\lambda}{x+\lambda}\right)^p}{(x+\lambda)^{p+2}} = \sum_{s=0}^p \binom{s}{p} \frac{(-\lambda)^s}{(x+\lambda)^{p+2+s}}$$

于此

$$\binom{s}{p} = \frac{p(p-1)\cdots(p-s+1)}{s!}, \binom{0}{p} = 1$$

因而

$$J_p(\lambda) = \sum_{s=0}^p \binom{s}{p} (-\lambda)^s \int_0^\infty \frac{\varphi(x)}{(x+\lambda)^{p+2+s}} \mathrm{d}x$$

注意到式(356),就得出

$$J_p(\lambda) \sim H\lambda^{-p-\frac{1}{2}} \sum_{s=0}^p (-1)^s \binom{s}{p} \frac{1 \cdot 3 \cdot \cdots \cdot (2p+2s+1)}{(p+s+1)! \ 2^{p+s}} \tag{358}$$

$$J_0(\lambda) = s(\lambda) \sim H\lambda^{-\frac{1}{2}}$$

这些公式中的前面的那些可写成如下的形状

$$J_p(\lambda) \sim H\lambda^{-p-\frac{1}{2}} \frac{1}{\sqrt{\pi}} \sum_{s=0}^p (-1)^s \binom{s}{p} \frac{\Gamma\left(p+s+\dfrac{1}{2}\right)}{\Gamma(p+s+2)} \tag{359}$$

现证公式

$$\frac{1}{\sqrt{\pi}} \sum_{s=0}^p (-1)^s \binom{s}{p} \frac{\Gamma\left(p+s+\dfrac{1}{2}\right)}{\Gamma(p+s+2)} = \frac{2}{\pi} K_p \tag{360}$$

为此,考察积分

$$L_p = \int_0^\infty \frac{x^{p+\frac{1}{2}}}{(x+\lambda)^{2p+2}} \mathrm{d}x \tag{361}$$

利用代换 $x = \lambda u$,它可以化为形状

323

$$L_p = \frac{1}{\lambda^{p+\frac{1}{2}}} \int_0^\infty \frac{u^{p+\frac{1}{2}}}{(u+1)^{2p+2}} \mathrm{d}u = \frac{1}{\lambda^{p+\frac{1}{2}}} K_p \tag{362}$$

我们有

$$\left(\frac{x}{x+\lambda}\right)^p = \sum_{s=0}^p (-1)^s \binom{s}{p} \frac{\lambda^s}{(x+\lambda)^s}$$

而积分(361)可表示为形状

$$L_p = \sum_{s=0}^p (-1)^s \binom{s}{p} \lambda^s \int_0^\infty \frac{x^{\frac{1}{2}}}{(x+\lambda)^{p+s+2}} \mathrm{d}x =$$

$$\frac{1}{\lambda^{p+\frac{1}{2}}} \sum_{s=0}^h (-1)^s \binom{s}{p} \int_0^\infty \frac{u^{\frac{1}{2}}}{(u+1)^{p+s+2}} \mathrm{d}u \tag{363}$$

进行代换 $u = x/(1-x)$,就得到

$$\int_0^\infty \frac{u^{\frac{1}{2}}}{(u+1)^{p+s+2}} \mathrm{d}u = \int_0^1 x^{\frac{1}{2}} (1-x)^{p+s-\frac{1}{2}} \mathrm{d}x =$$

$$\frac{\Gamma\left(\frac{3}{2}\right) \Gamma\left(p+s+\frac{1}{2}\right)}{\Gamma(p+s+2)}$$

把它代入公式(363),有

$$L_p = \frac{\sqrt{\pi}}{2\lambda^{p+\frac{1}{2}}} \sum_{s=0}^p (-1)^s \binom{s}{p} \frac{\Gamma\left(p+s+\frac{1}{2}\right)}{\Gamma(p+s+2)}$$

把它与(362)相比较,我们得到(360),而公式(359)采取形式

$$J_p(\lambda) \sim \frac{2H}{\pi} \lambda^{-p-\frac{1}{2}} K_p \tag{364}$$

或

$$J_p(\lambda) = \frac{2H}{\pi} \lambda^{-p-\frac{1}{2}} K_p (1+\eta_\lambda) \tag{365}$$

于此 η_λ 与 p 及 λ 有关,且当 p 固定 $\lambda \to \infty$ 时,$\eta_\lambda \to 0$.

把积分 $J_p(\lambda)$ 表示为四项之和

$$J_p(\lambda) = \int_0^1 \frac{x^p \varphi(x)}{(x+\lambda)^{2p+2}} \mathrm{d}x + \int_1^{(1-a)\lambda} + \int_{(1-a)\lambda}^{(1+a)\lambda} + \int_{(1+a)\lambda}^\infty =$$

$$J_{p,0} + J_{p,1} + J_{p,2} + J_{p,3} \tag{366}$$

于此 $0 < \alpha < 1$. 从(345)推出

$$0 \leqslant \varphi(\lambda) \leqslant A\sqrt{\lambda}$$

式中 A 是常数,而因此

$$J_{p,1} \leqslant A \int_0^{(1-a)\lambda} \frac{x^{p+\frac{1}{2}}}{(x+\lambda)^{2p+2}} \mathrm{d}x = A\lambda^{-p-\frac{1}{2}} K_{p,1}$$

从此,由于引理 2

324

$$J_{p,1} = \frac{2H}{\pi} \lambda^{-p-\frac{1}{2}} K_p \eta_p$$

于此 η_p 与 p 及 α 有关,且当 α 固定 $p \to \infty$ 时 $\eta_p \to 0$. 完全同样地可得到

$$J_{p,3} = \frac{2H}{\pi} \lambda^{-p-\frac{1}{2}} K_p \eta'_p$$

于此 η'_p 类似于 η_p. 现估计 $J_{p,0}$

$$J_{p,0} \leqslant B \int_0^1 \frac{\mathrm{d}x}{(x+\lambda)^{2p+2}} = \frac{B}{2p+1} \left[\frac{1}{\lambda^{2p+1}} - \frac{1}{(1+\lambda)^{2p+1}} \right] \leqslant \frac{B_1}{p\lambda^{2p+1}}$$

式中 B 与 B_1 是常数(它们与 p 及 λ 无关). 由此推出

$$J_{p,0} = \frac{2H}{\pi} \lambda^{-p-\frac{1}{2}} K_p \eta'_\lambda$$

且我们有

$$0 < \eta'_\lambda \leqslant \frac{C}{pK_p} \lambda^{-p-\frac{1}{2}}$$

式中 C 是常数. 从以上的这些公式推出

$$J_{p,2} = \frac{2H}{\pi} \lambda^{-p-\frac{1}{2}} K_p (1 + \eta_\lambda - \eta'_\lambda - \eta_p - \eta'_p) \tag{367}$$

注意到 $J_{p,2}$ 的定义及 x 增加时 $\varphi(x)$ 不减少这一事实,我们得到

$$J_{p,2} \leqslant \frac{\varphi(\lambda+\alpha\lambda)}{(\lambda-\alpha\lambda)^{1/2}} \int_{\lambda-\alpha\lambda}^{\lambda+\alpha\lambda} \frac{x^{p+\frac{1}{2}}}{(x+\lambda)^{2p+2}} \mathrm{d}x =$$

$$\frac{\varphi(\lambda+\alpha\lambda)}{(\lambda+\alpha\lambda)^{1/2}} \left(\frac{1+\alpha}{1-\alpha} \right)^{\frac{1}{2}} \lambda^{-p-\frac{1}{2}} K_{p,2} \tag{368}$$

从此

$$\frac{\varphi(\lambda+\alpha\lambda)}{(\lambda+\alpha\lambda)^{1/2}} \geqslant \lambda^{p+\frac{1}{2}} \frac{J_{p,2}}{K_{p,2}} \left(\frac{1-\alpha}{1+\alpha} \right) \geqslant \lambda^{p+\frac{1}{2}} \frac{J_{p,2}}{K_p} \left(\frac{1-\alpha}{1+\alpha} \right)^{\frac{1}{2}}$$

注意到(367),就得到

$$\frac{\varphi(\lambda+\alpha\lambda)}{(\lambda+\alpha\lambda)^{1/2}} \geqslant \frac{2H}{\pi} (1 + \eta_\lambda - \eta'_\lambda - \eta_p - \eta'_p) \left(\frac{1-\alpha}{1+\alpha} \right)^{\frac{1}{2}} \tag{369}$$

类似于(368),我们有

$$J_{p,2} \geqslant \frac{\varphi(\lambda-\alpha\lambda)}{(\lambda+\alpha\lambda)^{1/2}} \int_{\lambda-\alpha\lambda}^{\lambda+\alpha\lambda} \frac{x^{p+\frac{1}{2}}}{(x+\lambda)^{2p+2}} \mathrm{d}x =$$

$$\frac{\varphi(\lambda-\alpha\lambda)}{(\lambda-\alpha\lambda)^{1/2}} \left(\frac{1-\alpha}{1+\alpha} \right)^{\frac{1}{2}} \lambda^{-p-\frac{1}{2}} K_{p,2}$$

从此

$$\frac{\varphi(\lambda-\alpha\lambda)}{(\lambda-\alpha\lambda)^{1/2}} \leqslant \lambda^{p+\frac{1}{2}} \frac{J_{p,2}}{K_{p,2}} \left(\frac{1+\alpha}{1-\alpha} \right)^{\frac{1}{2}}$$

而注意到引理 2 及公式(367),我们得到

$$\frac{\varphi(\lambda - \alpha\lambda)}{(\lambda - \alpha\lambda)^{1/2}} \leqslant \frac{2H}{\pi}(1 + \eta_\lambda - \eta'_\lambda - \eta_p - \eta'_p)\left(\frac{1+\alpha}{1-\alpha}\right)^{\frac{1}{2}}(1 - \delta''_p)^{-1} \quad (370)$$

现证,当 $\lambda \to \infty$ 时比值 $\varphi(\lambda)/\lambda^{\frac{1}{2}}$ 趋向于 $\frac{2H}{\pi}$,即

$$\lim_{\lambda \to \infty} \frac{\varphi(\lambda)}{\lambda^{\frac{1}{2}}} = \frac{2H}{\pi} \quad (371)$$

一般地说,如果对每一正数 ε 与 M,可以找到值 λ',使得 $\left|A - \frac{\varphi(\lambda')}{\sqrt{\lambda'}}\right| \leqslant \varepsilon$,及 $\lambda' \geqslant M$,那么就称 A 为 $\lambda \to \infty$ 时 $\frac{\varphi(\lambda)}{\sqrt{\lambda}}$ 的一个可能的极限值. 类似地,如果对任意已给正数 M 与 N,可找到如此的 λ',使得 $\frac{\varphi(\lambda')}{\sqrt{\lambda'}} \geqslant N$ 及 $\lambda' \geqslant M$,那么称 $A = +\infty$ 为 $\frac{\varphi(\lambda)}{\sqrt{\lambda}}$ 的一个可能的极限值. 这时,我们理解可能的极限值为如此的数值 A,对于它存在一个 λ 的无限增加的序列 λ_n,使得 $\frac{\varphi(\lambda_n)}{\sqrt{\lambda_n}} \to A$. 我们必须证明,只存在一个可能的极限值,而且它等于 $\frac{2H}{\pi}$.

回到不等式(369)与(370). 并注意到它们的左端与出现在不等式右端的 p 无关. 首先以任何方式固定 p 与 α,而令 $\lambda \to \infty$,使得(369)与(370)的左边趋向于同一的可能的极限值 A. 这时,注意到 η_p 和 η'_p 都与 λ 无关,就得出

$$A \geqslant \frac{2H}{\pi}(1 - \eta_p - \eta'_p)\left(\frac{1-\alpha}{1+\alpha}\right)^{\frac{1}{2}}$$

$$A \leqslant \frac{2H}{\pi}(1 - \eta_p - \eta'_p)\left(\frac{1+\alpha}{1-\alpha}\right)^{\frac{1}{2}}$$

左边(即 A)既不依赖 p 也不依赖 α,假设 p 固定了相当大,而 α 充分地与零接近,我们就得到 A 的唯一可能的数值为 $\frac{2H}{\pi}$,即成立(371). 因而[236]中的定理的论断已被证实. 上述证明属于哈代与立马武特. 在所提到的作者们的论文中建立了一定程度上更广泛的定理,上面所证的定理是它的特殊情形.

238. 更一般形式的线性方程

考虑形状为

$$L(u) = \sum_{i=1}^{3} u_{x_i x_i} + b(x_1, x_2, x_3)u = -f(x_1, x_2, x_3) \quad (372)$$

的方程. 坐标为 (x_1, x_2, x_3) 或 (ξ_1, ξ_2, ξ_3) 的空间的点以后将简单地记为 (x) 或 (ξ).

让我们来求方程(372)的解,使满足齐次的边值条件

$$u \mid_S = 0 \tag{373}$$

已给的函数 $b(x)$ 与 $f(x)$ 设为在闭区域 $\overline{D}_i$ 连续,且在 D_i 内有第一阶的连续的导数:

完全与我们在[235]中所做的相类似,将要求所示问题的具如下形状的解

$$u(x) = \iiint_{D_i} G(x;\xi)\mu(\xi)d\tau_\xi \tag{374}$$

式中 $G(x;\xi)$ 是具边值条件(373)的拉普拉斯算子的格林函数.对任意选择的连续函数 $\mu(\xi)$,依(374)所定义的函数 $u(x)$ 满足这边值条件,还必须决定这个函数 $\mu(\xi)$,使得在 D_i 内,$u(x)$ 满足方程(372).如果假设 $\mu(\xi)$ 有连续的导数,我们就可得到对 $\mu(\xi)$ 的积分方程

$$\mu(x) = f(x) + \iiint_{D_i} K(x;\xi)\mu(\xi)d\tau_\xi \tag{375}$$

其核为

$$K(x;\xi) = b(x)G(x;\xi) \tag{376}$$

考察其对应的齐次方程

$$\mu(x) = \iiint_{D_i} K(x;\xi)\mu(\xi)d\tau_\xi \tag{377}$$

必须弄清楚,它是否有非零解.设在 $\overline{D}_i$ 中 $b(x) \leqslant 0$,又设 $\mu_0(x)$ 为方程(377)的一个解.当 $\mu(\xi) = \mu_0(\xi)$ 时,方程(374)给出方程 $L(u) = 0$ 的一个满足条件(373)的解.但这样的解恒等于零[234],即

$$\iiint_{D_i} G(x;\xi)\mu_0(\xi)d\tau_\xi = 0 \tag{378}$$

在 $\mu(x) = \mu_0(x)$ 时的公式(377)直接推出,$\mu_0(\xi)$ 应当在 D_i 中有连续的导数[224],而对公式(378)的两侧运用拉普拉斯算子,就得到 $\mu_0(x) \equiv 0$.这就是方程(377)在 $b(x) \leqslant 0$ 时只有零解,因而方程(375)对任何的自由项均为可解的.因为按条件 $f(x)$ 在 D_i 内有连续的第一阶导数.可以断言,$\mu(x)$ 也有导数,从此推出公式(374)给出所提出的问题的解.可以证明,当区域 D_i 相当小时,齐次方程(377)不论 $b(x)$ 的符号如何都只有零解.所有上述事实对平面情形都可应用.又如果把上述方法运用到方程

$$\sum_{i=1}^{3} u_{x_i x_i} + \sum_{i=1}^{3} a_i(x)u_{x_i} + b(x)u = -f(x) \tag{379}$$

那么我们就会引出一个积分方程,其核为

$$K(x;\xi) = \sum_{i=1}^{3} a_i(x)G_{x_i}(x;\xi) + b(x)G(x;\xi) \tag{380}$$

如果对格林函数的导数成立估计式

$$|G_{x_i}(x;\xi)|\leqslant\frac{C}{r^2} \tag{381}$$

那么对所说的积分方程,通常的那些定理都适用.但是还要证明,方程(375)的解 $\mu(x)$ 在 D_i 内有连续的导数.

239. 二阶线性椭圆型方程

现在我们考察具有形状

$$L(u)=\sum_{i=1}^{3}\frac{\partial}{\partial x_i}\left(a_{ik}\frac{\partial u}{\partial x_k}\right)=0\quad(a_{ik}=a_{ki}) \tag{382}$$

的二阶椭圆型方程,式中 a_{ik} 是三维空间中由曲面 S 所包围的闭区域 $\overline{D}_i$ 中 (x) 的三阶连续可微的函数.

由于椭圆型的条件,变量 η_s 的二次型

$$\sum_{i,k=1}^{3}a_{ik}\eta_i\eta_k$$

在 $\overline{D}_i$ 的所有点都是正定的.因而由元素 a_{ik} 所组成的行列式也是正的.用 B_{ik} 来记元素 a_{ik} 的代数余子式 A_{ik} 除以 Δ 的结果.不难看出,二次型

$$\sum_{i,k=1}^{3}B_{ik}\eta_i\eta_k \tag{383}$$

也是正定的.为了证实它,只要在二次型(383)中按公式

$$\eta_i=a_{i1}\eta'_1+a_{i2}\eta'_2+a_{i3}\eta'_3$$

引入新的变量 η'_s,并且这个交换的行列式 Δ 为正以 η'_s 为变量的变后的二次型的系数矩阵 C 为 $C=ABA$ $[Ⅲ_1;32]$,式中 A 是元素 a_{ik} 所成的矩阵,B 是元素 B_{ik} 所成的矩阵.但乘积 BA 是单位矩阵,因而以 η'_s 为变量时,二次型(383)取形式

$$\sum_{i,k=1}^{3}a_{ik}\eta'_i\eta'_k$$

从此也推出,这个二次形式在 $\overline{D}_i$ 为正定.定义点对 (x) 与 (ξ) 的函数

$$\sigma(x;\xi)=\sum_{i,k=1}^{3}B_{ik}(x)(x_i-\xi_i)(x_k-\xi_k) \tag{384}$$

由于上述结果,知 $\sigma(x;\xi)\geqslant 0$,而等号只有在 (x) 与 (ξ) 重合时成立.此外,还成立不等式

$$ar\leqslant\sigma^{\frac{1}{2}}\leqslant br \tag{385}$$

式中 a,b 是正常数,$r=\sqrt{(x_1-\xi_1)^2+(x_2-\xi_2)^2+(x_3-\xi_3)^2}$.数 a 与 b 是矩阵 B 在 $\overline{D}_i$ 中最小特征值与最大特征值.设

$$\psi(x;\xi)=\frac{1}{[\sigma(x;\xi)]^{1/2}} \tag{386}$$

作起函数

$$\Gamma(x;\xi)=\psi(x;\xi)+\iiint_{D_i}\psi(x;t)f(t;\xi)\mathrm{d}\tau_t \tag{387}$$

这里 $f(t;\xi)=f(t_1,t_2,t_3;\xi_1,\xi_2,\xi_3)$ 是从下述条件决定的,它要使作为 x 的函数的 $\Gamma(x;\xi)$ 是方程(382)的解. 可以证明,这时 $f(x;\xi)$ 由第二类弗雷德霍姆方程来决定的,并且如果 (x) 与 (ξ) 不重合,它就是这两点的连续函数,当这两点重合时,它们的极性的阶不高于 $\dfrac{1}{r}$.

公式(387)右端第二项当 (x) 与 (ξ) 不同时也是连续的,并且当这两点重合时这一项的极性的阶不高于 $\ln\dfrac{1}{r}$. 因而在解 $\Gamma(x;\xi)$ 中极性的主要部分是 $\psi(x;\xi)$. 方程(382)的这一奇解的详细作法在 E. E. 列维(Леви)的下面的著作中找到:《论线性的椭圆型偏微分方程》("О линейных эллиптических уравнениях в частных производных" Успехи Математических Наук, т. Ⅷ,1941). 如果对 $\Gamma(x;\xi)$ 乘以一个单是 ξ 的函数,又添加上方程(382)的一个无奇性的解,那么就会重新得到这一方程的奇解. 现写出对方程(382)的格林公式[147]

$$\iiint_{D_i}[uL(v)-vL(u)]\mathrm{d}\tau=\iint_{S}[uP(v)-vP(u)]\mathrm{d}S \tag{388}$$

式中

$$P(u)=\sum_{i,k=1}^{3}a_{ik}u_{x_k}\cos(n,x_i)$$

而 n 是 S 上点的外法线方向. 这时还假设 u,v 都有相应的连续导数. 应用公式(388)到方程(382)的解 $u(x)$ 及奇解 $\Gamma(x;\xi)$. 这时我们必须用一以 ξ 为中心、以小的数 ε 为半径的球 C_ε 划出点 ξ. 经过 $\varepsilon\to0$ 的极限过程后,就给出

$$E(\xi)u(\xi)=\frac{1}{4\pi}\iint_{S}\{\Gamma(x;\xi)P(u)-uP[\Gamma(x;\xi)]\}\mathrm{d}S_x \tag{389}$$

式中

$$E(\xi)=E(\xi_1,\xi_2,\xi_3)=\frac{1}{4\pi}\lim_{\varepsilon\to0}\iint_{C_\varepsilon}P[\Gamma(x;\xi)]\mathrm{d}S_x \tag{390}$$

函数 $E(\xi)$ 为正的,且有到二阶的连续导数. 引入新的奇解

$$K(x;\xi)=\frac{\Gamma(x;\xi)}{E(\xi)} \tag{391}$$

并证明如下的公式[见 193]

$$\iint_{S}P[K(x;\xi)]\mathrm{d}S_x=\begin{cases}4\pi & (\text{如果}(\xi)\text{在}S\text{内})\\0 & (\text{如果}(\xi)\text{在}S\text{外})\\2\pi & (\text{如果}(\xi)\text{在}S\text{上})\end{cases} \tag{392}$$

这里,积分号下的算子 P 是对点 (x) 而取的.

我们假设,方程(382)的系数 a_{ik} 可以拓广到全空间,使得到三阶为止的导数在全空间为连续,并且在某一球 D_1 之外方程(382)为拉普拉斯方程,即在 D_1 外 $L(u)=\Delta u$. 如果 (x) 在 D_1 之外,那么,对 (ξ) 的任意位置 $\sigma(x;\xi)=r^2$,且 $E(x)=1$. 此外对于在 D_1 之外的 (x) 在公式(387)中的 $f(x;\xi)$ 等于零,对于点 (x) 和 (ξ) 的任何位置,它可从积分方程

$$L\big[\psi(x;\xi)\big]-4\pi E(x)f(x;\xi)+\iiint\limits_{D_i}L\big[\psi(x;t)\big]f(t;\xi)\mathrm{d}\tau_t=0$$

来决定. 因而函数 $\Gamma(x;\xi)$ 与 $K(x;\xi)$ 在全空间可以决定,并且可以证明 $K(x;\xi)$ 是一个对称的函数. 它类似于拉普拉斯方程的解 $\dfrac{1}{r}$,在拉普拉斯方程的情形,算子 $P(u)$ 就化为沿法线方向的导数: $\dfrac{\partial u}{\partial n}$.

利用 $K(x;\xi)$ 可以作起质体势函数,单层势函数与双层势函数的类似

$$u(x)=\iiint\limits_{D}\mu(\xi)K(x;\xi)\mathrm{d}\tau \tag{393}$$

$$v(x)=\iint\limits_{S}\mu(\xi)K(x;\xi)\mathrm{d}S \tag{394}$$

$$w(x)=\iint\limits_{S}\mu(\xi)P\big[K(x;\xi)\big]\mathrm{d}S \tag{395}$$

并且在最后一个式子中,算子 P 中是对点 (ξ) 进行微分.

曲面是设为相当光滑的,而密度 $\mu(\xi)$ 为连续函数.

如果在公式(393)中 $\mu(\xi)$ 在 D 内有连续导数,那么就可得到泊松公式的如下的类似

$$L(u)=-4\pi\mu(x) \quad \text{(在 } D \text{ 内)} \tag{396}$$

而在 D 外, $u(x)$ 满足方程(382). 势函数(394)与(395)在 S 内与 S 外都满足方程(382). 当点 (x) 从曲面 S 内部或外部逼近 S 上的点 $(\xi^{(0)})$ 时,势函数(395)有连续的极限值

$$\begin{aligned}
w_i(\xi^{(0)})&=w(\xi^{(0)})+2\pi\mu(\xi^{(0)})\\
w_e(\xi^{(0)})&=w(\xi^{(0)})-2\pi\mu(\xi^{(0)})
\end{aligned} \tag{397}$$

式中 $w(\xi^{(0)})$ 是积分(395)在曲面 S 上的点 $(\xi^{(0)})$ 的数值[见 192]. 完全类似地也有[见 194]

$$\begin{aligned}
P_i\big[v(\xi^{(0)})\big]&=\iint\limits_{S}\mu(\xi)P\big[K(\xi^{(0)};\xi)\big]\mathrm{d}S+2\pi\mu(\xi^{(0)})\\
\\
P_e\big[v(\xi^{(0)})\big]&=\iint\limits_{S}\mu(\xi)P\big[K(\xi^{(0)};\xi)\big]\mathrm{d}S-2\pi\mu(\xi^{(0)})
\end{aligned} \tag{398}$$

在算子 P 中 $K(x;\xi)$ 的微分是关于点 (x) 来进行,然后必须用 $x=\xi^{(0)}$ 代入. 利

用所指出的公式可以把方程(382)的边值问题化到积分方程去. 所以例如对在边值条件

$$u\mid_s = f(\xi)$$

下的方程(382)的狄利克雷内部问题,我们求形状为(395)的解,由于(397)的第一个式子我们得到对密度 $\mu(\xi)$ 的积分方程

$$2\pi\mu(\xi^{(0)}) - \iint\limits_{S}\mu(\xi)P[K(\xi^{(0)};\xi)]\mathrm{d}S = f(\xi^{(0)}) \tag{399}$$

式中,算子 P 中的微分是关于点 ξ 来进行. 可以证明,对应的齐次方程只有零解,因而方程(399)对任意的连续函数 $f(\xi)$ 均可解. 与[220]中完全相类似,可以作起方程(382)的格林函数 $G(x;\xi)$,而利用它来解方程[①]

$$L(u) = \sum_{i=1}^{3} a_i \frac{\partial u}{\partial x_i} + bu = -f(x) \tag{400}$$

在条件

$$u\mid_s = 0$$

下的边值问题. 一般的线性的椭圆型方程

$$\sum_{i,k=1}^{3} a_{ik} \frac{\partial^2 u}{\partial x_i \partial x_k} + \sum_{i=1}^{3} a_i \frac{\partial u}{\partial x_i} + bu = -f(x) \tag{401}$$

可以写成形状

$$L(u) + \sum_{i=1}^{3}\left[b_i - \sum_{k=1}^{3}\frac{\partial a_{ki}}{\partial x_k}\right]\frac{\partial u}{\partial x_i} + bu = -f(x) \tag{402}$$

本段中叙述的对一般的线性椭圆型方程的广义的势函数理论是属于斯端堡(Stern berg)的(Math. Zeitschr. Bd. 21,1924). 具有任意个自变量的线性椭圆型偏微分方程理论的一般叙述联系于制作一个以系数 a_{ik} 为基础的特殊的量度空间,它见于菲勒尔(Феллер)的著作《论二阶线性椭圆型偏微分方程的解》("О решениях линейных дифференциальных уравнений в частных производных второго порядка эллиптическогс типа" Успехи Математических Наук,т. Ⅷ,1941).

在毕幼雪尔(Püschel)的著作《空间的一般的自共轭椭圆型二阶线性微分方程在任意区域的第一边值问题》("Die erste Randwertaufgabe der allgemeinen selbstadjungierten elliptischen Differentialgleichungen zweiter Ordnung im Raum für beliebige Gebiete")中,对形状为(382)的方程引进了狄利克雷问题广义解的制作与研究,它的制作是利用在区域 D 内部的区域序列

---

① 式(400)似应改为 $L(u) = \sum\limits_{i,k=1}^{3}\frac{\partial}{\partial x_i}\left(a_{ik}\frac{\partial u}{\partial x_k}\right) + bu = -f(x)$. ——译者注

D_n 到区域 D 的逼近以及考察在 D 内的连续的极限值的拓广为基础的. 对拉普拉斯方程,我们已在[217]中描述了这一方法. 在毕幼雪尔的论文中,除了其他的一切结果外,还进行了对边界点的正则性的研究.

240. 格林张量

设 $L(\boldsymbol{u})$ 是作用于依赖 (x,y,z) 的向量 $\boldsymbol{u}(u_1,u_2,u_3)$ 的某一线性算子,它把向量变为向量. 考察方程

$$L(\boldsymbol{u}) = -\boldsymbol{f} \tag{403}$$

于此 $\boldsymbol{f}$ 为一已给的依赖于 (x,y,z) 的向量. 把左右两边依分量分解,我们就得到对向量 $\boldsymbol{u}$ 的分量 u_1,u_2,u_3 的由三个方程构成的方程组. 此外,我们设在区域 D 的表面 S 上,成立齐次的边值条件,例如条件

$$\boldsymbol{u}\mid_s = 0 \tag{404}$$

$L(\boldsymbol{u})$ 的以(404)为边值条件的格林张量是理解为如下的矩阵

$$\boldsymbol{G}(P;Q) = \boldsymbol{G}(x,y,z;\xi,\eta,\zeta) = \begin{pmatrix} G_{11} & G_{12} & G_{13} \\ G_{21} & G_{22} & G_{23} \\ G_{31} & G_{32} & G_{33} \end{pmatrix}$$

它使得,以(404)为边值条件的微分方程(403)等价于公式

$$\boldsymbol{u}(P) = \iiint_D \boldsymbol{G}(P;Q)\boldsymbol{f}(Q)\mathrm{d}v \tag{405}$$

这里,积分号下的表示式是把作为算子的矩阵 $\boldsymbol{G}(P;Q)$ 应用到向量 $\boldsymbol{f}$ 结果,就是说,这个积分号下的表示式乃是以

$$G_{i1}f_1 + G_{i2}f_2 + G_{i3}f_3 \quad (i=1,2,3)$$

为分量的向量. 张量的每一列给出某一向量 $\boldsymbol{g}_k (k=1,2,3)$ 的分量,它们除在点 Q 外有连续的导数,满足齐次方程(403)及边值条件(404). 在点 Q 的极性的性态容易从问题的物理意义推出. 如前,利用了格林张量,就可以把在边值条件(404)下,关于方程

$$L(\boldsymbol{u}) + \lambda \boldsymbol{u} = 0$$

的特征值与特征向量的问题化为积分方程组.

写出弹性理论中对形变向量[94]的基本方程

$$\rho \frac{\partial^2 \boldsymbol{u}}{\partial t^2} = G\left(\Delta \boldsymbol{u} + \frac{m}{m-2}\mathbf{grad}\,\mathrm{div}\,\boldsymbol{u}\right)$$

利用公式[Ⅱ;112]

$$\mathbf{rot}\,\mathbf{rot}\,\boldsymbol{u} = \mathbf{grad}\,\mathrm{div}\,\boldsymbol{u} - \Delta\boldsymbol{u}$$

对静力学情形,我们就可把方程写成

$$\Delta^*\boldsymbol{u} = a\mathbf{grad}\,\mathrm{div}\,\boldsymbol{u} - b\mathbf{rot}\,\mathbf{rot}\,\boldsymbol{u} = 0 \tag{406}$$

式中

$$a = \frac{G(2m-2)}{m-2}, b = G$$

或者,由于引入拉米的常数 $\lambda, \mu: a = \lambda + 2\mu, b = \mu$.

在无界的空间,平行于 Z 轴作用于点 $Q(\xi, \eta, \zeta)$ 的一个单位力,就会引起形变,其分量为[①]

$$u_1 = A\frac{(x-\xi)(z-\zeta)}{r^3}, \quad u_2 = A\frac{(y-\eta)(z-\zeta)}{r^3}$$

$$u_3 = A\left[\frac{(z-\zeta)^2}{r^3} + \frac{\lambda+3\mu}{\lambda+\mu} \cdot \frac{1}{r}\right]$$

于此

$$A = \frac{\lambda+\mu}{8\pi\mu(\lambda+2\mu)}$$

而

$$r = \sqrt{(x-\xi)^2 + (y-\eta)^2 + (z-\zeta)^2}$$

对于平行于 X 轴与 Y 轴的力,我们也有类似的关于形变的表示式. 在这一情形,格林张量具有形状

$$\boldsymbol{G} = \frac{1}{8\pi a}\boldsymbol{P}_a + \frac{1}{8\pi b}\boldsymbol{P}_b \tag{407}$$

于此

$$\boldsymbol{P}_a = \begin{vmatrix} \dfrac{1}{r} - \dfrac{(x-\xi)^2}{r^3} & -\dfrac{(x-\xi)(y-\eta)}{r^3} & -\dfrac{(x-\xi)(z-\zeta)}{r^3} \\[2mm] -\dfrac{(y-\eta)(x-\xi)}{r^3} & \dfrac{1}{r} - \dfrac{(y-\eta)^2}{r^3} & -\dfrac{(y-\eta)(z-\zeta)}{r^3} \\[2mm] -\dfrac{(z-\zeta)(x-\xi)}{r^3} & -\dfrac{(z-\zeta)(y-\eta)}{r^3} & \dfrac{1}{r} - \dfrac{(z-\zeta)^2}{r^3} \end{vmatrix}$$

及

$$\boldsymbol{P}_b = \begin{vmatrix} \dfrac{1}{r} + \dfrac{(x-\xi)^2}{r^3} & \dfrac{(x-\xi)(y-\eta)}{r^3} & \dfrac{(x-\xi)(z-\zeta)}{r^3} \\[2mm] \dfrac{(y-\eta)(x-\xi)}{r^3} & \dfrac{1}{r} + \dfrac{(y-\eta)^2}{r^3} & \dfrac{(y-\eta)(z-\zeta)}{r^3} \\[2mm] \dfrac{(z-\zeta)(x-\xi)}{r^3} & \dfrac{(z-\zeta)(y-\eta)}{r^3} & \dfrac{1}{r} + \dfrac{(z-\zeta)^2}{r^3} \end{vmatrix}$$

在这一情形下,我们有在无穷远点形变化为零这一条件以代替边值条件(404). 在这种情形下,方程

$$\Delta^* \boldsymbol{u} = -\boldsymbol{f}$$

有解(406). 通常,在弹性理论中把张量(407)称为沙密里阿那(Somigliana)张

---

① 李雅普诺夫:弹性的数学理论,195 页(俄文本).

量.它可以写为形状

$$G = \frac{1}{8\pi\mu(\lambda+2\mu)}\left[\frac{\lambda+3\mu}{r}E + (\lambda+\mu)\frac{r\times r}{r^3}\right]$$

于此 E 为单位矩阵而 $r\times r$ 为张量

$$r\times r = \begin{vmatrix} (x-\xi)^2 & (x-\xi)(y-\eta) & (x-\xi)(z-\zeta) \\ (y-\eta)(x-\xi) & (y-\eta)^2 & (y-\eta)(z-\zeta) \\ (z-\zeta)(x-\xi) & (z-\zeta)(y-\eta) & (z-\zeta)^2 \end{vmatrix}$$

在外尔(Weyl)[①] 的著作中指出对方程(406)的各种格林公式的类似,引出对有界区域的格林张量的作法,而利用这个张量来研究方程

$$\Delta^* u + \lambda u = 0$$

的特征值.

241. 弹性理论的平面静力学问题

在平面情形,某些边值问题可从应用柯西积分而得到解决.例如,它牵涉到调和或两重调和方程的狄利克雷问题,把单连通区域保角变换到圆的问题,或者把多连通区域保角变换到一定类型的区域的问题(В.И. 克雷洛夫,Математический сборник,т.4(46):1,1938).利用柯西积分可以把这些问题归结到积分方程去.我们要叙述这一方法对弹性平面静力学问题的解法的应用〔Н.И. 穆斯海里什维利(Мусхелишвили),弹性理论的某些问题〕.如果在区域 B 的回道上我们有已给的形变作为边值条件,那么静力学的问题的解法归结到求两个函数 $\varphi(z)$ 与 $\psi(z)$,它们在 B 中为正则,并在区域的回道上满足边值条件

$$-\overline{k\varphi(z')} + \bar{z}'\varphi'(z') + \psi(z') = f(z') \quad (z' \text{ 在 } l \text{ 上}) \tag{408}$$

于此 k 是某一实常数,而 $f(z')$ 为在回道 l 上已给的函数.把(408)的两边乘上 $\frac{1}{2\pi i}\frac{1}{z'-z}$,于此 z 在 l 外,而沿 l 积分,我们得到

$$-\frac{k}{2\pi i}\int_l \frac{\overline{\varphi(z')}}{z'-z}dz' + \frac{1}{2\pi i}\int_l \frac{\bar{z}'\varphi'(z')}{z'-z}dz' = F(z)$$

于此

$$F(z) = \frac{1}{2\pi i}\int_l \frac{f(z')}{z'-z}dz' \quad (z \text{ 在 } l \text{ 外})$$

为在 l 外的已知函数.把 z 趋向于 l,我们得到

$$\frac{k}{2}\overline{\varphi(t)} - \frac{k}{2\pi i}\int_l \frac{\overline{\varphi(z')}}{z'-t}dz' - \frac{1}{2}\bar{t}\varphi'(t) + \frac{1}{2\pi i}\int_l \frac{\bar{z}'\varphi'(z')}{z'-t}dz' = F_e(t) \tag{409}$$

于此积分应理解为其主值.为了要得到包含普通积分的方程,我们写出

---

① Circolo Math. di Parlemo, 1915.

$$\frac{k}{2}\overline{\varphi(t)}+\frac{k}{2\pi i}\int_l\frac{\overline{\varphi(z')}\ \overline{dz'}}{\overline{z'}-\overline{t}}=0,\ \frac{1}{2}\varphi'(t)-\frac{1}{2\pi i}\int_l\frac{\varphi'(z')dz'}{z'-t}=0$$

把所写出的第二个方程乘以 $\overline{t}$,把两个方程与方程(409)逐项相加,就得到

$$k\overline{\varphi(t)}+\frac{k}{2\pi i}\int_l\overline{\varphi(z')}\,d\ln\frac{\overline{z'}-\overline{t}}{z'-t}+\frac{1}{2\pi i}\int_l\varphi'(z')\frac{\overline{z'}-\overline{t}}{z'-t}dz'=F_e(t)$$

最后,把包含 $\varphi'(z')$ 的积分进行分部积分,我们得到

$$k\overline{\varphi(t)}+\frac{k}{2\pi i}\int_l\overline{\varphi(z')}\,d\ln\frac{\overline{z'}-\overline{t}}{z'-t}-\frac{1}{2\pi i}\int_l\varphi(z')d\frac{\overline{z'}-\overline{t}}{z'-t}=F_e(t)\quad(410)$$

如果令 $z'-t=r e^{i\vartheta}$,那么前一方程可以改写为形状

$$k\overline{\varphi(t)}+\frac{1}{\pi}\int_l[e^{-2i\vartheta}\varphi(z')-k\overline{\varphi(z')}]d\vartheta=F_e(t)\quad(411)$$

分开实部与虚部,我们得到在 l 上对函数 $\varphi(z')$ 的实部与虚部的由两个积分方程所成的方程组.解这些方程,我们就有在 l 上的 $\varphi(z')$,而按柯西公式就得到了 l 内的 $\varphi(z)$.为了求出函数 $\psi(z)$,把(408)的两边乘以 $\frac{1}{2\pi i}\frac{1}{z'-z}$(于此 z 在 l 内),而沿 l 积分

$$\psi(z)=\frac{k}{2\pi i}\int_l\frac{\overline{\varphi(z')}}{z'-z}dz'-\frac{1}{2\pi i}\int_l\frac{\overline{z'}\,\varphi'(z')}{z'-z}dz'+\frac{1}{2\pi i}\int_l\frac{f(z')}{z'-z}dz'$$

所述的把边值问题(408)化为积分方程的方法是属于 Н. И. 穆斯海利什维利的(Доклады Академин Наук СССР,т.Ⅲ,No 1,1934).在组成方程(410)时,我们已经假设问题是有解的.利用方程(410),不仅对我们以上所假设的单边通区域的情形,而且也对多连通区域的情形,可以建立起所提出的弹性理论静力学的问题的存在性定理[①].

把弹性理论的平面静力学引导到积分方程是在 B. A. 福克(Фок)的著作中给出过("Comptes Rendus",t. 182,1926,第 264 页).

在方程(411)中 ϑ 是从回道 l 上的定点 t 出发到同一回道上的变点的向径所成的角.考虑到这一点,不难见到,齐次方程(411)有异于零的解 $\varphi(z')=$ 常数,对于方程(410)也可以说同样的话.我们常可假设 $z=0$ 在 l 内部.从边值条件(408)的形状就推出,我们可以从 $\varphi(z)$ 中移一常数项到 $\psi(z)$ 去,而可假设 $\varphi(0)=0$.从此推出

$$\int_l\frac{\varphi(z')}{z'}dz'=0$$

从(410)中减去这一方程,我们就会得到一个新的方程,它已是没有特征函数的了.

---

① Д. И. 息尔曼(Шерман),Доклады Академии Наук СССР,т. Ⅳ,№ 3,1935.

在解边值问题(408)时,也可以应用另一方法[①]. 我们要找出具如下形状的 $\varphi(z)$ 与 $\psi(z)$

$$\varphi(z) = \frac{1}{2\pi \mathrm{i}} \int_l \frac{\omega(z')}{z'-z} \mathrm{d}z' \quad (z \text{ 在 } l \text{ 内})$$

$$\psi(z) = \frac{1}{2\pi \mathrm{i}} \int_l \overline{\frac{\omega(z')}{z'-z}} \mathrm{d}z' - \frac{1}{2\pi \mathrm{i}} \int_l \frac{\bar{z}'\omega(z')}{z'-z} \mathrm{d}z' + \frac{1}{2\pi \mathrm{i}} \int_l \frac{\omega(z')}{z'-z} \overline{\mathrm{d}z'}$$

式中 $\omega(z')$ 是被决定的 l 上的函数. 代入(408)并利用柯西型积分的性质,我们就得到对 $\omega(z')$ 的积分方程

$$k\omega(t) - \frac{k}{2\pi \mathrm{i}} \int_l \omega(z') \mathrm{d}\ln \frac{\bar{z}'-\bar{t}}{z'-t} - \frac{1}{2\pi \mathrm{i}} \int_l \omega(z') \mathrm{d} \frac{\bar{z}'-\bar{t}}{z'-t} = -f(t)$$

在上述的 Д. И. 息尔曼的著作中,考察了多连通区域的情形,也进行了对所得积分方程的分析.

§3 抛物型与双曲型方程

242. 热传导方程的解对初始条件、边值条件与自由项的相关性.

我们从前已经建立起热传导方程解的唯一性,其证明是基于一个定理,它断言,齐次热传导方程的解的最大值与最小值,或者在 $t=0$ 时达到,或者在区域的边界上达到.

这个定理的证明是在一维的情形下进行的. 在多维的情形下,也可完全类似地引出其证明.

现考察在平面 (x,y) 区域 B 中的非齐次热传导方程

$$u_t = u_{xx} + u_{yy} + f(x,y,t) \tag{1}$$

其初始条件与边值条件为

$$u \mid_{t=0} = \varphi(x,y) \quad (\text{在区域 } \bar{B}), u \mid_l = \psi(x,y,t) \tag{2}$$

这里 l 是 B 的回道. 我们假设 f 是 $t \geqslant 0$ 时 $\bar{B}$ 中的连续函数. 类似地,φ 假设在 $\bar{B}$ 连续,ψ 假设在 l 上 $t \geqslant 0$ 时为连续. 在空间 (x,y,t) 中,设想一个柱体 D,其底面为在平面 (x,y) 的区域 B,其母线平行于 t 轴. 设 D_1 为这个柱体由平面 $t=0$ 所下界与平面 $t=T(T>0)$ 所上界的部分. 用 S' 记 D_1 的下底 $t=0$ 及它的侧面. 利用我们在 [Ⅱ;209] 中用来证明上面所提到的定理的那些论述的完全的类似,容易证明:

定理1 如果 u 在 D_1 内满足方程(1),直到 S' 为连续,又如在 D_1 中 $f \geqslant 0$,那么 u 在 D_1 的最小值在 S' 上达到,即或者在 $t=0$ 时达到,或者在 D_1 的侧面,

---

① Д·И·息尔曼,Доклады Академии Наук СССР, т. ⅩⅩⅧ, № 3,1940.

即在区域 B 的边界上达到.如果在 D_1 中 $f \leqslant 0$,那么 u 的最大值在 S' 上达到.

举出这定理的简单的证明,它完全与[Ⅱ;209]中的证明相类似.只考察 $f \leqslant 0$ 的情形,并用反证法.设 u 的最大值不在 S' 上达到,而在某一点 (x',y', t') 达到,其值等于 M.引入新的函数

$$v = u - k(t - T) \tag{3}$$

于此 k 是正数,我们马上就要确定它,在 $\overline{D}_1$ 中,我们有

$$u \leqslant v \leqslant u + kT$$

也可以固定 k 使与零充分接近,使得 v 在 S' 上的最大值,与 u 一样,小于 u 在点 (x',y',t') 的数值.因而对这样选择的 k,函数 v 或者在 D_1 内部,或者在上底 $t = T$ 的内部达到最大值.这两种情形皆引向矛盾.

设 v 在 D_1 内某点 $C(x,y,t)$ 达到最大值.在这一点 v 有极大,因而在点 C

$$v_t = 0, v_{xx} \leqslant 0, v_{yy} \leqslant 0$$

从此推得 $v_t - v_{xx} - v_{yy} \geqslant 0$,或者,由式(3),在点 C 有 $u_t - u_{xx} - u_{yy} - k \geqslant 0$,这与方程 $u_t - u_{xx} - u_{yy} - f = 0$ 在点 C 应当满足以及 $f \leqslant 0$ 的事实相矛盾.现设,v 在位于上底 $t = T$ 的一点 C 达到最大值.在这一点应有 $v_t \geqslant 0$,又考察 v 沿上界的变化,我们得 $v_{xx} \leqslant 0, v_{yy} \leqslant 0$ 在点 C 成立.完全与以前一样,这就给我们引出矛盾,定理证毕.利用所证定理,还容易建立起如下的定理:

定理 2 如果 φ, ψ 与 f 满足条件:在 D_1 的下底 $|\varphi| \leqslant a$,在 D_1 的侧面 $|\psi| \leqslant a$,而在 $\overline{D}_1$ 中 $|f| \leqslant \dfrac{a}{T}$,那么在 D_1 内 $|u| \leqslant 2a$.

考察函数

$$v = u + \frac{a(T - t)}{T} \tag{4}$$

它满足方程

$$v_t = v_{xx} + v_{yy} + \left(f - \frac{a}{T}\right)$$

及如下的条件

$$v \mid_{t=0} = \varphi + a, v \mid_l = \psi + \frac{a(T - t)}{T}$$

注意到定理的条件及事实:在 D_1 的侧面上 $0 \leqslant t \leqslant T$,我们就可断言

$$在 D_1 中 f - \frac{a}{T} \leqslant 0$$

$$在底 t = 0 上 |\varphi + a| \leqslant 2a$$

$$在 D_1 的侧面 \left|\psi + \frac{a(T - t)}{T}\right| \leqslant 2a$$

这时,从定理 1 就推出 v 的最大值在 S' 上达到,因而,在 $\overline{D}_1$ 中,$v \leqslant 2a$.注意到公式(4)中右端的第二项不小于零,就可以断言 $u \leqslant 2a$.完全类似地,引入函数

$$v = u - \frac{a(T-t)}{T}$$

我们就能证明 $u \geqslant -2a$，从此也就推出 $|u| \leqslant 2a$. 定理 2 给出方程(1)的解的估计，这估计是用对自由项 f 及出现在初始条件与边值条件中的函数的估计来表达的.

在三维空间中定理也可完全类似地证明.

243. 一维情形中的热传导方程的势函数

我们现在阐明，对热传导方程也可以建立一种理论，它类似于拉普拉斯方程的势函数理论，这样，就可以把热传导方程的边值问题归结到积分方程.

考察齐次的热传导方程

$$u_t = a^2 u_{xx} \tag{5}$$

并设，对区间 $0 \leqslant x \leqslant l$ 已提出具边值条件

$$u\,|_{x=0} = \omega_1(t), u\,|_{x=l} = \omega_2(t) \tag{6}$$

与初始条件

$$u\,|_{t=0} = f(x) \quad (0 \leqslant x \leqslant l) \tag{7}$$

的边值问题. 把在区间 $[0, l]$ 中所给定的函数 $f(x)$ 拓广到整个 x 轴去，使得它的连续，在某一有限区间外化为零. 又作起方程(5)的解[II;204]

$$u_0(x, t) = \frac{1}{2a\sqrt{\pi t}} \int_{-\infty}^{+\infty} f(\xi) e^{-\frac{(\xi-x)^2}{4a^2 t}} \, d\xi \quad (t > 0) \tag{8}$$

它满足初始条件

$$u_0\,|_{t=0} = f(x) \quad (-\infty < x < +\infty) \tag{9}$$

引入新的函数 $w(x, t) = u(x, t) - u_0(x, t)$ 以代替 $u(x, t)$，我们得到对 w 的方程(5)，其初始条件为齐次的

$$w\,|_{t=0} = 0 \quad (0 \leqslant x \leqslant l)$$

在 $x = 0$ 与 $x = l$ 应满足某些条件，其右边等于差式 $\omega_1(t) - w(0, t)$ 与 $\omega_2(t) - w(l, t)$. 因而我们在后文中就将求方程(5)的解，使有边值条件(6)与齐次的初始条件

$$u\,|_{t=0} = 0 \quad (0 \leqslant x \leqslant l) \tag{10}$$

对应于在点 $x = \xi$ 与时间 $t = \tau$ 的热源的基本奇解为解[II;204]

$$u = \frac{1}{2a\sqrt{\pi(t-\tau)}} e^{-\frac{(\xi-x)^2}{4a^2(t-\tau)}} \tag{11}$$

关于 ξ 微分，并添上常数因子 $2a^2$，就得到对应于偶极子的奇解

$$u = \frac{1}{2a\sqrt{\pi}(t-\tau)^{3/2}} (x-\xi) e^{-\frac{(\xi-x)^2}{4a^2(t-\tau)}} \tag{12}$$

把最后一项乘以某一函数 $\varphi(\tau)$，而关于 τ 作从 $\tau = 0$ 到 $\tau = t$ 的积分，就得到解

$$u(x,t) = \int_0^t \frac{\varphi(\tau)}{2a\sqrt{\pi}\,(t-\tau)^{3/2}}(x-\xi)\,e^{-\frac{(\xi-x)^2}{4a^2(t-\tau)}}\,d\tau \qquad (13)$$

对应于在点 $x=\xi$,从时间 $\tau=0$ 开始作用着的,具有强度 $\varphi(\tau)$ 的偶极子. 当 $x \neq \xi$ 时函数(13)满足方程(5)这一事实直接地只利用微分就可以验证,这时关于上限的微分的结果是零,这是因为当 $x \neq \xi$ 时被积函数当 $\tau \to t$ 时的极限为零. 现证,如果 x 从左边或从右边趋向于 ξ,函数(13)会满足如下的关系式

$$u(\xi+0,t) = \varphi(t), \quad u(\xi-0,t) = -\varphi(t) \qquad (14)$$

设 $x \neq \xi$,引入新的积分变量

$$\alpha = \frac{x-\xi}{2a\sqrt{t-\tau}}$$

以代替 τ. 如果 $x > \xi$,则当 $\tau \to t$ 时 $\alpha \to +\infty$;如果 $x < \xi$,则当 $\tau \to t$ 时 $\alpha \to -\infty$. 在新的变量之下,我们得到

$$u(x,t) = \frac{1}{2\sqrt{\pi}} \int_{\frac{x-\xi}{2a\sqrt{t}}}^{+\infty} \varphi\left[t - \frac{(\xi-x)^2}{4a^2\alpha^2}\right] e^{-\alpha^2}\,d\alpha \quad (x > \xi) \qquad (15)$$

而当 $x \to \xi+0$ 时,取极限,我们就得

$$u(\xi+0,t) = \frac{1}{2\sqrt{\pi}} \int_0^\infty \varphi(t)e^{-\alpha^2}\,d\alpha = \varphi(t)\,\frac{1}{2\sqrt{\pi}} \int_0^\infty e^{-\alpha^2}\,d\alpha = \varphi(t)$$

(14)中的第二式可以类似地予以证明. 此外,解(13)显然满足齐次边值条件

$$u\big|_{t=0} = 0 \qquad (16)$$

我们并不更详细地来论述公式(15)中的取极限的过程. 这过程在 $\varphi(\tau)$ 的连续性的假设下是容易做的.

假设我们已有上述的具边值条件(6)与初始条件(10)的定解问题. 我们要求具有两个偶极子之和的形式的解,它们分别地位于点 $x=0$ 及点 $x=l$. 把所要求的函数顺次记为 $\varphi(\tau)$ 与 $\psi(\tau)$

$$u(x,t) = \int_0^t \frac{\varphi(\tau)}{2a\sqrt{\pi}\,(t-\tau)^{3/2}}x\,e^{-\frac{x^2}{4a^2(t-\tau)}}\,d\tau +$$

$$\int_0^t \frac{\psi(\tau)}{2a\sqrt{\pi}\,(t-\tau)^{3/2}}(x-l)\,e^{-\frac{(l-x)^2}{4a^2(t-\tau)}}\,d\tau \qquad (17)$$

由于(14),边值条件(6)可写成形状

$$\varphi(t) - l\int_0^t \frac{\psi(\tau)}{2a\sqrt{\pi}\,(t-\tau)^{3/2}}e^{-\frac{l^2}{4a^2(t-\tau)}}\,d\tau = \omega_1(t)$$

$$-\psi(t) + l\int_0^t \frac{\varphi(\tau)}{2a\sqrt{\pi}\,(t-\tau)^{3/2}}e^{-\frac{l^2}{4a^2(t-\tau)}}\,d\tau = \omega_2(t) \qquad (18)$$

这些方程乃是对 $\varphi(\tau)$ 与 $\psi(\tau)$ 的伏尔特拉型的积分方程组,它们的核只与 $(t-\tau)$ 有关,因而,可以依照在[46]中所描述的方法,把拉普拉斯变换应用到

所写出的方程组来. 又比如说,如果在一个端点所已给的并非函数 u 本身,而是它的导数 $\dfrac{\partial u}{\partial x}$,那么在这一端点所必须安放的并非偶极子,而是单纯的热源,它的作用由公式(11)所给出. 比方说,我们假设边值条件为形式

$$u\big|_{x=0}=\omega_1(t),\ \frac{\partial u}{\partial x}\bigg|_{x=l}=\omega_2(t) \tag{19}$$

而初始条件则和以前一样有形式(16).

为了使后文的公式简单起见,我们把解(11)乘以 $2a^2$,而来寻求形状为

$$
u(x,t)=\int_0^t \frac{\varphi(\tau)}{2a\sqrt{\pi}\,(t-\tau)^{3/2}}x\,\mathrm{e}^{-\frac{x^2}{4a^2(t-\tau)}}\mathrm{d}\tau+
$$
$$
\int_0^t \frac{a\psi(\tau)}{\sqrt{\pi}\,\sqrt{t-\tau}}\mathrm{e}^{-\frac{(l-x)^2}{4a^2(t-\tau)}}\mathrm{d}\tau \tag{20}
$$

的解. 条件(19)的前一式给出

$$\varphi(t)+\int_0^t \frac{a\,\mathrm{e}^{-\frac{l^2}{2a^2(t-\tau)}}}{\sqrt{\pi}\,\sqrt{t-\tau}}\psi(\tau)\mathrm{d}\tau=\omega_1(t)$$

把方程(20)关于 x 微分,并令 x 趋向 l,由式(14)及条件(19)中第二式,得到

$$\psi(t)+\int_0^t \frac{\mathrm{e}^{-\frac{l^2}{4a^2(t-\tau)}}}{2a\sqrt{\pi}\,(t-\tau)^{3/2}}\varphi(\tau)\mathrm{d}\tau-$$
$$l^2\int_0^t \frac{\mathrm{e}^{-\frac{l^2}{4a^2(t-\tau)}}}{4a^3(t-\tau)^{5/2}}\varphi(\tau)\mathrm{d}\tau=\omega_2(t)$$

而我们再一次得到对 $\varphi(\tau)$ 与 $\psi(\tau)$ 的积分方程组,其核依赖于差式 $(t-\tau)$.

244. 多维情形的热源

势函数的思想也可以应用到多维的热传导问题. 我们限于指出与前面相类似的结果. 在多维情形下,势函数的性质的证明比一维的情形要出现大得多的困难. 我们将考察平面的情形,即考察方程

$$u_t=a^2(u_{xx}+u_{yy}) \tag{21}$$

设在平面(x,y)上有区域 B,其回道为 l. 对应于在点(ξ,η),从时刻 τ 开始作用的热源的奇解具有形状

$$u=\frac{1}{2\pi(t-\tau)}\mathrm{e}^{-\frac{r^2}{4a^2(t-\tau)}} \quad (r^2=(\xi-x)^2+(\eta-y)^2)$$

如下的公式给出单层势函数的类似

$$u(x,y,t)=\frac{1}{2\pi}\int_0^t \mathrm{d}\tau\int_l \frac{a(\sigma,\tau)}{t-\tau}\mathrm{e}^{-\frac{r^2}{4a^2(t-\tau)}}\mathrm{d}\sigma \tag{22}$$

这里 σ 是回道 l 的弧长,它是从某一固定点量起的,而 $a(\sigma,\tau)$ 是回道上变点 σ 与参数 τ 的函数. 用 r 记点(x,y)到回道 l 上的变点 σ 的距离. 公式

$$v(x,y,t)=\frac{1}{2\pi}\int_0^t \mathrm{d}\tau \int_l \frac{b(\sigma,\tau)}{t-\tau}\frac{\partial}{\partial n}\mathrm{e}^{-\frac{r^2}{4a^2(t-\tau)}}\mathrm{d}\sigma \tag{23}$$

代表热的双层势函数,式中 n 是在积分变点的外法线方向,或者

$$v(x,y,t)=\int_0^t \mathrm{d}\tau \int_l \frac{b(\sigma,\tau)}{4\pi a^2(t-\tau)^2}\mathrm{e}^{-\frac{r^2}{4a^2(t-\tau)}}r\cos(\boldsymbol{r},\boldsymbol{n})\mathrm{d}\sigma \tag{23'}$$

式中方向 r 假定是从点 σ 到点 (x,y) 的.如果引入从点 (x,y) 望线素 $\mathrm{d}\sigma$ 的角度 $\mathrm{d}\varphi$,那么前一公式就可改写成形状

$$v(x,y,t)=-\int_l \mathrm{d}\varphi \int_0^t \frac{b(\sigma,\tau)}{4\pi a^2(t-\tau)^2}\mathrm{e}^{-\frac{r^2}{4a^2(t-\tau)}}r^2\,\mathrm{d}\tau \tag{23''}$$

双层势函数在回道上的点 $\sigma_0(x_0,y_0)$ 的极限值是由下面的公式所定义

$$v_i(x_0,y_0,t)=-b(\sigma_0,t)+\int_0^t \mathrm{d}\tau \int_l \frac{b(\sigma,\tau)}{4\pi a^2(t-\tau)^2}\mathrm{e}^{-\frac{r_0^2}{4a^2(t-\tau)}}r_0\cos(\boldsymbol{r}_0,\boldsymbol{n})\mathrm{d}\sigma$$
$$\tag{24}$$

$$v_e(x_0,y_0,t)=b(\sigma_0,t)+\cdots$$

式中 r_0 是积分变点到点 $\sigma_0(x_0,y_0)$ 的距离.在穿过回道 l 时,单层势函数(22)是连续的,它沿在点 σ_0 的 l 的法线 n_0 的导数在这一点有依如下公式所定义的极限值

$$\left(\frac{\partial u(x_0,y_0,t)}{\partial n_0}\right)_i=a(\sigma_0,t)-\int_0^t \mathrm{d}\tau \int_l \frac{a(\sigma,\tau)}{4\pi a^2(t-\tau)^2}\cdot$$

$$\mathrm{e}^{-\frac{r_0^2}{4a^2(t-\tau)}}r_0\cos(\boldsymbol{r}_0,\boldsymbol{n}_0)\mathrm{d}\sigma$$

$$\left(\frac{\partial u(x_0,y_0,t)}{\partial n_0}\right)_e=-a(\sigma_0,t)-\cdots \tag{25}$$

利用所指出的公式,可以把边值问题的解法归结到积分方程.例如,我们要求 B 内满足方程(21)的函数 $v(x,y,t)$,它的回道 l 上有已给的边值

$$v\mid_l=\omega(s,t) \tag{26}$$

于此,s 是回道上点的坐标,它是从某一点算起的弧长 s 所确定.我们假设初始资料等于零.我们要求具双层势函数(23)形状的解,由于(24)中前一个等式,我们就得到对函数 $b(\sigma,\tau)$ 的积分方程

$$-b(s,t)+\int_0^t \mathrm{d}\tau \int_l \frac{b(\sigma,\tau)}{4\pi a^2(t-\tau)^2}\mathrm{e}^{-\frac{r^2}{4a^2(t-\tau)}}r\cos(\boldsymbol{r},\boldsymbol{n})\mathrm{d}\sigma=\omega(s,t) \tag{27}$$

式中 r 是回道 l 上点 s 与 σ 的距离,方向 r 设为从 σ 到 s.在所写的积分方程中,关于 σ 的积分是在定区间 $(0,L)$ 中进行,这里 L 是回道 l 的长,而关于 τ 积分时,上限是变的.换言之,所写的积分方程关于变量 σ 具有弗雷德霍姆方程的性质,关于变量 τ 具有伏尔特拉方程的性格.虽然方程(27)具有这样的混合的性格,但是对伏尔特拉方程所叙述过的那种普通的逐次逼近法,在方程(27)的情形却也是适合的.这个方法对于由几个回道所界成的区域也适用.它容易推广到

三维的情形,也可应用到外部问题.利用对于全平面或全空间的问题的解,把初始条件化为零这一事实也可以与一维情形一样来进行.在三维空间的情形解的公式已在[Ⅱ;204]中给出过.在二维的情形,这公式具形状

$$u(x,y,t)=\frac{1}{4\pi a^2 t}\int_{-\infty}^{\infty}\int_{-\infty}^{\infty}e^{-\frac{r^2}{4a^2 t}}f(\xi,\eta)d\xi d\eta$$

热势函数的性质以及它们在边值问题上的应用的研究在以下的著作中有的:

(1)列维(E. Levi),Annali di Matematica,1908;(2)乔甫来(Gevrey)Journ. de Mathem. pure et appl. t. 9,1913;(3)苗兹(Мюнц),Math. Zeitschr. Bd. 38;Heft 3,1936;(4)苗兹,积分方程(Интегральные уравнения),列宁格勒,1934;(5)А. Н. 吉洪诺夫,Бюлл. Московского Университета,1938.

245. 热传导方程的格林函数

完全与对拉普拉斯方程一样,对热传导方程,也可以引入格林函数.为后文的记法方便起见,用 $u_0(x-\xi,t-\tau)$ 来记基本奇解(11).在齐次边值条件

$$u\mid_{x=0}=u\mid_{x=l}=0 \qquad\qquad (28)$$

下,对闭区间 $0\leqslant x\leqslant l$ 的格林函数可定义如下

$$G(x,t;\xi,\tau)=\begin{cases}u_0(x-\xi,t-\tau)-u(x,t;\xi,\tau) & (t\geqslant\tau)\\ 0 & (t\leqslant\tau)\end{cases} \qquad (29)$$

式中 $u(x,t;\xi,\tau)$ 在 $0<x<l,t>\tau$ 时满足热传导方程,并满足在 $t=\tau$ 时的齐次初始条件

$$u(x,\tau;\xi,\tau)=0 \qquad\qquad (30)$$

及边值条件:$x=0$ 及 $x=l$ 时,$t\geqslant\tau$

$$u(x,t;\xi,\tau)=u_0(x-\xi,t-\tau) \qquad\qquad (30')$$

在所写公式中,ξ 与 τ 为固定的.并且 $0<\xi<l$.从所引入的定义中直接推出,$u(x,t;\xi,\tau)$ 及格林函数只与差式 $\alpha=t-\tau$ 有关,而可以把 $u(x,t;\xi,\tau)$ 写成 $u(x,\xi,\alpha)$,可以把 $G(x,t;\xi,\tau)$ 写成 $G(x,\xi,\alpha)$.条件(30)与(30')给出函数 $u(x,\xi,\alpha)$ 在由半直线 $x=0$ 与 $x=l(t\geqslant\tau)$ 及直线 $t=\tau$ 上由 $0\leqslant x\leqslant l$ 所决定的线段所围成的半带域的回道上的极限值.在这一半带域的顶点上,这些极限值为连续.这直接可以如下事实推出,当 x 固定而不等于 ξ 且 t 趋向于 $(\tau+0)$ 时,解(11)趋向于零.注意到所指出的边值都不小于零,我们可断言,$u(x,t,\alpha)\geqslant0$,因而,由于(29),就有:$G(x,\xi,\alpha)\leqslant u_0$.格林函数在 $t=\tau+0$ 及 $x=\xi$ 时有奇性,它的奇性是由 u_0 的奇性所表明的.我们有 $u_0\geqslant0$,并且由于(30),当 $\alpha\to0$ 时 $u(x,\xi,\alpha)\to0$,从此直接推出对于格林函数的第二个不等式:$G(x,\xi,\alpha)\geqslant0$.可以证明格林函数关于 x 及 ξ 的对称性.

利用格林函数,可以作非齐次热传导方程的解,但它满足齐次的边值条件,这就是,如果 $\pi(x,t)$ 是在区间 $(0,l)$ 的连续函数,在 $t>0$ 有一阶的连续导数,那么函数

$$w(x,t)=\int_0^t \mathrm{d}\tau \int_0^t G(x,\xi,\alpha)\pi(\xi,\tau)\mathrm{d}\xi \tag{31}$$

满足方程

$$\frac{\partial w}{\partial t}=a^2 \frac{\partial^2 w}{\partial x^2}+\pi(x,t)$$

及零边值条件与零初始条件.

所述的事实的全部也可以在多维空间内进行.叙述过的那些论断的证明可以在上面提到过的 A. H. 吉洪诺夫的著作中找到.

246. 拉普拉斯变换的应用

如同我们所已提到过,在解积分方程组(18)时,可以应用拉普拉斯变换.这一变换可以直接地应用到微分方程(5)本身.在这种情形下,我们将应用单侧变换

$$f(s)=\int_0^\infty \mathrm{e}^{-st}F(t)\mathrm{d}t=L_1(F) \tag{32}$$

设我们有边值条件(6)及齐次的初始条件(10).我们引入 $u(x,t)$ 的拉普拉斯变换

$$\varphi(x,s)=\int_0^\infty \mathrm{e}^{-st}u(x,t)\mathrm{d}t \tag{33}$$

代替 $u(x,t)$ 来作为未知函数.施用分部积分,并假设 $\mathrm{e}^{-st}u(x,t)$ 的导数在 $t=\infty$ 时化为零.注意到齐次的初始条件(16),我们得到

$$\varphi(x,s)=-\frac{1}{s}\int_0^\infty u(x,t)\mathrm{d}\mathrm{e}^{-st}=\frac{1}{s}\int_0^\infty \frac{\partial u}{\partial t}\mathrm{e}^{-st}\mathrm{d}t$$

只要变更 t 或 x 的单位,就可以在方程(5)中假设 $a=1$.对方程的两边应用拉普拉斯变换,并假设,在公式(33)中可以对 x 在积分号下求导数,我们就得到对 $\varphi(x,s)$ 的方程

$$\frac{\partial^2 \varphi}{\partial x^2}=s\varphi \tag{34}$$

在其中只有关于 x 的导数出现.

对方程(6)应用拉普拉斯变换,我们得到对 φ 的边值条件

$$\varphi\mid_{x=0}=a_1(s),\varphi\mid_{x=l}=a_2(s) \tag{35}$$

于此

$$a_k(s)=\int_0^\infty \mathrm{e}^{-st}\omega_k(t)\mathrm{d}t \quad (k=1,2) \tag{36}$$

在边值条件(35)之下,解方程(34),就不难求出解的显式

$$\varphi(x,s)=a_1(s)\varphi_1(x,s)+a_2(s)\varphi_2(x,s) \tag{37}$$

式中

$$\varphi_1(x,s)=\frac{\sin(l-x)\sqrt{-s}}{\sin l\sqrt{-s}},\varphi_2(x,s)=\frac{\sin x\sqrt{-s}}{\sin l\sqrt{-s}} \tag{38}$$

对函数(37)应用(32)的逆变换,我们就得到要求的函数 $u(x,t)$. 这个函数是可以直接由在边值条件中出现的函数 $\omega_1(t)$ 与 $\omega_2(t)$ 以及雅可比函数 $\vartheta_3(v)$ [Ⅲ$_2$;176] 所表示,并且在作出最后一函数时,我们取 $h=\mathrm{e}^{-\pi t}$. 我们用 $\vartheta_3(v,t)$ 来记这一雅可比函数

$$\vartheta_3(v,t)=\sum_{n=-\infty}^{+\infty}\mathrm{e}^{2ni\pi v-n^2\pi^2 t} \tag{39}$$

如下的公式是进一步的计算的基础

$$L_1[\vartheta_3(v,t)]=-\frac{\cos(2v-1)\sqrt{-s}}{\sqrt{-s}\sin\sqrt{-s}}=\psi(v,s) \quad(0\leqslant v\leqslant 1) \tag{40}$$

为记法简单计,这里我们用 $\psi(v,s)$ 来记所写的公式. 公式(38)可以改写成为形状

$$\begin{cases} \varphi_1(x,s)=-\frac{1}{2}\left[\frac{\partial\psi(v,l^2 s)}{\partial v}\right]_{v=\frac{x}{2l}} & (0\leqslant x\leqslant 2l) \\ \varphi_2(x,s)=-\frac{1}{2}\left[\frac{\partial\psi(v,l^2 s)}{\partial v}\right]_{v=\frac{l-x}{2l}} & (-l\leqslant x\leqslant l) \end{cases} \tag{41}$$

此外,我们显然还有

$$f(l^2 s)=\int_0^\infty \mathrm{e}^{-l^2 st}F(t)\mathrm{d}t=\frac{1}{l^2}\int_0^\infty \mathrm{e}^{-st}F\left(\frac{t}{l^2}\right)\mathrm{d}t$$

这就是,在变换(32)中,把 $f(s)$ 改为 $f(l^2 s)$ 就等价于把 $F(t)$ 改为 $\frac{1}{l^2}F\left(\frac{t}{l^2}\right)$. 注意到这一情况以及公式(40)与(41),且在积分号下关于 v 进行微分,我们就得到

$$L_1^{-1}\{\varphi_1(x,s)\}=-\frac{1}{2l^2}\left[\frac{\partial\vartheta_3\left(v,\frac{t}{l^2}\right)}{\partial v}\right]_{v=\frac{x}{2l}}=$$

$$-\frac{1}{l}\frac{\partial\vartheta_3\left(\frac{x}{2l},\frac{t}{l^2}\right)}{\partial x} \quad (0\leqslant x\leqslant 2l)$$

$$L_1^{-1}\{\varphi_2(x,s)\}=-\frac{1}{2l^2}\left[\frac{\partial\vartheta_3\left(v,\frac{t}{l^2}\right)}{\partial v}\right]_{v=\frac{l-x}{2l}}=$$

$$\frac{1}{l}\frac{\partial\vartheta_3\left(\frac{l-x}{2l},\frac{t}{l^2}\right)}{\partial x} \quad (-l\leqslant x\leqslant l)$$

现对函数(37)应用变换 L_1^{-1} 并注意到公式(36)及卷积定理,我们最后得到

$$u(x,t) = -\frac{1}{l}\omega_3(t) * \frac{\partial \vartheta_3\left(\frac{x}{2l}, \frac{t}{l^2}\right)}{\partial x} +$$

$$\frac{1}{l}\omega_2(t) * \frac{\partial \vartheta_3\left(\frac{l-x}{2l}, \frac{t}{l^2}\right)}{\partial x} \quad (0 < x < l) \quad (42)$$

于此我们引入如下的记号

$$F_1(t) * F_2(t) = \int_0^t F_1(\tau)F_2(t-\tau)\mathrm{d}\tau$$

可以用函数 $\vartheta_3(v,t)$ 来表示我们在前段讨论过的格林函数. 首先注意到公式 (40) 只对区间 $0 \leqslant v \leqslant 1$ 成立. 如果 $-1 \leqslant v \leqslant 0$,那么 $0 \leqslant v+1 \leqslant 1$,又注意 到 $\vartheta_3(v,t)$ 的周期性,我们就可以写出

$$L_1\left[\vartheta_3(v,t)\right] = L_1\left[\vartheta_3(v+1,t)\right] = -\frac{\cos[2(v+1)-1]\sqrt{-s}}{\sqrt{-s}\sin\sqrt{-s}}$$

$$(0 \leqslant v+1 \leqslant 1)$$

即

$$L_1\left[\vartheta_3(v,t)\right] = -\frac{\cos(2v+1)\sqrt{-s}}{\sqrt{-s}\sin\sqrt{-s}} \quad (-1 \leqslant v \leqslant 0) \quad (43)$$

现取非齐次方程

$$\frac{\partial u}{\partial t} = \frac{\partial^2 u}{\partial x^2} + \pi(x,t) \quad (44)$$

具有齐次的初始条件与齐次的边值条件. 引入函数

$$\sigma(x,s) = L_1\left[\pi(x,t)\right] = \int_0^\infty \mathrm{e}^{-st}\pi(x,t)\mathrm{d}t \quad (45)$$

并对方程(44)应用拉普拉斯变换,我们得到

$$\frac{\partial^2 \varphi(x,s)}{\partial x^2} = -s\varphi(x,s) = -\sigma(x,s) \quad (46)$$

及边值条件

$$\varphi(0,s) = \varphi(l,s) = 0 \quad (47)$$

不难验证,在这些边值条件下,方程(46)的左边的算子的格林函数就是

$$\gamma(x,\xi;s) = \begin{cases} \dfrac{\sin(l-\xi)\sqrt{-s}\sin x\sqrt{-s}}{\sqrt{-s}\sin l\sqrt{-s}} & (x \leqslant \xi) \\[3mm] \dfrac{\sin(l-x)\sqrt{-s}\sin \xi\sqrt{-s}}{\sqrt{-s}\sin l\sqrt{-s}} & (x \geqslant \xi) \end{cases} \quad (48)$$

并用这个格林函数,可以把方程(46)的满足边值条件(47)的解表达为如下的 形状

$$\varphi(x,s) = \int_0^l \gamma(x,\xi;s)\sigma(\xi;s)\mathrm{d}\xi \tag{49}$$

为了施行变换 L_1^{-1},把函数(48)表示为形式

$$\gamma(x,\xi;s) = \begin{cases} -\dfrac{\cos(x-\xi+l)\sqrt{-s}}{2\sqrt{-s}\sin l\sqrt{-s}} + \dfrac{\cos(x+\xi-l)\sqrt{-s}}{2\sqrt{-s}\sin l\sqrt{-s}} & (x\leqslant\xi) \\[3mm] -\dfrac{\cos(x-\xi-l)\sqrt{-s}}{2\sqrt{-s}\sin l\sqrt{-s}} + \dfrac{\cos(x+\xi-l)\sqrt{-s}}{2\sqrt{-s}\sin l\sqrt{-s}} & (x\geqslant\xi) \end{cases}$$

$$\tag{50}$$

我们注意到,如果 $0\leqslant x\leqslant\xi\leqslant l$,则 $-\dfrac{1}{2}\leqslant\dfrac{x-\xi}{2l}\leqslant 0$ 而 $0\leqslant\dfrac{x+\xi}{2l}\leqslant 1$,

但如果 $0\leqslant\xi\leqslant x\leqslant l$,则 $0\leqslant\dfrac{x-\xi}{2l}\leqslant\dfrac{1}{2}$ 而 $0\leqslant\dfrac{x+\xi}{2l}\leqslant 1$,又利用公式(40)

与(43),就得出

$$L_1^{-1}\big[\gamma(x,\xi;s)\big] = G(x,\xi;t) = \frac{1}{2l}\left[\vartheta_3\left(\frac{x-\xi}{2l},\frac{t}{l^2}\right) - \vartheta_3\left(\frac{x+\xi}{2l},\frac{t}{l^2}\right)\right] \tag{51}$$

从卷积定理推出

$$L_1^{-1}\big[\gamma(x,\xi;s)\sigma(\xi;s)\big] = \int_0^t \pi(\xi,\tau)G(x,\xi;t-\tau)\mathrm{d}\tau$$

因而,依据公式(49),就有

$$u(x,t) = \int_0^l \mathrm{d}\xi\int_0^t \pi(\xi,\tau)G(x,\xi;t-\tau)\mathrm{d}\tau \tag{52}$$

把这公式与公式(31)相比较,我们看到,依据(51)借助函数 $\vartheta_3(v,t)$ 所定义的函数 $G(x,\xi;t-\tau)$ 是我们在前段中已经讨论过的热传导方程的格林函数.

现指出公式(40)的证明,这个公式是上述计算的基础. 我们已有公式

$$\cos zx = \frac{2z\sin\pi z}{\pi}\left(\frac{1}{2z^2} + \frac{\cos x}{1^2-z^2} + \frac{\cos 2x}{2^2-z^2} + \cdots\right)$$

它在区间 $-\pi\leqslant x\leqslant\pi$ 有效[Ⅱ;145]. 在其中令 $x=2\pi v-\pi, z=\dfrac{\sqrt{-s}}{\pi}$,我们

得到

$$-\frac{\cos(2v-1)\sqrt{-s}}{\sqrt{-s}\sin\sqrt{-s}} = \frac{1}{s} + 2\sum_{n=1}^{\infty}\frac{\cos 2n\pi v}{s+n^2\pi^2}$$

上面所写的对 x 的不等式给出 $0\leqslant v\leqslant 1$. 另一面,我们有 $\vartheta_3(v,t)$ 的傅里叶级数的展开式[Ⅲ$_2$;176]

$$\vartheta_3(v,t) = 1 + 2\sum_{n=1}^{\infty}e^{-n^2\pi^2 t}\cos 2n\pi v$$

所写的级数在原点右边的任何有限区间 $0<\varepsilon\leqslant t\leqslant T$ 内关于 t 都一致收敛. 假设 s 的实部为正,并分部积分,我们得到

$$\int_\varepsilon^T \mathrm{e}^{-st}\vartheta_3(v,t)\mathrm{d}t = \frac{\mathrm{e}^{-s\varepsilon}-\mathrm{e}^{-sT}}{s} + 2\sum_{n=1}^{\infty}\frac{\cos 2n\pi v}{s+n^2\pi^2}\big[\mathrm{e}^{-(s+n^2\pi^2)\varepsilon} - \mathrm{e}^{-(s+n^2\pi^2)T}\big]$$

分母中有 n^2，这便给出了这一级数关于 ε 及 T 的一致收敛性. 在 $\varepsilon \to 0$ 与 $T \to \infty$ 时取极限，我们得到

$$\int_0^{\infty} \mathrm{e}^{-st}\vartheta_3(v,t)\mathrm{d}t = \frac{1}{s} + 2\sum_{n=1}^{\infty}\frac{\cos 2n\pi v}{s+n^2\pi^2}$$

这就给出公式(40).

把拉普拉斯方程应用到热传导问题的详细叙述可以在段采(Doetsch)的著作中找到：Math. Zeitschrift Bd. 22，25，26，28 与他的书《拉普拉斯变换及其应用》("Theorie und Anwendung der Laplace-Transformation").

247. 有限差分的应用

考察非齐次热传导方程

$$u_t = a^2 u_{xx} + \pi(x,t) \tag{53}$$

其初始条件为

$$u\,|_{t=0} = f(x) \quad (0 \leqslant x \leqslant l) \tag{54}$$

而边值条件为齐次的

$$u\,|_{x=0} = 0, u\,|_{x=l} = 0 \tag{55}$$

并且，在以后的式子中我们设 $a=1$ 与 $l=1$. 这常可以由改变 t 与 x 的单位而达到. 取 t 变化的某一区间 $[0,T]$，用点 $t_k = kh(k=0,1,\cdots,n)$ 把它分为 n 等分，于此 $h=\dfrac{T}{n}$. 在方程(53)中令 $t=t_{k+1}$，把关于 t 的导数改为函数的改变量与自变量的改变量 h 之比. 这样改变的结果就使我们得到对函数 $u_k(x)$ 的一组常微分方程，这里 $u_k(x)$ 是 $u(x,t_{k+1})$ 的近似值，因为我们已把关于 t 的导数改为上面所提到的比值. 显然，关于 $u_k(x)$ 的微分方程组的形状是

$$\frac{\mathrm{d}^2 u_{k+1}(x)}{\mathrm{d}x^2} = \frac{u_{k+1}(x)-u_k(x)}{h} - \pi(x,t_{k+1}) \tag{56}$$

$$(k=0,1,\cdots,n-1)$$

注意到(54)，我们令 $u_0(x)=f(x)$，而对其余的 $u_{k+1}(x)$ 我们要使它们满足边值条件(55)

$$u_{k+1}(0) = u_{k+1}(1) = 0 \quad (k=0,1,\cdots,n-1) \tag{57}$$

计算的过程归结为如下的方式. 在方程(56)中令 $k=0$，用 $u_0(x)=f(x)$ 代入，我们得到对 $u_1(x)$ 的二阶微分方程，我们应当在边值条件(57)下来积分它. 这样求出了 $u_1(x)$ 之后，在方程(56)中令 $k=1$，我们就得到对 $u_2(x)$ 的方程，我们应当在边值条件(57)下来积分它，余依此类推. 我们必须进一步地研究形状为

$$\frac{\mathrm{d}^2 y}{\mathrm{d}x^2} - m^2 y = -\pi(x) \tag{58}$$

的方程在边值条件

$$y(0) = y(1) = 0 \tag{59}$$

下的情形,于此,我们记 $m^2 = 1 : h$. 要引入方程(58)的左边的算子在边值条件(59)下的格林函数. 不难验证,它具有形状[172]

$$G(x,\xi) = \begin{cases} -\dfrac{(e^{mx} - e^{-mx})[e^{m(\xi-1)} - e^{-m(\xi-1)}]}{2m(e^m - e^{-m})} & (x \leqslant \xi) \\ -\dfrac{[e^{m(x-1)} - e^{-m(x-1)}](e^{m\xi} - e^{-m\xi})}{2m(e^m - e^{-m})} & (x \geqslant \xi) \end{cases} \tag{60}$$

而方程(58)的满足边值条件(59)的解可由公式

$$y(x) = \int_0^1 G(x,\xi)\pi(\xi)\mathrm{d}\xi \tag{61}$$

来表示.

现证引理:对方程(58)的满足边值条件(59)的解,成立估计式

$$|y(x)| \leqslant \frac{1}{m^2} \max_{0 \leqslant x \leqslant 1} |\pi(x)| \tag{62}$$

首先考察在区间 $[0,1]$ 上 $\pi(x) \geqslant 0$ 的情形. 现证,在这时 $y(x) \geqslant 0$. 事实上,如果不是这样,那么在区间中 $y(x)$ 应有负的极小值,因而在相应的点就会有 $y'' \geqslant 0$ 及 $m^2 y < 0$,这与 $\pi(x) \geqslant 0$ 的式(58)相矛盾. 不等式 $y(x) \geqslant 0$ 也可从(61)推出.

因而,$y(x)$ 的所有值是非负的,在区间 $[0,1]$ 内的某点,这个函数取正的最大值. 在这一点应有 $y''(x) \leqslant 0$,并由方程(58)直接推出 $-m^2 y(x) \geqslant -\pi(x)$,从此就推出估计(62). 如果 $\pi(x)$ 取负值,那么利用公式(61),并注意到格林函数不采取负值,我们得到估计式

$$|y(x)| \leqslant \int_0^1 G(x,\xi)|\pi(\xi)|\mathrm{d}\xi \tag{63}$$

所写的不等式的右边是方程

$$\frac{\mathrm{d}^2 z}{\mathrm{d}x^2} - m^2 z = -|\pi(x)|$$

的解,而且满足边值条件(59). 对这个解,如我们刚才所证,成立估计

$$z(x) \leqslant \frac{1}{m^2} \max_{0 \leqslant x \leqslant 1} |\pi(x)|$$

由于(63),估计(62)因而也更能成立.

现进入考察以 $u_{k+1}(x)$ 来代替 $u(x, t_{k+1})$ 所得到的误差 $\gamma_{k+1}(x)$ 及以改变量之比来代替函数的导数所得到的误差 $\eta_{k+1}(x)$

$$\gamma_{k+1}(x) = u(x, t_{k+1}) - u_{k+1}(x) \tag{64}$$

$$\eta_{k+1}(x)=\frac{\partial u(x,t)}{\partial t}\bigg|_{t=t_{k+1}}-\frac{u(x,t_{k+1})-u(x,t_k)}{h}$$

于此显然有 $\gamma_0(x)\equiv 0$. 在方程(53)中令 $t=t_{k+1}$, 把所得方程与(56)相加, 我们就有方程

$$\frac{\mathrm{d}^2\gamma_{k+1}(x)}{\mathrm{d}x^2}=\frac{\gamma_{k+1}(x)-\gamma_k(x)}{h}+\eta_{k+1}(x)$$

或

$$\frac{\mathrm{d}^2\gamma_{k+1}(x)}{\mathrm{d}x^2}-m^2\gamma_{k+1}(x)=-m^2\gamma_k(x)+\eta_{k+1}(x) \qquad (65)$$

如果假设 $u(x,t)$ 有直到 $t=0$ 为连续的关于 t 的导数, 那么从 $\eta_{k+1}(x)$ 的表示式(64), 利用有限改变量公式, 就能断言, 对函数 $\eta_{k+1}(x)$, 成立估计式: $|\eta_{k+1}(x)|\leqslant\tau$, 这里 τ 与 k 及 x 无关, 并且随同 h 趋向于零. 用 δ_k 记 $|\gamma_k(x)|$ 在 $0\leqslant x\leqslant 1$ 的极大. 对方程(65)应用上面所证的引理, 我们得到: $\delta_{k+1}\leqslant\delta_k+h\tau$. 把这个不等式从 $k=0$ 到 $k=n-1$ 作和, 并注意到 $\delta_0=0$, 我们得到 $\delta_n\leqslant nh\tau=T\tau$. 如果从 $k=0$ 到某一 $k=m\leqslant n-1$ 作和, 这一不等式当更能成立, 即

$$|u(x,t_m)-u_m(x)|\leqslant T\tau \qquad (m=1,2,\cdots,n-1) \qquad (66)$$

因而我们见到, 误差 $\gamma_m(x)$ 随同 h 趋向于零. 在证明这个事实时, 我们做了假设, 问题的解 $u(x,t)$ 是存在的, 并且有直到 $t=0$ 为连续的关于 t 的导致.

所指出的有限差分法的应用是属于罗台(Rothe)的, 叙述于他的著作《二维抛物型方程的边值问题作为一维边值问题的极限情形的处理》("Zweidimensionale parabolische Randwertaufgabenals Grenzfall eindimensionaler Randwertaufgaben"Math. Annalen. Bd. 102, Heft 4/5, 1929). 在这一著作中考察更一般形式的方程

$$\frac{\partial^2 u}{\partial x^2}=a(x,t)\frac{\partial u}{\partial t}+\pi(x,t,u)$$

且所叙述的方法还利用来证明解的存在性.

如果我们有非齐次的边值条件

$$u|_{x=0}=\omega_1(t),\quad u|_{x=l}=\omega_2(t)$$

那么按如下公式引入新的未知函数 v

$$v=u-(1-x)\omega_1(t)-x\omega_2(t)$$

以代替 u, 我们就能引导到齐次的边值条件. 所示的函数的代换改变了自由项 $\pi(x,t)$, 它并不起十分重要的作用.

248. 傅里叶方法

在以前, 我们常用傅里叶方法来解边值问题. 我们利用积分方程理论来导引这个方法的基础. 在三个自变量的情况, 我们在具回道 l 的区域 B 中来考察齐次方程

$$u_t = u_{xx} + u_{yy} \tag{67}$$

其初始条件及边值条件为

$$u\mid_{t=0} = f(P) \quad (P \text{ 在 } \overline{B} \text{ 中}) \tag{68}$$

$$u_l \mid = 0 \tag{69}$$

傅里叶方法给出这个问题的如下形式的解

$$u(P;t) = \sum_{k=1}^{\infty} a_k e^{-\lambda_k t} v_k(P) \tag{70}$$

式中 $\lambda_k, v_k(P)$ 是方程

$$\Delta v + \lambda v = 0$$

在边值条件

$$v\mid_l = 0 \tag{71}$$

下的特征值与特征函数,而 a_k 是函数 $f(P)$ 的傅里叶系数

$$a_k = \iint_B f(P) v_k(P) \mathrm{d}S \tag{72}$$

我们设函数 $f(P)$ 本身为连续,在闭区域 $\overline{B}$ 中有到二阶的连续导数,函数本身在 l 上等于零. 这时[22]

$$f(P) = \sum_{k=1}^{\infty} a_k v_k(P) \tag{73}$$

而所写的级数在 $\overline{B}$ 上正则收敛,即级数

$$\sum_{k=1}^{\infty} \mid a_k v_k(P) \mid \tag{74}$$

在 $\overline{B}$ 上一致收敛.

注意到 $t \geqslant 0$ 时 $0 \leqslant e^{-\lambda_k t} \leqslant 1$,我们可以断言,如果 P 属于 $\overline{B}$ 而 $t \geqslant 0$,那么级数(70)正则收敛. 因而其和 $u(P;t)$ 是 P 与 t 的连续函数,只要 P 属于 $\overline{B}$ 而 $t \geqslant 0$. 从此推出

$$\lim_{t \to +0} u(P;t) = u(P;0) = \sum_{k=1}^{\infty} a_k v_k(P) = f(P)$$

即由公式(70)所定义的函数 $u(P;t)$ 满足初始条件(68). 其次,每一函数 $v_k(P)$ 满足边值条件(69),因而在 $t \geqslant 0$ 时函数 $u(P;t)$ 也满足这一条件. 余下来还要证明函数 $u(P;t)$ 在 B 内及 $t > 0$ 时有关于 t 的连续导数以及连续导数 u_{xx}, u_{yy},且满足方程(67).

对级数(70)关于 t,逐项微分

$$- \sum_{k=1}^{\infty} a_k \lambda_k e^{-\lambda_k t} v_k(P) \tag{75}$$

且设 α 是任意选择的正数. 我们注意到,对所有充分大的 k,会有 $0 < \lambda_k e^{-\lambda_k \alpha} < 1$ 又级数(74)是一致收敛的,因此就能断定只要 P 属于 $\overline{B}$ 且 $t \geqslant \alpha$ 级数(75)就正

则收敛. 完全类似地可以证明由级数(75)关于 t 逐项微分后所得的级数

$$\sum_{k=1}^{\infty} a_k \lambda_k^2 e^{-\lambda_k t} v_k(P)$$

在上述条件下也正则收敛. 从此推出: $u(P;t)$ 关于 t 在 $t>0$ 及 P 属于 $\overline{B}$ 时有连续的第一阶与第二阶导数, 并且对这些导数, 我们有

$$u_t(P;t) = -\sum_{k=1}^{\infty} a_k \lambda_k e^{-\lambda_k t} v_k(P) \tag{76}$$

$$u_{tt}(P;t) = \sum_{k=1}^{\infty} a_k \lambda_k^2 e^{-\lambda_k t} v_k(P) \tag{76'}$$

对关于 t 的任一阶的导数, 类似的论述也适用.

但我们有

$$v_k(P) = \lambda_k \iint_B G(P;Q) v_k(Q) \mathrm{d}S$$

式中 $G(P;Q)$ 是在边值条件(71)下的拉普拉斯算子的格林函数. 又公式(76)可以改写为

$$u_t(P;t) = -\sum_{k=1}^{\infty} \iint_B a_k \lambda_k^2 e^{-\lambda_k t} G(P;Q) v_k(Q) \mathrm{d}S$$

的形状. 注意到及数(76') 当 $t>0$ 时在 $\overline{B}$ 中的一致收敛性, 我们就可以交换作和与积分, 而得到

$$u_t(P;t) = -\iint_B G(P;Q) u_{tt}(Q;t) \mathrm{d}S \tag{77}$$

而完全类似地, 也有

$$u(P;t) = -\iint_B G(P;Q) u_t(Q;t) \mathrm{d}S \tag{78}$$

函数 $u_{tt}(Q;t)$ 当 $t>0$ 时在 $\overline{B}$ 连续, 且从(77) 推出, 在 B 内, 当 $t>0$ 时, $u_t(P;t)$ 有关于点 P 的坐标 (x,y) 的第一阶的连续导数. 因此, 公式(78)指明, $u(P;t)$ 当 $t>0$ 时在 B 内有到二阶的连续导数, 且满足方程

$$\Delta u(P;t) = u_t(P;t)$$

这就是我们所要证明的.

249. 非齐次方程

现考察非齐次方程

$$u_t = u_{xx} + u_{yy} + \pi(x,y,t) \tag{79}$$

具有齐次的初始条件与边值条件的情形

$$\lim_{t \to +0} u = 0 \tag{80}$$

$$u\big|_l = 0 \tag{81}$$

我们引入自由项的傅里叶系数

$$b_k(t) = \iint\limits_B \pi(P;t) v_k(P) \mathrm{d}S \qquad (82)$$

并求具形状

$$u(P;t) = \sum_{k=1}^{\infty} c_k(t) v_k(P) \qquad (83)$$

的问题的解. 代入方程(79), 并注意到 $\Delta v_k = -\lambda_k v_k$, 我们得到对系数 $c_k(t)$ 的微分方程

$$c'_k(t) = -\lambda_k c_k(t) + b_k(t)$$

从此, 我们并注意到(80), 即 $c_k(0) = 0$, 就得出

$$c_k(t) = \int_0^t e^{\lambda_k(t'-t)} b_k(t') \mathrm{d}t'$$

而代入(83)中, 就有

$$u(P;t) = \sum_{k=0}^{\infty} v_k(P) \int_0^t e^{\lambda_k(t'-t)} b_k(t') \mathrm{d}t' \qquad (84)$$

我们在对自由项作如下的假设下来验证这个解的有效性: 对任何 $t \geqslant 0$ 在 B 内 $\pi(P;t)$ 关于点 P 的坐标有第一阶的连续导数, 而当 P 属于闭区域 $\overline{B}$, t 属于任一有限闭区间 $[0,T]$ 时, 级数

$$\sum_{k=1}^{\infty} b_k(t) v_k(P), \quad \sum_{k=1}^{\infty} b_k(t) \lambda_k v_k(P), \quad \sum_{k=1}^{\infty} b_k(t) \lambda_k^2 v_k(P) \qquad (85)$$

正则收敛. 由于注意到(85)中第一个级数的正则收敛性及如下事实: 当 $0 \leqslant t' \leqslant t$ 时, $0 \leqslant e^{\lambda_k(t-t')} \leqslant 1$, 我们就能断言, 在公式(84)右边的级数, 在对 P 与 t 的所示的条件下, 为一致收敛的. 它的和 $u(P;t)$ 是 P 与 t 在这些条件下的连续函数. 从(84)右边的形状直接推出 $u(P;t)$ 满足条件(80)与(81).

余下来还要验证, 公式(84)所确定的函数 $u(P;t)$ 在 B 内当 $t>0$ 时有相应的连续导数, 且满足方程(79). 关于 t 逐项微分在公式(84)中的级数, 得出

$$\sum_{k=1}^{\infty} b_k(t) v_k(P) - \sum_{k=1}^{\infty} \lambda_k v_k(P) \int_0^t e^{\lambda_k(t'-t)} b_k(t') \mathrm{d}t'$$

注意到(85)中第二个级数的正则收敛性, 我们可以断言, 在所写的差式中作为减数的那个级数, 在 P 与 t 的前述条件下, 为一致收敛. 作为被减数的级数之和等于 $\pi(P;t)$, 这是因为, 按条件, 这一级数在[22]正则收敛. 因而我们有

$$u_t(P;t) = \pi(P;t) - \sum_{k=1}^{\infty} v_k(P) \lambda_k \int_0^t e^{\lambda_k(t'-t)} b_k(t') \mathrm{d}t' \qquad (86)$$

并且在对 P 与 t 的所述条件下, $u_t(P;t)$ 是连续的.

把这一公式中的 P 改为 Q, 两端乘以 $G(P;Q)$, 又在 B 中积分, 注意到 $v_k(P)$ 的积分方程, 我们就得出

$$\iint\limits_B G(P;Q) u_t(Q;t) \mathrm{d}S = \iint\limits_B G(P;Q) \pi(Q;t) \mathrm{d}S -$$

$$\sum_{k=1}^{\infty} v_k(P) \int_0^t e^{\lambda_k(t'-t)} b_k(t') dt'$$

并且最后一级数的和等于 $u(P;t)$. 因而

$$u(P;t) = -\iint_B G(P;Q) u_t(Q;t) dS +$$

$$\iint_B G(P;Q) \pi(Q;t) dS \tag{87}$$

因而 $\pi(Q;t)$ 在 B 中有连续的导数,我们可以断言,最后这个积分在 B 内关于点 P 的坐标有到二阶的连续导数,而这一积分的拉普拉斯算子等于 $[-\pi(Q;t)]$.

现利用(85)中第三个级数的正则收敛性来证明 $u(P;t)$ 在 B 内有到二阶的连续导数且满足方程(79).

记

$$w(Q;t) = -u_t(P;t) + \pi(P;t) =$$

$$\sum_{k=1}^{\infty} v_k(P) \lambda_k \int_0^t e^{\lambda_k(t'-t)} b_k(t') dt$$

注意到(85)中第三个级数的正则收敛性,我们可以把所写出的一致收敛的级数关于 t 逐项微分,由此得到

$$w_t(P;t) = \sum_{k=1}^{\infty} \lambda_k b_k(t) v_k(P) -$$

$$\sum_{k=1}^{\infty} v_k(P) \lambda_k^2 \int_0^t e^{\lambda_k(t'-t)} b_k(t') dt'$$

并且所写出的级数是一致收敛的. 把后一公式中的 P 改为 Q,在两边乘以 $G(P;Q)$,求积分并注意到 $v_k(P)$ 的积分方程,我们就得到

$$\iint_B G(P;Q) w_t(Q;t) dS =$$

$$\sum_{k=1}^{\infty} b_k(t) v_k(P) - \sum_{k=1}^{\infty} v_k(P) \lambda_k \int_0^t e^{\lambda_k(t'-t)} b_k(t') dt'$$

因此,注意到式(86),我们得出

$$u_t(P;t) = \iint_B G(P;Q) w_t(Q;t) dS$$

从此推出,在 B 内 $u_t(P;t)$ 有第一阶的连续导数. 然后,公式(87)指明,$u(P;t)$ 在 B 内有到二阶的连续导数,又满足方程

$$\Delta u(P;t) = u_t(P;t) - \pi(P;t)$$

因而,公式(84)完全证实.

如果只讨论方程(79)的广义解,那么也可以在对自由项的较少的假设下来验证公式. 让我们来提醒一下方程(79)的广义解的定义. 如果 D 是在 [242]

中说过的柱体, D_1 是它用平面 $t=T$ 来作为上底的部分. 如果对每一在 D_1 内有到二阶连续导数的函数 $\sigma(P;t)$, 它并且在与边界充分接近的点等于零, 函数 $u(P;t)$ 能使公式

$$\iiint\limits_{D_1} u(\sigma_{xx}+\sigma_{yy}+\sigma_t)\,\mathrm{d}x\,\mathrm{d}y\,\mathrm{d}t = -\iiint\limits_{D_1}\pi\sigma\,\mathrm{d}x\,\mathrm{d}y\,\mathrm{d}t \tag{88}$$

成立, 那么我们就称 $u(P;t)$ 是方程的广义解. 现设当 P 属于 $\overline{B}$ 而 t 属于有限区间 $[0,T]$ 时, 级数(85)正则收敛. 这时所提到的级数的和等于 $\pi(P;t)$, 且如我们从前所见, 级数(84)一致收敛.

用 $\pi_n(P;t)$ 来记(85)中的第一个级数的部分和

$$\pi_n(P;t)=\sum_{k=1}^{n}b_k(t)v_k(P)$$

而用 $u_n(P;t)$ 表示级数(84)的部分和

$$u_n(P;t)=\sum_{k=1}^{n}v_k(P)\int_0^t \mathrm{e}^{\lambda_k(t'-t)}b_k(t')\,\mathrm{d}t'$$

函数 $u_n(P;t)$ 满足方程(79), 但其自由项为 $\pi_n(P;t)$. 因而, 我们可以写出

$$\iiint\limits_{D_1} u_n(\sigma_{xx}+\sigma_{yy}+\sigma_t)\,\mathrm{d}x\,\mathrm{d}y\,\mathrm{d}t = -\iiint\limits_{D_1}\pi_n\sigma\,\mathrm{d}x\,\mathrm{d}y\,\mathrm{d}t$$

在 $n\to\infty$ 时取极限, 并注意到 $\pi_n(P;t)\to\pi(P;t)$, $u_n(P;t)\to u(P;t)$ 在 $\overline{D}_1$ 中一致地成立, 就会得到(88), 即公式(84)所确定的 $u(P;t)$ 是方程(79)的广义解. 此外, 直接可见这一和式满足条件(80)与(81).

如果利用齐次热传导方程的广义解是这个方程的真正解这一事实[160], 并利用热传导方程边值问题解的唯一性定理, 那么就可以完全依照对泊松方程的情形一样地证明到, 在所给的初始条件与边值条件下, 非齐次方程(79)的广义解是唯一的[224].

250. 热传导方程解的性质

考察方程

$$u_t - u_{xx} = 0 \tag{89}$$

设有这个方程的一解 $u(x,t)$, 它在某一点 M 及其邻域中有连续的导数 u_x 与 u_t. 从方程(89)推出, 这时导数 u_{xx} 也连续.

环绕 M 作一充分小的矩形 $ABCD$, 其边平行于轴 (图19), 并使得, 在这一矩形中上述的解 $u(x,t)$ 是存在的. 把坐标的原点选在点 A, 又设 l 为 AB 的长度. 用 $\omega_1(t)$ 与 $\omega_2(t)$ 来记解 $u(x,t)$ 在边 AD 与 BC 的值, 用 $f(x)$ 来记它在边 AB 的值. 首先考察 $f(x)\equiv 0$ 的情形. 依据公式(17), 我们可以把解 $u(x,t)$ 写成形式

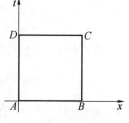

图 19

$$u(x,t)=\int_0^t \frac{\varphi(\tau)}{2a\sqrt{\pi}\,(t-\tau)^{\frac{3}{2}}} x\,e^{-\frac{x^2}{4a^2(t-\tau)}}d\tau +$$

$$\int_0^t \frac{\psi(\tau)}{2a\sqrt{\pi}\,(t-\tau)^{\frac{3}{2}}} (x-l)\,e^{-\frac{(x-l)^2}{4a^2(t-\tau)}}d\tau \qquad (90)$$

式中的连续函数 $\varphi(\tau)$ 与 $\psi(\tau)$ 是由积分方程(18)所确定的. 这时必须记起方程(89)的解的唯一性定理.

设点 (x_0,t_0) 在 $ABCD$ 的内部. 例如,我们考察在公式(90)的右边的第一个积分. 如果我们把其中的 x_0 改为 $x'+x''$i,于此 x' 与 x_0 相当接近,x'' 是与零相当接近,那么 $(x'+x''$i$)^2$ 的实数部分是正的,从此可见,所提到的积分在 $\tau=t$ 的上限处关于参数 $x=x'+x''$i 对与 x_0 充分接近的所有的复变数 x 为一致收敛. 而另一面,这个积分的被积函数是 $0\leqslant\tau<t$ 的整函数. 从此推出,积分的值是在矩形 $ABCD$ 内每点 (x,t) 的近旁为 x 的解析函数[Ⅲ$_2$;70],特别在点 M 为解析. 对公式(90)右边的第二个积分我们也可以作出同样的论断.

因而,方程(89)的解是变量 x 的解析函数.

这一论断对变量 t 是不成立的. 事实上,如果方程(89)的每一个解都是 t 的解析函数,那么函数在任一与 t 轴平行而属于半带域的直线(见图 19)上的数值,由于解析延拓,就可以由这个函数在所提到的直线上属于 $ABCD$ 的一个线段的数值所完全决定. 但这不会成立,因为 u 的数值显然依赖于我们将 $\omega_1(t)$ 与 $\omega_2(t)$ 的延拓的方法,这两个函数本来只在直线 $x=0$ 与 $x=l$ 的线段 AD 与 BC 上给定的.

直到现在我们假设在区间 $(0,l)$ 中 $f(x_0)\equiv 0$,如果不是这样,我们把这个函数延拓到较广泛的一个区间 $[a,b]$,使得它在这一区间的端点等于 0,然后再延拓它,使它在这一区间外为零. 作起差式

$$u-\frac{1}{2\sqrt{\pi t}}\int_a^b f(\xi)\,e^{-\frac{(\xi-x)^2}{4t}}d\xi$$

这一差式在线段 AB 取零值,对于它,以上所示的论述是适用的. 所余下来的是考察解

$$u_0(x,t)=\frac{1}{2\sqrt{\pi t}}\int_a^b f(\xi)\,e^{-\frac{(\xi-x)^2}{4t}}d\xi$$

应用依赖于参数的积分的一个定理[Ⅲ$_2$;70],我们见到在 x 轴之上的任一点(即 $t>0$)的近旁,$u_0(x,t)$ 是 (x,t) 的正则函数. 我们还指出,从公式(90)可直接推出函数 u 在 $0<x<l$ 有关于 t 的任何阶导数.

可以给出对方程(89)的解关于 t 的导数的估计,我们考察方程(89)的解 u,它在坐标原点及其近旁有连续的导数 u_x 及 u_t,并假设,它是 x 的奇函数. 我们就有麦克劳林级数展开式

$$u = u_1(t)x + \frac{u_3(t)}{3!}x^3 + \cdots + \frac{u_{2n+1}(t)}{(2n+1)!}x^{2n+1} + \cdots \qquad (91)$$

于此

$$u_{2n+1}(t) = \frac{\partial^{2n+1}u}{\partial x^{2n+1}}\bigg|_{x=0} \qquad (n=0,1,2,\cdots)$$

利用方程(89),我们可以写出

$$u_{2n+1}(t) = \frac{\partial^n}{\partial t^n}\left(\frac{\partial u}{\partial x}\right)_{x=0} = \frac{\mathrm{d}^n u_1(t)}{\mathrm{d}t^n} \qquad (92)$$

如果 ρ 是比级数(91)的收敛半径小的正数,那么我们就有不等式$[\mathrm{III}_2;83]$

$$\left|\frac{u^{2n+1}(t)}{(2n+1)!}\right| \leqslant \frac{M}{\rho^{2n+1}}$$

于此 M 是某一正数.从式(92)推出对函数 $u_1(t)$ 的导数的如下的估值

$$\left|\frac{\mathrm{d}^n u_1(t)}{\mathrm{d}t^n}\right| \leqslant \frac{M(2n+1)!}{\rho^{2n+1}}$$

这一估值并不保证函数 $u_1(t)$ 的解析性.如果我们有更强的估值

$$\left|\frac{\mathrm{d}^n u_1(t)}{\mathrm{d}t^n}\right| \leqslant \frac{M \cdot n!}{\rho^n}$$

那么函数 $u_1(t)$ 的麦克劳林级数就收敛,而这个函数在原点近旁就会正则.

251. 在一维情形下的广义单层势函数与双层势函数

在[243]中我们叙述过在半带域中的边值问题,这半带域的下界是方程(5)的特征线 $t=0$,其两侧是直线 $x=0$ 与 $x=l$.现考察在 (x,t) 平面上的一个区域,其下界为特征线 $x=b$,而其两侧为两条曲线 l_i,它们的显式方程为(图20)

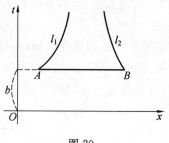

图 20

$$x = \sigma_1(t), x = \sigma_2(t) \quad (\sigma_1(t) < \sigma_2(t)) \qquad (93)$$

并且 $\sigma_i(t)$ 在 $t \geqslant b$ 时有连续的导数.为了解在这样的区域中的边值问题,我们必须作起广义的单层势函数与双层势函数,在 $\sigma_i(t) = $ 常数时,它们化为在[243]中所指出的势函数.这些广义的势函数具有形状

$$u_i(x,t) = \frac{1}{2a\sqrt{\pi}}\int_b^t \frac{\varphi_i(t')}{\sqrt{t-t'}}\mathrm{e}^{-\frac{[\sigma_i(t')-x]^2}{4a^2(t-t')}}\mathrm{d}t' \qquad (94)$$

$$v_i(x,t) = \frac{1}{2a\sqrt{\pi}}\int_b^t \frac{\psi_i(t')}{(t-t')^{\frac{3}{2}}}[x-\sigma_i(t')]\mathrm{e}^{-\frac{[\sigma_i(t')-x]^2}{4a^2(t-t')}}\mathrm{d}t' \qquad (95)$$

这里 $\varphi_i(t')$ 及 $\psi_i(t')$ 是连续函数.

函数 $u_i(x,t)$ 及 $v_i(x,t)$ 在 l_i 之外处处有连续的导数,并满足方程(5).当点 (x,t) 在曲线 l_i 上的情形,两个势函数都有意义.对势函数 $u_i(x,t)$ 这一点是直接而显然的,因为被积函数有估值 $C(t-t')^{-\frac{1}{2}}$,于此 C 是常数. 对势函数 $v_i(x,t)$,如果点 (x,t) 在 l_i 上,我们可以写出

$$\frac{|x-\sigma_i(t')|}{(t-t')^{\frac{3}{2}}}=\frac{|\sigma_i(t)-\sigma_i(t')|}{(t-t')^{\frac{3}{2}}}=\frac{|\sigma'(t_0)|}{(t-t')^{\frac{1}{2}}} \quad (t'<t_0<t)$$

从此也推出积分(95)的收敛性.

积分(94)当 (x,t) 为任意位置时沿一小段 $t-\delta\leqslant t'\leqslant t$ 的值当 $\delta\rightarrow0$ 时趋向于零,从此直接推出,$u_i(x,t)$ 直到 l_i 为连续. 对积分(95),当 (x,t) 趋向于在 l_i 上的点 (x_0,t_0) 时,却有存在着不同的极限值,即

$$\lim_{(x,t)\rightarrow(x_0,t_0)}v_i(x,t)=\pm\psi_i(t_0)+v_i(x_0,t_0) \tag{96}$$

于此,$v_i(x_0,t_0)$ 为积分(95)在点 (x_0,t_0) 的值,如果 (x,t) 从 l_i 的右边趋向于 (x_0,t_0),那就必须取"+"号,如果 (x,t) 从 l_i 的左边趋向于 (x_0,t_0),就必须取"—"号. 如果 $\sigma_i(t)=$常数. 那么显然,$v_i(x_0,t_0)=0$,我们就得到[243]中的结果. 在证明公式(96)时,我们将不写指标 i.

在 $\psi(t')=1$ 时来考察积分(95)

$$v_0(x,t)=\frac{1}{2a\sqrt{\pi}}\int_b^t\frac{1}{(t-t')^{\frac{3}{2}}}[x-\sigma(t')]\mathrm{e}^{-\frac{[\sigma(t')-x]^2}{4a^2(t-t')}}\mathrm{d}t' \tag{97}$$

及函数

$$w_0(x,t)=\frac{1}{2a\sqrt{\pi}}\int_b^t\frac{-2\sigma'(t')}{\sqrt{t-t'}}\mathrm{e}^{-\frac{[\sigma(t')-x]^2}{4a^2(t-t')}}\mathrm{d}t' \tag{98}$$

引入新的积分变量

$$z=\frac{x-\sigma(t')}{2a\sqrt{t-t'}}$$

以代替 t',我们得到

$$v_0(x,t)+w_0(x,t)=\frac{2}{\sqrt{\pi}}\int_{\frac{x-\sigma(b)}{2a\sqrt{t-b}}}^{\pm\infty}\mathrm{e}^{-z^2}\mathrm{d}z \tag{99}$$

于此,如 $x-\sigma(t)>0$,则积分上限取"+"号,如 $x-\sigma(t)<0$,则积分上限取"—"号. 如果点 (x_0,t_0) 在 l 上,即 $x_0-\sigma(t_0)=0$,那么

$$v_0(x_0,t_0)+w_0(x_0,t_0)=\frac{2}{\sqrt{\pi}}\int_{\frac{x_0-\sigma(b)}{2a\sqrt{t_0-b}}}^{0}\mathrm{e}^{-z^2}\mathrm{d}z \tag{100}$$

如前 ,从 $w_0(x,t)$ 的定义直接推出,$w_0(x,t)$ 直到 l 为连续. 从(99)推出

$$\lim_{(x,t)\rightarrow(x_0,t_0)}[v_0(x,t)+w_0(x,t)]=\frac{2}{\sqrt{\pi}}\int_{\frac{x_0-\sigma(b)}{2a\sqrt{t_0-b}}}^{\pm\infty}\mathrm{e}^{-z^2}\mathrm{d}z$$

把最后一式与公式(100)逐项相减,我们得到

$$\lim_{(x,t)\rightarrow(x_0,t_0)}v_0(x,t)=v_0(x_0,t_0)+\frac{2}{\sqrt{\pi}}\int_0^{\pm\infty}\mathrm{e}^{-z^2}\mathrm{d}z$$

即

$$\lim_{(x,t)\to(x_0,t_0)} v_0(x,t)=v_0(x_0,t_0)\pm 1$$

而我们就得到在 $\psi(t')\equiv 1$ 时的公式(96).

转到一般情形. 把 $v(x,t)$ 的表达式改写为形状

$$v(x,t)=\frac{1}{2a\sqrt{\pi}}\int_b^t\left[\psi(t')-\psi(t_0)\right]\frac{x-\sigma(t')}{(t-t')^{\frac{3}{2}}}e^{-\frac{[\sigma(t')-x]^2}{4a^2(t-t')}}dt' +$$

$$\frac{\psi(t_0)}{2a\sqrt{\pi}}\int_b^t\frac{1}{(t-t')^{\frac{3}{2}}}[x-\sigma(t')]e^{-\frac{[\sigma(t')-x]^2}{4a^2(t-t')}}dt' \tag{101}$$

与[193]中完全一样, 只要证明当点 (x,t) 在点 (x_0,t_0) 穿过 l 时, 第一项保持为连续就够了. 设 ε 是一已给的正数, 选取适当小的正数 δ, 使当 $|t'-t_0|\leqslant\delta$ 时成立不等式

$$|\psi(t')-\psi(t_0)|\leqslant\varepsilon$$

我们又把区间 $b\leqslant t'\leqslant t$ 分为两部分 $b\leqslant t'\leqslant t_0-\delta$ 及 $t_0-\delta\leqslant t'\leqslant t$. 沿第一个区间积分所表达的函数, 它在点 (x_0,t_0) 连续, 而只要证明积分

$$\frac{1}{2a\sqrt{\pi}}\int_{t_0-\delta}^t\left[\psi(t')-\psi(t_0)\right]\frac{x-\sigma(t')}{(t-t')^{\frac{3}{2}}}e^{-\frac{[\sigma(t')-x]^2}{4a^2(t-t')}}dt'$$

对所有的与点 (x_0,t_0) 充分接近的点 (x,t) 或对 (x_0,t_0) 自身是充分的小就够了. 所示积分的绝对值不超过

$$\frac{\varepsilon}{2a\sqrt{\pi}}\int_{t_0-\delta}^t\frac{|x-\sigma(t')|}{(t-t')^{\frac{3}{2}}}e^{-\frac{[\sigma(t')-x]^2}{4a^2(t-t')}}dt'$$

现设差式 $x-\sigma(t')$ 在 $t_0-\delta\leqslant t'\leqslant t$ 内变号的次数不超过一个确定的正整数 k, 而 (x,t) 是在 (x_0,t_0) 的某一邻域中的任意位置. 这时积分

$$\int_{t_0-\delta}^t\frac{|x-\sigma(t')|}{(t-t')^{\frac{3}{2}}}e^{-\frac{[\sigma(t')-x]^2}{4a^2(t-t')}}dt'$$

可以表示为不超过 k 个具如下形状的积分

$$\pm\int_{t_i}^{t_{i+1}}\frac{x-\sigma(t')}{(t-t')^{\frac{3}{2}}}e^{-\frac{[\sigma(t')-x]^2}{4a^2(t-t')}}dt' \quad (t_0-\delta\leqslant t_i\leqslant t_{i+1}\leqslant t)$$

的和, 它们与积分

$$\pm 4a\int_{\frac{x-\sigma(t_i)}{2a\sqrt{t-t_i}}}^{\frac{x-\sigma(t_{i+1})}{2a\sqrt{t-t_{i+1}}}}e^{-z^2}dz$$

的差是

$$\pm\int_{t_i}^{t_{i+1}}\frac{-2\sigma'(t')}{\sqrt{t-t'}}e^{-\frac{[\sigma(t')-x]^2}{4a^2(t-t')}}dt'$$

其绝对值不超过某一常数. 因而当 (x,t) 在 (x_0,t_0) 的某一邻域之中时, 上述积分保持有界. 这一积分曾乘以 ε, 因而就可完全依在[193]中步骤, 证明了公式

(101) 的右端的第一项当 (x,t) 在点 (x_0,t_0) 穿过 l 时为连续的. 利用上面所指出的势函数, 可以把在图 20 所示的区域中的边值问题引向积分方程, 如同我们在 [243] 中所做一样. 我们所设的条件是在特征线 $t=b$ 上 $u=0$, 且在 l_i 上 $u=\omega_i(t)$. 我们将寻求具形式

$$u(x,t)=\frac{1}{2a\sqrt{\pi}}\sum_{i=1}^{2}\frac{\psi_i(t')}{(t-t')^{\frac{3}{2}}}[x-\sigma_i(t')]e^{-\frac{[\sigma_i(t')-x]^2}{4a^2(t-t')}}dt' \tag{102}$$

的解. 这时, 对每一组函数 $\psi_i(t')$, 方程 (5) 以及在特征线 $t=b$ 上的边值条件是满足的, 而从在 l_i 上的边值条件就会得出对 $\psi_i(t)$ 的沃尔泰拉积分方程组

$$\omega_1(t)=\psi_1(t)+\frac{1}{2a\sqrt{\pi}}\sum_{i=1}^{2}\int_{b}^{t}\frac{\psi_i(t')}{(t-t')^{\frac{3}{2}}}[\sigma_1(t)-$$

$$\sigma_i(t')]e^{-\frac{[\sigma_i(t')-\sigma_1(t)]^2}{4a^2(t-t')}}dt' \tag{103}$$

$$\omega_2(t)=-\psi_2(t)+\frac{1}{2a\sqrt{\pi}}\sum_{i=1}^{2}\int_{b}^{t}\frac{\psi_i(t')}{(t-t')^{\frac{3}{2}}}[\sigma_2(t)-$$

$$\sigma_i(t')]e^{-\frac{[\sigma_i(t')-\sigma_2(t)]^2}{4a^2(t-t')}}dt'$$

我们来考察在第一方程中的积分

$$\int_{b}^{t}\frac{\psi_1(t')}{(t-t')^{\frac{3}{2}}}[\sigma_1(t)-\sigma_1(t')]e^{-\frac{[\sigma_1(t)-\sigma_1(t')]^2}{4a^2(t-t')}}dt' \tag{104}$$

$$\int_{b}^{t}\frac{\psi_2(t')}{(t-t')^{\frac{3}{2}}}[\sigma_1(t)-\sigma_2(t')]e^{-\frac{[\sigma_2(t)-\sigma_1(t')]^2}{4a^2(t-t')}}dt' \tag{105}$$

在积分 (104) 中, 在 $t'=t$ 时的极性由于比

$$\frac{\sigma_1(t)-\sigma_1(t')}{(t-t')^{\frac{3}{2}}}$$

的分子而降低一次, 这完全与我们以前所指出的一样. 在第二积分中, 当 $t'\to t$ 时, e 的指数趋向于 $(-\infty)$, 这就可以完全地消灭极性. 对 (103) 中第二式里的积分也可类似地考察. 因而方程组 (103) 有唯一的解, 并可以用逐次逼近法解出.

也可以求以上边值问题的解, 使它具有两个单层势函数和的形式

$$u(x,t)=\frac{1}{2a\sqrt{\pi}}\sum_{j=1}^{2}\int_{b}^{t}\frac{\varphi_j(t')}{\sqrt{t-t'}}e^{-\frac{[\sigma_j(t')-x]^2}{4a^2(t-t')}}dt' \tag{106}$$

这时我们引导到第一类的积分方程组

$$\omega_1(t)=\frac{1}{2a\sqrt{\pi}}\sum_{j=1}^{2}\int_{b}^{t}\frac{\varphi_j(t')}{\sqrt{t-t'}}e^{-\frac{[\sigma_j(t')-\sigma_1(t)]^2}{4a^2(t-t')}}dt'$$

$$\omega_2(t)=\frac{1}{2a\sqrt{\pi}}\sum_{j=1}^{2}\int_{b}^{t}\frac{\varphi_j(t')}{\sqrt{t-t'}}e^{-\frac{[\sigma_j(t')-\sigma_2(t)]^2}{4a^2(t-t')}}dt' \tag{107}$$

把两边乘以$(y-t)^{-\frac{1}{2}}$并关于t从$t=b$积分到$t=y$

$$\begin{cases} f_1(y)=\dfrac{1}{2a\sqrt{\pi}}\sum_{j=1}^{2}\int_{b}^{y}\varphi_j(t')K_{1j}(t',y)\mathrm{d}t' \\[2mm] f_2(y)=\dfrac{1}{2a\sqrt{\pi}}\sum_{j=1}^{2}\int_{b}^{y}\varphi_j(t')K_{2j}(t',y)\mathrm{d}t' \end{cases} \tag{108}$$

式中

$$\begin{cases} f_i(y)=\displaystyle\int_{b}^{y}\dfrac{\omega_i(t)}{\sqrt{y-t}}\mathrm{d}t \\[3mm] K_{ij}(t',y)=\displaystyle\int_{t'}^{y}\dfrac{1}{\sqrt{(y-t)(t-t')}}\mathrm{e}^{-\frac{[\sigma_j(t')-\sigma_i(t)]^2}{4a^2(t-t')}}\mathrm{d}t \end{cases} \tag{109}$$

这时我们已在右边变更了积分的次序并曾利用过狄利克雷公式[Ⅱ;79]. 方程组(108)等价于(107)[见 Ⅱ;79]. 显然,我们有

$$\lim_{t\to t'+0}\mathrm{e}^{-\frac{[\sigma_j(t')-\sigma_i(t)]^2}{4a^2(t-t')}}=\begin{cases} 0 & (i\neq j\ \text{时}) \\ 1 & (i=j\ \text{时}) \end{cases}$$

又注意到公式[Ⅱ;79]

$$\int_{t'}^{y}\dfrac{\mathrm{d}t}{\sqrt{(y-t)(t-t')}}=\pi$$

我们就得到

$$K_{11}(y,y)=K_{22}(y,y)=\pi,\ K_{12}(y,y)=K_{21}(y,y)=0$$

把方程组(108)关于y微分,并且我们假设$\omega_i(t)$有连续的导数,这时函数$f_i(y)$也有连续导数[Ⅱ;85]

$$\begin{cases} f'_1(y)=\dfrac{\sqrt{\pi}}{2a}\varphi_1(y)+\dfrac{1}{2a\sqrt{\pi}}\sum_{j=1}^{2}\int_{b}^{y}\varphi_j(t')\dfrac{\partial K_{1j}(t',y)}{\partial y}\mathrm{d}t' \\[3mm] f'_2(y)=\dfrac{\sqrt{\pi}}{2a}\varphi_2(y)+\dfrac{1}{2a\sqrt{\pi}}\sum_{j=1}^{2}\int_{b}^{y}\varphi_j(t')\dfrac{\partial K_{2j}(t',y)}{\partial y}\mathrm{d}t' \end{cases} \tag{110}$$

为了计算导数,我们把$K_{ij}(t',y)$表示为形状

$$K_{ij}(t',y)=\int_{t'}^{y}\mathrm{e}^{-\frac{[\sigma_j(t')-\sigma_i(t)]^2}{4a^2(t-t')}}\mathrm{d}\left[\arcsin\left(2\dfrac{t-t'}{y-t'}-1\right)\right]$$

分部积分,并关于y微分,我们得到

$$\dfrac{\partial K_{ij}(t',y)}{\partial y}=-\dfrac{2}{(y-t')}\int_{t'}^{y}\dfrac{1}{\sqrt{(y-t)(t-t')}}\mathrm{e}^{-\frac{[\sigma_j(t')-\sigma_i(t)]^2}{4a^2(t-t')}}\{[\sigma_i(t)-$$

$$\sigma_j(t')]\sigma'_i(t)-\dfrac{[\sigma_j(t')-\sigma_i(t)]^2}{2(t-t')}\}\mathrm{d}t$$

当$i\neq j$时,指数函数保证了积分在$t=t'$的收敛性,而在$i=j$时,在尖括弧中的分式并无极性,而整个尖括弧随同$(t-t')$趋向于零. 考虑到所有这些事项并在

$i=j$ 与 $i \neq j$ 情形下对被积函数进行简易的估值,在两种情形下我们都引导到形状为

$$C \int_{t'}^{y} \frac{\mathrm{d}t}{\sqrt{y-t}}$$

的积分,这里 C 是某一常数.从此可见

$$\frac{\partial K_{ij}(t',y)}{\partial y} = \frac{L_{ij}(t',y)}{\sqrt{y-t'}}$$

于此 $L_{ij}(t',y)$ 为 (t',y) 的连续函数,而对方程组(110)逐次逼近法[43]是适用的.

252. 次抛物函数与优抛物函数

在解热传导方程边值问题时,也可以用一种方法,它类似于我们在[217]中叙述过的上函数与下函数法.我们考察在 (x,t) 平面上的区域 B,它的上下两端是用特征线 $t=0$ 及 $t=b$ 所界定,其左右两侧的境界是具方程(93)的曲线,于此我们对函数 $\sigma_i(t)$ 的性质,除掉要求它们是单值连续函数及 $\sigma_1(t)<\sigma_2(t)$ 之外暂不做任何假定.在定义次抛物函数与优抛物函数时,我们应当选定一个基本区域,对于它,我们能够在任意的连续的边值条件下会解出方程

$$u_t - u_{xx} = 0 \tag{111}$$

的边值问题.对拉普拉斯方程,这区域是圆.对方程(111)的这样的区域,例如,我们可以取等边三角形 β,它的底边平行于轴 $t=0$,它的侧边指向于 t 增加的一侧.这样的三角形的边值问题的解可以依[251]中所示的方法来求得,并且它是唯一的.这个解在三角形的边上取到最大值与最小值[Ⅱ;209].在闭区域 $\overline{B}$ 为连续的一个函数 $\varphi(M)=\varphi(x,t)$,如果对 B 内任一点 M_0 的函数值 $\varphi(M_0)$ 不大于方程(111)的一个解在这一点的数值,这个解是在包含 M_0 在内的充分小的三角形 β 中所做,而在 β 的边上有与 $\varphi(M)$ 相同的数值,那么这个函数就称为次抛物函数.优抛物函数也可类似地来定义,但只要 $\psi(M_0)$ 不小于方程(111)在 β 中的这个解的数值.

优抛物函数在 B 的边界上取到最小值.次抛物函数也具有关于最大值的类似的性质.

不难看出,如果 $\psi(x,t)$ 在 B 中有连续的导数 ψ_t,ψ_x 及 ψ_{xx},且 $\psi_t-\psi_{xx}\geqslant 0$,那么 $\psi(x,t)$ 为优抛物函数.事实上设 u 为满足方程(111)的一解,在 β 的边上与 ψ 取相同的值.这时差式 $w=\psi-u$ 在 β 的边上等于零,且在 β 内 $w_t-w_{xx}\geqslant 0$.但在这时,函数 w 应当在 β 的边界上达到最小值[242],在边界上,它的数值却是零,所以在整个三角形中 $w\geqslant 0$,即在 β 中 $\psi\geqslant u$,这就是所要证的.

同样地,如果在 B 内 $\varphi_t-\varphi_{xx}\leqslant 0$,那么 φ 就是次抛物函数.方程(111)的每一解是同时为次抛物函数,又为优抛物函数.完全与[216]中一样地可以证明,

361

如果 $f_1(M),\cdots,f_m(M)$ 是优抛物函数,那么 $\psi(M)=\min[f_1(M),\cdots,f_m(M)]$ 也是优抛物函数. 用 $f_\beta(M)$ 来记一个函数,它在三角形 β 之外及边上重合于 $f(M)$,在 β 内它等于方程(111)的在 β 的边界上取值 $f(M)$ 的解. 如同在[216] 中一样,可以证明,如果 $f(M)$ 是优抛物函数,那么 $f_\beta(M)$ 也肯定是优抛物函数,且在 B 中 $f_\beta(M)\leqslant f(M)$.

在 B 中的边值是在下底 $t=0$ 及侧边 l_i 上给定的. 把 B 的回道的这一部分记为 l'. 上函数与下函数的定义也同对拉普拉斯方程所做的一样. 特别,上函数是指每一优抛物函数,它在 l' 上取值大于或等于所给的边值.

然后,在 B 中定义函数 $u(x,t)$,它是所有的上函数的下确界之值. 可以证明,这一函数满足方程(111)[见 217]. 它是上述的方程(111)的边值问题的广义解. 函数 $u(x,t)$ 与 l' 相逼近时的性态的研究可以在 И. Г. 彼得罗夫斯基的著作《论热传导方程的第一边值问题》("О первой предельной задачедля уравнения теплопроводности"Compositio Mathematica;t.1,fasc.3,1935) 中找到.

253. 波动方程解的基本不等式

在前一章中,我们已研究过用初始条件及系数来估计线性双曲型方程的解的数值的问题. 在那时,我们曾假设,所研究的过程或者是发生于全空间,或者发生于空间的一部分以及时间的一定范围,在这个范围中边界上的扰动还来不及到来. 现在我们要建立对边值问题的一些类似的不等式,但限于波动方程. 为了直观上的明显起见,所有论述将对有两个空间坐标的波动方程进行. 在这时我们将有三个坐标 (x,y,t) 而可以利用三维空间的图像. 所有的论述也可移置到有三个空间的坐标的情形.

设波动方程

$$u_{tt}=u_{xx}+u_{yy} \tag{112}$$

在以 l 为回道的区域 B 中有一解 $u(P;t)=u(x,y,t)$,它满足某些初始条件

$$u\mid_{t=0}=f_0(x,y),u_t\mid_{t=0}=f_1(x,y) \quad ((x,y) \text{ 在 } B \text{ 中}) \tag{113}$$

及齐次边值条件

$$u\mid_l=0 \tag{114}$$

我们的目标是要弄清楚解对初始条件(113)的依赖性. 设 D 是空间 (x,y,t) 的三维区域,它是由平面 $t=0,t=T$ 及一柱面 S_1 为侧面所围成的,S_1 为从 l 出发,平行于 t 轴的母线所构成. 我们假设上述解本身为连续,在闭区域 $\overline{D}$ 中有一阶的连续导数,又在 D 内有二阶的连续导数. 我们将从在证明唯一性定理时曾经利用过的如下的初等的恒等式出发

$$2u_t(u_{tt}-x_{xx}-u_{yy})=\frac{\partial}{\partial t}(u_x^2+u_y^2+u_t^2)-$$

$$2(u_t u_x)_x - 2(u_t u_y)_y \tag{115}$$

把两边沿区域 D 积分,利用方程(112),又利用奥斯特罗格拉德斯基公式把右边的积分改变形式,我们就得到

$$\iint\limits_S [(u_x^2 + u_y^2 + u_t^2)\cos(n,t) - 2u_t u_x \cos(n,x) -$$
$$2u_t u_y \cos(n,y)] \mathrm{d}S = 0 \tag{116}$$

这里 S 是 D 的全表面而 n 是 S 的外法线方向.严格地说,在对于 u 的所做的假设下,我们应当把奥斯特罗格拉德斯基公式首先应用在 D 内的柱面,然后取极限,并利用第一阶导数直到 S 的连续性.在物体 D 的侧面,即在 S_1 我们有 $\cos(n,t)=0$ 及 $u_t=0$.后一式子是由于 S_1 上的点是在不同的瞬间的回道 l 上的点,而在 l 上我们有条件(114),即在 S_1 上 $u=0$.在这时还必须指出[162] 中的引理.在柱体的上底及下底,我们有 $\cos(n,x)=\cos(n,y)=0$.此外在上底我们有 $\cos(n,t)=1$,在下底有 $\cos(n,t)=-1$.因而公式(116)给我们导来了以下的基本的等式

$$\iint\limits_B (u_x^2 + u_y^2 + u_t^2) \mathrm{d}S \bigg|_{t=T} = \iint\limits_B (u_x^2 + u_y^2 + u_t^2) \mathrm{d}S \bigg|_{t=0}$$

或者,注意到式(113),这就是

$$\iint\limits_B (u_x^2 + u_y^2 + u_t^2) \mathrm{d}S = \iint\limits_B \left[\left(\frac{\partial f_0}{\partial x} \right)^2 + \left(\frac{\partial f_0}{\partial y} \right)^2 + f_1^2 \right] \mathrm{d}S \tag{117}$$

在积分的左侧也可以取区间 $[0,T]$ 中的任一 t 值.我们设具有上述性质的解在以上所定义的柱体 D 内是存在的.从式(117)直接推出,(117)的左边是与 t 无关的.现要给出 u^2 沿区域 B 的积分的估值.我们设与轴平行的直线与回道 l 的交点不超过两个,且设 $y=\varphi_1(x)$ 与 $y=\varphi_2(x)$ 是这回道的上面部分与下面部分的方程,并且,显然,$0 \leqslant \varphi_2(x) - \varphi_1(x) \leqslant M, M$ 是某一常数.我们可写出

$$u^2(x,y,t) = \int_{\varphi_1(x)}^y \frac{\partial}{\partial y_1} u^2(x,y_1,t) \mathrm{d}y_1$$

或者

$$u^2(x,y,t) = \int_{\varphi_1(x)}^y 2u(x,y_1,t) \frac{\partial u(x,y_1,t)}{\partial y_1} \mathrm{d}y_1$$

由此

$$\iint\limits_B u^2(x,y,t) \mathrm{d}x\mathrm{d}y =$$
$$\iint\limits_B \left[\int_{\varphi_1(x)}^y 2u(x,y_1,t) \frac{\partial u(x,y_1,t)}{\partial y_1} \mathrm{d}y_1 \right] \mathrm{d}x\mathrm{d}y$$

以 a 与 b 来记回道 l 的最左面的点与最右面的点的横坐标,我们可以写出

$$\iint\limits_B u^2(x,y,t) \mathrm{d}x\mathrm{d}y =$$

$$\int_a^b \left\{ \int_{\varphi_1(x)}^{\varphi_2(x)} \left[\int_{\varphi_1(x)}^y 2u(x,y_1,t) \frac{\partial u(x,y_1,t)}{\partial y_1} \mathrm{d}y_1 \right] \mathrm{d}y \right\} \mathrm{d}x$$

交换对 y_1 与 y 的积分顺序,应用狄利克雷公式 $[\mathrm{II};79]$,就有

$$\iint_B u^2(x,y,t) \mathrm{d}x\mathrm{d}y =$$

$$\int_a^b \left\{ \int_{\varphi_1(x)}^{\varphi_2(x)} \left[\int_{y_1}^{\varphi_2(x)} 2u(x,y_1,t) \frac{\partial u(x,y_1,t)}{\partial y_1} \mathrm{d}y \right] \mathrm{d}y_1 \right\} \mathrm{d}x$$

再注意到被积函数与 y 无关,这就是

$$\iint_B u^2(x,y,t) \mathrm{d}x\mathrm{d}y =$$

$$\iint_B 2u(x,y_1,t) \frac{\partial u(x,y_1,t)}{\partial y_1} [\varphi_2(x) - y_1] \mathrm{d}x\mathrm{d}y_1$$

我们有 $\varphi_1(x) \leqslant y_1 \leqslant \varphi_2(x)$,因而 $0 \leqslant \varphi_2(x) - y_1 \leqslant M$. 以 y 来记 y_1,就可写出

$$\iint_B u^2(x,y,t) \mathrm{d}x\mathrm{d}y \leqslant$$

$$2M \iint_B \mid u(x,y,t) \mid \left| \frac{\partial u(x,y,t)}{\partial y} \right| \mathrm{d}x\mathrm{d}y$$

对最后一个积分用布里亚柯夫斯基不等式,有

$$\iint_B u^2(x,y,t) \mathrm{d}x\mathrm{d}y \leqslant$$

$$2M \left[\iint_B u^2(x,y,t) \mathrm{d}x\mathrm{d}y \right]^{\frac{1}{2}} \left[\iint_B \left(\frac{\partial u(x,y,t)}{\partial y} \right)^2 \mathrm{d}x\mathrm{d}y \right]^{\frac{1}{2}}$$

把两边平方起来,约去一个 $u^2(x,y,t)$ 的积分,就得到

$$\iint_B u^2(x,y,t) \mathrm{d}x\mathrm{d}y \leqslant 4M^2 \iint_B \left(\frac{\partial u(x,y,t)}{\partial y} \right)^2 \mathrm{d}x\mathrm{d}y \tag{118}$$

并且,注意到式(117),我们就有借助初始条件对 $u^2(x,y,t)$ 的积分的最终的估值

$$\iint_B u^2(x,y,t) \mathrm{d}x\mathrm{d}y \leqslant$$

$$4M^2 \iint_B \left[\left(\frac{\partial f_0}{\partial x} \right)^2 + \left(\frac{\partial f_0}{\partial y} \right)^2 + f_1^2 \right] \mathrm{d}x\mathrm{d}y \tag{119}$$

利用这一公式可以按初始条件的均方误差来估计解的均方误差. 设我们已求到方程(112)的一解 $u_1(x,y,t)$,它满足齐次边值条件(114),但它满足另外的初始条件

$$u_1 \Big|_{t=0} = \varphi_0(x,y), \frac{\partial u_1}{\partial t} \Big|_{t=0} = \varphi_1(x,y)$$

以代替初始条件(113). 差式$(u-u_1)$满足方程(112),也满足齐次的边值条件(114)以及初始条件

$$(u-u_1)\mid_{t=0}=f_0(x,y)-\varphi_0(x,y)$$

$$\frac{\partial(u-u_1)}{\partial t}\bigg|_{t=0}=f_1(x,y)-\varphi_1(x,y)$$

对这差式应用估计式(119),我们得到用初始条件的均方误差来表示解的均方误差的估计

$$\iint\limits_{B}[u(x,y,t)-u_1(x,y,t)]^2\mathrm{d}x\mathrm{d}y\leqslant$$

$$4M^2\iint\limits_{B}\left[\left(\frac{\partial f_0}{\partial x}-\frac{\partial\varphi_0}{\partial x}\right)^2+\left(\frac{\partial f_0}{\partial y}-\frac{\partial\varphi_0}{\partial y}\right)^2+(f_1-\varphi_1)^2\right]\mathrm{d}\sigma \tag{120}$$

从此推出,如果右边趋向于零,那么解的均方误差也趋向于零.

254. 非齐次方程的情形

现考察非齐次方程

$$u_{tt}=u_{xx}+u_{yy}+\pi(x,y,t) \tag{121}$$

并具齐次的边值条件(117)及初始条件(113).如果边值条件是非齐次的

$$u\mid_l=\omega(x,y,t) \tag{122}$$

那么,我们引进新的未知函数$v=u-u_0$以代替u,于此u_0是满足边值条件(122)的任一函数,就会得到对于v的齐次边值条件.我们指出,如果对u已有齐次方程(112),那么对于v我们所得到的是非齐次方程.因而,利用初始条件(113)及自由项$\pi(x,y,t)$对方程(121)的解的估值,使我们会与以前一样地,当初始条件与边值条件变动时能够估计解的均方误差.

公式(115)中左边沿D所做的三重积分,由于(121),归结为乘积$2u_t\pi$的积分,而代替(117),我们得有公式

$$\iint\limits_{B}(u_x^2+u_y^2+u_t^2)\mathrm{d}S\bigg|_{t=T}=$$

$$\iint\limits_{B}\left[\left(\frac{\partial f_0}{\partial x}\right)^2+\left(\frac{\partial f_0}{\partial y}\right)^2+f_1^2\right]\mathrm{d}S+2\iiint\limits_{D}u_t\pi\mathrm{d}\tau \tag{123}$$

令

$$K(t)=\iint\limits_{B}(u_x^2+u_y^2+u_t^2)\mathrm{d}S,A(t)=\iint\limits_{B}\pi^2\mathrm{d}S \tag{124}$$

前一公式可写成形状

$$K(T)-K(0)=2\iiint\limits_{D}u_t\pi\mathrm{d}\tau=2\int_0^T\left[\iint\limits_{B}u_t\pi\mathrm{d}S\right]\mathrm{d}t \tag{125}$$

把它关于T微分,并把T改为t

$$\frac{\mathrm{d}K(t)}{\mathrm{d}t}=2\iint\limits_{B}u_t\pi\mathrm{d}S$$

从此,利用不等式 $2\mid ab\mid\leqslant a^2+b^2$,我们得到

$$\frac{\mathrm{d}K(t)}{\mathrm{d}t}\leqslant A(t)+\iint\limits_{B}u_t^2\mathrm{d}S$$

或者,注意到

$$\iint\limits_{B}u_t^2\mathrm{d}S\leqslant K(t) \tag{126}$$

我们可以写出

$$\frac{\mathrm{d}K(t)}{\mathrm{d}t}\leqslant A(t)+K(t)$$

或者

$$\frac{\mathrm{d}[\mathrm{e}^{-t}K(t)]}{\mathrm{d}t}\leqslant \mathrm{e}^{-t}A(t)$$

积分这一不等式,我们得到

$$K(t)\leqslant \mathrm{e}^tK(0)+\int_0^t\mathrm{e}^{t-t'}A(t')\mathrm{d}t' \tag{127}$$

如果令

$$L(t)=\iint\limits_{B}u^2\mathrm{d}S$$

那么我们就有

$$\frac{\mathrm{d}L(t)}{\mathrm{d}t}=2\iint\limits_{B}uu_t\mathrm{d}S\leqslant\iint\limits_{B}u^2\mathrm{d}S+\iint\limits_{B}u_t^2\mathrm{d}S\leqslant L(t)+K(t) \tag{128}$$

在这一不等式的左边,我们可以放入绝对值的符号. 从(128) 推出

$$\frac{\mathrm{d}[\mathrm{e}^{-t}L(t)]}{\mathrm{d}t}\leqslant \mathrm{e}^{-t}K(t)$$

如前,我们引出不等式

$$L(t)\leqslant \mathrm{e}^tL(0)+\int_0^t\mathrm{e}^{t-t'}K(t')\mathrm{d}t' \tag{129}$$

除了这些不等式以外,在边值条件与初始条件都是齐次的情形下,还可以得到对 $K(t)$ 与 $L(t)$ 的简单的估值. 在这时 $K(0)=0$,又对公式(125) 的右边应用布尼亚柯夫斯基不等式,我们得到

$$K(T)\leqslant 2\int_0^T\Big[\iint\limits_{B}u_t^2\mathrm{d}S\Big]^{\frac{1}{2}}\Big[\iint\limits_{B}\pi^2\mathrm{d}S\Big]^{\frac{1}{2}}\mathrm{d}t$$

由于(126),这就是

$$K(T)\leqslant \int_0^T[K(t)]^{\frac{1}{2}}[4A(t)]^{\frac{1}{2}}\mathrm{d}t \tag{130}$$

在区间 $0\leqslant t\leqslant T$,设 $K=\max K(t)$,$A=\max 4A(t)$. 上面的不等式给出

$$K(T)\leqslant K^{\frac{1}{2}}A^{\frac{1}{2}}T$$

把 t 代入这公式以代替 T,式中 $0 \leqslant t \leqslant T$

$$K(t) \leqslant K^{\frac{1}{2}} A^{\frac{1}{2}} t \quad (0 \leqslant t \leqslant T) \tag{131}$$

把 $K(t)$ 的这个估计代入积分(130),我们得到

$$K(t) \leqslant K^{\frac{1}{4}} A^{\frac{3}{4}} t^{\frac{3}{2}} \cdot \frac{2}{3} \quad (0 \leqslant t \leqslant T)$$

再把这个估计代入积分(130),就有

$$K(t) \leqslant K^{\frac{1}{8}} A^{\frac{7}{8}} t^{\frac{7}{4}} \cdot \frac{4}{7} \left(\frac{2}{3}\right)^{\frac{1}{2}}$$

把这些估计一直继续下去,经过 n 次代入后,就得到

$$K(t) \leqslant K^{\frac{1}{2^n}} A^{\frac{2^n-1}{2^n}} t^{\frac{2^n-1}{2^{n-1}}} \frac{2^{n-1}}{2^n-1} \left(\frac{2^{n-1}}{2^{n-1}-1}\right)^{\frac{1}{2}} \cdots \left(\frac{2}{3}\right)^{\frac{1}{2^{n-2}}} \tag{132}$$

考察正数的序列

$$\frac{2^{n-1}}{2^n-1} \cdot \left(\frac{2^{n-2}}{2^{n-1}-1}\right)^{\frac{1}{2}} \cdots \left(\frac{2}{3}\right)^{\frac{1}{2^{n-2}}} \tag{133}$$

当 n 增加时,因为

$$\frac{2^n}{2^{n+1}-1} : \frac{2^{n-1}}{2^n-1} = \frac{2^{n+1}-2}{2^{n+1}-1} < 1$$

所以所写的每一分数当 n 增加时是递减的.

因而,当 n 增加 1 时,乘积(133)中每一相应的因子是减少的,并且还乘以一个小于 1 的因子 $\left(\frac{2}{3}\right)^{\frac{1}{2^{n-1}}}$,这就是序列(133)是减小的,因而有极限,我们用字母 C 来记它.把式(132)过渡到极限,我们得到

$$K(t) \leqslant CAt^2 \quad (0 \leqslant t \leqslant T)$$

把这个估计代入公式(130),我们得到

$$K(t) \leqslant \frac{1}{2} \sqrt{C} At^2$$

再一次地代入,得到

$$K(t) \leqslant \frac{1}{2} \sqrt{\frac{\sqrt{C}}{2}} At^2 = \frac{C^{\frac{1}{4}}}{2^{1+\frac{1}{2}}} At^2$$

继续代入,得

$$K(t) \leqslant \frac{C^{\frac{1}{2^n}}}{2^{1+\frac{1}{2}+\frac{1}{4}+\cdots+\frac{1}{2^{n-1}}}} At^2$$

而过渡到极限,我们就得到不包含 C 的估计式

$$K(t) \leqslant \frac{1}{4} At^2 \quad (0 \leqslant t \leqslant T) \tag{134}$$

我们记起,这里的 A 是在区间 $0 \leqslant t \leqslant T$ 中的 $\max 4A(t)$. 有了对 $K(t)$ 的

估计(134),依据(118),我们就能够估计函数 $u(x,y,t)$ 的平方的积分

$$L(t) \leqslant AM^2 t^2 \quad (0 \leqslant t \leqslant T) \tag{135}$$

设我们有齐次方程(112),并具有初始条件及边值条件.利用方程(112)在无界平面上的解[Ⅱ;172],可以把初始条件化为齐次的.我们又设,经过这样的化约之后,在边值条件中的函数 $\omega(x,y,t)$ 使我们能够找出在本段开始时说过的辅助函数 u_0,它并能满足齐次的初始条件.这时变换 $v=u-u_0$ 把边值条件化为齐次又并不妨害初始条件的齐次性,但它把方程化为形状(121).就在这个情形下,我们有估计(135).在实用上,这个估计可以应用于估计有不同边值条件的两个解的差.

利用所得到的估计,可以证明波动方程的解是在一定意义下连续地依赖于初始条件,边值条件以及自由项.

首先研究对自由项的依赖性.设 u_1 与 u_2 是具有不同自由项 $\pi_1(x,y,t)$ 与 $\pi_2(x,y,t)$ 的非齐次方程的解,并且这些解满足齐次的初始条件与边值条件.差式 (u_2-u_1) 满足以 $(\pi_2-\pi_1)$ 为自由项的非齐次方程及齐次的初始条件与边值条件.如果在这时有

$$\iint\limits_B (\pi_2-\pi_1)^2 \mathrm{d}S \leqslant \frac{\varepsilon}{4} \quad (0 \leqslant t \leqslant T)$$

那么,应用(134)与(135)就得出

$$\iint\limits_B (u_2-u_1)^2 \mathrm{d}S \leqslant \varepsilon M^2 t^2 \quad (0 \leqslant t \leqslant T)$$

$$\iint\limits_B \left[\left(\frac{\partial u_2}{\partial x} - \frac{\partial u_1}{\partial x} \right)^2 + \left(\frac{\partial u_2}{\partial y} - \frac{\partial u_1}{\partial y} \right)^2 + \right.$$

$$\left. \left(\frac{\partial u_2}{\partial t} - \frac{\partial u_1}{\partial t} \right)^2 \right] \mathrm{d}S \leqslant \frac{\varepsilon}{4} t^2 \quad (0 \leqslant t \leqslant T) \tag{136}$$

因而,我们就得到在均方误差的意义下,解对于自由项的连续性.

现设,我们有齐次方程的两个解 v_1 与 v_2,它们满足齐次的初始条件与不同的边值条件

$$v_1 \mid_l = \psi_1(x,y,t), v_2 \mid_l = \psi_2(x,y,t)$$

并且函数 ψ_i 在闭区域 $\overline{B}$ 中定义,当 $t \geqslant 0$ 时在 $\overline{B}$ 并有到二阶的连续导数,还满足条件

$$\psi_1(x,y,0) = \psi_2(x,y,0) = \frac{\partial \psi_1(x,y,t)}{\partial t} \bigg|_{t=0} =$$

$$\frac{\partial \psi_2(x,y,t)}{\partial t} \bigg|_{t=0} = 0$$

引入新的未知函数 $u_1 = v_1 - \psi_1, u_2 = v_2 - \psi_2$,我们就得到它们的非齐次方程

$$\frac{\partial^2 u_i}{\partial t^2} = \Delta u_i + \left(\frac{\partial^2 \psi_i}{\partial t^2} - \Delta \psi_i \right)$$

其初始条件与边值条件均为齐次的.

现在我们可以对 $(u_2 - u_1)$ 应用(134)与(135),这时

$$A = \max_{0 \leqslant t \leqslant T} \iint_B \left[\left(\frac{\partial^2 \psi_2}{\partial t^2} - \Delta \psi_2 \right) - \left(\frac{\partial^2 \psi_1}{\partial t^2} - \Delta \psi_1 \right) \right]^2 \mathrm{d}S$$

注意到一个显然的不等式 $(a + b + c)^2 \leqslant 3(a^2 + b^2 + c^2)$,我们得出

$$A \leqslant \max_{0 \leqslant t \leqslant T} 3 \iint_B \left[\left(\frac{\partial^2 \psi_2}{\partial x^2} - \frac{\partial^2 \psi_1}{\partial x^2} \right)^2 + \left(\frac{\partial^2 \psi_2}{\partial y^2} - \frac{\partial^2 \psi_1}{\partial y^2} \right)^2 + \right.$$

$$\left. \left(\frac{\partial^2 \psi_2}{\partial t^2} - \frac{\partial^2 \psi_1}{\partial t^2} \right)^2 \right] \mathrm{d}S$$

并且,如果在右边的积分在 $0 \leqslant t \leqslant T$ 时小于 $\frac{\varepsilon}{4}$,那么我们就可以写出估计式(136).

让我们记起公式(120)给出了在齐次边值条件下,齐次波动方程解的均方误差对初始条件的均方误差的依赖性.在这时,除了(120)外,我们还利用(117)而得出

$$\iint_B \left[\left(\frac{\partial u_2}{\partial x} - \frac{\partial u_1}{\partial x} \right)^2 + \left(\frac{\partial u_2}{\partial y} - \frac{\partial u_1}{\partial y} \right)^2 + \left(\frac{\partial u_2}{\partial t} - \frac{\partial u_1}{\partial t} \right)^2 \right] \mathrm{d}S =$$

$$\iint_B \left[\left(\frac{\partial f_0}{\partial x} - \frac{\partial \varphi_0}{\partial x} \right)^2 + \left(\frac{\partial f_0}{\partial y} - \frac{\partial \varphi_0}{\partial y} \right)^2 + (f_1 - \varphi_1)^2 \right] \mathrm{d}S \quad (137)$$

255. 傅里叶方法与广义解

考察平面上的波动方程

$$\Box u = u_{x_1 x_2} + u_{x_2 x_2} - u_{tt} = 0 \quad (138)$$

的边值问题.设在以 l 为回道的区域 B 内部可以求得方程(138)的解,它满足齐次边值条件

$$u \mid_l = 0 \quad (139)$$

及初始条件

$$u \mid_{t=0} = \varphi_0(x_1, x_2), u_t \mid_{t=0} = \varphi_1(x_1, x_2) \quad (140)$$

形式地应用傅里叶方法,我们得到如下形状的问题的解

$$u(P; t) = \sum_{m=1}^{\infty} (a_m \cos \sqrt{\lambda_m} t + b_m \sin \sqrt{\lambda_m} t) v_m(P) \quad (141)$$

于此 λ_m 与 $v_m(P)$ 是方程

$$\Delta v + \lambda v = 0 \quad (142)$$

对于 v 的在边值条件(139)下的特征值与特征函数,且

$$\sum_{m=1}^{\infty} a_m v_m(P) \quad (143)$$

$$\sum_{m=1}^{\infty} b_m \sqrt{\lambda_m} v_m(P) \quad (144)$$

369

为函数 $\varphi_0(P)$ 与 $\varphi_1(P)$ 的傅里叶级数,这就是

$$a_m = \iint\limits_B \varphi_0(P)v_m(P)\mathrm{d}S, b_m = \frac{1}{\sqrt{\lambda_m}}\iint\limits_B \varphi_1(P)v_m(P)\mathrm{d}S \tag{145}$$

对波动方程的傅里叶方法的验证与对热传导方程的这个方法的验证比较起来,是引来了实质上的困难. 在 C. Л. 索伯列夫(Соболев)的书《数学物理方程》("Уравнения математической физики"1950,323 及 365 页)从波动方程广义解的观点进行了对傅里叶方法的上述的验证. 并且他主要地利用了著名的李斯－费萧尔定理及平均收敛性. 我们现在也从广义解的观点在对 $\varphi_0(P)$ 与 $\varphi_1(P)$ 有较强的假设之下来叙述对傅里叶方法的验证,但所用的工具却比较初等.

我们将假设级数

$$\sum_{m=1}^{\infty} a_m \sqrt{\lambda_m}\, v_m(P) \tag{146}$$

$$\sum_{m=1}^{\infty} b_m \sqrt{\lambda_m}\, v_m(P) \tag{147}$$

在闭区域 $\overline{B}$ 上正则收敛. 并且,级数

$$\sum_{m=1}^{\infty} a_m v_m(P),\ \sum_{m=1}^{\infty} b_m v_m(P)$$

在 $\overline{B}$ 内更其为正则收敛的. 因而,对任何实数 t,公式(141)决定了一个在 $\overline{B}$ 中的连续函数,而从级数(146)与(147)的正则收敛性推出,这一函数有关于 t 的在 $\overline{B}$ 中为连续的偏导数

$$u_t(P;t) = \sum_{m=1}^{\infty} (-a_m \sqrt{\lambda_m}\sin\sqrt{\lambda_m}\,t +$$
$$b_m \sqrt{\lambda_m}\cos\sqrt{\lambda_m}\,t\,)v_m(P) \tag{148}$$

并且所写的级数对每一 t 在 $\overline{B}$ 中正则收敛. 从(141)与(148)可以得出结论函数 $u(P;t)$ 满足初始条件(140). 因此有的函数 $v_m(P)$ 都满足边值条件(139),从此推出函数 $u(P;t)$ 也能满足这个条件.

现要决定方程(138)在边值条件(139)与初始条件(140)下的广义解. 接着我们要证明,在所做的假设下公式(141)就给出这广义解,并且这种解是唯一的.

设 D' 是空间 (x,y,t) 中的一个柱形区域,其底为 B,母线为平行于 t 轴的直线,且 $-\infty < t < +\infty$,设 S' 为这一柱形区域的边界.

设函数 $\sigma(P;t)$ 在 D' 中直到 S' 为连续,在 S' 上化为零,在 D' 中有到二阶的连续导数. 此外,我们假设 $\sigma(P;t)$ 在 S' 上有正常法线导数,又当 t 的绝对值

充分大时,$\sigma(P;t)$ 等于零.

设 $u(P;t)$ 是方程(138)的某一二次连续可微分的解,但它在 D' 的 $t>0$ 部分所定义,且满足边值条件(139),有正常的法线导数.此外,设 $u(P;t)$ 还满足初始条件(140).在区域 D' 的 $t>0$ 的部分,对函数 $u(P;t)$ 与 $\sigma(P;t)$ 应用格林公式.我们注意到 $\square u=0$,且由于在 S' 上 $u=\sigma=0$ 而在 S' 上的积分是消失了,就得出

$$\iiint\limits_{D';t\geqslant 0} u\square\sigma\,\mathrm{d}\tau = \iint\limits_{B}\left[\varphi_0\left(\frac{\partial\sigma}{\partial t}\right)_{t=0} - \varphi_1(\sigma)_{t=0}\right]\mathrm{d}S \qquad (149)$$

并且在(149)左边的积分事实上只展布在有界区域中,这是由于 σ 而因之 $\square\sigma$ 对充分大的 t 都等于零.

等式(149)自然地引导到广义解的如下的定义:定义在 D' 的 $t>0$ 部分的函数 $u(P;t)$,如果它本身及 $u_t(P;t)$ 直到 S' 及 $t=0$ 上连续,满足边值条件(139),如果对任意选择的满足上述性质的函数 $\sigma(P;t)$ 成立等式(149),我们就称它为在初始条件(140)下的边值问题的解.

公式(141)给出问题的在刚才所指出的意义下的解.事实上,注意到函数 $v_m(P)$ 在区域的回道 l 上有正常法线导数,我们就能作出结论,如果我们取级数(141)的部分和 $s_n(P;t)$ 作为 $u(P;t)$,那么公式(149)成立,这就是

$$\iiint\limits_{D';t\geqslant 0} s_n(P;t)\square\sigma(P;t)\,\mathrm{d}\tau =$$

$$\iint\limits_{B}\left[s_n^{(0)}(P)\left(\frac{\partial\sigma}{\partial t}\right)_{t=0} - s_n^{(1)}(P)(\sigma)_{t=0}\right]\mathrm{d}S$$

式中 $s_n^{(0)}(P)$ 与 $s_n^{(1)}(P)$ 为 $\varphi_0(P)$ 及 $\varphi_1(P)$ 的傅里叶级数的部分和.因为 $n\to\infty$ 时,$s_n(P;t)\to u(P;t)$,$s_n^{(0)}(P)\to\varphi_0(P)$,$s_n^{(1)}(P)\to\varphi_1(P)$ 在区域 D' 中直到 S' 一致地成立,那么在这个等式中取 $n\to\infty$ 的极限,我们就证明公式(141)所定义的 $u(P;t)$ 是初始条件为(140)的问题的广义解.

现证,在新的提法上的边值问题的解由初始条件所唯一地确定.为此,只要证明满足齐次的初始条件

$$u^{(0)}(P;0)=u_t^{(0)}(P;0)=0$$

的广义解在 $D'(t\geqslant 0)$ 中恒等于零也就够了.

根据广义解的定义,对任意选择的函数 $\sigma(P;t)$,我们有

$$\iiint\limits_{D';t\geqslant 0} u^{(0)}(P;t)\square\sigma(P;t)\,\mathrm{d}\tau = 0$$

在 $t<0$ 时令 $u^{(0)}(P;t)=0$.这时 $u^{(0)}(P;t)$ 与 $u_t^{(0)}(P;t)$ 在整个 D' 中连续,且

$$\iiint\limits_{D'} u^{(0)}(P;t)\square\sigma(P;t)\,\mathrm{d}\tau = 0 \qquad (150)$$

令 $\sigma(P;t)=v_m(P)f(t+\xi)$,这里 $f(t)$ 是任意的对所有的 t 为二阶连续可微分

371

的函数,在 t 值的某一有限区间之外,它化为零,而 ξ 是某一定数.

因为所选择的函数 $\sigma(P;t)$ 具有以上所示的性质.我们有

$$\Box\sigma(P;t) = f(t+\xi)\Delta v_m(P) - v_m(P)f''(t+\xi) =$$
$$-[f''(t+\xi) + \lambda_m f(t+\xi)]v_m(P)$$

因而等式(150)取形状

$$\iiint_{D'} u^{(0)}(P;t)[f''(t+\xi) + \lambda_m f(t+\xi)]v_m(P)\mathrm{d}\tau = 0 \qquad (151)$$

令

$$\psi_m(\xi) = \iiint_{D'} u^{(0)}(P;t)f(t+\xi)v_m(P)\mathrm{d}\tau \qquad (152)$$

我们有

$$\psi''_m(\xi) = \iiint_{D'} u^{(0)}(P;t)f''(t+\xi)v_m(P)\mathrm{d}\tau$$

而等式(151)给出

$$\psi''_m(\xi) + \lambda_m\psi_m(\xi) = 0$$

即

$$\psi_m(\xi) = C_1\cos\sqrt{\lambda_m}\xi + C_2\sin\sqrt{\lambda_m}\xi \qquad (153)$$

现证 $\psi_m(\xi) \equiv 0$. 设 $[t_1, t_2]$ 是这样的区间,在其外,$f(t)$ 等于零. 设 $\xi > t_2$. 这时对公式(152)的被积函数来说,在 $t \geqslant 0$ 时,$f(t+\xi) = 0$,而在 $t < 0$ 时 $u^{(0)}(P;t) = 0$,从此推出 $\xi > t_2$ 时 $\psi_m(\xi) = 0$,因而在(153)中 $C_1 = C_2 = 0$ 即 $\psi_m(\xi) \equiv 0$. 现已不难证明 $u^{(0)}(P;t) \equiv 0$. 作起函数

$$\omega(P;\xi) = \int_{-\infty}^{+\infty} u^{(0)}(P;t)f(t+\xi)\mathrm{d}t$$

对任意固定的 ξ,它是 P 在 $\overline{B}$ 中的连续函数,而由于(152)及 $\psi_m(\xi) \equiv 0$,它与所有的 $v_m(P)$ 正交.

函数 $v_m(P)$ 构成一个封闭系统,从所述直接推出 $\omega(P;\xi) \equiv 0$,即

$$\int_{-\infty}^{+\infty} u^{(0)}(P;t)f(t+\xi)\mathrm{d}t = 0$$

对任意选择的满足上述性质的函数 $f(t)$ 成立. 利用变分法的基本引理[62],我们得到 $u^{(0)}(P;t) \equiv 0$,这就证明了在所给条件下问题的广义解的唯一性.

唯一性的这一证明取自 Х. Л. 斯穆棱茨基的学位论文《波动方程的边值问题》("Предельная задача для волнового уравнения"). 本段的全部叙述也都属于他的. 不难指出对 $\varphi_0(P)$ 与 $\varphi_1(P)$ 的条件,它能使级数(146)与(147)在 $\overline{B}$ 中正则收敛. 例如,如果 $\varphi_0(P)$ 在 $\overline{B}$ 有到四阶的连续导数并满足条件

$$\varphi_0\mid_l = \Delta\varphi_0\mid_l = 0$$

而 $\varphi_1(P)$ 有到二阶的连续导数且满足条件

$$\varphi_1 \mid_l = 0$$

这时级数(147)的正则收敛性可直接由函数 $\varphi_1(P)$ 的傅里叶级数的正则收敛性推出,而级数(146)的正则收敛性由如下公式推知

$$a_m = \iint\limits_B \varphi_0(P) v_m(P) \mathrm{d}S = -\frac{1}{\lambda_m} \iint\limits_B \varphi_0(P) \Delta v_m(P) \mathrm{d}S =$$

$$-\frac{1}{\lambda_m} \iint\limits_B v_m(P) \Delta \varphi_0(P) \mathrm{d}S$$

256. 傅里叶级数的研究

现在我们在对初始条件(140)[255]中的函数 $\varphi_0(P)$ 和 $\varphi_1(P)$ 做某些假设下,来着手研究级数(141)的逐项微分的可能性. 这个研究的基础是在于现在要举出来的不等式,我们要在下面几段中证明它. 预先要引入某些记号,即我们令

$$I_k(u,v) = I_k(v,u) = \iint\limits_B \sum_{i_1,\cdots,i_k=1}^{2} \frac{\partial^k u}{\partial x_{i_1} \cdots \partial x_{i_k}} \frac{\partial^k v}{\partial x_{i_1} \cdots \partial x_{i_k}} \mathrm{d}S$$

$$H_k(u) = \sum_{j=1}^{k} I_j(u,u) \tag{154}$$

$$I_0(u,v) = \iint\limits_B uv \mathrm{d}S$$

假设 $u(P)$ 与 $v(P)$ 在 $\overline{B}$ 连续,并有直到 l 为连续的所写出公式中所含的各阶导数. 现在叙述基本不等式:如果函数 $u(P)$ 在 $\overline{B}$ 连续,且有直到 l 为连续的到五阶的导数,并满足条件

$$u \mid_l = \Delta u \mid_l = 0 \tag{155}$$

那么成立不等式

$$H_4(u) \leqslant A[I_0(\Delta^2 u, \Delta^2 u) + I_1(\Delta u, \Delta u) +$$

$$I_0(\Delta u, \Delta u) + I_1(u,u)] \tag{156}$$

式中 A 是仅与区域 B 有关的常数,Δu 是拉普拉斯算子且 $\Delta^2 u = \Delta(\Delta u)$. 对回道 l 的假设将在对(156)的证明时再来叙述.

对于这个不等式做一个注解. 在这个不等式中只有 u 到四阶的导数,但为了推出它,我们要假设直到 l 为连续的第五阶导数的存在,如同这不等式的条件中所说的一样. 不难去掉这一最后的条件. 事实上,如果 $u(P)$ 是在 $\overline{B}$ 中四阶连续可微的,那么对充分平滑的回道 l,函数 $u(P)$ 可以延拓到全平面,使得延拓后的函数在全平面为四阶连续可微. 于是对延拓后的函数 $u(P)$ 的平均函数在 $\overline{B}$ 中有任意阶的连续导数,因而,对平均函数成立不等式(156). 但平均函数及其到四阶的导数在 $\overline{B}$ 中一致收敛于 $u(P)$ 及其相应的导数. 对平均函数的不等式(156)施行极限的过程,我们就得到结论,(156)对于函数 $u(P)$ 本身也有效. 利用这一注解,我们能够降低对回道 l 的要求.

我们将假设 $\varphi_0(P)$ 与 $\varphi_1(P)$ 在 $\overline{B}$ 中连续，$\varphi_0(P)$ 有直到 l 为连续的到四阶的导数，$\varphi_1(P)$ 有直到 l 为连续的到三阶的导数，此外，还满足条件

$$\varphi_0\mid_l = \Delta\varphi_0\mid_l = \varphi_1\mid_l = \Delta\varphi_1\mid_l = 0 \tag{157}$$

我们写出级数（141）

$$u(P;t) = \sum_{m=1}^{\infty}(a_m\cos\sqrt{\lambda_m}\,t + b_m\sin\sqrt{\lambda_m}\,t)v_m(P) =$$

$$\sum_{m=1}^{\infty}c_m(t)v_m(P) \tag{158}$$

而利用（156）来估计 $H_4(u_{p,q})$，于此

$$u_{p,q} = \sum_{m=p+1}^{p+q}c_m(t)v_m(P)$$

我们已证，函数 $v_m(P)$ 有在 l 上的正常法线导数．如对回道 l 的平滑性做了某些假定，那么 $v_m(P)$ 就会有直到 l 为连续的到一定阶数的导数［见 226］．在后文中，我们将假设 $v_m(P)$ 有到五阶的直到 l 为连续的导数．这时，我们可以在（156）中令 $u = u_{p,q}$．例如，如果 l 是圆，直到 l 的这样的连续性是成立的．在这时函数 $v_m(P)$ 可以用贝塞尔函数来表示［Ⅱ；178］，并有任何阶的直到 l 为连续的导数．在将来，我们将说出某些对回道 l 的充分条件，在这些条件下 $v_m(P)$ 有到五阶的直到 l 为连续的导数．转向计算当 $u = u_{p,q}$ 时在（156）右边的积分，我们有

$$\Delta^2 u_{p,q} = \sum_{m=p+1}^{p+q}c_m(t)\lambda_m^2 v_m(P)$$

从此

$$I_0(\Delta^2 u_{p,q}, \Delta^2 u_{p,q}) = \iint_B\Big[\sum_{m=p+1}^{p+q}c_m(t)\lambda_m^2 v_m(P)\Big]^2\mathrm{d}S =$$

$$\sum_{m=p+1}^{p+q}c_m^2(t)\lambda_m^4$$

而完全类似地有

$$I_0(\Delta u_{p,q}, \Delta u_{p,q}) = \sum_{m=p+1}^{p+q}c_m^2(t)\lambda_m^2$$

为了计算 $I_1(\Delta u_{p,q}, \Delta u_{p,q})$ 及 $I_1(u_{p,q}, u_{p,q})$，我们注意到，如果应用格林公式［Ⅱ；193］，就得到

$$\iint_B\Big(\frac{\partial v_i}{\partial x_1}\cdot\frac{\partial v_j}{\partial x_1} + \frac{\partial v_i}{\partial x_2}\cdot\frac{\partial v_j}{\partial x_2}\Big)\mathrm{d}S = \begin{cases} 0 & (i\neq j \text{ 时}) \\ \lambda_m & (i = j \text{ 时}) \end{cases} \tag{159}$$

从此直接推出

$$I_1(\Delta u_{p,q}, \Delta u_{p,q}) = \iint_B\Big(\sum_{m=p+1}^{p+q}c_m(t)\lambda_m\sum_{i=1}^{2}\frac{\partial v_m}{\partial x_i}\Big)^2\mathrm{d}S =$$

$$\sum_{m=p+1}^{p+q}c_m^2(t)\lambda_m^3$$

$$I_1(u_{p,q},u_{p,q})=\iint_B\Big(\sum_{m=p+1}^{p+q}c_m(t)\sum_{i=1}^{2}\frac{\partial v_m}{\partial x_i}\Big)^2\mathrm{d}S=$$

$$\sum_{m=p+1}^{p+q}c_m^2(t)\lambda_m$$

把所有这些代入到(156)的右边,我们得出

$$H_4(u_{p,q})\leqslant A\sum_{m=p+1}^{p+q}c_m^2(t)(\lambda_m^4+\lambda_m^3+\lambda_m^2+\lambda_m)$$

设 p 相当大,使得当 $m>p$ 时 $\lambda_m>1$. 这时 $\lambda_m<\lambda_m^2<\lambda_m^3<\lambda_m^4$. 此外,我们有

$$c_m^2(t)=(a_m\cos\sqrt{\lambda_m}t+b_m\sin\sqrt{\lambda_m}t)^2\leqslant$$

$$(a_m^2+b_m^2)(\cos^2\sqrt{\lambda_m}t+\sin^2\sqrt{\lambda_m}t)=a_m^2+b_m^2$$

而因此

$$H_4(u_{p,q})\leqslant 4A\sum_{m=p+1}^{p+q}(a_m^2+b_m^2)\lambda_m^4 \tag{160}$$

现证,在 $\varphi_0(P)$ 与 $\varphi_1(P)$ 的所做过的假设下,级数

$$\sum_{m=1}^{\infty}(a_m^2+b_m^2)\lambda_m^4 \tag{161}$$

收敛. 考虑到对于 $v_m(P)$ 的方程,我们有

$$a_m=\iint_B\varphi_0 v_m\mathrm{d}S=\frac{1}{\lambda_m^2}\iint_B\varphi_0\Delta^2 v_m\mathrm{d}S$$

注意到加在 φ_0 上的条件,并应用两次格林公式,就得出

$$a_m=\frac{1}{\lambda_m^2}\iint_B\Delta^2\varphi_0\boldsymbol{\cdot}v_m\mathrm{d}S=\frac{\alpha_m}{\lambda_m^2}$$

于此

$$\alpha_m=\iint_B\Delta^2\varphi_0\boldsymbol{\cdot}v_m\mathrm{d}S$$

从 $\Delta^2\varphi_0$ 的封闭性方程推出级数

$$\sum_{m=1}^{\infty}\alpha_m^2=\sum_{m=1}^{\infty}a_m^2\lambda_m^4$$

收敛. 现证级数

$$\sum_{m=1}^{\infty}b_m^2\lambda_m^4 \tag{162}$$

的收敛性. 利用 $\varphi_1(P)$ 的性质, $v_m(P)$ 的方程及格林公式,就得出

$$b_m=\frac{1}{\sqrt{\lambda_m}}\iint_B\varphi_1 v_m\mathrm{d}S=\frac{1}{\lambda_m^{\frac{5}{2}}}\iint_B\varphi_1\Delta^2 v_m\mathrm{d}S=$$

$$\frac{1}{\lambda_m^{\frac{5}{2}}}\iint_B\Delta\varphi_1\Delta v_m\mathrm{d}S=-\frac{1}{\lambda_m^{\frac{5}{2}}}\iint_B\sum_{i=1}^{2}\frac{\partial\Delta\varphi_1}{\partial x_i}\boldsymbol{\cdot}\frac{\partial v_m}{\partial x_i}\mathrm{d}S$$

即

$$b_m = \frac{\beta_m}{\lambda_m^2} \tag{163}$$

于此

$$\beta_m = -\frac{1}{\sqrt{\lambda_m}} \iint_B \sum_{i=1}^{2} \frac{\partial \Delta \varphi_1}{\partial x_i} \cdot \frac{\partial v_m}{\partial x_i} \mathrm{d}S \tag{164}$$

我们看出,注意到(163),要证明级数(162)收敛,我们必须证明级数

$$\sum_{m=1}^{\infty} \beta_m^2 \tag{165}$$

收敛. 我们有明显的不等式

$$\iint_B \left\{ \left[\frac{\partial}{\partial x_1} \left(\Delta \varphi_1 + \sum_{m=1}^{N} \frac{\beta_m}{\sqrt{\lambda_m}} v_m \right) \right]^2 + \left[\frac{\partial}{\partial x_2} \left(\Delta \varphi_1 + \right. \right. \right.$$

$$\left. \left. \left. \sum_{m=1}^{N} \frac{\beta_m}{\sqrt{\lambda_m}} v_m \right) \right]^2 \right\} \mathrm{d}S = \iint_B \left[\left(\frac{\partial \Delta \varphi_1}{\partial x_1} \right)^2 + \left(\frac{\partial \Delta \varphi_1}{\partial x_2} \right)^2 \right] \mathrm{d}S +$$

$$2 \sum_{m=1}^{N} \frac{\beta_m}{\sqrt{\lambda_m}} \iint_B \left(\frac{\partial \Delta \varphi_1}{\partial x_1} \cdot \frac{\partial v_m}{\partial x_1} + \frac{\partial \Delta \varphi_1}{\partial x_2} \cdot \frac{\partial v_m}{\partial x_2} \right) \mathrm{d}S +$$

$$\sum_{m,n=1}^{N} \frac{\beta_m \beta_n}{\sqrt{\lambda_m \lambda_n}} \iint_B \left(\frac{\partial v_m}{\partial x_1} \cdot \frac{\partial v_n}{\partial x_1} + \frac{\partial v_m}{\partial x_2} \cdot \frac{\partial v_n}{\partial x_2} \right) \mathrm{d}S \geqslant 0$$

利用(159)及(164),从此得出

$$\iint_B \left[\left(\frac{\partial \Delta \varphi_1}{\partial x_1} \right)^2 + \left(\frac{\partial \Delta \varphi_1}{\partial x_2} \right)^2 \right] \mathrm{d}S - 2 \sum_{m=1}^{N} \beta_m^2 + \sum_{m=1}^{N} \beta_m^2 \geqslant 0$$

这就是,对所有的 N

$$\sum_{m=1}^{N} \beta_m^2 \leqslant \iint_B \left[\left(\frac{\partial \Delta \varphi_1}{\partial x_1} \right)^2 + \left(\frac{\partial \Delta \varphi_1}{\partial x_2} \right)^2 \right] \mathrm{d}S$$

从此就推出级数(165)的收敛性. 这样,级数(161)的收敛性证毕. 此后,从(160)推得,当 $p \to \infty, q \to \infty$ 时

$$H_4(u_p, u_q) \to 0 \tag{166}$$

此外,从明显的不等式

$$\iint_B u_{p,q}^2 \mathrm{d}S = \sum_{m=p+1}^{p+q} c_m^2(t) \leqslant \sum_{m=p+1}^{p+q} (a_m^2 + b_m^2)$$

直接可推出,当 $p \to \infty$ 时

$$\iint_B u_{p,q}^2 \mathrm{d}S \to 0 \tag{167}$$

但 $H_4(u_{p,q})$ 是 $u_{p,q}$ 关于 x_1, x_2 到四阶为止的所有的导数的平方和在 B 中的积分,我们注意到(166)与(167),就可作如下的断言:对任意的正数 ε,存在正数 $M(\varepsilon)$,它使得,当 $p \geqslant M(\varepsilon), q > 0$ 时

$$\iint_B \left(\frac{\partial^k u_{p,q}}{\partial x_1^{k_1} \partial x_2^{k_2}} \right)^2 \mathrm{d}S \leqslant \varepsilon \quad (k=0,1,2,3,4) \tag{168}$$

如果积分并非沿 B 所做,而是沿包含在 B 内的任一圆 D 所做,那么这一不等式更能成立.

那么,我们应用[156]中的定理,在这时 $l=4, n=2$,即 $l-\left[\dfrac{n}{2}\right]-1=2$,就可以断定,在任一与 D 同心而半径较小的任意圆 D_1 中,成立不等式

$$\left| \frac{\partial^k u_{p,q}}{\partial x_1^{k_1} \partial x_2^{k_2}} \right| \leqslant C\varepsilon \quad (k=0,1,2) \tag{169}$$

这里 C 与 D_1 的选择有关. 但包含在 B 中的任一闭区域 E 总可以用有限个包含在 B 中的圆 D_1 来遮盖,如果选择 C 为对于这些圆 D_1 的这些常数中的最大者,我们就能断言,不等式在整个区域 E 成立,这里常数 C 与 E 的选择有关. 从 (169) 直接推出,级数(158)及关于 x_1 与 x_2 逐项微分一次或二次后所得的级数在 E 中一致收敛.

如果把级数(158)关于 t 逐项微分二次,那么就可做出它们的两个具如下形状的优级数

$$\sum_{m=1}^{\infty} \lambda_m \mid a_m v_m(P) \mid \text{ 及} \sum_{m=1}^{\infty} \lambda_m \mid b_m v_m(P) \mid \tag{170}$$

例如我们证明,第一个级数在 $\overline{B}$ 中一致收敛. 它的一般项可写为形状

$$\lambda_m \mid a_m v_m(P) \mid = \mid a_m \mid \lambda_m^2 \frac{\mid v_m(P) \mid}{\lambda_m}$$

应用不等式 $\alpha\beta \leqslant \dfrac{1}{2}(\alpha_m^2 + \beta_m^2)$,我们就把问题化为级数

$$\sum_{m=1}^{\infty} a_m^2 \lambda_m^4 \text{ 及} \sum_{m=1}^{\infty} \frac{v_m^2(P)}{\lambda_m^2}$$

的收敛性去. 而它们的收敛性是已经证好的,并且对第二个级数有[235]

$$\sum_{m=1}^{\infty} \frac{v_m^2(P)}{\lambda_m^2} = \iint_B G^2(P;Q) \mathrm{d}S \tag{171}$$

但不难证明,右边的函数是 P 在 $\overline{B}$ 的连续函数,它在 l 等于零[见 235 及 224],从此,由狄尼定理[23]推出,在公式(171)左边的级数在 $\overline{B}$ 中一致收敛. 因而更能断定级数(170)及由级数(158)关于 t 逐项微分一次或二次所得级数在 B 中一致收敛. 这些也证明了,公式(158)所定义的函数 $u(P;t)$ 满足方程(138)及条件(139)与(140). 我们现在转向于证明不等式(156). 这证明将分为若干步骤. 我们从阐明加在回道 l 上的条件开始.

257. 关于回道的假设
设回道 l 是可化直的简单闭曲线,其方程可表示为形状

$$x_1 = x_1(s), x_2 = x_2(s) \tag{172}$$

这里 s 是从 l 上某定点量起的弧长,它的方向我们马上就要固定它,而周期函数 $x_1(s)$ 与 $x_2(s)$ 有到四阶的连续的导数.再假设在某一包含闭区域 $\overline{B}$ 的区域 D 中,存在一有到四阶的连续导数的函数 $\Phi(x_1, x_2)$,它使得 l 的方程可以写成形状

$$\Phi(x_1, x_2) = 0 \tag{173}$$

并且在 l 上

$$(\mathbf{grad}\ \Phi)^2 = \Phi_{x_1}^2 + \Phi_{x_2}^2 > 0 \tag{174}$$

例如,现设在 l 内部 $\Phi(x_1, x_2) > 0$. 而 (y_1, y_2) 为以 N 为原点的笛氏坐标,y_2 轴指向 l 在点 N 的外法线方向,而 y_1 指向切线方向.并且 (y_1, y_2) 轴的取向与轴 (x_1, x_2) 的取向相同,这些就决定了在 l 上量弧长 s 的方向.y_2 的方向与 $\mathbf{grad}\ \Phi(x_1, x_2)$ 的方向相反.

设 $c_i^{(j)}$ 是 x_i 轴与 y_j 轴交角的余弦,$(x_1^{(N)}, x_2^{(N)})$ 是点 N 的坐标.我们有

$$x_i = c_i^{(1)} y_1 + c_i^{(2)} y_2 + x_i^{(N)} \quad (i = 1, 2) \tag{175}$$

在 (y_1, y_2) 坐标下,l 的方程就是

$$\Phi(c_1^{(1)} y_1 + c_1^{(2)} y_2 + x_1^{(N)}, c_2^{(1)} y_1 + c_2^{(2)} y_2 + x_2^{(N)}) = \widetilde{\Phi}(y_1, y_2) = 0 \tag{176}$$

并且

$$\left(\frac{\partial \widetilde{\Phi}}{\partial y_2}\right)_N = -|\mathbf{grad}\ \Phi| \neq 0, \left(\frac{\partial \widetilde{\Phi}}{\partial y_1}\right)_N = 0$$

利用隐函数定理[Ⅰ;159],我们可把回道 l 在点 N 近旁的部分写为显式的形状

$$y_2 = \omega_N(y_1) \tag{177}$$

这一不等式在 $|y_1| < h_N$ 时成立,这里 h_N 是一与 N 有关的正常数,函数 $\omega_N(y_1)$ 有到四阶的连续的导数[见 Ⅰ;159],且 $\omega_N(0) = 0$.

用字母 m 来记 $|\mathbf{grad}\ \Phi|$ 在 l 上的最大值($m > 0$).

设 B_γ 为 $\overline{B}$ 中由满足 $|\mathbf{grad}\ \Phi| \geqslant \gamma m$ 的点构成的闭集,而 B'_γ 为 $\overline{B}$ 中的由满足 $|\mathbf{grad}\ \Phi| \leqslant \gamma m$ 的点所构成的闭集.作一函数,使它在 $B_{\frac{1}{2}}$ 及在 $\overline{B}$ 外等于1,而 $B'_{\frac{1}{4}}$ 等于零.我们把它连续地拓广到全平面,并作起后一函数的平均函数[157].选取充分小的平均化的半径,我们就能作出一个定义在全平面上的函数 $\eta(x_1, x_2)$,它在 $B_{\frac{3}{4}}$ 及在 $\overline{B}$ 外等于1,而在 $B'_{\frac{1}{5}}$ 等于零,且有任意阶的偏导数.这时函数

$$a_1(x_1, x_2) = -\frac{\Phi_{x_1}}{|\mathbf{grad}\ \Phi|} \eta(x_1, x_2)$$

$$a_2(x_1, x_2) = -\frac{\Phi_{x_2}}{|\mathbf{grad}\ \Phi|} \eta(x_1, x_2) \tag{178}$$

在 $\overline{B}$ 中三阶连续可微,而在 l 上化为 $\cos(n, x_1)$ 与 $\cos(n, x_2)$,这里 n 是 l 的外法

线方向. 在 $|y_1| < h_N$ 时我们有恒等式

$$\widetilde{\Phi}(y_1, \omega_N(y_1)) = 0$$

关于 y_1 微分四次, 然后令 $y_1 = 0$, 并注意到 $\omega'_N(0) = 0$, 我们就得到在点 N 的等式

$$\widetilde{\Phi}_{y_1} = 0$$

$$\widetilde{\Phi}_{y_1^2} + \widetilde{\Phi}_{y_2} \omega''_N(0) = 0$$

$$\widetilde{\Phi}_{y_1^3} + 3\widetilde{\Phi}_{y_1 y_2} \omega''_N(0) + \widetilde{\Phi}_{y_2} \omega'''_N(0) = 0$$

$$\widetilde{\Phi}_{y_1^4} + 6\widetilde{\Phi}_{y_1^2 y_2} \omega''_N(0) + 4\widetilde{\Phi}_{y_1 y_2} \omega'''_N(0) + 3\widetilde{\Phi}_{y_2^2}[\omega''_N(0)]^2 + \widetilde{\Phi}_{y_2} \omega_N^{(4)}(0) = 0$$

$$(179)$$

因为 $|\widetilde{\Phi}_{y_2}| \geqslant m$, 所以从这些等式中可以决定 $\omega_N^{(k)}(0)(k = 2, 3, 4)$, 并成立不等式

$$|\omega_N^{(k)}(0)| \leqslant C \quad (k = 2, 3, 4) \tag{180}$$

这里常数 C 与 N 无关.

258. 辅助的命题

设函数 $u(x_1, x_2)$ 为已定的, 它在 $\overline{B}$ 中为连续且有直到 l 连续的到四阶导数. 如果在公式 (175) 中把 (x_1, x_2) 改为 (y_1, y_2), 那么把所得的函数记为 $\widetilde{u}(y_1, y_2)$.

如在 l 上 $u = 0$, 那么成立公式 (179), 在其中须把 $\widetilde{\Phi}$ 改为 $\widetilde{u}$. 实际上 $u[y_1, \omega_N(y_1)] = 0$, 而所提到的公式完全与以前一样地可推出. 从这些公式直接推出:

引理 1 如果在 l 上 $u = 0$, 那么 $\dfrac{\partial \widetilde{u}}{\partial y_1} = 0$, 且 $\dfrac{\partial^k \widetilde{u}}{\partial y_1^k}(k = 2, 3, 4)$ 是 $\widetilde{u}$ 的到 $k - 1$ 阶为止的导数的线性组合, 其系数具有形状 $a[\omega_N^{(k)}(0)]^m$, $(k = 2, 3, 4; m = 1, 2)$, 于此 a 是数.

在转向于表述第二个引理之前, 我们引进一些记号与条件. 设 $\varphi(x_1, x_2)$ 与 $\psi(x_1, x_2)$ 是在 $\overline{B}$ 的连续函数, 在 B 中 φ 有到 $(p+1)$ 阶导数, ψ 有到 $(q+1)$ 阶导数, 它们直到 l 为连续.

如前, 我们用 $\widetilde{\varphi}$ 及 $\widetilde{\psi}$ 来记在坐标 (y_1, y_2) 下所表达的函数 $\varphi(x_1, x_2)$ 与 $\psi(x_1, x_2)$. 考察表达式

$$\left\{ \frac{\partial}{\partial y_1} \left[\frac{\partial^p \widetilde{\varphi}}{\partial y_2^\alpha \partial y_1^\gamma} \cdot \frac{\partial^q \widetilde{\psi}}{\partial y_2^\beta \partial y_1^\delta} \right] \right\}_{y_1 = y_2 = 0} \tag{181}$$

它在回道 l 上的每点 N 有确定的数值, 因而是弧长 s 的函数. 用 $m(s)$ 来记这个

函数,并且还引入如下的记号

$$l(s) = \left\{ \frac{\partial^p \widetilde{\varphi}}{\partial y_2^\alpha \partial y_1^\gamma} \cdot \frac{\partial^q \widetilde{\psi}}{\partial y_2^\beta \partial y_1^\delta} \right\}_{y_1 = y_2 = 0} \tag{182}$$

再设 $K(s)$ 为回道 l 的曲率,它等于 $\omega''_N(0)$.

引理 2　在所做的假设下,成立等式

$$m(s) = \frac{\mathrm{d}l(s)}{\mathrm{d}s} + K(s) \left\{ \alpha \frac{\partial^p \widetilde{\varphi}}{\partial y_2^{\alpha-1} \partial y_1^{\gamma+1}} \cdot \frac{\partial^q \widetilde{\psi}}{\partial y_2^\beta \partial y_1^\delta} + \right.$$

$$\beta \frac{\partial^p \widetilde{\varphi}}{\partial y_2^\alpha \partial y_1^\gamma} \cdot \frac{\partial^q \widetilde{\psi}}{\partial y_2^{\beta-1} \partial y_1^{\delta+1}} - \gamma \frac{\partial^p \widetilde{\varphi}}{\partial y_2^{\alpha+1} \partial y_1^{\gamma-1}} \cdot \frac{\partial^q \widetilde{\psi}}{\partial y_2^\beta \partial y_1^\delta} -$$

$$\left. \delta \frac{\partial^p \widetilde{\varphi}}{\partial y_2^\alpha \partial y_1^\gamma} \cdot \frac{\partial^q \widetilde{\psi}}{\partial y_2^{\beta+1} \partial y_1^{\delta-1}} \right\} \tag{183}$$

不失一般性,我们可以在对应 $s=0$ 的点 N_0 来证明式(183).其次,我们用(y_1, y_2)来记在点 N_0 的局部坐标.设 N_1 为 l 上的另一点,它对应于数值 $s=s_1$,并设(z_1,z_2)为点 N_1 的局部坐标.设 $\theta(s_1)$ 为 y_1 方向转到 z_1 方向所必须转过的角度,并且转动的方向确定了轴的取向.我们有

$$y_1 = z_1 \cos\theta - z_2 \sin\theta + y_1^{(0)} = c_{11} z_1 + c_{12} z_2 + y_1^{(0)}$$
$$y_2 = z_1 \sin\theta + z_2 \cos\theta + y_2^{(0)} = c_{21} z_1 + c_{22} z_2 + y_2^{(0)}$$

式中($y_1^{(0)}, y_2^{(0)}$)是在坐标系(y_1, y_2)下点 N_1 的坐标,且当 $s_1 \to 0$ 时 $\theta(s_1) \to 0$.

以 $\widetilde{\widetilde{\varphi}}$ 及 $\widetilde{\widetilde{\psi}}$ 来记用 z_1 及 z_2 所表达的函数 φ 与 ψ,我们可以写出

$$\frac{\partial^p \widetilde{\widetilde{\varphi}}}{\partial z_2^\alpha \partial z_1^\gamma} = \sum_{g_1,\cdots,g_\alpha,h_1,\cdots,h_\gamma=1}^{2} \frac{\partial^p \widetilde{\varphi}}{\partial y_{g_1} \cdots \partial y_{g_\alpha} \partial y_{h_1} \cdots \partial y_{h_\gamma}} c_{g_1 2} \cdots c_{g_\alpha 2} c_{h_1 1} \cdots c_{h_\gamma 1}$$

$$\frac{\partial^q \widetilde{\widetilde{\psi}}}{\partial z_2^\beta \partial z_1^\delta} = \sum_{l_1,\cdots,l_\beta,m_1,\cdots,m_\delta=1}^{2} \frac{\partial^q \widetilde{\psi}}{\partial y_{l_1} \cdots \partial y_{l_\beta} \partial y_{m_1} \cdots \partial y_{m_\delta}} c_{l_1 2} \cdots c_{l_\beta 2} c_{m_1 1} \cdots c_{m_\delta 1}$$

而因此

$$l(s_1) = \sum \frac{\partial^p \widetilde{\varphi}}{\partial y_{g_1} \cdots \partial y_{g_\alpha} \partial y_{h_1} \cdots \partial y_{h_\gamma}} \cdot$$

$$\frac{\partial^q \widetilde{\psi}}{\partial y_{l_1} \cdots \partial y_{l_\beta} \partial y_{m_1} \cdots \partial y_{m_\delta}} c_{g_1 2} \cdots c_{g_\alpha 2} c_{l_1 2} \cdots c_{l_\beta 2} c_{h_1 1} \cdots c_{h_\gamma 1} c_{m_1 1} \cdots c_{m_\delta 1}$$

$$\tag{184}$$

这里的和式是按 $g_1,\cdots,g_\alpha,h_1,\cdots,h_\gamma,l_1,\cdots,l_\beta,m_1,\cdots,m_\delta$ 取1及2所做.当 $s_1 \to 0$ 时我们有

$$c_{g_n 2} \to \begin{cases} 1 & (\text{当 } g_n = 2) \\ 0 & (\text{当 } g_n = 1) \end{cases}, c_{g_n 1} \to \begin{cases} 1 & (\text{当 } g_n = 1) \\ 0 & (\text{当 } g_n = 2) \end{cases}$$

$$\frac{\mathrm{d}}{\mathrm{d}s} c_{g_n 2} = \begin{cases} -\theta'(s_1)\cos\theta(s_1) \to -K_0 & (\text{当 } g_n = 1) \\ \theta'(s_1)\sin\theta(s_1) \to 0 & (\text{当 } g_n = 2) \end{cases}$$

380

$$\frac{\mathrm{d}}{\mathrm{d}s}c_{g_n1} = \begin{cases} -\theta'(s_1)\sin\theta(s_1) \to 0 & (\text{当 } g_n = 1) \\ \theta'(s_1)\cos\theta(s_1) \to K_0 & (\text{当 } g_n = 2) \end{cases}$$

这里当 $s_1 = 0$ 时，$K_0 = \dfrac{\mathrm{d}\theta(s_1)}{\mathrm{d}s_1}$. 把(184)的两边关于 s_1 微分，并注意到 $\dfrac{\mathrm{d}l(s_1)}{\mathrm{d}s_1}$ 的连续性，(它是直接由定义(182)及上面所做的假定推出的)，我们得出

$$\frac{\mathrm{d}l(s_1)}{\mathrm{d}s_1}\bigg|_{s_1=0} = \lim_{s_1\to0}\left[\frac{\mathrm{d}}{\mathrm{d}s_1}\left(\frac{\partial^p\widetilde{\varphi}}{\partial y_2^\alpha \partial y_1^\gamma} \cdot \frac{\partial^q\widetilde{\psi}}{\partial y_2^\beta \partial y_1^\delta}\right)\right] -$$

$$K_0\alpha\frac{\partial^p\widetilde{\varphi}}{\partial y_2^{\alpha-1}\partial y_1^{\gamma+1}} \cdot \frac{\partial^q\widetilde{\psi}}{\partial y_2^\beta\partial y_1^\delta} - K_0\beta\frac{\partial^p\widetilde{\varphi}}{\partial y_2^\alpha\partial y_1^\gamma} \cdot \frac{\partial^q\widetilde{\psi}}{\partial y_2^{\beta-1}\partial y_1^{\delta+1}} +$$

$$K_0\gamma\frac{\partial^p\widetilde{\varphi}}{\partial y_2^{\alpha+1}\partial y_1^{\gamma-1}} \cdot \frac{\partial^q\widetilde{\psi}}{\partial y_2^\beta\partial y_1^\delta} + K_0\delta\frac{\partial^p\widetilde{\varphi}}{\partial y_2^\alpha\partial y_1^\gamma} \cdot \frac{\partial^q\widetilde{\psi}}{\partial y_2^{\beta+1}\partial y_1^{\delta-1}} \quad (185)$$

设 $y_1 = y_1(s)$，$y_2 = y_2(s)$ 为回道 l 在坐标系统 (y_1, y_2) 下的方程. 我们有

$$\frac{\mathrm{d}}{\mathrm{d}s_1} = \frac{\partial}{\partial y_1}y'_1(s_1) + \frac{\partial}{\partial y_2}y'_2(s_1)$$

并且当 $s_1 \to 0$ 时 $y'_1(s_1) \to 1$，$y'_2(s_1) \to 0$. 从此推出

$$\lim_{s_1\to0}\left[\frac{\mathrm{d}}{\mathrm{d}s_1}\left(\frac{\partial^p\widetilde{\varphi}}{\partial y_2^\alpha\partial y_1^\gamma} \cdot \frac{\partial^q\widetilde{\psi}}{\partial y_2^\beta\partial y_1^\delta}\right)\right] =$$

$$\left\{\frac{\partial}{\partial y_1}\left(\frac{\partial^p\widetilde{\varphi}}{\partial y_2^\alpha\partial y_1^\gamma} \cdot \frac{\partial^q\widetilde{\psi}}{\partial y_2^\beta\partial y_1^\delta}\right)\right\}_{s_1=0} = m(0)$$

把它代入(185)，就得到(183).

推论 把(183)的两边沿 l 积分，我们得到一个在将来要用到的公式

$$\int_l \frac{\partial}{\partial y_1}\left\{\frac{\partial^p\widetilde{\varphi}}{\partial y_2^\alpha\partial y_1^\gamma} \cdot \frac{\partial^q\widetilde{\psi}}{\partial y_2^\beta\partial y_1^\delta}\right\}_{y_1=y_2=0}\mathrm{d}s =$$

$$\int_l K(s)\left\{\alpha\frac{\partial^p\widetilde{\varphi}}{\partial y_2^{\alpha-1}\partial y_1^{\gamma+1}} \cdot \frac{\partial^q\widetilde{\psi}}{\partial} + \beta\frac{\partial^p\widetilde{\varphi}}{\partial y_2^\alpha\partial y_1^\gamma} \cdot \frac{\partial^q\widetilde{\psi}}{\partial y_2^{\beta-1}\partial y_1^{\delta+1}} -\right.$$

$$\left.\gamma\frac{\partial^p\widetilde{\varphi}}{\partial y_2^{\alpha+1}\partial y_1^{\gamma-1}} \cdot \frac{\partial^q\widetilde{\psi}}{\partial y_2^\beta\partial y_1^\delta} - \delta\frac{\partial^p\widetilde{\varphi}}{\partial y_2^\alpha\partial y_1^\gamma} \cdot \frac{\partial^q\widetilde{\psi}}{\partial y_2^{\beta+1}\partial y_1^{\delta-1}}\right\}_{y_1=y_2=0}\mathrm{d}s \quad (186)$$

259. 回道积分的变换

设 $u(x_1, x_2)$ 及 $v(x_1, x_2)$ 为在 B 中连续的函数，且 u 在 $\overline{B}$ 有到五阶的直到 l 为连续的导数，v 在 $\overline{B}$ 有到四阶的直到 l 为连续的导数. 除了我们已在[256]中引入的记号 $I_k(u, v)$ 与 $H_k(u)$ 外，我们还设

$$\Phi_k(u, v) = \int_l \sum_{i_1,\cdots,i_{k-1}=1}^2 \frac{\partial^k u}{\partial n\partial x_{i_1}\cdots\partial x_{i_{k-1}}} \cdot \frac{\partial^{k-1} v}{\partial x_{i_1}\cdots\partial x_{i_{k-1}}}\mathrm{d}s \quad (187)$$

式中 n 是 l 的外法线方向. 我们指出，在积分 $I_k(u, v)$ 及 $\Phi_k(u, v)$ 中的被积函数在坐标 (x_1, x_2) 的正交变换下为不变式. 如果利用公式(175)及以 $c_i^{(k)}$ 为元素的矩阵的正交性条件，就容易验证这一点.

从明显的恒等式

$$\sum_{i=1}^{2}\frac{\partial}{\partial x_i}\sum_{i_1,\cdots,i_{k-1}=1}^{2}\frac{\partial^k u}{\partial x_{i_1}\cdots\partial x_{i_{k-1}}\partial x_i}\cdot\frac{\partial^{k-1}v}{\partial x_{i_1}\cdots\partial x_{i_{k-1}}}=$$

$$\sum_{i_1,\cdots,i_{k-1}=1}^{2}\frac{\partial^{k-1}\Delta u}{\partial x_{i_1}\cdots\partial x_{i_{k-1}}}\cdot\frac{\partial^{k-1}v}{\partial x_{i_1}\cdots\partial x_{i_{k-1}}}+$$

$$\sum_{i_1,\cdots,i_{k-1},i=1}^{2}\frac{\partial^k u}{\partial x_{i_1}\cdots\partial x_{i_{k-1}}\partial x_i}\cdot\frac{\partial^k v}{\partial x_{i_1}\cdots\partial x_{i_{k-1}}\partial x_i}$$

利用沿 B 的积分并对左边应用奥斯特罗格拉德斯基公式,我们得出

$$I_k(u,v)+I_{k-1}(\Delta u,v)=\Phi_k(u,v) \tag{188}$$

把这公式应用几回,就有

$$I_2(u,u)=\Psi_2(u)+I_0(\Delta u,\Delta u)$$
$$I_3(u,u)=\Psi_3(u)+I_1(\Delta u,\Delta u)$$
$$I_4(u,u)=\Psi_4(u)+I_0(\Delta^2 u,\Delta^2 u) \tag{189}$$

于此 $\Psi_k(u)$ 为沿 l 的积分,它由公式

$$\Psi_2(u)=\Phi_2(u,u)-\Phi_1(u,\Delta u)$$
$$\Psi_3(u)=\Phi_3(u,u)-\Phi_2(u,\Delta u)$$

$$\Psi_4(u)=\Phi_4(u,u)-\Phi_3(u,\Delta u)+\Phi_2(\Delta u,\Delta u)-\Phi_1(\Delta u,\Delta^2 u) \tag{190}$$

所定义. 现表述一个定理,在证明基本不等式(156)时我们需要它.

定理 如果 $u(x_1,x_2)$ 在 $\overline{B}$ 中连续,有到五阶的直到 l 为连续的导数,且满足条件

$$u\mid_l=\Delta u\mid_l=0 \tag{191}$$

那么 $\Psi_2(u),\Psi_3(u),\Psi_4(u)$ 可以经过变换,使得在沿 l 的积分号下的被积函数是分别由不超过一阶、二阶与三阶的导数的乘积所组成.

因为在积分 $\Phi_k(u,v)$ 中的被积函数关于直交变换是不变的,我们可以把这些被积函数用在回道上点的局部坐标来表示,且注意到,方向 n 重合于方向 y_2,我们得出

$$\Phi_k(u,v)=\int_l\sum_{i_1,\cdots,i_{k-1}=1}^{2}\frac{\partial^k\tilde{u}}{\partial y_2\partial y_{i_1}\cdots\partial y_{i_{k-1}}}\cdot\frac{\partial^{k-1}\tilde{v}}{\partial y_{i_1}\cdots\partial y_{i_{k-1}}}ds \tag{192}$$

把在这一积分中的被积函数记为 $\overline{\Phi}_k(\tilde{u},\tilde{v})$,即

$$\Phi_k(u,v)=\int_l\overline{\Phi}_k(\tilde{u},\tilde{v})ds \tag{193}$$

为了写法简便计,还引进如下的记号

$$\frac{\partial^s\tilde{u}}{\partial y_1^s}=\tilde{u}_s,\frac{\partial^s\tilde{u}}{\partial y_2^s}=\tilde{u}^{(s)},\frac{\partial^m\tilde{u}}{\partial y_1^k\partial y_2^l}=\tilde{u}_k^{(l)}$$

如果我们在积分(192)的被积函数中聚集那些 $i_{k-1}=1$ 的项与那些 $i_{k-1}=2$ 的项,

那么就会得出恒等式

$$\overline{\Phi}_k(\tilde{u},\tilde{v})=\overline{\Phi}_{k-1}(\tilde{u}_1,\tilde{v}_1)+\overline{\Phi}_{k-1}(\tilde{v},\tilde{u}^{(2)})\tag{194}$$

其次,注意到 $\Delta\tilde{u}=\tilde{u}_2+\tilde{u}^{(2)}$,我们还会有

$$\overline{\Phi}_k(\tilde{u},\tilde{v})-\overline{\Phi}_{k-1}(\tilde{v},\Delta\tilde{u})=\overline{\Phi}_{k-1}(\tilde{u}_1,\tilde{v}_1)-\overline{\Phi}_{k-1}(\tilde{v},\tilde{u}_2)\tag{195}$$

利用(194)及(195),我们得出

$$\Psi_2(u)=\int_l\overline{\Phi}_1(\tilde{u}_1,\tilde{u}_1)\mathrm{d}s-\int_l\overline{\Phi}_1(\tilde{u},\tilde{u}_2)\mathrm{d}s\tag{196}$$

$$\Psi_3(u)=\int_l[\overline{\Phi}_1(\tilde{u}_2,\tilde{u}_2)-\overline{\Phi}_1(\tilde{u}_2,\tilde{u}^{(2)})]\mathrm{d}s+$$
$$\int_l[\overline{\Phi}_1(\tilde{u}_1,\tilde{u}_1^{(2)})-\overline{\Phi}_1(\tilde{u}_1,\tilde{u}_3)]\mathrm{d}s\tag{197}$$

$$\Psi_4(u)=\int_l[\overline{\Phi}_1(\tilde{u}_3,\tilde{u}_3)+\overline{\Phi}_1(\tilde{u}_1^{(2)},\tilde{u}_1^{(2)})-2\overline{\Phi}_1(\tilde{u}_3,\tilde{u}_1^{(2)})+$$
$$\overline{\Phi}_1(\Delta\tilde{u}_1,\Delta\tilde{u}_1)]\mathrm{d}s+\int_l[2\overline{\Phi}_1(\tilde{u}_2,\tilde{u}_2^{(2)})-\overline{\Phi}_1(\tilde{u}_2,\tilde{u}_4)-$$
$$\overline{\Phi}_1(\tilde{u}^{(2)},\tilde{u}_2^{(2)})-\overline{\Phi}_1(\Delta\tilde{u},\Delta\tilde{u}_2)]\mathrm{d}s\tag{198}$$

这些公式右边的第一个积分是形状为

$$\int_l\frac{\partial^k\tilde{u}}{\partial y_2^{2\alpha+1}\partial y_1^{k-2\alpha-1}}\cdot\frac{\partial^{k-1}\tilde{u}}{\partial y_2^{2\beta}\partial y_1^{k-1-2\beta}}\mathrm{d}s\tag{199}$$

的积分之和,于此

$$0\leqslant\alpha\leqslant\left[\frac{k-2}{2}\right],0\leqslant\beta\leqslant\left[\frac{k-1}{2}\right]\quad(k=2,3,4)$$

这时,$k-2\alpha-1\geqslant1$,且在积分(199)被积函数的第一个因子中我们有关于 y_1 的微分.积分显然的恒等式

$$\frac{\partial^k\tilde{u}}{\partial y_2^{2\alpha+1}\partial y_1^{k-2\alpha-1}}\cdot\frac{\partial^{k-1}\tilde{u}}{\partial y_2^{2\beta}\partial y_1^{k-1-2\beta}}=$$
$$\frac{\partial}{\partial y_1}\left(\frac{\partial^{k-1}\tilde{u}}{\partial y_2^{2\alpha+1}\partial y_1^{k-2\alpha-2}}\cdot\frac{\partial^{k-1}\tilde{u}}{\partial y_2^{2\beta}\partial y_1^{k-1-2\beta}}\right)-$$
$$\frac{\partial^{k-1}\tilde{u}}{\partial y_2^{2\alpha+1}\partial y_1^{k-2\alpha-2}}\cdot\frac{\partial^k\tilde{u}}{\partial y_2^{2\beta}\partial y_1^{k-2\beta}}$$

并把(186)的右边应用到左边来,我们见到,积分(199)与形状为

$$\int_l\frac{\partial^k\tilde{u}}{\partial y_2^{2\beta}\partial y_1^{k-2\beta}}\cdot\frac{\partial^{k-1}\tilde{u}}{\partial y_2^{2\alpha+1}\partial y_1^{k-2\alpha-2}}\mathrm{d}s\tag{200}$$

的积分之差为$(k-1)$阶导数与$K(s)$的乘积的积分.此外公式(196)(197)与(198)右边的第二积分与积分(200)有相同的结构.为了将来需要,我们着重指出,导数

$$\left(\frac{\partial^m \tilde{u}}{\partial y_1^{m_1} \partial y_2^{m_2}}\right)_N$$

是 $u(x_1, x_2)$ 的 m 阶导数的线性组合,其系数是 $\cos(n_1, x_1)$ 与 $\cos(n_1, x_2)$ 的幂的乘积. 如果后者用公式(178)所定义的 $a_1(x_1, x_2), a_2(x_1, x_2)$ 所代替,那么我们就得出 $u(x_1, x_2)$ 的 m 阶导数的线性组合,其系数在 $\overline{B}$ 中为平滑的,而在边界 l 上的每点 N,它化为 $\dfrac{\partial^m \tilde{u}}{\partial y_1^{m_1} \partial y_2^{m_2}}$

所余下来要证明的是,形状为(200)的积分可以由 $u(x_1, x_2)$ 的最初的 $(k-1)$ 阶的导数的乘积的积分所表示,只要这个函数满足条件(191).

如果 $\beta = 0$,那么这就直接从引理 1 推出. 设 $\beta = 1$. 我们有

$$\frac{\partial^2 \tilde{u}}{\partial y_2^2} = \Delta \tilde{u} - \frac{\partial^2 \tilde{u}}{\partial y_1^2}$$

而因此

$$\frac{\partial^k u}{\partial y_2^2 \partial y_1^{k-2}} = \frac{\partial^{k-2} \Delta \tilde{u}}{\partial y_1^{k-2}} - \frac{\partial^k \tilde{u}}{\partial y_1^k}$$

再一次应用引理 1(由于(191),它是能用的),我们见到,最后一公式的右边可以用 $\Delta \tilde{u}$ 到 $(k-3)$ 阶的导数及 $\tilde{u}$ 的到 $(k-1)$ 阶导数来表示. 因为 β 之值只可能为 0 或 1,定理证毕.

260. 基本不等式的证明

从所证的定理推出,$\Psi(u)$ 为具有形状为

$$\int_l \left[\omega_N^{(s)}(0)\right]^r \frac{\partial^{k-1} \tilde{u}}{\partial y_2^\alpha \partial y_1^{k-1-\alpha}} \cdot \frac{\partial^m \tilde{u}}{\partial y_2^\beta \partial y_1^{m-\beta}} ds$$

的积分之和,于此 $1 \leqslant m \leqslant k-1, 2 \leqslant s \leqslant k$. 但,如我们从前所指出的,$\tilde{u}$ 关于 (y_1, y_2) 的导数可以由 $u(x_1, x_2)$ 关于 (x_1, x_2) 的导数的线性组合来表示,其系数为有界. 再注意到 $\omega_N^{(s)}(0)$ 的有界性,我们就见到,$\Psi_k(u)$ 不超过有限个形状为

$$C \int_l \left|\frac{\partial^{k-1} u}{\partial x_1^\mu \partial x_2^{k-1-\mu}}\right| \cdot \left|\frac{\partial^m u}{\partial x_1^\nu \partial x_2^{m-\nu}}\right| ds \leqslant$$

$$\frac{C}{2} \int_l \left(\frac{\partial^{k-1} u}{\partial x_1^\mu \partial x_2^{k-1-\mu}}\right)^2 ds + \frac{C}{2} \int_l \left(\frac{\partial^m u}{\partial x_1^\nu \partial x_1^{m-\nu}}\right)^2 ds \qquad (201)$$

的项之和,于此 C 为常数. 现估计在右边的积分. 为此,我们回到由公式(178)所定义的函数 $a_1(x_1, x_2)$ 与 $a_2(x_1, x_2)$. 在 l 上的点它们等于 $\cos(n, x_1)$ 与 $\cos(n, x_2)$,因而在 l 上

$$a_1 \cos(n, x_1) + a_2 \cos(n, x_2) = 1$$

应用奥斯特罗格拉德斯基公式,我们就得出

$$\int_l \left(\frac{\partial^{k-1} u}{\partial x_1^\mu \partial x_2^{k-1-\mu}} \right)^2 \mathrm{d}s =$$

$$\int_l \left[\cos(n,x_1) a_1 \left(\frac{\partial^{k-1} u}{\partial x_1^\mu \partial x_2^{k-1-\mu}} \right)^2 + \cos(n,x_2) a_2 \left(\frac{\partial^{k-1} u}{\partial x_1^\mu \partial x_2^{k-1-\mu}} \right)^2 \right] \mathrm{d}s =$$

$$\iint_B \left\{ \frac{\partial}{\partial x_1} \left[a_1 \left(\frac{\partial^{k-1} u}{\partial x_1^\mu \partial x_2^{k-1-\mu}} \right)^2 \right] + \frac{\partial}{\partial x_2} \left[a_2 \left(\frac{\partial^{k-1} u}{\partial x_1^\mu \partial x_2^{k-1-\mu}} \right)^2 \right] \right\} \mathrm{d}S =$$

$$\iint_B \left(\frac{\partial^{k-1} u}{\partial x_1^\mu \partial x_2^{k-1-\mu}} \right)^2 \cdot \left(\frac{\partial a_1}{\partial x_1} + \frac{\partial a_2}{\partial x_2} \right) \mathrm{d}S +$$

$$2 \iint_B \frac{\partial^{k-1} u}{\partial x_1^\mu \partial x_2^{k-1-\mu}} \left(a_1 \frac{\partial^k u}{\partial x_1^{\mu+1} \partial x_2^{k-1-\mu}} + a_2 \frac{\partial^k u}{\partial x_1^\mu \partial x_2^{k-\mu}} \right) \mathrm{d}S$$

引入记号

$$M = \max_{\bar B} \left\{ |a_1|, |a_2|, \left| \frac{\partial a_1}{\partial x_1} + \frac{\partial a_2}{\partial x_2} \right| \right\}$$

并利用明显的不等式

$$2|ab| \leqslant 2 \left| a\sqrt{\varepsilon_k} \cdot \frac{b}{\sqrt{\varepsilon_k}} \right| \leqslant (a\sqrt{\varepsilon_k})^2 + \left(\frac{b}{\sqrt{\varepsilon_k}} \right)^2 = \varepsilon_k a^2 + \frac{b_2}{\varepsilon_k}$$

于此 $\varepsilon_k > 0$,我们得出估计

$$\left| \iint_B \left(\frac{\partial^{k-1} u}{\partial x_1^\mu \partial x_2^{k-1-\mu}} \right)^2 \left(\frac{\partial a_1}{\partial x_1} + \frac{\partial a_2}{\partial x_2} \right) \mathrm{d}S \right| \leqslant M I_{k-1}(u,u)$$

$$\left| 2 \iint_B \frac{\partial^{k-1} u}{\partial x_1^\mu \partial x_2^{k-1-\mu}} \left(a_1 \frac{\partial^k u}{\partial x_1^{\mu+1} \partial x_2^{k-1-\mu}} + a_2 \frac{\partial^k u}{\partial x_1^\mu \partial x_2^{k-\mu}} \right) \mathrm{d}S \right| \leqslant$$

$$2M \left[\varepsilon_k I_k(u,u) + \frac{1}{\varepsilon_k} I_{k-1}(u,u) \right]$$

从此

$$\int_l \left(\frac{\partial^{k-1} u}{\partial x_1^\mu \partial x_2^{k-1-\mu}} \right)^2 \mathrm{d}s \leqslant M I_{k-1}(u,u) + 2M \big[\varepsilon_k I_k(u,u) +$$

$$\frac{1}{\varepsilon_k} I_{k-1}(u,u) \big] \tag{202}$$

如果 $m < k-1$,那么取 $\varepsilon = 1$,就得到估计

$$\int_l \left(\frac{\partial^m u}{\partial x_1^\nu \partial x_2^{m-\nu}} \right)^2 \mathrm{d}s \leqslant 2M I_{m+1}(u,u) + 3M I_m(u,u) \tag{203}$$

如我们见过的,$\Psi_k(u)$ 不超过出现于(201) 中的常数 $\frac{C}{2}$ 与有限个积分之和

的乘积,对这些积分我们已得到估计(202) 与(203). 因而

$$|\Psi_k(u)| \leqslant A_1^{(k)} \varepsilon_k I_k(u,u) + \frac{A_2^{(k)}}{\varepsilon_k} I_{k-1}(u,u) +$$

$$A_3^{(k)} \sum_{r=1}^{k-1} I_r(u,u) \tag{204}$$

这里 $A_s^{(k)}(s=1,2,3)$ 是与 k,C,及项数有关的常数. 然后利用公式(189),我们得出

$$I_2(u,u) \leqslant A_1^{(2)}\varepsilon_2 I_2(u,u) + \left(\frac{A_2^{(2)}}{\varepsilon_2} + A_3^{(2)}\right)I_1(u,u) + I_0(\Delta u,\Delta u)$$

且选择 ε_2,使得 $1-\varepsilon_2 A_1^{(2)} \geqslant \frac{1}{2}$,我们就得到

$$I_2(u,u) \leqslant 2\left(\frac{A_2^{(2)}}{\varepsilon_2} + A_3^{(2)}\right)I_1(u,u) + 2I_0(\Delta u,\Delta u) =$$
$$2I_0(\Delta u,\Delta u) + B_2 I_1(u,u) \tag{205}$$

类似地,我们选择 ε_3 与 ε_4,使得 $1-\varepsilon_k A_1^{(k)} \geqslant \frac{1}{2}$,利用(189)与(204)得出

$$I_3(u,u) \leqslant 2I_1(\Delta u,\Delta u) + B_3[I_2(u,u) + I_1(u,u)] \tag{206}$$
$$I_4(u,u) \leqslant 2I_0(\Delta^2 u,\Delta^2 u) + B_4[I_3(u,u) + I_2(u,u) + I_1(u,u)] \tag{207}$$

于此 B_s 是常数.

如果用(205)的右边代替 $I_2(u,u)$,代入(206)的右边,那么就得到

$$I_3(u,u) \leqslant 2I_1(\Delta u,\Delta u) + 2B_3 I_0(\Delta u,\Delta u) + B_3(B_2+1)I_1(u,u) \tag{208}$$

又如果用(205)与(208)的右边代替 $I_2(u,u)$ 与 $I_3(u,u)$,代入(207)的右边,那么就得到

$$I_4(u,u) \leqslant 2I_0(\Delta^2 u,\Delta^2 u) + C_1 I_1(\Delta u,\Delta u) +$$
$$C_2 I_0(\Delta u,\Delta u) + C_3 I_1(u,u) \tag{209}$$

于此 $C_s(s=1,2,3)$ 是常数.

把(205)(208)与(209)相加起来,我们也就得到基本不等式

$$H_4(u) \leqslant A[I_0(\Delta^2 u,\Delta^2 u) + I_1(\Delta u,\Delta u) + I_0(\Delta u,\Delta u) + I_1(u,u)]$$

于此 A 是常数.

我们前面所进行的关于级数(158)可以关于 x_1,x_2,t 逐项微分的证明(因而它就给出问题(138)(139)与(140)的解)实质上是以不等式(156)为基础的. 从[256]开始到本段为止的全部材料都是 O. A. 拉迪任斯卡娅(Ладыженская)的著作《论波动方程的傅里叶方法》("О методе фурье для волнового уравнения",Доклады Академии Наук СССР,т. 75,№6,1950) 对两个变量的情形所进行的叙述. 这叙述是由 O. A. 拉迪任斯卡娅与 Х. Л. 斯穆棱茨基所完成的.

261. 特征函数的导数

在验证傅里叶方法时,我们曾利用以下的事实,方程

$$\Delta v_m + \lambda_m v_m = 0 \tag{210}$$

在边值条件

$$v_m \mid_l = 0 \tag{211}$$

下的任一特征函数 $v_m(P)$ 有到五阶的直到 l 为连续的导数. 在三维空间的情形,我们已在[226]中表述过它的一个充分条件. 现在,我们利用圆到单连通区域 B 的保角变换,我们对实现保角变换的函数作了某些假设下,来证明上面所指出的特征函数的性质. 设

$$z = f(\zeta) \quad (z = x + iy, \zeta = \xi + i\eta) \tag{212}$$

是实现由圆 $|\zeta| \leqslant 1$ 到单连通区域 B 的保角变换的函数. 我们假设在闭圆 $|\zeta| \leqslant 1$, $f(\zeta)$ 以及它的到五阶的导数为连续,且 $f'(\zeta) \neq 0$. 为了使这事实成立,回道 l 须满足一些充分条件,例如可以在 В. И. 斯米尔诺夫的著作《论保角变换时的变界上的对应》("О соответствии границ при конформном преобразовании"Mathem. Annal. т. 107, 1932) 中找到它们. 由变量 (x, y) 过渡到变量 (ξ, η),我们得到函数 $\tilde{v}_m(\xi, \eta) = v_m(x, y)$,我们还得出方程

$$\Delta \tilde{v}_m = -\lambda_m \mid f'(\zeta) \mid^2 \tilde{v}_m \tag{213}$$

以代替(210). 以后的论述的基础在于如下的两个引理,我们在下一段中引出它们的证明.

引理 1 如果函数 $\psi(x, y)$ 在闭圆 $\beta(x^2 + y^2 \leqslant 1)$ 中连续,且在 β 内有连续的一阶导数,那么在圆周 $\lambda(x^2 + y^2 = 1)$ 上满足条件 $u = 0$,在 β 内满足方程 $\Delta u = \psi$ 的解有直到 λ 上为连续的一阶导数.

引理 2 如果 $\psi(x, y)$ 有直到 λ 为连续的到 p 阶导数. 那么 $u(x, y)$ 有直到 λ 为连续的到 $(p+1)$ 阶的导数.

应用引理 1 再应用引理 2 到等式(213),并且令 $-\lambda_m \mid f'(\zeta)^2 \tilde{v}_m$ 取 ψ 的地位,并注意到 $\mid f'(\zeta) \mid^2$ 有到四阶的直到 λ 为连续的导数,我们就看到,函数 $\tilde{v}_m(\xi, \eta)$ 有到五阶的直到 λ 为连续的导数,而因此, $v_m(x, y)$ 有到五阶的直到 l 为连续的导数.

262. 辅助命题的证明

为证明引理 2,我们必须证明关于具可微分密度的单层对数势函数的一个定理.

定理 如果在单层势函数

$$V(\mu) = \int_\lambda \mu(s) \ln \frac{1}{r} ds \quad (r = \sqrt{(\xi - x)^2 + (\eta - y)^2}) \tag{214}$$

中密度 $\mu(s)$ 具有到某 k 阶的连续导数,那么势函数 $V(\mu)$ 本身在 β 内也有到 k 阶的直到 λ 为连续的导数.

下面所进行的证明对任何曲线 $\xi = \xi(x)$, $\eta = \eta(s)$ 都适合,但 $\xi(s), \eta(s)$ 为具 $(k+1)$ 阶连续导数的周期函数.

除了势函数(214)外,我们还引入双层势函数

$$W(\mu) = \int_\lambda \mu(s) \frac{\cos(\boldsymbol{n}, \boldsymbol{r})}{r} ds =$$

$$\int_\lambda \mu(s) \frac{\eta'(\xi - x) - \xi'(\eta - y)}{r^2} ds \qquad (215)$$

于此 ξ' 与 η' 是 $\xi(s)$ 与 $\eta(s)$ 关于 s 的导数. 注意到 $\xi'^2 + \eta'^2 = 1$ 并对 x 求导数, 我们得出

$$\frac{\partial V(\mu)}{\partial x} = -\int_\lambda \mu(s) \frac{x - \xi}{r^2} ds =$$

$$\int_\lambda \mu(s) \xi' \frac{\xi'(\xi - x) + \eta'(\eta - y)}{r^2} ds +$$

$$\int_\lambda \mu(s) \eta' \frac{\eta'(\xi - x) - \xi'(\eta - y)}{r^2} ds$$

利用公式

$$\frac{\xi'(\xi - x) + \eta'(\eta - y)}{r^2} = -\frac{d}{ds} \ln \frac{1}{\gamma}$$

并对第一个积分用分部积分, 我们得出

$$\frac{\partial V(\mu)}{\partial x} = V[(\mu \xi')'] + W(\mu \eta') \qquad (216)$$

这里一撇表示关于 s 的导数. 完全相类似地有

$$\frac{\partial V(\mu)}{\partial y} = V[(\mu \eta')'] - W(\mu \xi') \qquad (217)$$

现微分双层势函数

$$\frac{\partial W(\mu)}{\partial x} = \int_\lambda \mu(s) \frac{-\eta' r^2 - 2(x - \xi)[\eta'(\xi - x) - \xi'(\eta - y)]}{r^4} ds =$$

$$\int_\lambda \mu(s) \frac{-\eta' r^2 + (y - \eta)[\xi'(x - \xi) + 2\eta'(y - \eta)]}{r^4} ds =$$

$$\int_\lambda \mu(s) \frac{d}{ds} \frac{y - \eta}{r^2} ds = -\int_\lambda \mu'(s) \frac{y - \eta}{r^2} ds = \frac{\partial V(\mu')}{\partial y}$$

因而

$$\frac{\partial W(\mu)}{\partial x} = \frac{\partial V(\mu')}{\partial y} \qquad (218)$$

类似地有

$$\frac{\partial W(\mu)}{\partial y} = -\frac{\partial V(\mu')}{\partial x} \qquad (219)$$

如果 $\mu'(s)$ 是连续函数, 那么从 (216) 与 (217) 推出 $V(\mu)$ 有直到 λ 为连续的一阶导数, 即定理当 $k = 1$ 时已证毕. 如果 $\mu'(s), \mu''(s)$ 为连续, 那么由上所述, $V(\mu')$ 有直到 λ 为连续的一阶导数. 但这时 $W(\mu \eta')$ 与 $W(\mu \xi')$, 而同样 $V[(\mu \xi')']$ 与 $V[(\mu \eta')']$ 都有直到 λ 为连续的一阶导数, 而从 (216) 与 (217) 推

388

出,$V(\mu)$ 有二阶的直到 λ 为连续的导数,即定理当 $k=2$ 时已证毕. 现对任意的 $k\geqslant3$ 来证明定理,设定理对 $(k-1)$ 成立. 设 $\mu(s)$ 有 k 阶的连续的导数,即 $\mu'(s)$ 有 $(k-1)$ 阶的连续的导数. 从我们的关于定理在 $(k-1)$ 时为正确的假设推出, $V(\mu')$ 有到 $(k-1)$ 阶的直到 λ 为连续的导数. 这时从(218)与(219)推出,$W(\mu)$ 也有到 $(k-1)$ 阶的直到 λ 的连续的导数. 由此,我们可以断言,$W(\mu\xi')$ 与 $W(\mu\eta')$ 有直到 λ 为连续的到 $(k-1)$ 阶的导数. 并且,由于以上所示的假设, $V[(\mu\xi')']$ 与 $V[(\mu\eta')']$ 有直到 λ 为连续的到 $(k-1)$ 阶导数,而从(216)与 (217)就推出,$V(\mu)$ 有直到 λ 为连续的到 k 阶导数. 因而,定理完全证毕.

现转向于上段中所表述过的引理的证明. 引入点 (x,y) 关于圆 λ 的共轭点 (x_1,y_1)

$$x_1=\frac{x}{x^2+y^2},y_1=\frac{y}{x^2+y^2} \tag{220}$$

并记

$$r=\sqrt{(\xi-x)^2+(\eta-y)^2},r_1=\sqrt{(\xi-x_1)^2+(\eta-y_1)^2} \tag{221}$$

对于圆 β 的格林函数在边值条件 $u=0$ 下在 λ 上有形状[222]

$$G(\xi,\eta;x,y)=\frac{1}{2\pi}\ln\frac{1}{r}-\frac{1}{2\pi}\ln\frac{1}{r_1}-$$

$$\frac{1}{2\pi}\ln\frac{1}{\sqrt{x^2+y^2}} \tag{222}$$

注意到格林函数的对称性,我们并可写出

$$u(x,y)=-\iint_{\beta}G(\xi,\eta;x,y)\psi(\xi,\eta)\mathrm{d}\xi\mathrm{d}\eta \tag{223}$$

这一公式可改写为形状

$$u(x,y)=-\iint_{\xi^2+\eta^2\leqslant\frac{1}{4}}G(\xi,\eta;x,y)\psi(\xi,\eta)\mathrm{d}\xi\mathrm{d}\eta+$$

$$\frac{1}{2\pi}\iint_{\frac{1}{4}\leqslant\xi^2+\eta^2\leqslant1}\psi(\xi,\eta)\ln\frac{1}{r_1}\mathrm{d}\xi\mathrm{d}\eta-$$

$$\frac{1}{2\pi}\iint_{\frac{1}{4}\leqslant\xi^2+\eta^2\leqslant1}\psi(\xi,\eta)\ln\frac{1}{r}\mathrm{d}\xi\mathrm{d}\eta+$$

$$\frac{1}{4\pi}\ln(x^2+y^2)\iint_{\frac{1}{4}\leqslant\xi^2+\eta^2\leqslant1}\psi(\xi,\eta)\mathrm{d}\xi\mathrm{d}\eta \tag{224}$$

如果点 (x,y) 在圆周 λ 的某一近旁内,例如 $\frac{3}{4}\leqslant\sqrt{x^2+y^2}\leqslant1$,那么右边的第一项与最后一项有任何阶的连续的导数. 对于最后一项,这一点是很明显的,而对于第一项,还必须利用公式(222). 因而在证明这两个引理时只必须考

389

察右边的第二项与第三项. 这些项是以 $\psi(\xi,\eta)$ 为密度的对数势函数, 它们分布在区域 $\frac{1}{4} \leqslant \xi^2 + \eta^2 \leqslant 1$, 并且第二项是这势函数在点 (x_1,y_1) 的数值, 第三项是它在点 (x,y) 的数值. 从公式 (220) 直接推出, (x_1,y_1) 在圆周 λ 内有关于 (x,y) 的任何阶的导数, 并且 (x,y) 与 (x_1,y_1) 同时趋向于 λ. 因而, 只要证明下述事实就够了, 当 (x_1,y_1) 趋向于 λ 时, 第二项有关于 (x_1,y_1) 的相应的直到 λ 为连续的导数, 以及第三项的关于 (x,y) 的导数当 (x,y) 趋向于 λ 时的同样的事实. 转向于证明引理 1. 我们知道, $u(x,y)$ 在 β 内有到二阶的直到 λ 为连续的导数. 必须证明, 它的第一阶的导数直到 λ 为连续. 但这直接地可由下述事实推出, 具连续密度的单层势函数在全平面有连续的第一阶导数[Ⅱ;200,201]. 转向于证明引理 2, 这时只讨论 (224) 右边的第三项. 对第二项的研究是完全类似的. 应用格林公式[Ⅱ;69], 我们有

$$\frac{\partial}{\partial x} \iint\limits_{\frac{1}{4} \leqslant \xi^2 + \eta^2 \leqslant 1} \psi(\xi,\eta) \ln \frac{1}{r} \mathrm{d}\xi \mathrm{d}\eta =$$

$$\iint\limits_{\frac{1}{4} \leqslant \xi^2 + \eta^2 \leqslant 1} \frac{\partial \psi}{\partial \xi} \ln \frac{1}{r} \mathrm{d}\xi \mathrm{d}\eta + \int_{\lambda} \psi \cos(n,\xi) \ln \frac{1}{r} \mathrm{d}s -$$

$$\int_{\xi^2 + \eta^2 = \frac{1}{4}} \psi \cos(n,\xi) \ln \frac{1}{r} \mathrm{d}s \qquad (225)$$

最后一个积分除在圆周 $\xi^2 + \eta^2 = \frac{1}{4}$ 之上外, 处处有到一切阶的连续导数, 我们只要研究右边第一项与第二项就够了. 如果 ψ 有直到 λ 为连续的第一阶导数, 那么由于上面所证的定理, 右边的第二项也具有同样的性质, 而第一项, 它是具连续密度 $\frac{\partial \psi}{\partial \xi}$ 在环域 $\frac{1}{4} \leqslant \xi^2 + \eta^2 \leqslant 1$ 的对数势函数, 它有在全平面为连续的第一阶导数. 因而, 公式 (225) 的左边有第一阶的直到 λ 为连续的导数, 而 $k=1$ 时的引理 2 就得到证明.

转入 $k=2$ 的情形. 设 ψ 有直到 λ 为连续的到二阶的导数. 我们微分 (225) 的两边, 例如关于 y 来微分, 再一次地应用格林公式

$$\frac{\partial^2}{\partial x \partial y} \iint\limits_{\frac{1}{4} \leqslant \xi^2 + \eta^2 \leqslant 1} \psi(\xi,\eta) \ln \frac{1}{r} \mathrm{d}\xi \mathrm{d}\eta =$$

$$\iint\limits_{\frac{1}{4} \leqslant \xi^2 + \eta^2 \leqslant 1} \frac{\partial^2 \psi}{\partial \xi \partial \eta} \ln \frac{1}{r} \mathrm{d}\xi \mathrm{d}\eta + \int_{\lambda} \frac{\partial \psi}{\partial \xi} \cos(n,\eta) \ln \frac{1}{r} \mathrm{d}s +$$

$$\frac{\partial}{\partial y} \int_{\lambda} \psi \cos(n,\xi) \ln \frac{1}{r} \mathrm{d}s + \cdots \qquad (226)$$

这里, 未写出的项包括沿圆周 $\xi^2 + \eta^2 = \frac{1}{4}$ 的积分, 除在这圆周上外, 它们处处有

任何阶的连续导数.注意到以上所证过的定理,我们就见到:包含沿圆周 λ 积分的那些项都有直到圆周为连续的第一阶导数,而二重积分有在全平面为连续的一阶导数.因而公式(226)的左边有直到 λ 为连续的一阶导数,而引理在 $k=2$ 时已证实.对后面的 k 值,这个引理也可以完全一样地证明.

以上最后两段的证明是属于 X. Л. 斯穆棱茨基的.

263. 球的边值问题

现在我们要考察波动方程

$$\frac{\partial^2 u}{\partial t^2} = \frac{\partial^2 u}{\partial x^2} + \frac{\partial^2 u}{\partial y^2} + \frac{\partial^2 u}{\partial z^2} \tag{227}$$

对球域的边值问题.首先证明引理:如果 $u = \varphi(x,y,z,t) = \varphi(M,t)$ 为方程 (227) 的一解,它关于变量 (x,y,z,t) 为齐零次函数,又如果在球 $r=t$ 上它化为零 $(r=\sqrt{x^2+y^2+z^2})$,那么表达式

$$u = \int^{t-r} \omega(\tau)\varphi(M,t-\tau)\mathrm{d}\tau \tag{228}$$

也是方程(227)的解,于此 $\omega(\tau)$ 为任意的连续函数,积分的下限可为任意的已给数.

微分表达式(228),我们得到

$$\frac{\partial u}{\partial x} = \int^{t-r} \omega(\tau)\frac{\partial \varphi(M,t-\tau)}{\partial x}\mathrm{d}\tau - \omega(t-r)\varphi(M,r)\frac{x}{r}$$

但依条件 $\varphi(M,r)=0$,因而有

$$\frac{\partial u}{\partial x} = \int^{t-r} \omega(\tau)\frac{\partial \varphi(M,t-\tau)}{\partial x}\mathrm{d}\tau$$

再微分一次

$$\frac{\partial^2 u}{\partial x^2} = \int^{t-r} \omega(\tau)\frac{\partial^2 \varphi(M,t-\tau)}{\mathrm{d}x^2}\mathrm{d}\tau - \omega(t-r)\times$$

$$\left[\frac{\partial \varphi(M,t-\tau)}{\partial x}\right]_{\tau=t-r}\cdot\frac{x}{r}$$

对关于 y 及 z 的二阶导数,我们可以得出完全相类似的表达式.对关于 t 的二阶导数,我们将有

$$\frac{\partial^2 u}{\partial t^2} = \int^{t-r} \omega(\tau)\frac{\partial^2 \varphi(M,t-\tau)}{\partial t^2}\mathrm{d}\tau +$$

$$\omega(t-r)\left[\frac{\partial \varphi(M,t-\tau)}{\partial t}\right]_{\tau=t-r}$$

代入方程(227),并注意到 $\varphi(M,t-\tau)$ 按条件是满足方程(227)的,我们就得到作为代入的结果的等式

$$\frac{\omega(t-r)}{r}\left[\frac{\partial \varphi(M,t-\tau)}{\partial t}r + \frac{\partial \varphi(M,t-\tau)}{\partial x}x +\right.$$

$$\left. \frac{\partial \varphi(M, t-\tau)}{\partial y} y + \frac{\partial \varphi(M, t-\tau)}{\partial z} z \right]_{\tau=t-r} = 0 \tag{229}$$

但由于齐次函数的欧拉定理[Ⅰ;149],我们有

$$\frac{\partial \varphi(M, t-\tau)}{\partial t}(t-\tau) + \frac{\partial \varphi(M, t-\tau)}{\partial x} x + \frac{\partial \varphi(M, t-\tau)}{\partial y} y +$$

$$\frac{\partial \varphi(M, t-\tau)}{\partial z} z = 0$$

令 $\tau = t - r$,我们就能肯定,等式(229)是成立的,因而公式(228)实在地给出方程(227)的解.

现要求方程(227)的具特殊形状的解,即形状为

$$u = \psi\left(\frac{t}{r}\right) Y_n(\theta, \varphi) \tag{230}$$

的解,于此 $Y_n(\theta, \varphi)$ 为 n 阶的球函数,而 $\psi(x)$ 为未知函数. 把方程(227)变换为球面坐标,我们得到[Ⅱ;119]

$$\frac{\partial^2 u}{\partial t^2} = \frac{1}{r^2}\left[\frac{\partial}{\partial r}\left(r^2 \frac{\partial u}{\partial r}\right) + \frac{1}{\sin \theta} \frac{\partial}{\partial \theta}\left(\sin \theta \frac{\partial u}{\partial \theta}\right) +\right.$$

$$\left. \frac{1}{\sin^2 \theta} \frac{\partial^2 u}{\partial \varphi^2}\right] \tag{231}$$

把表示式(230)化进去,注意到 $Y_n(\theta, \varphi)$ 满足方程

$$\frac{1}{\sin \theta} \frac{\partial}{\partial \theta}\left(\sin \theta \frac{\partial Y_n}{\partial \theta}\right) + \frac{1}{\sin^2 \theta} \frac{\partial^2 Y_n}{\partial \varphi^2} + n(n+1) Y_n = 0$$

我们引导到关于 $\psi\left(\frac{t}{r}\right)$ 的如下的方程

$$\psi''\left(\frac{t}{r}\right) = \frac{t^2}{r^2} \psi''\left(\frac{t}{r}\right) - n(n+1) \psi\left(\frac{t}{r}\right)$$

或者

$$(1 - x^2) \psi''(x) + n(n+1) \psi(x) = 0 \tag{232}$$

为了求出 $\psi(x)$,让我们来记起勒让德多项式所满足的微分方程[Ⅲ;172]

$$[(1 - x^2) P'_n(x)]' + n(n+1) P_n(x) = 0$$

我们引入 $(n+1)$ 次的多项式

$$Q_{n+1}(x) = \int_1^x P_n(x) \, \mathrm{d}x \tag{233}$$

把前面的一个方程的两边沿区间 $(1, x)$ 积分,我们得到

$$(1 - x^2) P'_n(x) + n(n+1) Q_{n+1}(x) = 0$$

或者,由于(233),得

$$(1 - x^2) Q''_{n+1}(x) + n(n+1) Q_{n+1}(x) = 0$$

而与(232)相比较,我们就见到函数

$$u = Q_{n+1}\left(\frac{t}{r}\right)Y_n(\theta,\varphi) \qquad (234)$$

就是方程(227)的一解.由于(233),$Q_{n+1}(1)=0$,这就是解(234)当 $r=t$ 时化为零.此外,显然可见,解(234)为变量(x,y,z,t)的齐零次函数.利用引理,我们就能断言,对任何连续函数$\omega(\tau)$,函数

$$u(M,t) = Y_n(\theta,\varphi)\int_0^{t-r}\omega(\tau)Q_{n+1}\left(\frac{t-\tau}{r}\right)\mathrm{d}\tau \qquad (235)$$

也会是方程(227)的解.

  进行了这些预备性的论述之后,我们转向于解决具特殊形状的边值条件的边值问题.让我们来求方程(227)在球 $r=1$ 外面的解,它满足齐次初始条件

$$u\Big|_{t=0}=0, \frac{\partial u}{\partial t}\Big|_{t=0}=0 \qquad (236)$$

及具有形状

$$u\mid_{r=1} = f(t)Y_n(\theta,\varphi) \qquad (237)$$

的边值条件,于此 $f(t)$ 为已给函数.我们假设这个函数有到二阶的连续的导数,并且

$$f(0)=f'(0)=0 \qquad (238')$$

  回到公式(235).如果我们把它的右边的 t 改为$(t+1)$,那么我们又重新得到方程(227)的一解,因为这一方程的系数不包含 t.我们要求所提出的边值问题的具有形状

$$u = \begin{cases} Y_n(\theta,\varphi)\displaystyle\int_0^{t+1-r}\omega(\tau)Q_{n+1}\left(\frac{t+1-\tau}{r}\right)\mathrm{d}\tau & (t\geqslant r-1) \\ 0 & (t\leqslant r-1) \end{cases} \qquad (239)$$

的解,于此 $\omega(\tau)$ 是在 $\tau\geqslant0$ 的未知函数.从(239)直接推出(236)的第一个条件.在 $r=1$ 时关于 t 微分公式(239),然后令 $t=0$ 由于 $Q_{n+1}(1)=0$,我们就得到(236)的第二个条件.边值条件(237)给出 $\omega(\tau)$ 的积分方程

$$\int_0^t\omega(\tau)Q_{n+1}(t+1-\tau)\mathrm{d}\tau = f(t)$$

这一方程为沃尔泰拉的第一类方程.微分两边,我们得到方程

$$\int_0^t\omega(\tau)\mathrm{P}_n(t+1-\tau)\mathrm{d}\tau = f'(t)$$

并且,由于(238),这一方程与前一方程相等价.再微分一次,由于(238),我们得到等价的第二类方程

$$\omega(t) + \int_0^t\omega(\tau)\mathrm{P}'_n(t+1-\tau)\mathrm{d}\tau = f''(t)$$

  所写出方程的核只与$(t-\tau)$有关,我们应用在[46]中所指出的方法就得到具有形状

$$\omega(t) = f''(t) - \int_0^t H(t-x)f''(x)\,\mathrm{d}x$$

的解，于此 $H(z)$ 是函数

$$\frac{-s^n}{s^n + s^{n-1}\mathrm{P}'_n(1) + s^{n-2}\mathrm{P}''_n(1) + \cdots + \mathrm{P}_n^{(n)}(1)}e^{sz}$$

的关于它的分母的根的留数之和.

边值条件(237)从时刻 $t=0$ 开始起作用. 在这时刻之前，我们具有静止. 扰动的前线将以单位速度前进. 在以原点为中心，$(t+1)$ 为半径的球外，由于(239)，在时刻 t 以前为静止. 在波前本身，二阶导数的连续性可能遭到破坏. 我们指出，对于任何的连续的边值条件，我们可以利用形状为(237)的边值条件在球面上平均地逼近它. 这是从球函数的封闭性推出来的. 上述方法对平面上圆外的区域也可应用.（В. И. 斯米尔诺夫，Доклады Академии Наук СССР，т. XIV，№1，1937）.

264. 球内部的振动

我们现在要作方程(227)在条件(236)与(237)下，在球内部的解. 如果 $n \geqslant 1$，那么如所易证，当 $(n+1)$ 为偶数时，$Q_{n+1}(x)$ 为偶函数；当 $(n+1)$ 为奇数时，$Q_{n+1}(x)$ 为奇函数. 我们还可以把解(235)写成形状

$$u_1(M,t) = Y_n(\theta,\varphi)\int_0^{t-r} \omega_1(\tau)Q_{n+1}\left(\frac{\tau-t}{r}\right)\mathrm{d}\tau \tag{240}$$

在这一公式的右边，把 t 改为 $t-1$，我们就得到具有形状

$$u_2(M,t) = Y_n(\theta,\varphi)\int_0^{t+r-1} \omega_2(\tau)Q_{n+1}\left(\frac{\tau+1-t}{r}\right)\mathrm{d}\tau \tag{241}$$

的解，于此当 $\tau < 0$ 时 $\omega_2(\tau) = 0$. 这一解对应于从球面向内部发出的波. 当 $t > 1$ 时，在球的中心，即当 $r=0$ 时，它不再为有限的. 当 $t=1$ 时，相应的波进行到球的原点，自然地就要把解(240)添加到这个解里去，但在其中要把 t 改为 $t-1$ 以及适当选取 $\omega_1(\tau)$. 这就带给我们具有形状

$$u_3(M,t) = Y_n(\theta,\varphi)\int_{t-1-r}^{t-1+r} \omega_3(\tau)Q_{n+1}\left(\frac{\tau+1-t}{r}\right)\mathrm{d}\tau \tag{242}$$

的解，于此当 $\tau < 0$ 时 $\omega_3(\tau) = 0$. 在积分的两限，我们有 $-r \leqslant \tau+1-t \leqslant r$，且解(242)当 $r=0$ 时也保持有限. 并且它化为零. 为了使得对边值条件中的函数 $f(t)$ 的导数所做的假设较少起见，我们把从(242)关于 t 微分后所得的解取为基础. 注意到 $n \geqslant 1$ 时，$Q_{n+1}(\pm 1) = 0$，就会得出解

$$u(M,t) = Y_n(\theta,\varphi)\varphi_n(r,t) \tag{243}$$

于此

$$\varphi_n(r,t) = \begin{cases} \dfrac{1}{r}\displaystyle\int_{t-1-r}^{t-1+r} \omega(\tau)\mathrm{P}_n\left(\dfrac{\tau+1-t}{r}\right)\mathrm{d}\tau & (\text{当 } t > 1-r \text{ 时}) \\ 0 & (\text{当 } t \leqslant 1-r \text{ 时}) \end{cases} \tag{244}$$

且当 $\tau \leqslant 0$ 时 $\omega(\tau) = 0$. 如同[263]一样，从这一表达式可以推出，对任何的 $\omega(\tau)$，条件(236)成立. 容易直接地验证，如果 $\omega(\tau)$ 有连续的导数，在 $n = 0$ 时，公式(243)及(244)也给出方程(227)的解. 我们指出，当 $n = 0$ 时公式(242)并不给出方程(227)的解.

边值条件(237)引导到如下的方程

$$\int_{t-2}^{t} \omega(\tau) P_n(\tau + 1 - t) d\tau = f(t) \tag{245}$$

我们假设 $f(t)$ 有连续的导数，且 $f(0) = f'(0) = 0$. 把方程(245)关于 t 微分，我们得到

$$\omega(t) + (-1)^{n+1} \omega(t-2) - \int_{t-2}^{t} \omega(\tau) P'_n(\tau + 1 - t) d\tau = f'(t) \tag{246}$$
$$(n \geqslant 1)$$

且在 $n = 0$ 时

$$\omega(t) - \omega(t-2) = f'(t) \tag{246'}$$

方程(246)给出以逐步的方法制作 $\omega(t)$ 的可能性. 首先从沃尔泰拉方程

$$\omega(t) - \int_{0}^{t} \omega(\tau) P'_n(\tau + 1 - t) d\tau = f'(t)$$

来决定在区间 $0 \leqslant t \leqslant 2$ 的 $\omega(t)$. 然后从方程

$$\omega(t) - \int_{2}^{t} \omega(t) P'_n(\tau + 1 - t) d\tau =$$
$$f'(t) + (-1)^n \omega(t-2) + \int_{0}^{2} \omega(\tau) P'_n(\tau + 1 - t) d\tau$$

来决定在区间 $2 < t \leqslant 4$ 的 $\omega(t)$，这个方程的右边是已知的，其余类推. 我们就可把所得函数代到方程(244)的右边去.

为解方程(246)，我们可以利用单侧的拉普拉斯变换. 指出这一方法的大概. 以后我们还会用另外的途径来得到最终的公式.

在方程(246)中，把积分表达为两个下限为零的积分之和；把它们的两侧乘以 e^{-st}，于此 $s = \sigma_1 + \sigma_2 i$，而 σ_1 是充分大的正数；又关于 t 沿区间 $0 \leqslant t < \infty$ 积分. 引入记号

$$\Omega(s) = \int_{0}^{\infty} e^{-st} \omega(t) dt, \quad F(s) = \int_{0}^{\infty} e^{-st} f(t) dt \tag{247}$$

利用卷积定理[45]及公式

$$\begin{cases} \int_{0}^{\infty} e^{-st} P_n(1-t) dt = \sqrt{\dfrac{\pi}{2s}} \, e^{i\frac{\pi}{4}(2n+1)} \, e^{-s} H_{n+\frac{1}{2}}^{(1)}(-is) \\[3mm] \int_{0}^{\infty} e^{-st} P_n(-1-t) dt = (-1)^n \sqrt{\dfrac{\pi}{2s}} \, e^{i\frac{\pi}{4}(2n-1)} \, e^{s} H_{n+\frac{1}{2}}^{(2)}(-is) \end{cases} \tag{248}$$

这些公式是易于直接地从分部积分而得出的. 所示的方法引导到对 $\Omega(s)$ 的如

下的方程

$$\sqrt{\frac{2\pi}{s}}\,\mathrm{e}^{\mathrm{i}\frac{\pi}{4}(2n+1)}\,\mathrm{e}^{-s}J_{n+\frac{1}{2}}(-\mathrm{i}s)\Omega(s)=F(s)$$

利用拉普拉斯变换的还原公式,我们得到

$$\omega(t)=\frac{\mathrm{e}^{-\mathrm{i}\frac{\pi}{4}(2n+1)}}{2\pi\mathrm{i}}\int_{\sigma-\mathrm{i}\infty}^{\sigma+\mathrm{i}\infty}\sqrt{\frac{s}{2\pi}}\,\frac{\mathrm{e}^{(t+1)s}F(s)}{J_{n+\frac{1}{2}}(-\mathrm{i}s)}\mathrm{d}s \tag{249}$$

实数 σ_1 取得充分大,使得函数 $F(s)$ 的所有的奇异点都在积分直线的左面.

应用拉普拉斯变换及其逆变换的可能性的检验在这一情形下是较易进行的,这是由于借助于逐步的方法我们已建立起 $\omega(t)$ 的存在性,并且,如果对 t 的大的数值给 $f'(t)$ 添上了某些条件,我们就可以对 $\omega(t)$ 作出估计. 把表示式 (249) 代入公式(244),改变积分的次序,又利用易于证明的等式

$$\int_{-1}^{+1}\mathrm{e}^{px}\mathrm{P}_n(x)\mathrm{d}x=\sqrt{2\pi}\,\mathrm{e}^{\mathrm{i}\frac{\pi}{4}(2n+1)}\,\frac{J_{n+\frac{1}{2}}(-\mathrm{i}p)}{\sqrt{p}} \tag{250}$$

我们得到

$$\varphi_n(r,t)=\frac{1}{\sqrt{r}\,2\pi\mathrm{i}}\int_{\sigma-\mathrm{i}\infty}^{\sigma+\mathrm{i}\infty}\frac{J_{n+\frac{1}{2}}(-\mathrm{i}rs)}{J_{n+\frac{1}{2}}(-\mathrm{i}s)}F(s)\mathrm{e}^{st}\mathrm{d}s \tag{251}$$

$$(n=0,1,2,\cdots)$$

我们指出一个更简单的途径来导出这最后的公式. 把表示式(243)代入方程(227)并利用 $Y_n(\theta,\varphi)$ 的方程,我们就得到对 $\varphi_n(r,t)$ 的如下的方程

$$\frac{\partial^2\varphi_n}{\partial t^2}=\frac{\partial^2\varphi_n}{\partial r^2}+\frac{2}{r}\frac{\partial\varphi_n}{\partial r}-\frac{n(n+1)}{r^2}\varphi_n \tag{252}$$

对这一方程必须添上条件

$$\varphi_n\Big|_{t=0}=\frac{\partial\varphi_n}{\partial t}\Big|_{t=0}=0 \tag{253}$$

$$\varphi_n\,|_{r=1}=f(t) \tag{254}$$

把(252)的两边乘以 e^{-st},关于 t 沿区间 $0\leqslant t<\infty$ 积分,并考虑到(253),我们就能得到函数

$$X_n(r,s)=\int_0^\infty\mathrm{e}^{-st}\varphi_n(r,t)\mathrm{d}t \tag{255}$$

所满足的方程

$$\frac{\mathrm{d}^2X_n}{\mathrm{d}r^2}+\frac{2}{r}\frac{\mathrm{d}X_n}{\mathrm{d}r}+\Big(-s^2-\frac{n(n+1)}{r^2}\Big)X_n=0 \tag{256}$$

对(254)应用拉普拉斯变换,这就给出

$$X_n\,|_{r=1}=F(s) \tag{257}$$

此外,函数 $X_n(r,s)$ 当 $r=0$ 时还应该为有限的. 方程(256)可以化为贝塞尔方程,并注意到(257)及 X_n 在 $r=0$ 时为有限的,我们就得出

$$X_n(r,s) = \frac{1}{\sqrt{r}} \frac{J_{n+\frac{1}{2}}(-\mathrm{i}rs)}{J_{n+\frac{1}{2}}(-\mathrm{i}s)} F(s)$$

然后,(255) 的逆变换就引出公式(251).

必须添加于 $f(t)$ 上以使拉普拉斯变换和公式(251) 为有效的那些条件的阐述,可以在 Г. И. 彼得拉欣(Петрашень)的著作《各向同性球体的弹性动力学问题的理论》("Динамические задачи теории упругости в случае изотропной сферы" Ученые Записки ЛГУ,серия Математических Наук,вып. 21,1950)中找到. 本段及以下几段的材料都取自该文.

265. 解的研究

现在对我们所得到的解

$$\varphi_n(r,t) = \frac{1}{\sqrt{r}\,2\pi\mathrm{i}} \int_{\sigma-\mathrm{i}\infty}^{\sigma+\mathrm{i}\infty} \frac{J_{n+\frac{1}{2}}(-\mathrm{i}rs)}{J_{n+\frac{1}{2}}(-\mathrm{i}s)} F(s)\,\mathrm{e}^{st}\,\mathrm{d}s \tag{258}$$

进行研究. 为确定起见,我们假设函数 $f(t)$ 仅仅在某一有限区间 $[0,T]$ 不为零,且有到二阶的连续导数,又

$$f(0) = f'(0) = f(T) = f'(T) = 0$$

并且,分部积分两次,我们就得到

$$F(s) = \int_0^T \mathrm{e}^{-st} f(t)\,\mathrm{d}t = \frac{1}{s^2} \int_0^T \mathrm{e}^{-st} f''(t)\,\mathrm{d}t \tag{259}$$

我们要假设函数 $F(s)$ 具有形状

$$F(s) = F_1(s) + F_2(s)\mathrm{e}^{-sT} \tag{260}$$

这里 $F_1(s)$ 与 $F_2(s)$ 都是有理分数,它们的分母的次数至少要超过分子的次数两次. 容易验证,例如在如下的情形

$$f(t) = t^2(T-t)^2, f(t) = \sin^2 \frac{\pi t}{T} \quad (0 \leqslant t \leqslant T)$$

函数 $F(s)$ 具有这样的性质. 从公式(259) 可见,函数 $F(s)$ 为整函数.

函数 $J_{n+\frac{1}{2}}(-\mathrm{i}s)$ 有纯虚根,把它们记作 $\pm k_s \mathrm{i}(s=1,2,3,\cdots)$,于此 k_s 是方程 $J_{n+\frac{1}{2}}(k) = 0$ 的根 $[\mathrm{Ⅲ}_2;145]$.

利用公式

$$J_{n+\frac{1}{2}}(z) = \frac{1}{2}\left[\mathrm{H}^{(1)}_{n+\frac{1}{2}}(z) + \mathrm{H}^{(2)}_{n+\frac{1}{2}}(z)\right]$$

及汉开尔函数的如下的表达式

$$\begin{cases} \mathrm{H}^{(1)}_{n+\frac{1}{2}}(z) = \left(\frac{2}{\pi z}\right)^{\frac{1}{2}} \mathrm{e}^{\mathrm{i}\left(z-\frac{\pi n}{2}-\frac{\pi}{2}\right)}\left[1 + \varphi_1\left(\frac{1}{z}\right)\right] \\ \mathrm{H}^{(2)}_{n+\frac{1}{2}}(z) = \left(\frac{2}{\pi z}\right)^{\frac{1}{2}} \mathrm{e}^{-\mathrm{i}\left(z-\frac{\pi n}{2}-\frac{\pi}{2}\right)}\left[1 + \varphi_2\left(\frac{1}{z}\right)\right] \end{cases} \tag{261}$$

于此 $\varphi_1\left(\frac{1}{z}\right)$ 与 $\varphi_2\left(\frac{1}{z}\right)$ 都是 $\frac{1}{z}$ 的带自由项的多项式 $[\mathrm{Ⅲ}_2;148]$. 以 $z = -\mathrm{i}s$ 代入,

我们不难肯定,对充分大的 σ,在积分直线上的任意点,比

$$\frac{H_{n+\frac{1}{2}}^{(2)}(-is)}{H_{n+\frac{1}{2}}^{(1)}(-is)}$$

的模数不超过某一小于 1 的数. 我们考虑到这一点,就可以写出

$$\frac{J_{n+\frac{1}{2}}(-irs)}{J_{n+\frac{1}{2}}(-is)} = \frac{H_{n+\frac{1}{2}}^{(1)}(-irs)}{H_{n+\frac{1}{2}}^{(1)}(-is)}\sum_{p=0}^{\infty}(-1)^p\left[\frac{H_{n+\frac{1}{2}}^{(2)}(-irs)}{H_{n+\frac{1}{2}}^{(1)}(-is)}\right]^p +$$

$$\frac{H_{n+\frac{1}{2}}^{(2)}(-irs)}{H_{n+\frac{1}{2}}^{(1)}(-is)}\sum_{p=0}^{\infty}(-1)^p\left[\frac{H_{n+\frac{1}{2}}^{(2)}(-irs)}{H_{n+\frac{1}{2}}^{(1)}(-is)}\right]^p$$

代入公式(258)并逐项积分,我们得到

$$\varphi_n(r,t) = \frac{1}{\sqrt{r}}\sum_{p=0}^{\infty}\frac{(-1)^p}{2\pi i}\int_{\sigma-i\infty}^{\sigma+i\infty}\frac{H_{n+\frac{1}{2}}^{(1)}(-irs)}{H_{n+\frac{1}{2}}^{(1)}(-is)}\cdot$$

$$\left[\frac{H_{n+\frac{1}{2}}^{(2)}(-irs)}{H_{n+\frac{1}{2}}^{(1)}(-is)}\right]^p F(s)e^{st}ds +$$

$$\frac{1}{\sqrt{r}}\sum_{p=0}^{\infty}\frac{(-1)^p}{2\pi i}\int_{\sigma-i\infty}^{\sigma+i\infty}\frac{H_{n+\frac{1}{2}}^{(2)}(-irs)}{H_{n+\frac{1}{2}}^{(1)}(-is)}\left[\frac{H_{n+\frac{1}{2}}^{(2)}(-irs)}{H_{n+\frac{1}{2}}^{(1)}(-is)}\right]^p F(s)e^{st}ds \quad (262)$$

我们要证,在右边实际上只有有限项,并且项数与 t 同时增加. 例如我们考察第一个和式. 利用公式(261),我们可以把在这和式里的积分写为形状

$$\int_{\sigma-i\infty}^{\sigma+i\infty}F(s)\left[1+O(|z|^{-1})\right]e^{s[t-(2p+1)+r]}ds \quad (263)$$

现设数 p 充分大,使得

$$t-(2p+1)+r<0 \quad (264)$$

在积分路线的右边,以 σ 为中心,以充分大的半径 R 作一半圆周. 考虑到 $F(s)$ 的公式(260)及上面所指出的 $F_1(s)$ 与 $F_2(s)$ 的性质,我们可以断言,在条件(264)下,积分(263)的被积函数沿这一半圆的积分当 R 无限增大时趋向于零.

另一面,沿由这一半圆周及直线段 $-R\leqslant\sigma_1\leqslant R$ 组成的回道的积分等于零,这是由于被积函数在这一回道的内部没有奇点. 由此推得,当条件(264)满足时,积分(263)为零. 完全一样地,只要成立条件

$$t-(2p+1)-r<0 \quad (265)$$

公式(262)右边的第二个和式的一些项也等于零. 所余下来的项描述了球面波,它们是从球 $r=1$ 的某一次的反射所产生的. 利用(248)的第一个公式,不难证明在公式(262)右边的积分中的被积函数在有限距离内具有有限个奇点,它们是作为方程

$$z^n - P'_n(1)z^{n-1} + \cdots + (-1)^n P_n^{(n)}(1) = 0$$

的根而确定下来,而积分的值就是在这些极点的留数的和,这就是,所提到的积分可以用初等函数表示.

这样,上面所示的对公式(258)的利用就引导到对在边值条件(237)下的

球振动的边值问题的"达朗贝尔方法".

现指出公式(258)的另一变换,它引导到"傅里叶方法",或者,更确切地说,它引导到问题的解关于球振动的特征函数展开为级数.把公式(258)代入对 $F(s)$ 的表示式(260)中去.在代入 $F_2 e^{-sT}$ 这一项时被积函数将会包含因子 $e^{s(t-T)}$,而且也完全同以前一样,可以证明,在 $t < T$ 时所对应的积分化为零,这就是,我们有

$$\varphi_n(r,t) = \frac{1}{\sqrt{r}\,2\pi i} \int_{\sigma-i\infty}^{\sigma+i\infty} \frac{J_{n+\frac{1}{2}}(-irs)}{J_{n+\frac{1}{2}}(-is)} F_1(s) e^{st} \, ds \tag{266}$$

可以证明,这一积分的数值等于它的被积函数留数之和,而如果假设 $F_1(s)$ 的极点不重合于 $J_{n+\frac{1}{2}}(-is)$ 的根(无共振),那么我们就得到

$$\varphi_n(r,t) = \psi_n(r,t) - 2\sum_{p=1}^{\infty} \frac{A_p \sin(k_p t + \omega_p)}{J_{n-\frac{1}{2}}(k_p)} \cdot \frac{J_{n+\frac{1}{2}}(k_p r)}{\sqrt{r}} \tag{267}$$

于此 $\psi_n(r,t)$ 对应于 $F_1(s)$ 的极点的留数之和,且引入记号

$$F_1(k_p i) = A_p e^{i\omega_p}$$

可以证明,在对 $F_1(s)$ 所做的假设下,所写的级数关于 t 及 r 一致收敛.它是系统的特征振动之和.从此推出,可以表示为有限形式的项 $\psi_p(r,t)$ 满足条件(227)及边值条件(237).如果 $F_1(s)$ 在极点与 $J_{n+\frac{1}{2}}(-is)$ 的根重合,那么在(267)的右边出现了共振的项,它在三角函数符号之外还包含 t.

如果 $t > T$,那么我们只得到特征振动的级数,因为 $F(s)$ 是整函数.又在 $t > T$ 时我们可以把约当引理[Ⅲ$_2$;60]应用到某些以 σ_1 为心的半圆系统及被积函数,整个函数 $F(s)$ 出现于其中.当 $t < T$ 时,我们还没有对被积函数在所提到的半圆中必须成立的估计.除了特征振动的级数而外,缺少补充的项是由于除去了进入于边值条件的外力的缘故.

266. 电极方程的边值问题

在解椭圆型方程或抛物型方程的边值问题时,我们利用了势函数理论,并且,整个作法的基础在于对应的微分方程的某些奇解.对双曲型方程,这个势函数理论的方法不能应用.仅仅在一维的情形对电极方程可以利用这个方法的基本思想,而把边值问题化为沃尔泰拉型积分方程.

在区间 $0 \leqslant x \leqslant l$ 中考察方程[Ⅱ;185]

$$\frac{\partial^2 u}{\partial t^2} = \frac{\partial^2 u}{\partial x^2} + c^2 u \tag{268}$$

其初始条件为齐次的

$$u\mid_{t=0} = u_t\mid_{t=0} = 0 \tag{269}$$

边值条件为

$$u\mid_{x=0} = \omega_1(t), \quad u\mid_{x=l} = \omega_2(t) \tag{270}$$

我们指出,如果利用在无限区间里的解[Ⅱ;185]初始条件时常可以化为齐次的,这正像我们在[243]中对热传导方程所做的一样.如同在[Ⅱ;185]的情形,引入函数 $I(z)=J_0(iz)$,我们不难相信,函数 $I(c\sqrt{t^2-x^2})$ 是方程(268)的一解.它可以作为基本解.把对应于这个解的连续地作用着的源泉放置于区间[0,l]的两端,不难直接验证,我们得到方程(268)的解

$$\int_0^{t-x}\varphi(\tau)I(c\sqrt{(t-\tau)^2-x^2})\mathrm{d}\tau$$

及

$$\int_0^{t-(l-x)}\psi(\tau)I(c\sqrt{(t-\tau)^2-(l-x)^2})\mathrm{d}\tau$$

于此函数 $\varphi(\tau)$ 及 $\psi(\tau)$ 假设为可微的.把这些解关于 x 微分,我们仍然得到解,我们要求(268)(269)(270)的具有和式形状

$$u=\frac{\partial}{\partial x}\int_0^{t-x}\varphi(\tau)I(c\sqrt{(t-\tau)^2-x^2})\mathrm{d}\tau+$$

$$\frac{\partial}{\partial x}\int_0^{t-(l-x)}\psi(\tau)I(c\sqrt{(t-\tau)^2-(l-x)^2})\mathrm{d}\tau \qquad (271)$$

的解,并假设,当 $\tau<0$ 时 $\varphi(\tau)=\psi(\tau)=0$.

公式(271)可写为形式

$$u=-\varphi(t-x)-\int_0^{t-x}\varphi(\tau)\frac{cxI'(c\sqrt{(t-\tau)^2-x^2})}{\sqrt{(t-\tau)^2-x^2}}\mathrm{d}\tau+$$

$$\psi(t-l+x)+\int_0^{t-(l-x)}\psi(\tau)\frac{c(l-x)I'(c\sqrt{(t-\tau)^2-(l-x)^2})}{\sqrt{(t-\tau)^2-(l-x)^2}}\mathrm{d}\tau \qquad (272)$$

我们记起展开式

$$I(z)=\sum_{s=0}^{\infty}\frac{1}{(s!)^2}\left(\frac{z}{2}\right)^{2s}$$

对任意选择的 $\varphi(\tau)$ 及 $\psi(\tau)$ 方程(268)及初始条件(269)满足.边值条件(270)引导到如下的对 $\varphi(\tau)$ 及 $\psi(\tau)$ 的方程组

$$\begin{cases}-\varphi(\tau)+\psi(t-l)+\int_0^{t-l}\psi(\tau)\frac{clI'(c\sqrt{(t-\tau)^2-l^2})}{\sqrt{(t-\tau)^2-l^2}}\mathrm{d}\tau=\omega_1(t)\\ -\varphi(t-l)+\psi(t)-\int_0^{t-l}\varphi(\tau)\frac{clI'(c\sqrt{(t-\tau)^2-l^2})}{\sqrt{(t-\tau)^2-l^2}}\mathrm{d}\tau=\omega_2(t)\end{cases} \qquad (273)$$

函数 $\omega_1(t)$ 与 $\omega_2(t)$ 设为连续可微.令

$$\psi(t)-\varphi(t)=\varphi_1(t),\psi(t)+\varphi(t)=\psi_1(t)$$

把方程(273)函项相加及相减,我们就得到对 $\varphi_1(t)$ 与 $\varphi_2(t)$ 的分开来的方程

$$\begin{cases} \varphi_1(t) + \varphi_1(t-l) + cl\int_0^{t-l} \varphi_1(\tau) \dfrac{I'(c\sqrt{(t-\tau)^2 - l^2})}{\sqrt{(t-\tau)^2 - l^2}}\,\mathrm{d}\tau = \\[2mm] \omega_1(t) + \omega_2(t) \\[2mm] -\psi_1(t) + \psi_1(t-l) + cl\int_0^{t-l} \psi_1(\tau) \dfrac{I'(c\sqrt{(t-\tau)^2 - l^2})}{\sqrt{(t-\tau)^2 - l^2}}\,\mathrm{d}\tau = \\[2mm] \omega_1(t) - \omega_2(t) \end{cases} \tag{274}$$

并且当 $\tau < 0$ 时,$\varphi_1(\tau) = \psi_1(\tau) = 0.$

从这些方程可以逐步地决定 $\varphi_1(t)$ 与 $\psi_1(t)$ 在区间 $[0,l]$,$[l,2l]$ 等的数值. 我们有

$$\begin{cases} \varphi_1(t) = \omega_1(t) + \omega_2(t),\psi_1(t) = \omega_2(t) - \omega_1(t) \quad (\text{当 } 0 \leqslant t \leqslant l \text{ 时}) \\[2mm] \varphi_1(t) = \omega_1(t) + \omega_2(t) - \varphi_1(t-l) - \\[2mm] \qquad cl\int_0^{t-l} \varphi_1(\tau) \dfrac{I'(c\sqrt{(t-\tau)^2 - l^2})}{\sqrt{(t-\tau)^2 - l^2}}\,\mathrm{d}\tau \\[2mm] \psi_1(t) = \omega_2(t) - \omega_1(t) + \psi_1(t-l) + \\[2mm] \qquad cl\int_0^{t-l} \psi_1(\tau) \dfrac{I'(c\sqrt{(t-\tau)^2 - l^2})}{\sqrt{(t-\tau)^2 - l^2}}\,\mathrm{d}\tau \qquad (\text{当 } l \leqslant t \leqslant 2l) \end{cases}$$

$$\tag{275}$$

等等.

也可以把拉普拉斯变换应用来解积分方程以代替逐步法.

本段材料取自 Д. A. 道蒲洛亭(Добротин)的工作.

俄国大众数学传统 —— 过去和现在

本附录的作者为 A. B. Sossinsky, 译者为吴雅萍.
A. B. Sossinsky 现为莫斯科电子学与数学研究所高级研究员
及莫斯科独立大学讲师.

对西方观察家来说, 下述事实令他们深感奇怪: 在赫鲁晓夫与勃列日涅夫的极权统治年代里, 几乎处于完全孤立的情形下繁荣一时的俄国数学学派, 在国家向民主和正规市场经济迈进的今天却面临消亡的威胁. 当然, 至少对目前正发生的空前的数学人才外流现象, 有其明显的经济原因. 然而如果人们想解释这一矛盾现象, 还应了解这一问题的一些更深层的、不那么明显的方面, 在西方这是鲜为人知的.

其中一个方面可称作"非正规的大众化数学的传统"——正是本附录的主题.

社会和文化范畴

苏联的大众数学传统的特定形式, 只能在俄罗斯文化遗产的框架内以及苏联政体的政治范畴内才能理解. 前者包括俄国科学职业在长时期内的威望, 它把东方人对"宗教领袖"的尊崇与德国人对"绅士教授"的尊敬融合起来; 同时它还包括传统

附 录

402

的对自谦的钦佩,以及优秀的公民、贵族或知识分子通过"走向人民"和与大众分享其文化遗产以增进社会的公正所做出的常常是天真的努力.

这一背景对所有的学科都是相同的,但由于起决定作用的政治性原因,其对数学的影响却是独特的:几十年来在苏联,数学是唯一的一门其自身发展不受意识形态权威人物的严密监督和左右的科学,这一事实是众所周知的.有才能的年轻人很快就认识到学习生物学就意味着要遵从李森科的荒谬原理,研究历史则意味着要遵循马克思主义的一家之言.而数学却保持其独立和纯洁:一条定理,一旦被证明了,则不管党魁们喜欢与否都是正确的.事实上,直到 20 世纪 60 年代末,党魁们不仅对定理而且对证明它们的人都并不是特别介意.

因此苏联数学家有极好的机遇来吸引最有才能的学生从事他们的职业,并且他们抓住了这一机遇,并为此建立了新的非官方的机构.

奥林匹克竞赛与数学兴趣小组

首届数学奥林匹克竞赛是在 1936 年由 B. N. Delone 在列宁格勒组织的,他在第二年还发起了莫斯科数学奥林匹克竞赛. B. N. Delone 是一位多面手,他既是数论专家、几何学家,又是有成就的登山运动员、说书人及讲师. 他自己设计这些数学竞赛的形式 —— 现今在很多文明国家中已很流行,且使这些竞赛有了成功的开始. 他得到了权威数学家们的支持,特别是 A. N. Kolmogorov 和 I. G. Petrovsky. 就其特色而言,近 40 年来,数学奥林匹克竞赛一直是非官方的,在没有重大经济资助下发挥了作用,并且是靠年轻数学家的无私热情来完成的.

在因第二次世界大战而中断一段时间后,奥林匹克竞赛扩展到全国,并形成了金字塔式结构:首届全俄数学奥林匹克竞赛在 1961 年举行,首届全苏决赛则于 1967 年在第比利斯举行. 直到 20 世纪 70 年代中期,它基本上仍是一项非官方的活动,并从 Petrovsky 所在的莫斯科大学得到一些经济资助,还从当地一些数学家那里获得帮助. 奥林匹克数学竞赛是一种多阶段性竞赛,它从学校一级开始,一个有才能的高中生要在城市、地区以及共和国等各种级别的竞赛中取胜,才可以参加权威性的全苏决赛甚至于有资格参加国际竞赛.

从 20 世纪 40 年代后期起,大城市的奥林匹克竞赛与所谓的"数学兴趣小组"密切相关,数学兴趣小组是非常规的解题数学班,通常在周末由年轻的专业研究数学家来指导并向所有有兴趣的高中生开放.俄国的这一非常规的学习小组的传统可追溯到 19 世纪,小组(在圣彼得堡的列宁的"马克思主义小组")活动的内容从政治宣传到文学、科学或艺术,以及手工艺等. 实际上,对这种非常规的活动没有历史的记载,但为了了解我们这一代的每一个主要的苏联数学家是怎样产生的,那么了解他们参加的是哪个小组和说明谁是他们的论文导师可能同样重要.

从统计数据看,当时 50 多岁的苏联最好的数学家中,几乎所有的人都参加了数学小组及奥林匹克竞赛. Novikov, Arnold, Kirillov 及 Fuchs 都是 20 世纪 50 年代的奥林匹克竞赛获奖者.

数学学校及数学班

20 世纪 60 年代可能是苏联数学发展中最值得称道的时期. 尽管"赫鲁晓夫的春天"没有达到预期的效果,俄国知识分子从斯大林时期的由恐惧造成的麻木中觉醒过来,而且艺术及科学活动通常能在政治允许的范围内得以重新恢复. 数学家们利用这个有利形势创立新的机构以吸引有才能的年轻人投身数学事业.

第一个也最具雄心的是"物理和数学寄宿学校". 第一所学校是 1961 年在新西伯利亚附近,由有"科学城的沙皇"之称的 M. I. Lavrentiev 创建的;他是来自莫斯科的一流数学家,承担了在西伯利亚传播科学这一重要计划的实施. 第二年, A. N. Kolmogorov 及 I. K. Kikoin(氢弹物理学家) 在莫斯科建立了类似的学校,随后有人在列宁格勒、基辅及埃里温也仿效了这一做法.

Lavrentiev 和 Kolmogorov 认为,未来的数学家未必来自社会及知识界的精英阶层,在全国各地,特别是在小城镇,有巨大的民间人才宝库. 大城市里有才能的年轻人已经得到了广为宣传的奥林匹克竞赛及数学小组的关怀,而小城镇里的年轻人既缺少称职的数学教师又完全没有与年轻的研究人员 —— 其任务是塑造成杰出的未来数学家 —— 接触的机会. 为挑选最有才能的高中生,来自莫斯科、列宁格勒、基辅及科学城的年轻数学家,游历全国的所有边远地区以帮助组织当地的奥林匹克竞赛,同时指导物理和数学寄宿学校的入学考试.

几乎同时,几个杰出的数学家(例如 A. Cronrod, E. Dynkin, I. M. Gelfand)决定为较大的城市居民组办数学学校(注意,确切地说是为那些上中学的最后二或三年的孩子举办的). 于是,莫斯科的第 2, 7, 9, 444 中学成为具有强化数学课程的一流学校.

同时出现的另一个不那么雄心勃勃的机构,称为"普通"学校里的数学班,在那里,有兴趣的高中生可学到更多的(且更高等的) 数学知识.

归功于 I. M. Gelfand 的另一个重要的创造,是在 1964 年创立的全苏数学函授学校. 这一著名的机构(只有几个领(低) 报酬的长期合作者),借助于莫斯科大学数学专业的人才始终如一的帮助(几年以后,大部分帮助来自函授学校的毕业生),设法吸引成千上万的高中生学习课程以外的数学. 当然,大部分学生来自那些不能提供上述常规及非常规的数学学习条件的地方.

随着函授学校的工作的推进,又演化出一种新形式的功能,称为"集体学生",这与当地教师直接相关. 即一组学生在本校一名教师的指导下做函授学校指定的作业,每月提交一份共同完成的作业论文. 个人及集体这两类工作形式经证明都是卓有成效的.

在 20 世纪 60 年代中期,为愿意从事数学研究的有才能的年轻人提供了一个很广阔的供选择的天地. 数学兴趣小组、奥林匹克竞赛,多种特殊的班以及学校,其中包括寄宿学校及函授学校,用以满足各种潜在的人才的需要. 所有这些机构,在某种意义上,都是外围组织(不是由上面权力机关强加的,也不是由教育体系派生的). 幸亏由于投入该事业的人(大多是青年数学家)的热情,使它有效地发挥了作用. 这些机构还趋于自我再生:例如数学寄宿学校的校友常常在他们成为研究生后(有时在之前)回到数学寄宿学校当教师.

实际上所有在20世纪60年代上学的领头数学家都进过上面提到的人才学校之一. 在他们的班里,他们受到很强的激励去取得成功. 环绕在大城市数学奥林匹克竞赛优胜者周围的热烈气氛,可与美国高中篮球队队长周围的气氛相比. 下面将简单列举一下 Kolmogorov 寄宿学校培养的一些校友的名字,他们是:Varchenko,Matiyasevich,Levin,Nikulin 及 Krichever.

大众数学书及 *Kvant* 杂志

苏联科学事业中最值得称颂的成就之一是大众科学出版业的成就. 在 20世纪 50,60 及 70 年代中,用买两杯柠檬水(或半个冰激凌)的钱,你便可买到诸如:Khinchin 的《数论的 3 个宝石》或 Kirillov 的《极限》那样的数学科普书籍. 甚至在 20 世纪 80 年代,Boltyansky Efremovich 的绝妙的介绍拓扑的科普书或 Arnold 的《突变理论》一书,售价不及一个橘子或半个香蕉.

但对出版业在数学普及中所做的这些事,Kolmogorov 感到还不够. 他与 Kikoin 在 1969 年协力创办了 *Kvant*(《量子》杂志),一个由科学院资助的、面向高中学生的物理和数学方面的科普月刊. 结果它成为出版业的一次不寻常的成功:(尽管仅能通过按年的订阅来销售)到 1972 年(这期间可描述为数学事业的繁荣时期)销售量达到令人难以置信的 370 000 份,其后有所下降,在 20 世纪 80 年代保持在 200 000 份左右.

该杂志的经常性撰稿人是 A. N. Kolmogorov,A. D. Alexandrov,

L. S. Pontryagin, V. A. Rokhlin, S. Gindikin, D. B. Fuchs, M. Bashmakov, V. I. Arnold, A. Kushnirenko, A. A. Kirillov, N. Vaguten(= N. Vassiliev + V. Gutenmakher), Yu. P. Soloviev, V. M. Tikhomirov 等. 西方读者通过阅读由"自然科学教师协会"在华盛顿出版的基于 *Kvant* 过刊的美国版本的《量子》(*Quantum*) 杂志,便可了解 *Kvant* 杂志的主要内容.

数学事业中的停滞

20 世纪 60 年代的数学繁荣未能持续很久,在不祥的 1968 年(苏联坦克滞留布拉格)以后,勃列日涅夫及其密友严厉加强了对意识形态领域的控制,特别是对科学界,再一次强烈主张科学的党性原则. 这一时期是数学界发生最惹人注目的变化的时期,原因可能是在此之前数学是一片被偶然遗忘在沙漠中的绿洲.

在莫斯科,从 1968 年开始,伴随着"Esenin Volpin 案件",即所谓的"99 人信件"以及随后的发展,发生了一系列事件:莫斯科大学力学数学系行政管理方面的变化,反对犹太人进入莫斯科大学的政策的重新执行(本来自 1955 年已中止执行),对数学家的铁幕又一次拉上了(除了那些对共产党或克格勃有特殊贡献的人). 这些事实众所周知,然而,人们并不总是清楚地认识到,当时执政的政策不仅是种族歧视的一种特殊的丑恶形式,而且更一般的是试图对人的自尊心及公正的遏制,以及对科学事业中的卓越人才及成就的摧残,随后,迟钝与驯服成为在学术事业中成功的主要因素.

可以预料,当时会对前文中提到的所有从事大众数学的外围机构采取些行动,实际也确实如此.

在莫斯科,莫斯科大学的力学数学系党组织控制了 Kolmogorov 寄宿学校,清除了"不合需要"的教师(包括本附录作者),解雇了思想自由化的导师,引入禁止犹太人入学的政策.

就全苏联而言,教育部控制了数学奥林匹克竞赛. 1976 年在第比利斯举行的第 13 届全苏数学奥林匹克决赛是评委会以重大的牺牲而换取的一次胜利,他们成功地保留了竞赛的传统(通过与那些想管理及毁掉竞赛的教育部官僚们进行的为外人所不知晓的斗争);第二年,忠实的官僚们几乎全部地用那些更容易驾取的数学家来替换原全苏评委会.

很多数学学校被迫关闭或被重新组织. 著名的莫斯科 2 中和 7 中及很多(特别是那些最有创新精神的教师指导的)数学班被迫中断.

并非对这些机构的所有打击都是成功的. Gelfand 的数学函授学校在意识

形态上好像是无懈可击的. 然而, 力学数学系新的领导班子组织了一个相应的与之竞争的学校, 叫作"Malyi 力学数学学校", 并诱惑性地向其学生许诺: 他们更易进入该系且劝阻该系大学生不要帮助 Gelfand 学校. 但这些并未起很大作用, Gelfand 学校依然办得很成功.

由 Pontryagin 及 Vinogradov 负责执行的另一接管任务也失败了, 他们要从太自由化的 Kolmogorov 和 Kikoin 手中争到 *Kvant* 杂志的控制权.

也许更典型的例子是过去在传统上由莫斯科大学的数学家们指导的莫斯科数学奥林匹克竞赛的命运. 曾在 1978 年被选为奥林匹克委员会领导人的 Kirillov, 根据力学数学系主任签署的一项行政命令而被调离此职位, 该系主任指派 Mishchenko 担任这一职务且完全改变了管理此竞赛的队伍. 这导致了竞赛氛围的根本变化: 它变得非常刻板且开始模仿莫斯科大学的入学考试.

另一鲜为人知但具戏剧性的故事与 Bella Muchnik 的数学讲习班(被人挖苦地称作"人民大学")有关. 它开办于 1979 年, 旨在为那些未能通过莫斯科大学的具种族歧视性入学考试的学生提供学习最高水平数学知识的机会. 在它的 3 年开办期内, 很多很好的数学家在那里执教而没有任何物质报酬. 当克格勃逮捕了两名学生后该校才停办. Bella Muchnik 在被克格勃审讯后, 一天深夜不幸死于一次车祸, 肇事者逃离, 很多人相信这不是一次偶然的事故.

但这只是一个极端情形. 大多数半官方的大众数学机构未被破坏, 相反它们变得更官方化了. 靠机构的再生, 在很多情形下它们保持了高度专业化水平, 但同时失去了很多原有的非常规的特点. 值得注意的例外是 *Kvant* 杂志和 Gelfand 函授学校, 它们均设法保持其专业质量和办学精神.

新竞赛、新纪元

一般来说, 20 世纪 70 年代及 80 年代初是令人沮丧的时期, 当时大众对数学的兴趣逐渐下降, 而且 20 世纪 50 年代及 60 年代创立的机构失去了很多吸引力. 但至少有一个人没有陷入这种沮丧中, 他就是 Konstantinov. 尽管他从全苏奥林匹克评委会及莫斯科奥林匹克评委会被解职, 而且他的数学学校被关闭, 但他又重新行动起来: 为中学生创立了一非正规的数学暑期讲习班, 按惯例应在爱沙尼亚举办; 把莫斯科 57 中学办成数学人才学校直至今日; 又在莫斯科发起 Lomonosov 竞赛(一种受欢迎的中学多学科的群众性竞赛)且创立了非常成功的城市间竞赛(现为一种国际竞赛).

Konstantinov 是俄罗斯数学竞赛史上一位真正的传奇人物, 然而在莫斯科、圣彼得堡、车里雅宾斯克等地还有很多不如他知名但同样致力于此事业的教师. 例如 B. Davidovich, A. Shen 及 A. Vaintrob, 他们帮助把莫斯科57中学办成一个杰出的学校且保持其最高水平, 尽管受到官方机构的行政方面的困扰.

这些以及其他的"手持火炬的人", 穿过勃列日涅夫时期的重重封锁把大众化数学的传统一直延续到"改革"的来临时. 在西方观察家看来, 符合逻辑的应是标榜自由化的政权会立即引发生机勃勃的对最好的民主传统的恢复, 特别是在科学和教育方面, 但这并未出现. 主要原因是(不是西方人通常想的那样)政治机构最高层的急剧变化并未伴随着低层的行政人事的变化. 那些在极权体制下曾竭力反对任何革新及自由化的官僚们, 今天仍在这么做, 而且又补充了新的能量: 这么做, 不单单是为维护旧体制, 而且是为他们自己的生存而斗争. 同时很多本可以在恢复最好传统中起积极作用的数学家, 在条件允许时情愿移居国外, 他们有理由把为他们的家人提供舒适的生活及良好的研究条件, 看得比这里的不确定的前途及拯救濒临消亡的传统更重要. 这主要是指那些当时处在30至40岁的数学家, 这一代人最好的年华不幸正处在那令人沮丧的停滞时期(1968 ～ 1986 年).

莫斯科独立大学的数学学院

然而, 那些仍根植于莫斯科的领头数学家们又精力充沛地创立了一个雄心勃勃的新机构, 称为莫斯科独立大学(IUM)的数学学院, 一个培养未来数学研究工作者的小型人才学校. 它的创建人感到, 莫斯科国立大学的力学数学系由于受 20 年的错误管理的破坏, 且从根本上讲, 现在仍受那些招致该系衰退的强硬路线人的领导; 它对造就新的数学人才已不再发挥作用. 从观念及教学方面看, 创建数学学院的带头人是 Arnold, 而在实际执行中, 其机构由 Konstantinov 管理. 在 1991 年 7 月进行了非常难的笔试(一种从 0 分到 120 分的评分制), 在 9 月开学, 首批注册的是 45 名学生. Konstantinov 成功地在莫斯科大学附近的一个学校借到了办公室及教室, 甚至从莫斯科的资助者那里得到一些钱, 以给学院的教师一些酬劳, 并为一些学生提供奖学金.

当时在俄罗斯还没有办私立(非公立)教育机构的立法. 特别是, 这意味着莫斯科独立大学不能使其学生免于兵役, 使得大多数男生不得不同时也进入莫斯科国立大学. 于是莫斯科独立大学只能在晚上上课, 该校大部分学生有双份的学习负担.

尽管有这样或那样的困难, 莫斯科独立大学的数学学院正在成功地发挥作用, 它现有25个二年级学生及35个一年级新生. 美国数学会已向该校教师提供了一些资助, 教师中包括 D. V. Alekseevsky, B. L. Feigin, A. L. Gorodentsev,

S. M. Gusein-Zade，A. A. Kirillov，Elena Korkina，S. K. Lando，Yu. A. Neretin，
V. P. Palamodov，V. S. Retakh，A. N. Rudakov，V. M. Tikhomirov，V. A. Vassiliev，
E. B. Vinberg 及本附录的作者. 教师们感到他们有能力把莫斯科数学学派最
好的传统传给他们的学生(到现在为止，他们已被证明是有才能的及可培养
的)，并希望莫斯科独立大学的数学学院能克服目前的困难(需要一所永久性教
学场所及好的图书馆)，成为(不仅面向苏联学生的) 一个具有一流水平研究生
院的人才大学.

现在怎么样

现在让我们估计一下当今的形势. 圣彼得堡的数学学派无论从象征性意义
上还是字面上已不复存在. 就莫斯科及圣彼得堡国立大学的数学系来说，修修
补补已无济于事. 实际上所有 40 岁以下的领头数学家已经或正打算移居国外.
在莫斯科，大学教授的月工资不够维持一周的生活.

另一方面，我们这一代的很多领头数学家，尽管经常居住在国外，但还没有
永久地移居国外：Novikov，Arnold，Maslov，Anosov，Faddeev，Vershik，Kirillov，
Vinberg，Sinai 及 Zakharov 仍扎根于这里. 下一代的一些数学家也是如此：
Ilyashenko，Helemsky，Feigin，Vassiliev，Khovansky，Rudakov，Soloviev，
Fomenko，Drinfeld 及 Krichever. 文化的数学传统至今仍充满活力，但不是靠
国立大学及公办奥林匹克竞赛，而是以其新的、非正规的机构来传授下去. 仍有
很多数学班及数学兴趣小组，莫斯科数学奥林匹克竞赛正努力以重新获得其传
统的价值，Kvant 杂志正为生存而顽强地奋斗着，Konstantinov 负责的城市间
竞赛及 Lomonosov 竞赛仍在很好地进行. 莫斯科数学会也仍在发挥其质朴的
凝聚作用，且出现了一些试验性新机构：在圣彼得堡的以 Faddeev 为首的欧拉
研究所，在莫斯科的独立大学及以 Khovansky 为首的数学研究所.

这些足够了吗? 从现在起 5 年或 10 年里，当我们这一代人太老了以致不能
把从事数学研究的乐趣传给有才能的学生时，是否有人会接过这一火炬呢? 显
然逻辑推理告诉我们这两个问题的答案是"不". 但在此宁愿无视所有的逻辑，
而祝愿美好的数学文化传统，其中一些是这里已描述过的，将不会消亡.

编辑手记

本丛书在中国的第一次出版距今已有半个世纪.

时光留予人的,从来不仅是它决然的背影,更有负载其上的努力、挣扎,以及由此生发出的意义与希望.

如果读一下我国老一代数学家和工程技术专家的回忆录,就会发现许多人在谈到读书生涯时都会提到斯米尔诺夫的这套高等数学教程.

其实俄罗斯几乎同时代有两位数学家都叫斯米尔诺夫.一位是 V. I. 斯米尔诺夫(Vladimir Ivanovič Smirnov(Владимир Иванович Смирнов),1887—1974).1887 年生于彼得堡.1910 年毕业于彼得堡大学.1912 年至 1930 年任彼得堡交通道路工程学院教授.1936 年获博士学位.1943 年被选为苏联科学院院士.

斯米尔诺夫在数学上的主要贡献有:

1.他与索波列夫一道从事固体力学和数学物理方程的研究,得到了带平面边界条件的弹性介质中波传播理论某些问题的新解法,并引入了欧几里得空间中共轭函数的概念;在偏微分方程、变分学、应用数学方面也取得了重要成果;他还开创了地震学理论的新的研究方向.

410

2.斯米尔诺夫长期领导物理数学史委员会工作,为出版奥斯特罗格拉德斯基、李雅普诺夫(1857—1918)、克雷洛夫等的著作,做出了巨大的努力.

3.斯米尔诺夫是位数学教育家,非常重视高等数学教材建设.他著的《高等数学教程》(共 5 卷),重印了 20 多次.还被翻译成几种国家的文字出版,中文版也重印过多次(高等教育出版社从 1952 年起出版各卷).

斯米尔诺夫曾获斯大林奖金;1967 年获苏联社会主义劳动英雄称号;还曾获列宁勋章和其他许多勋章、奖章.

另一位是 N.V. 斯米尔诺夫(Nikolai Vasil'evič Smirnov(Николай Васильевич Смирнов),1900—1966).1900 年 10 月 17 日生于莫斯科.第一次世界大战期间在前线做医疗救护工作.十月革命后加入红军.1921 年复员后考入莫斯科大学,毕业后在莫斯科一些高校工作.1938 年获数学物理学博士学位.同年开始在苏联科学院数学研究所从事研究.1939 年成为教授.1960 年成为苏联科学院通讯院士,同年开始主持该院数理统计研究室的工作.1966 年 6 月 2 日逝世.

斯米尔诺夫主要研究数理统计和概率论.在非参数统计、变分级数的项的分布以及其他概率论、数理统计问题上取得了许多成果;对概率论的极限定理理论,提出了斯米尔诺夫判别法.他所编著的涉及概率论及数理统计的应用的教材和教学参考书在苏联和许多其他国家被广泛采用.他与鲍尔舍夫合作编制的多种数理统计表继承了斯卢茨基开创的这一重要工作,为现代计算数学做出了贡献.1970 年由鲍尔舍夫主持出版了他的著作选.

斯米尔诺夫是苏联国家奖金获得者,并曾被授予劳动红旗勋章和多种奖章.本书作者是第一位斯米尔诺夫.

作为本书的策划编辑,理应在书后介绍一点重版的理由,其实就是要说明为什么我们要向俄罗斯学习,要对俄罗斯优秀的数学传统表示敬畏.正在为此捻断数根须之际,在微信公众号"赛先生"2016 年 6 月 25 日上的一篇由数学家张羿写的题为《顶级俄国数学家是怎样炼成的》的文章,正好回答了这一疑问.经作者同意转录于后.

顶级俄国数学家是怎样炼成的?

在过去的半个世纪中,俄国的顶尖大学产生了全世界近 25% 的菲尔兹奖得主.科研与教学相结合是俄式教育的一大亮点,也是其能培养出大批非常年轻的顶尖科学家的原因之一.此外,俄国的科研院所气氛宽松自由,所谓领导的任务就是制造环境、创造气氛,使研究人员不受外部环境的干扰,全力投入到研究中去. 20 世纪 50 年代,中国基本照搬了苏联的科研教育体系,但我们只抄来了形式,并没有真正地将如何协调、配合、鼓励创新的俄国精髓学到手.

俄国的精英教育起源于彼得大帝时代. 我们熟知的莫斯科大学、圣彼得堡大学,包括今日的列宾美术学院等①,从建成的第一天起,其目标就很明确,即培养西式精英人才. 这使得俄国在过去一段时间里,在科技、艺术、文化等几乎各个领域都产生了大量的明星,成为世界上唯一一个可以和美国拿奖数量相接近的超级大国. 其在昔日帝国时代提出的"我们要向欧洲学习,但我们一定要超越欧洲"的口号激励着一代又一代的俄国青年在各个领域努力成为精英.

俄国的精英教育基本上学自法国模式,只是它的规模更大、更系统,且目标更明确. 俄国人把这一系统用在人文、艺术、体育,乃至科学等各个方面,尽管因为专业的不同而略有调整,但基本思想是一致的.

下面笔者将以数学为例,简述这一教育系统. 对于数学精英,俄国人大致是这样定义的:

· 首先,他应该在约 22 岁时解决一个众多著名数学家都不能解决的大问题(即证明大定理),并将成果公开发表出来. 这个问题或定理有多大,也多少决定了他未来的成就有多大.

· 在 30 ～ 35 岁时,在前面解决各种实际问题的基础上建立自己的理论,并为同行接受.

· 在 40 ～ 45 岁,在国际学术界建立自己的学派,有相当数量的跟随者.

培养数学精英,从初中开始

俄国中学、大学的精英教育基本上是为学生能够达到第一步而设计的. 但同时,它有各类的文化教育、社会教育等为后两步打基础.

俄罗斯的精英教育始于初中阶段. 以数学为例,在学生小学即将毕业时,他

---

① 俄国在彼得大帝改革之时,早就有着自己的文化传统,然而彼得大帝的改革是要将俄国拉向西方,建立大学也是为了培养西式人才. 俄国大学(如莫斯科大学、圣彼得堡大学等)从一开始就与旧的俄国传统文化无关,而且从一开始,就定位在培养顶级精英人才. 在学生来源上也是这样,宁缺毋滥. 据笔者所知,圣彼得堡大学刚开始创办时,学生的人数少得可怜,只有 7 人. 但同时,为了培养真正的人才,学校的大门又是向全社会敞开的,即便是农奴,只要有才能,也可以进入大学学习,并得到各类资助而成为大师. 例如,18 ～ 19 世纪的 Andrey Veronikin 就是农奴出身,最终因其在建筑、艺术等多方面的成就而被选为俄罗斯科学院的院士,成为永垂史册的人物. 类似的例子很多,这是笔者知道的最典型的一例. 从大学创建之初直至今日,对传统俄国文化的学习仍在继续,但大学等当时的新生事物建立在圣彼得堡,所以新、旧两种教育体系基本相安无事,但切割得很清楚,没有利益上的冲突. 新的大学尽管起步艰难,但最后终于成为主流,成为俄国乃至世界科学文化明星的摇篮.

们可以从全国公开发行的一本数学物理科普杂志 *Quant*(KBAHT)①中得到一份试题.学生可以把自己做好的试题答案寄到其所在城市的指定部门,再由专家评阅试卷,成绩得出之后,城市的指定部门再组织对通过笔试的同学进行口试.对学生进行口试的人员包括中学教师、大学教授及科学研究所的研究人员.被选中的同学将进入所谓的"专业中学"(如果是数学,即数学中学)学习,三年以后初中升高中时,将有一次考试(淘汰),弱者将转入普通高中.

在莫斯科或圣彼得堡这样的城市中,一般都有四五所这种以数学为主的中学.在这里,学生们将接受普通的中学教育(包括相当多的文化、艺术以及其他的基本科学知识课程)以完成其人生必备的基本知识,但一半左右的时间将花在数学学习上.每周他们还有两个下午去城市少年宫,在那里,有俄国的顶级数学大师②,如柯尔莫戈洛夫(Andrey Kolmogorov,1903—1987)、盖尔范特(Iserale Gelfand,1913—2009)、马蒂雅谢维奇(Yuri Matiyasevich,1947—　)等,为他们讲授数学课.这些课程的讲稿经过整理后也大都会发表在 *Quant* 这一类科普性质的数学物理杂志上.这一杂志影响极广,在欧美国家有着众多的读者,包括大学教授、中学老师、学生等.这种少年宫课程一般都设计得深入浅出,与前沿数学研究中重大问题的提出、现在发展的阶段乃至其解决紧密相连.为了让学生理解并掌握好内容,科学院联合大学一起为这一类课程配备了大量的助教,这些助教一般包括大学三年级以上的数学系学生和各级大学教师、科研人员等,并且他们以前也都是毕业于这种数学专业中学的学生,基本上每三位中学生配备一位助教,这特别类似于法国巴黎高师中的辅导员(tutor).

夏天时,数学中学的同学们还将在老师的带领下去黑海海滨等地的度假胜地参加夏令营.在那里,他们一边学习提高,一边玩耍.同时,他们会遇到国内其他城市地区乃至部分外国来的数学中学生,大家可以彼此增进了解,几年下来,慢慢会形成一个所谓的圈子③.在夏令营中,还有众多来教课、辅导的科研人员、大学生、中学老师等.笔者认识的许多俄国著名数学家(有的已在 20 世纪 90年代移民西方了)都会在夏天时去这些夏令营辅导学生、认识学生,同时去发现那些有才华、有潜力的中学生,以吸引他们进入数学研究领域.有些极有才华的中学生正是通过这种方式在高中时就和科学院或大学中的科研人员建立联系,并进入他们的讨论班开始做研究工作的.

因为这一制度,有许多知名的俄国数学家在 18 岁上大学一年级时(或在此之前)就取得了重要的成果,并且将论文发表在国际顶级数学杂志上.该制度

---

① 这是一份创立于 1970 年,以数学和物理为主要专业的科普杂志,其对象是普通大众和学生.该杂志在俄国、欧美都有众多读者.

② 俄国的顶级数学大师也是世界的顶级数学大师.

③ 这一圈子可以说对他们终身都有很大影响,尤其是在学术职业生涯上的互相帮助等方面.

激发了优秀"天才"少年的活力,使他们能有用武之地,这一点是极其重要的!俄式教育强调基础,无论是在科学,还是在体育、表演、艺术等诸多方面都非常出色,这一点也为中国人所熟知,但它还有我们不了解的另一面,就是更注重实践. 在数学(乃至大多数科学领域)上就是鼓励研究、创新,去解决实际问题、大问题. 另一点值得指出的是,数学中学与少年宫、数学夏令营的教育本身也是一个系统工程. 它把中学数学知识、奥林匹克性质的数学竞赛技巧、大学各门数学课程的基本数学理念与思想、前沿问题等巧妙地结合在了一起. 它使得一小部分学生从高中转入大学以后,立刻就能进入研究状态并开始实质性有意义的研究,即攻克著名数学难题. 从高中进入大学以后,这些数学学生中只有少数人能剩下来,继续作为潜在的专业数学家被培养. 在我们熟悉的莫斯科大学、圣彼得堡大学等部分高校里,每个学校会有一个由大约三十人组成的"精英"数学班来继续这部分人的数学学习与研究. 笔者在此想指出,这些大学的数学系中当然还有众多别的数学学生,但他们的培养方向、要求等各方面都是不一样的[1],甚至他们将来的毕业文凭都是不一样的[2].

对于这些所谓的精英学生(乃至一般的普通学生),他们在选课学习上有相当大的自由度. 例如,莫斯科大学、圣彼得堡大学的学生,可以去科学院的斯捷克洛夫(Steklov)数学研究所的专业讨论班中去学习,还可以去别的大学中修习一些本校没有开设的课程,甚至可以去别的学校(科研院所)选择自己喜欢的教师的课程等. 同时,他们也可以在一入大学(甚至在入大学之前),就跟从科学院的研究所中的一些科研人员进行研究、写论文等. 这种科研与教学相结合的模式是俄式教育的一大亮点,也是为什么俄国能够培养出大批非常年轻的科学家的原因之一.

等大学二年级结束时,这三十几位精英学生的大部分已在学习过程中被淘汰了,只有五六名能剩下来,此时他们基本都已证明了可以令他们终生为之骄傲的定理,并开始撰写论文,且都已将论文发表出来了. 他们活跃在名师的讨论班里,向着新的目标前进. 他们的前程在此时也已基本上根据这时的成就而多少确定下来,即成为研究型的数学工作者.

笔者想在此指出,在俄国研究型大学的数学系中,有相当数量的课程供学生自由选择,绝非像我们的学校那样强迫学生去学那些必修课、限制性选修课

---

[1] 他们的培养方式有些类似于我们20世纪50年代从苏联学到的那一套比较正规的、严格的数学教育. 如今这套教育在中国已经大大缩了水,原因是我们大学的数学系不断扩招,且20世纪90年代以后又开始向美国学习其大众教育模式,所以目前我国高等学校的数学教育完全就不是为了打造精英而设置的.

[2] 俄国的大学文凭(Diploma)相当于美国或中国的硕士,有普通文凭和红色文凭两种,极少数优秀学生能拿到红色文凭.

乃至公共课①. 而许多做出过好的科研工作的数学学生甚至可以免掉大部分的课程,以保证他们在黄金创造期间不停地去深入研究学术. 许多俄国大数学家是在副博士毕业以后留校任教期间通过教书来学习普通大学生必须掌握的数学知识的②.

攻克难题,成为精英的关键一步

在俄制大学中,被选入精英小组的学生在二年级下半学年(第二学期)将按要求在一个学期左右的时间内完成他们的第一篇学术论文. 对数学而言,这篇论文的结果必须是解决学科中的某个重要公开问题,而回顾、综述之类的论文是不允许的. 论文成绩的好坏也基本上决定了该学生的学术前途,即是否能进入科学院的顶级研究所成为研究人员,或进入俄国顶级大学成为教师,等等. 值得强调的是,在俄式数学精英教育体制中,要求学生(或未来的精英数学家)必须在 22 岁左右公开发表论文正是由这一在二年级下半学年结束时写出论文的措施决定的. 该措施能够得以施行,对老师、学生的质量都有相当高的要求③.

这里例子有很多,比如柯尔莫戈洛夫将希尔伯特第 13 问题给了阿诺德(Arnold,1937—2010,曾获克拉福德奖、沃尔夫奖),马斯洛夫(Sergey Maslov)将希尔伯特第 10 问题给了马蒂雅谢维奇等. 解决这类数学问题本身是任何一

---

① 我们的学校应该学着尊重学生的选择,而不是强迫他们接受学校的安排. 笔者在美国的 Rutgers 大学哲学系念书时,在数学系、语言学系、心理学系、计算机系乃至艺术史系都修习过研究生课程,从来没觉得 Rutgers 大学强迫我学过任何一门课程. 我们国内的许多做法(如学校的课程安排、教学管理等)是为了便于外行进行管理,而不是为了培养人才而设立的.

② 其实,许多欧美顶级大学都有类似的情况. 例如笔者的博士导师 Simon Thomas 在伦敦大学博士毕业以后还没学过"泛函分析"课,那时他才 23 岁,已解决了简单群分类这一重要问题,并因此拿到了耶鲁大学的教职.

③ 这里所说的精英学生在第二学年下半年用一学期左右完成第一篇学术论文,在完成论文的时间长短方面是有一定弹性的,有时为了彻底解决一个大问题,会拖上一两年的时间. 这一时间尺度基本上由学生的导师和他(她)所在的研究室主任来把握,如果时间过长,导师与研究室主任将不得不承受巨大的压力. 例如,笔者曾经听到著名的逻辑学家沙宁(Shanin)讲起过马蒂雅谢维奇用了近两年的时间才解决了希尔伯特第 10 问题. 在接近问题最终解决的关键时刻,大学乃至研究所里的行政人员开始不停地找沙宁谈话,希望马蒂雅谢维奇拿出"应有"的成果. 对于沙宁来说,这种压力是巨大的,他不得不要求马蒂雅谢维奇找一些在解决希尔伯特第 10 问题之前所做的小结果以应付来自各方的压力. 但同时,沙宁觉得马蒂雅谢维奇绝对有希望拿下希尔伯特第 10 问题,因此尽力保护马蒂雅谢维奇,使他能够不受干扰并最终将问题解决掉. 在精英教育中,对导师乃至导师的上级领导的素质都有着很高的要求,如何协调行政与科研教学的关系是我们的大学中亟待解决的问题,如果我们要发展精英教育,这一点则更为重要.

位数学家都想得到的荣誉,我们完全可以相信柯尔莫戈洛夫和马斯洛夫本人对如何解答希尔伯特第13、第10问题是根本不知道的,但他们对自己的学生的数学能力有着相当的了解,故此可以直截了当将问题告诉学生.对学生而言,拿到这类问题之后的前途基本上有两种:一是把前人有关该问题的部分结果做些修补,再添些新的部分结果;二是直截了当地将问题彻底解决掉.选择后者的学生很难从老师那里得到真正"具体"的帮助,因为老师也不可能知道答案,但作为老师,他知道前人失败的教训,知道问题难在哪里,为什么有些路走不通(或者可能走得通,但在什么地方必须克服什么样的困难).更重要的是,这些伟大的数学导师们作为国际数学家核心圈子的成员,他们对问题是否到了该被解决的时刻本身有着敏锐的洞察力与基本直觉,这一点对圈外的人而言是很难觉察到的.因此他们可以在对学生有相当了解的情况下将问题在合适的时机告诉某个学生,并期望他(她)能成功地解决问题①.

对于精英小组的学生们而言,二年级下半学年的论文选题是他们步入学术界最关键的几步之一.可以说,他们为此已经做了多年的准备.此时,他们要在自己诸多非常熟悉的老师们当中选择一位作为自己今后多年的导师.一般来说,每个学生会在听课、讨论班,以及私下接触的基础上先去和三位(有时甚至是四位)老师进行接触,慎重考虑他们给出的研究问题,并同时要考虑多种其他因素,如自己是否愿意和某位老师长期共事,大家性格是否合得来,等等.当然,学生此时首先考虑的是自己的兴趣,然后是从老师那里得到的题目的难度,以及自己有多少把握,等等.但老师的非学术因素,如人品、性格、爱好,在此时也对学生的选择起着重要作用.

在经过极其慎重的考虑之后,学生最终自己做出最后的决定.对于一位18～19岁的青年人来说,这一选择并不容易.其实,在俄国的知识分子家庭(或世家)中,在这样的关键时刻,许多时候学生父母的意见是很重要的.有的

---

① 笔者这样写,也许多少有些唯心论的味道,但在数学界,许多大问题在解决之前的确是有先兆的,而这种先兆可以多少被圈内的大数学家(们)觉察到(只不过这些大数学家本人在该问题上已是"江郎才尽",没有什么新主意、新思想去克服解决该问题所要面临的诸多困难).

我们可以举几个现成的例子.美国数学家马丁·戴维斯(Martin Davis)在20世纪60年代末即感觉到希尔伯特第10问题应该快被解决了,他甚至有直觉这一问题可能会被一位极年轻的俄国数学家解决,他唯一没猜到的是马蒂雅谢维奇的名字.群论中的Burnside问题被俄国数学家Peter Novikov和他的学生Sergey Adian及英国数学家共同猜到,而最终由Peter Novikov和Sergey Adian联合解决.在20世纪50年代初期,20世纪最伟大的逻辑学家哥德尔(K. Godel)就已模模糊糊地猜到了乔治·康托的连续统假设(即希尔伯特第1问题)的独立性,并为此写了一篇结合数学和哲学的颇具科普色彩的文章来阐释他的观点.最后这一问题在20世纪50年代末、60年代初由年轻的Paul Colien在发明了新的数学工具——力迫法的基础上将其解决.在我国吵得沸沸扬扬的庞加莱猜想(Poincaré Conjecture),丘成桐、汉密尔顿(Hamiton)等人都猜到了它有可能将被解决掉,最后由俄罗斯圣彼得堡的佩雷尔曼(G. Perelman)将其成功解决.

时候,学生也会听取他本人从中学时形成的那个精英学生圈子内的"学生长辈"或是他(她)曾经的辅导员们的意见.选择什么样的题目、进入什么样的领域或哪一个分支等,这些对学生来说,有时候是很难把握的.尤其对于某个学科将来的走向,或者某些新兴学科的前途,学生不仅要经过慎重思考,许多时候也不得不多方咨询之后,才能做出决定.另一方面,有的学生不仅志向高远,而且有极其超常的能力和解决问题的欲望,他们会选择最艰难的著名问题,如我们前面提到的阿诺德、马蒂雅谢维奇等人.但我们必须指出,这种选择是有其冒险性的,我们知道的只是成功者的姓名.笔者遇到过一些失败者,他们早已被普通人忘记了,只有他们过去的同学或曾经的学生们还记得甚至欣赏他们的才华和勇气.尽管对某些人来说,俄国精英教育机制是残酷的,但无可否认,这一制度产生了大量的年轻精英人才,成就了 20 世纪苏联科学界一个群星灿烂的时代.

在拿到副博士学位以后,俄国的科学家们开始进入大学或研究所"正式"工作.与法国一样,如果他们要拿到相当于大学教授的高级职位,必须要再继续努力,写出所谓的"科学博士"论文.需要指出的是,俄国的科学博士论文水平极高,如果不是解决行业中的顶尖大问题(从数学上讲,应是拿到菲尔兹奖级别的工作),则必须是建立理论体系的大工程.以数学为例,美国数学学会专门组织专家将所有俄国数学方面的科学博士论文翻译成英文,可见对它的重视程度,同时,也是对俄国数学的尊敬①.

俄国的大学与科研院所是一个大型的系统工程,为俄国精英在毕业以后的发展,也为年轻精英的培养提供了舞台、条件及各种职业上的保障.中国在 20 世纪 50 年代时从苏联基本照搬了俄国模式,但是,我们只抄来了形式,并没有真正地将如何协调、配合、鼓励创新的精髓学到.

在俄国的主要高等教育发达城市(如莫斯科、圣彼得堡、新西伯利亚、喀山等)中,都有大学(包括综合性大学、师范类院校、理工大学,以及各类更专业的工科、文科、艺术院校)以及一些科学院的研究所.大学担负着教学任务,而各种研究所是科研潮流与时尚的引领者.俄国大学中的许多老师一般都在研究所中担任一定的正式职位(有半职的,有四分之一职的),在完成教学任务以后,他们都主动去研究所参加各种科研活动,并辅导在所里学习、研究的年轻学生们.这一办法使得研究所里的老师和大学里的学生都有了更多的选择,比如圣彼得堡大学的数学老师可以通过斯捷克洛夫研究所来正式辅导圣彼得堡师范大学的数学系学生写作论文,指导其进行研究;斯捷克洛夫研究所的研究人员可以

---

① 其实,美国数学学会、伦敦数学学会联合起来,将俄国几乎所有的知名综合数学杂志,以及众多的专业数学杂志一字不漏地全部翻译成英文,这本身就说明问题.同时,大量的俄国教科书被翻译成英文等多种文字在全世界发行并应用,也说明了人们对这一教育、科研体系的认可.

指导俄国各大学的数学系学生进行论文写作、研究,这样可以使有限的教师资源得到更合理的配置与利用.

从另一方面讲,科学院的研究所里的科研人员大都会在当地的大学中兼职授课,有的资深学术大师同时还是大学里的教研室主任,通过教学(包括对大学教师的直接影响、接触等)来传授他们的学术见解与理念.通过在大学中教课,他们也可以及时发现有潜力的学生,将他们及早地吸收到科研队伍中来.与此同时,研究所本身还举办各种讨论班、演讲、系列课程等,这些活动大都安排在下午5点以后,使得周边的大学、中学的专业教师和有兴趣的学生能够找到时间来参加这些活动,为他们提高自己的科研水平创造机会.研究所与大学既竞争又合作的互动关系是我们当年没能从苏联学到的东西①.

中国在20世纪50年代向苏联学习,照搬照抄了苏联的高等教育模式,将苏联的教材、课程设置等一律搬过来.然而,我们好像没有学到俄式教育的灵魂②.其实,俄国大学尽管设置了这些课程,用的教材我们也曾用过,但如何教、怎么教才是最关键的.比如在圣彼得堡大学,学生的基础课都是由一流的有过辉煌科研成果的资深教授来讲授的(比如逻辑入门课常常由马蒂雅谢维奇讲授,几何介绍由布莱格(Yuri Burago)讲授,传统分析由 Sergey Kisliyakov 讲授等).他们在讲授这些大学入门课时,也绝不是照本宣科,而是结合着当代的研究潮流与最新成果一起来讲授.同时,他们在讲课时对所讲的内容不时做出判断、评价,并指出新的研究问题,这才是课程真正的精彩之处,这些也是课程的核心和灵魂.对于书上的内容,学生自己要花时间去读去想,每门课程还配有习题课,习题课的老师一般是中年或青年教师,他们在专业研究领域极其活跃,具有过硬的专业技术,同时也愿意花大量的时间与学生去想一些艰难的技术问题.在学习正常基础课的同时,学生可以自由地去修习各种讨论班.在莫斯科大学、圣彼得堡大学这些顶级学校的数学系中,各种专业的数学讨论班每年有不下一百个,为学生提供了丰富的选择③.正是这种自由的学术氛围激发着年轻学生的热情,同时,也为教师的科研提供着动力.

无论是在科学院还是大学,教课或领导研究的老师要对学生(尤其是精英学生)有足够的了解,即对他们的科研潜力、兴趣等都要有正确的估计.如前所

---

① 如何发展大学与科学院下属研究院所的功能,使之更有效地联合起来为培养中国高端人才做出实质贡献是我们今天所面临的一个严肃而且紧迫的课题.

② 笔者想指出,在过去的半个世纪中,俄国的顶尖大学(如莫斯科大学、圣彼得堡大学、新西伯利亚大学等)产生了全世界近25%的菲尔兹奖得主,每个大学都有多名诺贝尔奖得主(不包括文学奖、和平奖).

③ 当然,我们不得不看到,能够组织如此众多的讨论班需要学校本身拥有众多的人才,这些人才可以全身心地投入到他们的科研事业(外加部分组织工作)中.

述,俄国学生如果要进入职业数学家的圈子,就必须在 22 岁左右拿下大问题(这个问题一定是行业内的著名难题,且被别的名家试过而没被做出来的).学生固然要战胜挑战,但老师在这里的作用(包括选题等)是必不可少的,如何指导学生达到这一步,对老师的智慧也是极大的挑战.

而在另一方面,大学与科研院所也要在制度上提供各种保障.尽管我们看每位成功的俄国数学家(科学家)好像各有各的故事,有些人甚至还常常与领导发生各类冲突,但总的来说,俄国的科研院所是相当宽松自由的,而科研院所的所谓领导们的任务就是制造环境、创造气氛,使研究人员不受外部环境的干扰,全力投入到研究中去.以著名的斯捷克洛夫研究所为例,该所五年才考核一次,常有人五年什么成果也没有,甚至十年过去了还没有,如果一个研究人员十年没有一篇论文,他(她)也只不过到所长那里去解释一下,他(她)在这段时间里到底在做什么,思考什么问题,遇到了什么困难,等等.据说斯捷克洛夫研究所还没有出过一个一事无成的研究人员,如果有什么人写的文章不多,他必定是做出了可以载入史册的工作(如马蒂雅谢维奇、佩雷尔曼),或者他培养出了一群星光灿烂的学生(如布莱格).

不难看出,源于苏联的俄式精英教育系统要远远比法国的复杂,并且它是一个牵涉到中学、大学、科学院乃至许多政府职能部门的一个庞大的系统工程,它的投入以及对各种人力资源的调用是相当巨大的.如果我们要学习这一系统,不可能是某个大学、某个地方(大概除北京以外)可以去仿效的.尽管我们在建国初期模仿了苏联的教育系统、科研院所模式,但直到现在,我们也没能积聚起如此大量的高级人力资源.所以,我们能做的也只能是像美国或其他欧洲国家,如英、法、德乃至日本那样,以各种方式引进其高端人力资源为我们的科研和教学服务.

有一个胖子的自嘲是这样的:书,买过等于读过;化妆品,摸过等于化过;健身卡,办过等于练过;唯有吃的,买了肯定吃完.

不过对于这套书一定要知道,买过、读过才能算自己的.

刘培杰

2017. 2. 4

于哈工大

刘培杰数学工作室
已出版(即将出版)图书目录——高等数学

书　名	出版时间	定　价	编号
距离几何分析导引	2015—02	68.00	446
大学几何学	2017—01	78.00	688
关于曲面的一般研究	2016—11	48.00	690
近世纯粹几何学初论	2017—01	58.00	711
拓扑学与几何学基础讲义	2017—04	58.00	756
物理学中的几何方法	2017—06	88.00	767
几何学简史	2017—08	28.00	833
微分几何学历史概要	2020—07	58.00	1194
解析几何学史	2022—03	58.00	1490
曲面的数学	2024—01	98.00	1699
复变函数引论	2013—10	68.00	269
伸缩变换与抛物旋转	2015—01	38.00	449
无穷分析引论(上)	2013—04	88.00	247
无穷分析引论(下)	2013—04	98.00	245
数学分析	2014—04	28.00	338
数学分析中的一个新方法及其应用	2013—01	38.00	231
数学分析例选:通过范例学技巧	2013—01	88.00	243
高等代数例选:通过范例学技巧	2015—06	88.00	475
基础数论例选:通过范例学技巧	2018—09	58.00	978
三角级数论(上册)(陈建功)	2013—01	38.00	232
三角级数论(下册)(陈建功)	2013—01	48.00	233
三角级数论(哈代)	2013—06	48.00	254
三角级数	2015—07	28.00	263
超越数	2011—03	18.00	109
三角和方法	2011—03	18.00	112
随机过程(Ⅰ)	2014—01	78.00	224
随机过程(Ⅱ)	2014—01	68.00	235
算术探索	2011—12	158.00	148
组合数学	2012—04	28.00	178
组合数学浅谈	2012—03	28.00	159
分析组合学	2021—09	88.00	1389
丢番图方程引论	2012—03	48.00	172
拉普拉斯变换及其应用	2015—02	38.00	447
高等代数.上	2016—01	38.00	548
高等代数.下	2016—01	38.00	549
高等代数教程	2016—01	58.00	579
高等代数引论	2020—07	48.00	1174
数学解析教程.上卷.1	2016—01	58.00	546
数学解析教程.上卷.2	2016—01	38.00	553
数学解析教程.下卷.1	2017—04	48.00	781
数学解析教程.下卷.2	2017—06	48.00	782
数学分析.第1册	2021—03	48.00	1281
数学分析.第2册	2021—03	48.00	1282
数学分析.第3册	2021—03	28.00	1283
数学分析精选习题全解.上册	2021—03	38.00	1284
数学分析精选习题全解.下册	2021—03	38.00	1285
数学分析专题研究	2021—11	68.00	1574
函数构造论.上	2016—01	38.00	554
函数构造论.中	2017—06	48.00	555
函数构造论.下	2016—09	48.00	680
函数逼近论(上)	2019—02	98.00	1014
概周期函数	2016—01	48.00	572
变叙的项的极限分布律	2016—01	18.00	573
整函数	2012—08	18.00	161
近代拓扑学研究	2013—04	38.00	239
多项式和无理数	2008—01	68.00	22
密码学与数论基础	2021—01	28.00	1254

— 1 —

书　名	出版时间	定　价	编号
模糊数据统计学	2008—03	48.00	31
模糊分析学与特殊泛函空间	2013—01	68.00	241
常微分方程	2016—01	58.00	586
平稳随机函数导论	2016—03	48.00	587
量子力学原理.上	2016—01	38.00	588
图与矩阵	2014—08	40.00	644
钢丝绳原理:第二版	2017—01	78.00	745
代数拓扑和微分拓扑简史	2017—06	68.00	791
半序空间泛函分析.上	2018—06	48.00	924
半序空间泛函分析.下	2018—06	68.00	925
概率分布的部分识别	2018—07	68.00	929
Cartan型单模李超代数的上同调及极大子代数	2018—07	38.00	932
纯数学与应用数学若干问题研究	2019—03	98.00	1017
数理金融学与数理经济学若干问题研究	2020—07	98.00	1180
清华大学"工农兵学员"微积分课本	2020—09	48.00	1228
力学若干基本问题的发展概论	2023—04	58.00	1262
Banach 空间中前后分离算法及其收敛率	2023—06	98.00	1670
基于广义加法的数学体系	2024—03	168.00	1710
向量微积分、线性代数和微分形式:统一方法:第5版	2024—03	78.00	1707
向量微积分、线性代数和微分形式:统一方法:第5版:习题解答	2024—03	48.00	1708
受控理论与解析不等式	2012—05	78.00	165
不等式的分拆降维降幂方法与可读证明(第2版)	2020—07	78.00	1184
石焕南文集:受控理论与不等式研究	2020—09	198.00	1198
实变函数论	2012—06	78.00	181
复变函数论	2015—08	38.00	504
非光滑优化及其变分分析	2014—01	48.00	230
疏散的马尔科夫链	2014—01	58.00	266
马尔科夫过程论基础	2015—01	28.00	433
初等微分拓扑学	2012—07	18.00	182
方程式论	2011—03	38.00	105
Galois 理论	2011—03	18.00	107
古典数学难题与伽罗瓦理论	2012—11	58.00	223
伽罗华与群论	2014—01	28.00	290
代数方程的根式解及伽罗瓦理论	2011—03	28.00	108
代数方程的根式解及伽罗瓦理论(第二版)	2015—01	28.00	423
线性偏微分方程讲义	2011—03	18.00	110
几类微分方程数值方法的研究	2015—05	38.00	485
分数阶微分方程理论与应用	2020—05	95.00	1182
N 体问题的周期解	2011—03	28.00	111
代数方程式论	2011—05	18.00	121
线性代数与几何:英文	2016—06	58.00	578
动力系统的不变量与函数方程	2011—07	48.00	137
基于短语评价的翻译知识获取	2012—02	48.00	168
应用随机过程	2012—04	48.00	187
概率论导引	2012—04	18.00	179
矩阵论(上)	2013—06	58.00	250
矩阵论(下)	2013—06	48.00	251
对称锥互补问题的内点法:理论分析与算法实现	2014—08	68.00	368
抽象代数:方法导引	2013—06	38.00	257
集论	2016—01	48.00	576
多项式理论研究综述	2016—01	38.00	577
函数论	2014—11	78.00	395
反问题的计算方法及应用	2011—11	28.00	147
数阵及其应用	2012—02	28.00	164
绝对值方程—折边与组合图形的解析研究	2012—07	48.00	186
代数函数论(上)	2015—07	38.00	494
代数函数论(下)	2015—07	38.00	495

书　　名	出版时间	定　价	编号
偏微分方程论:法文	2015—10	48.00	533
时标动力学方程的指数型二分性与周期解	2016—04	48.00	606
重刚体绕不动点运动方程的积分法	2016—05	68.00	608
水轮机水力稳定性	2016—05	48.00	620
Lévy 噪音驱动的传染病模型的动力学行为	2016—05	48.00	667
时滞系统:Lyapunov 泛函和矩阵	2017—05	68.00	784
粒子图像测速仪实用指南:第二版	2017—08	78.00	790
数域的上同调	2017—08	98.00	799
图的正交因子分解(英文)	2018—01	38.00	881
图的度因子和分支因子:英文	2019—09	88.00	1108
点云模型的优化配准方法研究	2018—07	58.00	927
锥形波入射粗糙表面反散射问题理论与算法	2018—03	68.00	936
广义逆的理论与计算	2018—07	58.00	973
不定方程及其应用	2018—12	58.00	998
几类椭圆型偏微分方程高效数值算法研究	2018—08	48.00	1025
现代密码算法概论	2019—05	98.00	1061
模形式的 p 一进性质	2019—06	78.00	1088
混沌动力学:分形、平铺、代换	2019—09	48.00	1109
微分方程,动力系统与混沌引论:第3版	2020—05	65.00	1144
分数阶微分方程理论与应用	2020—05	95.00	1187
应用非线性动力系统与混沌导论:第2版	2021—05	58.00	1368
非线性振动,动力系统与向量场的分支	2021—06	55.00	1369
遍历理论引论	2021—11	46.00	1441
动力系统与混沌	2022—05	48.00	1485
Galois 上同调	2020—04	138.00	1131
毕达哥拉斯定理:英文	2020—03	38.00	1133
模糊可拓多属性决策理论与方法	2021—06	98.00	1357
统计方法和科学推断	2021—10	48.00	1428
有关几类种群生态学模型的研究	2022—04	98.00	1486
加性数论:典型基	2022—05	48.00	1491
加性数论:反问题与和集的几何	2023—08	58.00	1672
乘性数论:第三版	2022—07	38.00	1528
交替方向乘子法及其应用	2022—08	98.00	1553
结构元理论及模糊决策应用	2022—09	98.00	1573
随机微分方程和应用:第二版	2022—12	48.00	1580

书　　名	出版时间	定　价	编号
吴振奎高等数学解题真经(概率统计卷)	2012—01	38.00	149
吴振奎高等数学解题真经(微积分卷)	2012—01	68.00	150
吴振奎高等数学解题真经(线性代数卷)	2012—01	58.00	151
高等数学解题全攻略(上卷)	2013—06	58.00	252
高等数学解题全攻略(下卷)	2013—06	58.00	253
高等数学复习纲要	2014—01	18.00	384
数学分析历年考研真题解析.第一卷	2021—04	38.00	1288
数学分析历年考研真题解析.第二卷	2021—04	38.00	1289
数学分析历年考研真题解析.第三卷	2021—04	38.00	1290
数学分析历年考研真题解析.第四卷	2022—09	68.00	1560
硕士研究生入学考试数学试题及解答.第1卷	2024—01	58.00	1703
硕士研究生入学考试数学试题及解答.第2卷	2024—04	68.00	1704
硕士研究生入学考试数学试题及解答.第3卷	即将出版		1705

书　　名	出版时间	定　价	编号
超越吉米多维奇.数列的极限	2009—11	48.00	58
超越普里瓦洛夫.留数卷	2015—01	48.00	437
超越普里瓦洛夫.无穷乘积与它对解析函数的应用卷	2015—05	28.00	477
超越普里瓦洛夫.积分卷	2015—06	18.00	481
超越普里瓦洛夫.基础知识卷	2015—06	28.00	482
超越普里瓦洛夫.数项级数卷	2015—07	38.00	489
超越普里瓦洛夫.微分、解析函数、导数卷	2018—01	48.00	852

书　　名	出版时间	定　价	编号
统计学专业英语(第三版)	2015—04	68.00	465
代换分析:英文	2015—07	38.00	499

书　名	出版时间	定　价	编号
历届美国大学生数学竞赛试题集.第一卷(1938—1949)	2015—01	28.00	397
历届美国大学生数学竞赛试题集.第二卷(1950—1959)	2015—01	28.00	398
历届美国大学生数学竞赛试题集.第三卷(1960—1969)	2015—01	28.00	399
历届美国大学生数学竞赛试题集.第四卷(1970—1979)	2015—01	18.00	400
历届美国大学生数学竞赛试题集.第五卷(1980—1989)	2015—01	28.00	401
历届美国大学生数学竞赛试题集.第六卷(1990—1999)	2015—01	28.00	402
历届美国大学生数学竞赛试题集.第七卷(2000—2009)	2015—08	18.00	403
历届美国大学生数学竞赛试题集.第八卷(2010—2012)	2015—01	18.00	404
超越普特南试题:大学数学竞赛中的方法与技巧	2017—04	98.00	758
历届国际大学生数学竞赛试题集(1994—2020)	2021—01	58.00	1252
历届美国大学生数学竞赛试题集(全3册)	2023—10	168.00	1693
全国大学生数学夏令营数学竞赛试题及解答	2007—03	28.00	15
全国大学生数学竞赛辅导教程	2012—07	28.00	189
全国大学生数学竞赛复习全书(第2版)	2017—05	58.00	787
历届美国大学生数学竞赛试题集	2009—03	88.00	43
前苏联大学生数学奥林匹克竞赛题解(上编)	2012—04	28.00	169
前苏联大学生数学奥林匹克竞赛题解(下编)	2012—04	38.00	170
大学生数学竞赛讲义	2014—09	28.00	371
大学生数学竞赛教程——高等数学(基础篇、提高篇)	2018—09	128.00	968
普林斯顿大学数学竞赛	2016—06	38.00	669
考研高等数学高分之路	2020—10	45.00	1203
考研高等数学基础必刷	2021—01	45.00	1251
考研概率论与数理统计	2022—06	58.00	1522
越过211,刷到985:考研数学二	2019—10	68.00	1115
初等数论难题集(第一卷)	2009—05	68.00	44
初等数论难题集(第二卷)(上、下)	2011—02	128.00	82,83
数论概貌	2011—03	18.00	93
代数数论(第二版)	2013—08	58.00	94
代数多项式	2014—06	38.00	289
初等数论的知识与问题	2011—02	28.00	95
超越数论基础	2011—03	28.00	96
数论初等教程	2011—03	28.00	97
数论基础	2011—03	18.00	98
数论基础与维诺格拉多夫	2014—03	18.00	292
解析数论基础	2012—08	28.00	216
解析数论基础(第二版)	2014—01	48.00	287
解析数论问题集(第二版)(原版引进)	2014—05	88.00	343
解析数论问题集(第二版)(中译本)	2016—04	88.00	607
解析数论基础(潘承洞,潘承彪著)	2016—07	98.00	673
解析数论导引	2016—07	58.00	674
数论入门	2011—03	38.00	99
代数数论入门	2015—03	38.00	448
数论开篇	2012—07	28.00	194
解析数论引论	2011—03	48.00	100
Barban Davenport Halberstam 均值和	2009—01	40.00	33
基础数论	2011—03	28.00	101
初等数论100例	2011—05	18.00	122
初等数论经典例题	2012—07	18.00	204
最新世界各国数学奥林匹克中的初等数论试题(上、下)	2012—01	138.00	144,145
初等数论(Ⅰ)	2012—01	18.00	156
初等数论(Ⅱ)	2012—01	18.00	157
初等数论(Ⅲ)	2012—01	28.00	158

书　　名	出版时间	定　价	编号
Gauss,Euler,Lagrange 和 Legendre 的遗产:把整数表示成平方和	2022—06	78.00	1540
平面几何与数论中未解决的新老问题	2013—01	68.00	229
代数数论简史	2014—11	28.00	408
代数数论	2015—09	88.00	532
代数、数论及分析习题集	2016—11	98.00	695
数论导引提要及习题解答	2016—01	48.00	559
素数定理的初等证明.第2版	2016—09	48.00	686
数论中的模函数与狄利克雷级数(第二版)	2017—11	78.00	837
数论:数学导引	2018—01	68.00	849
域论	2018—04	68.00	884
代数数论(冯克勤　编著)	2018—04	68.00	885
范氏大代数	2019—02	98.00	1016
高等算术:数论导引:第八版	2023—04	78.00	1689
新编640个世界著名数学智力趣题	2014—01	88.00	242
500 个最新世界著名数学智力趣题	2008—06	48.00	3
400 个最新世界著名数学最值问题	2008—09	48.00	36
500 个世界著名数学征解问题	2009—06	48.00	52
400 个中国最佳初等数学征解老问题	2010—01	48.00	60
500 个俄罗斯数学经典老题	2011—01	28.00	81
1000 个国外中学物理好题	2012—04	48.00	174
300 个日本高考数学题	2012—05	38.00	142
700 个早期日本高考数学试题	2017—02	88.00	752
500 个前苏联早期高考数学试题及解答	2012—05	28.00	185
546 个早期俄罗斯大学生数学竞赛题	2014—03	38.00	285
548 个来自美苏的数学好问题	2014—11	28.00	396
20 所苏联著名大学早期入学试题	2015—02	18.00	452
161 道德国工科大学生必做的微分方程习题	2015—05	28.00	469
500 个德国工科大学生必做的高数习题	2015—06	28.00	478
360 个数学竞赛问题	2016—08	58.00	677
德国讲义日本考题.微积分卷	2015—04	48.00	456
德国讲义日本考题.微分方程卷	2015—04	38.00	457
二十世纪中叶中、英、美、日、法、俄高考数学试题精选	2017—06	38.00	783
博弈论精粹	2008—03	58.00	30
博弈论精粹.第二版(精装)	2015—01	88.00	461
数学 我爱你	2008—01	28.00	20
精神的圣徒　别样的人生——60 位中国数学家成长的历程	2008—09	48.00	39
数学史概论	2009—06	78.00	50
数学史概论(精装)	2013—03	158.00	272
数学史选讲	2016—01	48.00	544
斐波那契数列	2010—02	28.00	65
数学拼盘和斐波那契魔方	2010—07	38.00	72
斐波那契数列欣赏	2011—01	28.00	160
数学的创造	2011—02	48.00	85
数学美与创造力	2016—01	48.00	595
数海拾贝	2016—01	48.00	590
数学中的美	2011—02	38.00	84
数论中的美学	2014—12	38.00	351
数学王者　科学巨人——高斯	2015—01	28.00	428
振兴祖国数学的圆梦之旅:中国初等数学研究史话	2015—06	98.00	490
二十世纪中国数学史料研究	2015—10	48.00	536
数字谜、数阵图与棋盘覆盖	2016—01	58.00	298
时间的形状	2016—01	38.00	556
数学发现的艺术:数学探索中的合情推理	2016—07	58.00	671
活跃在数学中的参数	2016—07	48.00	675

书　名	出版时间	定　价	编号
格点和面积	2012—07	18.00	191
射影几何趣谈	2012—04	28.00	175
斯潘纳尔引理——从一道加拿大数学奥林匹克试题谈起	2014—01	28.00	228
李普希兹条件——从几道近年高考数学试题谈起	2012—10	18.00	221
拉格朗日中值定理——从一道北京高考试题的解法谈起	2015—10	18.00	197
闵科夫斯基定理——从一道清华大学自主招生试题谈起	2014—01	28.00	198
哈尔测度——从一道冬令营试题的背景谈起	2012—08	28.00	202
切比雪夫逼近问题——从一道中国台北数学奥林匹克试题谈起	2013—04	38.00	238
伯恩斯坦多项式与贝齐尔曲面——从一道全国高中数学联赛试题谈起	2013—03	38.00	236
卡塔兰猜想——从一道普特南竞赛试题谈起	2013—06	18.00	256
麦卡锡函数和阿克曼函数——从一道前南斯拉夫数学奥林匹克试题谈起	2012—08	18.00	201
贝蒂定理与拉姆贝克莫斯尔定理——从一个拣石子游戏谈起	2012—08	18.00	217
皮亚诺曲线和豪斯道夫分球定理——从无限集谈起	2012—08	18.00	211
平面凸图形与凸多面体	2012—10	28.00	218
斯坦因豪斯问题——从一道二十五省市自治区中学数学竞赛试题谈起	2012—07	18.00	196
纽结理论中的亚历山大多项式与琼斯多项式——从一道北京市高一数学竞赛试题谈起	2012—07	28.00	195
原则与策略——从波利亚"解题表"谈起	2013—04	38.00	244
转化与化归——从三大尺规作图不能问题谈起	2012—08	28.00	214
代数几何中的贝祖定理(第一版)——从一道 IMO 试题的解法谈起	2013—08	18.00	193
成功连贯理论与约当块理论——从一道比利时数学竞赛试题谈起	2012—04	18.00	180
素数判定与大数分解	2014—08	18.00	199
置换多项式及其应用	2012—10	18.00	220
椭圆函数与模函数——从一道美国加州大学洛杉矶分校(UCLA)博士资格考题谈起	2012—10	28.00	219
差分方程的拉格朗日方法——从一道 2011 年全国高考理科试题的解法谈起	2012—08	28.00	200
力学在几何中的一些应用	2013—01	38.00	240
高斯散度定理、斯托克斯定理和平面格林定理——从一道国际大学生数学竞赛试题谈起	即将出版		
康托洛维奇不等式——从一道全国高中联赛试题谈起	2013—03	28.00	337
西格尔引理——从一道第 18 届 IMO 试题的解法谈起	即将出版		
罗斯定理——从一道前苏联数学竞赛试题谈起	即将出版		
拉克斯定理和阿廷定理——从一道 IMO 试题的解法谈起	2014—01	58.00	246
毕卡大定理——从一道美国大学数学竞赛试题谈起	2014—07	18.00	350
贝齐尔曲线——从一道全国高中联赛试题谈起	即将出版		
拉格朗日乘子定理——从一道 2005 年全国高中联赛试题的高等数学解法谈起	2015—05	28.00	480
雅可比定理——从一道日本数学奥林匹克试题谈起	2013—04	48.00	249
李天岩—约克定理——从一道波兰数学竞赛试题谈起	2014—06	28.00	349
受控理论与初等不等式:从一道 IMO 试题的解法谈起	2023—03	48.00	1601

刘培杰数学工作室
已出版(即将出版)图书目录——高等数学

书　名	出版时间	定　价	编号
布劳维不动点定理——从一道前苏联数学奥林匹克试题谈起	2014—01	38.00	273
伯恩赛德定理——从一道英国数学奥林匹克试题谈起	即将出版		
布查特-莫斯特定理——从一道上海市初中竞赛试题谈起	即将出版		
数论中的同余数问题——从一道普特南竞赛试题谈起	即将出版		
范·德蒙行列式——从一道美国数学奥林匹克试题谈起	即将出版		
中国剩余定理:总数法构建中国历史年表	2015—01	28.00	430
牛顿程序与方程求根——从一道全国高考试题解法谈起	即将出版		
库默尔定理——从一道IMO预选试题谈起	即将出版		
卢丁定理——从一道冬令营试题的解法谈起	即将出版		
沃斯滕霍姆定理——从一道IMO预选试题谈起	即将出版		
卡尔松不等式——从一道莫斯科数学奥林匹克试题谈起	即将出版		
信息论中的香农熵——从一道近年高考压轴题谈起	即将出版		
约当不等式——从一道希望杯竞赛试题谈起	即将出版		
拉比诺维奇定理	即将出版		
刘维尔定理——从一道《美国数学月刊》征解问题的解法谈起	即将出版		
卡塔兰恒等式与级数求和——从一道IMO试题的解法谈起	即将出版		
勒让德猜想与素数分布——从一道爱尔兰竞赛试题谈起	即将出版		
天平称重与信息论——从一道基辅市数学奥林匹克试题谈起	即将出版		
哈密尔顿-凯莱定理:从一道高中数学联赛试题的解法谈起	2014—09	18.00	376
艾思特曼定理——从一道CMO试题的解法谈起	即将出版		
一个爱尔特希问题——从一道西德数学奥林匹克试题谈起	即将出版		
有限群中的爱丁格尔问题——从一道北京市初中二年级数学竞赛试题谈起	即将出版		
糖水中的不等式——从初等数学到高等数学	2019—07	48.00	1093
帕斯卡三角形	2014—03	18.00	294
蒲丰投针问题——从2009年清华大学的一道自主招生试题谈起	2014—01	38.00	295
斯图姆定理——从一道"华约"自主招生试题的解法谈起	2014—01	18.00	296
许瓦兹引理——从一道加利福尼亚大学伯克利分校数学系博士生试题谈起	2014—08	18.00	297
拉姆塞定理——从王诗宬院士的一个问题谈起	2016—04	48.00	299
坐标法	2013—12	28.00	332
数论三角形	2014—04	38.00	341
毕克定理	2014—07	18.00	352
数林掠影	2014—09	48.00	389
我们周围的概率	2014—10	38.00	390
凸函数最值定理:从一道华约自主招生题的解法谈起	2014—10	28.00	391
易学与数学奥林匹克	2014—10	38.00	392
生物数学趣谈	2015—01	18.00	409
反演	2015—01	28.00	420
因式分解与圆锥曲线	2015—01	18.00	426
轨迹	2015—01	28.00	427
面积原理:从常庚哲命的一道CMO试题的积分解法谈起	2015—01	48.00	431
形形色色的不动点定理:从一道28届IMO试题谈起	2015—01	38.00	439
柯西函数方程:从一道上海交大自主招生的试题谈起	2015—02	28.00	440

刘培杰数学工作室
已出版(即将出版)图书目录——高等数学

书　名	出版时间	定　价	编号
三角恒等式	2015—02	28.00	442
无理性判定:从一道2014年"北约"自主招生试题谈起	2015—01	38.00	443
数学归纳法	2015—03	18.00	451
极端原理与解题	2015—04	28.00	464
法雷级数	2014—08	18.00	367
摆线族	2015—01	38.00	438
函数方程及其解法	2015—05	38.00	470
含参数的方程和不等式	2012—09	28.00	213
希尔伯特第十问题	2016—01	38.00	543
无穷小量的求和	2016—01	28.00	545
切比雪夫多项式:从一道清华大学金秋营试题谈起	2016—01	38.00	583
泽肯多夫定理	2016—03	38.00	599
代数等式证题法	2016—01	28.00	600
三角等式证题法	2016—01	28.00	601
吴大任教授藏书中的一个因式分解公式:从一道美国数学邀请赛试题的解法谈起	2016—06	28.00	656
易卦——类万物的数学模型	2017—08	68.00	838
"不可思议"的数与数系可持续发展	2018—01	38.00	878
最短线	2018—01	38.00	879
从毕达哥拉斯到怀尔斯	2007—10	48.00	9
从迪利克雷到维斯卡尔迪	2008—01	48.00	21
从哥德巴赫到陈景润	2008—05	98.00	35
从庞加莱到佩雷尔曼	2011—08	138.00	136
从费马到怀尔斯——费马大定理的历史	2013—10	198.00	I
从庞加莱到佩雷尔曼——庞加莱猜想的历史	2013—10	298.00	II
从切比雪夫到爱尔特希(上)——素数定理的初等证明	2013—07	48.00	III
从切比雪夫到爱尔特希(下)——素数定理100年	2012—12	98.00	III
从高斯到盖尔方特——二次域的高斯猜想	2013—10	198.00	IV
从库默尔到朗兰兹——朗兰兹猜想的历史	2014—01	98.00	V
从比勃巴赫到德布朗斯——比勃巴赫猜想的历史	2014—02	298.00	VI
从麦比乌斯到陈省身——麦比乌斯变换与麦比乌斯带	2014—02	298.00	VII
从布尔到豪斯道夫——布尔方程与格论漫谈	2013—10	198.00	VIII
从开普勒到阿诺德——三体问题的历史	2014—05	298.00	IX
从华林到华罗庚——华林问题的历史	2013—10	298.00	X
数学物理大百科全书.第1卷	2016—01	418.00	508
数学物理大百科全书.第2卷	2016—01	408.00	509
数学物理大百科全书.第3卷	2016—01	396.00	510
数学物理大百科全书.第4卷	2016—01	408.00	511
数学物理大百科全书.第5卷	2016—01	368.00	512
朱德祥代数与几何讲义.第1卷	2017—01	38.00	697
朱德祥代数与几何讲义.第2卷	2017—01	28.00	698
朱德祥代数与几何讲义.第3卷	2017—01	28.00	699

刘培杰数学工作室

已出版(即将出版)图书目录——高等数学

书　名	出版时间	定　价	编号
闵嗣鹤文集	2011—03	98.00	102
吴从炘数学活动三十年(1951～1980)	2010—07	99.00	32
吴从炘数学活动又三十年(1981—2010)	2015—07	98.00	491
斯米尔诺夫高等数学.第一卷	2018—03	88.00	770
斯米尔诺夫高等数学.第二卷.第一分册	2018—03	68.00	771
斯米尔诺夫高等数学.第二卷.第二分册	2018—03	68.00	772
斯米尔诺夫高等数学.第二卷.第三分册	2018—03	48.00	773
斯米尔诺夫高等数学.第三卷.第一分册	2018—03	58.00	774
斯米尔诺夫高等数学.第三卷.第二分册	2018—03	58.00	775
斯米尔诺夫高等数学.第三卷.第三分册	2018—03	68.00	776
斯米尔诺夫高等数学.第四卷.第一分册	2018—03	48.00	777
斯米尔诺夫高等数学.第四卷.第二分册	2018—03	88.00	778
斯米尔诺夫高等数学.第五卷.第一分册	2018—03	58.00	779
斯米尔诺夫高等数学.第五卷.第二分册	2018—03	68.00	780
zeta 函数,q-zeta 函数,相伴级数与积分(英文)	2015—08	88.00	513
微分形式:理论与练习(英文)	2015—08	58.00	514
离散与微分包含的逼近和优化(英文)	2015—08	58.00	515
艾伦·图灵:他的工作与影响(英文)	2016—01	98.00	560
测度理论概率导论,第 2 版(英文)	2016—01	88.00	561
带有潜在故障恢复系统的半马尔柯夫模型控制(英文)	2016—01	98.00	562
数学分析原理(英文)	2016—01	88.00	563
随机偏微分方程的有效动力学(英文)	2016—01	88.00	564
图的谱半径(英文)	2016—01	58.00	565
量子机器学习中数据挖掘的量子计算方法(英文)	2016—01	98.00	566
量子物理的非常规方法(英文)	2016—01	118.00	567
运输过程的统一非局部理论:广义波尔兹曼物理动力学,第 2 版(英文)	2016—01	198.00	568
量子力学与经典力学之间的联系在原子、分子及电动力学系统建模中的应用(英文)	2016—01	58.00	569
算术域(英文)	2018—01	158.00	821
高等数学竞赛:1962—1991 年的米洛克斯·史怀哲竞赛(英文)	2018—01	128.00	822
用数学奥林匹克精神解决数论问题(英文)	2018—01	108.00	823
代数几何(德文)	2018—04	68.00	824
丢番图逼近论(英文)	2018—01	78.00	825
代数几何学基础教程(英文)	2018—01	98.00	826
解析数论入门课程(英文)	2018—01	78.00	827
数论中的丢番图问题(英文)	2018—01	78.00	829
数论(梦幻之旅):第五届中日数论研讨会演讲集(英文)	2018—01	68.00	830
数论新应用(英文)	2018—01	68.00	831
数论(英文)	2018—01	78.00	832
测度与积分(英文)	2019—04	68.00	1059
卡塔兰数入门(英文)	2019—05	68.00	1060
多变量数学入门(英文)	2021—05	68.00	1317
偏微分方程入门(英文)	2021—05	88.00	1318
若尔当典范性:理论与实践(英文)	2021—07	68.00	1366
R 统计学概论(英文)	2023—03	88.00	1614
基于不确定静态和动态问题解的仿射算术(英文)	2023—03	38.00	1618

书　名	出版时间	定　价	编号
湍流十讲(英文)	2018—04	108.00	886
无穷维李代数:第3版(英文)	2018—04	98.00	887
等值、不变量和对称性(英文)	2018—04	78.00	888
解析数论(英文)	2018—09	78.00	889
《数学原理》的演化:伯特兰·罗素撰写第二版时的手稿与笔记(英文)	2018—04	108.00	890
哈密尔顿数学论文集(第4卷):几何学、分析学、天文学、概率和有限差分等(英文)	2019—05	108.00	891
数学王子——高斯	2018—01	48.00	858
坎坷奇星——阿贝尔	2018—01	48.00	859
闪烁奇星——伽罗瓦	2018—01	58.00	860
无穷统帅——康托尔	2018—01	48.00	861
科学公主——柯瓦列夫斯卡娅	2018—01	48.00	862
抽象代数之母——埃米·诺特	2018—01	48.00	863
电脑先驱——图灵	2018—01	58.00	864
昔日神童——维纳	2018—01	48.00	865
数坛怪侠——爱尔特希	2018—01	68.00	866
当代世界中的数学.数学思想与数学基础	2019—01	38.00	892
当代世界中的数学.数学问题	2019—01	38.00	893
当代世界中的数学.应用数学与数学应用	2019—01	38.00	894
当代世界中的数学.数学王国的新疆域(一)	2019—01	38.00	895
当代世界中的数学.数学王国的新疆域(二)	2019—01	38.00	896
当代世界中的数学.数林撷英(一)	2019—01	38.00	897
当代世界中的数学.数林撷英(二)	2019—01	48.00	898
当代世界中的数学.数学之路	2019—01	38.00	899
偏微分方程全局吸引子的特性(英文)	2018—09	108.00	979
整函数与下调和函数(英文)	2018—09	118.00	980
幂等分析(英文)	2018—09	118.00	981
李群、离散子群与不变量理论(英文)	2018—09	108.00	982
动力系统与统计力学(英文)	2018—09	118.00	983
表示论与动力系统(英文)	2018—09	118.00	984
分析学练习.第1部分(英文)	2021—01	88.00	1247
分析学练习.第2部分.非线性分析(英文)	2021—01	88.00	1248
初级统计学:循序渐进的方法:第10版(英文)	2019—05	68.00	1067
工程师与科学家微分方程用书:第4版(英文)	2019—07	58.00	1068
大学代数与三角学(英文)	2019—06	78.00	1069
培养数学能力的途径(英文)	2019—07	38.00	1070
工程师与科学家统计学:第4版(英文)	2019—06	58.00	1071
贸易与经济中的应用统计学:第6版(英文)	2019—06	58.00	1072
傅立叶级数和边值问题:第8版(英文)	2019—05	48.00	1073
通往天文学的途径:第5版(英文)	2019—05	58.00	1074

刘培杰数学工作室
已出版(即将出版)图书目录——高等数学

书　名	出版时间	定　价	编号
拉马努金笔记.第1卷(英文)	2019—06	165.00	1078
拉马努金笔记.第2卷(英文)	2019—06	165.00	1079
拉马努金笔记.第3卷(英文)	2019—06	165.00	1080
拉马努金笔记.第4卷(英文)	2019—06	165.00	1081
拉马努金笔记.第5卷(英文)	2019—06	165.00	1082
拉马努金遗失笔记.第1卷(英文)	2019—06	109.00	1083
拉马努金遗失笔记.第2卷(英文)	2019—06	109.00	1084
拉马努金遗失笔记.第3卷(英文)	2019—06	109.00	1085
拉马努金遗失笔记.第4卷(英文)	2019—06	109.00	1086
数论:1976年纽约洛克菲勒大学数论会议记录(英文)	2020—06	68.00	1145
数论:卡本代尔1979:1979年在南伊利诺伊卡本代尔大学举行的数论会议记录(英文)	2020—06	78.00	1146
数论:诺德韦克豪特1983:1983年在诺德韦克豪特举行的Journees Arithmetiques数论大会会议记录(英文)	2020—06	68.00	1147
数论:1985—1988年在纽约城市大学研究生院和大学中心举办的研讨会(英文)	2020—06	68.00	1148
数论:1987年在乌尔姆举行的Journees Arithmetiques数论大会会议记录(英文)	2020—06	68.00	1149
数论:马德拉斯1987:1987年在马德拉斯安娜大学举行的国际拉马努金百年纪念大会会议记录(英文)	2020—06	68.00	1150
解析数论:1988年在东京举行的日法研讨会会议记录(英文)	2020—06	68.00	1151
解析数论:2002年在意大利切特拉罗举行的C.I.M.E.暑期班演讲集(英文)	2020—06	68.00	1152
量子世界中的蝴蝶:最迷人的量子分形故事(英文)	2020—06	118.00	1157
走进量子力学(英文)	2020—06	118.00	1158
计算物理学概论(英文)	2020—06	48.00	1159
物质,空间和时间的理论:量子理论(英文)	即将出版		1160
物质,空间和时间的理论:经典理论(英文)	即将出版		1161
量子场理论:解释世界的神秘背景(英文)	2020—07	38.00	1162
计算物理学概论(英文)	即将出版		1163
行星状星云(英文)	即将出版		1164
基本宇宙学:从亚里士多德的宇宙到大爆炸(英文)	2020—08	58.00	1165
数学磁流体力学(英文)	2020—07	58.00	1166
计算科学:第1卷,计算的科学(日文)	2020—07	88.00	1167
计算科学:第2卷,计算与宇宙(日文)	2020—07	88.00	1168
计算科学:第3卷,计算与物质(日文)	2020—07	88.00	1169
计算科学:第4卷,计算与生命(日文)	2020—07	88.00	1170
计算科学:第5卷,计算与地球环境(日文)	2020—07	88.00	1171
计算科学:第6卷,计算与社会(日文)	2020—07	88.00	1172
计算科学.别卷,超级计算机(日文)	2020—07	88.00	1173
多复变函数论(日文)	2022—06	78.00	1518
复变函数入门(日文)	2022—06	78.00	1523

书 名	出版时间	定 价	编号
代数与数论:综合方法(英文)	2020—10	78.00	1185
复分析:现代函数理论第一课(英文)	2020—07	58.00	1186
斐波那契数列和卡特兰数:导论(英文)	2020—10	68.00	1187
组合推理:计数艺术介绍(英文)	2020—07	88.00	1188
二次互反律的傅里叶分析证明(英文)	2020—07	48.00	1189
旋瓦兹分布的希尔伯特变换与应用(英文)	2020—07	58.00	1190
泛函分析:巴拿赫空间理论入门(英文)	2020—07	48.00	1191
典型群,错排与素数(英文)	2020—11	58.00	1204
李代数的表示:通过gln进行介绍(英文)	2020—10	38.00	1205
实分析演讲集(英文)	2020—10	38.00	1206
现代分析及其应用的课程(英文)	2020—10	58.00	1207
运动中的抛射物数学(英文)	2020—10	38.00	1208
2—扭结与它们的群(英文)	2020—10	38.00	1209
概率,策略和选择:博弈与选举中的数学(英文)	2020—11	58.00	1210
分析学引论(英文)	2020—11	58.00	1211
量子群:通往流代数的路径(英文)	2020—11	38.00	1212
集合论入门(英文)	2020—10	48.00	1213
酉反射群(英文)	2020—11	58.00	1214
探索数学:吸引人的证明方式(英文)	2020—11	58.00	1215
微分拓扑短期课程(英文)	2020—10	48.00	1216
抽象凸分析(英文)	2020—11	68.00	1222
费马大定理笔记(英文)	2021—03	48.00	1223
高斯与雅可比和(英文)	2021—03	78.00	1224
π与算术几何平均:关于解析数论和计算复杂性的研究(英文)	2021—01	58.00	1225
复分析入门(英文)	2021—03	48.00	1226
爱德华·卢卡斯与素性测定(英文)	2021—03	78.00	1227
通往凸分析及其应用的简单路径(英文)	2021—01	68.00	1229
微分几何的各个方面.第一卷(英文)	2021—01	58.00	1230
微分几何的各个方面.第二卷(英文)	2020—12	58.00	1231
微分几何的各个方面.第三卷(英文)	2020—12	58.00	1232
沃克流形几何学(英文)	2020—11	58.00	1233
彷射和韦尔几何应用(英文)	2020—12	58.00	1234
双曲几何学的旋转向量空间方法(英文)	2021—02	58.00	1235
积分:分析学的关键(英文)	2020—12	48.00	1236
为有天分的新生准备的分析学基础教材(英文)	2020—11	48.00	1237

刘培杰数学工作室
已出版(即将出版)图书目录——高等数学

书　　名	出版时间	定　价	编号
数学不等式.第一卷.对称多项式不等式(英文)	2021－03	108.00	1273
数学不等式.第二卷.对称有理不等式与对称无理不等式(英文)	2021－03	108.00	1274
数学不等式.第三卷.循环不等式与非循环不等式(英文)	2021－03	108.00	1275
数学不等式.第四卷.Jensen不等式的扩展与加细(英文)	2021－03	108.00	1276
数学不等式.第五卷.创建不等式与解不等式的其他方法(英文)	2021－04	108.00	1277
冯·诺依曼代数中的谱位移函数:半有限冯·诺依曼代数中的谱位移函数与谱流(英文)	2021－06	98.00	1308
链接结构:关于嵌入完全图的直线中链接单形的组合结构(英文)	2021－05	58.00	1309
代数几何方法.第1卷(英文)	2021－06	68.00	1310
代数几何方法.第2卷(英文)	2021－06	68.00	1311
代数几何方法.第3卷(英文)	2021－06	58.00	1312
代数、生物信息和机器人技术的算法问题.第四卷,独立恒等式系统(俄文)	2020－08	118.00	1119
代数、生物信息和机器人技术的算法问题.第五卷,相对覆盖性和独立可拆分恒等式系统(俄文)	2020－08	118.00	1200
代数、生物信息和机器人技术的算法问题.第六卷,恒等式和准恒等式的相等问题、可推导性和可实现性(俄文)	2020－08	128.00	1201
分数阶微积分的应用:非局部动态过程,分数阶导热系数(俄文)	2021－01	68.00	1241
泛函分析问题与练习:第2版(俄文)	2021－01	98.00	1242
集合论、数学逻辑和算法论问题:第5版(俄文)	2021－01	98.00	1243
微分几何和拓扑短期课程(俄文)	2021－01	98.00	1244
素数规律(俄文)	2021－01	88.00	1245
无穷边值问题解的递减:无界域中的拟线性椭圆和抛物方程(俄文)	2021－01	48.00	1246
微分几何讲义(俄文)	2020－12	98.00	1253
二次型和矩阵(俄文)	2021－01	98.00	1255
积分和级数.第2卷,特殊函数(俄文)	2021－01	168.00	1258
积分和级数.第3卷,特殊函数补充:第2版(俄文)	2021－01	178.00	1264
几何图上的微分方程(俄文)	2021－01	138.00	1259
数论教程:第2版(俄文)	2021－01	98.00	1260
非阿基米德分析及其应用(俄文)	2021－03	98.00	1261

刘培杰数学工作室
已出版(即将出版)图书目录——高等数学

书 名	出版时间	定 价	编号
古典群和量子群的压缩(俄文)	2021—03	98.00	1263
数学分析习题集.第3卷,多元函数:第3版(俄文)	2021—03	98.00	1266
数学习题:乌拉尔国立大学数学力学系大学生奥林匹克(俄文)	2021—03	98.00	1267
柯西定理和微分方程的特解(俄文)	2021—03	98.00	1268
组合极值问题及其应用:第3版(俄文)	2021—03	98.00	1269
数学词典(俄文)	2021—01	98.00	1271
确定性混沌分析模型(俄文)	2021—06	168.00	1307
精选初等数学习题和定理.立体几何.第3版(俄文)	2021—03	68.00	1316
微分几何习题:第3版(俄文)	2021—05	98.00	1336
精选初等数学习题和定理.平面几何.第4版(俄文)	2021—05	68.00	1335
曲面理论在欧氏空间 E_n 中的直接表示	2022—01	68.00	1444
维纳—霍普夫离散算子和托普利兹算子:某些可数赋范空间中的诺特性和可逆性(俄文)	2022—03	108.00	1496
Maple中的数论:数论中的计算机计算(俄文)	2022—03	88.00	1497
贝尔曼和克努特问题及其概括:加法运算的复杂性(俄文)	2022—03	138.00	1498
复分析:共形映射(俄文)	2022—07	48.00	1542
微积分代数样条和多项式及其在数值方法中的应用(俄文)	2022—08	128.00	1543
蒙特卡罗方法中的随机过程和场模型:算法和应用(俄文)	2022—08	88.00	1544
线性椭圆型方程组:论二阶椭圆型方程的迪利克雷问题(俄文)	2022—08	98.00	1561
动态系统解的增长特性:估值、稳定性、应用(俄文)	2022—08	118.00	1565
群的自由积分解:建立和应用(俄文)	2022—08	78.00	1570
混合方程和偏差自变量方程问题:解的存在和唯一性(俄文)	2023—01	78.00	1582
拟度量空间分析:存在和逼近定理(俄文)	2023—01	108.00	1583
二维和三维流形上函数的拓扑性质:函数的拓扑分类(俄文)	2023—03	68.00	1584
齐次马尔科夫过程建模的矩阵方法:此类方法能够用于不同目的的复杂系统研究、设计和完善(俄文)	2023—03	68.00	1594
周期函数的近似方法和特性:特殊课程(俄文)	2023—04	158.00	1622
扩散方程解的矩函数:变分法(俄文)	2023—03	58.00	1623
多赋范空间和广义函数:理论及应用(俄文)	2023—03	98.00	1632
分析中的多值映射:部分应用(俄文)	2023—06	98.00	1634
数学物理问题(俄文)	2023—03	78.00	1636
函数的幂级数与三角级数分解(俄文)	2024—01	58.00	1695
星体理论的数学基础:原子三元组(俄文)	2024—01	98.00	1696
素数规律:专著(俄文)	2024—01	118.00	1697
狭义相对论与广义相对论:时空与引力导论(英文)	2021—07	88.00	1319
束流物理学和粒子加速器的实践介绍:第2版(英文)	2021—07	88.00	1320
凝聚态物理中的拓扑和微分几何简介(英文)	2021—05	88.00	1321
混沌映射:动力学、分形学和快速涨落(英文)	2021—05	128.00	1322
广义相对论:黑洞、引力波和宇宙学介绍(英文)	2021—06	68.00	1323
现代分析电磁均质化(英文)	2021—06	68.00	1324
为科学家提供的基本流体动力学(英文)	2021—06	88.00	1325
视觉天文学:理解夜空的指南(英文)	2021—06	68.00	1326

刘培杰数学工作室
已出版(即将出版)图书目录——高等数学

书　名	出版时间	定　价	编号
物理学中的计算方法(英文)	2021—06	68.00	1327
单星的结构与演化:导论(英文)	2021—06	108.00	1328
超越居里:1903年至1963年物理界四位女性及其著名发现(英文)	2021—06	68.00	1329
范德瓦尔斯流体热力学的进展(英文)	2021—06	68.00	1330
先进的托卡马克稳定性理论(英文)	2021—06	88.00	1331
经典场论导论:基本相互作用的过程(英文)	2021—07	88.00	1332
光致电离量子动力学方法原理(英文)	2021—07	108.00	1333
经典域论和应力:能量张量(英文)	2021—05	88.00	1334
非线性太赫兹光谱的概念与应用(英文)	2021—06	68.00	1337
电磁学中的无穷空间并矢格林函数(英文)	2021—06	88.00	1338
物理科学基础数学.第1卷,齐次边值问题、傅里叶方法和特殊函数(英文)	2021—07	108.00	1339
离散量子力学(英文)	2021—07	68.00	1340
核磁共振的物理学和数学(英文)	2021—07	108.00	1341
分子水平的静电学(英文)	2021—08	68.00	1342
非线性波:理论、计算机模拟、实验(英文)	2021—06	108.00	1343
石墨烯光学:经典问题的电解决决方案(英文)	2021—06	68.00	1344
超材料多元宇宙(英文)	2021—07	68.00	1345
银河系外的天体物理学(英文)	2021—07	68.00	1346
原子物理学(英文)	2021—07	68.00	1347
将光打结:将拓扑学应用于光学(英文)	2021—07	68.00	1348
电磁学:问题与解法(英文)	2021—07	88.00	1364
海浪的原理:介绍量子力学的技巧与应用(英文)	2021—07	108.00	1365
多孔介质中的流体:输运与相变(英文)	2021—07	68.00	1372
洛伦兹群的物理学(英文)	2021—08	68.00	1373
物理导论的数学方法和解决方法手册(英文)	2021—08	68.00	1374
非线性波数学物理学入门(英文)	2021—08	88.00	1376
波:基本原理和动力学(英文)	2021—07	68.00	1377
光电子量子计量学.第1卷,基础(英文)	2021—07	88.00	1383
光电子量子计量学.第2卷,应用与进展(英文)	2021—07	68.00	1384
复杂流的格子玻尔兹曼建模的工程应用(英文)	2021—08	68.00	1393
电偶极矩挑战(英文)	2021—08	108.00	1394
电动力学:问题与解法(英文)	2021—09	68.00	1395
自由电子激光的经典理论(英文)	2021—08	68.00	1397
曼哈顿计划——核武器物理学简介(英文)	2021—09	68.00	1401

书　　　名	出版时间	定　价	编号
粒子物理学(英文)	2021-09	68.00	1402
引力场中的量子信息(英文)	2021-09	128.00	1403
器件物理学的基本经典力学(英文)	2021-09	68.00	1404
等离子体物理及其空间应用导论.第1卷,基本原理和初步过程(英文)	2021-09	68.00	1405
伽利略理论力学:连续力学基础(英文)	2021-10	48.00	1416
磁约束聚变等离子体物理:理想 MHD 理论(英文)	2023-03	68.00	1613
相对论量子场论.第1卷,典范形式体系(英文)	2023-03	38.00	1615
相对论量子场论.第2卷,路径积分形式(英文)	2023-06	38.00	1616
相对论量子场论.第3卷,量子场论的应用(英文)	2023-06	38.00	1617
涌现的物理学(英文)	2023-05	58.00	1619
量子化旋涡:一本拓扑激发手册(英文)	2023-04	68.00	1620
非线性动力学:实践的介绍性调查(英文)	2023-05	68.00	1621
静电加速器:一个多功能工具(英文)	2023-06	58.00	1625
相对论多体理论与统计力学(英文)	2023-06	58.00	1626
经典力学.第1卷,工具与向量(英文)	2023-04	38.00	1627
经典力学.第2卷,运动学和匀加速运动(英文)	2023-04	58.00	1628
经典力学.第3卷,牛顿定律和匀速圆周运动(英文)	2023-04	58.00	1629
经典力学.第4卷,万有引力定律(英文)	2023-04	38.00	1630
经典力学.第5卷,守恒定律与旋转运动(英文)	2023-04	38.00	1631
对称问题:纳维尔-斯托克斯问题(英文)	2023-04	38.00	1638
摄影的物理和艺术.第1卷,几何与光的本质(英文)	2023-04	78.00	1639
摄影的物理和艺术.第2卷,能量与色彩(英文)	2023-04	78.00	1640
摄影的物理和艺术.第3卷,探测器与数码的意义(英文)	2023-04	78.00	1641
拓扑与超弦理论焦点问题(英文)	2021-07	58.00	1349
应用数学:理论、方法与实践(英文)	2021-07	78.00	1350
非线性特征值问题:牛顿型方法与非线性瑞利函数(英文)	2021-07	58.00	1351
广义膨胀和齐性:利用齐性构造齐次系统的李雅普诺夫函数和控制律(英文)	2021-06	48.00	1352
解析数论焦点问题(英文)	2021-07	58.00	1353
随机微分方程:动态系统方法(英文)	2021-07	58.00	1354
经典力学与微分几何(英文)	2021-07	58.00	1355
负定相交形式流形上的瞬子模空间几何(英文)	2021-07	68.00	1356
广义卡塔兰轨道分析:广义卡塔兰轨道计算数字的方法(英文)	2021-07	48.00	1367
洛伦兹方法的变分:二维与三维洛伦兹方法(英文)	2021-08	38.00	1378
几何、分析和数论精编(英文)	2021-08	68.00	1380
从一个新角度看数论:通过遗传方法引入现实的概念(英文)	2021-07	58.00	1387
动力系统:短期课程(英文)	2021-08	68.00	1382

刘培杰数学工作室
 已出版(即将出版)图书目录——高等数学

书　名	出版时间	定　价	编号
几何路径:理论与实践(英文)	2021-08	48.00	1385
广义斐波那契数列及其性质(英文)	2021-08	38.00	1386
论天体力学中某些问题的不可积性(英文)	2021-07	88.00	1396
对称函数和麦克唐纳多项式:余代数结构与Kawanaka恒等式	2021-09	38.00	1400
杰弗里·英格拉姆·泰勒科学论文集:第1卷.固体力学(英文)	2021-05	78.00	1360
杰弗里·英格拉姆·泰勒科学论文集:第2卷.气象学、海洋学和湍流(英文)	2021-05	68.00	1361
杰弗里·英格拉姆·泰勒科学论文集:第3卷.空气动力学以及落弹数和爆炸的力学(英文)	2021-05	68.00	1362
杰弗里·英格拉姆·泰勒科学论文集:第4卷.有关流体力学(英文)	2021-05	58.00	1363
非局域泛函演化方程:积分与分数阶(英文)	2021-08	48.00	1390
理论工作者的高等微分几何:纤维丛、射流流形和拉格朗日理论(英文)	2021-08	68.00	1391
半线性退化椭圆微分方程:局部定理与整体定理(英文)	2021-07	48.00	1392
非交换几何、规范理论和重整化:一般简介与非交换量子场论的重整化(英文)	2021-09	78.00	1406
数论论文集:拉普拉斯变换和带有数论系数的幂级数(俄文)	2021-09	48.00	1407
挠理论专题:相对极大值,单射与扩充模(英文)	2021-09	88.00	1410
强正则图与欧几里得若尔当代数:非通常关系中的启示(英文)	2021-10	48.00	1411
拉格朗日几何和哈密顿几何:力学的应用(英文)	2021-10	48.00	1412
时滞微分方程与差分方程的振动理论:二阶与三阶(英文)	2021-10	98.00	1417
卷积结构与几何函数理论:用以研究特定几何函数理论方向的分数阶微积分算子与卷积结构(英文)	2021-10	48.00	1418
经典数学物理的历史发展(英文)	2021-10	78.00	1419
扩展线性丢番图问题(英文)	2021-10	38.00	1420
一类混沌动力系统的分歧分析与控制:分歧分析与控制(英文)	2021-11	38.00	1421
伽利略空间和伪伽利略空间中一些特殊曲线的几何性质(英文)	2022-01	48.00	1422
一阶偏微分方程:哈密尔顿—雅可比理论(英文)	2021-11	48.00	1424
各向异性黎曼多面体的反问题:分段光滑的各向异性黎曼多面体反边界谱问题:唯一性(英文)	2021-11	38.00	1425

书　名	出版时间	定　价	编号
项目反应理论手册.第一卷,模型(英文)	2021-11	138.00	1431
项目反应理论手册.第二卷,统计工具(英文)	2021-11	118.00	1432
项目反应理论手册.第三卷,应用(英文)	2021-11	138.00	1433
二次无理数:经典数论入门(英文)	2022-05	138.00	1434
数,形与对称性:数论,几何和群论导论(英文)	2022-05	128.00	1435
有限域手册(英文)	2021-11	178.00	1436
计算数论(英文)	2021-11	148.00	1437
拟群与其表示简介(英文)	2021-11	88.00	1438
数论与密码学导论:第二版(英文)	2022-01	148.00	1423

书　名	出版时间	定　价	编号
几何分析中的柯西变换与黎兹变换:解析调和容量和李普希兹调和容量、变化和振荡以及一致可求长性(英文)	2021-12	38.00	1465
近似不动点定理及其应用(英文)	2022-05	28.00	1466
局部域的相关内容解析:对局部域的扩展及其伽罗瓦群的研究(英文)	2022-01	38.00	1467
反问题的二进制恢复方法(英文)	2022-03	28.00	1468
对几何函数中某些类的各个方面的研究:复变量理论(英文)	2022-01	38.00	1469
覆盖、对应和非交换几何(英文)	2022-01	28.00	1470
最优控制理论中的随机线性调节器问题:随机最优线性调节器问题(英文)	2022-01	38.00	1473
正交分解法:涡流流体动力学应用的正交分解法(英文)	2022-01	38.00	1475

书　名	出版时间	定　价	编号
芬斯勒几何的某些问题(英文)	2022-03	38.00	1476
受限三体问题(英文)	2022-05	38.00	1477
利用马利亚万微积分进行 Greeks 的计算:连续过程、跳跃过程中的马利亚万微积分和金融领域中的 Greeks(英文)	2022-05	48.00	1478
经典分析和泛函分析的应用:分析学的应用(英文)	2022-05	38.00	1479
特殊芬斯勒空间的探究(英文)	2022-03	48.00	1480
某些图形的施泰纳距离的细谷多项式:细谷多项式与图的维纳指数(英文)	2022-05	38.00	1481
图论问题的遗传算法:在新鲜与模糊的环境中(英文)	2022-05	48.00	1482
多项式映射的渐近簇(英文)	2022-05	38.00	1483

书　名	出版时间	定　价	编号
一维系统中的混沌:符号动力学,映射序列,一致收敛和沙可夫斯基定理(英文)	2022-05	38.00	1509
多维边界层流动与传热分析:粘性流体流动的数学建模与分析(英文)	2022-05	38.00	1510

刘培杰数学工作室
已出版(即将出版)图书目录——高等数学

书 名	出版时间	定 价	编号
演绎理论物理学的原理:一种基于量子力学波函数的逐次置信估计的一般理论的提议(英文)	2022—05	38.00	1511
R^2 和 R^3 中的仿射弹性曲线:概念和方法(英文)	2022—08	38.00	1512
算术数列中除数函数的分布:基本内容、调查、方法、第二矩、新结果(英文)	2022—05	28.00	1513
抛物型狄拉克算子和薛定谔方程:不定常薛定谔方程的抛物型狄拉克算子及其应用(英文)	2022—07	28.00	1514
黎曼–希尔伯特问题与量子场论:可积重正化、戴森–施温格方程(英文)	2022—08	38.00	1515
代数结构和几何结构的形变理论(英文)	2022—08	48.00	1516
概率结构和模糊结构上的不动点:概率结构和直觉模糊度量空间的不动点定理(英文)	2022—08	38.00	1517
反若尔当对:简单反若尔当对的自同构(英文)	2022—07	28.00	1533
对某些黎曼－芬斯勒空间变换的研究:芬斯勒几何中的某些变换(英文)	2022—07	38.00	1534
内诣零流形映射的尼尔森数的阿诺索夫关系(英文)	2023—01	38.00	1535
与广义积分变换有关的分数次演算:对分数次演算的研究(英文)	2023—01	48.00	1536
强子的芬斯勒几何和吕拉几何(宇宙学方面):强子结构的芬斯勒几何和吕拉几何(拓扑缺陷)(英文)	2022—08	38.00	1537
一种基于混沌的非线性最优化问题:作业调度问题(英文)	即将出版		1538
广义概率论发展前景:关于趣味数学与置信函数实际应用的一些原创观点(英文)	即将出版		1539

书 名	出版时间	定 价	编号
纽结与物理学:第二版(英文)	2022—09	118.00	1547
正交多项式和 q—级数的前沿(英文)	2022—09	98.00	1548
算子理论问题集(英文)	2022—03	108.00	1549
抽象代数:群、环与域的应用导论:第二版(英文)	2023—01	98.00	1550
菲尔兹奖得主演讲集:第三版(英文)	2023—01	138.00	1551
多元实函数教程(英文)	2022—09	118.00	1552
球面空间形式群的几何学:第二版(英文)	2022—09	98.00	1566

书 名	出版时间	定 价	编号
对称群的表示论(英文)	2023—01	98.00	1585
纽结理论:第二版(英文)	2023—01	88.00	1586
拟群理论的基础与应用(英文)	2023—01	88.00	1587
组合学:第二版(英文)	2023—01	98.00	1588
加性组合学:研究问题手册(英文)	2023—01	68.00	1589
扭曲、平铺与镶嵌:几何折纸中的数学方法(英文)	2023—01	98.00	1590
离散与计算几何手册:第三版(英文)	2023—01	248.00	1591
离散与组合数学手册:第二版(英文)	2023—01	248.00	1592

刘培杰数学工作室
已出版（即将出版）图书目录——高等数学

书　名	出版时间	定　价	编号
分析学教程.第1卷,一元实变量函数的微积分分析学介绍(英文)	2023—01	118.00	1595
分析学教程.第2卷,多元函数的微分和积分,向量微积分(英文)	2023—01	118.00	1596
分析学教程.第3卷,测度与积分理论,复变量的复值函数(英文)	2023—01	118.00	1597
分析学教程.第4卷,傅里叶分析,常微分方程,变分法(英文)	2023—01	118.00	1598
共形映射及其应用手册(英文)	2024—01	158.00	1674
广义三角函数与双曲函数(英文)	2024—01	78.00	1675
振动与波:概论:第二版(英文)	2024—01	88.00	1676
几何约束系统原理手册(英文)	2024—01	120.00	1677
微分方程与包含的拓扑方法(英文)	2024—01	98.00	1678
数学分析中的前沿话题(英文)	2024—01	198.00	1679
流体力学建模:不稳定性与湍流(英文)	2024—03	88.00	1680
动力系统:理论与应用(英文)	2024—03	108.00	1711
空间统计学理论:概述(英文)	2024—03	68.00	1712
梅林变换手册(英文)	2024—03	128.00	1713
非线性系统及其绝妙的数学结构.第1卷(英文)	2024—03	88.00	1714
非线性系统及其绝妙的数学结构.第2卷(英文)	2024—03	108.00	1715
Chip-firing 中的数学(英文)	2024—04	88.00	1716

联系地址:哈尔滨市南岗区复华四道街 10 号　哈尔滨工业大学出版社刘培杰数学工作室
邮　　编:150006
联系电话:0451—86281378　　13904613167
E-mail:lpj1378@163.com